ZHONGGUO MUJIAJU
SHEJINIANJIAN

2017
中国木家具设计年鉴

/设/计/激/活/传/承/ /匠/造/实/现/价/值/

主编 石 峰 朱志悦

中国林业出版社

中國木家具

設計年鑒

景初

图书在版编目（CIP）数据

2017中国木家具设计年鉴 / 石峰, 朱志悦主编. --北京：中国林业出版社, 2017.6
ISBN 978-7-5038-9140-3

Ⅰ. ①2… Ⅱ. ①石… ②朱… Ⅲ. ①木家具－设计－中国－2017－年鉴 Ⅳ. ①TS664.101-54

中国版本图书馆CIP数据核字(2017)第137611号

2017中国木家具设计年鉴

中国林业出版社 · 建筑分社
责任编辑：李 辰 薛瑞琦 李 宙

出版：中国林业出版社（100009 北京西城区德内大街刘海胡同7号）
网站：http://lycb.forestry.gov.cn
印刷：北京利丰雅高长城印刷有限公司
发行：中国林业出版社
电话：（010）8314 3595
版次：2017年7月第1版
印次：2017年7月第1次
开本：1/16
印张：22.5
字数：400千字
定价：398.00元

《2017 中国木家具设计年鉴》组织机构

总 策 划：金　旻　蒋志雄

总 顾 问：胡景初

专家顾问团：杨金荣　张亚池　田燕波　刘文金　吴盛富　吴智慧　于历战　周京南　蔡志强

主　　编：石　峰　朱志悦

副 主 编：张伯松　马　云　袁进东　傅庆定　柳　翰

编　　委：于　娜　干　珑　王丽君　白　平　龙夏颖　朱　旭　朱芋锭　陈各全　陈祖建　陈玉霞　陈　哲　陈　年　孙明磊　孙光瑞　孙　亮　宋　武　宋　杰　刘　敏　刘沛涵　肖荔清　张恒旺　张付花　张美玲　杨玮娣　杨明阳　李　军　沈华杰　周雪冰　胡　冰　饶　鑫　夏　岚　高　伟　郭　勇　郭　琼　曾艳萍　蒋绿荷　曹上秋　翟伟民　薛　坤

（按姓氏笔画排列）

全程支持：福建海丝商品交易中心

策划出品：中国林产工业协会传统木制品专业委员会《年鉴》编委会 | 木有文化工作室

策　　划：纪　亮　李　辰

官方公众号：

中国木家具官方公众号

木有文化旗舰书店

“海丝杯·廖熙奖”中国木家具设计大赛组织机构

一、主办单位

中国林产工业协会

中国工艺美术协会

福建省莆田市人民政府

二、承办单位

福建省莆田市二轻工业联社

中国林产工业协会传统木制品专业委员会

中南林业科技大学中国传统家具研究创新中心

中国林产工业协会楠木发展与保护促进会

国际木文化学会

三、支持单位

国家林业局　福建省人民政府

四、顾问团队

金　旻　蒋志雄　朱志悦　胡景初　杨金荣　吴盛富　张亚池　刘文金　吴智慧　于历战

田燕波　蔡志强　高公博　佘国平　郑国明　林学善　方崇荣　杨江妮　李有为

五、学术支持单位

清华大学美术学院	中央美术学院城市设计学院	北京林业大学	北京工业大学
中央美术学院	中国美术学院	南京林业大学	中南林业科技大学
东北林业大学	江南大学	山东工艺美术学院	山东艺术学院
山东师范大学	山东交通大学	安徽农业大学	内蒙古农业大学
福建农林大学	厦门大学	集美大学	深圳大学
浙江农林大学	华南农业大学	四川农业大学	浙江农林大学
西北农林科技大学	西南林业大学	江苏农林职业学院	顺德职业技术学院
龙江职业技术学校	江西环境工程职业学院	东莞职业技术学院	内蒙古师范大学国际现代设计艺术学院

六、全程合作伙伴

福建海丝商品交易中心

七、媒体推广

CCTV-2　新华网　人民网　网易家居　搜狐家居　北京卫视

《室内设计与装修》杂志社　《缤纷》杂志社　《中国绿色时报》社　《家具与装饰》杂志社

中国建筑与室内设计师网　新浪家居　为为网　大景观网　天天家具网　家具迷

乐正传媒　北京卫视　东南卫视　上海卫视

八、特别鸣谢

肖荔清　牛晓霆　袁进东　于　娜　王丽君　干　珑　白　平　朱　旭　朱芋锭　陈各全　陈秋生　陈祖建

陈玉霞　陈　哲　陈　年　孙明磊　孙光瑞　孙　亮　宋　武　宋　杰　刘　敏　刘沛涵　张恒旺　张付花

张美玲　杨玮娣　李　军　沈华杰　周雪冰　胡　冰　饶　鑫　夏　岚　高　伟　郭　勇　郭　琼　曾艳萍

蒋绿荷　曹上秋　薛　坤　赵昉凯　杨思炜

九、执行委员会

组　　长：纪　亮　中国林产工业协会传统木制品专业委员会　秘书长

常务副组长：肖荔清　福建省莆田市二轻工业联社　副主任

副 组 长：袁进东　中南林业科技大学中国传统家具研究创新中心　主任

杨　威　中国林产工业协会楠木发展与保护促进会　秘书长

苏金玲　国际木文化学会　秘书长

执行专员：李　辰　陈　惠　龙夏颖

宣传推广：王思源　樊　菲　刘　敏　杨明阳　吴　璠

十、大赛官方公众号

中国木家具官方公众号

学术支持单位

国际木文化学会
Wood is Good!

中国林产工业协会
楠木保护与发展促进会
China National Forest Product Industry Association
(Nanmu Conservation And Promotion Commission)

清華大學美術學院
Academy of Art & Design, Tsinghua University

中央美術學院 城市设计学院
CHINA CENTRAL ACADEMY OF FINE ARTS CITY DESIGN SCHOOL

中國美術學院
China Academy Of Art

北京林業大學
Beijing Forestry University

北京工業大學
BEIJINGUNIVERSITYOFTECHNOLOGY

南京林业大学
Nanjing Forestry University

華南農業大學
SOUTH CHINA AGRICULTURAL UNIVERSITY

中南林業科技大學
Central South University of Forestry and Technology

浙江農林大學
ZHEJIANG A&F UNIVERSITY

山東工藝美術學院
SHANDONG UNIVERSITY OF ART & DESIGN

山東藝術學院

瀋陽航空航天大學
SHENYANG AEROSPACE UNIVERSITY

内蒙古農業大學
Inner Mongolia Agricultural University

IMDAC 内蒙古师范大学
国际现代设计艺术学院
INTERNATIONAL MODERN DESIGN ART COLLEGE
OF INNER MONGOLIA NORMAL UNIVERSITY

西南林业大学
SOUTHWEST FORESTRY UNIVERSITY

福建農林大學

四川農業大學
Sichuan Agricultural University

華僑大學
HUAQIAO UNIVERSITY

山东交通学院
SHANDONG JIAOTONG UNIVERSITY

安徽農業大學
ANHUI AGRICULTURAL UNIVERSITY

廣西大學

東北林業大學
NORTHEST FORESTRY UNIVERSITY

顺德职业技术学院
Shunde Polytechnic

景德镇陶瓷大学
JINGDEZHEN CERAMIC INSTITUTE

廣東工業大學

江西环境工程职业学院
JIANGXI ENVIRONMENTAL ENGINEERING VOCATIONAL COLLEGE

GDITC
廣东轻工職業技术学院
GUANGDONG INDUSTRY TECHNICAL COLLEGE

苏州农业职业技术学院

龙江职业技术学校
LONGJIANG VOCATIONAL AND TECHNICAL SCHOOL

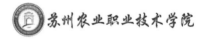

中国传统家具研究创新中心
——木家具设计企业联盟

中国传统家具研究创新中心——木家具设计企业联盟由中国林产工业协会传统木制品专业委员会牵头成立，携手中国深具影响力的品牌企业、设计师、专家学者，致力于整合各方资源，以“设计激活传承，匠造实现价值”的核心观念助力创新与工匠精神转化为中国家居、家具设计和制造的现实生产力，带动中国家居、家具行业全面转型升级。联盟宗旨是搭建学术、产业、市场之间的桥梁，为家具行业服务，提供联盟内的资源对接，是我国家具文化传播与发展的重要交流平台与产业基地。

中国林产工业协会传统木制品专业委员会 /
中国传统家具研究创新中心——木家具设计企业联盟

电话：010-83143573
邮箱：zgmdxh@126.com
微信：zgmjjsjds
地址：北京市西城区德胜门内大街刘海胡同 7 号

加入条件：

1. 在本行业内愿意为中国木制品产业、家具产业转型、发展做贡献的企业和个人。
2. 守法经营，有良好的社会形象。
3. 所在企业、机构在本地区或本行业知名度高，具有良好的业绩及发展前景。

清华大学美术学院家具设计研究所

微信：qmjjsj
电话：010-62798056
地址：北京市海淀区清华大学美术学院 B 座 B347 室

北京富润天筑装饰设计有限公司

微信：liushoujie002
电话：13121895916
地址：北京市石景山区杨庄北区 12 号楼 6 屋 707 室

天地儒风中式空间研究所

微信：tiandirufeng
电话：0531-58673677
地址：济南市高新区春晖路 6666 号彩虹公园西门北楼

北京林业大学 D.C.R 设计工作室

微信：DCR_design
邮箱：dcrbjfu@126.com
地址：北京市海淀区北京林业大学森工楼 518 室

楠风文化传播有限公司

微信：13959499999
电话：13959499999
地址：福建省泉州市九一路文化宫艺术馆楠风园
北京市交大东路 66 号钻河左侧四合院

东方圣典金丝楠

微信：hsj200999
电话：0594-8829996
地址：福建省莆田市仙游县鲤城镇金井村溪田路口东方圣典金丝楠木馆

琚宝红木

微信：wxid_vzhpe5ctt6zt22
电话：13860978697
地址：福建省仙游县榜头镇坝下工艺城 9 号、28 号

达三楠书房

微信：qf26236
电话：13599870698
地址：福建省仙游县榜头镇龙腾工业园区

莆田市森春家具有限公司

微信：FJHMJJ1925
电话：18030396707
地址：福建省仙游县鲤城街道新桥路

仙游龙虎山古典家具有限公司

微信：huangzong1166
电话：0594-8055588
地址：福建省仙游县大济镇

慧全文化

微信：慧全文化 Culture
电话：13808599938
地址：福建省莆田市城厢区广化路油画城 139 号

沣茂设计

微信：wsm1587893331
电话：15217308889
地址：广东省佛山市顺德区龙江镇工业大道 45 号

居上设计

微信：LHJ19891124
电话：18316249896
地址：广东省东莞市南城

知道设计

微信：zhidaodesign
电话：13710897176/020-28935757
地址：广州市天河区五山路华南农业大学金慧街 88 号金慧创意园 11 栋 1 层

深圳择造家具设计工作室

微信：zenghuan2467
电话：18650374961

玛格唐 TONG

微信：macio-tong
电话：17726293730

专家顾问（排名不分前后）

杨金荣
国家研究员级高级工艺美术师，现任江苏工美红木文化艺术研究所所长、高级研究员，兼任国家级培训项目“中国红木古典家具高级研修班”主讲教授，国家级非物质文化遗产精细木作技艺代表性传承人，“红木制品”国家最高司法鉴定责任人。

田燕波
北京市非物质文化遗产传承人，北京市京作硬木家具制作技艺传承人。

周京南
北京故宫博物院宫廷部研究员，著名家具鉴定专家。

张亚池
北京林业大学材料科学与技术学院教授、博士生导师，北京林业大学材料科学与技术学院家具设计与制造方向学科带头人，中国家具协会设计工作委员会副主任，全国家具标准化技术委员会委员。

吴智慧
南京林业大学家具与工业设计学院院长、家具设计与工程博士点学科带头人，教育部高等学校林业工程类专业指导委员会委员，全国家具标准化技术委员会委员，中国家具协会设计专业委员会、科学技术委员会副主任。

刘文金
中南林业科技大学家具与艺术设计学院院长、教授、博士生导师，湖南省家具家饰工业设计中心常务副主任。

于历战
清华大学副教授、硕士生导师，清华大学美术学院环境艺术设计系副主任，清华大学美术学院家具设计研究所所长。

卢克岩
天地儒风中式空间设计研究所、孔子文化产业有限公司董事长，中国孔子基金会交流与合作委员会副主任。

刘首杰
注册中国资深室内建筑师，注册中国高级室内设计师，北京富润天筑（Forever Top）装饰设计有限公司创始人，LSJ 设计联盟创始人。

李有为
大师工作营创办人；助力“独立设计师”，呼唤“独立设计师时代”。空间设计师、家具设计师成长推手，设计评论人。

序

在五行中，“木”的位置放在旭日升起的东方，天地万物生生不息，“木”为万物之源。

木材是人类最易获得且最早使用的原始材料；木材是最适宜人性且最易加工的自然材料；木材是最具可持续性的可再生材料。因此，木材是天下第一好料，从古至今与人类的生存与社会的发展有着密切的关系。中国人从“构木为巢”就开始了木材的综合利用。几千年来，从简单木屋到华宇大殿，从建筑门窗到隔断罩屏，从天花到地板，从家具到日用品，从根雕到木刻……大都离不开木材，木家具更是其中的佼佼者。

在古文中，“文”者，纹理也，因此木材与文化关系密切。所谓木家具就是指呈现木材天然纹理并加以强化，使之表达文人意蕴的古典家具。在现代家具中，这一设计理念和表现手法也得到了传承，并通过技术手段进一步强化。

有人归纳木材有三次传奇生命：第一次生命是木材的生长周期；第二次生命是经设计将木材加工成家具及其他木制品的制造过程；第三次生命是家具及其他木制品在人类生活中的使用生命周期。在木材的三次生命周期中都注入了人类的智慧与情感，特别是后两次生命周期中，木材及其制品更是设计文化、科技文化、文人文化、工匠文化、民俗文化、地域文化、流行文化的集大成。因此，木家具及其木制品都是中国文化的天然载体。

当今中国的家具产业正处于伟大的变革期，由高速发展转入常态化发展；由注重速度向注重质量转变；由关注产品向关注品牌转变；由单一制造型向制造服务型转变；由工业化向工业信息化与智能化相结合的方式的转变；由传统卖场向线下线上相结合的方式转变；由大批量生产向大规模定制方式转变；由单一产品向整体家居转变 ......

在伟大的变革中，市场的多元化和消费需求的个性化，新一轮科技革命和业态创新，以及资源环境的压力，均给木家具设计带来了新的机遇与挑战。木家具设计的理念，设计的内涵，设计的过程以及设计的手段均发生了巨大的变化。木家具设计也正处于伟大的变革之中。

《2017 中国木家具设计年鉴》的编辑出版，通过首届“海丝杯 • 廖熙奖”中国木家具设计大赛获奖设计作品、设计案例的推介，以及选手深度采访及思考，必将对家具设计中的上述问题作出相应的回答，为中国家具设计事业的健康发展，为中国家具创新设计水平的提高，为中国家具设计和中国家具文化走向世界发挥积极的引导作用，也是对 2017 中国木家具设计的全面回顾与总结。

胡景初

中国高等院校家具设计专业创始人之一

编者按

木材是四大材料中唯一绿色、低碳、可持续的家居材料，具有“节能、减排、安全、便利和可循环”的绿色建材特征。中国人对木材及其制品有着特殊的情感，《韩非子 · 五蠹》中有关于远古时期人们“钻燧取火”的记载，《诗经》中有“坎坎伐檀兮”的描述。经过漫长的历史演变，出现了以木材为主体的木结构建筑、家具、木雕等木制品。其中，与人们生活息息相关的当属家具制品，并由此孕育出中国特有的家具文化。这种家具文化兴起于唐宋，繁荣于明清，并最终形成了以“京作、苏作、广作”为代表的中国传统家具，这种传统家具的款式造型一直延续至今。

然而在全球一体化和多元文化的冲击下，人们的审美和消费观念逐渐发生着变化，中国传统家具市场出现了如下几个问题：一是消费主力军的转移，二是家具设计创意不足，三是家具设计人才匮乏，四是手艺好的匠人越来越少，这些问题严重制约了家具行业的发展。鉴于此，我们酝酿一场能够唤起行业改变现状的木家具设计大赛，旨在通过大赛实现“设计激活传承，匠造实现价值”这一历史使命。

2016 年 7 月 20 日，一场由中国林产工业协会、中国工艺美术协会、莆田市人民政府联合主办的首届“海丝杯 · 廖熙奖”中国木家具设计大赛在北京人民大会堂正式启动，正式成立大赛组委会。自 2016 年 3 月筹备，11 月征稿结束。在这 9 个月中，大赛工作组前后共进行了 20 余种调研，3 次重要筹备工作会，2 次国内重大发布仪式，4 场全球性的沙龙活动，62 次大赛座谈，12 场实地宣讲并建立了 26 个召集人站点。征稿结束时，大赛组委会共收到来自中国大陆和港澳台地区的参赛作品 1084 件，其中有效作品 946 件。大赛的征稿范围之广、作品质量之高、宣传力度之大，均属于行业翘楚。

《2017 中国木家具设计年鉴》（以下简称《年鉴》）是基于 2016 首届“海丝杯 · 廖熙奖”中国木家具设计大赛有效作品之上，再次面向社会广泛征集了大量优秀的木家具设计作品，共收到作品 1438 件，经专家团评审，入编 720 件，包含了概念性的竞赛效果图以及实物产品。《年鉴》将以继承性、发展性、创新性为出版理念，汇集中国木家具的设计精品力作，融合学术领域最新视点，收录设计经典、书写设计历史、展现匠心巧智，打造集文献性、权威性、学术性、鉴赏性于一体的大型典籍。

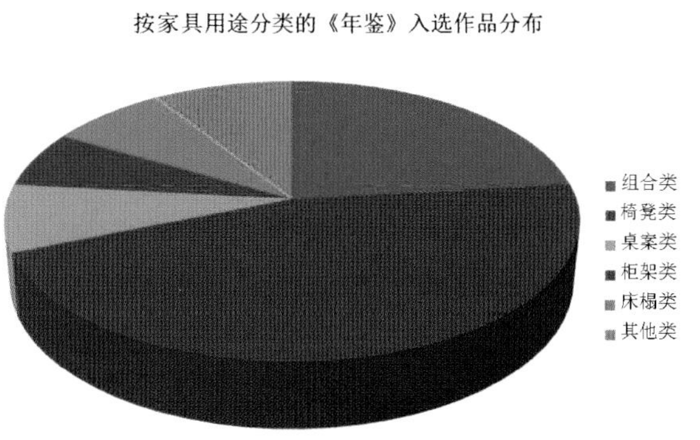

按家具用途分类的《年鉴》入选作品分布
组合类
椅凳类
桌案类
柜架类
床榻类
其他类

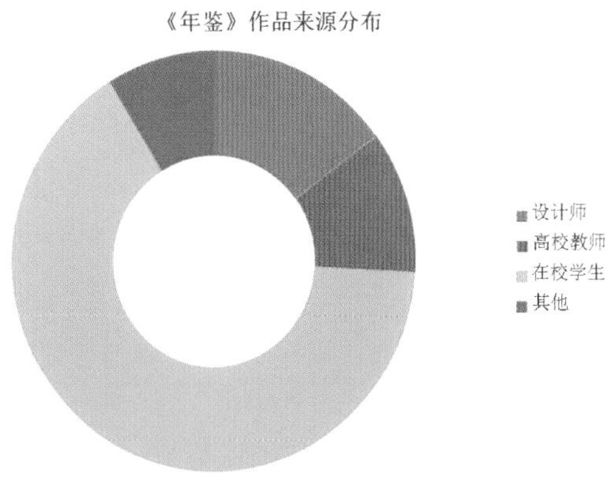

《年鉴》作品来源分布
设计师
高校教师
在校学生
其他

本届《年鉴》由家具设计领域知名设计师、教育家、理论家联袂主持，是由中国林产工业协会与中南林业科技大学传统家具研究创新中心联合各大院校家具专业主编的大型年度出版物。《年鉴》以“设计激活传承，匠造实现价值”为宗旨，具有严谨的学术定位和先锋的设计品质。《年鉴》将全面沟通木家具设计及产业的各个层面，通过设计创作、打样生产和学术研究相结合，展现中国木家具设计的发展趋势，打造学术视点、文化传承与创新意识结合的专业平台。

纪亮

“海丝杯·廖熙奖”中国木家具设计大赛　发起人

中国林产工业协会传统木制品专业委员会　秘书长

目录

设计表现作品

30
组合类设计奖

椅凳类设计奖
98

桌案类设计奖
232
格致

柜架类设计奖
258

床榻类设计奖
284
彩云追月

凳子的幻想
312
其他类设计奖

作品索引

组合类设计奖

椅凳类设计奖

作品索引

作品索引

桌案类设计奖

柜架类设计奖

床榻类设计奖

其他类设计奖

专家顾问团观点

吴盛富

中国林产工业协会副会长

新中式家具不等于红木家具，面对越来越多的实木渐渐成为欧盟界定的珍稀木材，新时代的中国木家具不应该局限于红木家具，在新的材料上应有所突破，多尝试单板层积材等，满足使用功能的同时，符合时代发展的潮流，适应现代人的消费习惯。

田燕波

北京市非物质文化遗产传承人，北京市京作硬木家具制作技艺传承人

传统家具企业或者是红木家具企业继续发展，首先需要解决好木材干燥，在工艺技术上过关。发展新中式家具，需要具备了系统知识和实践能力的学院派或专业人员在设计方向上推陈出新，好的设计一定是有价值的。新时代的中国木家具，将不会再是模仿和抄袭，而是重视保护知识产权。

周京南

故宫博物院宫廷部研究员，明清家具研究专家

今天的家具设计应当避免一味地循规蹈矩，不加创造性地模仿古人，而应向多元化方向发展，与我们今天的审美、居室环境相协调。

杨金荣

国家级非物质文化遗产精细木作技艺代表性传承人，江苏工美红木文化艺术研究所所长

中国家具的经典，是具备了多种要素，经典是经久的时尚。“设计”，英文叫做 design，是一个舶来词，更多体现的是图纸、技术层面。西方的标准是做 100 把椅子没有差别，而中国追求的是 100 把椅子各有不同，大同中也求小异。不同，就是宝贵的东西，就是创造性劳动。中国的设计图纸是参考，设计是在制作过程中完成的，比机器更准的，就是精神。当代中国木家具设计应是重视实践，更是艺术、工艺和精神的高度融合。

张亚池

北京林业大学家具学科带头人，教授

我们更应该从材料学、家具的本质、家具文化和时代生活思考的角度解读传统家具和现代中国家具的发展方向。拎清红木家具与中式家具之间，宫廷家具、官宦家具与民间家具之间的区别和联系。作为一个有社会责任感的家具人应充分意识到并付诸实践于家具文化、设计、生产及销售的全过程中。中国木家具应该是一个延续性的，能体现中国文化的，代表中国精神和中国人生活方式的家具。

关于中国木家具，他们这样说

刘文金

中南林业科技大学家具与艺术设计学院院长，教授，博士生导师

中国木家具的发展方向要在所处的时代上创新，要在绿色环保节约上创新，要落到中华民族传统哲学思想观上即“中庸之道”，“中而正”、不偏不倚，亦为君子之道。其目标的定位，是做出有中国文化特色和现代简约风格的设计。“新中式”是中国木家具设计发展的一个方向，对新中式家具的具象理解为：首先是传统中式家具的现代化；其次是现代家具的文化赋新；再者是在材料、结构上的创新；最后是中华民族立身处世之道在家具上的实物化。

于历战

清华大学家具研究所所长，副教授

“中国木家具”应该更多地研究家具的本质——使用和适用，而不应该过多地追求样式和风格。五零后、六零后、七零后对中国传统有一定的感情，但互联网时代的年轻人并不一定拥有深厚的历史文化积淀，时代培养出来的生活品质、艺术追求、风格情调已经烙在了他们的成长环境中。所以我们更应该注重的是家具与人之间的关系，然后是家具与室内空间、建筑景观、生活习惯以及人的思维方式的关系。当代新中式家具一定是在我国人民找到文化自信并回归到一个应有的位置上，清醒地认识到设计在家具中起到的作用，认识到其生命力之所在。新中式应该是我们这个时代，大多数中国人的生活形成的叠加效应，凝结出来的结果。

吴智慧

南京林业大学家具与工业设计学院院长，教授，博士生导师

家具是科学与艺术的结合、物质与精神的结合，设计家具就是设计一种生活方式。家具设计的任务是以家具为载体，为人类生活与工作创造便利、舒适的物质条件，并在此基础上满足人们的精神需求。当代中国木家具的设计，依然要“讲求功效求其真，慎惜用材至于善，提高品位崇尚美”。

蔡志强

福建海丝商品交易中心副总裁，国家艺术品一级职业鉴定评估师

虽然当下的中国木家具设计处于褴褛之中，但家具产业已不单单是传统的产销模式，而已成为资源重组的一部分。中国木家具设计应结合产业，学会利用互联网规则，学会利用新的传播平台、营销方法、文创概念，形成多元化的整体模式。期待百花齐放、百家争鸣。

年度关键词

2017，阳春三月。

当今时代，国家重视文化的传承与发展，跨界思维在各行各业中盛行，中国设计开始走出国门，社会及生活的各个方面缤纷多元。

如今，传统文化的复苏与世界设计潮流的多方融合在产业中的作用越来越明显，产品的文化附加值与设计创新也逐渐成为企业的自主需求。随着中国社会的整体发展，新型劳动力市场的兴起，科技力量的增强，大批设计师的成长，大国匠造思想与工匠精神的崛起，企业品牌意识不断增强，人们消费思路开始转变，传统家具也迎来了前所未有的发展机遇。

社会的发展、文化的融合、艺术的创新、传统的复兴、产业的整合等一系列因素都是为了追寻设计的本质：发现问题、解决问题、实现价值。

无论是始于功能，或是忠于审美，或是源于传承，亦或是创造未来……

《2017 中国木家具设计年鉴》能做到的，就是让设计者们实现纯粹的自我表达，为此，本书的编辑根据年度关键词向参赛者们征集了三个问题，倾听他们的心声。感谢为此付出的每一位！

关键词一：设计崛起

起步于 20 世纪 80 年代现代的中国家具产业体系，已随近几年中国社会的发展和文化的进步悄然改变。由于新型劳动力市场的兴起、外来文化的介入、人们消费思路的转变、科技力量与品牌战略地位的提升等多方因素的影响，家具设计迎来了前所未有的发展机遇，大批设计师的成长，设计师品牌不断涌现，中国木家具设计取得了长足的进步。

中国木家具要想走向世界舞台的中央，离不开我们自己的设计，以设计带动中国家具行业全面转型升级，中国制造走向中国设计的时代即将来临。

关键词二：本质回归

传统文化的回归与兴盛，契合国人精神的设计器物日渐复兴。风格独特的当代中国木家具设计，在承袭传统家具精粹的同时，更注重对现代生活价值的精雕细刻。

作为一个有着自己独特文化传统和复杂现实的政治经济综合体，中国设计如何从传统哲学与美学中寻找有效资源与成分，结合当下社会与时代背景创建与西方设计和价值判断有着本质区别的体系已成为中国设计界的共识。

回归家具的本质，又融入现代生活理念，中国木家具才会呈现出极具现代的质感。

关键词三：价值创造

设计最难的地方，不是把使用者体验打磨得多么多么极致，而是在错综复杂的条件下取得平衡。家具设计不同于规划设计、建筑设计、环境设计，通过设计转化的家具它能够量化生产。所以家具设计正是从用户舒适度、艺术审美、工艺技巧、文化属性、品牌营造等多方面综合考虑，得出一个“综合最优”而非“设计最优”的解答。

从家具设计到家具产品的过程中，思考设计，也要思考设计背后的产品目标。家具设计产品为用户带来使用价值，同时用户体验后又能反馈给家具设计什么价值；家具设计对家具行业生态链能创造什么价值，甚至对这个社会、这个国家能创造什么价值等。直击事物的本质，而非沉醉于表面的雕花功夫。

关键词四：融合 & 多元化

“融合”就是“走出去”和“拿进来”，沟通和交流的碰撞对于家具设计作品能多元化或国际化是至关重要的一点。“民族的就是世界的”，这个概念所表达的正是把自己的本土文化展现出来，这是其独有的；中国文化博大精深，而设计正是搭建起了向世界表达或解读本土文化桥梁，通过设计向世界展示本土文化的独创性、智能性、活力和开放的有机统一，从而在国际产生影响，这是中国木家具设计的必经之路。

关键词五：品牌文化

企业在关注产品功能和性能之外，其产品给使用者带来的情感共鸣，便是品牌文化。“品牌文化”不是特定的情怀和谈资，也不能成为一种营销手段。响应国家“大众创业、万众创新”和“培育精益求精的工匠精神”的号召，尊重设计师、工人师傅的劳动成果，使用新工具，不断改进工艺，抛弃旧技术，引进新技术，从低效率和简单重复工作中解放，提供高品质的产品打造中国家具自主原创品牌，增加产品附加值，才能不断推动家具产业的可持续发展。

关于中国木家具设计的思考，参赛选手的声音

问题一：何为“中国木家具”或“中国木家具设计”？

刘首杰

北京富润天筑装饰有限公司，

创始人 / 设计总监

当下的中国木家具应该是创新与回归。设计来源于生活，唯有创新才能引领时代、回馈生活，从而体现设计的价值。正如“中国的房子是用来住的不是用来炒的”一样。家具设计从古到今走过了辉煌的演变历程，随着经济发展，时至今日虽然有很多（传统家具和艺术家具）在收藏界受到追捧。然而我们的切身生活也真正开始回归理性和本真，设计往往更注重的是提升自己的生活内涵与舒适……

卢克岩

天地儒风古典家具有限公司 & 山东物本六合家居，董事长 / 设计总监

中国当代的年轻设计师，不应陷入盲目追求西方所谓先进设计理念和形式上的创新无法自拔，却忽视了最根本的对传统文化和历史的学习与传承。设计空有其表，却缺乏对于心灵的探索和对生命意义的终极追求。中国家具设计，绝不应局限于以器型作为创意思考的单一载体，而应更具包容性和平衡性，达到思想、精神与物质文化的和谐统一。过去一年，精英阶层的文化自觉、政府政策和行业趋势向好，市场反应良好，我们鲁作家具设计研发渐趋成熟。设计是我个人生活的一部分，“传承经典，经世致用”是我的使命。

赖建文（中国台湾）

正和木创 & 台湾屏东科技大学，设计师

了解材料本身的特性并加入文化的内涵才能创造令人感动的作品。每块材料都有生命所以也有个性，因为木为自然的物质，所以没有绝对的相同，所以每一块材料都是独一无二，即使它存在缺点也是一种美，只看匠师有无将缺点转化为优点的本事。材料的美要用心的感受并且了解它的个性、尊重材料本身的缺点，这样的匠师才能有能力驾驭并创造更高的附加价值，如此材料资源也才会充分利用。

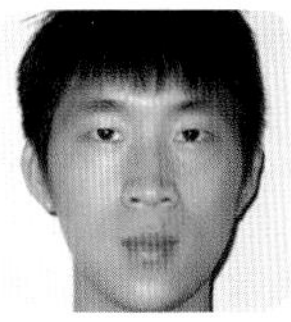

刘华健

创物者设计，资深设计师

中国木家具设计所做的正是中国木家具设计大赛所倡导的“设计激活传承，匠造实现价值”这个宗旨。宗旨即本质，以此来不断传承和弘扬传统家具文化，同时又能符合现代人的生活习惯、审美特征，最终展现中国木作家具设计创新的新思路、新概念、新主张，推动中国木家具设计及产业的发展。

杨玮娣

北京工业大学，家具设计专业带头人

中国木家具设计应更多地倡导“惜木”的设计理念，以爱惜木材之心来做设计，充分利用木材的特性，让家具的每一个部件都做到合理、有用、到位，使家具在功能、形态和使用上达到一种和谐与平衡。

曹林涛

中央美术学院，设计师

中国素有使用榫卯结构的木材搭建房屋的历史，由大到小，从设计者的角度看，木制家具最大魅力也在于榫卯。对家具而言，它不单是一种形式、符号，本质上更是为了结实与牢固，在制作时就可以选择一个最合理的结构去应用，做到中看中用。

莫忠伟

中国美术学院，设计师

从事了木工行业，对木材特性，机械操作有了更深的了解。但“中国家具设计”还处于萌芽期，首先在中国，真正做设计的家具品牌不多，大量的还是仿制，导致大量产品价格低廉，制作工艺粗糙，从而导致好的设计作品得不到重视。然后，中式设计本土化，提取中国元素，具有中式特有的韵味。

卢晓梦

山东工艺美术学院，工业设计专业带头人

中国木家具设计没有固化的内涵与外延，这是一个仁智各见的问题。在木家具设计中，不同的设计师、不同的家具品牌都在以各自不同的方式去完成各自心目中传统家具的样子。我认为中国当下木家具是“中和之美”，这种中和不仅仅只表现在家具设计中体现出功能的中和、意念的中和、肌理的中和、造型的中和、结构的中心、色彩的中和，如果只有这些，美是不完善的，它缺乏生命。更为重要的是：“中和”需要体现出一种符合文明至善的大社会生活态度与理念，而不应该是设计者单纯的认知，这样才能将美精致到视觉表达上的艺术化。

陈家枢

中山职业技术学院，家具设计专业学生

我认为当代木家具是既要符合现代人的使用需求也要保留东方文化的基因，应当传达的是一种生活方式，毕竟说到底家具只是一种生活用具，它应该具备用的功能，只不过再这个创作过程中我们加入对美的理解在里面，使它不再冷冰冰而是有温度的家具。而东方基因再我看来应该是去符号的，中式不再是画龙画凤，可能简单的一个圆一条线，就足够表达东方的韵味了，基因讲究的是根源存在。所以，现代中国木家具既要有文化的传承同时也要有现代人使用的生活方式。这也是我个人所理解的“新中式”。

张亚鹤

上海工程技术大学，设计专业学生

通过做木家具设计使我找到了做设计的归宿感。以前我所做的家具偏向概念，经过过去的一年的锤炼，令我深刻的认识到自己的短板。到了实物制作过程中要面临很多现实的问题，尺寸、选材和一些细节上面的处理。这使我意识到在做设计的时候，也一定要考虑到今后生产及其材料工艺等一些细节。否则，只是纸上谈兵。

刘文杰

山东工艺美术学院，设计专业学生

说起中国木家具设计，大部分人直接映入脑海的应该就是“新中式”“木头材质”“多元家具”……但我认为：一件好的家具应该是材质和文化附加值进行结合，给家具以深层次的蕴意。一件工艺结构完美，既符合人体工程学的家具，达到舒适度，又有文化底蕴支撑，才是好家具。

黄凯燕

浙江农林大学，设计专业学生

“中国木家具”是“中国家具”的一部分，从设计的角度来讲，融合了木材等多种材料结合的家具设计产品可能会带来更多惊喜。因为单一的木材设计家具在保证产品的实用性情况下，设计感比较单一、缺乏表现性，而多种材料结合的家具产品会带来更多的可能性。

唐梦雪

北京林业大学，家具设计专业学生

木家具设计对于木性的把握要求很高，尽力使木家具展示木材最大的魅力是设计师的责任体现。

梁耀辉

华南农业大学，家具设计专业学生

木家具设计不仅要把文化读懂，而且要把材料读懂。

问题二：你做木家具设计（或设计）最大的感受是什么？

张帆

北京林业大学，家具设计专业教师

设计不是自我陶醉和满足，终究是为人服务的。作为高校专业教师，带领学生共同成长，热爱专业，热爱设计是我最大的任务。

牛晓霆

东北林业大学，家具设计专业教师

设计是木生命在物化为家具过程中与造物者精神的完美统一。

曹林涛

中央美术学院，设计师

设计者在做设计时有不同的标准，什么是好设计？每个人理解的不同，但至少有一个判断的标准——价值（设计的必要性），受价值衡量的影响，我们就会克制并有节制的做设计，更加懂得珍惜。就像在数码时代，我们反而要吝惜快门一样。

李军

内蒙古农业大学，家具设计专业教师

在过去的十年中，我坚持不懈的进行着游牧风格家具的设计创作，在设计中努力逐渐尝试着如何在家具设计中更好的体现游牧风格，使其能够符合时代气息并适用于当今生活方式。今后希望这类富有特色的少数民族家具能得到更多家具专业人士的关注。

杨慧全

华南农业大学，家具设计专业教师

文化的创造是家具设计的主题，离开文化创造，家具就失去了本质 现代是家具发展的本质属性，是未来家具发展的潮流。

袁全平

广西大学，家具设计专业教师

木家具设计融合技术与美、产品与精神、个人与自然，体现多元化市场需求，可倒逼高性能木质材料制造技术的创新发展。

沈华杰

西南林业大学，木材科学专业教师

木有文化，嘉木共赏析；人爱设计，同仁齐奋进。“木家具设计”激扬文化，竞引无数木材“大比武”，使其讨论“该如何存在”。

张付花

江西环境工程职业学院，家具设计专业教师

过去的一年，作为一名高校教师，通过参加一系列的行业展会、学术交流、设计比赛、企业锻炼，以及参与第 44 届世界技能大赛家具制作项目国家集训队的工作。走出了校园、走进了企业、深入了行业，面向了世界。而我最大的感触是中国家具正在经历产业转型升级，在这个过程中可能会产生阵痛，但总有一日，我国会实现由家具制造大国到家具制造强国的完美蜕变。

曾欢

择造设计工作室，高级设计师

一直以来我都很喜欢家具设计，过去一年是沉淀，未来两三年也是，我的目标是十年专注。创作革新中式家具也是传承和发扬中国文化，能通过家具设计做文化的传承者，我很自豪。

徐乐

浙江工业大学之江学院，工业设计专业教师
杭州大巧工作室，创始人

我做设计的时候更加注重文化的创新，很多传统文化是基于当时的文化背景和生活方式形成的，有些文化在快速发展的当今社会并不适宜，尤其现在的生活方式发生了很大变化。比如以前为了防蚊虫叮咬食物而制作的竹篾饭菜罩，现在有冰箱，也有塑料制作的，还能折叠的罩子，成本更低更好用。当代设计师却将竹篾饭菜罩设计成灯罩，继续保留了原先的工艺和形态，功能却发生了质的变化，这个例子很形象生动地体现了文化的传承与发扬。

翟伟民

杭州大巧工作室，高级设计师

适合年轻人消费的中国新时代的家具设计产品，这个过程可能是很多设计师和工匠合力而完成，是一个需要他们不断去深入琢磨出有深度的中国当下家具设计的过程。因为传统的中国木器文化博大精深，每一个精美木器的背后都蕴藏丰富的工艺以及人文气息。这些元素需要被设计师洞察并合理挖掘出来，每一个元素都是一个历史和标签。这些元素是设计师用之不竭的素材。而这些元素在被应用的同时也在不断消失。所以做好家具设计，本身是对传统木器文化的一种呵护。

鲍乌勒娜

北京工业大学，家具设计专业学生

好的产品要有灵魂。任何一件不凡的设计，背后必然蕴含着一段动人之事，它可小可大，就发生在我们的身边。当你使用它时，便会引起共鸣，这是设计的语义与灵魂。同时，设计师应熟悉材料与工艺，物尽其用，这是万事起步的基础。

邓文鑫

中南林业科技大学，家具设计专业学生

过去一年，重新审视自己的设计，更多地去关心人与家具的行为，家具与人的精神的契合，不再仅仅是为了好看而去博取眼球。

邓雅洁

华南农业大学，家具设计专业学生

原创好难，能让别人都认同你是一件很不容易的事情。但第一次有家具企业说希望和我合作，让我坚持了自己做原创的心。

王升恩

福建农林大学，设计专业学生

设计思路的转变。以前做新中式家具设计的时候，总是喜欢在原有的古典家具上做减法，呈现的作品显得更简练，但还是摆脱不了传统家具的影子。思路转变后，我更喜欢在现代家具上做加法，现代家具造型加上传统的元素，使其显得现代化的同时不失传统韵味。这是因为传统的木家具设计的过于繁琐，家具因造型粗大费材料，不是非常符合人体工程学，现代木家具应该反古思今，设计的家具要符合现代人的审美，更符合现代人的生活方式。

邵婧杨

福建农林大学

自己很享受做木家具设计的过程，能做出具有现代感的传统韵味的设计内心是充满着成就感的，因此会更加喜欢更加热忱地继续做下去。整个过程中能看到更多更好的优秀的设计，让自己拓宽见识，相信家具设计在未来会有更广阔的发展。

罗曼桃

江门职业技术学院，设计专业学生

对于自己做木家具设计，我觉得这样不仅可以拓展自己对家具设计的知识面，还可以培养自己的家具设计能力，从更大的方面了解设计的意义，对以后更深、更难的设计作铺垫。

问题三：你认为中国当下“中国木家具设计”是否存在标签？为什么？

曹林涛

中央美术学院，设计师

去为“中国木家具设计”贴一个合适恰当的标签是一件很难的事情。北欧家具、美式家具好像是都有一个标签（简洁，舒适），可中国宋代时期人们就定义了中国木家具简洁的制式，现在人又可以把中国木家具设计的很舒适。现在标签失去了独有性，它可能变成一种我们不需要的“框架”，从本土的情景去设计木家具，自然而然它就是中国的。

逯新辉

四川农业大学，产品设计专业教师

第一：“品牌差异化”。当下中国木家具产量大，但是效益并不理想，究其原因并非用材不合理、工艺不达标。在某种程度上讲，材料与工艺是其优势，品牌意识淡薄则成了劣势，“卖家具就是卖原料”的理念深入人心。如今，通过设计赋予产品更高的附加值得到越来越多人的认可，设计应该是当下中国木家具产业最主要的驱动力，企业通过设计营造符合自身的差异化品牌，需要“众星捧月”托起“中国木家具设计”这个核心品牌，真正让设计成为家具附加值的源泉。

第二：“轻奢”。当下来讲，木材是健康与环保的象征，木家具设计的起跑线就不应该太低，健康、环保、自然正好符合当下“轻奢”的概念，低调但富有内涵，不繁琐但注重细节。

袁进东

中南林业科技大学，家具设计专业教师
中国传统家具研究创新中心，主任

当下“中国木家具的标签”是中国传统木家具与现代人生活方式的融合，即大家津津乐道的“新中式家具”。一种新的风格家具是因应时代而产生，它有一定的时间性，这种“式”正在形成中，也将在未来一段时间继续持续下去，直自最后产生出一批优秀的作品作为这个时代中国家具的代表。“新中式家具”也是我国民族文化复兴和消费者自身文化诉求的必然结果。

高思超

济南优再社家居有限公司，资深设计师

新中式。明式家具曾经大放异彩，中式家居文化底蕴深厚，传承、开放、融合的新中式的家居文化必将在世界家居设计舞台占有重要的一席。

陈哲

华南农业大学，家具设计专业教师

当下中国木家具依然给人粗大厚重的印象。 虽然在市场涌现了一些简约现代实木品牌、禅意雅致的新中式品牌、时尚有机的北欧风格品牌等，但还没有成为木家具的消费主流，极富实木厚重感的粗大笨家具仍然大行其道。

高伟

广西大学，家具设计专业教师

功能家具设计。功能是整合了新材料、新设计、新工艺、新配件、新技术的功能导向设计。

袁全平

广西大学，家具设计专业教师

标签：功能性、耐用性与美观、个性化、精神传承深度融合。

原因：功能性、耐用性和美学价值的提升是当前家装行业提升产品价值的重要途径，个性化则是木家具设计师适应当今差异化及定制化等新型消费理念的具体表现。

秦永志

广西大学，家具设计专业教师

智能家具。随着互联网发展的不断深入，传统木家具设计在满足人们基本的使用功能和美观需求的基础上，需结合现实需求，向智能化家具（家居）发展。

王井龙

长安微动设计工作室，设计师

我认为当下木家具设计应是：奔放不失含蓄，动态的非静止的；环保却不肤浅，理念呈现功能。

奔放不失含蓄，符合现代人生活方式，符合现代未来能源资源的合理利用。将传统工艺和现代新材料结合，设计产品飞入寻常百姓家，这才体现设计的意义；而家具的意义是通过空间与人情感互动，是实现与人行为的对话。家具设计师的社会责任感，恰恰体现在这两点上。

印臻焕

清华大学美术学院，设计专业学生

我觉得现在的中国木家具不应该过度依赖以传统形式感为主导的设计方向，应该适当吸收国外诸如人体工程学的实用性，而非在形式感上过度开发。宋式家具、明式家具之所以经典，是因为经历了成千上百年的沉淀，在当时的环境中具有不可替代的属性。现如今，我觉得以单体的、个人的能力和修养，想超越传统经典并非容易。多元化的时代，融合不同的文化和不同的家具设计理念进行创作实践应该会走出一条路，在我们这片土地上才有可能出现“中国木家具”。

杨洋

北京工业大学，家具设计专业学生

我觉得中国木家具设计的标签，应该是“中国式生活”，这是我个人的一种理解。我们生活的环境，接触的文化，都会影响我们对事物的理解和看法。现代的中国家具，就应该以中国人日常生活为基准，符合中国人的行为和文化。在这个过程中自然会形成现代中国的风格，而不是单纯的仿传统、仿经典。

封宇

中南林业科技大学，家具设计专业学生

我认为是“共鸣”。一个好的设计不是一味地去迎合所谓的需求，而是做出的东西能够引起当代人的共鸣。我们所要做的是引领，领先市场需求的一小步，绝对不是单纯地迎合。

邵婧杨

福建农林大学，设计专业学生

由繁至简。随着时代的发展潮流，将传统的设计由复杂向简单的方向转变。将繁琐的表达方法转变为用简单明了的方式呈现（例如最基本的点线面），让当下的中国木家具既展现出现代的美感又保留了中华传统设计的精华之处。

袁兆华

华南农业大学，家具设计专业学生

符合中国人的审美特征与作息习惯，融合浓郁的东方气质。在自己国家的土地上做的家具设计，并不是为了新而新，而是要符合国人的居住需求、审美观念和文化特征。

梁耀辉

华南农业大学，家具设计专业学生

中国文化底蕴深厚，卓越的文化需要永世流传，而木家具作为文化传承的载体更适合不过。既要传承文化精髓，又要体现时代特征，此之为中国木家具设计标签。

邓利平

四川农业大学，产品设计专业学生

“传承”，是承上启下的意思。中国文化源远流长博大精深，在家具方面曾有着辉煌的成就。但中国曾经历过西方外来文化的强烈冲击，很多传统的东西经历过断层，作为设计师，我们有责任去找回那些优秀的文化，根植于传统，结合现代审美，做有内涵有温度有归属感的家具设计。

ZHONGGUO
MUJIAJU
SHEJI
NIANJIAN
2017

设计表现作品

组合类设计奖

设计说明　本款书房家具设计以东方
和花梨木的结合，在造型
柜上的结合采用的是中国

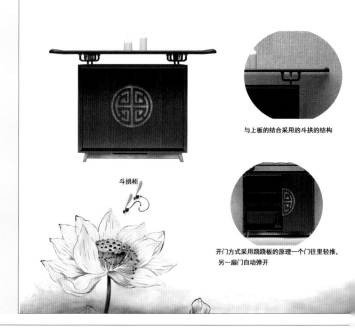

与上板的结合采用的斗拱的结构

斗拱柜

开门方式采用踏踏板的原理一个门往里轻推，
另一扇门自动弹开

作　　品：禅意东方
作　　者：王升恩／福建农林大学
指导老师：陈祖建

《禅意 • 东方》

念，目的是宣传我们东方人的生活方式和对美学的的理解。材质上采用的是檀木
吉大方的造型，再以中国传统图案做镂空装饰。结构上采用的是榫卯结构，斗拱
斗拱形式链接，十分的富有东方生活气息。

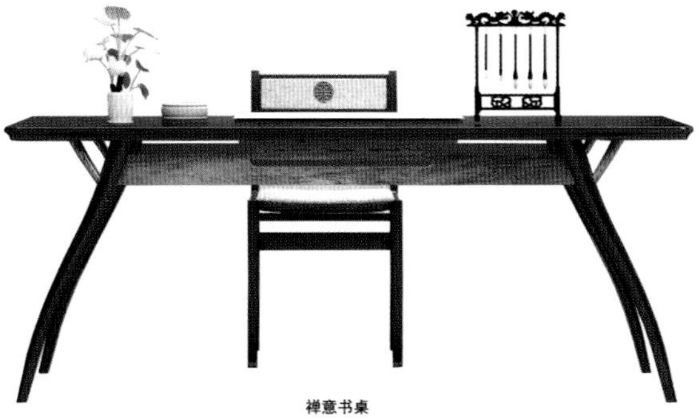

禅意书桌

皮革软包

皮革软包

花梨木和檀木的结合

开门方式和斗拱柜同理，一边轻推

禅意书柜

Zen
tea
润心系列
禅茶文化博大精深，润心系列茶室家具吸取禅茶相关理念，将素简、
此次茶室家具设计以黑胡桃木为主要材料，将木材纹理完美展现，设
考虑在内，整体设计吸取明式家具简洁风格，家具线条简洁有力。
设计不仅展现虚实对比，不同材料的运用丰富了视觉感受，总之
简约大方，尽显宁静优雅之气息。
设计同样注重与整体环境的协调搭配，家具间的组合更具禅茶意境，使
设计人：杨铭 马俊娴　山东艺术学院　作品类别：组合类

作　　品：润心系列
作　　者：杨铭、马俊娴／山东艺术学院
指导老师：朱旭

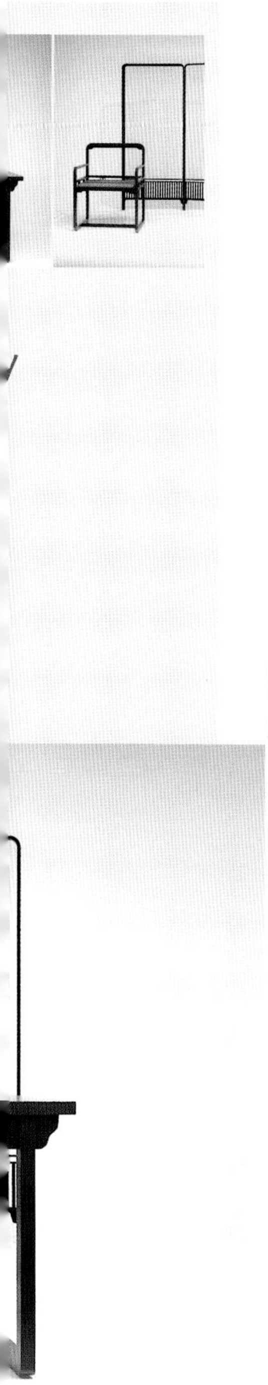

茶椅：牙板平素，转曲有力，与屏风及茶案采用相同的基本元素在追求创新的同时运用少量卡子花，即是装饰构件，又增强了稳定性，韵味十足

屏风：丝绢富有轻盈柔美的半透明质感，淡雅的绢布可搭配不同的水墨画，将传统家具融入当代个性化设计

下方格栅，其意不在挡风，赋予其“隔而不离”的分隔空间功能，使得饮茶空间变得有趣而灵动，空间虚实得宜依靠合页为轴，可以依照需求和喜好置于茶室空间任意地方。

茶桌：灵感来自于宋代的刀牙板平头案，整个桌面宽广而简洁，台面两侧边倒出斜角，使面板更显轻薄灵巧，牙板与底角相连。

入座方向的前档枨实为抽屉，可用于存放茶则等较小物件小巧的矮屉适于当代人的生活方式

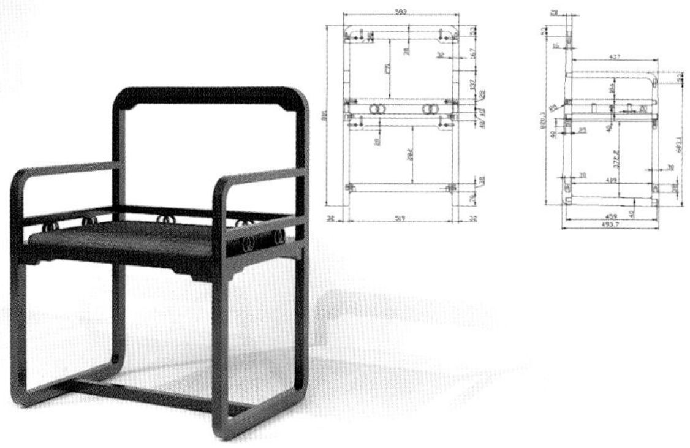

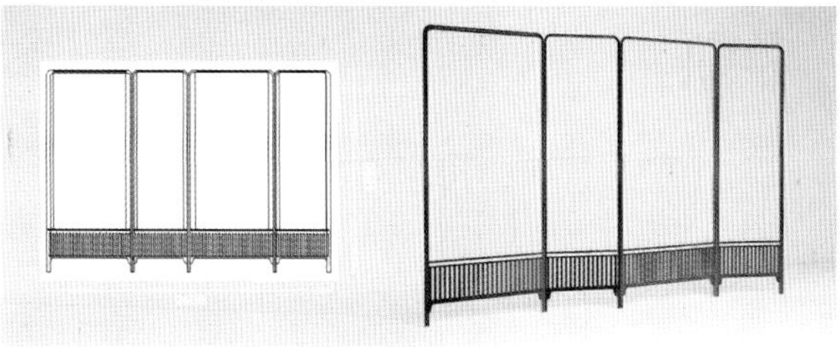

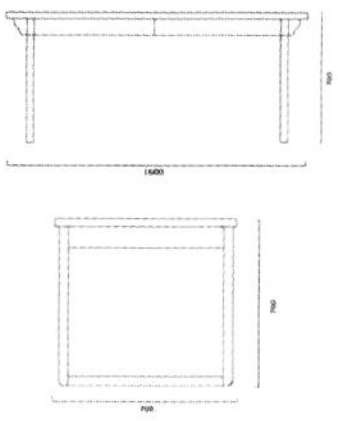

润心系列
茶室家具设计

设计人：杨铭 马俊娴　山东艺术学院
作品类别：组合类 作品名称：《润心系列》

作品：E+ 平面封装新中式家具
作者：逯新辉、何莉、苏思蓓／四川农业大学

E+

——平面封装新中式家具设计

平面封装示意图

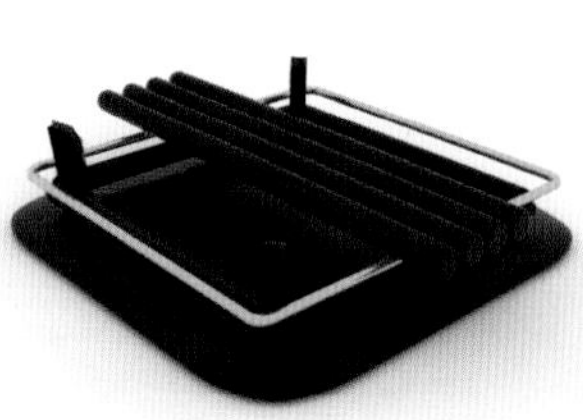

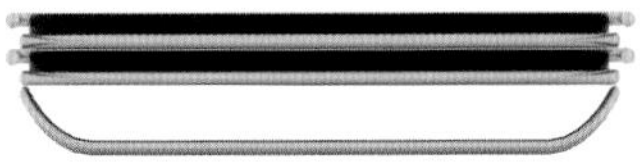

云岫◦流水

设计说明：

都市忙碌、紧张的生活节奏，难得清闲，人们对清静越发向往。这款家具采用传统榫卯结构与现代沙发垫，木料搭配麻质坐垫设计，再结合金属、石料使其连接。将香器置于边几石质几面上，心头琐事随烟消云灭。

作品：云岫·流水
作者：曾志成、姚少琪／广东轻工职业技术学院
指导老师：白平、谢伟浩

细节工艺说明：
以石面、金属和木料为其设计元素，加以香道为辅。石面与木料之间留槽方便通烟与茶几的排水。

材料运用说明：
几面由石板打磨至哑光，在传统的榫卯结构加入金属黄铜材质使家具更具稳固感。

面料材质说明：
以简约复古的棉麻作为这套沙发的面料，蓝色的棉麻能使室内更具空间感，棉麻与胡桃木的结合显得格外成熟。

云岫◦流水

两人位

茶几

边几

单人座

组合类设计奖

作　品：齐眉·卧房系列

作　者：封宇／中南林业科技大学

指导老师：袁进东

齐眉
卧房系列
Bedroom Suite

齐眉，取自"举案齐眉"一词。
"为人赁舂，每归，妻为具食，不敢于鸿前仰视，举案齐眉。"
原意是赞美夫妻美满婚姻的专用词，心心相印、相敬如宾、夫唱妇随。
在女性地位不断提升的今天，男尊女卑的思想已不再受用，"举案齐眉"也有了有了时代特征的深层含义。
◆设计说明
齐眉系列，灵感来源于中国明式家具，造型取自天平架，寓意夫妻地位的平等。女为悦己者容，以梳妆台作为核心产品，根据不同的生活习惯，设计出站立式和桌台式两款形式。全系列采用具有纹理优美的黑胡桃和白橡木两种可供选择的材料，加上榫卯结构的运用，以"相敬如宾"为精神内涵，适用于新婚夫妇的婚房。

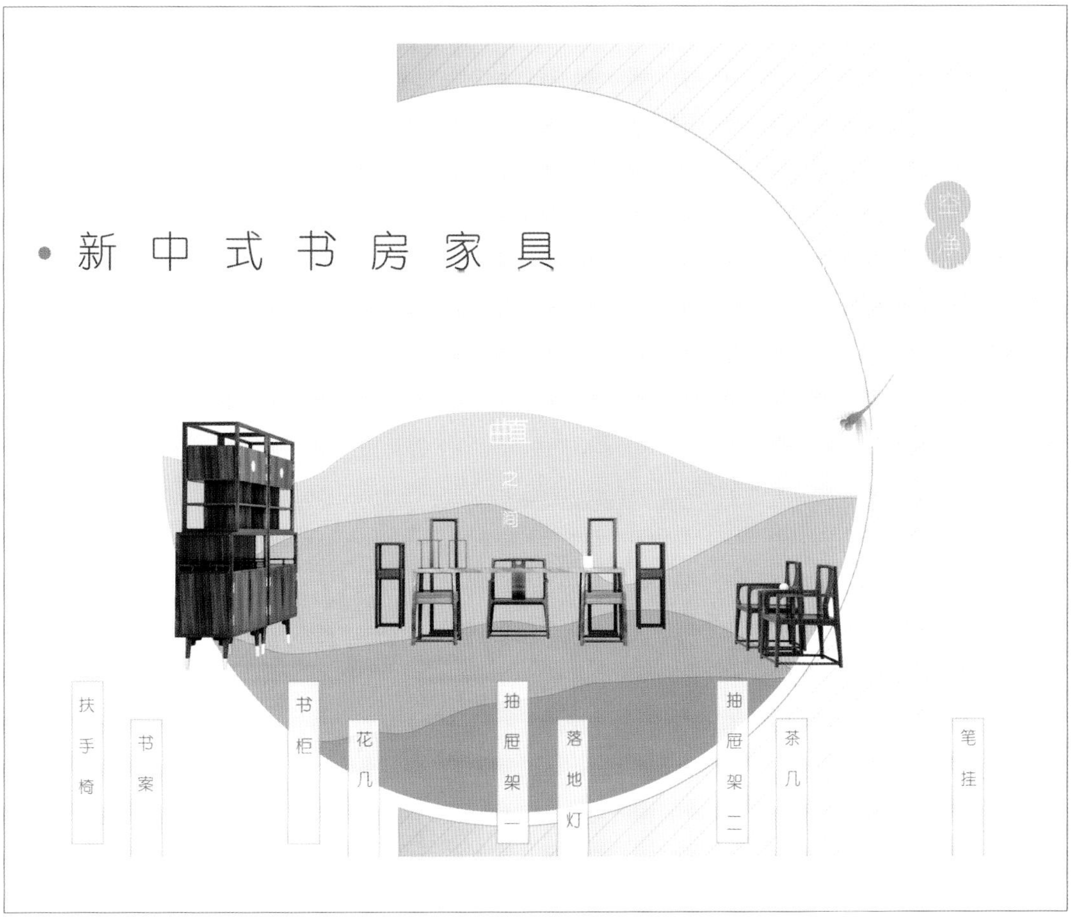
新中式书房家具
扶手椅
书案
书柜
花几
抽屉架一
落地灯
抽屉架二
茶几
笔挂

新中式书房家具

作品：新中式书房家具

作者：谭亚国、谭柳、彭康／中南林业科技大学

指导老师：刘文金

素心系列实木家具设计

"闻多素心人，乐与数晨夕"，居于宅，入于世，若皆能怀一素心足矣。纯粹生活，朴素求知，乐交素友，是独具中国智慧与哲思的生活态度。

书架为上架下柜，兼储存与陈设功能，抽屉造型灵感来源中国古代建筑飞檐的形态。腿的下端变形加粗，使其显得稳重大气。

椅融合了禅椅与圈椅的特点，椅面宽大，且夸张地表达了扶手的曲线造型。

作品：素心
作者：张丽彬／四川农业大学
指导老师：吕建华

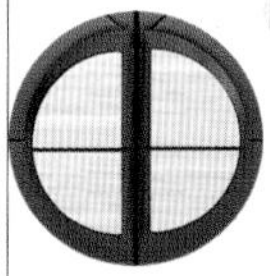

四个抽屉拉手形成一个圆

屏风立柱用铜件装饰

抽屉面板铣型，与面板造型和屏风造型呼应

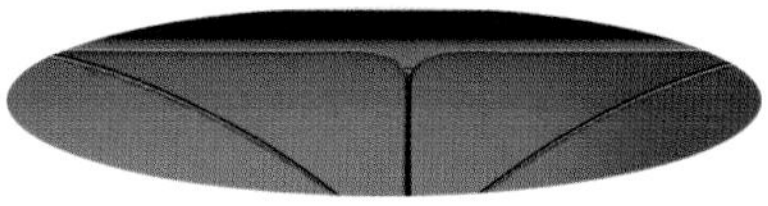

书架立柱用铜件装饰

客厅家具整体效果图

设计说明

本案设计将明式家具与现代的设计风格相融合，通过对官帽椅的提炼，结合‘水墨荷花’元素，在设计上以明清时期家居理念的精华，将其家具的经典元素提炼并加以丰富，给传统家居文化注入了现代气息，从而设计线条明快、功能实用的现代新中式家具，以适 应多元化的生活节奏。本设计以竹集成材、重组竹材为主材、水墨荷花布艺为辅，沙发垫和靠背的布艺材质主要是用麻布，棉麻布料天然淳朴，本真随意，不张扬。

休闲椅套件效果图

作品：荷韵
作者：黄帅华／福建农林大学
指导老师：陈祖建

荷花图案来源于"一花一世界，一叶一如来，禅定无烦恼，心如莲花开"中的莲，来作为主体元素。莲素有"出淤泥而不染，濯清涟而不妖"、"花中君子"的美誉，这一元素让家具散发出一种清新、雅致的韵味，禅意十足。运用于本案设计，让这个城市忙碌的人们，在视觉上和感受上享受一种清新、高雅、自然的禅意空间。

装饰书柜效果图

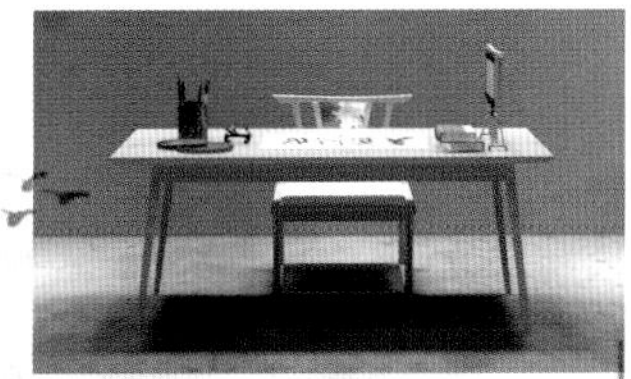

书桌椅效果图

屏风效果图

组合类设计奖

作品：影床

作者：王海亮、王蓉、吴鹏雁／内蒙古师范大学

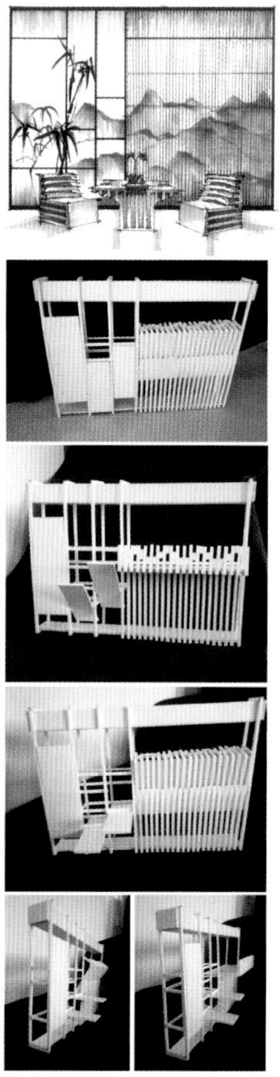

陶然一居之"影床"

影床以竹映影，藏床为壁，化壁为窗，纳、隐为重，把家居中的家具全部收入其设计，包括衣柜、鞋柜、顶柜等，踏步可化为条式桌椅，柜内暗藏灯具，隐床之下空，可以收入合凳，合凳则可以衍生出餐桌、矮椅、棋台、茶座等一系列家具。影床主材以2cm×3cm木方担当，以线形组成疏密有致的花窗格栅意象，隐床为壁。床底辅以山水竹影，白为底，水墨中景，重墨骨线，亦屏亦窗之境随出。画映紫竹，题点居不可无竹的审美追求。

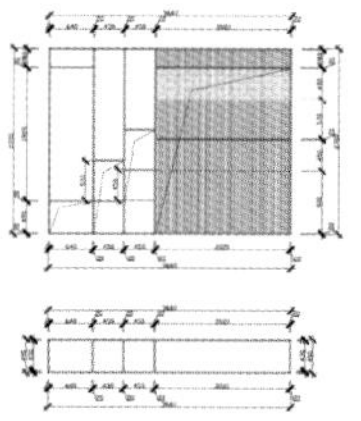

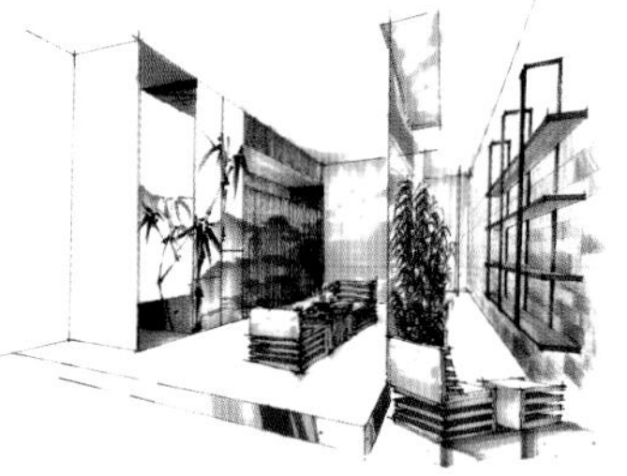

作品：合凳

作者：王蓉、王海亮、赵雅倩／鲁迅美术学院

陶然一居之"合凳"

合凳在"影床"亦屏亦窗的效果下，以"梳"为概念，配合了"影床"的特殊结构，便于收纳与变化。合凳以合为变，化凳为椅，合椅为桌，覆以为几，可以衍生出餐桌、矮椅、棋台、茶座等一系列家具，随性而动，意趣横生。合凳以线形为主，配合"影床"意境，追求中式表达的线性美。合的理念也是陶然小居的功能需求和语言互动。

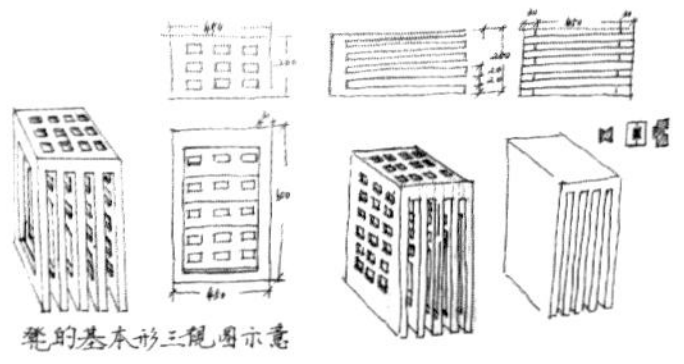

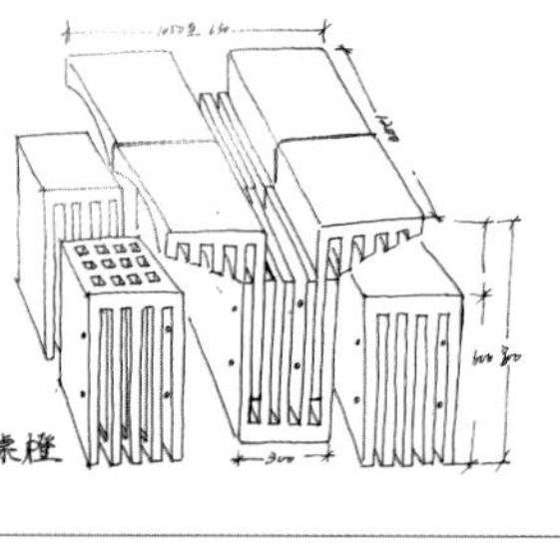

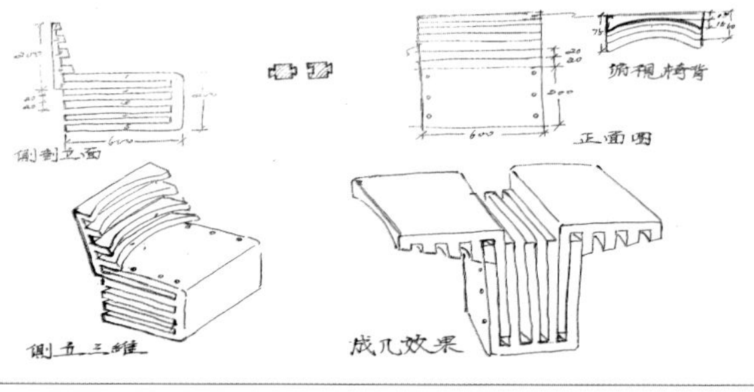

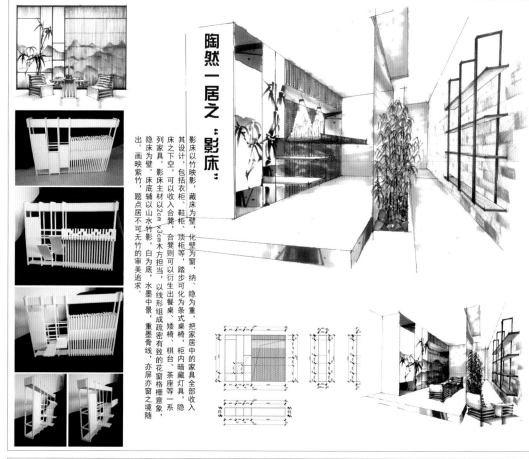

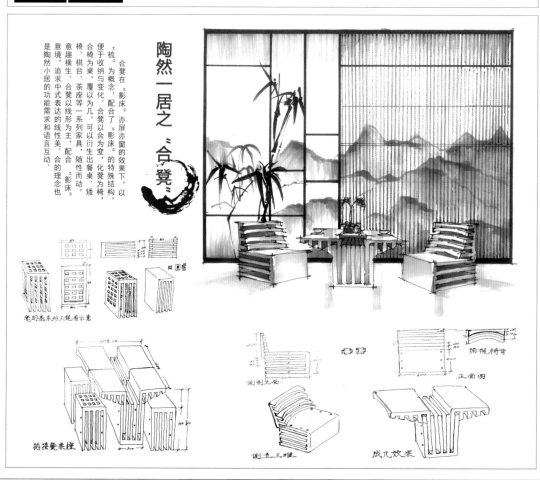

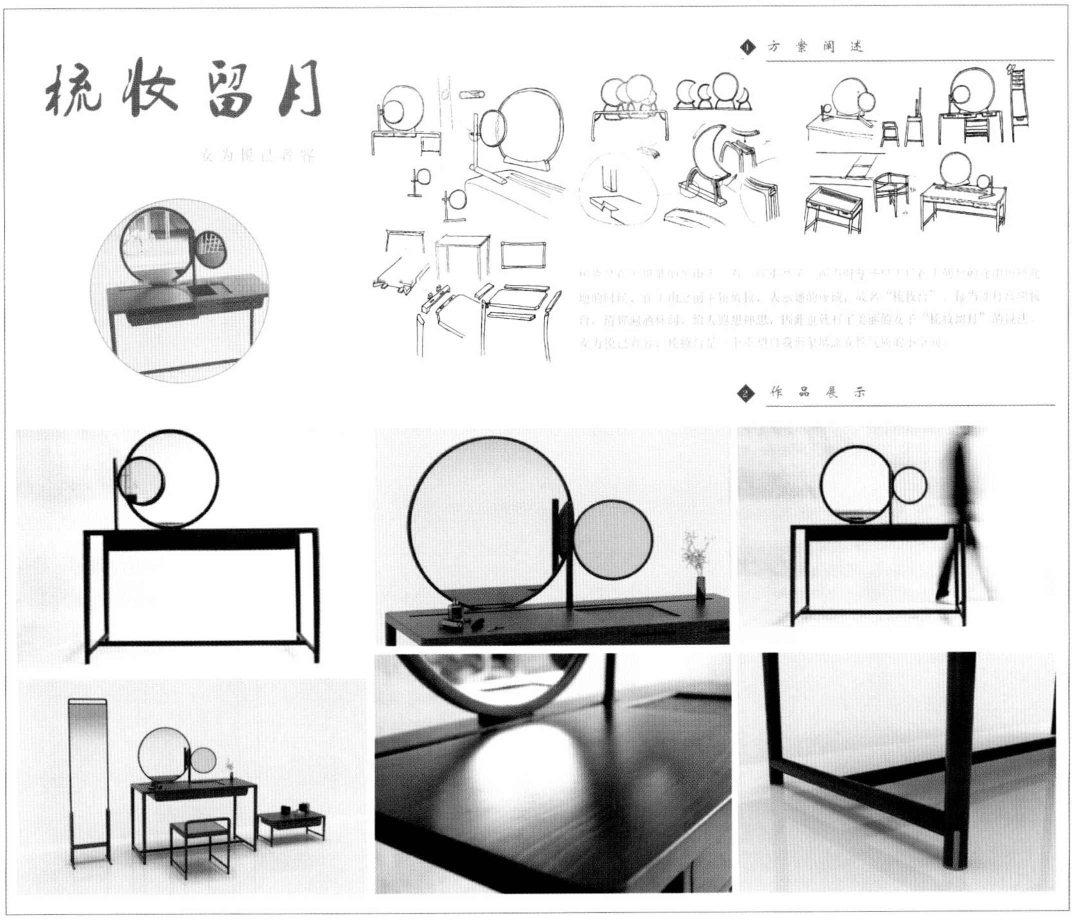

作品：梳妆留月

作者：曹林涛／中央美术学院

指导老师：吴卓阳

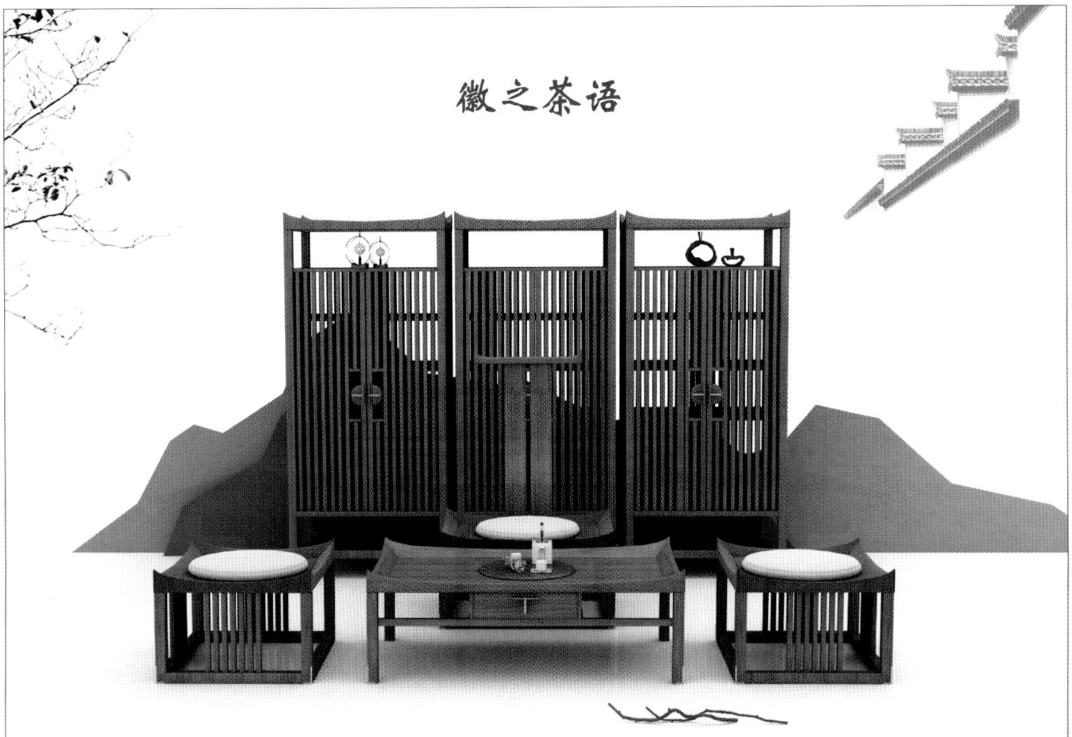

设计说明：

设计理念源自徽派建筑的马头墙，黑瓦白墙，飞檐翘角的屋宇随山形地势高低错落，叠层有序。将这意境运用之茶室空间，营造家具系列之间的徽之印象。

作品：徽之茶语

作者：干珑、曾艳萍／顺德职业技术学院

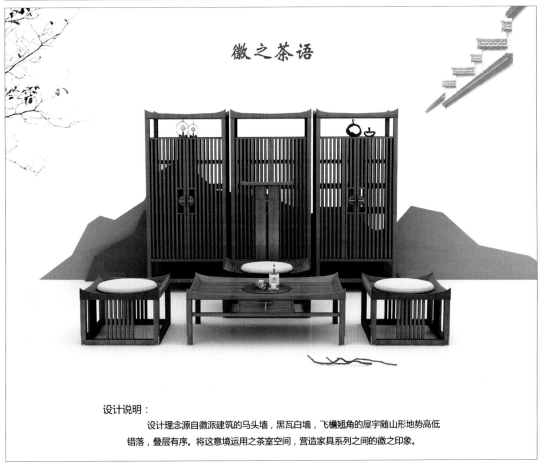

组合类设计奖

作品：荒芜

作者：李焕武／顺德职业技术学院

指导老师：孙亮、曾艳萍

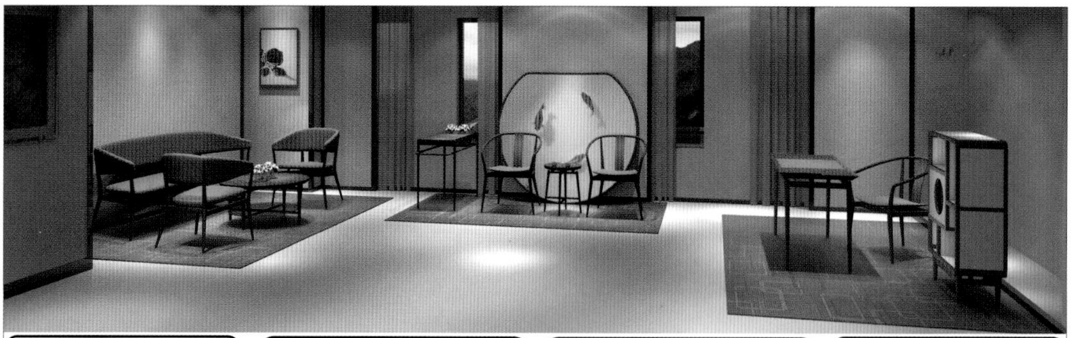

屏风：1600*300*1450
小茶几：410*410*500
边桌：1120*440*790

三人沙发：1980*630*830
圈椅：640*574*800

荒 芜

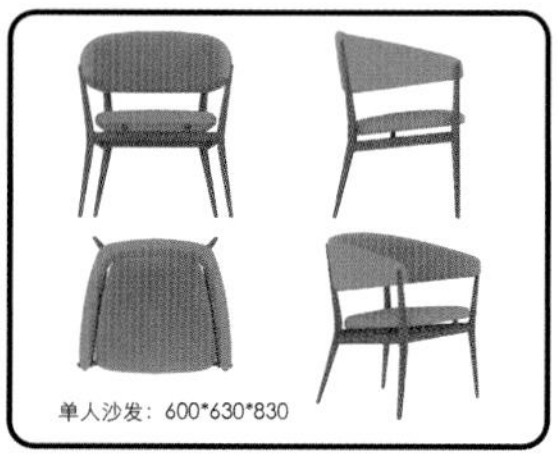
单人沙发：600*630*830

助柜：765*320*1100
大茶几：900*900*420
书桌：1400*700*770

设计说明：

立足传统，汲取东方美学的精髓，运用现代设计手法诠释现代中式美学是本设计的目的所在。摒弃生搬硬套明清传统家具符号，以支撑状和生长状的元素进行设计，整体造型手法力求优雅、轻盈、含蓄、温润、亲和。实木与皮革的搭配古朴又现代，富有质感。可开合的屏风加入栩栩如生的金鱼图案，为整个空间带来无限生机。

作品：素知

作者：薛拥军、陈哲／广州知道家居设计有限公司

素知·系列

在这里，家具可以被赋予一种声音、一种思想、一种认知、一种境界；在这里深藏在作品本身的内在之“意”，悄然绽放；在这里，我们用心来静聆木之絮语，轻抚岁月容颜，在这里，我们感悟所有“意”之灵动瞬间。

组合类设计奖

作　品：合
作　者：朱艺璇／华南农业大学
指导老师：杨慧全

【合】

设计说明：

以宋、明扶手椅作为设计灵感，再加以改造；椅搭脑作弧形向后弯曲，背板亦成弧形，整体家具体现明式家具简洁、明快、圆润的特点，又有宋代文人雅士的味道。形态以方见长，横直结构以圆料为主，用材匀称，不粗不细十分舒服。椅子与软包结合，更符合现代人的审美需求。一份情怀，一份清韵，一份极雅极致。

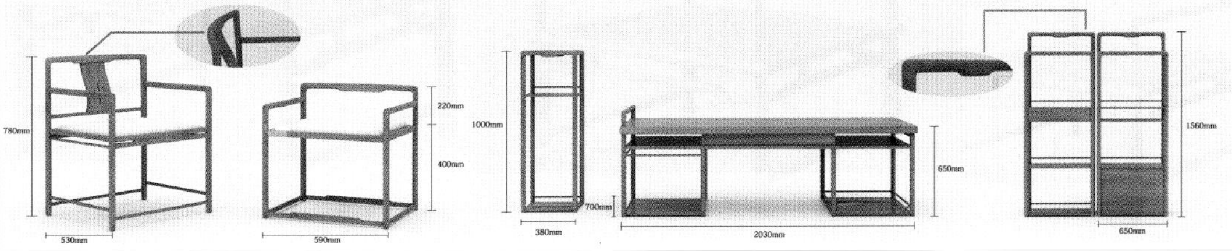

作　品：胭脂
作　者：杨再田、张竞文／沈阳航空航天大学
指导老师：孙明磊

胭　脂

祁连冷雪染胭脂，
一线明眸烁黛眉。

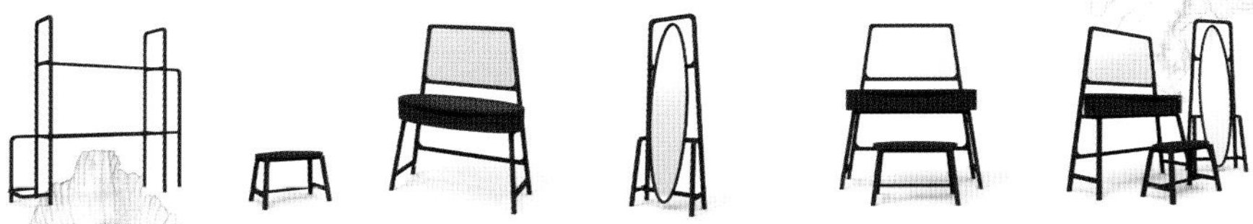

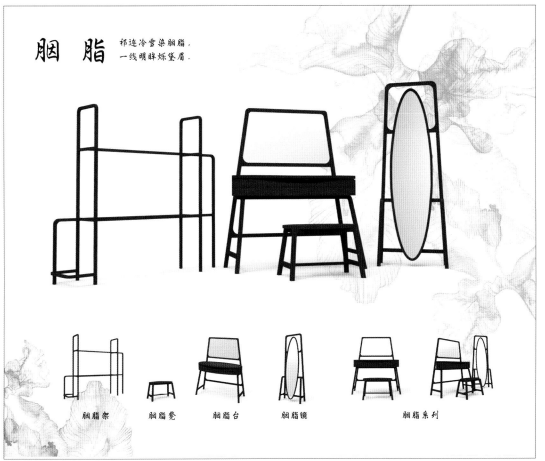

组合类设计奖

作品：梦入苏园

作者：曾欢、王超／择造家具设计工作室

指导老师：叶翠仙

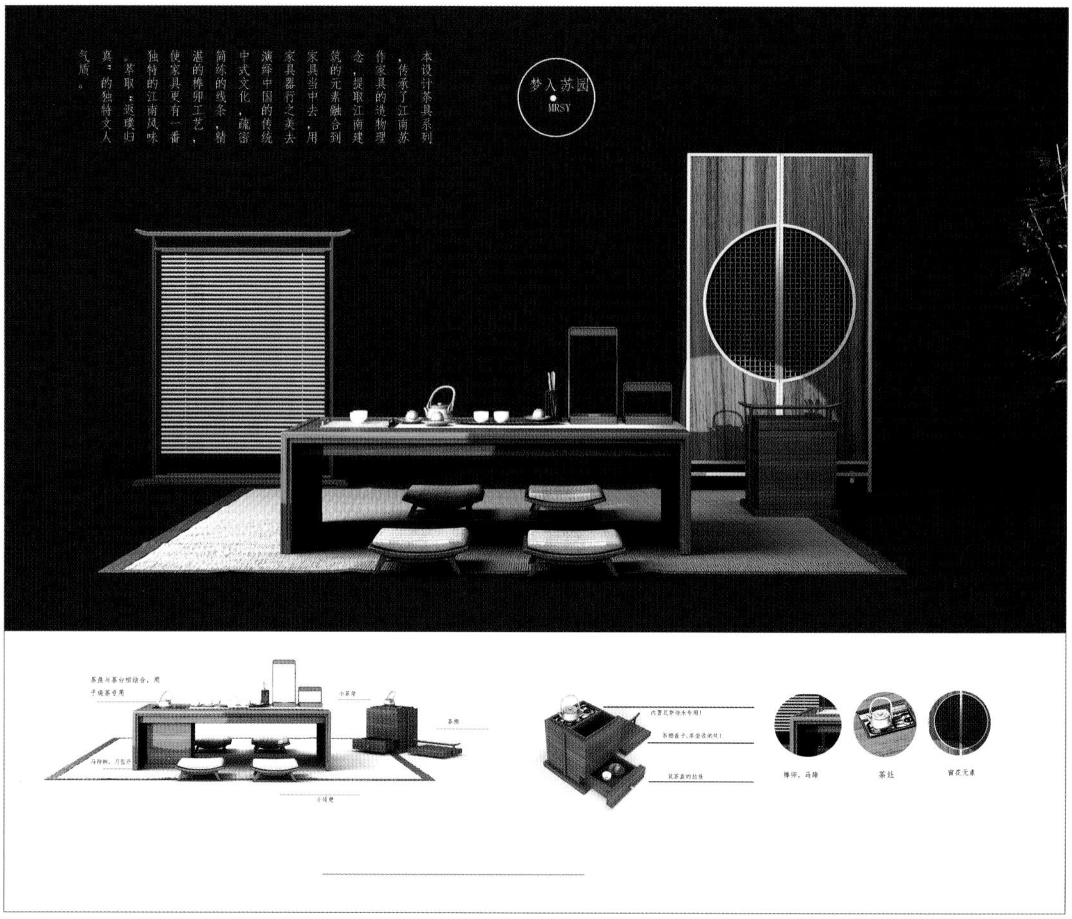
本设计茶具系列，传承了江南苏作家具的造物理念，提取江南建筑的元素融合到家具当中去，用家具器行之美去演绎中国的传统中式文化，疏密简练的线条，精湛的榫卯工艺，使家具更有一番独特的江南风味。萃取：返璞归真：的独特文人气质。
梦入苏园
MRSY

作品：忆江南

作者：张付花／江西环境工程职业学院

心致远•韵悠长•忆江南
君到姑苏见，人家尽枕河。古宫闲地少，水巷小桥多。
人人尽说江南好，小桥流水宅自老。青砖小瓦马头墙，回廊挂落花格窗。
江南建筑特色鲜明，粉墙黛瓦自成阴阳两界，使其成为江南传统建筑最为贴切的质朴外衣。“忆江南”系列家具通过对江南青砖白墙、马头翘角等典型建筑形制的吸收创新，赋予家具轮廓线高矮相间、错落有致的比衬；装饰以素面为主，只在局部如抽屉、床面板等饰以小面积的雕刻，与洁净朴素的整体形成鲜明对比，整个外观看上去朴素而不寒俭，精美而不繁缛，给人质朴清新的感觉，置身其中，平静悠远，让人忘却城市的喧嚣。

组合类设计奖

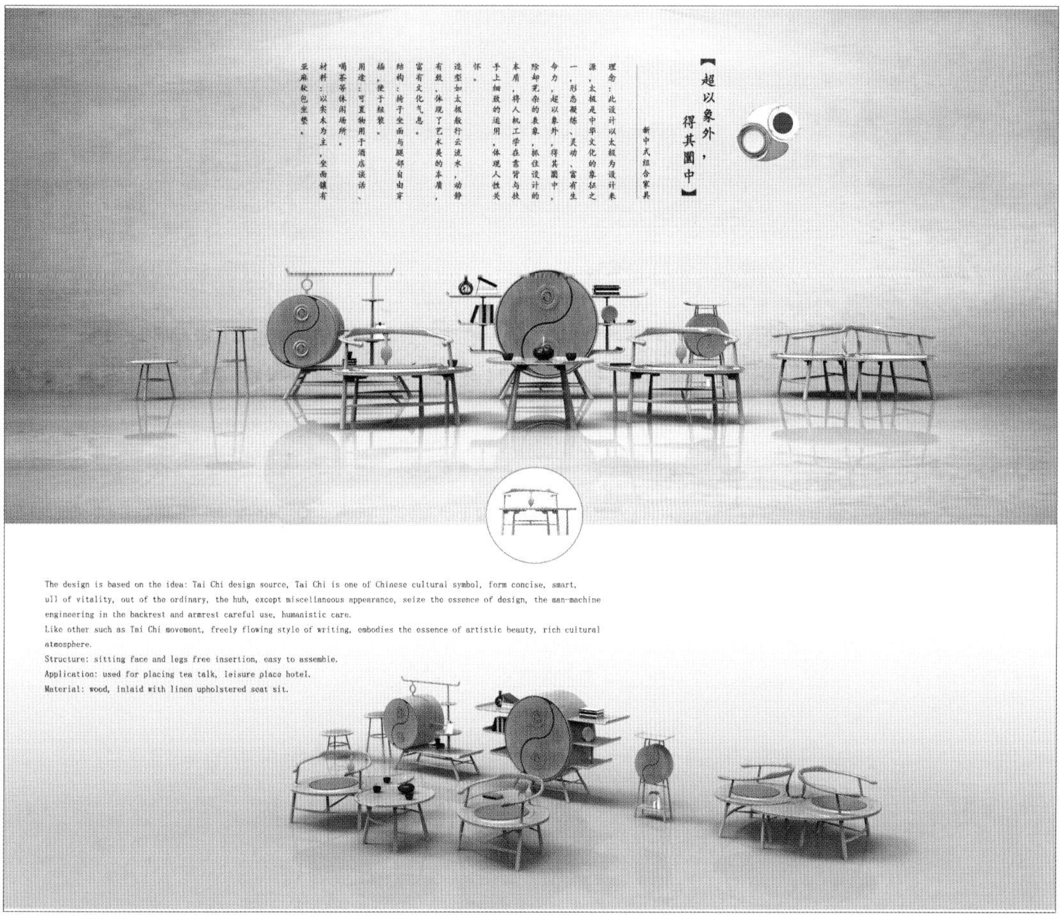
【超以象外，得其圜中】
新中式组合家具
理念：此设计以太极为设计来源，太极是中华文化的象征之一，形态凝练、灵动、富有生命力，超以象外，得其圜中，除却繁杂的表象，抓住设计的本质，将人机工学在靠背与扶手上细致的运用，体现人性关怀。
造型如太极般行云流水，动静有致，体现了艺术美的本质，富有文化气息。
结构：椅子坐面与腿部自由穿插，便于组装。
用途：可置物用于酒店谈话、喝茶等休闲场所。
材料：以实木为主，坐面镶有亚麻软包坐垫。
The design is based on the idea: Tai Chi design source, Tai Chi is one of Chinese cultural symbol, form concise, smart,
ull of vitality, out of the ordinary, the hub, except miscellaneous appearance, seize the essence of design, the man-machine engineering in the backrest and armrest careful use, humanistic care.
Like other such as Tai Chi movement, freely flowing style of writing, embodies the essence of artistic beauty, rich cultural atmosphere.
Structure: sitting face and legs free insertion, easy to assemble.
Application: used for placing tea talk, leisure place hotel.
Material: wood, inlaid with linen upholstered seat sit.

作品：超以象外，得其圜中

作者：祝国东／淮南师范学院

指导老师：包永江

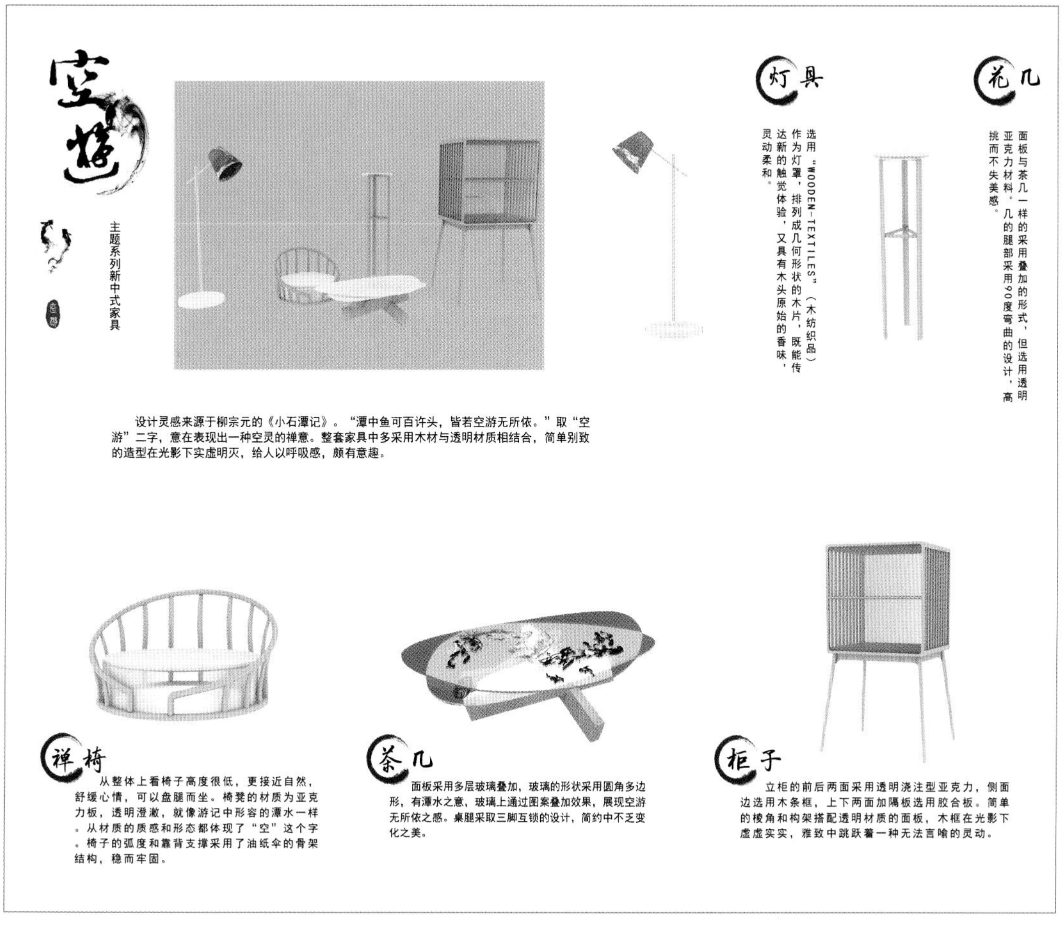
空游
主题系列新中式家具
灯具
选用“WOODEN-TEXTILES”（木纺织品）作为灯罩，排列成几何形状的木片，既能传达新的触觉体验，又具有木头原始的香味，灵动柔和。
花几
面板与茶几一样的采用叠加的形式，但选用透明亚克力材料。几的腿部采用90度弯曲的设计，高挑而不失美感。
设计灵感来源于柳宗元的《小石潭记》。“潭中鱼可百许头，皆若空游无所依。”取“空游”二字，意在表现出一种空灵的禅意。整套家具中多采用木材与透明材质相结合，简单别致的造型在光影下实虚明灭，给人以呼吸感，颇有意趣。
禅椅
从整体上看椅子高度很低，更接近自然，舒缓心情，可以盘腿而坐。椅凳的材质为亚克力板，透明澄澈，就像游记中形容的潭水一样。从材质的质感和形态都体现了“空”这个字。椅子的弧度和靠背支撑采用了油纸伞的骨架结构，稳而牢固。
茶几
面板采用多层玻璃叠加，玻璃的形状采用圆角多边形，有潭水之意，玻璃上通过图案叠加效果，展现空游无所依之感。桌腿采取三脚互锁的设计，简约中不乏变化之美。
柜子
立柜的前后两面采用透明浇注型亚克力，侧面边选用木条框，上下两面加隔板选用胶合板。简单的棱角和构架搭配透明材质的面板，木框在光影下虚虚实实，雅致中跳跃着一种无法言喻的灵动。

作品：空游

作者：唐梦雪、李雅菁、陈忻昀、贾思佳／北京林业大学

作品：方格·书香

作者：林丹、杨东杰／西南林业大学
指导老师：沈华杰

● 设计说明：

该系列家具是以新中式风格为基础，采用框架式的结构结合而成。工艺绝大部分采用粽角榫的结构将各部件接合起来，少许部分采用直角榫。均为直方材，加工简易。造型上，框架式结构，形似方体切割，方正而端然，给人以正气，有归静之感，不枝不蔓，不争不竞，素洁空敞，简约干练，整体呈现出一种干净淡雅，正襟危坐的感觉。功能上，用于书房陈设，平时工作读书，或是接人待物均可。这一系列家具整体呈现出现代简约感，结构不复杂，造型风格很中式化，适于多元化的人群，简易干净舒适，少年、青年、中老年人群均可以选择。

1/6

作品：暗香

作者：杨伊纯／龙江职业技术学校

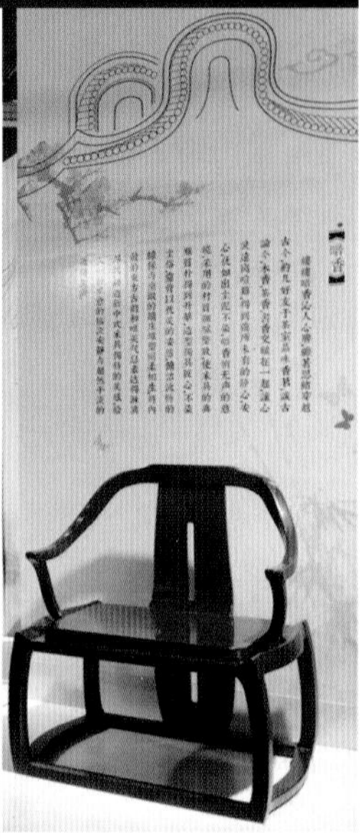

《暗香》设计说明：缕缕暗香沁人心脾，缠着思绪穿越古今，约几好友于茶室品味香茗，谈古论今，木香，茶香，书香交织在一起，让心灵远离喧嚣，得到前所未有的静心，安心，犹如出尘泥不染，暗香悄无声的意境。《暗香》采用红酸枝材质，细腻坚致，使家具的典雅，质朴得到升华。功能上可以任意组合 ，满足需求。造型独具匠心，不染尘俗，靠背以优美的姿态，简洁流畅的线条与坐墩的端庄雄塑刚柔相生，将内敛的东方古韵和唯美气息表达得淋漓尽致，缔造新中式家具独特的美感 ，给人一份禅意的恬淡安静与超然平淡的休闲生活。

组合类设计奖

作品：菩提树下
作者：马杰东／品木设计

效果图一

效果图二

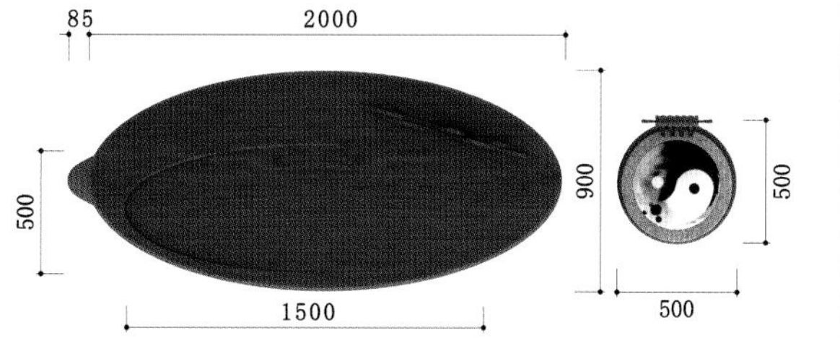

顶视图

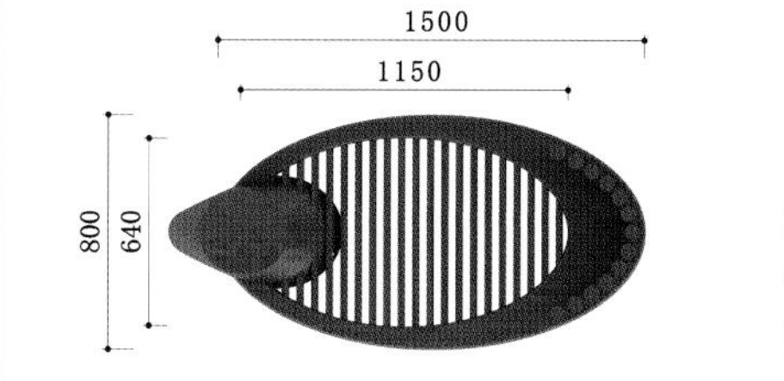

底视图

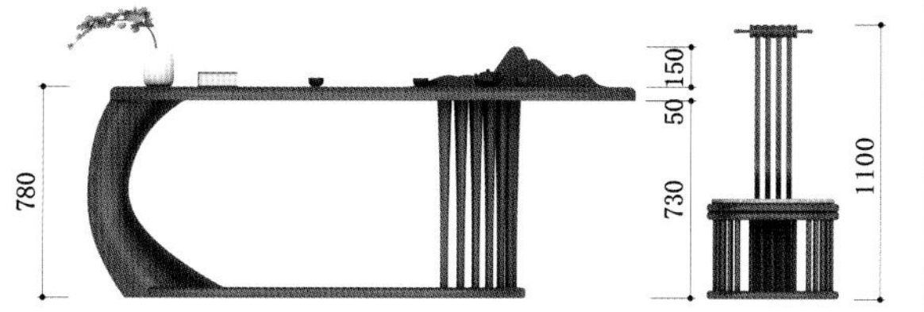

正视图

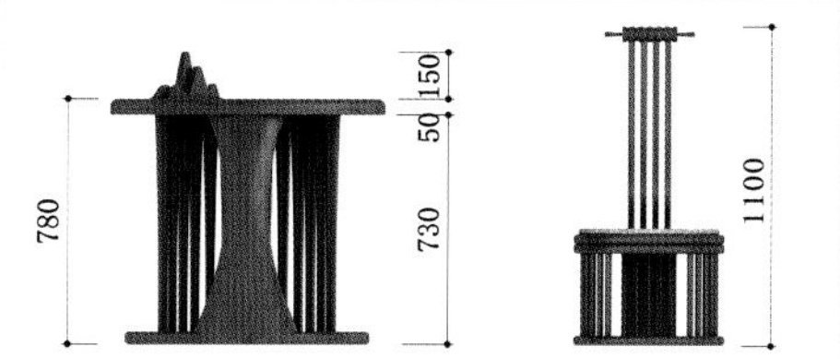

侧视图

作品：素璞
作者：邓雅洁、黄振波、蔡丹青／华南农业大学
指导老师：陈哲

单体展示：

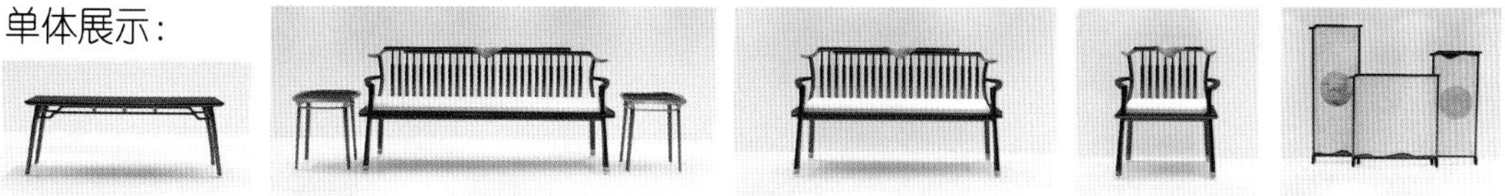

设计说明：

灵感来源于徽派建筑那种高低错落的感觉，并把这种感觉运用到屏风和靠背上，整体家具，特别是座椅在木质的整体基材上加入黄铜与之碰撞，在视觉上给人一种层次感。在屏风上，运用了印有山水画的轻透纱布，这种若隐若现的感觉使整体家具具有韵味。整体家具组合给人一种端庄沉稳的感觉。

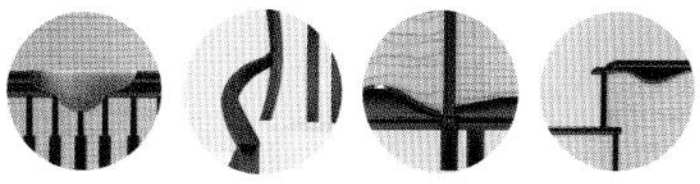

素璞

组合类设计奖

作品：禅意·江南

作者：陈安武／顺德职业技术学院

指导老师：干珑、曾艳萍

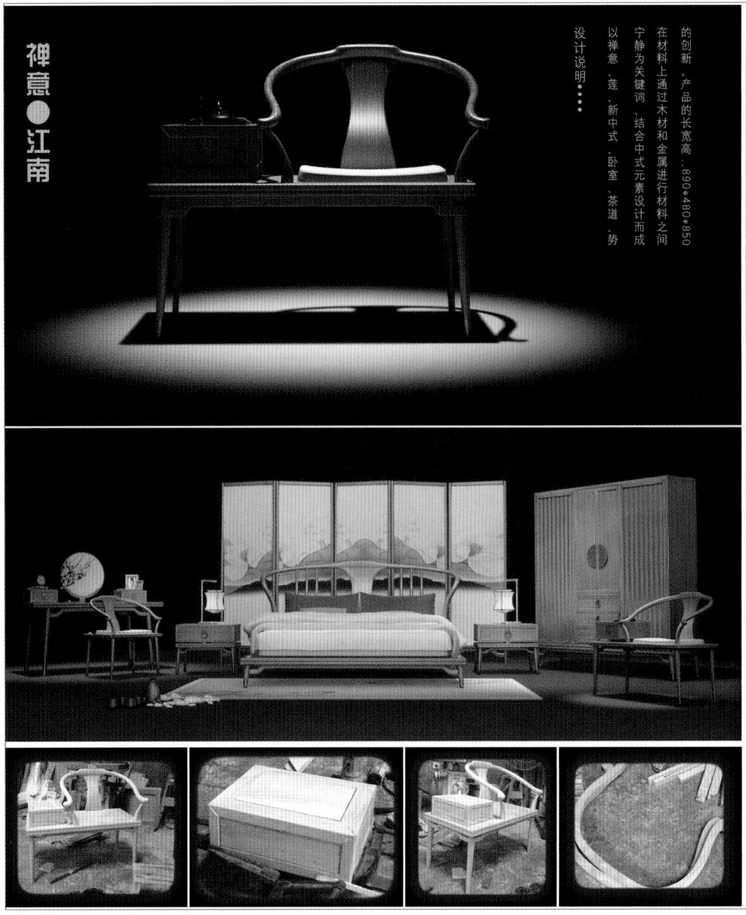
禅意●江南
设计说明••••
以禅意、莲、新中式、卧室、茶道、势
宁静为关键词，结合中式元素设计而成
在材料上通过木材和金属进行材料之间
的创新，产品的长宽高：890*480*850

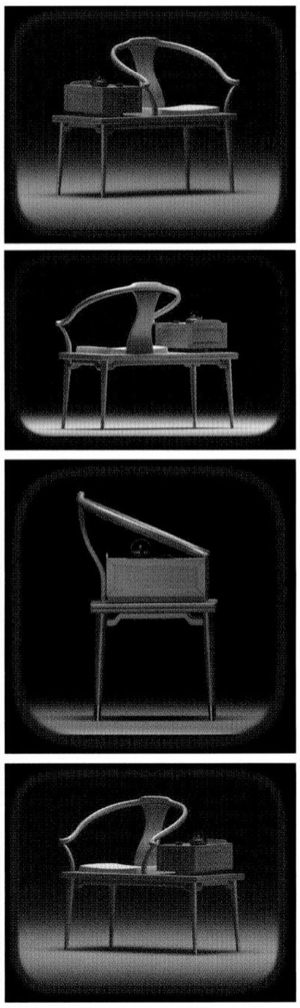

以禅意、莲、新中式、卧室、茶道、宁静为关键词，结合中式元素设计而成，在材料上通过木材和金属进行材料之间的创新。产品的长宽高为890*480*850mm。

作品：月影日曦

作者：黄东亮／顺德职业技术学院

指导老师：黄嘉琳、曾艳萍

月影日曦

月在高低错落的山之间滚动似朝阳夕阳。

灰色毛毡布可钉挂耳环等便于换取且起到装饰效果。

抽屉门板凹圆呼应月搭配五金拉手彰显精致。

妆台布局：抽屉+格子架，面板可左翻开180°。

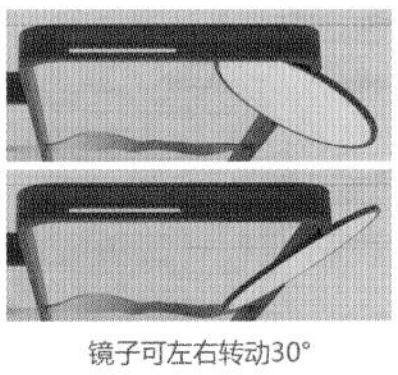

镜子可左右转动30°

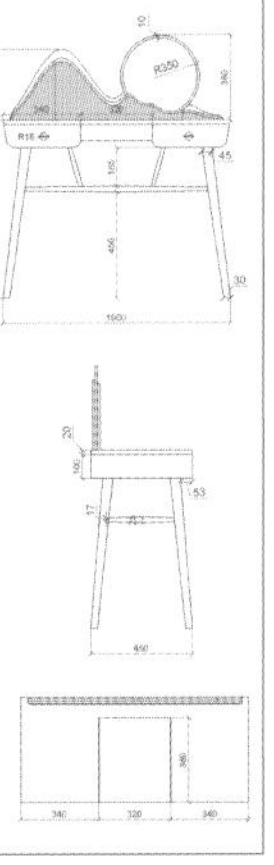

多功能衣帽架组合可摆放各种衣物。

搭配梳妆台，体积小易搬动，弧度坐板+软包舒适。

上虚下实的组合，加上小盒子可以储放药物。

设计说明：

本系列家具设计灵感来源于西湖的拱桥和高山，提取圆、山两个关键元素。妆台上是圆月在错落的山之间滚动，赋予了趣味性；衣帽架方便换取常用的衣物，同时与金属的组合丰富了造型；床屏采用围合床头柜的方式，看起来大气优雅。整个系列给人一种温馨优雅且返璞归真的感觉。

作品：茶弄·山水间

作者：黄凯燕、陈正国、吕菲／浙江农林大学

指导老师：余肖红

茶弄

山水间

“茶弄”系列家具以苏州园林和假山文化为设计灵感，将中国苏式文化与现代茶室家具进行重组，秉承“人，自然，和谐共生”的哲学理念，使家具既有现代感而又不失古香古色。“茶弄”系列家具涵盖了茶桌、茶椅、茶柜与屏风四种家具，以营造更加灵动舒适的茶室氛围。

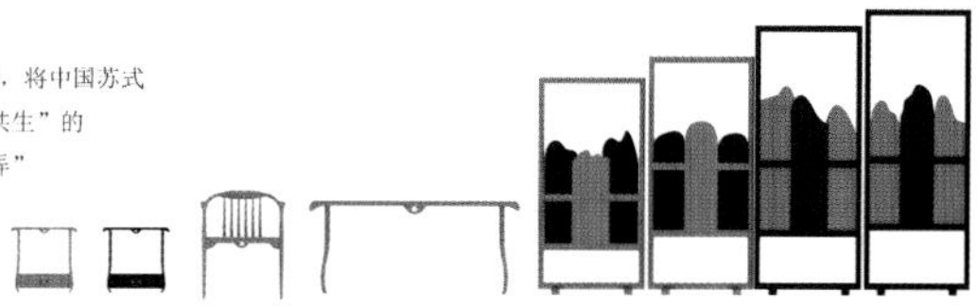

作品：山水间

作者：黄帅华／福建农林大学

指导老师：陈祖建

山水间

本设计根据山水间的美感，用自然质朴的实木来展现出优雅的轮廓，隐隐约约的山脉仿佛就在眼前，抽象的山形里又有具象山形的画面，独特又细致。座椅原型根据圈椅进行设计，元素采用自然山脉的独特造型。山形的灯具造型，简约素雅，加上凹槽设计，结构简单拼装方便。整体优雅中带着一份中式风韵，将中国古代山水情怀融入家具设计中，传承中式魅力。

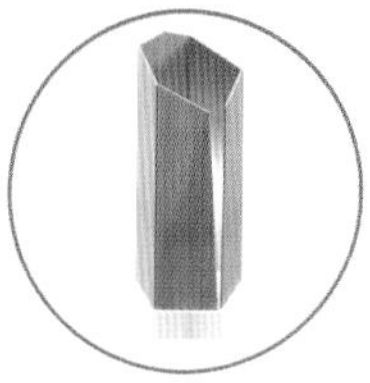

「灯」

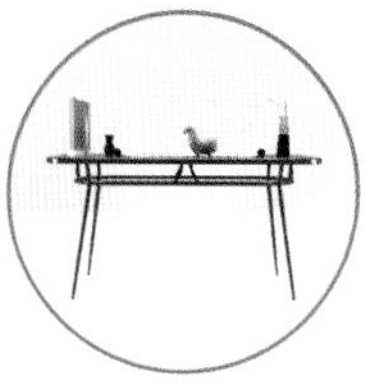

「桌」

「椅」

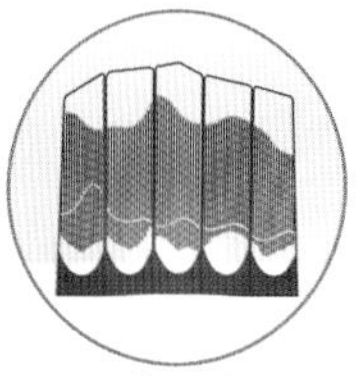

「屏风」

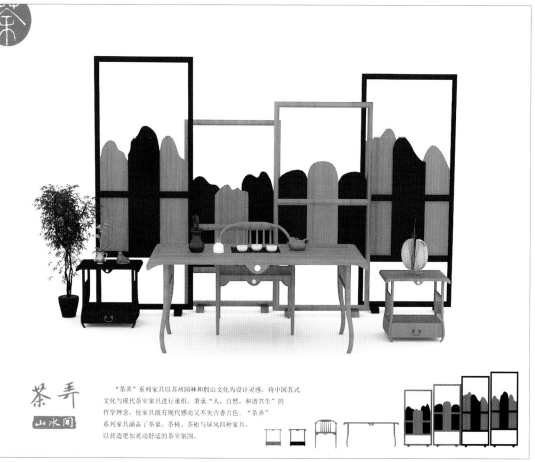

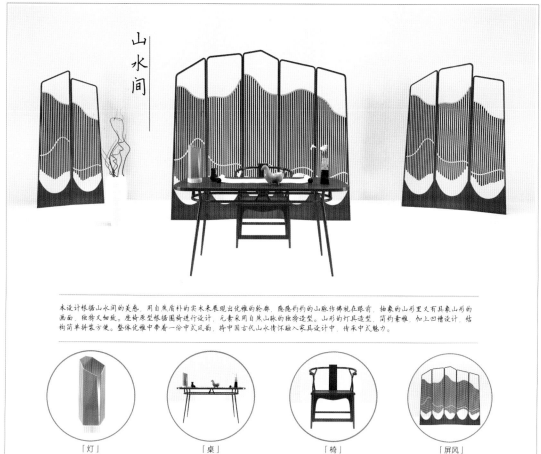

组合类设计奖

作品：曲水流觞——吃茶去
作者：吴韦翔、廖晓莹／龙江职业技术学校

曲水流觞

吃茶去

chī chá qù

会三五柔朋，闲庭雅聚。
品茗听香，疏影相随，
曲水流觞——吃茶去！

设计说明：
《曲水流觞——吃茶去》茶几部分做了下陷处理，将排水系统可视可听化，使用时水流给人的感觉仿佛置身世外。整组设计均使用榫卯拼接，坐具软包部分可以根据需求进行更换多种不同的质感材料。

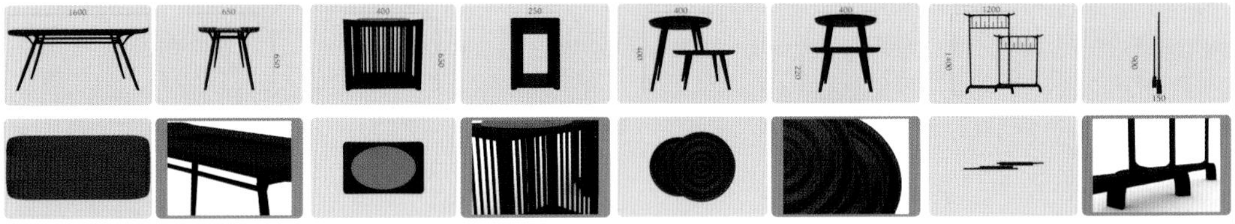

作品：宋式茶台
作者：刘华健、赖浩塱、张庆淇／创物者设计工作室
指导老师：干珑

宋式茶台

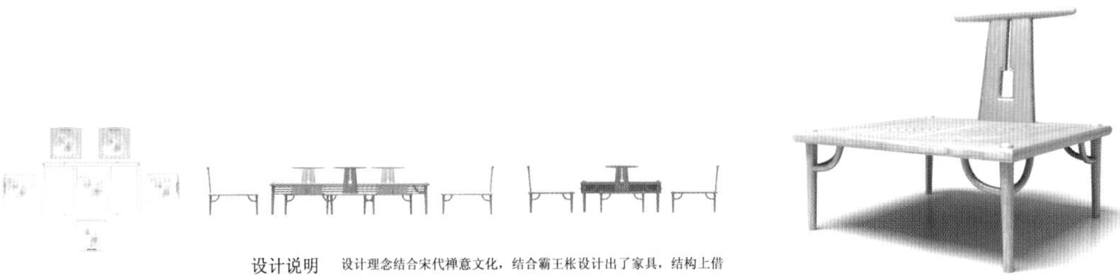

设计说明　设计理念结合宋代禅意文化，结合霸王枨设计出了家具，结构上借鉴古建筑榫卯结构，材料水曲柳。
茶台尺寸：1600*800*320　茶椅：500*500*500

作品：“香”和
作者：刘华健、赖浩塱、张庆淇／创物者设计工作室
指导老师：干珑

荷天下餐厅

设计说明

设计理念借鉴明代椅子造型结构，抽象提炼的合角滴水元素、融入祥云赋予其意境，充分的修饰处荷塘的景色和韵味，工艺上融合罗锅枨、单边抹头，融合现代简约生活的造型，红木与现代完美结合、整体大气端庄，形成了独特的新中式家具设计。

材料：非洲黄花梨
尺寸：餐台1500*880*770 餐椅：480*425*1000 餐边柜：1380*480*1000 花几：400*400*820

作品：夹
作者：刘华健、赖浩塱、张庆淇／创物者设计工作室
指导老师：干珑

夹

设计说明

造型选取明代传统代表原型，极简主义家具作为现代西方家具代表，在研究其来源以及发展的基础上，将榉木片子的柔韧性进行有机的融合，呈现出一种新的美感。

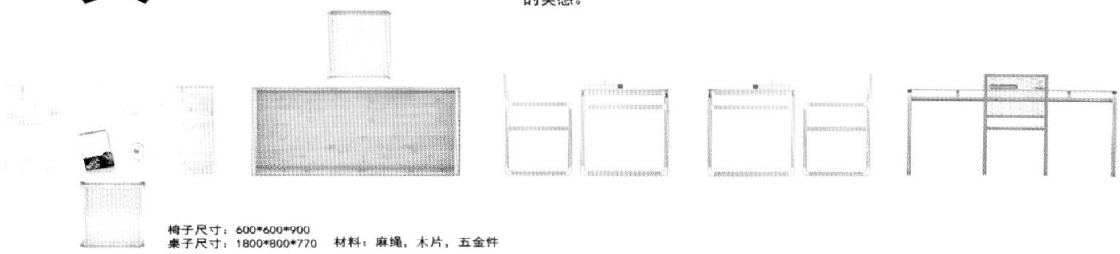

椅子尺寸：600*600*900
桌子尺寸：1800*800*770 材料：麻绳，木片，五金件

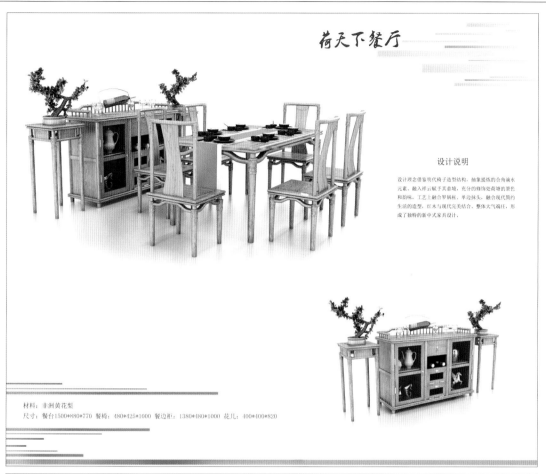

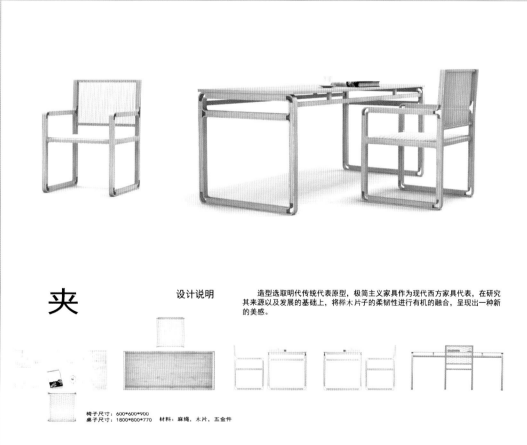

组合类设计奖

作品：唐风宋韵
作者：刘华健、赖浩塱、张庆淇／创物者设计工作室
指导老师：干珑

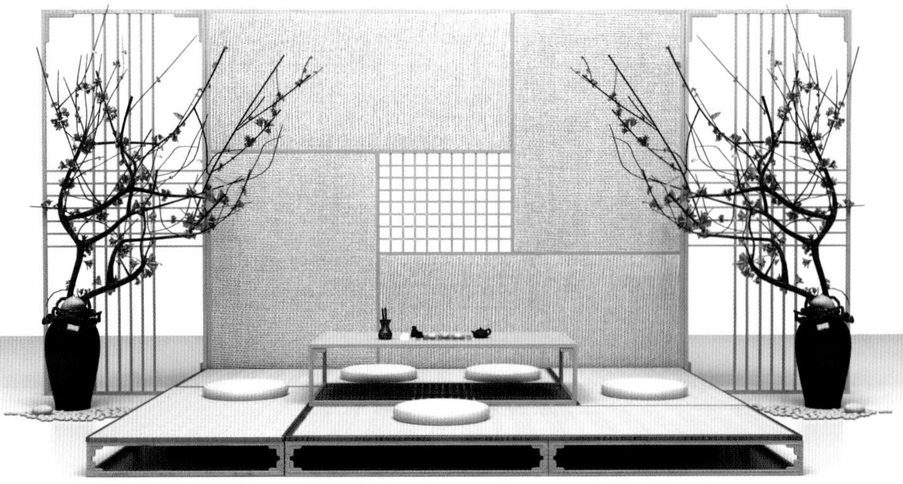

唐风宋韵

设计说明

家具设计理念来源于唐代文化与宋代文化，结合草席木材设计出该产品，结构上融合榫卯结构，材料结合板木结合。
尺寸：4200*2200*2700
材料：水曲柳，水曲柳贴皮板

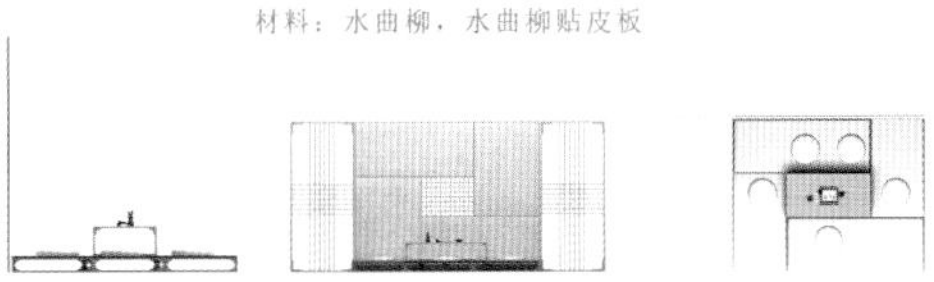

作品：元朝
作者：刘华健、赖浩塱、张庆淇／创物者设计工作室
指导老师：干珑

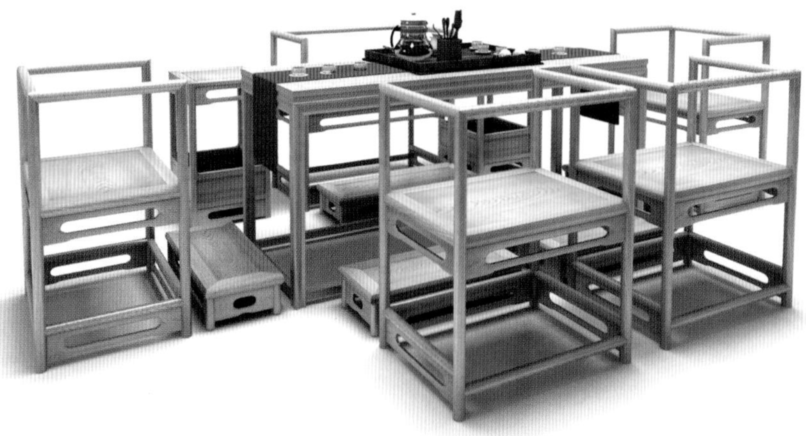

元朝

设计说明

设计理念结合宋代禅意文化，结合牙板条设计出了家具，结构上借鉴古建筑榫卯结构，材料水曲柳。
茶台尺寸：1800*680*820　茶椅：600*500*900

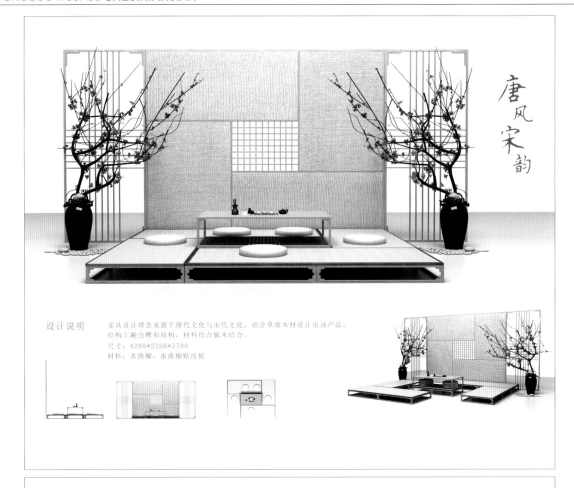

组合类设计奖

作　　品：竹衣盎然
作　　者：张曙光、李浩天、李从良／西南林业大学
指导老师：周雪冰

"竹衣盎然"以翘头书案为设计的出发点，巧妙的采用木材与竹材、皮革、布艺的混搭，丰富了整个作品的材质语言。整个作品分为三层，中间层为木材，外表面两层为竹材，两种材质特性得以取长补短。

造型简约、通透、优雅，仿佛穿上了竹衣，既拥有木材亲切之感又不失竹材的气节。

结构上，通过在结合处替换装饰部件如图四，如软包、金属等，使其拥有多元化的性格，增加其强度，同时，靠背的软包装饰件也提高了座椅的舒适度与美观度。

590*435*760

图一

图二

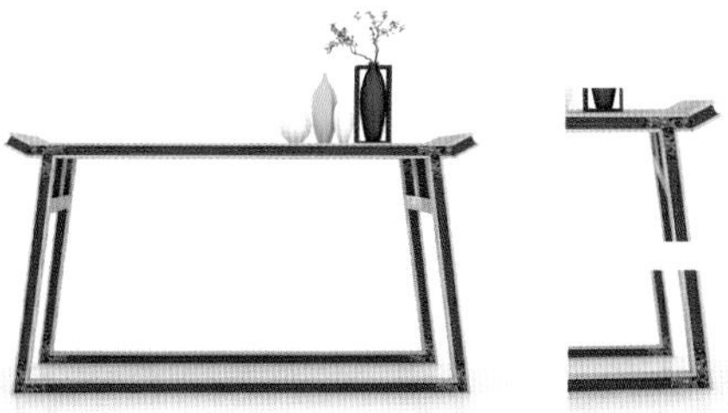

1500*700*800

图三

图四

作品名称：竹衣盎然

作　　品：忆江南
作　　者：王升恩／福建农林大学
指导老师：陈祖建

《忆江南》

设计说明：

江南好，风景旧曾谙。记忆当中的江南不光有美景，还有历史悠久的建筑。本款酒店客房家具设计是以江南文化为设计元素，目的是为了打造一个让人流连忘返体会江南文化的室内空间。家具材质上选用的是沉稳大气的胡桃木，江南建筑元素的提炼运用和风景元素的完美结合，让人难以忘怀。

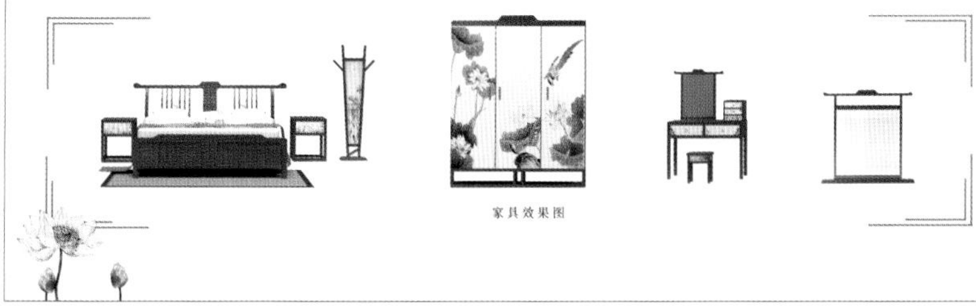

家具效果图

家具尺寸
床：2000*1800*520（低屏）
床头柜：450*400*500
衣柜：2100*1800*60
梳妆台：1600*70*55
梳妆凳：40*40*30
屏风：1100*1750*250

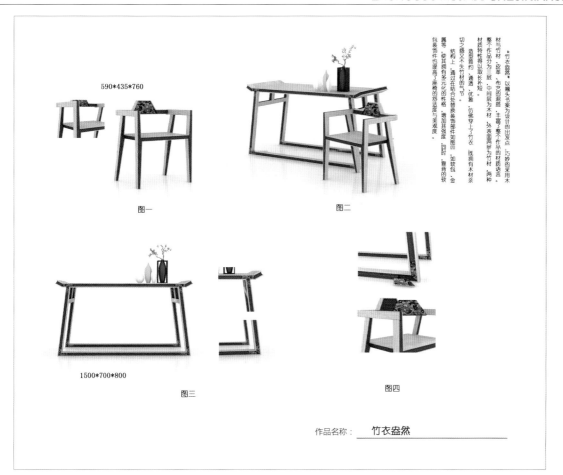

作品：曲水流觞
作者：刘志毅／华南农业大学

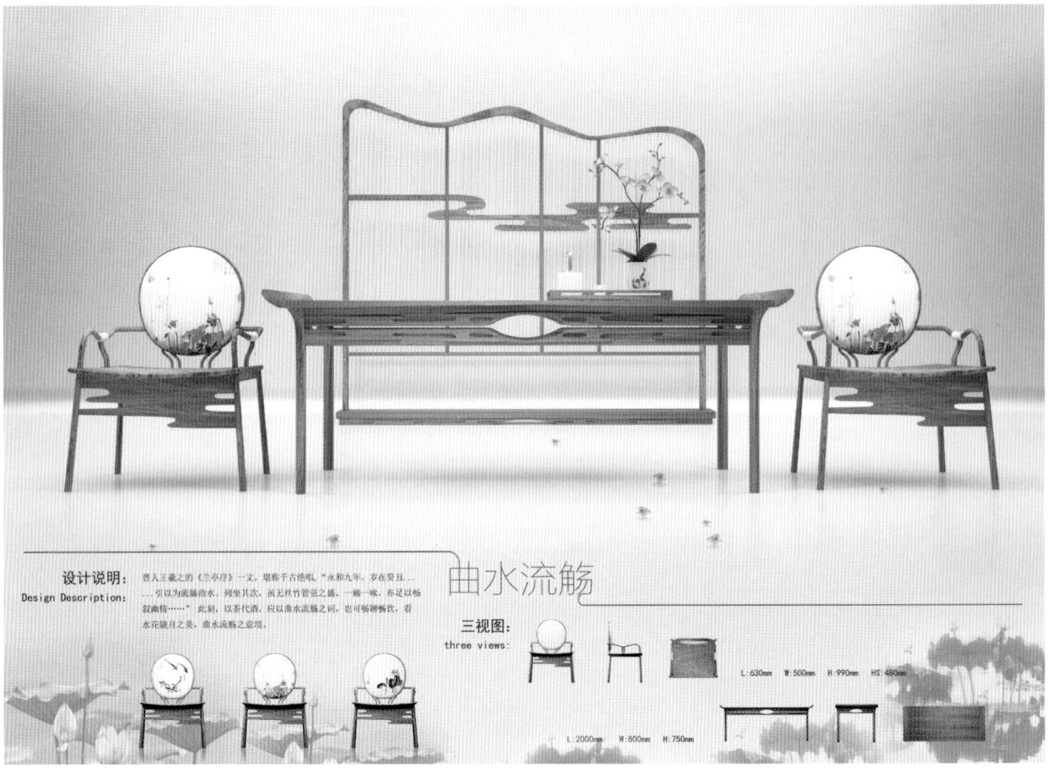
设计说明：
Design Description:
晋人王羲之的《兰亭序》一文，堪称千古绝唱。"永和九年，岁在癸丑……
……引以为流觞曲水，列坐其次，虽无丝竹管弦之盛，一觞一咏，亦足以畅叙幽情……" 此刻，以茶代酒，应以曲水流觞之词，也可畅聊畅饮，看水花镜月之美，曲水流觞之意境。
曲水流觞
三视图：
three views:
L:630mm W:500mm H:990mm HS:480mm
L:2000mm W:800mm H:750mm

作品：旗·说
作者：王拓雨、陈凡／福建农林大学
指导老师：蒋绿荷

旗·说

玲珑曲线领风骚，
——窈窕淑女着锦衣，

设计说明：本套中式组合家具的设计来源于中国传统服饰——旗袍，截取了旗袍衣领的形态融入圈椅中，表现与椅子扶手、靠背与茶几腿部等，坐面加入软垫使就坐更加舒服。材料上主要采用楠木，整体曲线优雅、大方。

作　　品：忆·江南

作　　者：王拓雨／福建农林大学

指导老师：陈祖建

单体图与尺寸：

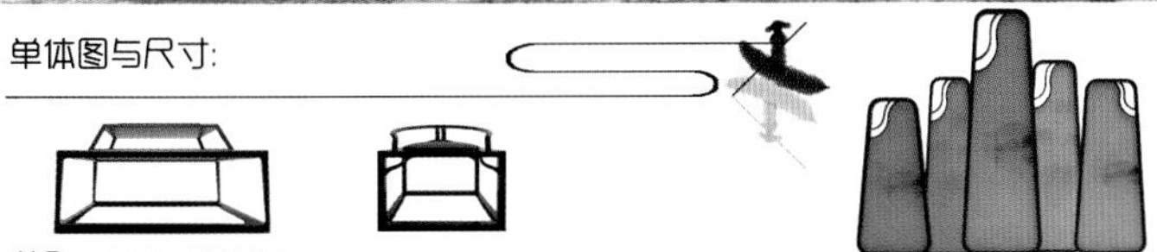

茶几：1000*1000*420　700*700*200　椅：600*500*700　屏风大：500*50*1800　中：500*50*1400　小：470*50*1100

设计说明：此款客厅家具组合包括：茶几、椅子、屏风。设计思路来源于江南美景，提炼江南山水的曲线美感融入家具设计中，采用沉稳的胡桃木作为家具主材，采用榫卯结构进行连接固定，整体客厅家具给人营造一种置身江南的感觉。

作　　品：印象·山水

作　　者：王拓雨／福建农林大学

指导老师：陈祖建

单体图与尺寸：

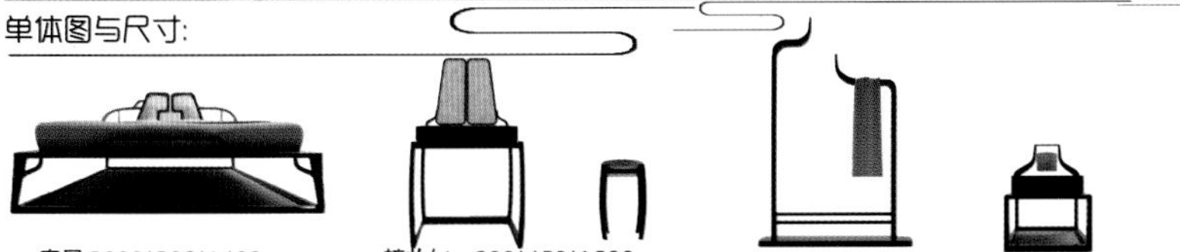

床屏：2000*208*1400　床：1830*2040*290　梳妆台：800*450*1600　梳妆凳：300*300*430　架：240*1100*1800　床头柜：550*450*700

设计说明：此款卧室家具组合的设计思路来源于山水画，提炼山水的曲线美感融入家具设计中，具有山的硬朗，水的柔美。采用沉稳的胡桃木作为家具主材，采用榫卯结构进行连接固定，整体卧室家具给人营造一个舒适，安静的氛围。

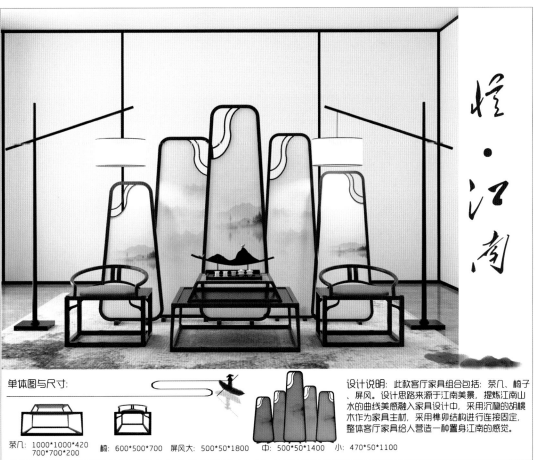

组合类设计奖

作品：三生万物
作者：吴继明／山东工艺美术学院
指导老师：薛坤

设计说明

这是以书房为主的主题设计。整体的设计都是依托“三”设想来的，有取自《老子》书中“道生一，一生二，二生三，三生万物”之意。三件家具组合在一起，两两呼应，两两组合，平添静谧之感。

作品名称：三生万物

椅

柜

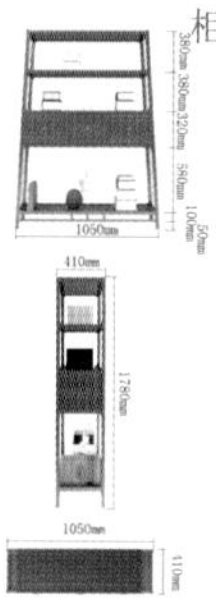

桌

尺寸

作品：静悟
作者：凌立沉／华南农业大学
指导老师：陈哲

静思其理；悟其道；养其性。灵感来源于徽派建筑，运用点、线、面的设计手法，方与圆结合，营造一个素雅的文人雅居。

静悟

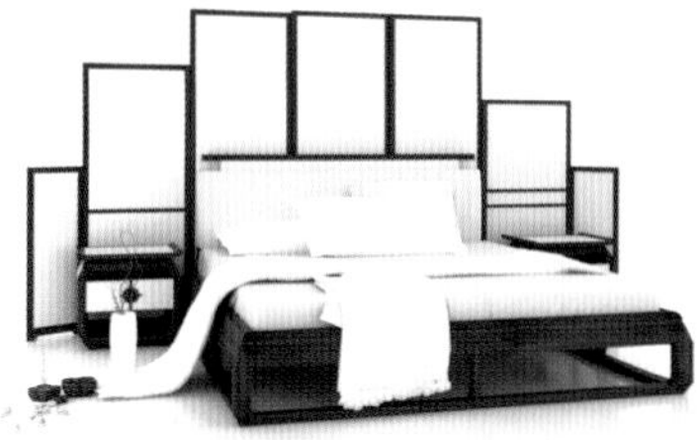

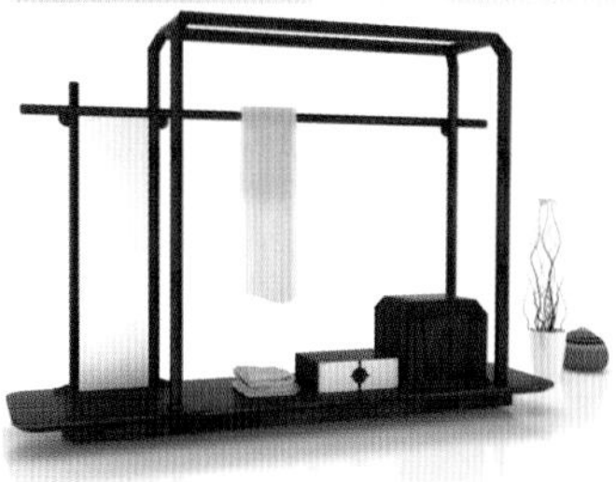

梳妆凳：420*500*460
休闲椅：1550*520*670
床头柜：5500*450*500
床尾凳：2000*550*450
床：1800*2000*920（1800）
电视柜：2200*450*500
衣架：2200*580*1500
梳妆台：1250*450*720

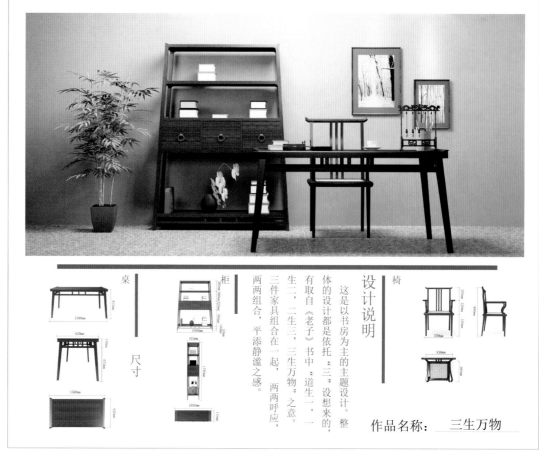

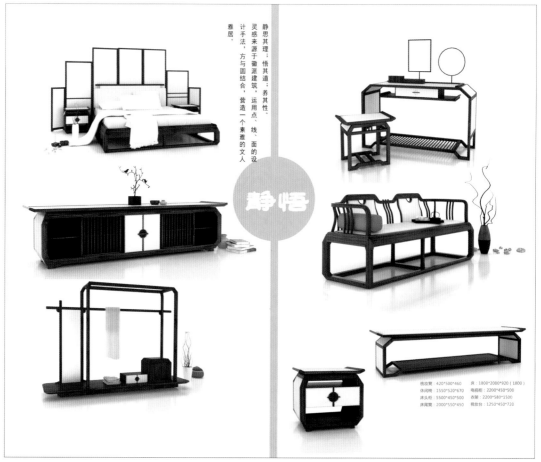

作品：印象徽州

作者：曾欢、王超／择造家具设计工作室

印象徽州

印象徽州

设计说明：
提取徽派建筑的马头墙元素，和江南水乡的梅花元素二者结合，依山就势，构思精巧，自然得体；在平面布局上规模灵活，变幻无穷；在空间结构和利用上，造型丰富，讲究韵律美，本案设计利用徽派建筑的神韵赋予家具灵魂给人一种宾至如归的感觉。

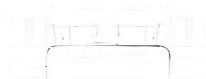

床边柜450*520*550　2000*1800*1200

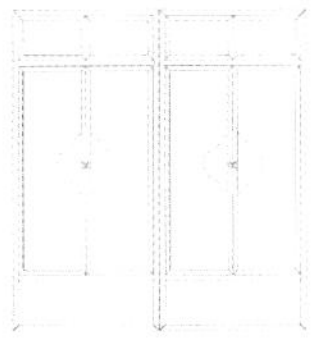

衣柜 2100*1500*600

作品：琴述

作者：王可、杨宇行、张燚／浙江农林大学

指导老师：朱芋锭

琴者，情也；琴者，禁也。

琴述

取弯曲的木条和纤细的木条结合隐喻古琴“仲尼”的外形，并将此元素运用在整套家具中。桌面凹槽可以插接入配套文房四宝，同时也在隐喻琴弦元素。整套书房家具采用现代的表达手法，体现儒家中庸的思想品质。

组合类设计奖

作品：素·茶家具系列

作者：曹艳／杭州大巧家居设计工作室

指导老师：翟伟民、徐乐

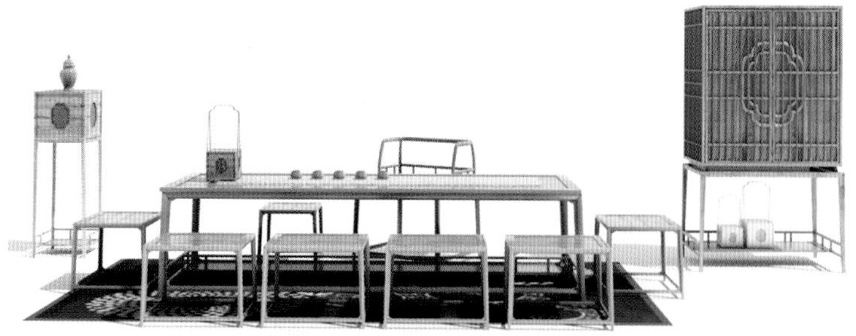

【素·茶家具系列】

在造型设计上做减法，延续了传统明式家具的线条韵律，洗练地表达家具主题——"禅"，我认为禅家具是最具明式家具的风格，在设计中，以线条造物，同时注意线条的收方，力度的表达，简单的器物对尺寸的拿捏特别重要，在结构上采用了榫卯的工艺结构，整体材料以竹为主，同时结合了软包的装饰，以"简"，"朴"，"精"，"雅"去诠释当下人们对禅生活的品味。

「茶水柜」

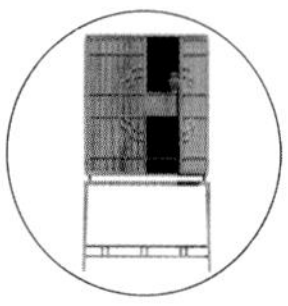

「茶几」

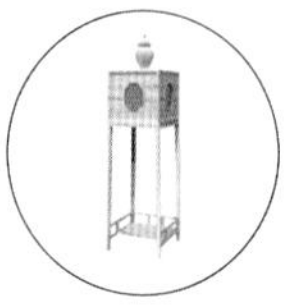

「主椅」

「方凳」

「茶桌」

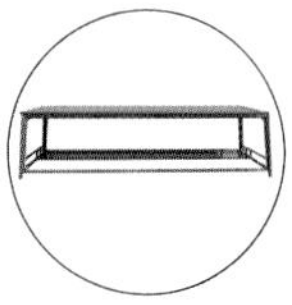

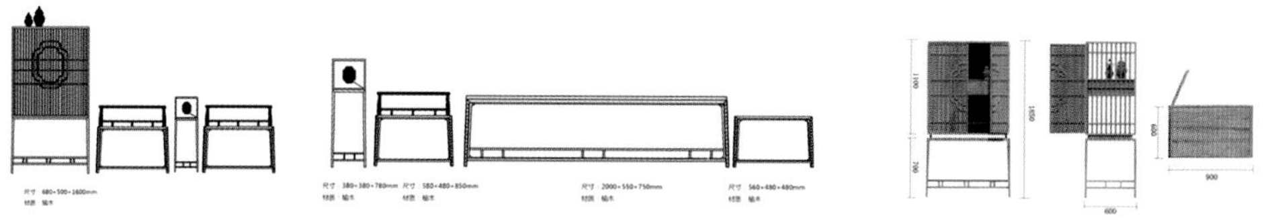

作品：明韵禅圆

作者：曹艳／杭州大巧家居设计工作室

指导老师：翟伟民、徐乐

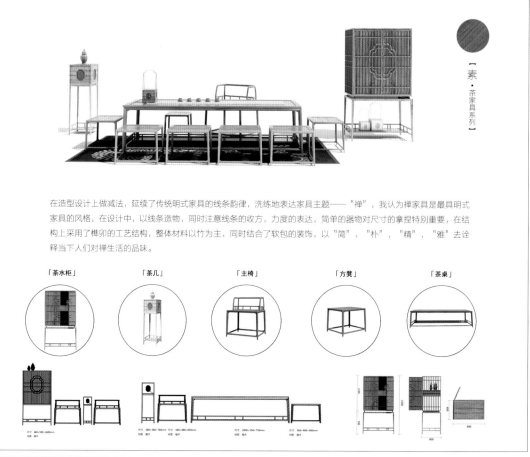

明韵禅圆

新中式书房 茶室 客厅系列

以素为美，茗茶用餐的同时感受木器文化和传统手工匠精神。在设计过程中从明式家具中寻找到一种可以与当下相交的简朴语素，将朴实的材质榫卯工艺、人体工学的舒适以及东方智慧创新结合整体家具采用竹木结合方式，结点处采用榫卯结构或木销结构，装饰部分采用手工竹编完成。

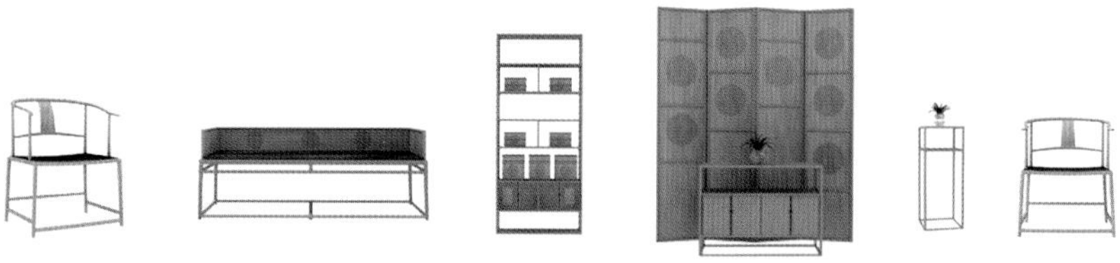

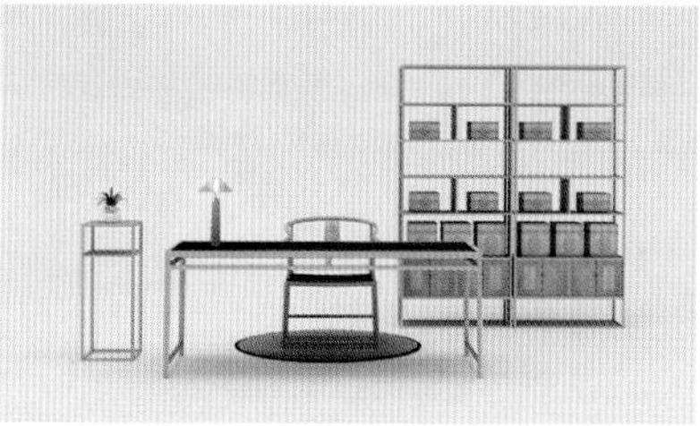

组合类设计奖

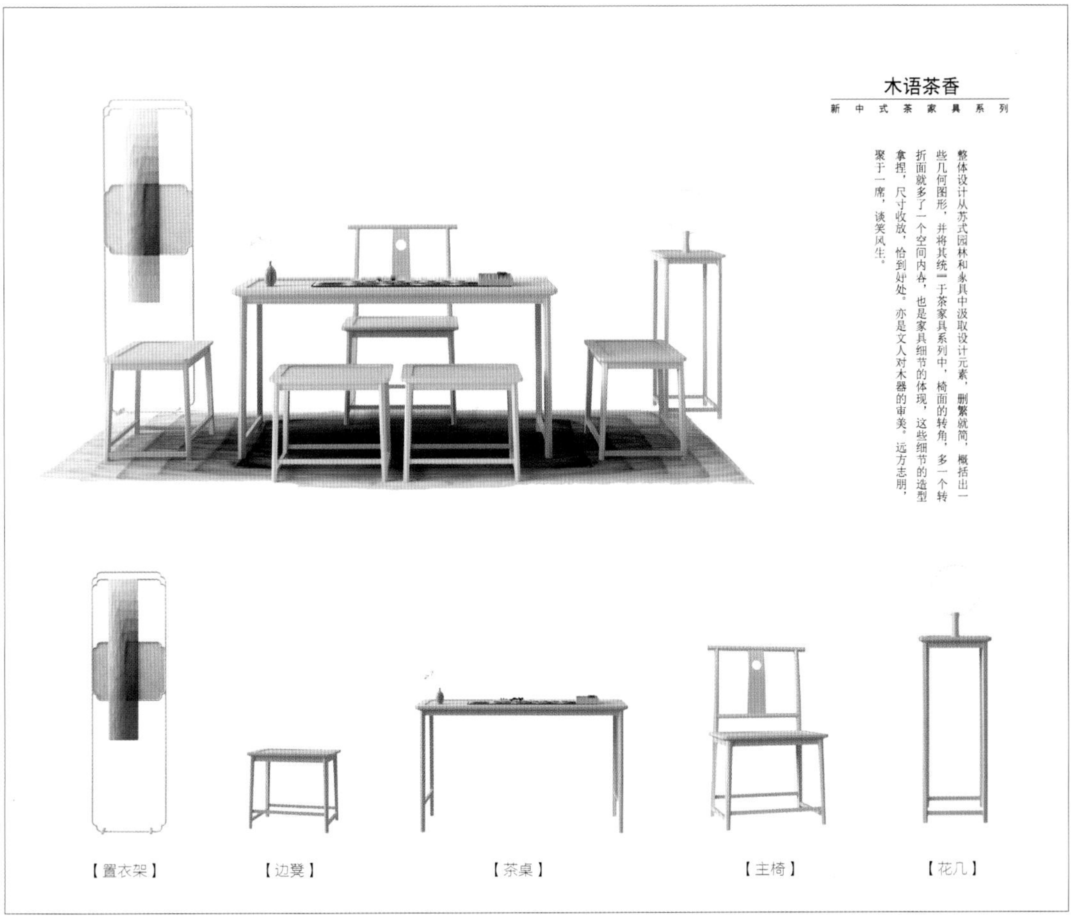
木语茶香
新 中 式 茶 家 具 系 列
整体设计从苏式园林和家具中汲取设计元素，删繁就简，概括出一些几何图形，并将其统一于茶家具系列中，椅面的转角，多一个转折面就多了一个空间内含，也是家具细节的体现，这些细节的造型拿捏，尺寸收放，恰到好处。亦是文人对木器的审美。远方志朋，聚于一席，谈笑风生。
【置衣架】
【边凳】
【茶桌】
【主椅】
【花几】

作　品：木语茶香
作　者：曹艳／杭州大巧家居设计工作室
指导老师：翟伟民、徐乐

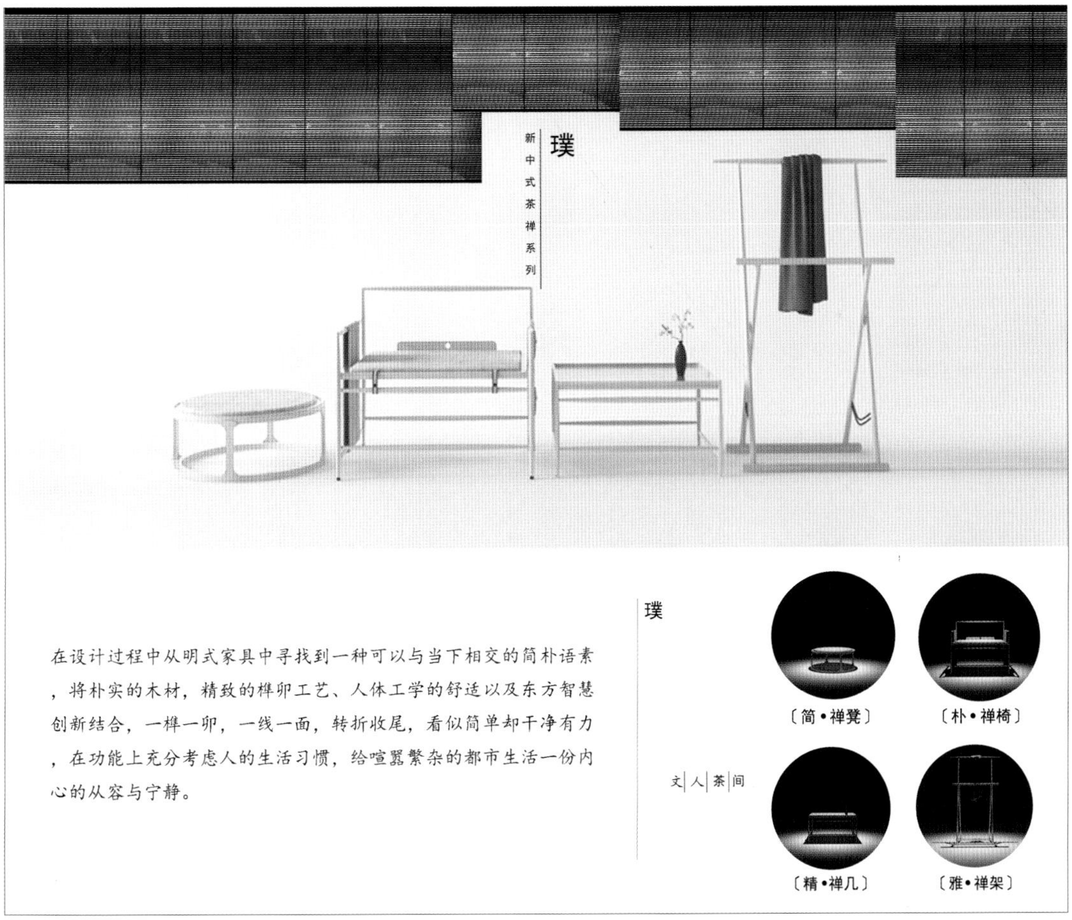
璞
新中式茶禅系列
在设计过程中从明式家具中寻找到一种可以与当下相交的简朴语素，将朴实的木材，精致的榫卯工艺、人体工学的舒适以及东方智慧创新结合，一榫一卯，一线一面，转折收尾，看似简单却干净有力，在功能上充分考虑人的生活习惯，给喧嚣繁杂的都市生活一份内心的从容与宁静。
璞
文|人|茶|间
〔简•禅凳〕
〔朴•禅椅〕
〔精•禅几〕
〔雅•禅架〕

作　品：璞
作　者：曹艳／杭州大巧家居设计工作室
指导老师：翟伟民、徐乐

组合类设计奖

作品：沁木
作者：曹艳／杭州大巧家居设计工作室
指导老师：翟伟民、徐乐

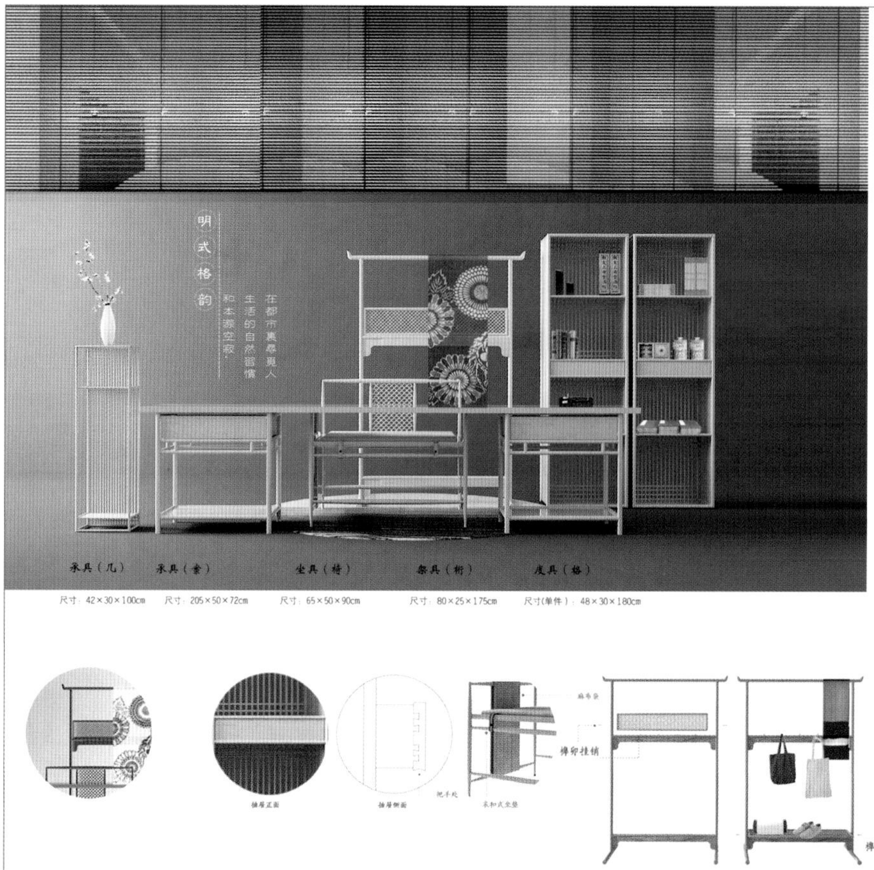
明式格韵
承具（几）
承具（案）
坐具（椅）
架具（桁）
庋具（格）
尺寸：42×30×100cm
尺寸：205×50×72cm
尺寸：65×50×90cm
尺寸：80×25×175cm
尺寸(单件)：48×30×180cm
榫卯挂销

沁木

新中式书房系列

以榉木为材质，在设计过程中从明式家具中寻找到一种可以与当下相交的简朴语素，将朴实的木材，精致的榫卯工艺、人体工学的舒适以及东方智慧创新结合，一榫一卯，一线一面，转折收尾，看似简单却干净有力，在功能上充分考虑人的生活习惯，整体采用榫卯结构完成，从饰品搭配，色彩，空间营造等方面提供完整的设计理念，给喧嚣繁杂的都市生活一份内心的从容与宁静。

作品：雅韵茶间新中式茶室
作者：曹艳／杭州大巧家居设计工作室
指导老师：翟伟民、徐乐

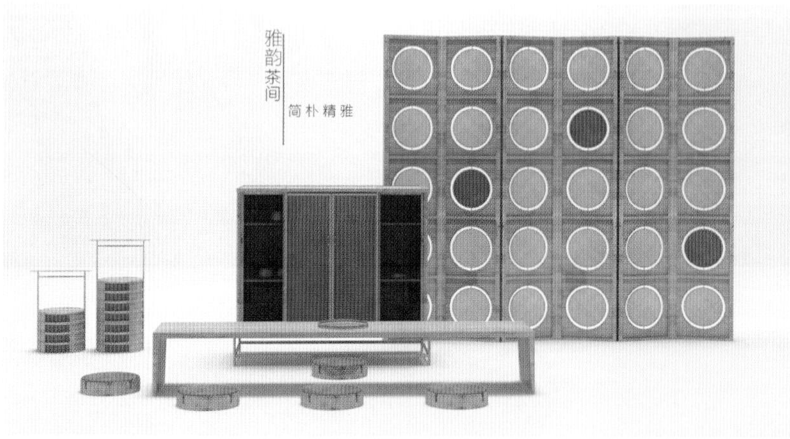
雅韵茶间
简朴精雅
「篾」
「革」
「竹」

此款茶系列家具设计将竹与皮革材料结合，尝试出一种美感效果，竹的素雅，纤巧，皮的奢华，温和形成完美统一，融合传统木器的造物理念，将简洁，朴实，精致的生活理念通过器物传达给人们

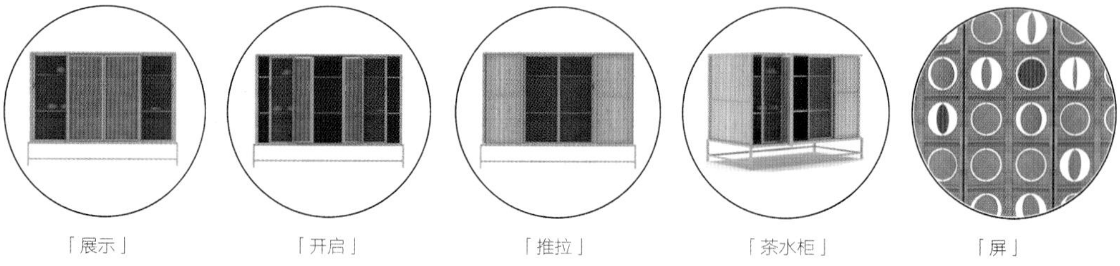
「展示」
「开启」
「推拉」
「茶水柜」
「屏」

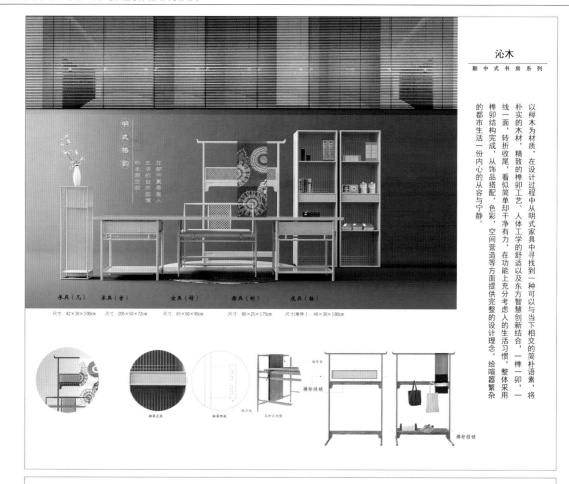

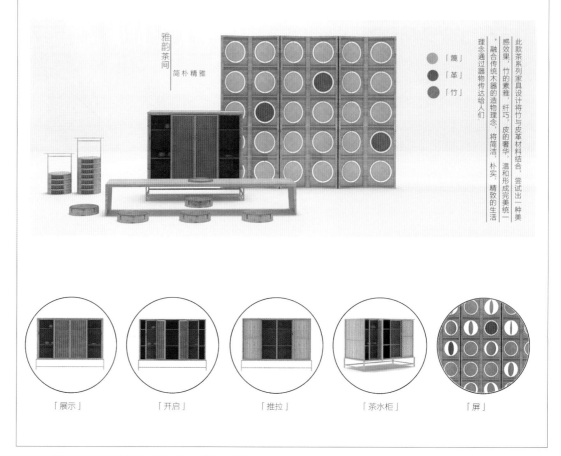

作　品：多功能茶家具系列
作　者：曹艳／杭州大巧家居设计工作室
指导老师：翟伟民、徐乐

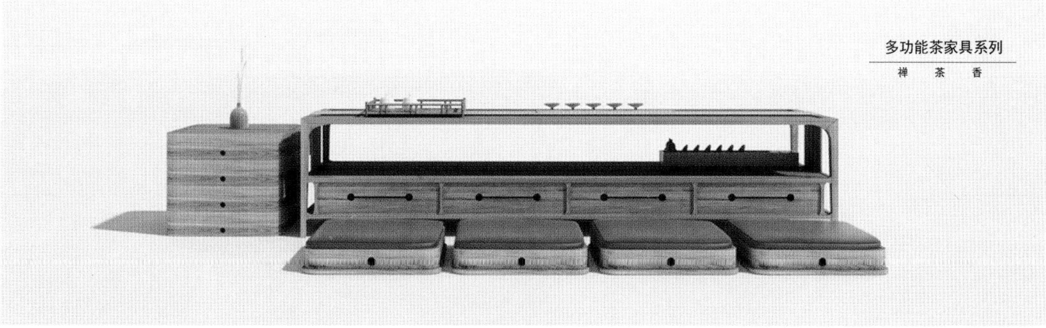

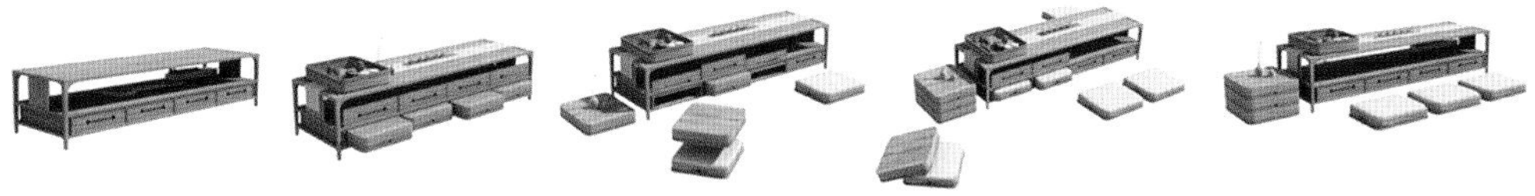

一，组合一体　二，抽出蒲团盒　三，打开蒲团盒　四，叠加蒲团盒盖　四，茶席布局完成

本设计茶家具系列，汲取了传统明式家具的造物理念，整体采用胡桃木为主，坐垫可以收纳在茶桌里面，节省空间同时方便使用，蒲团座有盒盖，通过内置磁铁扣合，叠加一起可以作为茶几使用，通过镂空圆孔的方式增加细节，同时方便拿取，整体家具传递了一份禅茶文化，一种时尚气息和一个文人气质。

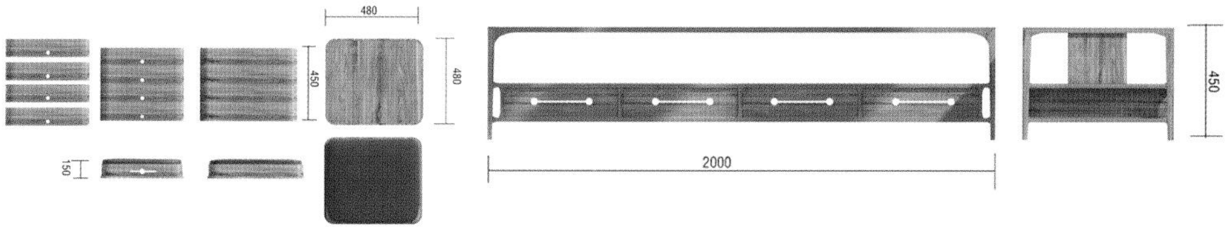

作　品：格韵
作　者：曹艳／杭州大巧家居设计工作室
指导老师：翟伟民、徐乐

格韵
新中式茶家具系列

在造型设计上做减法，延续了传统明式家具的线条韵律，在设计中，以线条造物，同时注意线条的收方，力度的表达，简单的器物对尺寸的拿捏特别重要，在结构上采用了榫卯的工艺结构，整体材料以榉木为主，同时结合了软包的装饰，以“简”，“朴”，“精”，“雅”去诠释当下人们对茶禅生活的品味。

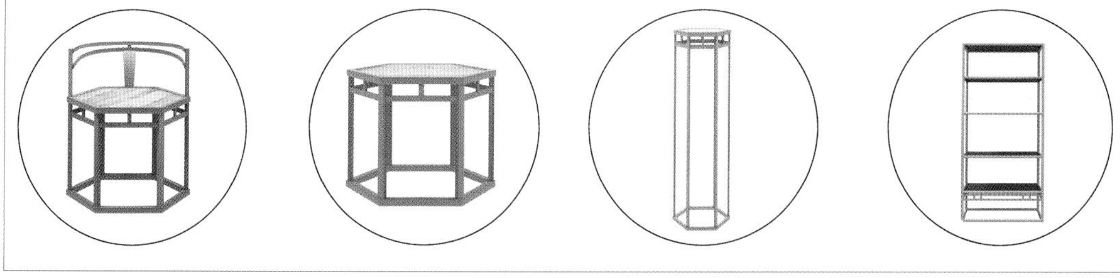

组合类设计奖

作品：虚实
作者：曹艳／杭州大巧家居设计工作室
指导老师：翟伟民、徐乐

以木造物，手工编织，汲明式家具之遗韵，融韩式家具之雅致，将朴实的木材，精致的榫卯结构、人体工学的舒适以及东方智慧创新结合呈现当下该有的木器文化，一榫一卯，一线一面，转折收尾，看似简单却干净有力，在功能上充分考虑人的生活习惯，给喧嚣繁杂的都市生活一份内心的从容与宁静。

【椅】　【几】　【梳妆台】　【储物柜】　【凳】

作品：月下系列
作者：曹艳／杭州大巧家居设计工作室
指导老师：翟伟民、徐乐

「月下」系列家具，造型上延续了传统明式家具的造物理念，以素为美，比例尺寸，力求协调自然，同时富有力度，不仅平衡结构强度也达到了器物的整体气韵。整体结构以榫卯穿插，装饰位置恰到好处，置于书房，给空间营造出一阵儒雅的当下文人气息。

组合类设计奖

作品：纯璞系列
作者：邓文鑫、文阳、李明煜／中南林业科技大学
指导老师：袁进东

纯璞系列
材质：榉木
纯璞系列秉承传统设计理念，源于中式而不拘泥于中式，打破其固有形象，改变形式、比例，加以现代的设计手法对其诠释。
取明式家具中常用的榉木为料，饰以虚实相间的圆润线条为元素，加以含蓄婉约的视觉比例，融合色泽质朴纯正的木纹，配以色调柔和素雅的软饰，整体昭显传统设计的高古素雅之风，却又不失现代质感。
工艺上，运用多种榫卯结构，涂以绿色无公害的白蜡油处理。
长椅系列：造型上，束腰鼓腿，回归经典；虚实相间的明式筋骨，圆润挺拔；功能结构上，符合人体工学的靠背曲线，现代时尚；材质上，结合木材、布艺，着重体现两者之间温和质感。
茶几：流畅圆润的边角倒圆处理
屏风：通过线条的排列手法而表现虚实关系，曲直结合，粗细对比，极具现代感。
长椅：1800*380*400
座椅：420*380*400
茶几：1200*380*400

作品：徽州系列禅宗家具
作者：颜凯／中南林业科技大学
指导老师：袁进东

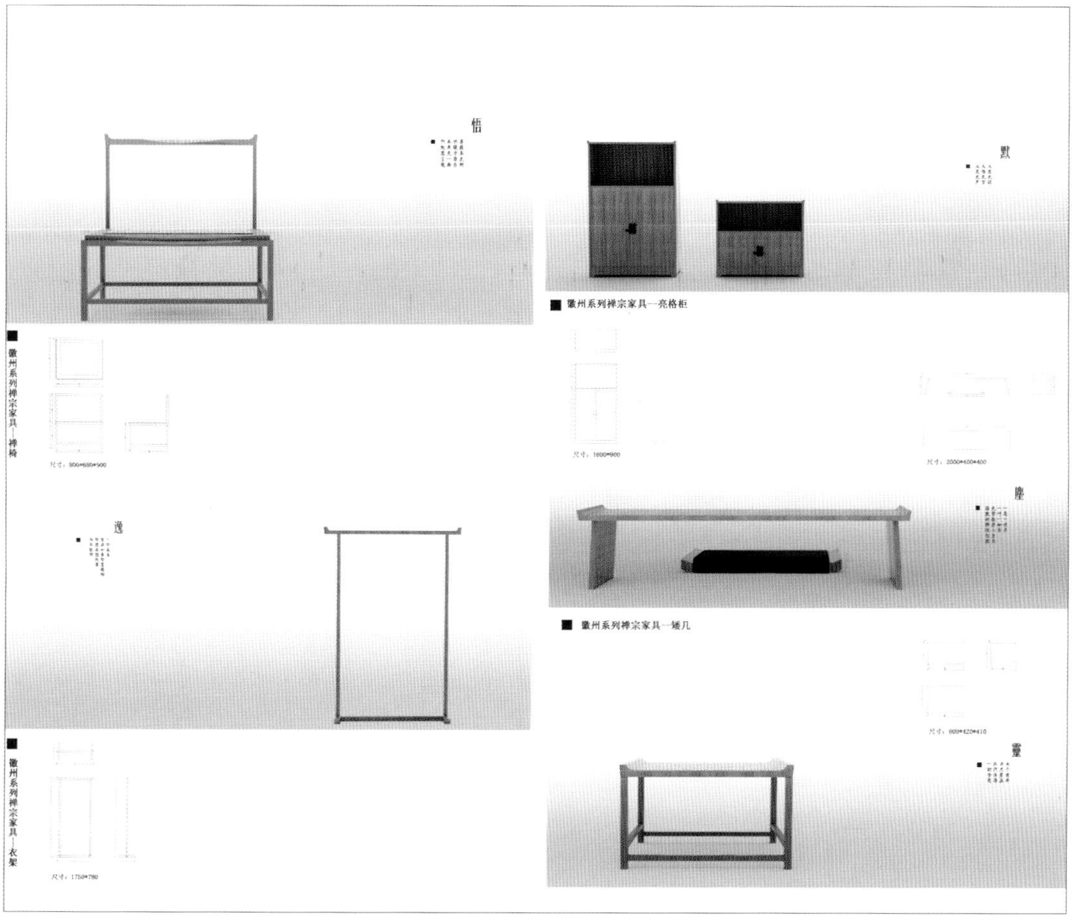
悟
徽州系列禅宗家具—禅椅
默
徽州系列禅宗家具—亮格柜
逸
徽州系列禅宗家具—衣架
座
徽州系列禅宗家具—矮几
灵

组合类设计奖

作品：闽南红
作者：黄帅华、李冉、李晟年／福建农林大学
指导老师：陈祖建

【闽南红】

• 中式家具设计

闽南椅

闽南人对于生活充满着永不衰竭的热情，闽南人以红色为喜、为吉。将闽南红厝特点融入家具设计中，借助明式圈椅的经典流传，伴随闽南人文情怀，创作出现代生活必需品，传承名族文化。

"红砖白石双坡曲,出砖入石燕尾脊,雕梁画栋皇宫式,土楼木楼中西合璧"。家具灵感来源来自闽南传统建筑的特点，闽南红砖厝具有浓郁的地方特色，体现出古代人民对红色的喜爱，将闽南红厝的元素加入家具设计之中。将马背脊、燕尾脊特色之处转换变成家具的特点，融入红和金中国人喜欢的两种色，使酒店屋内装饰更加丰富，更有韵味。

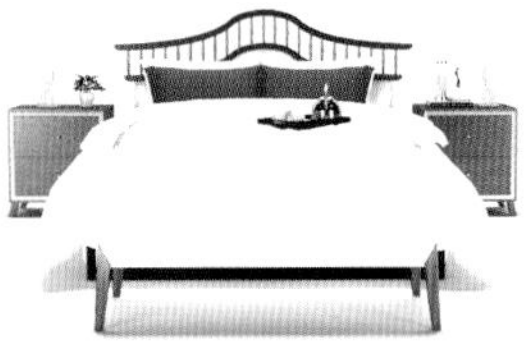

根据闽南红厝的马脊背的造型的提取,融入中式元素与金色的点缀，简约大气，流入出浓浓闽南文化气息。

闽南民间有"宁可百日无肉，不可一日无茶"的习俗。结合闽南红厝特点，设计出茶室家具。

作品：陋室
作者：麦健儿／顺德职业技术学院
指导老师：孙亮、曾艳萍

《陋室》—— 书房系列

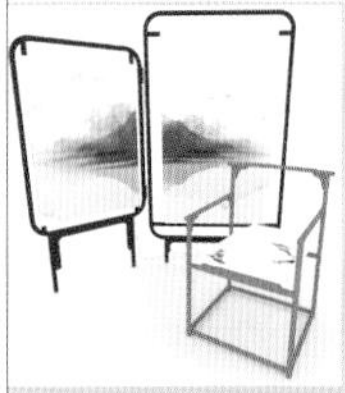

作品展示

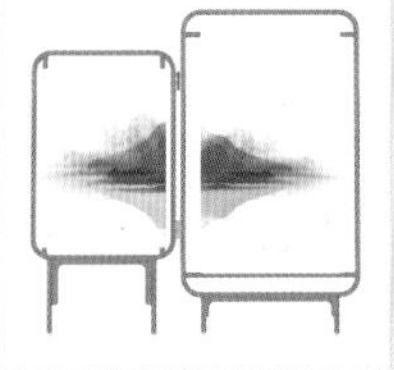

【叠景】——屏风

【清官】——椅

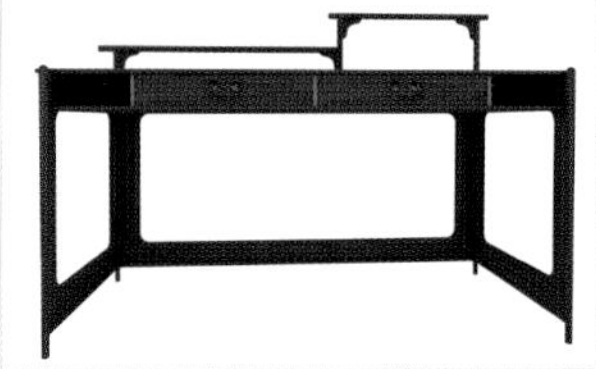

【妙笔】——书桌

【书卷】——书架

【书童】——书架

设计说明：

斯是陋室，惟吾德馨，以《陋室》为书房系列主题，用空间、家具、器物融合来托物言志，与大家寻找当代中式生活模式。每件家具产品都是用稀少的材料和轻盈线条实现稳定性的结构来放大细节的美感和平凡的光辉，回归中式朴素和从容的态度。

古代——屋檐——橱窗，皆为景；
今日——屏风——器物，皆为景。

组合类设计奖

作品：山水之间
作者：刘文添／顺德职业技术学院
指导老师：彭亮、柳毅、曾艳萍

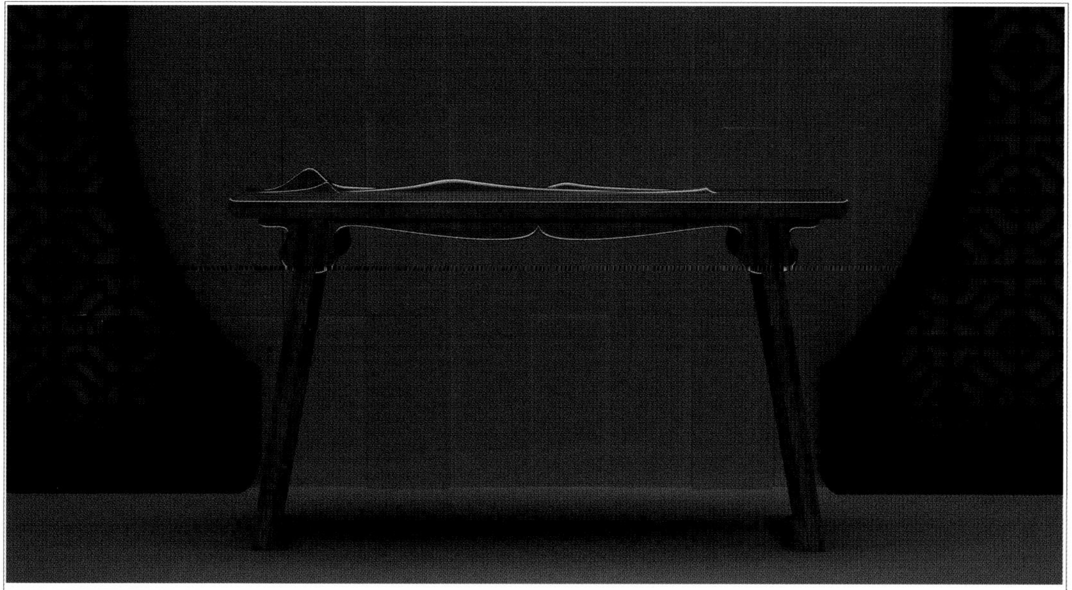

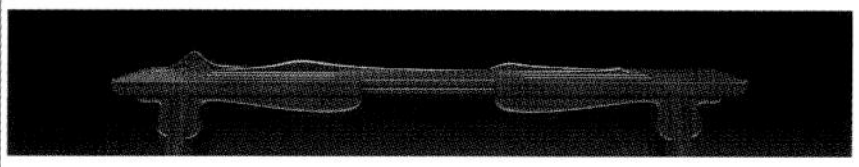

桌面利用类似中国传统燕尾榫的结构连续，达到一种可活动的目的。桌面木纹通过手工加深，并加上涂料形成一种类似水一般的视觉效果。

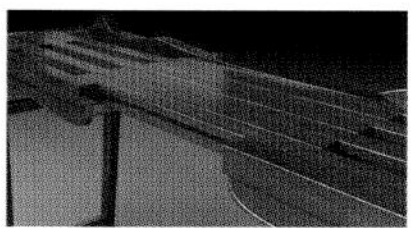

该设计将山与水，动与静相结合，力求将中国传统文化歇入到这件家具中，提升家具的文你内涵，营造一种浓厚的意境。

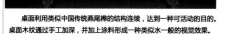

该设计将中国天圆地方的思想以及外圆内方的为人之道作为设计的出发点。在造型与舒适度上找到平衡

《山水之间》

作品：花好月圆
作者：张付花／江西环境工程职业学院

花好月圆

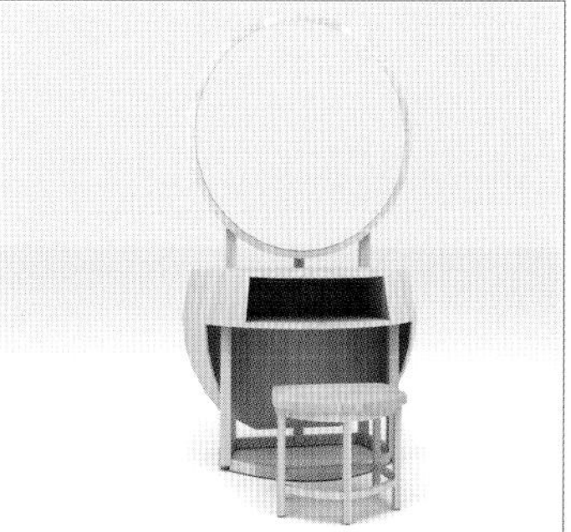

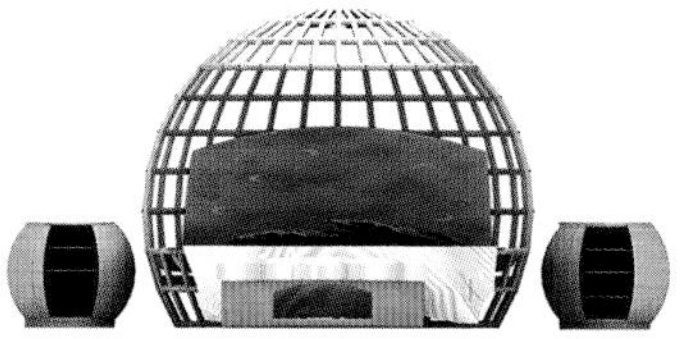

设计说明：

家具的主元素是圆。床的造型是一个半球，顶上是一盏灯，球形床代表进温馨小窝，有光明，有温暖，有安全感。镂空的半球是床的亮点。床头柜也是球形，造型新颖可爱。大衣柜是圆形，坚固稳定。圆形的梳妆台造型简单,独具特色。

组合类设计奖

作品：木韵汉风
作者：张付花／江西环境工程职业学院

木韵汉风
设计说明：
繁华落尽，其夜未央。
建筑是文化的载体，“木韵汉风” 通过了解在现代人心目中汉代建筑特有的元素，倒如平直、古朴的檐口，简洁、雄健的柱饰；高耸、气派的石阙等。将这些元素提炼、加工，运用现代的设计手法加以表现，以“方”“圆”为母体组织立面布局，实现“名堂辟雍”的传统理念，色彩上以重色为主调，在家具的重点部位使用传统回纹图案加以点缀，典雅而醒目。不仅使现代家具与传统文化取得文脉上的联系，而且也给古老的形式注入了新的活力。

作品：钱币文化
作者：罗美芳／江西环境工程职业学院
指导老师：张付花

钱币文化
设计说明：
本设计灵感来源于王莽时期布币，它韵意着古往经来的象征，床头采用的是建筑的设计出来的，它运用了流线型的线条，给人正直，清爽，明亮的感觉，这正是这套作品的重要特点之一。

作品：蝶变

作者：孙克亮、张付花、鲁锋／江西环境工程职业学院

蝶变

设计说明：

设计定位：现代中式实木家具；材料：海棠木；涂装效果：透明着色；结构方式：榫卯结构.

“风舞九天，破茧成蝶”，“蝶变”系列家具以“凤尾蝶”和明式家具部分经典形制为原型进行概括提炼，设计中力求通过动静结合、直曲结合、点线面体结合来塑造简洁典雅、明快大气的现代中式居室效果，同时简化了其结构与工艺，使生产周期大为缩短，愿“蝶变”为中国家具行业的腾飞插上一双美丽的翅膀，破茧成蝶，展翅飞翔。

作品：徽风木韵

作者：孙克亮、张付花／江西环境工程职业学院

徽风木韵

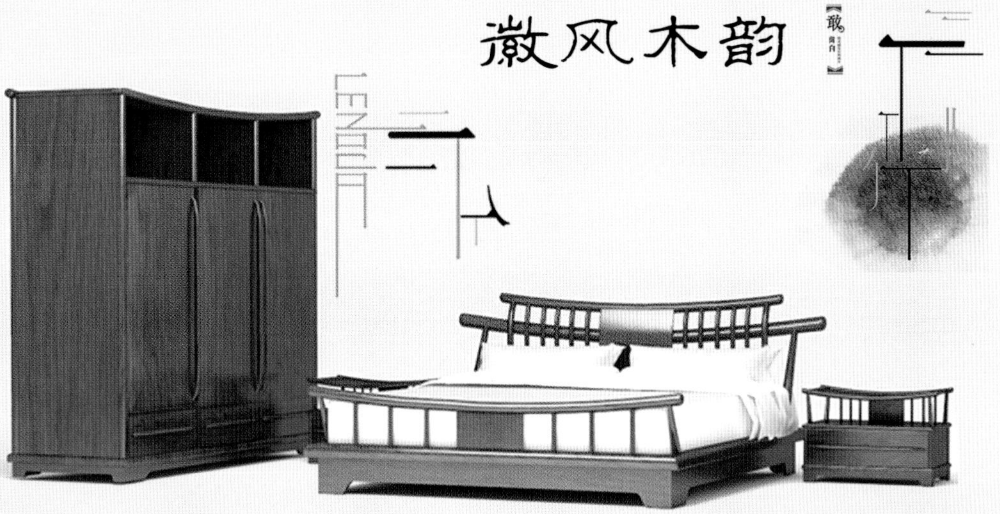

江南徽派建筑高矮相间、错落有致、特色鲜明，三段式马头墙等风格融入家具设计。结合现代的加工工艺和现代手法，使床的高屏线条简约流畅使其变得柔和，家具的外观具有高贵典雅，散发着幽幽自然之气息，出沉稳庄重柔和唯美高贵气息。整体设计错落有致。高雅简练的造型在一种现代与传统的造型理念，再赋予一种古朴的材质与花纹，让整套卧室家具显得的更加高雅、大气、时尚。

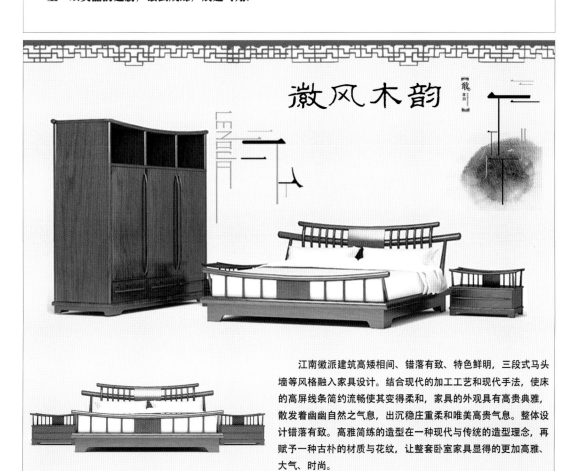

组合类设计奖

作品：茗疏
作者：梁燕燕、周俊庭／华南农业大学
指导老师：杨慧全

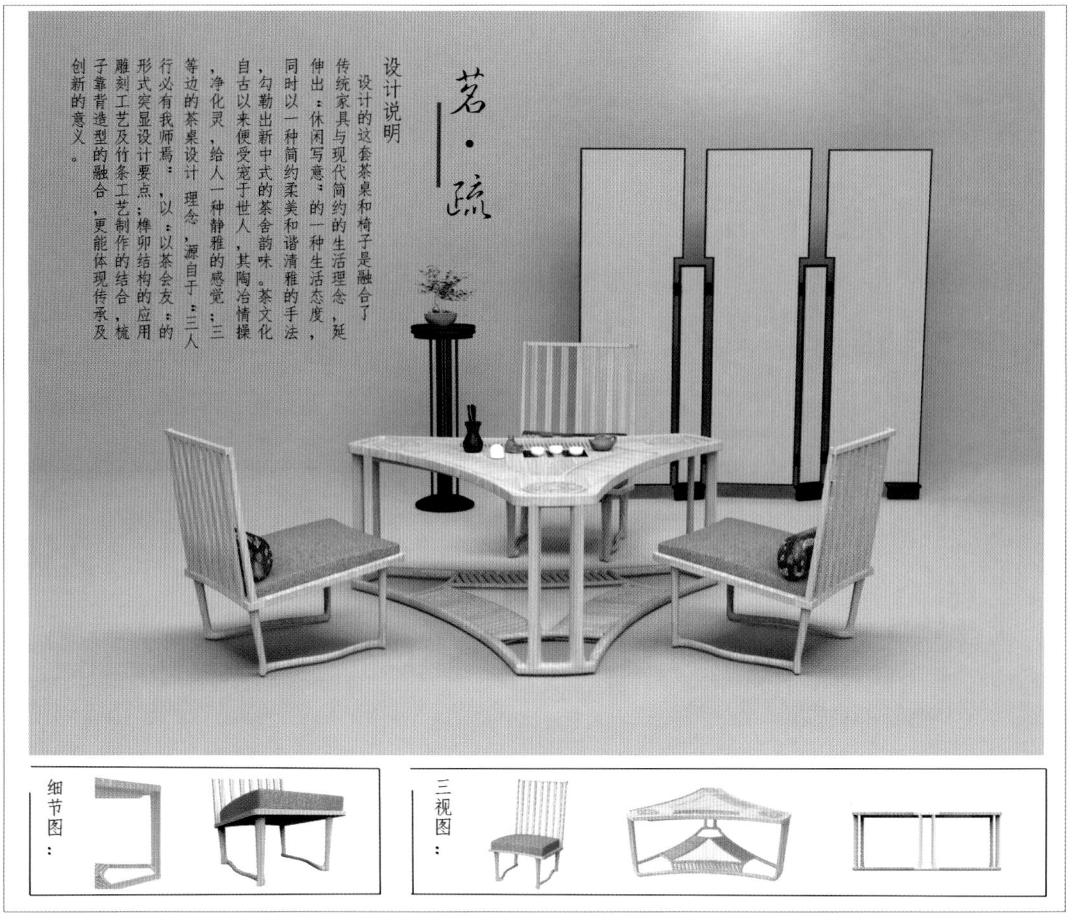
茗·疏
设计说明
设计的这套茶桌和椅子是融合了传统家具与现代简约的生活理念，延伸出：休闲写意：的一种生活态度，同时以一种简约柔美和谐清雅的手法，勾勒出新中式的茶舍韵味。茶文化自古以来便受宠于世人，其陶冶情操，净化灵，给人一种静雅的感觉；三等边的茶桌设计 理念，源自于：三人行必有我师焉：，以：以茶会友：的形式突显设计要点；榫卯结构的应用雕刻工艺及竹条工艺制作的结合，梳子靠背造型的融合，更能体现传承及创新的意义。
细节图：
三视图：

作品：疏影
作者：姚珂露、夏晨晨／浙江农林大学
指导老师：朱芋锭

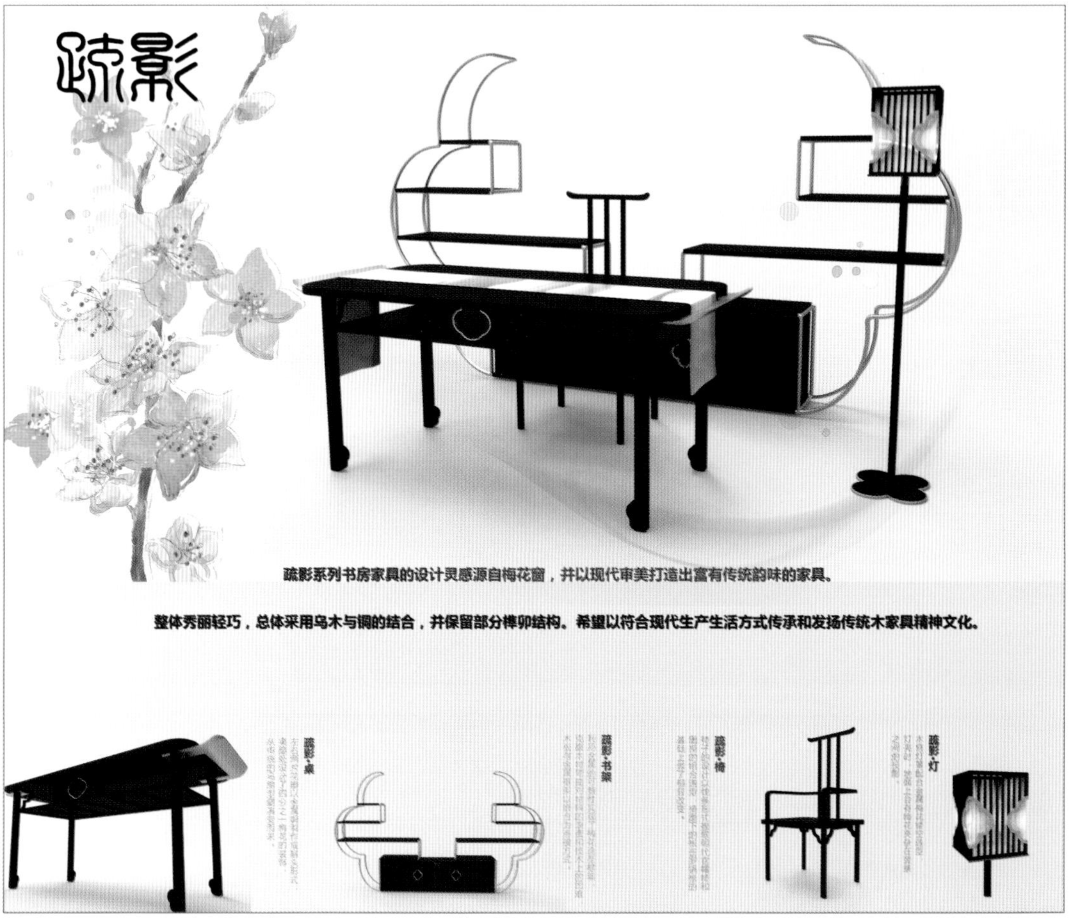
疏影
疏影系列书房家具的设计灵感源自梅花窗，并以现代审美打造出富有传统韵味的家具。
整体秀丽轻巧，总体采用乌木与铜的结合，并保留部分榫卯结构。希望以符合现代生产生活方式传承和发扬传统木家具精神文化。
疏影·桌
疏影·书架
疏影·椅
疏影·灯

作品：静枫，听雅

作者：黄兴／福建农林大学

静枫，听雅

设计说明：

秋天当一片枫叶落下，我坐在书桌前，看着窗外此景，感受着这份静雅。这便是我对这件作品的设计灵感的意向来源。

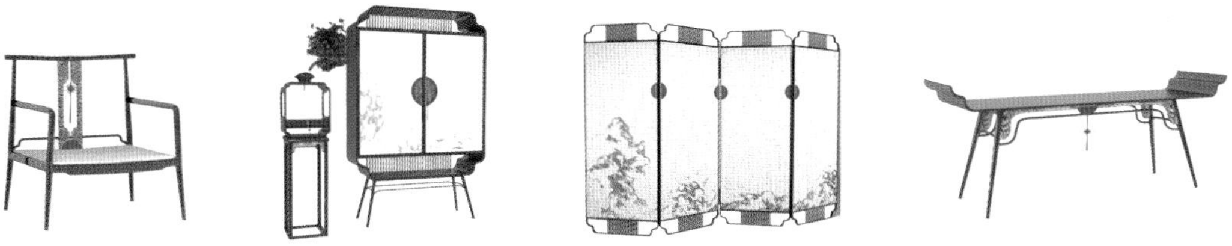

产品规格：660x600x850 （350x350x1500 1200x600x2000） 750x45x1800（单片） 2000x600x750

作品：落红

作者：李想、马弘／沈阳航空航天大学

指导老师：孙明磊

落红

落红不是无情物
化作春泥更护花

产品介绍

茶桌 设计灵感来源于落花 流水
水波纹桌面灵动感强
流水槽深化落红的主题

茶椅 设计灵感来源于春泥护花
扶手高低错落 靠背留缝隙
软垫采用渐变墨绿色 取春泥之意

屏风 设计灵感来源于飘落的花瓣
画作体现落红之美
屏风为单体屏风 搭配摆放

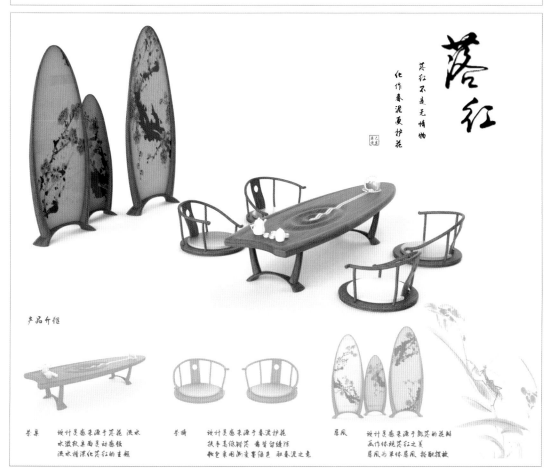

组合类设计奖

作　品：禅家具
作　者：胡适笔／中南林业科技大学
指导老师：袁进东

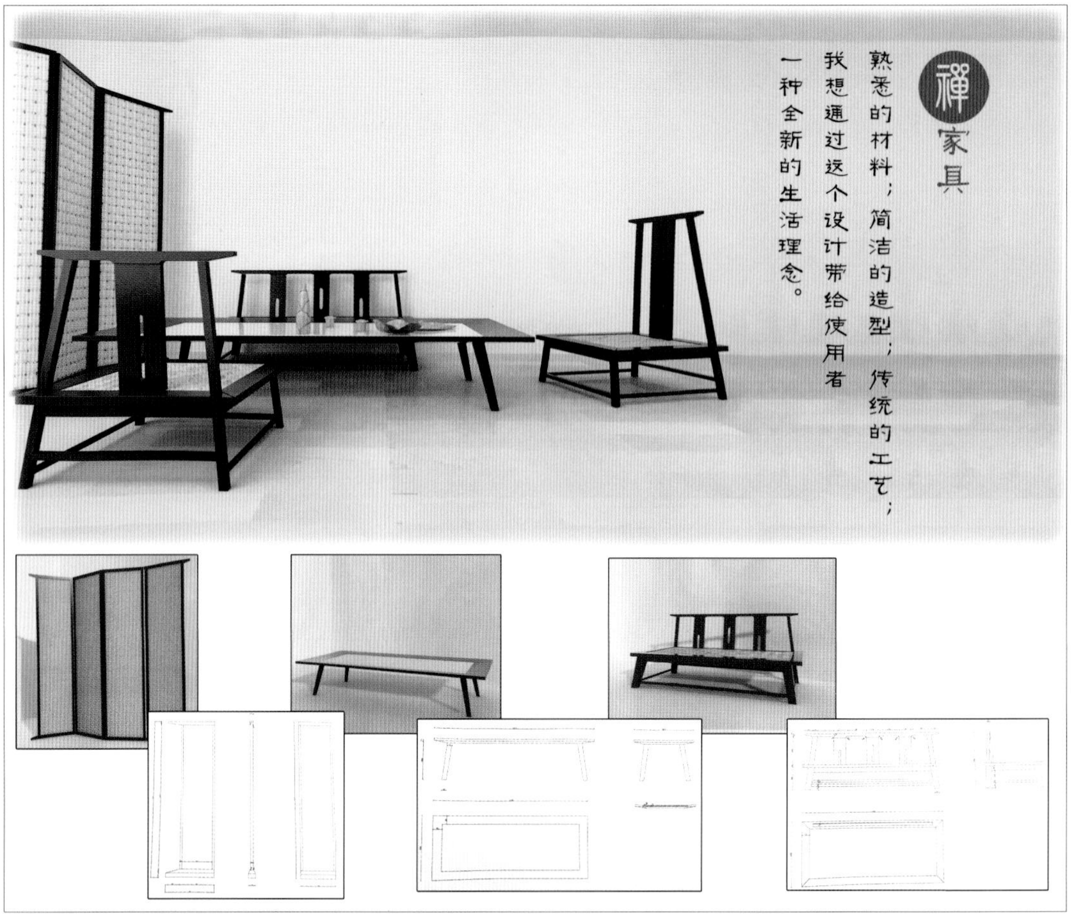
禅家具
熟悉的材料；简洁的造型；传统的工艺；
我想通过这个设计带给使用者
一种全新的生活理念。

作　品：中式·山川
作　者：石惠杰、郭震霖／内蒙古师范大学
指导老师：杨正中

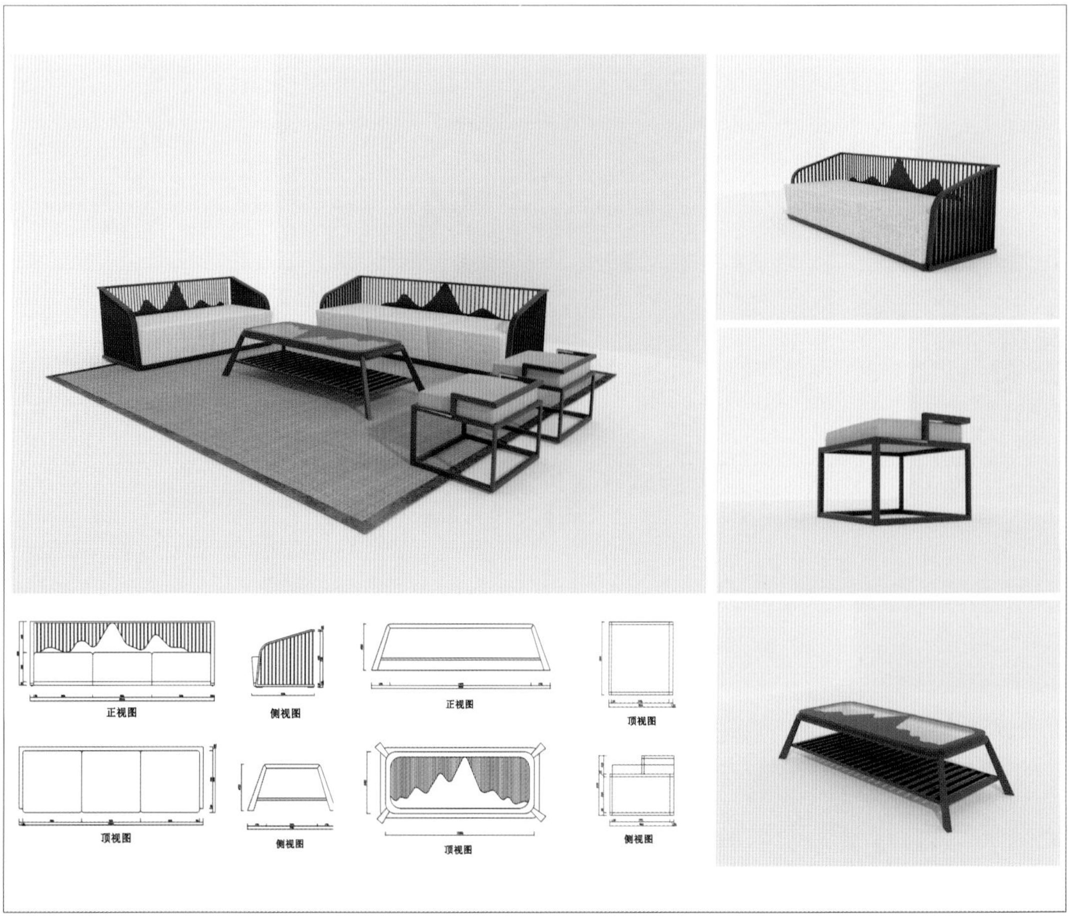
正视图
侧视图
正视图
顶视图
顶视图
侧视图
顶视图
侧视图

组合类设计奖

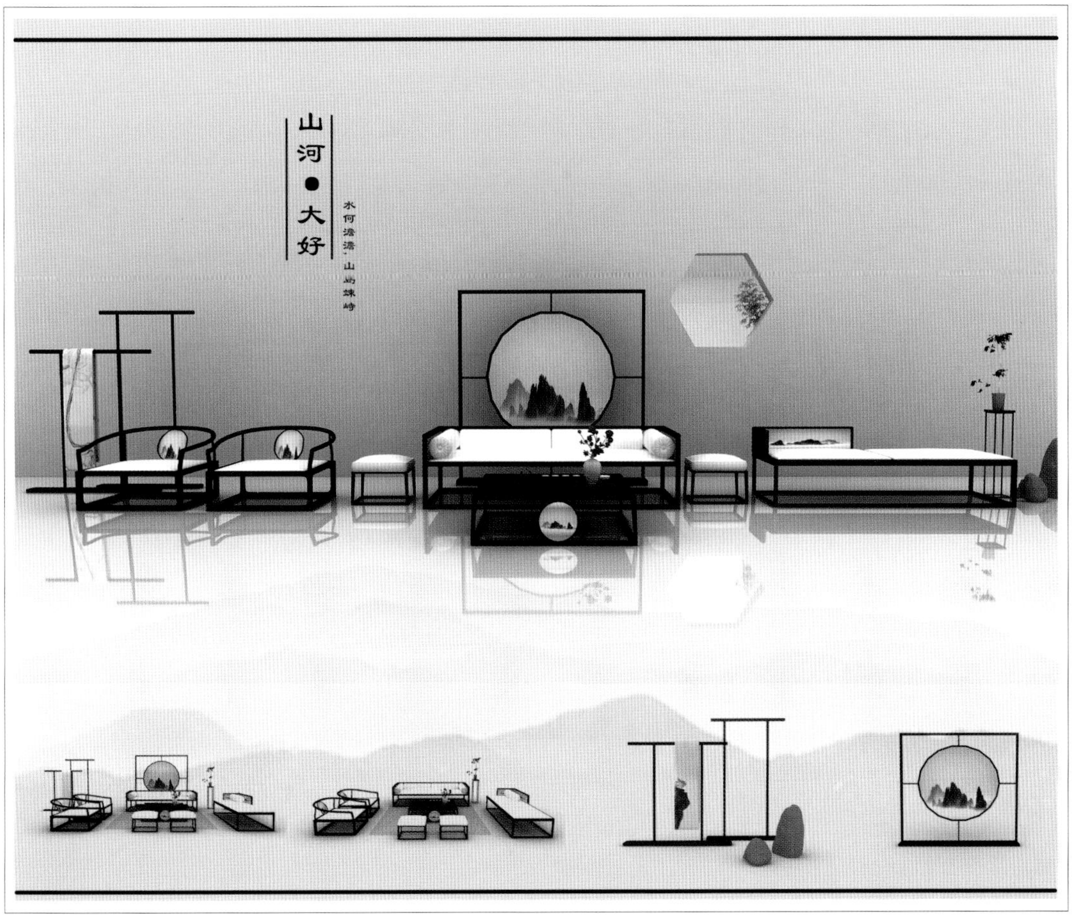
山河●大好
水何澹澹，山岛竦峙

作　　品：山河·大好
作　　者：邵婧杨／福建农林大学
指导老师：陈祖建

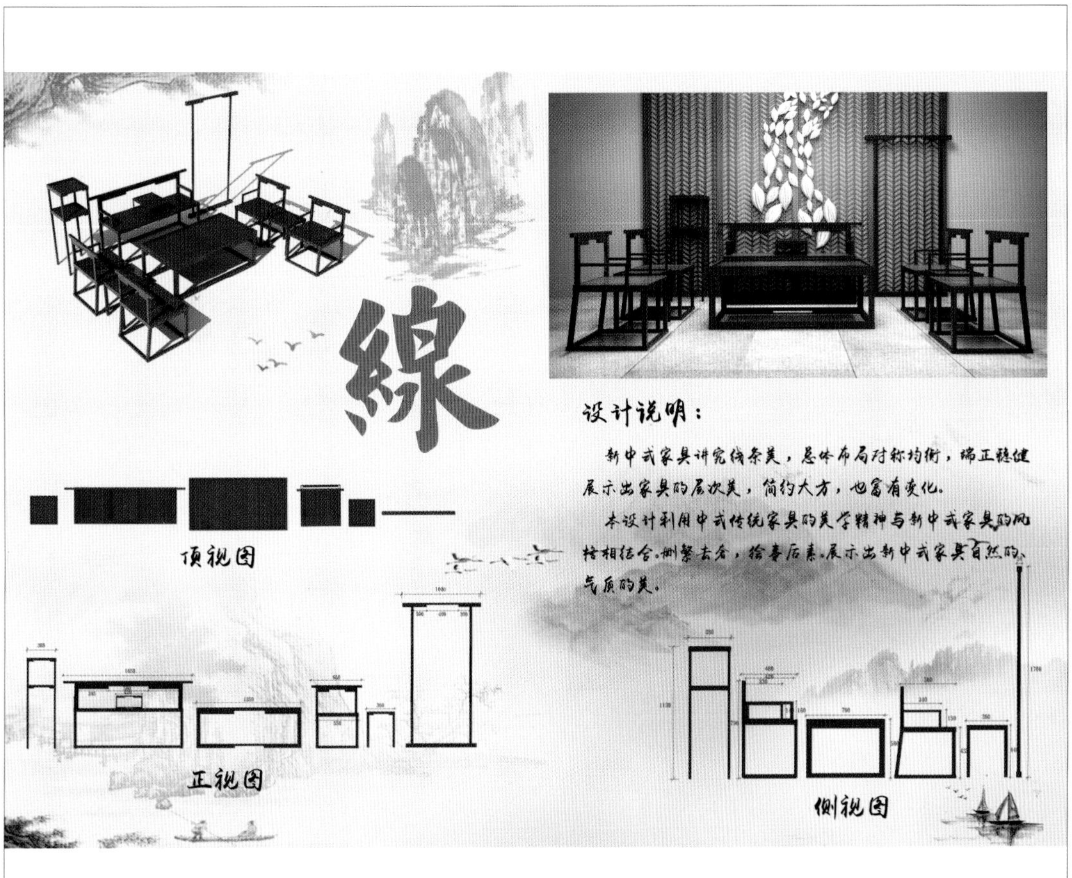
線
顶视图
设计说明：
新中式家具讲究线条美，总体布局对称均衡，端正稳健展示出家具的层次美，简约大方，也富有变化。
本设计利用中式传统家具的美学精神与新中式家具的风格相结合。删繁去奢，绘事后素。展示出新中式家具自然的、气质的美。
正视图
侧视图

作　　品：『线』
作　　者：鲁子一／景德镇陶瓷大学
指导老师：曹上秋

组合类设计奖

作品：道茶

作者：李天／华南农业大学

设计造型上，吸取传统中式家具精华，结合现代的制作工艺，表达了更适合当下时代的中式家具。
设计构成上，结合软包、雕花，结合酸枝的红与檀木的黑，在色彩节奏上，产生对比衬托。

尺寸

椅：高820*长500*宽500
桌：长1600*宽600*高720
条：长1400*宽450*高500

作品：禅意

作者：郝永睿／山东艺术学院

指导老师：张恒旺

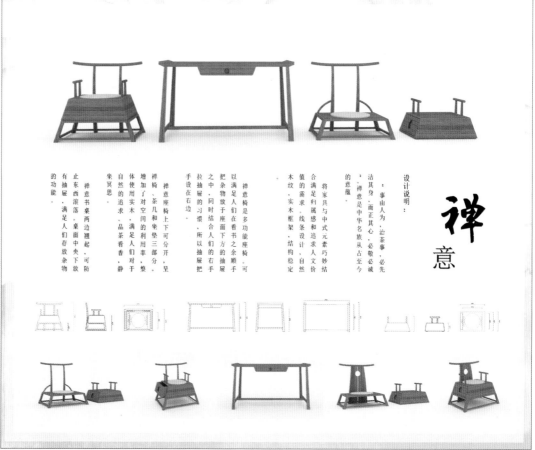

禅意

设计说明：

：事出人为，治茶事，必先洁其身，而正其心，必敬必诚：。禅意是中华名族从古至今的意蕴。

将家具与中式元素巧妙结合满足归属感和追求人文价值的需求。线条设计，自然木纹，实木框架，结构稳定。

禅意椅是多功能座椅。可以满足人们在看书之余顺手把杂物放于座面下方的抽屉之中，同时结合人们的右手拉抽屉的习惯，所以抽屉把手设在右边。

禅意座椅上下可分开，呈禅椅、茶几和坐垫三部分。增加了对空间的利用率，整体使用实木，满足人们对于自然的追求。品茶看香，静坐冥思。

禅意书桌两边翘起，可防止东西滚落。桌面中央下放有抽屉，满足人们存放杂物的功能。

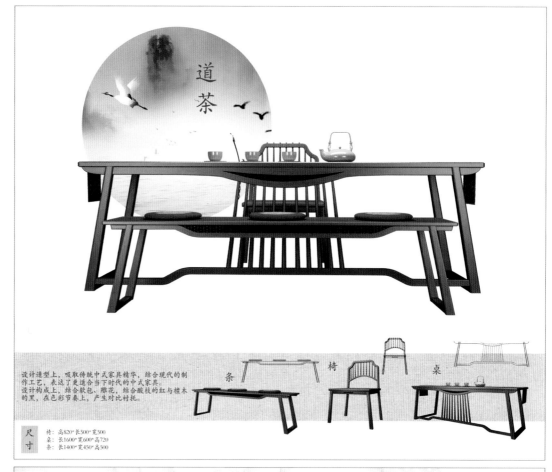

作品：润枝
作者：李天／华南农业大学

沙发椅：1200mm*500mm*40mm
茶几：1000mm*500mm*400mm

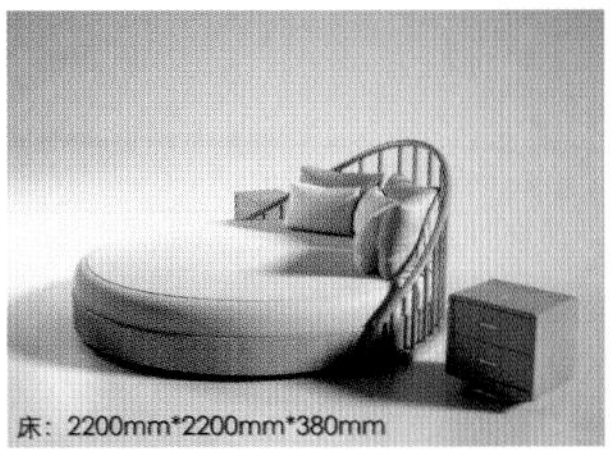

床：2200mm*2200mm*380mm

《润枝》 自然之美，中国之美

作品吸收古典家具中对植物等元素的運用，以追求人与自然共处的平衡。

整套家具把长短不一的木枝条为基调，弯曲之间展现无穷的生命力，既具有古典家具的淡雅，又有鲜明的时代特征。

作品：小桥流水
作者：黄帅华、李冉、李晟年／福建农林大学
指导老师：陈祖建

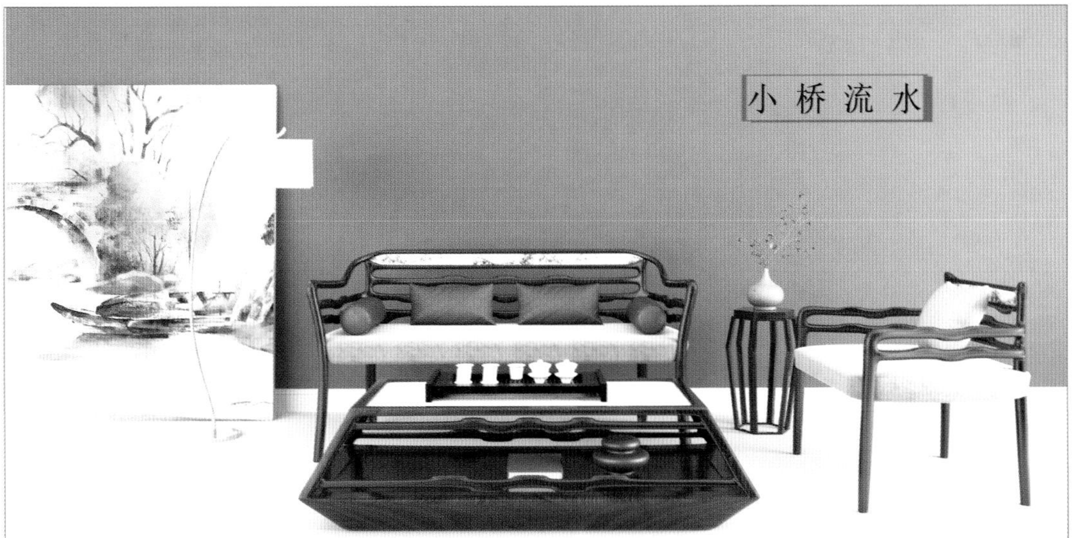
小 桥 流 水

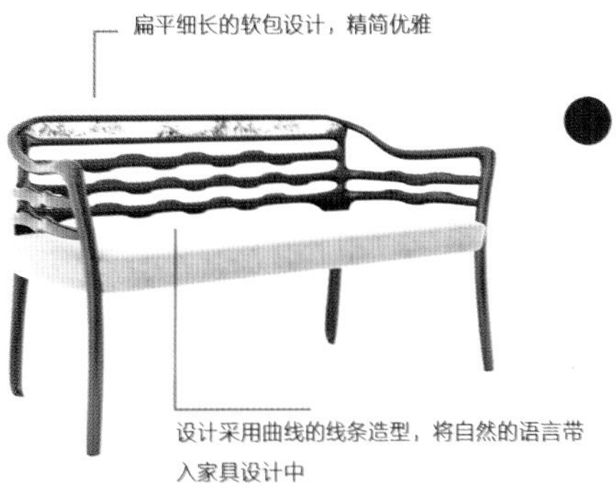
扁平细长的软包设计，精简优雅
设计采用曲线的线条造型，将自然的语言带入家具设计中

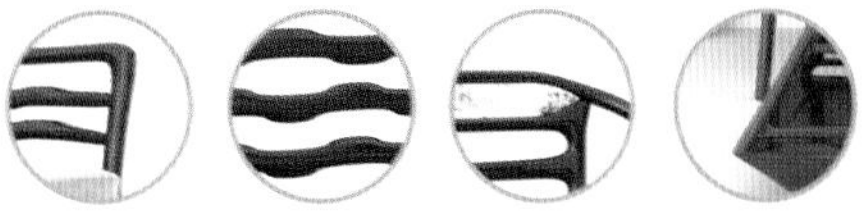

设计说明

灵感来源来自小桥流水的悠然美景，将小桥倒映水面与流水的涟漪中提取元素，融入到家具设计中。靠背通过一层层的演变成小桥映水的美感，软包设计扁平细长的造型，印有古代小桥流水的图案，精致又带有中式简约的风格。家具整体流水型的围绕造型，坐上去定会有一种身临其境的感受。

组合类设计奖

作品：祥云系列
作者：杨莹、张彬／中南林业科技大学
指导老师：袁进东

祥雲
China-aspicious cloud
扶手椅靠背
设计说明：
祥云系列设计灵感源于中国文化“祥云”符号，寓意为“渊源共生，和谐共融”。由扶手椅和茶桌组合，以实木为主运用榫卯结合方式。椅子的扶手和桌腿部分便为同一块木料分裂形成用料带来微妙的细节，扶手宽度增加更为舒适，追求美感的同时保持结构稳定。
扶手木料分裂
桌腿木料分裂结构

作品：翘晓
作者：薛晨阳／沈阳航空航天大学
指导老师：孙明磊

翘晓

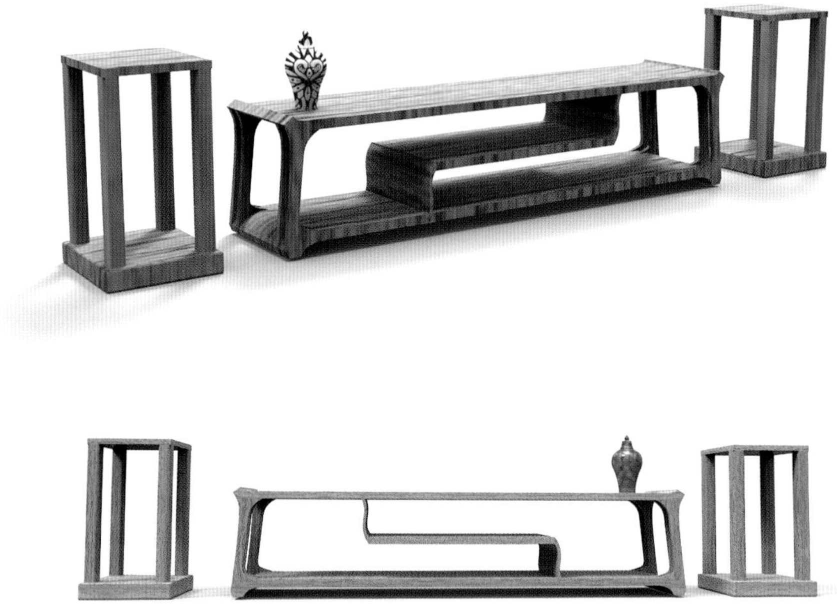

作品：兼容并蓄 和而不同
作者：丁建华／华南农业大学
指导老师：杨慧全

设计说明：家具的造型设计汲取传统元素的方与圆为主题，“兼容并蓄，和而不同”就是汲取方与圆不同的优点，和睦相处，但不随便附和，从此中可体现出这套家具的设计理念.设计符合人体曲线与自身材质属性两大基准点，整体造型装饰出的流畅感与韵律，让身体与心灵能完美贴合，得到最佳的归属感.

作品：花语
作者：黄帅华、李冉／福建农林大学
指导老师：陈祖建

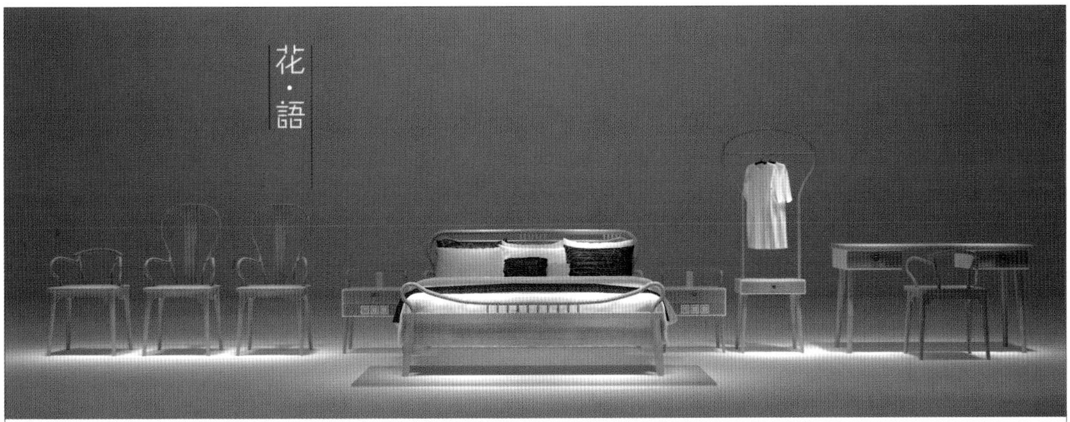

“草树知春不久归，百般红紫斗芳菲。”百花齐放，万紫千红，花儿呈现最美好的姿色，舒展生命的机能，为了留住这芬芳的景色，根据自然界中花瓣的造型，应用在家具设计中，原材采用淡色木纹，时尚简约，优雅大方,展示中式风采。

尺寸图： 单位：mm　床：1800*2200*1000 床头柜：500*450*700挂衣架：1800*900 桌：1200*760*600 椅1：510*480*650 椅2：510*480*850

作　品：梦里水乡
作　者：黄帅华、李冉／福建农林大学
指导老师：陈祖建

梦里水乡

一溪流云轻梳妆
微风岸，碧如簪
黑瓦白墙，一纸红尘淡
流水迢迢自吟唱
思忆长，梦江南

“风雅吴地，水墨江南”水乡最能给人深刻印象的就是白墙黑瓦，通过水乡建筑元素的提炼，将金属材质融入家具设计之中，高贵的金色勾勒出白墙黑瓦的美感，整体造型简约大气，清新文雅，为用户营造惬意的环境氛围，带给人美好的心情。

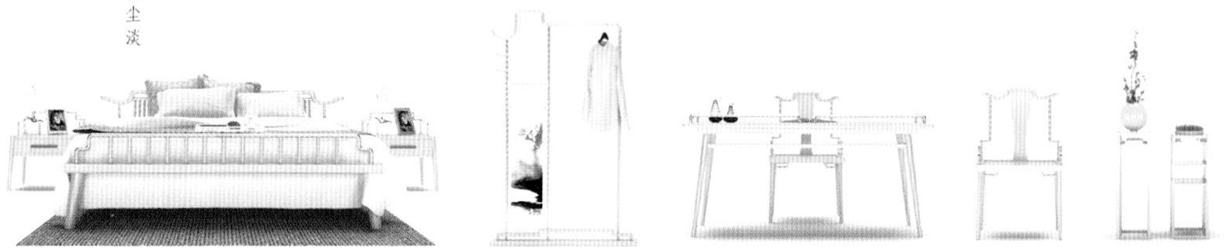

尺寸图：单位：mm
床：1800*2200*800　挂衣架：1800*1200　桌：1450*750*600
床头柜：500*450*600　几：350*350*800　椅：550*480*900

作　品：客居
作　者：魏程玉、葛建波／沈阳航空航天大学
指导老师：孙明磊

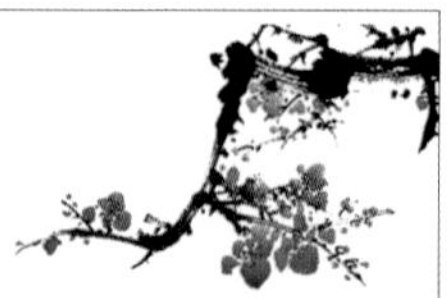

壹

産品展示

CORPORATE CULTURE

客居

本设计通过对明清时期的家具的重要符号罗锅枨，马蹄足的思考，将其两个重要符号巧妙的结合起来，成为了这套设计中最重要的元素。由于做的是一个客人的卧室在床头我加入了出头的设计元素，通过此设计元素，意在祝福客人事业，生活能够节节高升。设计的连接处基本是用榫卯连接而成！在抽屉的把手上，使用的是金色金属。

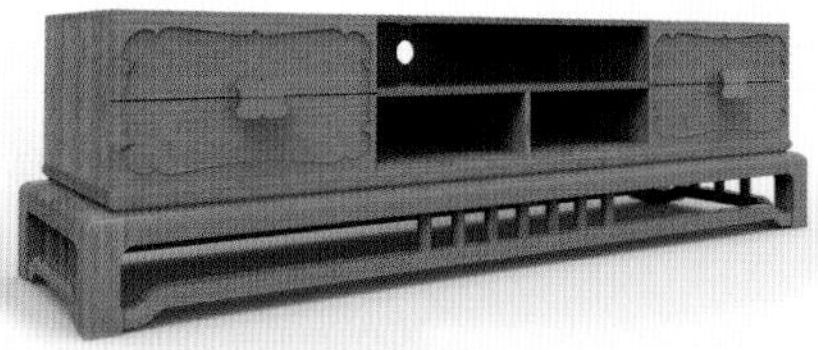

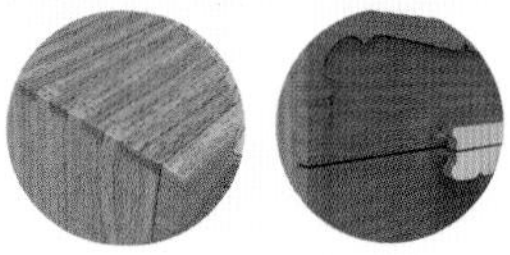

组合类设计奖

作品：办公家具组合设计（意在山水间）
作者：李鲁威／云南艺术学院

设计说明：

此设计灵感来源于中国汉字书法中篆书字体“日”“月”“山”“水”“人”，取其字形、字义，以及篆书圆润流畅的线感，创作家具形式美，其中座椅靠背以山字为造型，办公桌以水字部分为元素，左右书架及角几以日月人为元素，家具以楠木为主材，有山，有水，有日，有月，有人，意在营造一种天地人和的风水佳境，和表达人与自然和谐相处，回归自然的设计理念。

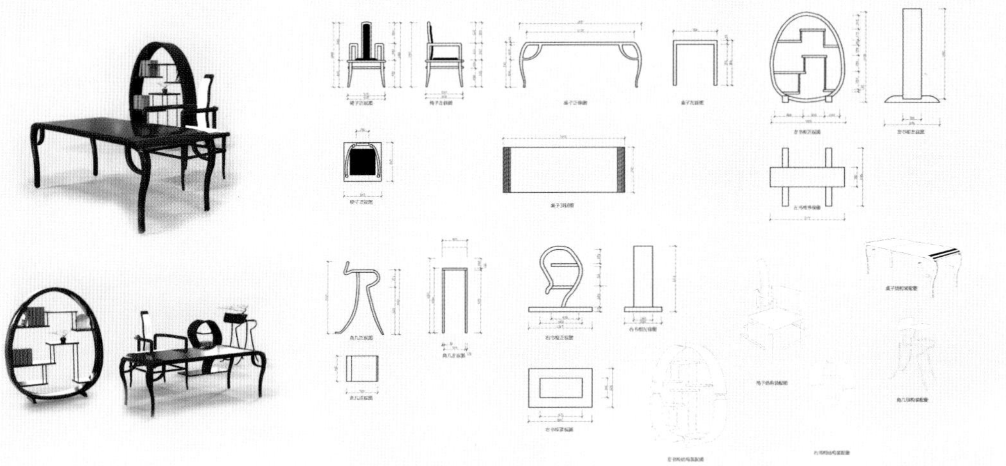

作品：『箭』拔弩张
作者：祝国东、都可悦／淮南师范学院
指导老师：方学兵

【“箭”拔弩张】

新中式酒店办公组合家具

此设计以弓箭为题材，把弓箭的造型应用到现代酒店办公家具家中，彰显力度之美。在造型上虽应用箭、弓的元素，但整体气质却张弛有度，优雅而娴静，尽显书画之神韵，符合书房气息。以实木为主材，腿部配有金属脚，具有中式家具的特点。线条优美、简单大方。

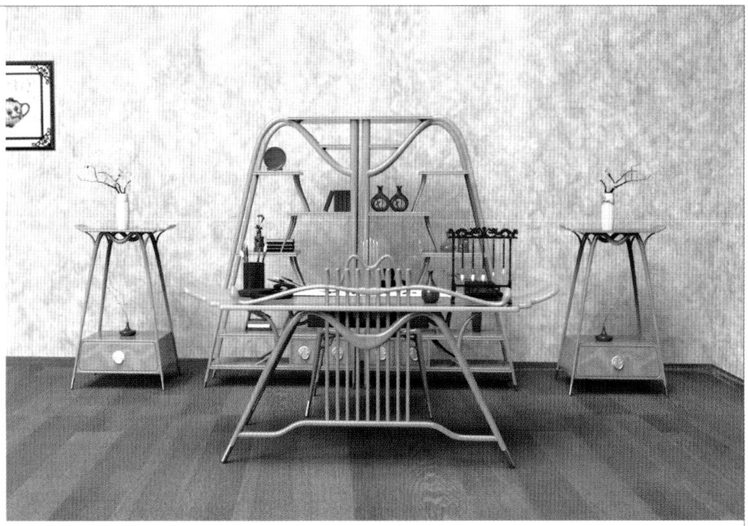

花几
主要以弓和盾牌为设计元素，形态简洁，同时又具有厚重感。

书桌
以弓作为桌腿，以箭作为挡板，以古代的盾牌作为桌面，三者有机结合，彰显大气之风。

博古架
组合式博古架，可分离，单独用在墙角或当房间隔离架使用。

椅子
把弓箭的造型用在靠背上，具有流线美，同时与现代中式家具相融合，形态更加美观。

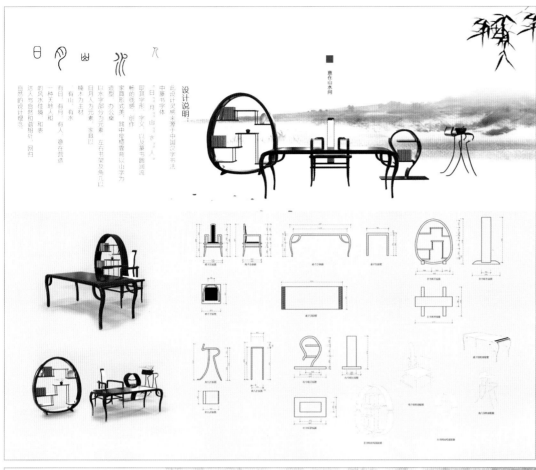

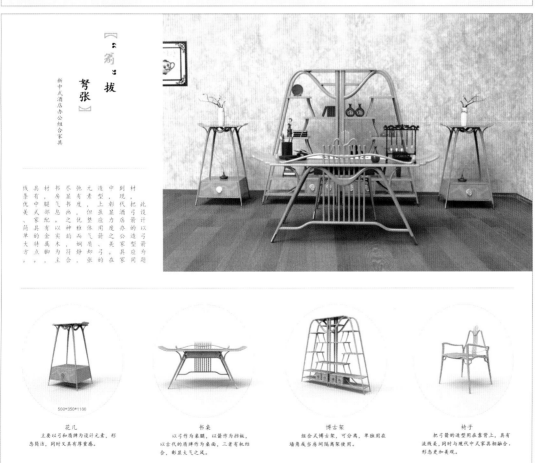

组合类设计奖

作品：徽·韵
作者：祝国东、都可悦／淮南师范学院
指导老师：许留军

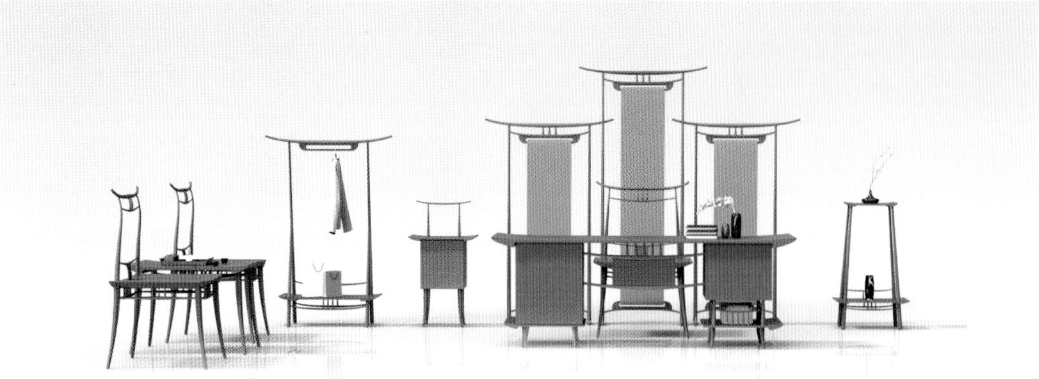

在设计过程中从徽州文化中寻找一种可以与当下喧嚣繁杂的都市相对比的元素，来给人们的生活带来一份内心的宁静与从容。

此设计以徽派建筑中的马头墙为设计灵感，把其特点线条化，并融入明式家具的特点，使整体造型简洁，富有旋律。一线一面，转折收尾，看似简单却张弛有力，纤细的线条，使马头墙在家具设计中更有力度。

〖徽·韵〗

作品：缠峦
作者：张霄、史楠、冯博／北京林业大学
指导老师：张帆

缠峦

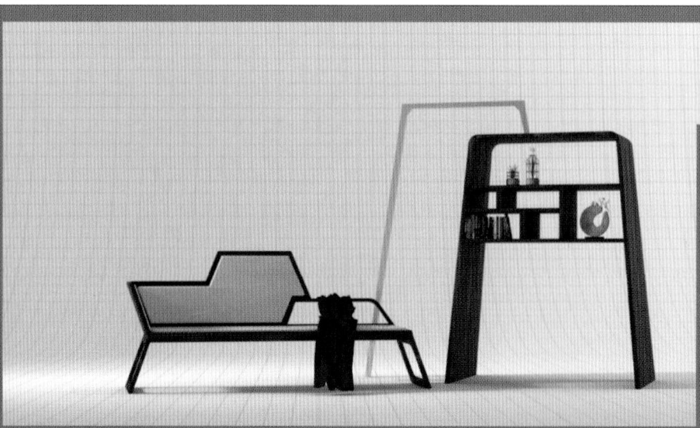

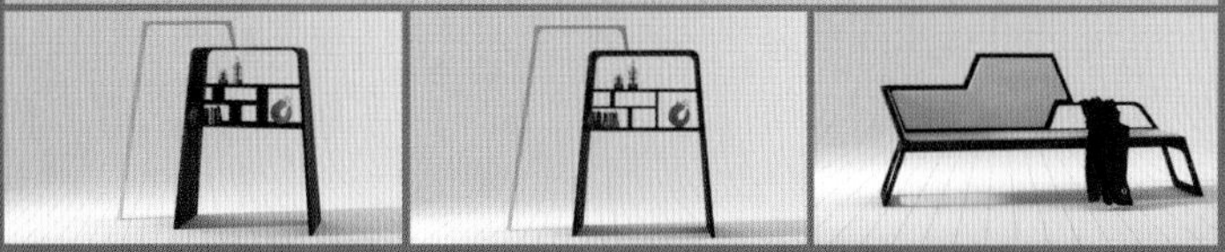

这是一个系列的家具，名为缠峦，是因整套家具的形态元素抽提自连绵不断的山峰，无论是卧榻或是架子，高低不平和虚实结合都来源于缠峦。本套家具的创新点在于碰撞。何谓碰撞，即是指家具材质，空间感，虚实感和触感等等的不同而产生的碰撞。在外型上，以塌为例，它是中式的风格却融入了西式贵妃椅的样式，这就是所谓的中西的碰撞。在材质方面，塌的主体框架是原木框架，软包的部分是浅灰色，左侧的部分用银色的金属做条形贴面，而架子也是由金属杆和木制架组合而成，材质上金属和木的混搭也是一种碰撞。塌和架子相呼应都有一部分是比较有棱角的，旁边的木制部分是较圆滑的，这是圆锐的对比。塌中有一部分是空的，做成虚的就像扶手一样，方便从后方上来，而且这一设计也成就了虚实碰撞。架子主要由左侧的金属架和右侧的原木色木架组成，质感和塌呼应。左侧锐利，右侧圆滑。木架有一定宽度，可以陈列摆件和酒品等，既有实用性又有观赏性。整套家具给人一种置身自然的感觉，简洁干练，又不失亮点和实用性。放在新中式风格的家居环境中会有着恰当好处的融合感和视觉冲击，既有自然的元素，又有各种碰撞，无论是居家使用或是公共场合，都是一个好提升空间视觉感受的好选择。

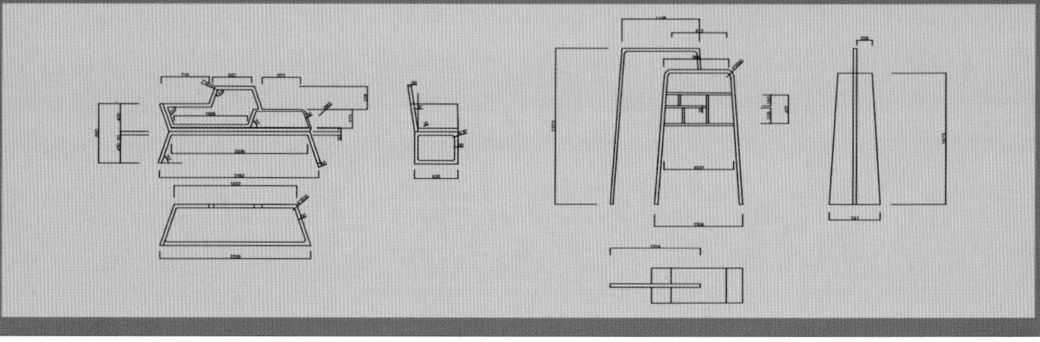

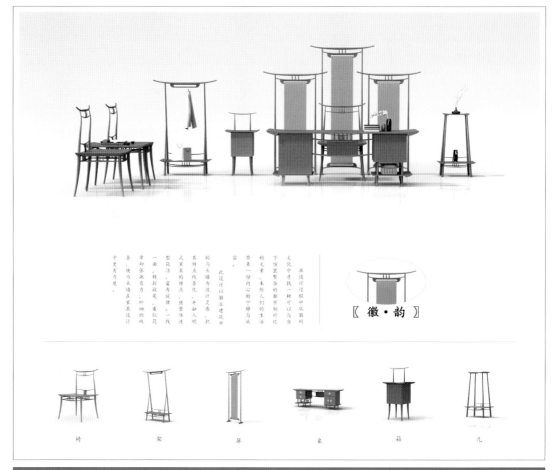

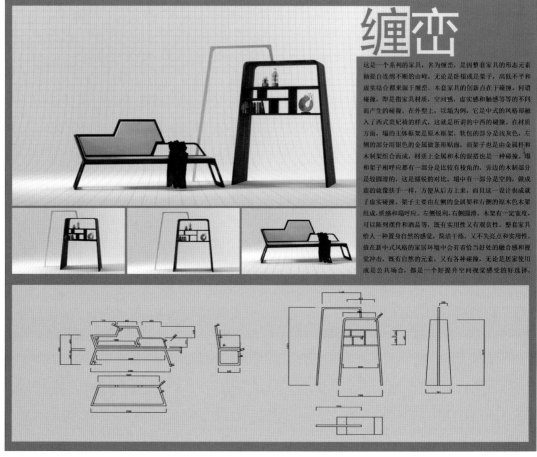

作品：屿澄
作者：马弘、李想／沈阳航空航天大学
指导老师：孙明磊

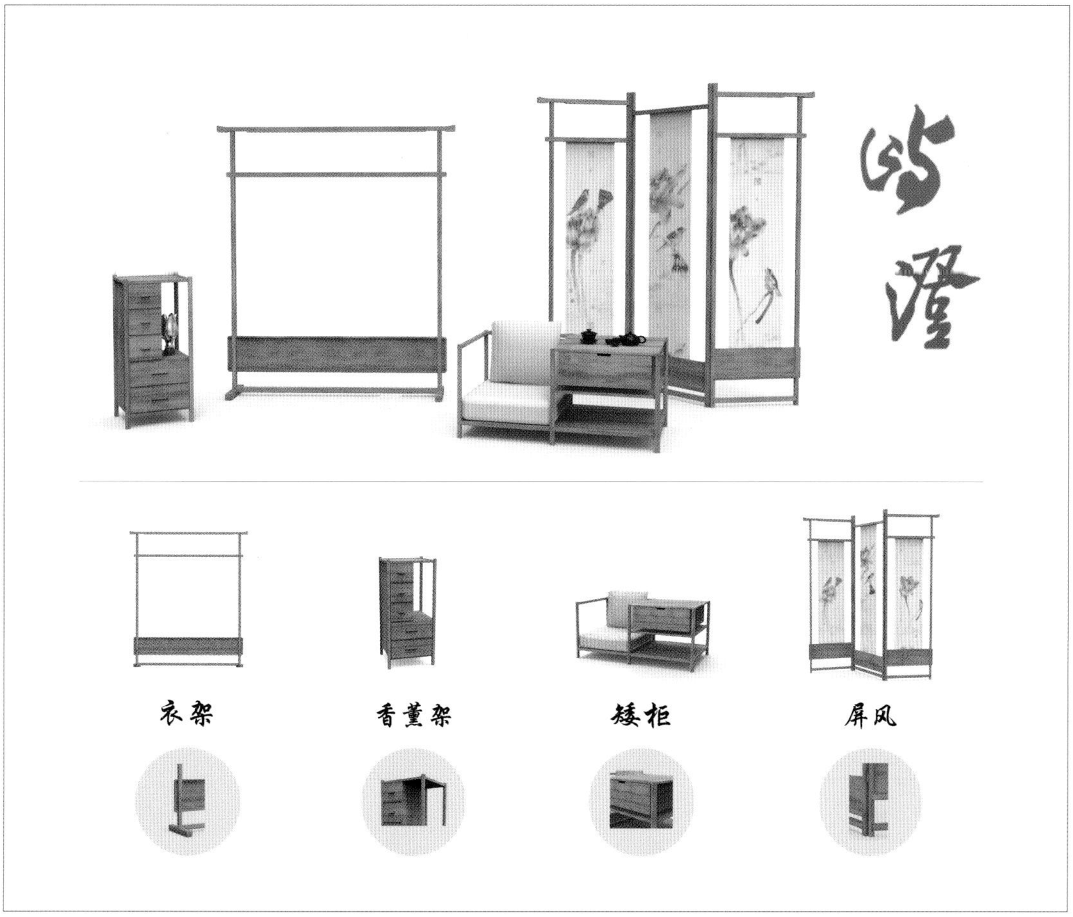
屿澄
衣架
香薰架
矮柜
屏风

作品：木与石
作者：张佳敏、张竞文／沈阳航空航天大学
指导老师：孙明磊

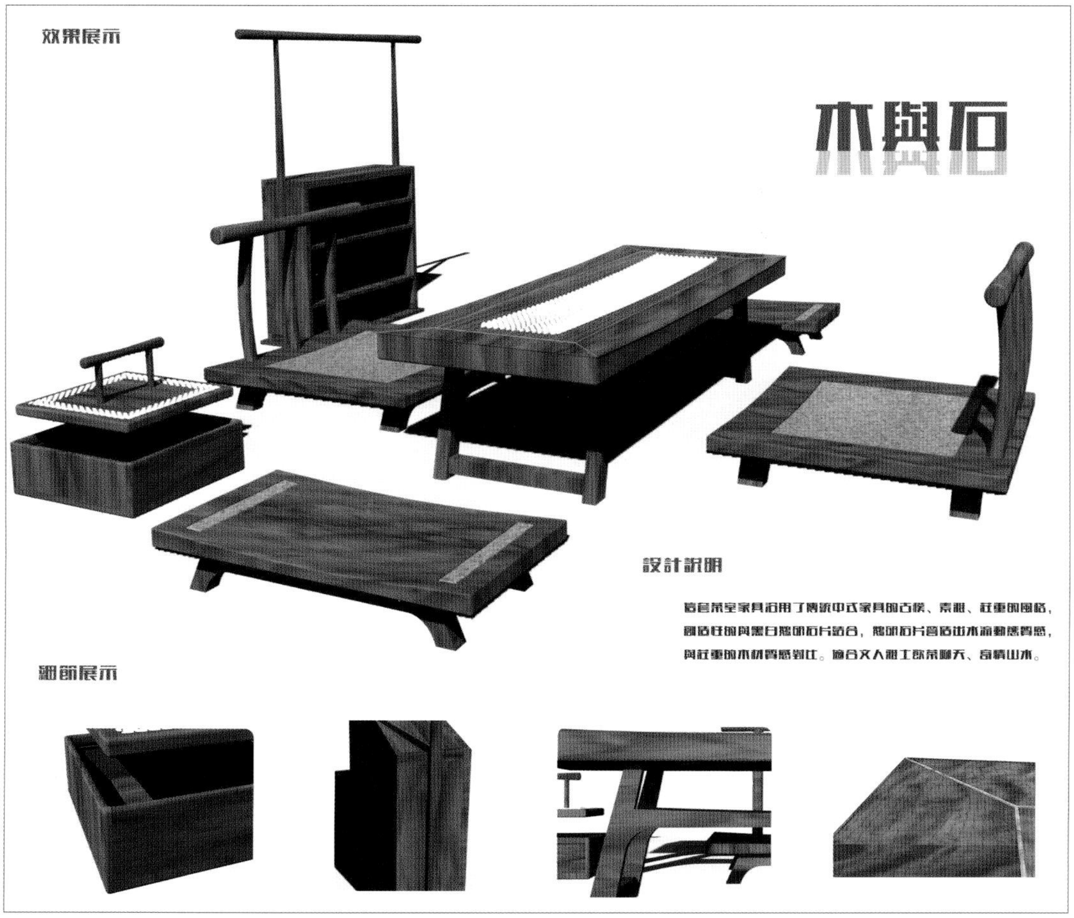
效果展示
木與石
設計說明
這套茶室家具沿用了傳統中式家具的古樸、素雅、莊重的風格，
圓潤柱的與黑白透明石片結合，透明石片營造出水流動感質感，
與莊重的木材質感對比。適合文人雅士品茶聊天、寄情山水。
細節展示

组合类设计奖

作品：竹编新韵
作者：聂茹楠、黄帅华／福建农林大学
指导老师：陈祖建

竹编新韵

设计说明

本案设计吸取明式家具的精华，把传统的罗锅枨进行简化、提炼出现代的造型元素，与简练的线型相融合，家具的外观简洁、优雅，从而创造出符合现代生活习惯的茶座椅。本设计以实木与竹编饰面板为主要材料，通过深浅色彩的对比与变化，丰富了家具的立面造型；富有纹理变化的竹编饰面装饰带来丰富的视觉感受，加强了层次感，使得立面的表现更加的生动。

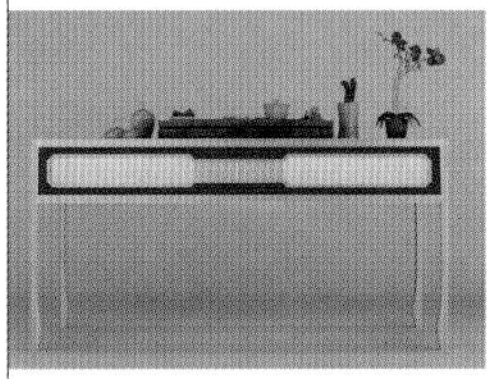

泡茶桌效果图

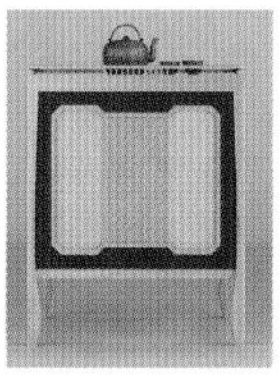

泡茶边柜效果图

茶室装饰柜效果图

茶室泡茶边桌效果图

茶室泡茶主桌椅效果图

作品：春泥·苏作茶韵
作者：朱思硕／华南农业大学
指导老师：杨慧全

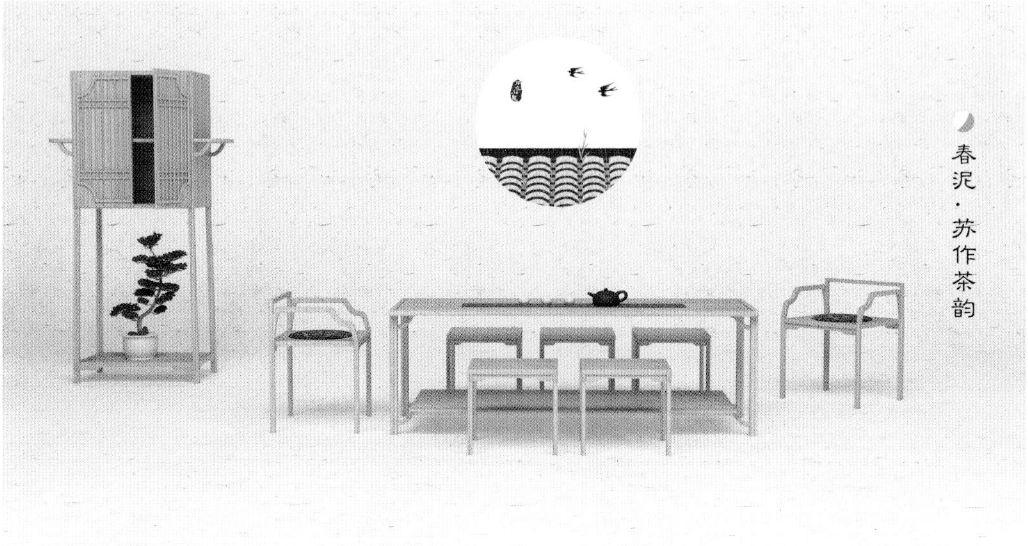

设计说明：

苏式家具造型简约清秀，线条优美，尺寸合理，在设计上吸收了宋代家具风格。【春泥.苏作茶韵】以花梨木为材料。结构在宋代家具榫卯基础上加以创新，既保留了中国传统文化的儒雅内敛，又继承了新时代的简洁精炼。温雅可人，令人心生美好。

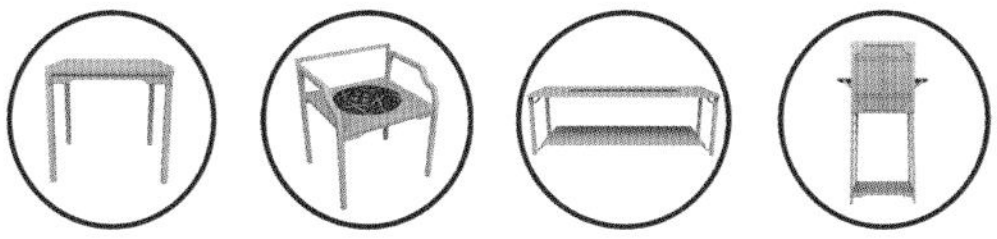

作　品：中国风
作　者：钟勇／江西环境工程职业学院
指导老师：张付花

中国风

设计说明：

"中国风"家具几千年的历史文化的渊源流程，塑造了中式家具独有的风格，它的风格建立在古代的中国文化和东方文化的基础上，自身有着其古色古香的独特的魅力。给人予纯朴·清静雅。款家具在中国明式家具的基础下融入现代简约家具的元素，在不失明式家具原有的韵味下清晰地表现了现代简约家具的简约大方。它使用海南花梨木制作，工艺精湛，加上明代家具复杂而牢固的榫接合方式拼接而成，大大的提高了它的使用时间和收藏价值。家具的腿全部使用锥形的圆木与家具拼接，凸显了现代简约风格，使家具显得稳重。最后使用黄铜材料制作拉手和局部的装饰。不仅有很好的实用性，更是使家具锦上添花

作　品：线性感学——简约新中式家具
作　者：汪何伟／内蒙古师范大学
指导老师：邸长山

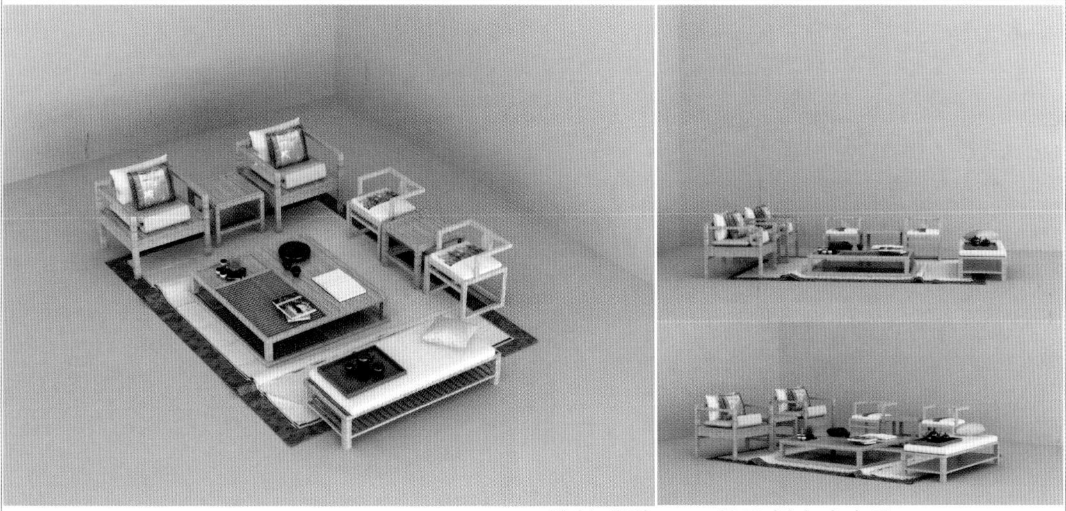

线性感学 ---- 简约新中式家具

New Chinese style furniture line sexy contracted

设计概念：线性感学 ---- 简约新中式家具

设计说明：通过对大赛主题的探索和对中式家具的挖掘，发现中式家具中拥有的美感之一 ---- 线性。也是非常打动我的一个点，故此对这个点做了研究。半性质的软包与硬性质的木材相互搭配该产品创新点：在家具本身你能若隐若现的看到某个典型的中式传统家具的影子，但仔细看又脱离了他原有的型，灌输了只有"神"的韵味在里面。该组家具既有中式传统家具的神韵又有现代家具的简约风格，可谓是古典与现代的融合，新与旧的碰撞。半性质的软包与硬性质的木材相互搭配，柔软与硬性的对比，更加亲化了木质原有的温馨感。

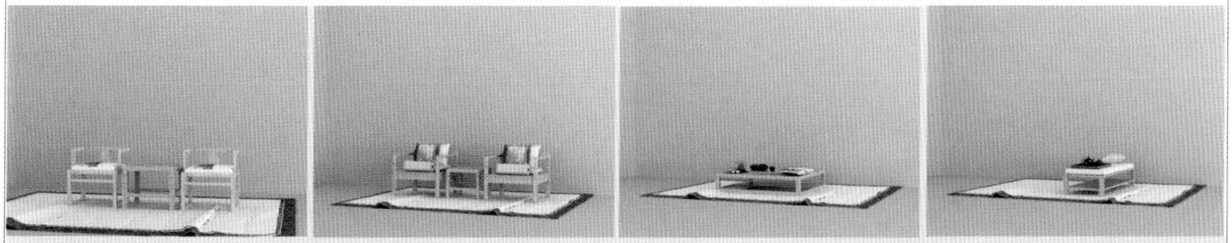

工艺：中国经典木家具结构 ---- 榫卯。每个连接点都是榫卯的穿插，并且都是暗榫结构，在结构的稳定性的同时又不会破坏外观的形式美感。材质：现阶段模型效果中展示的是'安利格木。木材可选样。

组合类设计奖

作品：胭脂扣
作者：李水禾／内蒙古农业大学
指导老师：李军

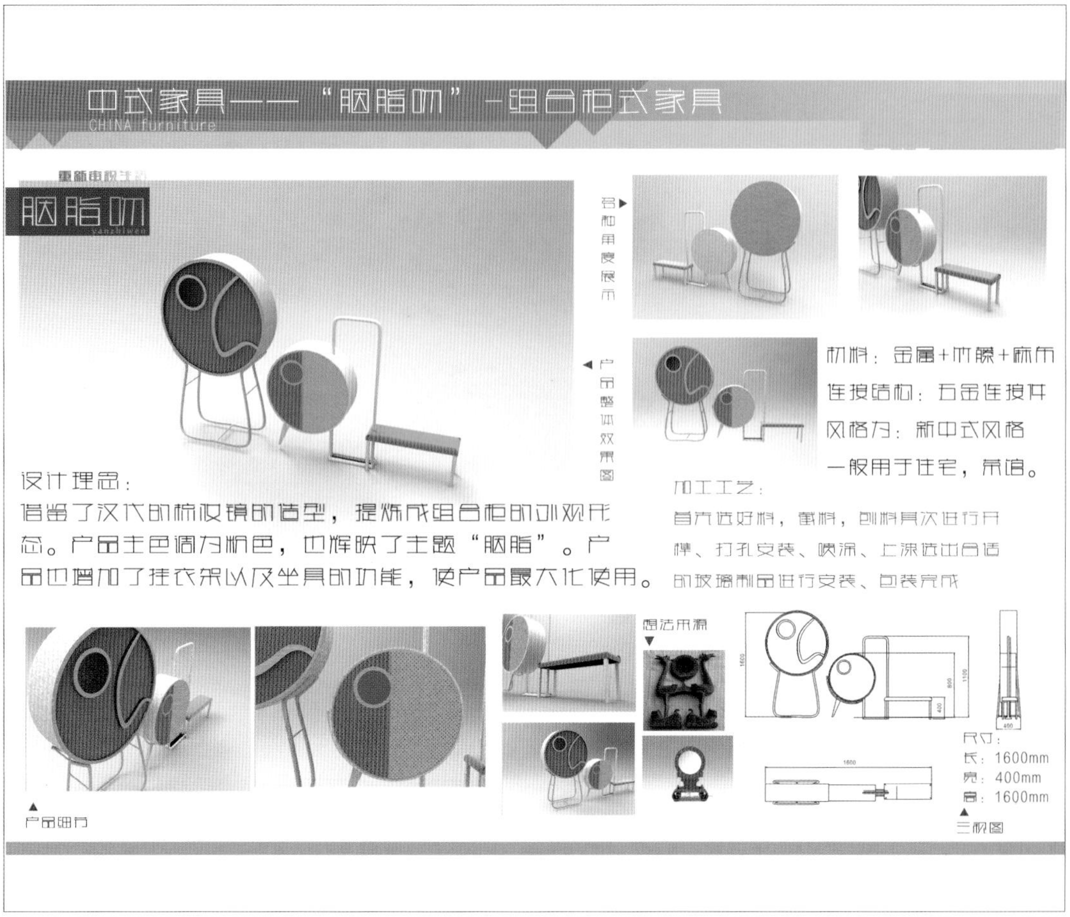
中式家具——“胭脂吻”-组合柜式家具
CHINA furniture
胭脂吻
多种角度展示
产品整体效果图
材料：金属+木板+麻布
连接结构：五金连接件
风格为：新中式风格
一般用于住宅，宾馆。
设计理念：
借鉴了汉代的梳妆镜的造型，提炼成组合柜的外观形态。产品主色调为粉色，也辉映了主题“胭脂”。产品也增加了挂衣架以及坐具的功能，使产品最大化使用。
加工工艺：
首先选好料，截料，刨料其次进行开榫、打孔安装、喷漆、上漆选出合适的玻璃制品进行安装、包装完成
产品细节
造法来源
尺寸：
长：1600mm
宽：400mm
高：1600mm
三视图

作品：飞檐流韵
作者：冯光儒、黄贵、张曙光／西南林业大学
指导老师：周雪冰

本方案主材为红酸枝，设计源于对中国古代建筑形式的理解：对称法则所营造出端庄稳重的外形、不同体量大小的组合所体现出的节奏和韵律，斜翘的飞檐多传达出的神秘意蕴；向内倾斜的腿部与向外、向上造势的角牙和帽头好似建筑中挺拔的柱脚和高耸的飞檐，一起成就了本方案的视觉扩张，凸显了本方案的古朴凝重、庄严大气。
回纹牙板柔中带刚，既具装饰性，又有其结构性。
靠背采用回纹装饰，高耸凸显威严。靠背一分为二，其间用短枨相接，似断未断，更添情趣。靠背上方造型与牙板相映成趣。靠背下方镂空后用S形木条与坐面边方和横枨相接，既增加其稳定性，又富有装饰性。
书桌（1.72*0.75*0.8）
书椅（0.65*0.55*1.2）
作品名称：飞檐流韵

组合类设计奖

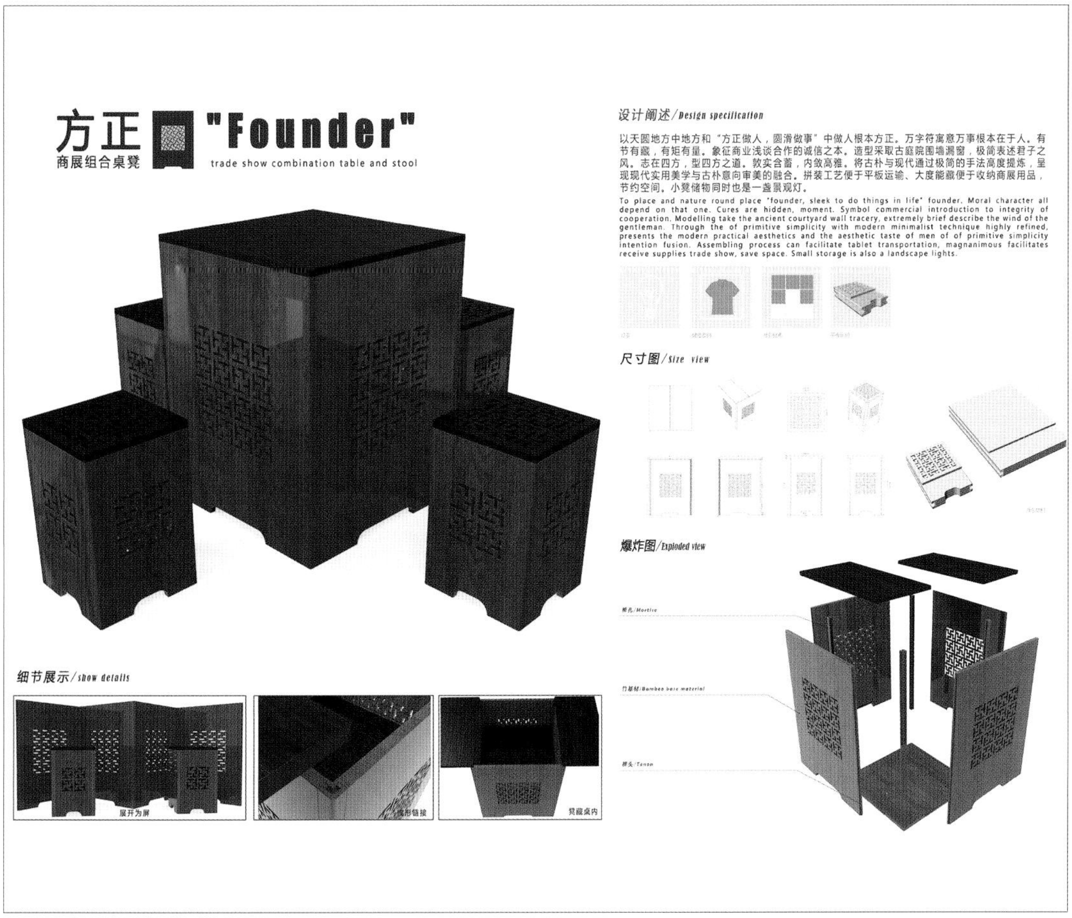
方正 "Founder"
商展组合桌凳
trade show combination table and stool
设计阐述/Design specification
以天圆地方中地方和“方正做人，圆滑做事”中做人根本方正。万字符寓意万事根本在于人。有节有藏，有矩有量。象征商业浅谈合作的诚信之本。造型采取古庭院围墙漏窗，极简表述君子之风。志在四方，型四方之道。敦实含蓄，内敛高雅。将古朴与现代通过极简的手法高度提炼，呈现现代实用美学与古朴意向审美的融合。拼装工艺便于平板运输、大度能藏便于收纳商展用品，节约空间。小凳储物同时也是一盏景观灯。
To place and nature round place "founder, sleek to do things in life" founder. Moral character all depend on that one. Cures are hidden, moment. Symbol commercial introduction to integrity of cooperation. Modelling take the ancient courtyard wall tracery, extremely brief describe the wind of the gentleman. Through the of primitive simplicity with modern minimalist technique highly refined, presents the modern practical aesthetics and the aesthetic taste of men of of primitive simplicity intention fusion. Assembling process can facilitate tablet transportation, magnanimous facilitates receive supplies trade show, save space. Small storage is also a landscape lights.
尺寸图/Size view
爆炸图/Exploded view
细节展示/show details
展开为屏
凳藏桌内

作品：『方正』商展组合桌凳

作者：王井龙／长安微动创意设计工作室／浙江工业大学之江学院

山水“宣言”

作品：山水『宣言』

作者：张念伟／湖北大学

指导老师：刘慧、章倩砺

鐵蹄歲月
——新蒙古风格休闲家具设计
设计说明 该设计方案为具有蒙古族风格特征的休闲家具，设计内容为方桌和长凳。草原上古朴的勒勒车车轮是该设计方案的创意来源。茶几的支撑部分由车轮型构成，钢化玻璃表面采用磨砂处理出蒙古族图案，细节装饰上采用了粗犷的麻绳缠绕装饰。
家具整体具有粗犷、古朴的自然美感。传承了游牧民族的器物符号特征，整套家具是对蒙元文化的演绎。
家具尺寸 方桌尺寸 900×900×520 mm LWH
长凳尺寸 900×900×360 mm LWH
■ 环境效果图

作　　品：铁蹄岁月
作　　者：李玲／内蒙古农业大学
指导老师：李军

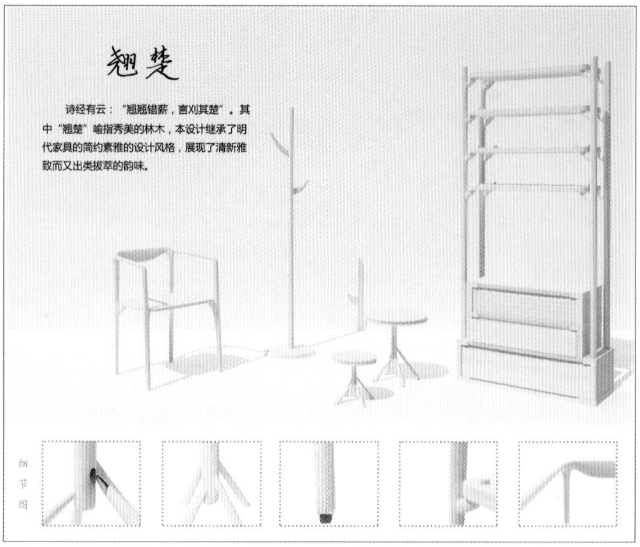
翘楚
诗经有云："翘翘错薪，言刈其楚"。其中"翘楚"喻指秀美的林木，本设计继承了明代家具的简约素雅的设计风格，展现了清新雅致而又出类拔萃的韵味。

作　　品：翘楚
作　　者：陈芷欣／华南农业大学
指导老师：杨慧全

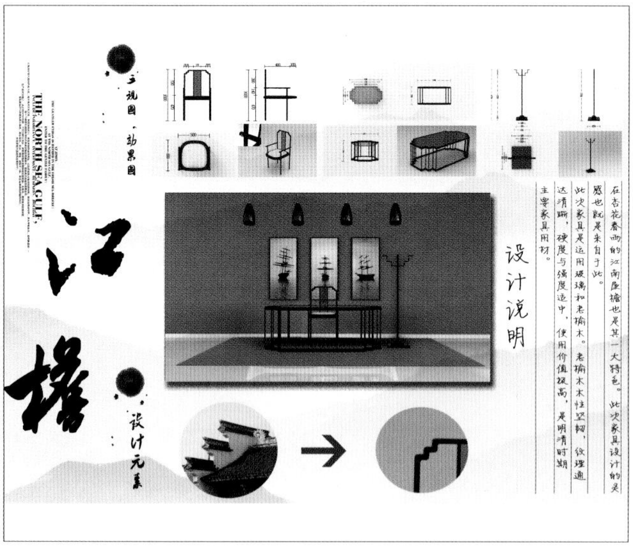
设计说明

作　　品：江·檐
作　　者：花红艳／景德镇陶瓷大学
指导老师：曹上秋

桌椅组合

作　　品：桌椅组合
作　　者：骆俊领、张宗强／山东交通学院
指导老师：王丽君

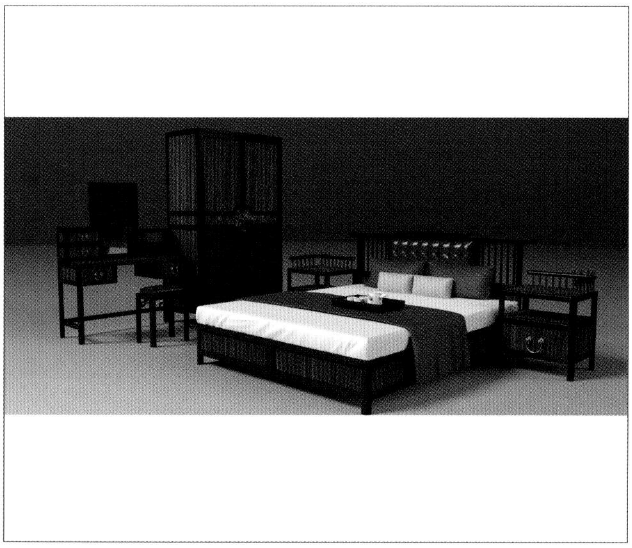

作　　品："汉木"卧室套装
作　　者：魏盼峰、任宇、杨杰／中南林业科技大学

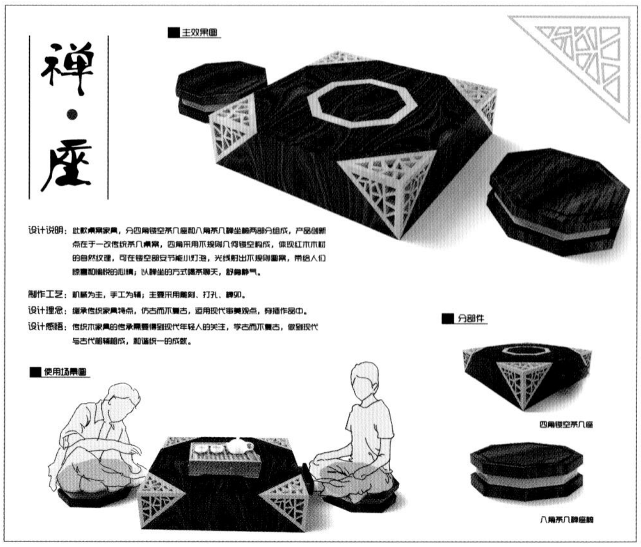
■ 主效果图
禅·座
设计说明：此款桌案家具，分四角镂空茶几座和八角茶几禅坐椅两部分组成，产品创新点在于一改传统茶几桌案，四角采用不规则几何镂空构成，体现红木木材的自然纹理，可在镂空部安节能小灯泡，光线射出不规则图案，带给人们惊喜和愉悦的心情；以禅坐的方式喝茶聊天，舒身静气。
制作工艺：机械为主，手工为辅；主要采用雕刻、打孔、榫卯。
设计理念：继承传统家具特点，仿古而不复古，运用现代审美观点，穿插作品中。
设计感悟：传统木家具的传承需要得到现代年轻人的关注，学古而不复古，做到现代与古代相辅相成，和谐统一的成就。
■ 分部件
■ 使用场景图

作　　品：禅座
作　　者：张颖／华侨大学
指导老师：谭永胜

山灵
卧室家具套组
灵气。
使设计富有古韵
相结合的元素
利用方、圆
世界的种种气韵。
方圆之间蕴含着大千
天道为圆，地道为方
山形元素。
展现如画卷般古韵的
采用切片叠加的手法
纹理、色泽。
考究不同木质的
山林之间。
木——取之自然、

作　　品：山灵——卧室家具套组
作　　者：胡阔 / 华侨大学
指导老师：吴彦

老子的《道德经》中，圆为动，虚体；方为静，实体；方圆之间为道，动静结合。虚实杂糅，从而达到一个和谐的境界，道家强调事物不断运动变化每个事物相生相克。已求达到某种平衡点，就如同人的身体和精神，相互刚柔并济，才能使人更好的生活，本案设计将家具设计与道家理念相结合，设计成有精神层面的茶室家具，真正让人精神得到放空。身心得到调和。
月下独白

作　　品：月下独白
作　　者：肖沂鑫 / 华侨大学

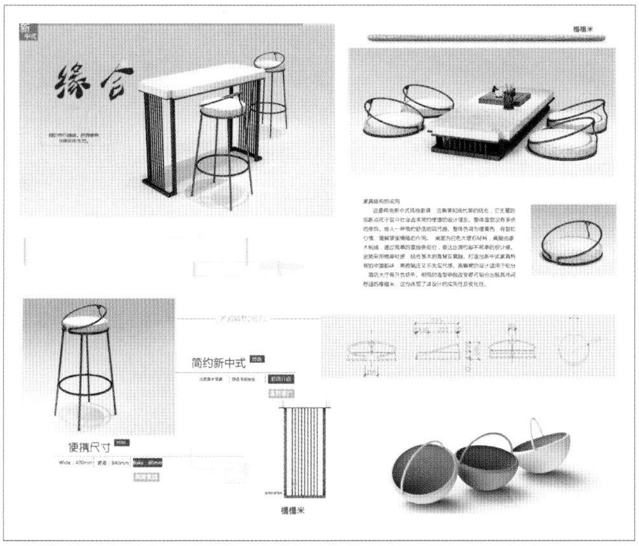
缘合
榻榻米
简约新中式
便携尺寸

作　　品：缘合
作　　者：王璐璐 / 景德镇陶瓷大学
指导老师：曹上秋

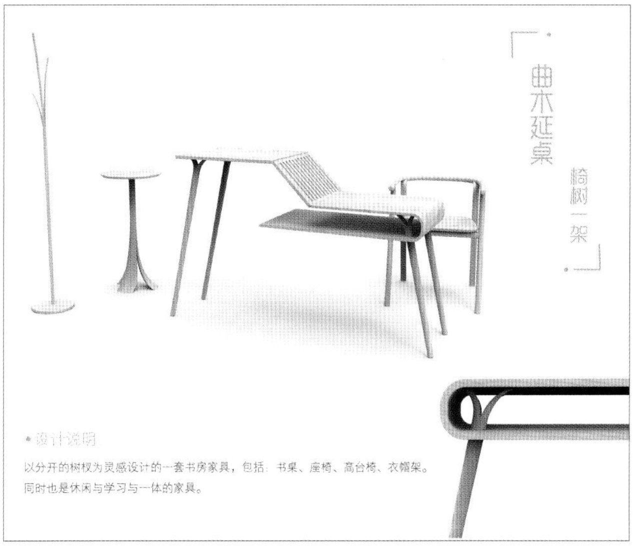
曲木延桌
椅树一架
设计说明
以分开的树杈为灵感设计的一套书房家具，包括：书桌、座椅、高台椅、衣帽架。
同时也是休闲与学习与一体的家具。

作　　品：曲木延桌，椅树一架
作　　者：劳翠兰 / 广东轻工职业技术学院
指导老师：廖乃徵

茶
逸
设计说明：

作　　品：茶·逸
作　　者：杜思怡 / 广东轻工职业技术学院

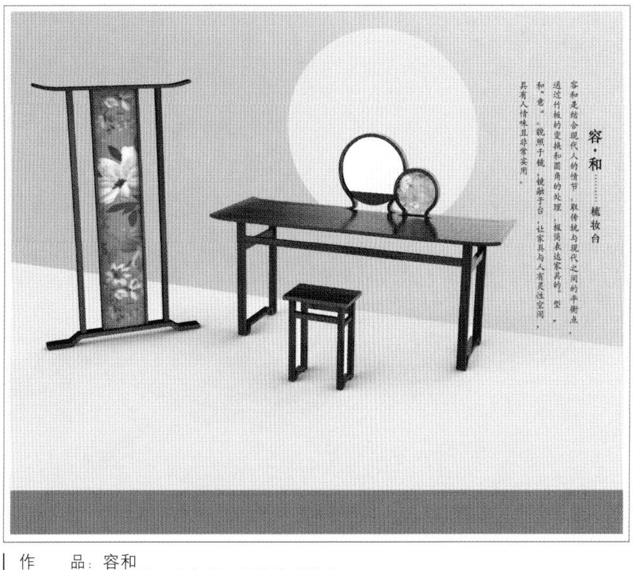
容·和……梳妆台
容和是结合现代人的情节，取传统与现代之间的平衡点，
通过竹板的变换和圆角的处理，极简表达家具的"型"
和"意"，镜照于镜，镜融于台，让家具与人有灵性空间，
具有人情味且非常实用。

作　　品：容和
作　　者：梁志强 / 广东轻工职业技术学院
指导老师：白平

古韵
设计说明：
此套家具在古典家具和现代家具相结合。改变了古典家具繁杂的特点。又在现代家具简约的基础上增加了古典因素的结构，榫卯结构的结合。整套家具在用色上黑白对比。以及抱枕的设计，又给它增加了活力。桌子的设计是大理石和木材的结合，也给该家具增加了生机。

作　　品：古韵
作　　者：张晓欣／山东艺术学院
指导老师：张恒旺

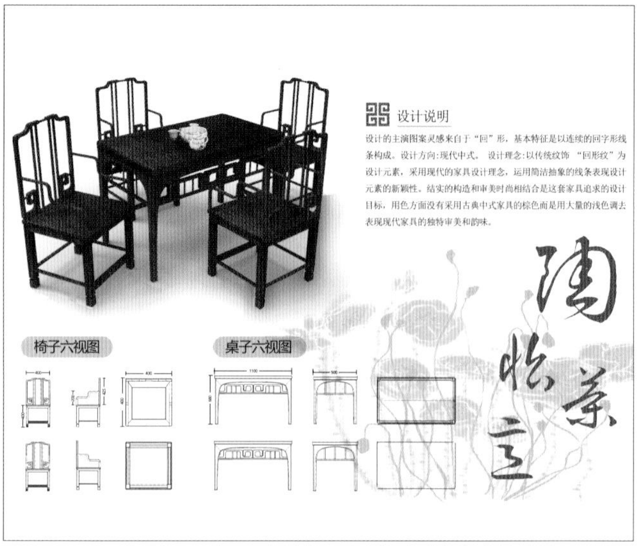
设计说明
设计的主演图案灵感来自于"回"形，基本特征是以连续的回字形线条构成。设计方向:现代中式。设计理念:以传统纹饰"回形纹"为设计元素，采用现代的家具设计理念，运用简洁抽象的线条表现设计元素的新颖性。结实的构造和审美时尚相结合是这套家具追求的设计目标，用色方面没有采用古典中式家具的棕色而是用大量的浅色调去表现现代家具的独特审美和韵味。
陶怡茶意
椅子六视图
桌子六视图

作　　品：陶怡茶意
作　　者：佟彤／山东艺术学院
指导老师：张恒旺

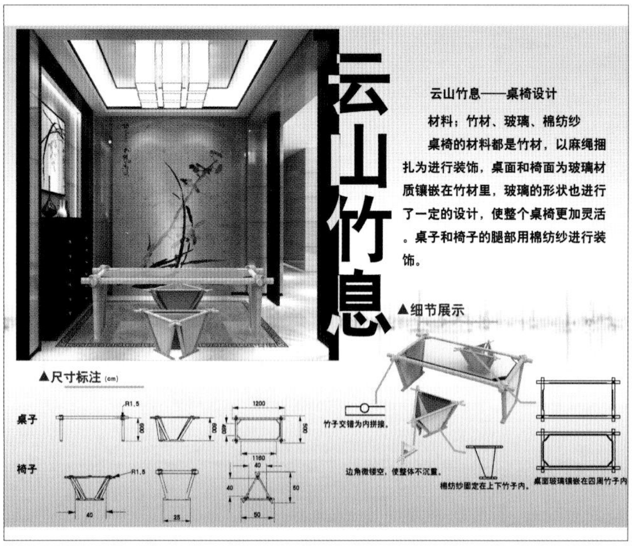
云山竹息
云山竹息——桌椅设计
材料：竹材、玻璃、棉纺纱
桌椅的材料都是竹材，以麻绳捆扎为进行装饰，桌面和椅面为玻璃材质镶嵌在竹材里，玻璃的形状也进行了一定的设计，使整个桌椅更加灵活。桌子和椅子的腿部用棉纺纱进行装饰。
▲细节展示
▲尺寸标注
桌子
椅子

作　　品：云山竹息
作　　者：陈俪文／山东艺术学院
指导老师：张恒旺

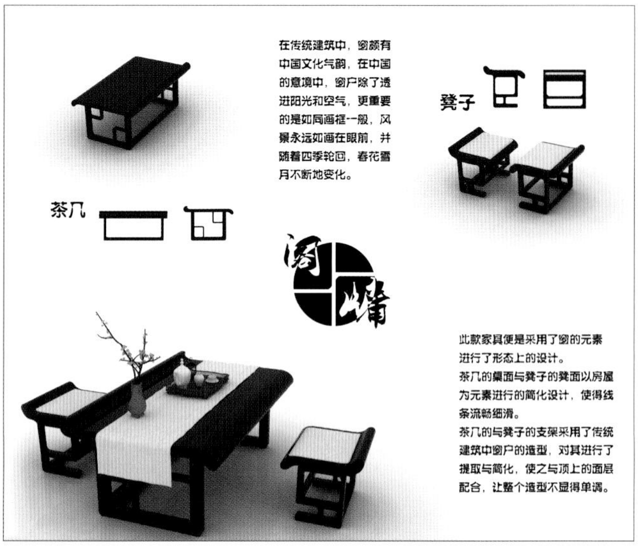
在传统建筑中，窗颇有中国文化气韵，在中国的意境中，窗户除了透进阳光和空气，更重要的是如同画框一般，风景永远如画在眼前，并随着四季轮回，春花雪月不断地变化。
凳子
茶几
此款家具便是采用了窗的元素进行了形态上的设计。
茶几的桌面与凳子的凳面以房屋为元素进行的简化设计，使得线条流畅细滑。
茶几的与凳子的支架采用了传统建筑中窗户的造型，对其进行了提取与简化，使之与顶上的面层配合，让整个造型不显得单调。

作　　品：牖阁
作　　者：陈正国、黄凯燕／浙江农林大学
指导老师：朱芋锭

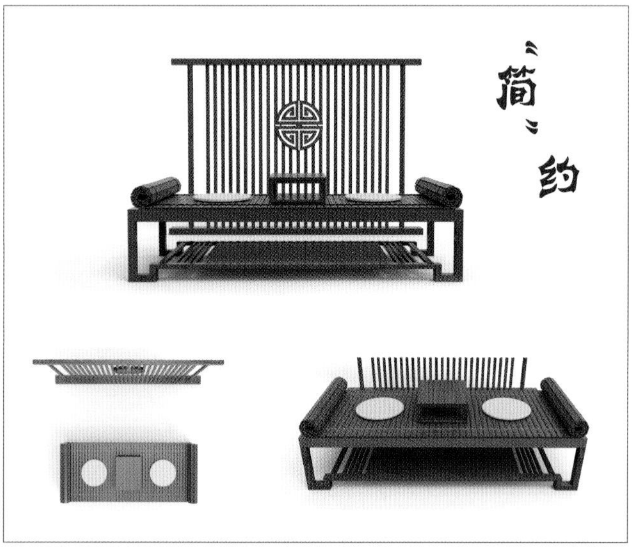
简
约

作　　品："简"约
作　　者：董望鑫／山东艺术学院
指导老师：张恒旺

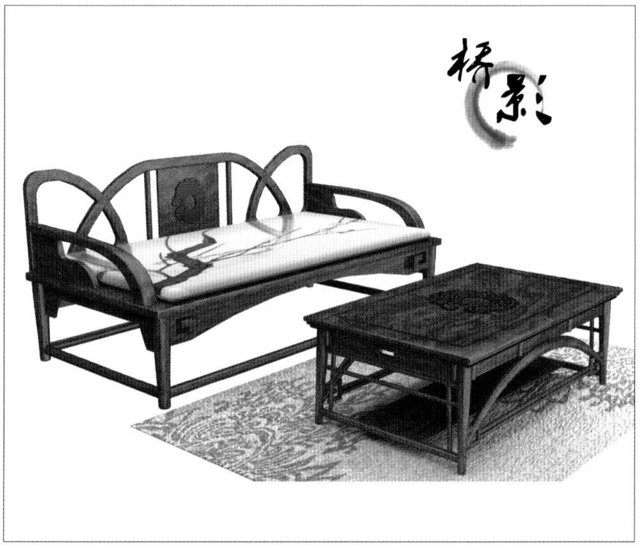
桥
影

作　　品：桥·影
作　　者：段可玥／四川农业大学
指导老师：曾静

围城
新中式
家具
历史的内涵
现代的轻盈
本设计为新中式家具，
在传统的明式家具基础上进行简化。
造型简练，形态端庄。
运用提取的几何造型的中式元素装饰，
力求把传统家具的精粹与灵魂融入现代家具之中，
既体现了历史的内涵又不失现代的轻盈。
整体连贯，似封却又不闭，
像围城一样，灵气又不失通透，
故作品名为围城。

作　　品：围城
作　　者：高鹏程 / 景德镇陶瓷大学
指导老师：曹上秋

《娇子》

作　　品：娇子
作　　者：陈海珊 / 龙江职业技术学校
指导老师：刘茂恩

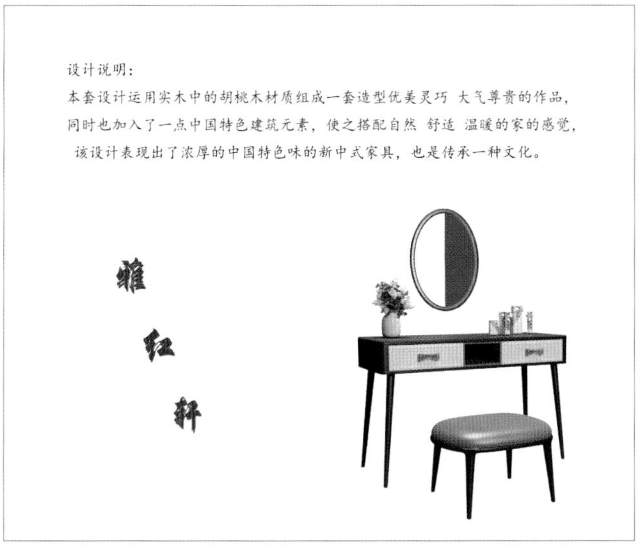
设计说明：
本套设计运用实木中的胡桃木材质组成一套造型优美灵巧 大气尊贵的作品，
同时也加入了一点中国特色建筑元素，使之搭配自然 舒适 温暖的家的感觉，
该设计表现出了浓厚的中国特色味的新中式家具，也是传承一种文化。
雅
红
轩

作　　品：雅红轩
作　　者：黄铭 / 龙江职业技术学校
指导老师：刘茂恩

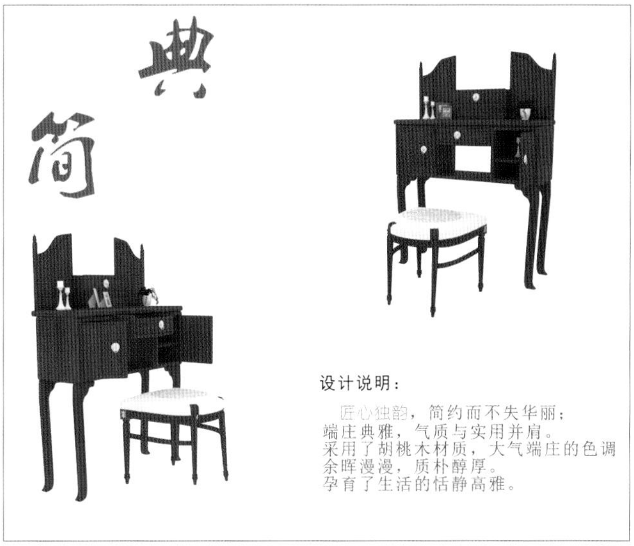
典
简
设计说明：
匠心独韵，简约而不失华丽；
端庄典雅，气质与实用并肩。
采用了胡桃木材质，大气端庄的色调
余晖漫漫，质朴醇厚。
孕育了生活的恬静高雅。

作　　品：典简
作　　者：谢纪伟 / 龙江职业技术学校
指导老师：刘茂恩

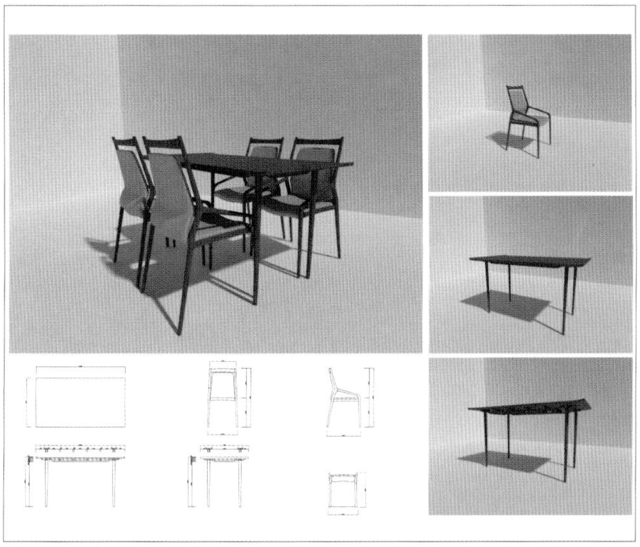

作　　品：简·中
作　　者：郭震霖、石惠杰 / 内蒙古师范大学
指导老师：崔瑞

作　　品：步步高升
作　　者：黎灿文 / 四川农业大学
指导老师：曾静

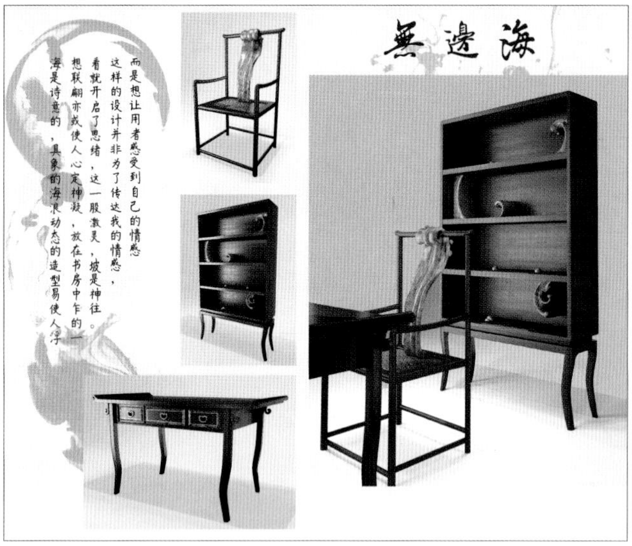
無邊海
而是想让用者感受到自己的情感
这样的设计并非为了传达我的情感，
看就开启了思绪，这一股激灵，坡是神往。
想联翩亦或使人心定神凝，放在书房中乍的一
海是诗意的，具象的海浪动态的造型易使人浮

作　　品：无边海
作　　者：李秋韵 / 四川农业大学
指导老师：曾静

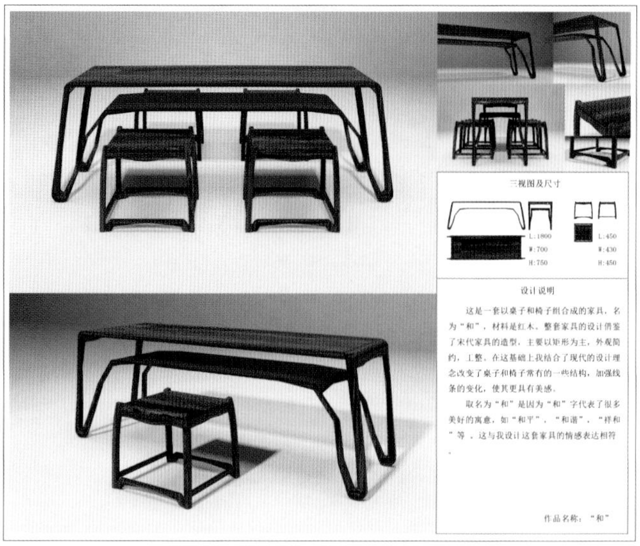
三视图及尺寸
L:1800
W:700
H:750
L:450
W:430
H:450
设计说明
这是一套以桌子和椅子组合成的家具，名为“和”，材料是红木。整套家具的设计借鉴了宋代家具的造型，主要以矩形为主，外观简约，工整。在这基础上我结合了现代的设计理念改变了桌子和椅子常有的一些结构，加强线条的变化，使其更具有美感。
取名为“和”是因为“和”字代表了很多美好的寓意，如“和平”，“和谐”，“祥和”等，这与我设计这套家具的情感表达相符。
作品名称：“和”

作　　品：“和”
作　　者：骆斌仔 / 华南农业大学
指导老师：陈哲

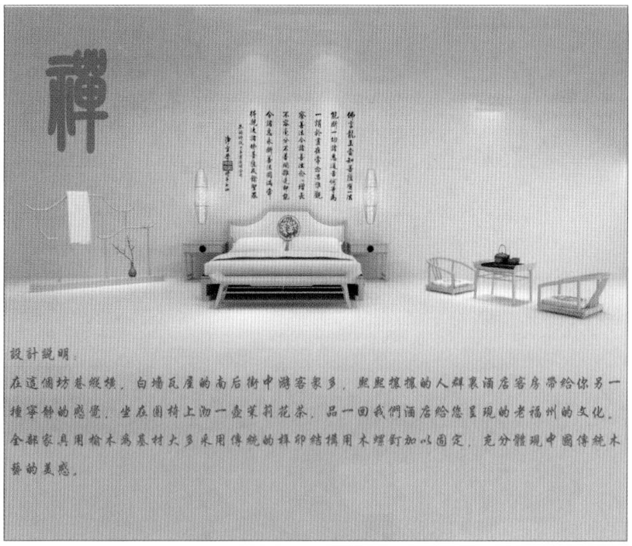
禪
設計說明：
在這個坊巷縱橫，白墻瓦屋的南后街中游客衆多，熙熙攘攘的人群裏酒店客房帶給你另一種寧靜的感覺，坐在圈椅上沏一壺茉莉花茶，品一回我們酒店給您呈現的老福州的文化。全部家具用榆木爲基材大多采用傳統的榫卯結構用木螺釘加以固定，充分體現中國傳統木藝的美感。

作　　品：禅
作　　者：吕钒淑 / 福建农林大学
指导老师：陈祖建

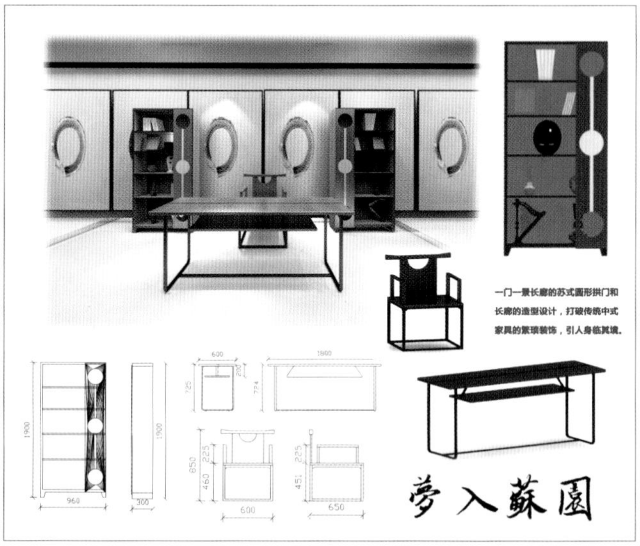
一门一景长廊的苏式圆形拱门和长廊的造型设计，打破传统中式家具的繁琐装饰，引人身临其境。
夢入蘇園

作　　品：梦入苏园
作　　者：孟菊 / 福建农林大学
指导老师：叶翠仙

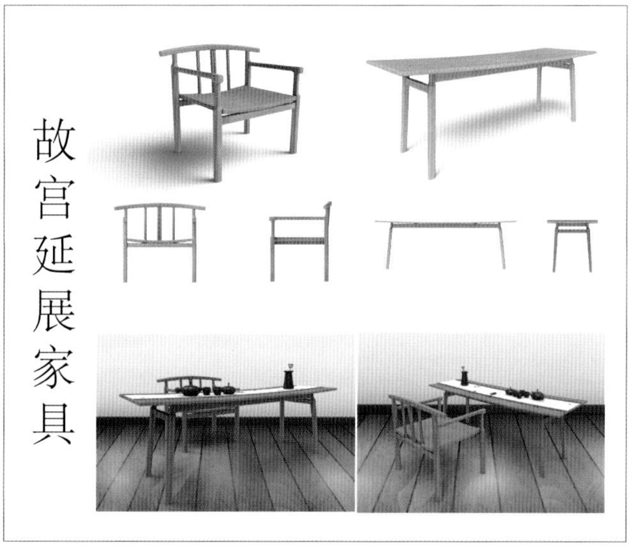
故宫延展家具

作　　品：故宫延展家具
作　　者：刘保兴 / 沈阳航空航天大学
指导老师：刘洋

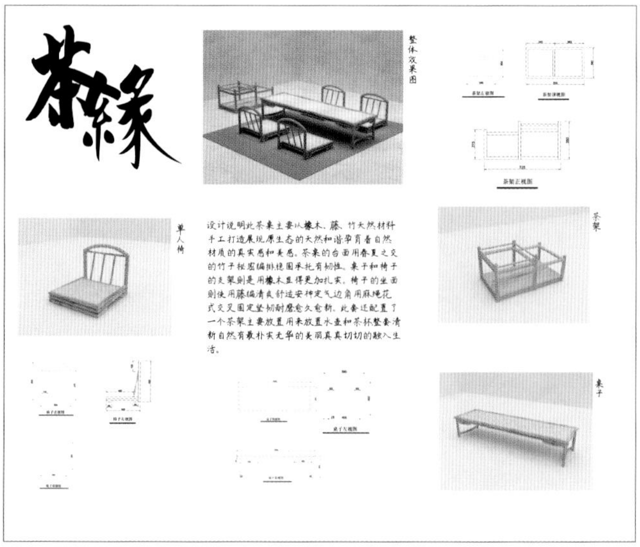
茶緣
整体效果图
单人椅
设计说明此茶桌主要以橡木、藤、竹天然材料手工打造展现原生态的天然和谐孕育着自然材质的真实感和美感。茶桌的台面用春夏之交的竹子被密编排稳固承托有韧性。桌子和椅子的支架则是用橡木显得更加扎实。椅子的坐面则使用藤编清爽舒适安神定气边角用麻绳花式交叉固定坚韧耐磨愈久愈新。此套还配置了一个茶架主要放置用来放置水壶和茶杯整套清新自然有最朴实无华的美丽真真切切的融入生活。
茶架
桌子

作　　品：茶缘
作　　者：杨舒晴 / 景德镇陶瓷大学
指导老师：曹上秋

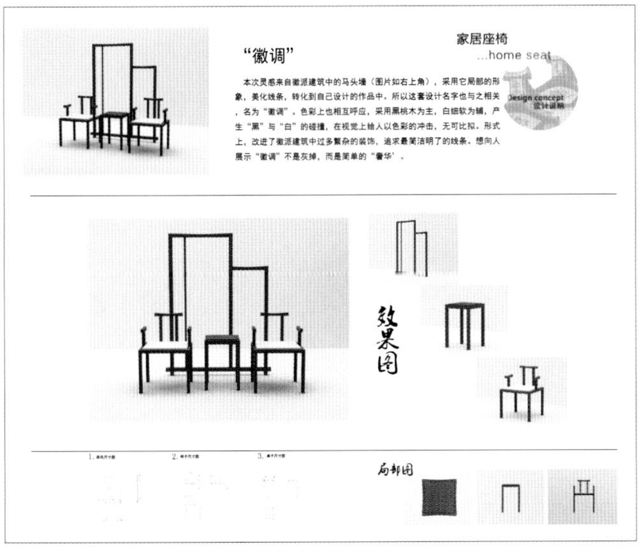
"徽调"
家居座椅
...home seat
Design concept
设计说明
本次灵感来自徽派建筑中的马头墙（图片如右上角），采用它局部的形象，美化线条，转化到自己设计的作品中。所以这套设计名字也与之相关，名为"徽调"。色彩上也相互呼应，采用黑桃木为主，白细软为辅，产生"黑"与"白"的碰撞，在视觉上给人以色彩的冲击，无可比拟。形式上，改进了徽派建筑中过多繁杂的装饰，追求最简洁明了的线条。想向人展示"徽调"不是灰掉，而是简单的"奢华'。
效果图
局部图

作　　品：“徽”调
作　　者：郑双丽／景德镇陶瓷大学
指导老师：曹上秋

归倚系列

作　　品：归倚系列
作　　者：葛建波／沈阳航空航天大学
指导老师：孙明磊

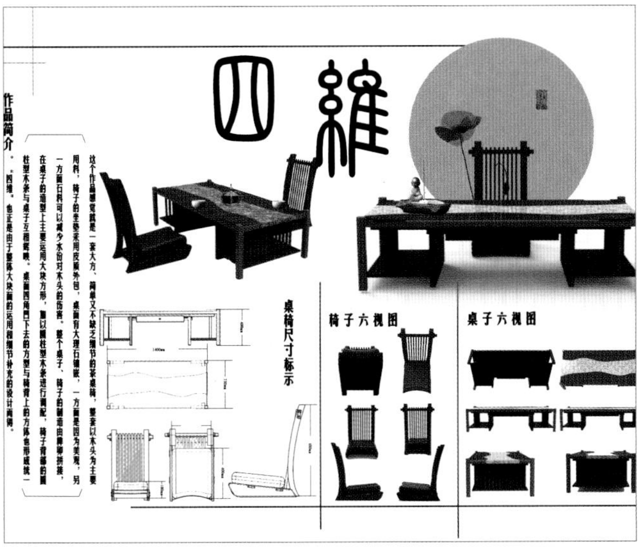
四維
作品简介
这个作品感觉就是一套大方、简单又不缺乏细节的茶桌椅，整套以木头为主要用料，椅子的坐垫采用皮质外包，桌面有大理石镶嵌，一方面是因为美观，另一方面石料可以减少水份对木头的伤害。整个桌子、椅子的制造由榫卯拼接，在桌子的造型上主要运用大块方形，加以圆柱型木条进行调配，椅子背部的圆柱型木条与桌子互相辉映。桌面四角凹下去的方型与椅背上的方体也形成统一。"四维"也正是由于整体大块面的运用和细节补充的设计而得。
桌椅尺寸标示
椅子六视图
桌子六视图

作　　品：四维
作　　者：陈俪文／山东艺术学院
指导老师：张恒旺

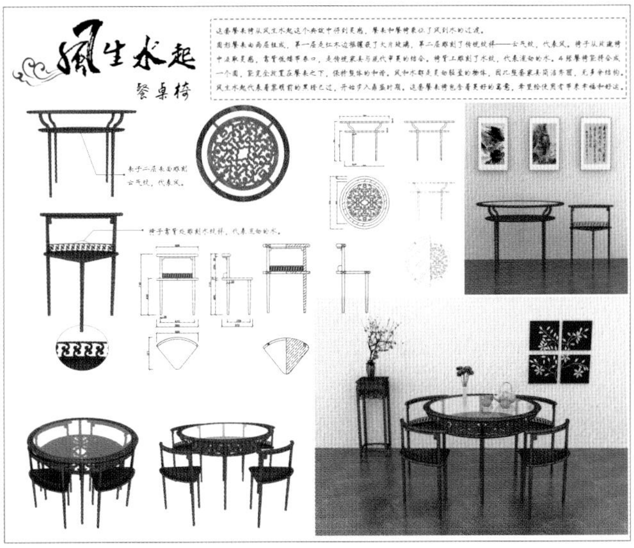
風生水起
餐桌椅
这套餐桌椅从风生水起这个典故中得到灵感，餐桌和餐椅象征了风到水的过渡。
圆形餐桌由两层组成，第一层是红木边框镶嵌了大片玻璃，第二层雕刻了传统纹样——云气纹，代表风。椅子从圈椅中汲取灵感，靠背低矮带卷口，是传统家具与现代审美的结合。椅背上雕刻了水纹，代表流动的水。4张餐椅能拼合成一个圆，能完全放置在餐桌之下，保持整体的和谐。风和水都是灵动轻盈的物体，因此整套家具简洁秀丽，无多余结构。
风生水起代表着黎明前的黑暗已过，开始步入鼎盛时期，这套餐桌椅包含着美好的寓意，希望给使用者带来幸福和舒适。

作　　品：风生水起餐桌椅
作　　者：吴沛雯／南京林业大学
指导老师：于娜

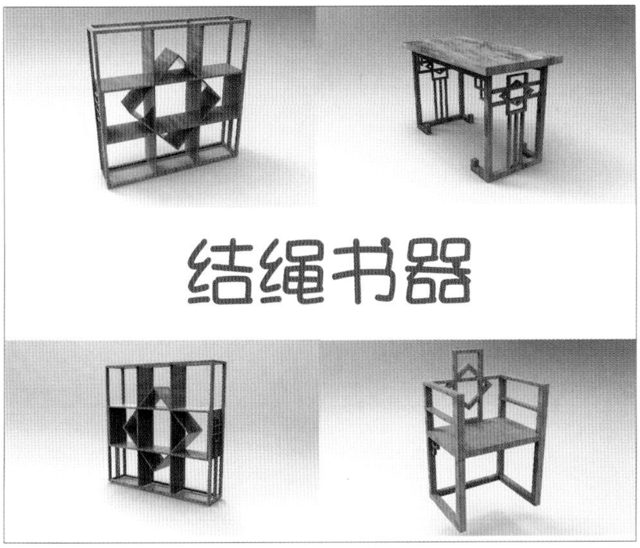
结绳书器

作　　品：结绳书器
作　　者：黄邱芸／四川农业大学
指导老师：曾静

素

设计说明：

家具设计中在我的理解东方美是素雅的，空灵的，所以我用简洁的线条描绘我的家具形态，运用我的理解诠释东方美的韵味。成套家具整体看上去简单优雅。有着 东方女子的柔美，简单的直线中也带有柔美的弧线。

作　　品：素
作　　者：许雪薇／福建农林大学
指导老师：陈祖建

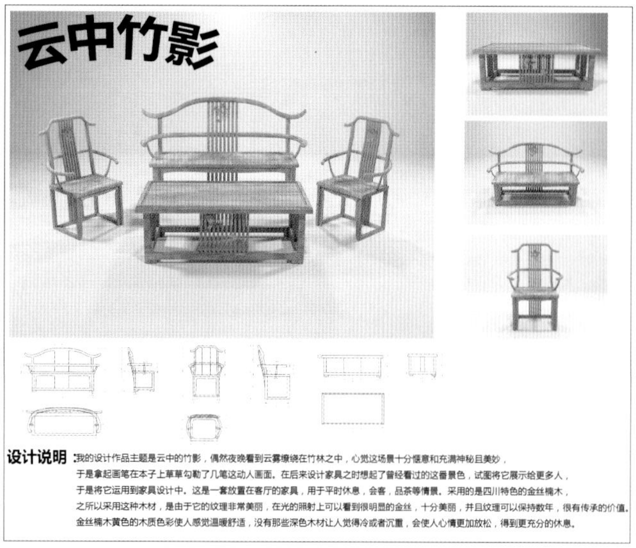
云中竹影
设计说明：我的设计作品主题是云中的竹影，偶然夜晚看到云雾缭绕在竹林之中，心觉这场景十分惬意和充满神秘且美妙，
于是拿起画笔在本子上草草勾勒了几笔这动人画面。在后来设计家具之时想起了曾经看过的这番景色，试图将它展示给更多人，
于是将它运用到家具设计中。这是一套放置在客厅的家具，用于平时休息，会客，品茶等情景。采用的是四川特色的金丝楠木，
之所以采用这种木材，是由于它的纹理非常美丽，在光的照射上可以看到很明显的金丝，十分美丽，并且纹理可以保持数年，很有传承的价值。
金丝楠木黄色的木质色彩使人感觉温暖舒适，没有那些深色木材让人觉得冷或者沉重，会使人心情更加放松，得到更充分的休息。

作　　品：云中竹影
作　　者：晏昌瑀／四川农业大学
指导老师：曾静

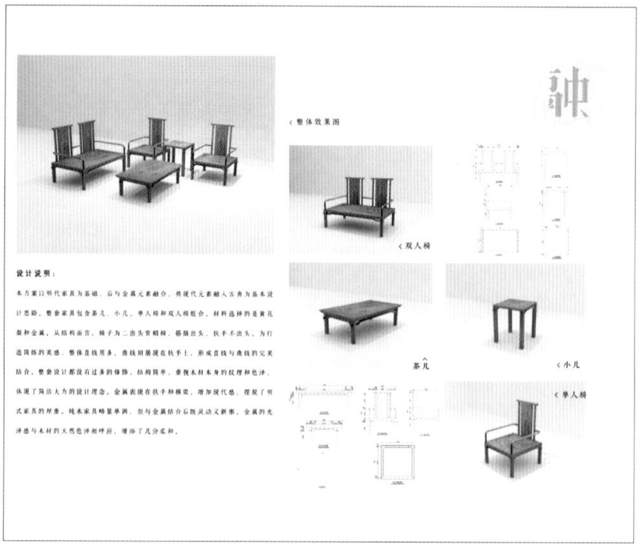
融
‹ 整体效果图
‹ 双人椅
茶几
‹ 小几
‹ 单人椅
设计说明：
本方案以明代家具为基础，后与金属元素融合，将现代元素融入古典为基本设计思路，整套家具包含茶几、小几、单人椅和双人椅组合，材料选择的是黄花梨和金属，从结构而言，椅子为二出头官帽椅，搭脑出头，扶手不出头，为打造简练的美感，整体直线居多，曲线则展现在扶手上，形成直线与曲线的完美结合，整套设计都没有过多的修饰，结构简单，重视木材本身的纹理和色泽，体现了简洁大方的设计理念，金属表现在扶手和横梁，增加现代感，摆脱了明式家具的厚重，纯木家具略显单调，但与金属结合后既灵动又新潮，金属的光泽感与木材的天然色泽相呼应，增添了几分柔和。

作　　品：融
作　　者：叶慧芸／景德镇陶瓷大学
指导老师：曹上秋

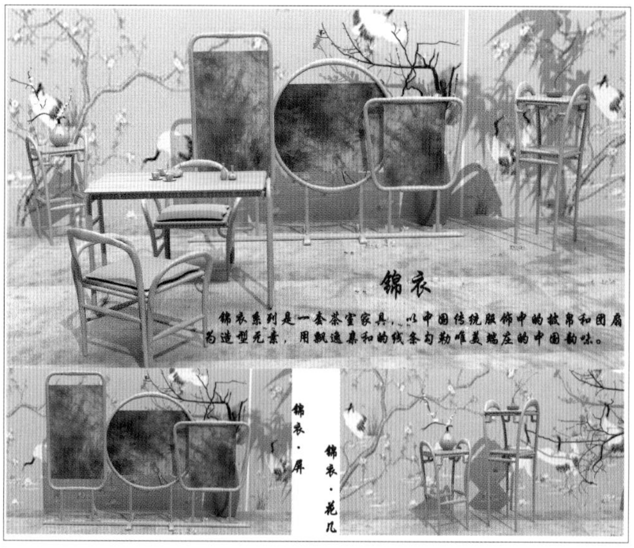
锦衣
锦衣系列是一套茶室家具，以中国传统服饰中的披帛和团扇为造型元素，用飘逸柔和的线条勾勒唯美端庄的中国韵味。
锦衣·屏
锦衣·花几

作　　品：锦衣
作　　者：张丽彬／四川农业大学
指导老师：吕建华

乾坤天地

作　　品：方圆乾坤
作　　者：张靓蕾／山东艺术学院
指导老师：张恒旺

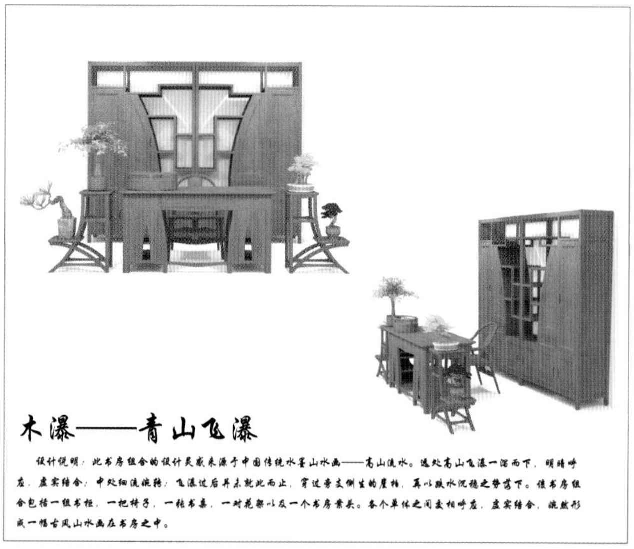
木瀑——青山飞瀑
设计说明：此书房组合的设计灵感来源于中国传统水墨山水画——高山流水。远处高山飞瀑一泻而下，明暗呼应，虚实结合；中处细流婉转；飞瀑过后并未就此而止，穿过旁支侧生的崖柏，再以缓水沉稳之势落下。该书房组合包括一组书柜，一把椅子，一张书桌，一对花架以及一个书房案头。各个单体之间交相呼应，虚实结合，浑然形成一幅古风山水画在书房之中。

作　　品：木瀑
作　　者：赵汉伟／天津科技大学
指导老师：孙光瑞

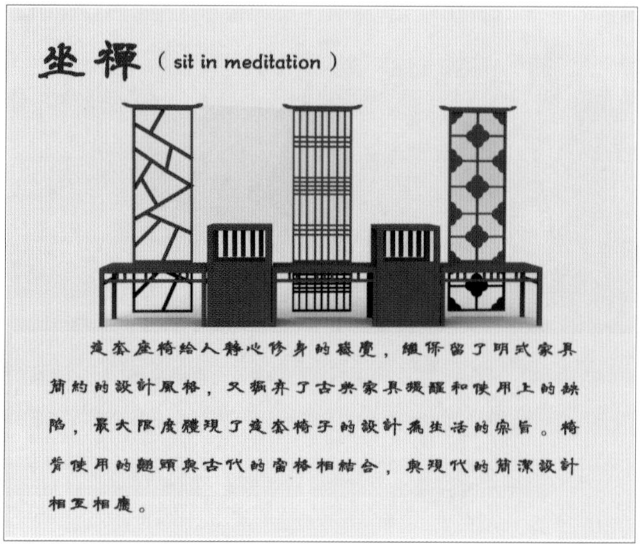
坐禪（sit in meditation）
這套座椅給人靜心修身的感覺，繼保留了明式家具簡約的設計風格，又摒棄了古典家具臃腫和使用上的缺陷，最大限度體現了這套椅子的設計為生活的宗旨。椅背使用的翹頭與古代的窗格相結合，與現代的簡潔設計相互相應。

作　　品：高背窗格座椅
作　　者：范蕾／山东艺术学院

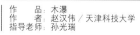

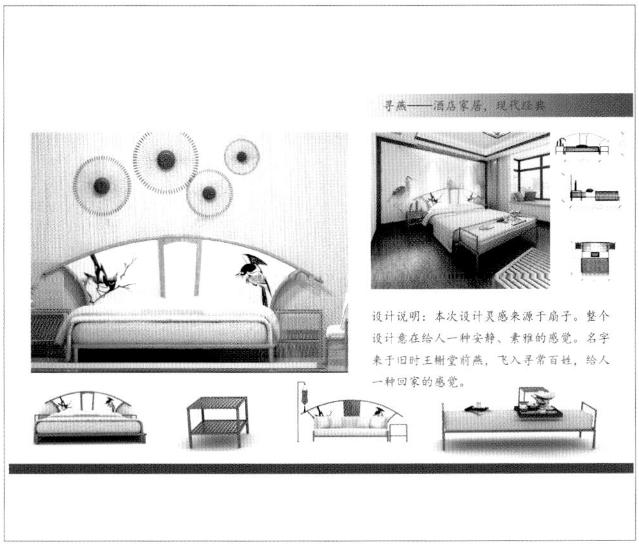
寻燕——酒店家居，现代经典
设计说明：本次设计灵感来源于扇子。整个设计意在给人一种安静、素雅的感觉。名字来于旧时王榭堂前燕，飞入寻常百姓，给人一种回家的感觉。

作　　品：寻燕
作　　者：孟菊／福建农林大学
指导老师：蒋绿荷

徽韵
三视图效果
场景图
设计说明：徽派建筑以马头墙、小青瓦为最显著的特色，本设计对它的建筑元素进行简化，概括，融入到酒店家具与装修风格上。整体简单，文雅，打破了传统家具的复杂繁琐。整体色调黑白灰明显，不会显得压抑，也不会使画面太花。

作　　品：徽韵
作　　者：魏江／福建农林大学
指导老师：蒋绿荷

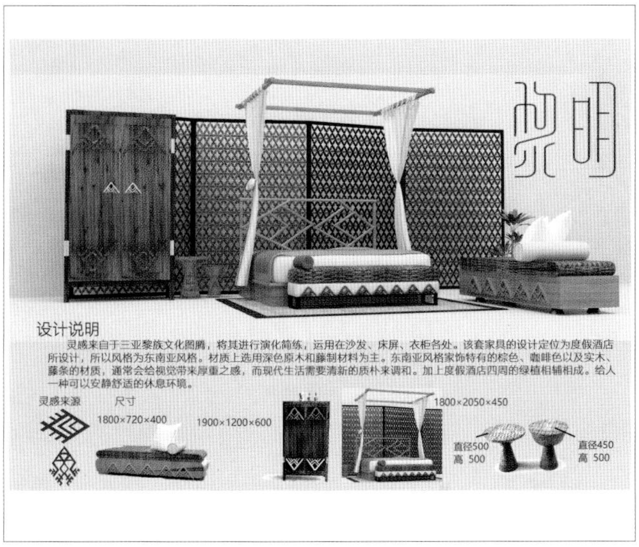
黎明
设计说明
灵感来自于三亚黎族文化图腾，将其进行演化简练，运用在沙发、床屏、衣柜各处。该套家具的设计定位为度假酒店所设计，所以风格为东南亚风格。材质上选用深色原木和藤制材料为主。东南亚风格家饰特有的棕色、咖啡色以及实木、藤条的材质，通常会给视觉带来厚重之感，而现代生活需要清新的质朴来调和。加上度假酒店四周的绿植相辅相成。给人一种可以安静舒适的休息环境。
灵感来源
尺寸
1800×720×400
1900×1200×600
1800×2050×450
直径500
高 500
直径450
高 500

作　　品：黎明
作　　者：宣婷婷／福建农林大学
指导老师：蒋绿荷

「築·清風」
设计说明
此作品灵感来源于古建筑外形轮廓，人靠衣装，室靠家装，此家具大方典雅而不失现代感，有深厚的文化底蕴，成套设计适用于酒店设计。
尺寸图
1200
900
2500
2200

作　　品：筑·清风
作　　者：郑晓娜／福建农林大学
指导老师：蒋绿荷

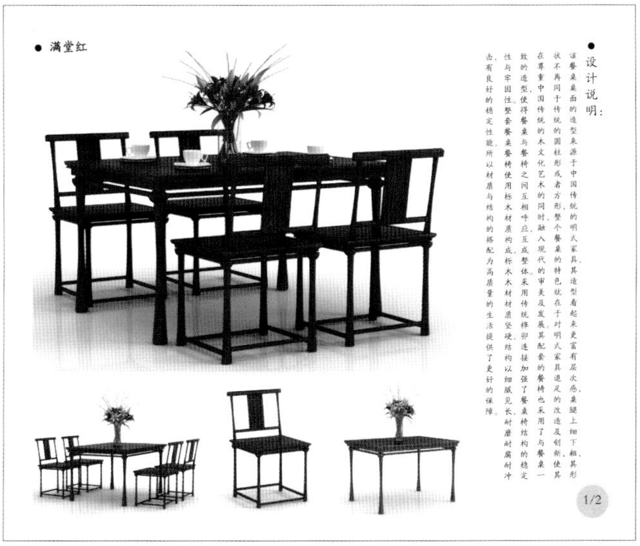
满堂红
设计说明：
该餐桌桌面的造型来源于中国传统的明式家具，其造型看起来更富有层次感，桌腿上细下粗，其形状不再同于传统的圆柱形或者方形，整个餐桌的特色就在于对明式家具退足的改造及创新，使其在尊重中国传统的木文化艺术的同时，融入现代的审美及发展。其配套的餐椅也采用了与餐桌一致的造型，使得餐桌与餐椅之间互相呼应，互成整体。采用传统榫卯连接加强了餐桌椅结构的稳定性与牢固性。整套餐桌餐椅使用栎木材质构成，栎木木材材质坚硬，结构以细腻见长，耐磨耐腐耐冲击，有良好的稳定性能，所以材质与结构的搭配为高质量的生活提供了更好的保障。
1/2

作　　品：满堂红
作　　者：石祖走／西南林业大学
指导老师：沈华杰

现代生活带给人们享受的同时，也使人们在快节奏的生活中，十分的压抑。
"鱼·跃"希望人们在快节奏的生活中，得到新的生活体验，尝试到生活中的愉悦。
其造型简约纯粹，适合客厅，与生活完美融合
使人得到一种韵律美的享受，木纹肌理，清新自然，给人轻松之感！
释放生活所产生的压力，给我们生活带来无比轻松愉悦之感！
鱼·跃

作　　品：鱼·跃
作　　者：王道永／福建农林大学
指导老师：陈祖建

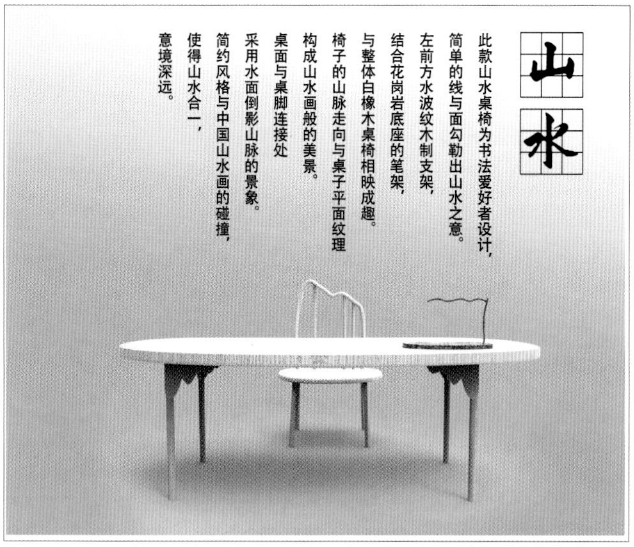
山水
此款山水桌椅为书法爱好者设计，简单的线与面勾勒出山水之意。左前方水波纹木制支架，结合花岗岩底座的笔架，与整体白橡木桌椅相映成趣。椅子的山脉走向与桌子平面纹理构成山水画般的美景。桌面与桌脚连接处采用水面倒影山脉的景象。简约风格与中国山水画的碰撞，使得山水合一，意境深远。

作　　品：山水
作　　者：夏潞瑶／华侨大学
指导老师：谭永胜

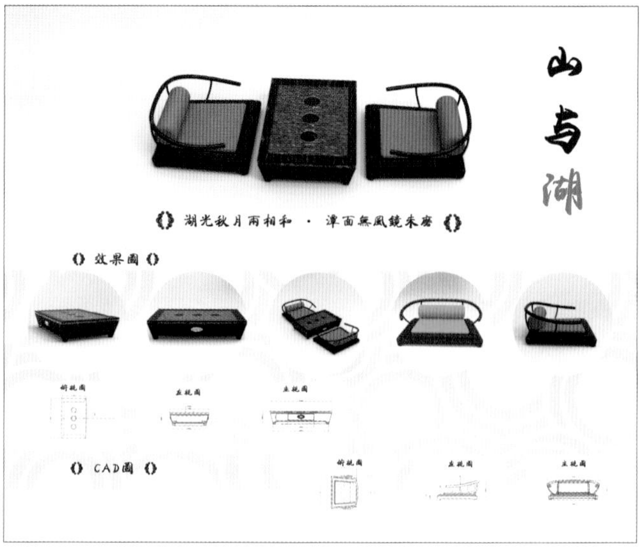
山与湖
湖光秋月两相和 · 潭面无风镜未磨
效果图
CAD图

作　　品：山与湖
作　　者：李锦昌／山东艺术学院
指导老师：张恒旺

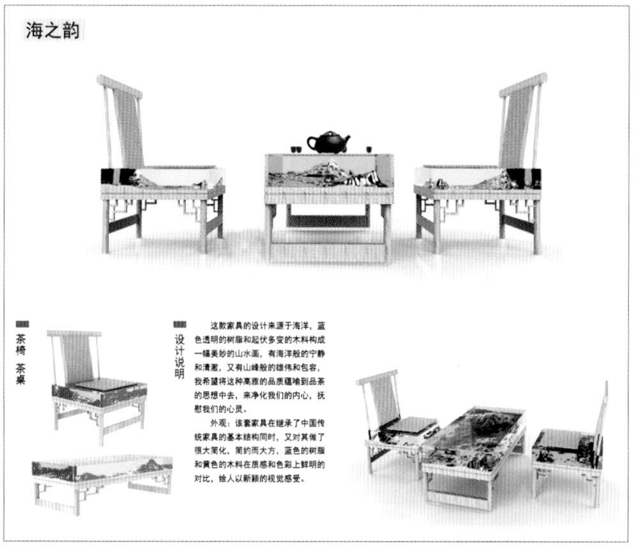
海之韵
茶椅 茶桌
设计说明
这款家具的设计来源于海洋，蓝色透明的树脂和起伏多变的木料构成一幅美妙的山水画，有海洋般的宁静和清澈，又有山峰般的雄伟和包容，我希望将这种高雅的品质蕴喻到品茶的思想中去，来净化我们的内心，抚慰我们的心灵。
外观：该套家具在继承了中国传统家具的基本结构同时，又对其做了很大简化，简约而大方，蓝色的树脂和黄色的木料在质感和色彩上鲜明的对比，给人以新颖的视觉感受。

作　　品：海之韵
作　　者：殷海斌／山东艺术学院
指导老师：张恒旺

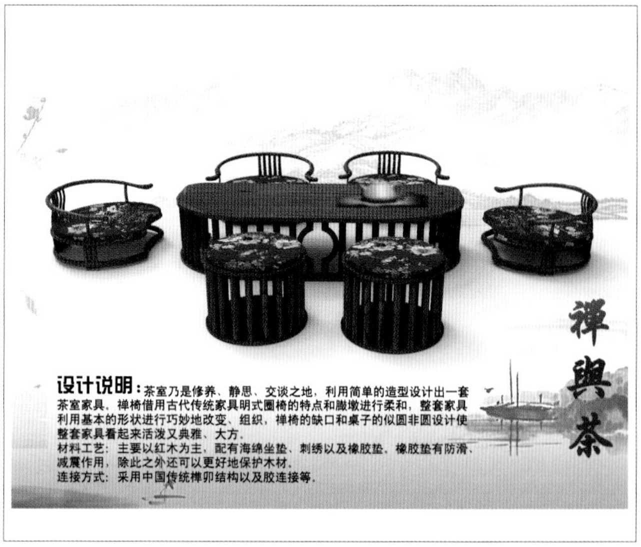
禅與茶
设计说明：茶室乃是修养、静思、交谈之地，利用简单的造型设计出一套茶室家具。禅椅借用古代传统家具明式圈椅的特点和脚墩进行柔和，整套家具利用基本的形状进行巧妙地改变、组织，禅椅的缺口和桌子的似圆非圆设计使整套家具看起来活泼又典雅、大方。
材料工艺：主要以红木为主，配有海绵坐垫、刺绣以及橡胶垫。橡胶垫有防滑、减震作用，除此之外还可以更好地保护木材。
连接方式：采用中国传统榫卯结构以及胶连接等。

作　　品：禅与茶
作　　者：张义／山东艺术学院
指导老师：张恒旺

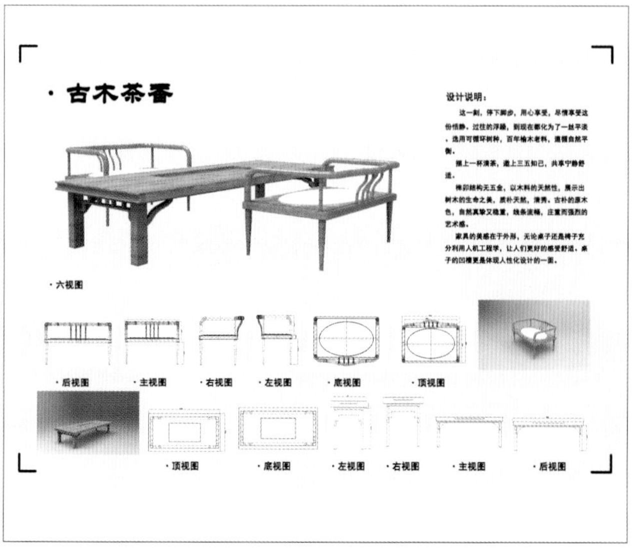
· 古木茶香
设计说明：
这一刻，停下脚步，用心享受，尽情享受这份恬静。过往的浮躁，到现在都化为了一丝平淡，选用可循环树种，百年榆木老料，遵循自然平衡。
端上一杯清茶，邀上三五知己，共享宁静舒适。
榫卯结构无五金，以木料的天然性，展示出树木的生命之美，质朴天然，清秀，古朴的原木色，自然真挚又稳重，线条流畅，庄重而强烈的艺术感。
家具的美感在于外形，无论桌子还是椅子充分利用人机工程学，让人们更好的感觉舒适，桌子的凹槽更是体现人性化设计的一面。
· 六视图
· 后视图
· 主视图
· 右视图
· 左视图
· 底视图
· 顶视图
· 顶视图
· 底视图
· 左视图
· 右视图
· 主视图
· 后视图

作　　品：古木茶香
作　　者：郑鹏娟／山东艺术学院
指导老师：张恒旺

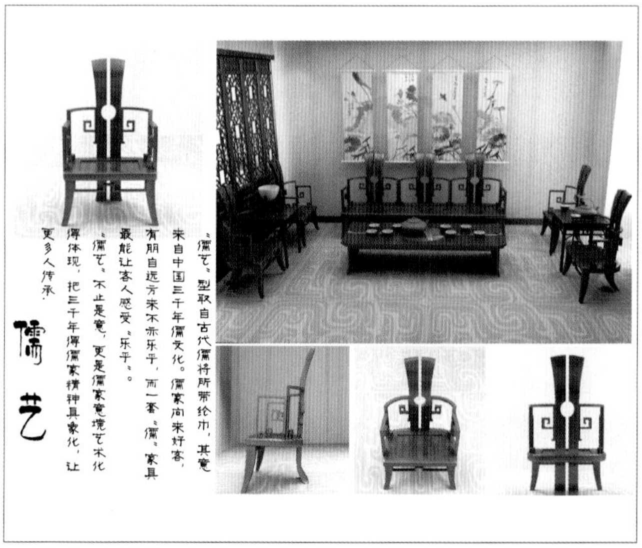
“儒艺”型取自古代儒将所带纶巾，其意来自中国三千年儒文化。儒家向来好客，有朋自远方来不亦乐乎，而一套“儒”家具最能让客人感受“乐乎”。
“儒艺”不止是意，更是儒家意境艺术化得体现，把三千年得儒家精神具象化，让更多人传承。
儒艺

作　　品：儒艺
作　　者：郭叶莹子、张悦、武嘉宇／江苏农林职业技术学院

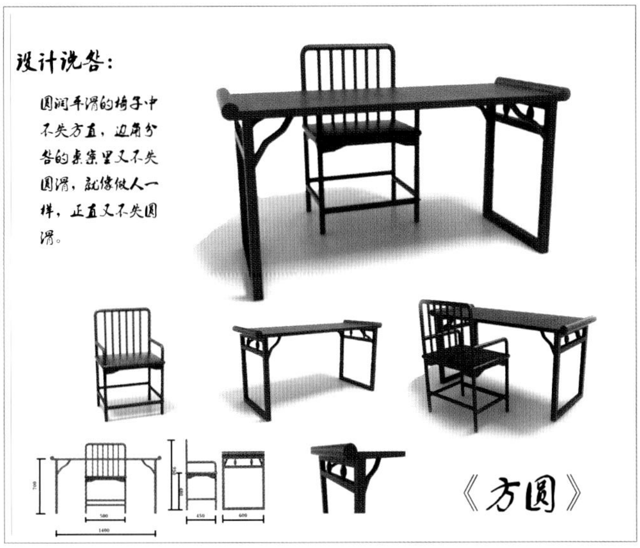
设计说明：
圆润平滑的椅子中不失方直，边角分明的桌案里又不失圆滑，就像做人一样，正直又不失圆滑。
《方圆》

作　　品：方圆
作　　者：陆延鑫／江苏农林职业技术学院

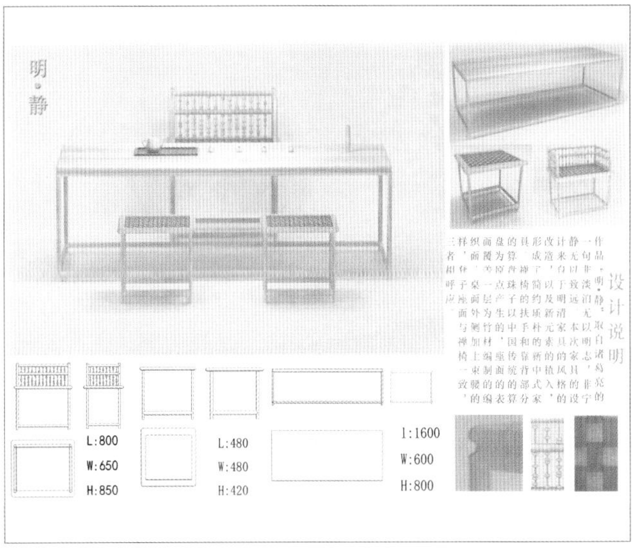
明·静
设计说明
L:800
W:650
H:850
L:480
W:480
H:420
L:1600
W:600
H:800

作　　品：明·静
作　　者：邹艳平／江苏农林职业技术学院
指导老师：张悦

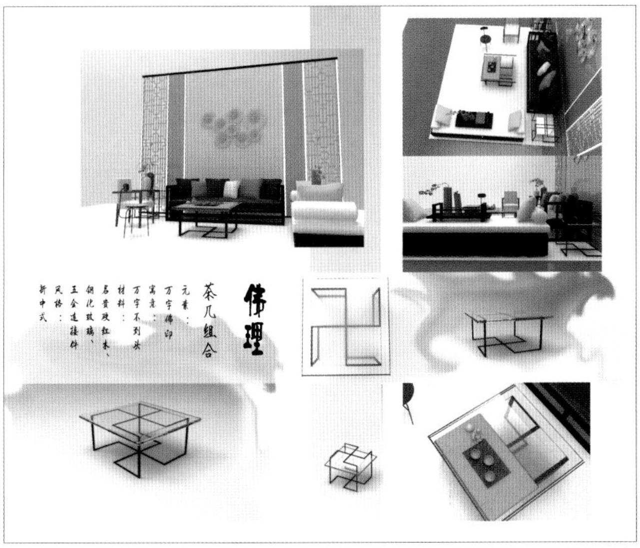
佛理
茶几组合
元素：万字佛印
寓意：万字不到头
材料：名贵酸红木、钢化玻璃、五金连接件
风格：新中式

作　　品：卍字佛印
作　　者：沈佳玲／南京林业大学
指导老师：于娜

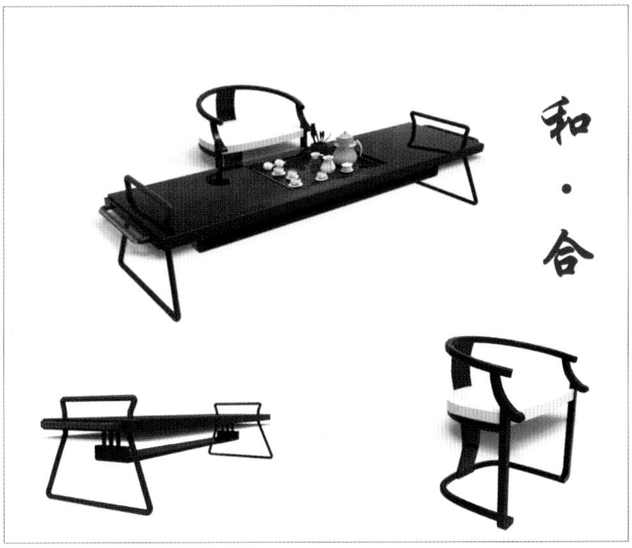
和
·
合

作　　品：和·合
作　　者：殷月红／南京林业大学
指导老师：于娜

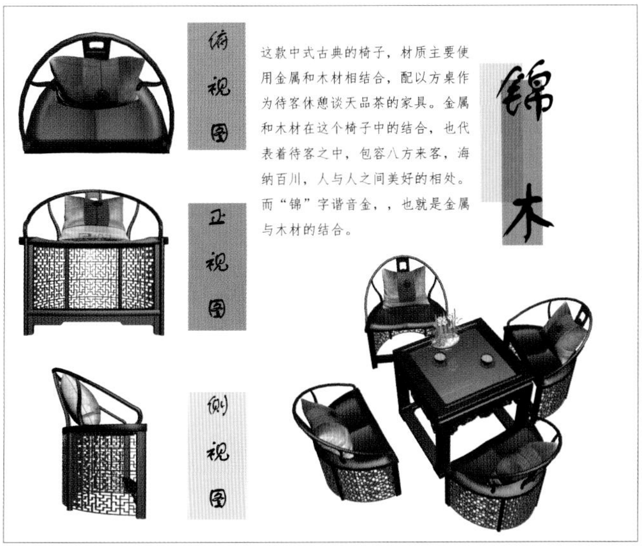
俯视图
正视图
侧视图
这款中式古典的椅子，材质主要使用金属和木材相结合，配以方桌作为待客休憩谈天品茶的家具。金属和木材在这个椅子中的结合，也代表着待客之中，包容八方来客，海纳百川，人与人之间美好的相处。而"锦"字谐音金，，也就是金属与木材的结合。
锦木

作　　品：锦木
作　　者：袁铭瑶／南京林业大学
指导老师：于娜

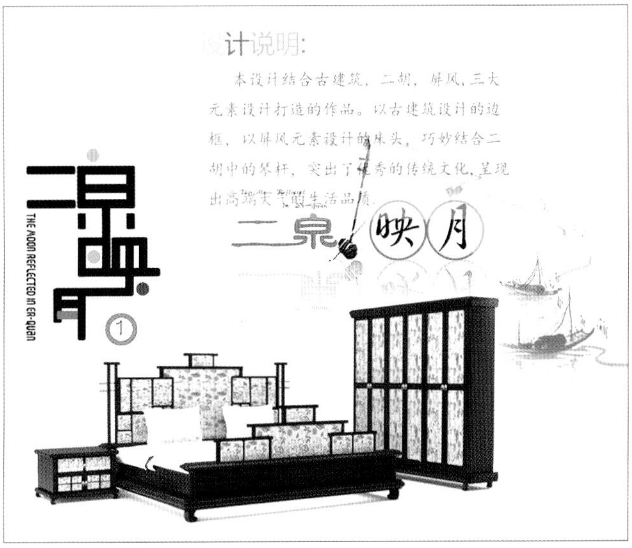
设计说明：
本设计结合古建筑、二胡、屏风、三大元素设计打造的作品。以古建筑设计的边框，以屏风元素设计的床头，巧妙结合二胡中的琴杆，突出了优秀的传统文化，呈现出高端大气的生活品质。
二泉映月
THE MOON REFLECTED IN ER-QUAN
①

作　　品：二泉映月
作　　者：叶劲涛／江西环境工程职业学院
指导老师：张付花

本方案是由中国古典园林的拱形门与古代几案类家具相结合而做。床的高屏和衣柜做成类似于拱形门的形状，同时圆的寓意也包含在其中，床的支撑和床身是几案的扩大化，拉手采用白铜饰件。造型上方圆配比，处处体现出曲线的优美形态。

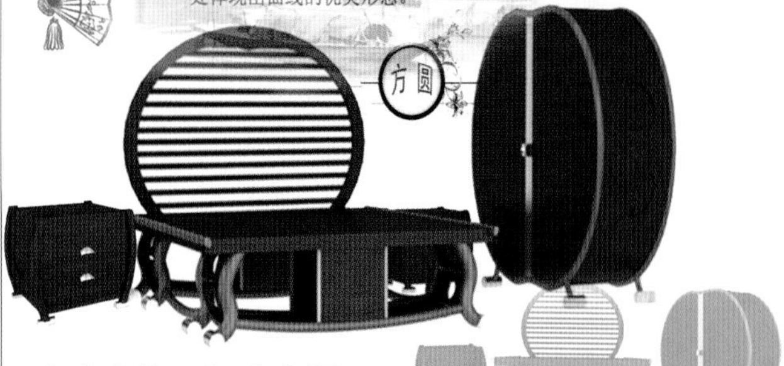

人有规矩 自成方圆

作　　品：方圆
作　　者：叶劲涛／江西环境工程职业学院
指导老师：张付花

"弈"空间
——新中式棋桌椅設计

设计说明

棋弈文化是具有悠久历史的中华传统文化形式之一。该创作方案将棋艺文化融入家具设计中，富有中华传统文化内涵。

在设计中借鉴传统象棋的棋子和棋盘造型，运用形象变形的方法，设计创作为座椅和桌。家具方案采用实木制作，材料的天然纹理，更可增进家具与人的亲和感。方案造型从实用功能出发，尺度符合人体工程学。整套家具环保、休闲、美观实用。

奔波于忙碌而喧嚣的城市，人们内心渴求一种恬静，或许"弈"空间会带给你一种久违的情感释怀。

■ 座椅三视图　■ 棋桌三视图

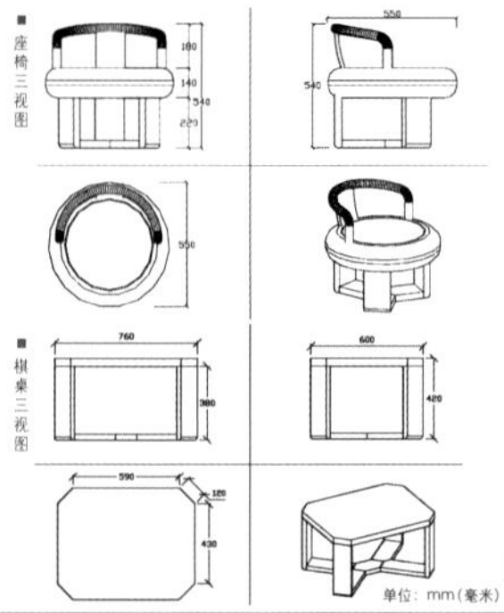

单位：mm(毫米)

■ 效果图

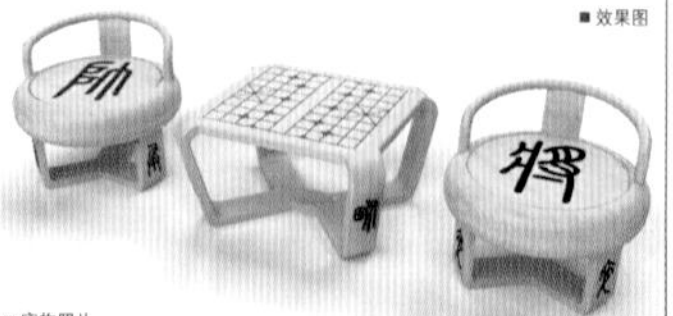

■ 实物照片

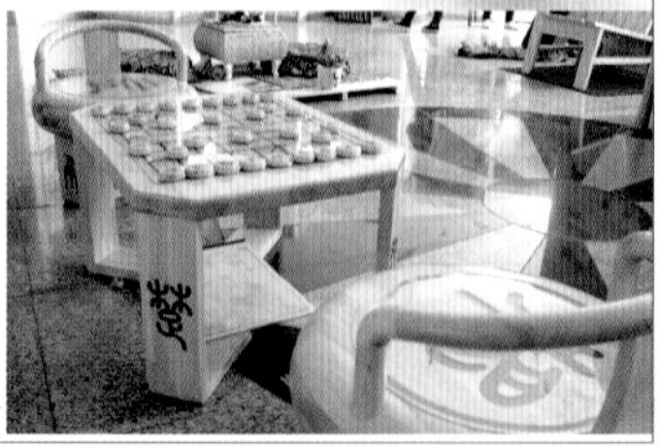

作　　品："弈"空间
作　　者：甄世彪／内蒙古农业大学
指导老师：邱国华、李军

夢回東方——新中式系列卧室家具设计

设计说明

回纹是如"回"字的一种传统纹样，由青铜器和陶器上的雷纹衍化而来。回纹是中式传统装饰图案中的重要纹样，经常被应用于建筑、家具等器物上作为雕刻和装饰。

本设计从中国传统"回"纹元素着手，用回纹变形创作出系列卧室家具，涵盖的类型包括床、床头柜、衣柜、梳妆台、视听柜等。家具设计中有的结构是回纹变形，有的装饰是回纹图样。设计方案从功能性、实用性、美观性等方面综合考虑，将现代与传统结合，延续传统的造型和设计元素，结合现代人的审美情趣和家居空间，创作设计出适宜现代居室的套系家具新产品。

时代赋予了回纹新的生命和内容，回纹也为现代家具产品增添了一抹别样的东方风情。

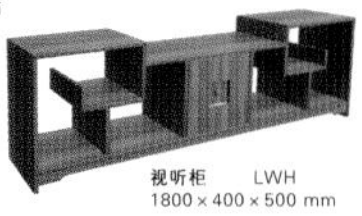

视听柜　LWH
1800×400×500 mm

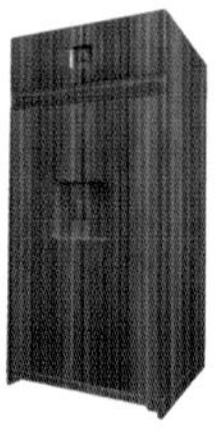

单体衣柜　LWH
800×600×2000 mm

■ 环境效果图

床头柜　LWH
500×400×600 mm

双人床　LWH
1800×2000×500 mm

单位：mm(毫米)

作　　品：梦回东方
作　　者：姜佳杰／内蒙古农业大学
指导老师：李军、宁国强

■ 三视图　■ 扇椅三视图

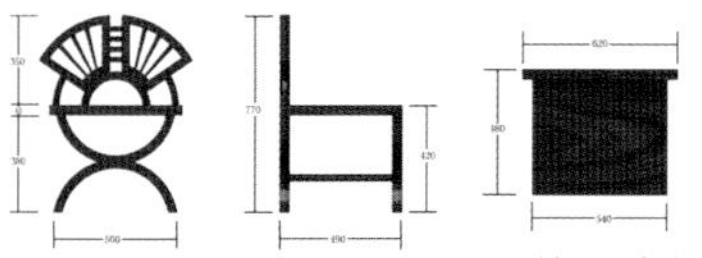

单位：mm(毫米)

扇 椅
——新中式家具设计

"扇子"是历史悠久的中国传统器物，造型优美简洁、内敛外秀。本设计方案借鉴扇子这一造型，具象的设计为座椅的靠背，腿部则采用拱形的设计方法，使其与靠背想呼应，形成一气呵成的整体效果。

家具采用实木制作，榫卯结构的结合方式，色彩为哑光木本色。整套设计方案透出儒雅的稳重、俭朴、儒雅的文化气息。

■ 实物制作

■ 实物照片

作　　品：扇椅
作　　者：苏靖／内蒙古农业大学
指导老师：王瑞浩

■ 沙发三视图

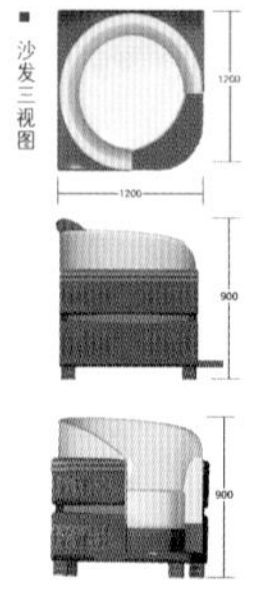

尚古遗风
——新中式家具设计

设计说明

玉琮是中国古代玉器，是一种带有神秘色彩的礼器，《周礼》记载"以黄琮礼地"，既用来祭祀大地，也是权威的象征。

这套古典沙发的设计来源于玉琮的形态。家具造型外方内圆，沉稳厚重。在沙发的下部前沿设计有脚踏，这个人性化的结构使双脚踩踏更具舒适性，也使作品增添了高贵感觉。材料采用硬木作为框架，这样易于在家具外侧进行图案雕刻，在座椅部分覆以皮质软包。在颜色上由中国红与白色作为主体颜色。

整套设计是古典元素在现代沙发设计中的精彩表现，即透露出中国传统文明气息，又不失现代时尚感。

■ 单体效果图

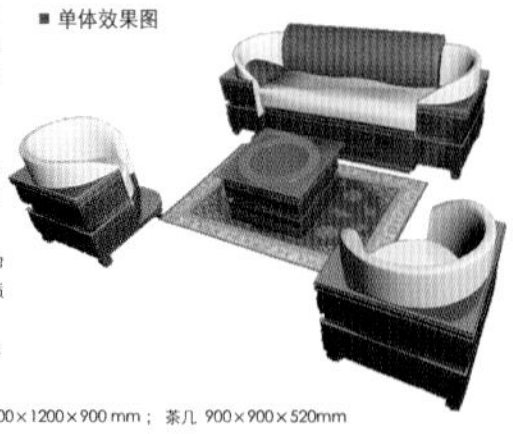

家具尺寸　三人位 2000×1200×900 mm；单人位 1200×1200×900 mm；茶几 900×900×520mm

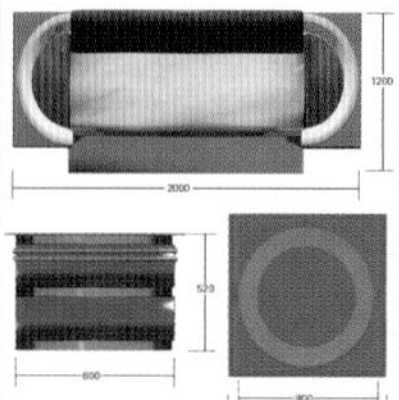

单位：mm(毫米)

■ 环境效果图

作　　品：尚古遗风
作　　者：姜佳杰／内蒙古农业大学
指导老师：李军

■ 效果图

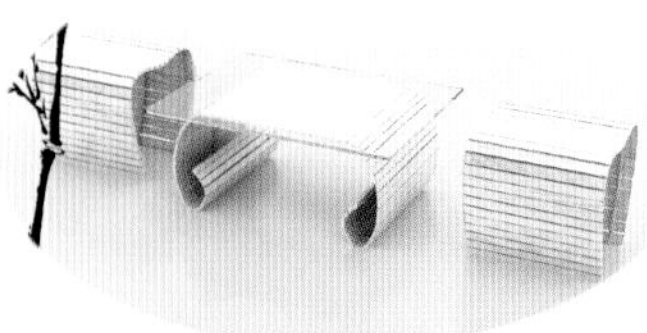

书 香
——新中式家具设计

此设计方案为新中式家具，创意源自于中国古代书籍形式的代表——"简牍"，取名"书香"。

该套家具共三件，分别有几一张、凳两把。家具用金属弯管做出木榛卷曲的基本结构造型，用实木条沿结构造型贴合加固。书卷上书写《大学》中名句，鲜明的体现着儒学精神。家具充满了东方韵味，散发着中华文化，是传统与现代的完美结合。

坐凳　430×430×440 mm　LWH
茶几　900×430×480 mm　LWH

■ 三视图

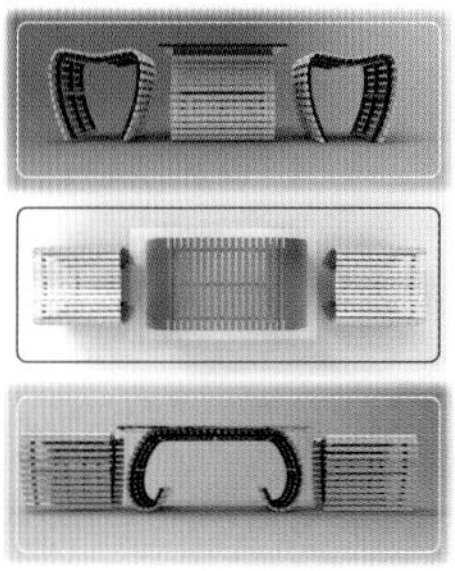

■ 实物照片

作　　品：书香
作　　者：王维／内蒙古农业大学
指导老师：吴珊

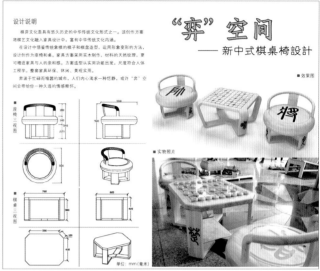

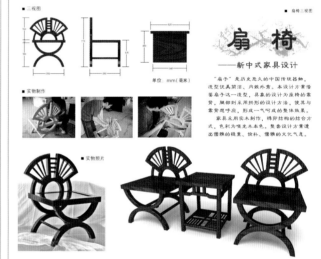

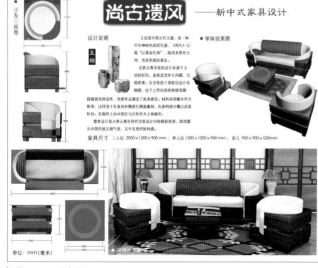

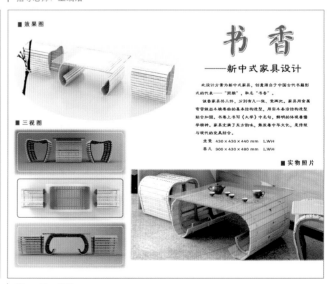

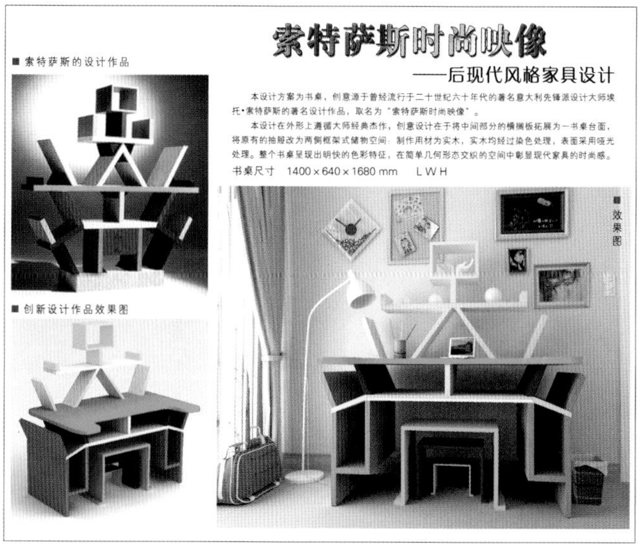
索特萨斯时尚映像
——后现代风格家具设计
■ 索特萨斯的设计作品
■ 创新设计作品效果图
本设计方案为书桌，创意源于曾经流行于二十世纪六十年代的著名意大利先锋派设计大师埃托·索特萨斯的著名设计作品，取名为"索特萨斯时尚映像"。
本设计在外形上遵循大师经典杰作，创意设计在于将中间部分的横搁板拓展为一书桌台面，将原有的抽屉改为两侧框架式储物空间：制作用材为实木，实木均经过染色处理，表面采用哑光处理。整个书桌呈现出明快的色彩特征，在简单几何形态交织的空间中彰显现代家具的时尚感。
书桌尺寸 1400 × 640 × 1680 mm LWH
■ 效果图

作　　品：索特萨斯时尚映像
作　　者：李军／内蒙古农业大学

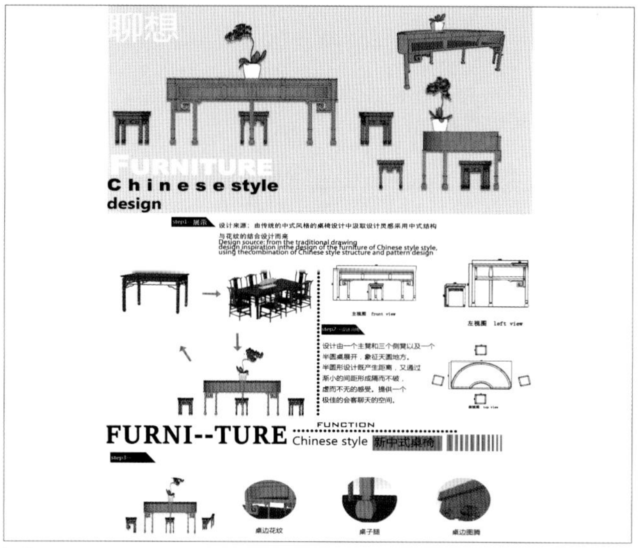
聊想
FURNITURE
Chinese style
design
step1--展示
设计来源：由传统的中式风格的桌椅设计中汲取设计灵感采用中式结构与花纹的结合设计而来
Design source: from the traditional drawing design inspiration inthe design of the furniture of Chinese style style, using thecombination of Chinese style structure and pattern design
主视图 front view
左视图 left view
设计由一个主凳和三个侧凳以及一个半圆桌展开，象征天圆地方。
半圆形设计既产生距离，又通过渐小的间距形成隔而不破，虚而不无的感受。提供一个极佳的会客聊天的空间。
FURNI--TURE
FUNCTION
Chinese style 新中式桌椅
step3--
桌边花纹
桌子腿
桌边图腾

作　　品：聊想
作　　者：吴文印、朱武龙、贺密／安徽农业大学

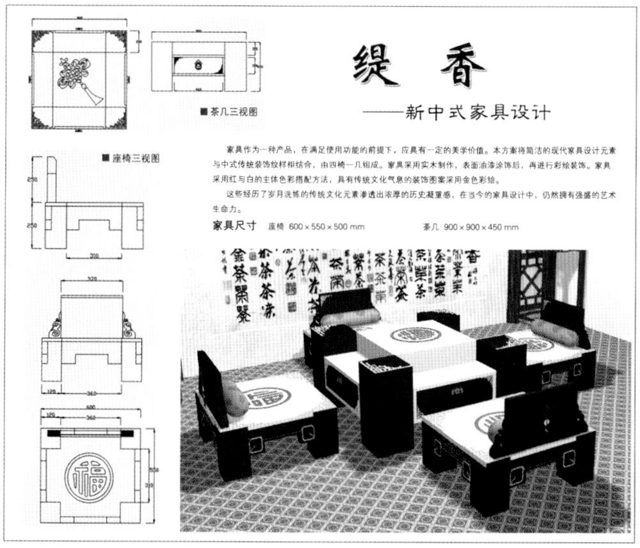
缇　香
——新中式家具设计
■茶几三视图
■座椅三视图
家具作为一种产品，在满足使用功能的前提下，应具有一定的美学价值。本方案将简洁的现代家具设计元素与中式传统装饰纹样相结合，由四椅一几组成。家具采用实木制作，表面油漆涂饰后，再进行彩绘装饰。家具采用红与白的主体色彩搭配方法，具有传统文化气息的装饰图案采用金色彩绘。
这些经历了岁月洗练的传统文化元素渗透出浓厚的历史凝重感，在当今的家具设计中，仍然拥有强盛的艺术生命力。
家具尺寸 座椅 600 × 550 × 500 mm 茶几 900 × 900 × 450 mm

作　　品：缇香
作　　者：王晓燕／内蒙古农业大学
指导老师：王瑞浩

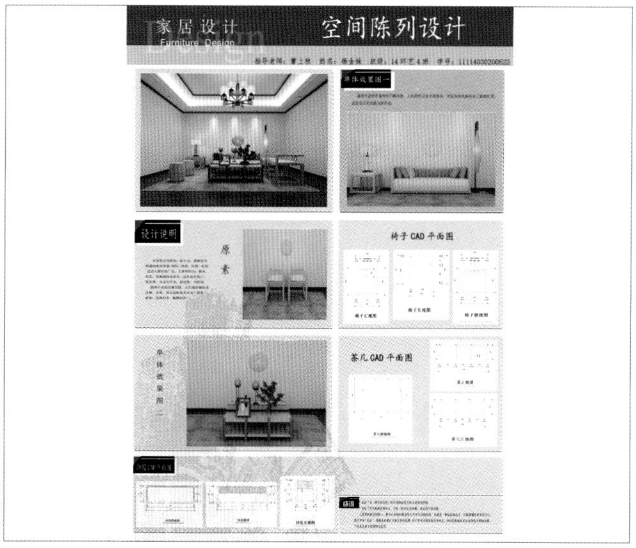
家居设计
Furniture Design
空间陈列设计
设计说明
原素
椅子CAD平面图
茶几CAD平面图

作　　品：原素
作　　者：杨金妹／景德镇陶瓷大学
指导老师：曹上秋

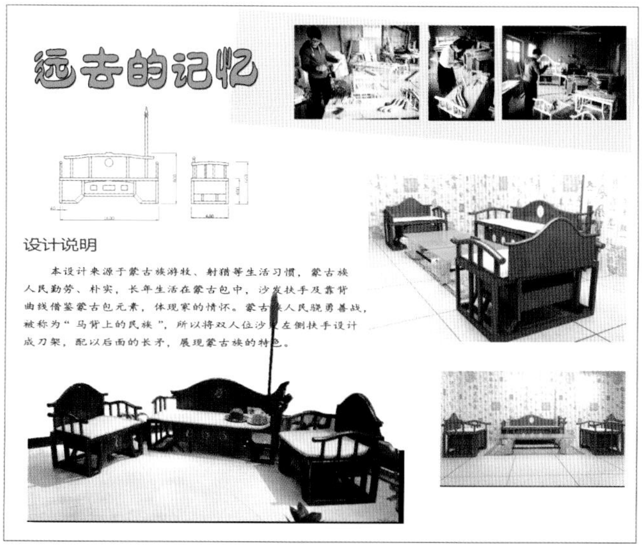
远去的记忆
设计说明
本设计来源于蒙古族游牧、射猎等生活习惯，蒙古族人民勤劳、朴实，长年生活在蒙古包中，沙发扶手及靠背曲线借鉴蒙古包元素，体现家的情怀。蒙古族人民骁勇善战，被称为"马背上的民族"，所以将双人位沙发左侧扶手设计成刀架，配以后面的长矛，展现蒙古族的特色。

作　　品：远去的记忆
作　　者：郑缇全、敖日格乐、李邦硕、苏布达／内蒙古农业大学职业技术学院

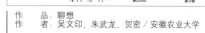

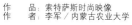

ZHONGGUO
MUJIAJU
SHEJI
NIANJIAN
2017

设计表现作品

椅凳类设计奖

梅道人．渔夫

中国传统文化有“人在旅途中”的
以梅道人吴镇为代表的渔夫艺术是
中国传统哲学有“人生如寄”的说
都说人生如寄，其实并无所寄，并
此般水禅哲学激发了这一系列家具

净

境

作　品：梅道人渔夫水禅系列
作　者：袁进东／中南林业科技大学

系列

的解构。

艺术也是对这种观念的解构。

材质为：花梨木，钢化玻璃。

敬

镜

静

回椅

作　品：回椅
作　者：逯新辉、何莉／四川农业大学

椅凳类设计奖

作品：坐看古今 回归初心

作者：刘首杰／北京富润天筑装饰设计有限公司

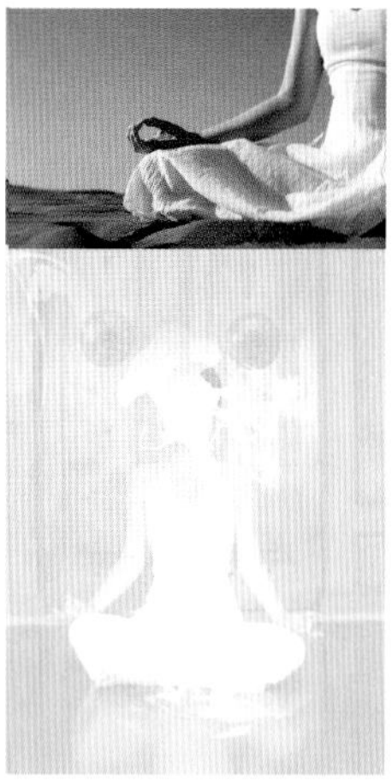

坐看古今 回归初心

再论古今“坐”文化

古人席地而坐，后人正襟端坐，今人随意而坐……

桌、椅、茶、几 组合设计

一把椅子 赋予多重功能； 一席之地 尽享茶韵书香……

卯榫式组合椅设计效果图

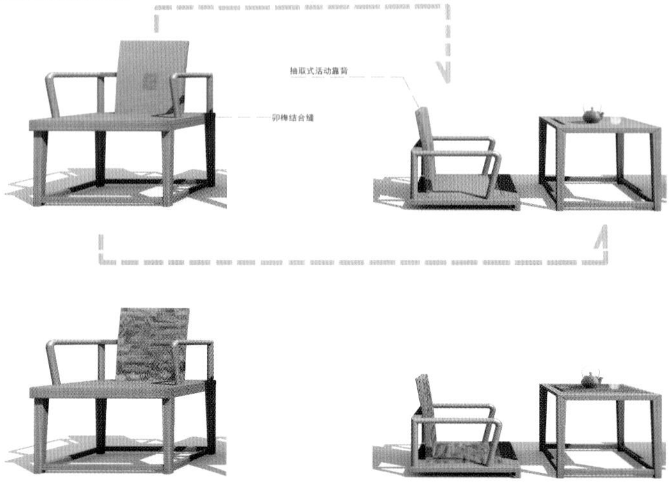

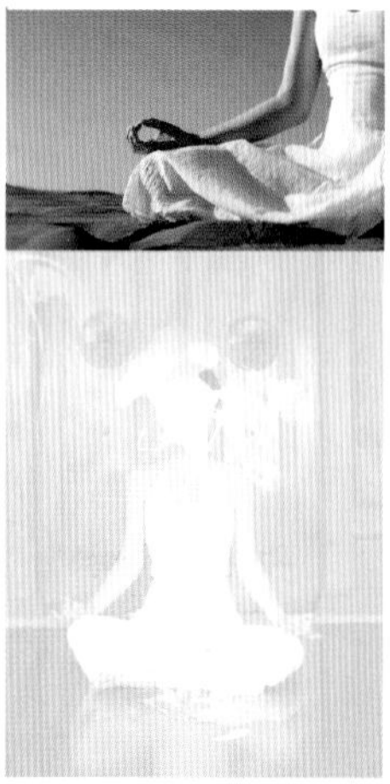

坐看古今 回归初心

再论古今“坐”文化

古人席地而坐，后人正襟端坐，今人随意而坐……

桌、椅、茶、几 组合设计

一把椅子 赋予多重功能； 一席之地 尽享茶韵书香……

叠加式——分体组合座椅设计效果图

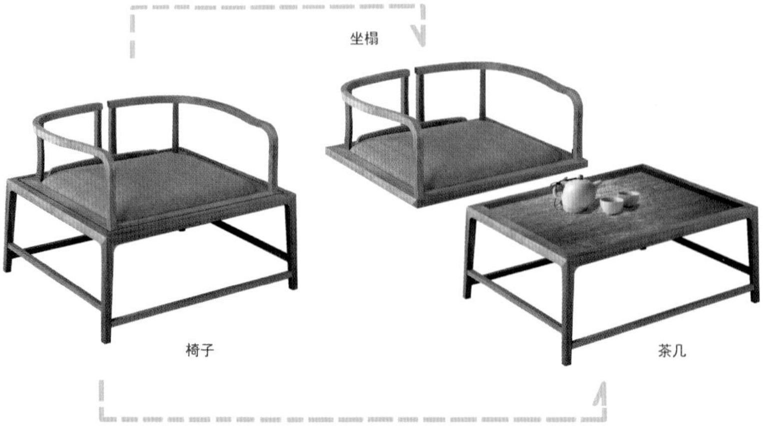

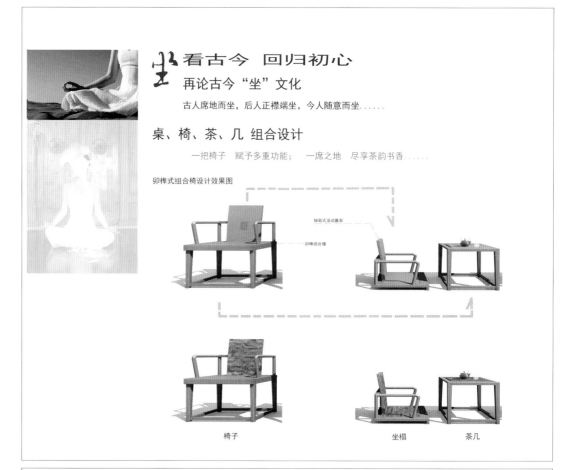

作　　品：复合竹椅系列
作　　者：印臻焕／清华大学美术学院
指导老师：于历战

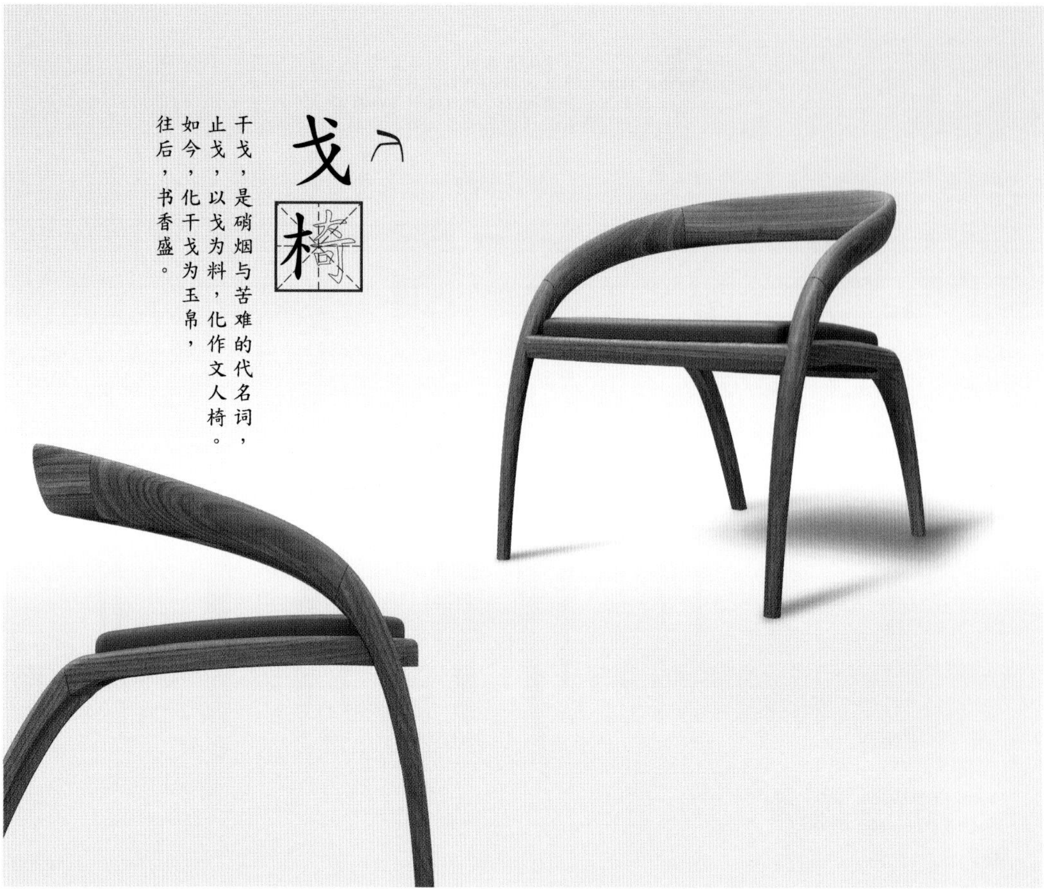
戈椅
干戈，是硝烟与苦难的代名词，
止戈，以戈为料，化作文人椅。
如今，化干戈为玉帛，
往后，书香盛。

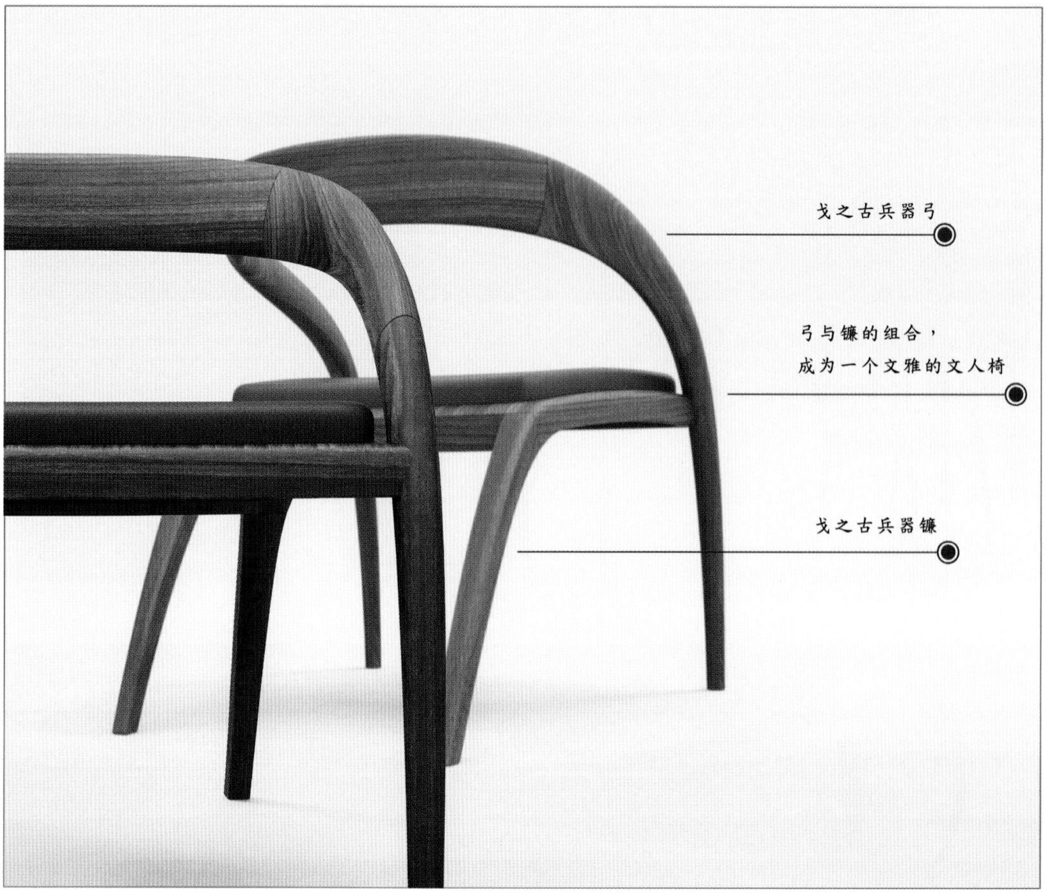
戈之古兵器弓
弓与镰的组合，
成为一个文雅的文人椅
戈之古兵器镰

作　品：戈椅
作　者：钟木钦／广东轻工职业技术学院
指导老师：白平

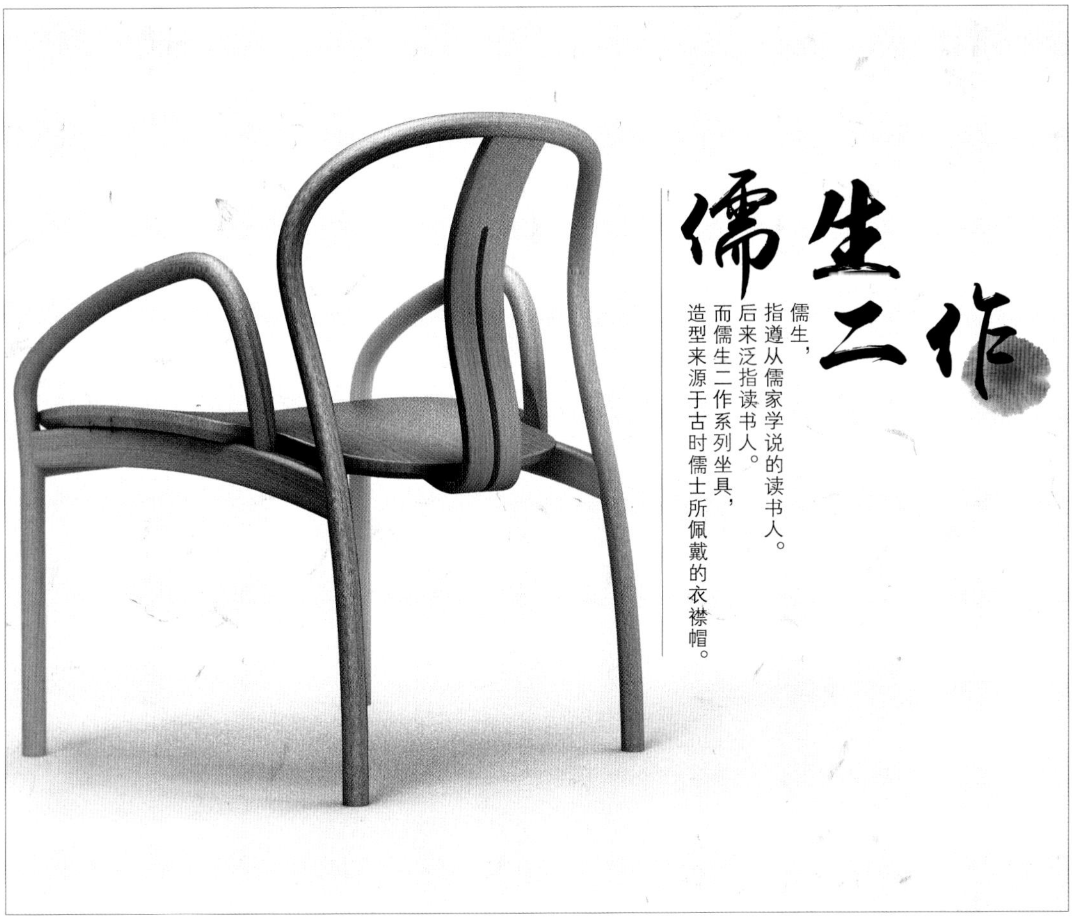

儒生二作

儒生，指遵从儒家学说的读书人。后来泛指读书人。而儒生二作系列坐具，造型来源于古时儒士所佩戴的衣襟帽。

作　品：儒生二作
作　者：周宇森／广东轻工职业技术学院
指导老师：白平

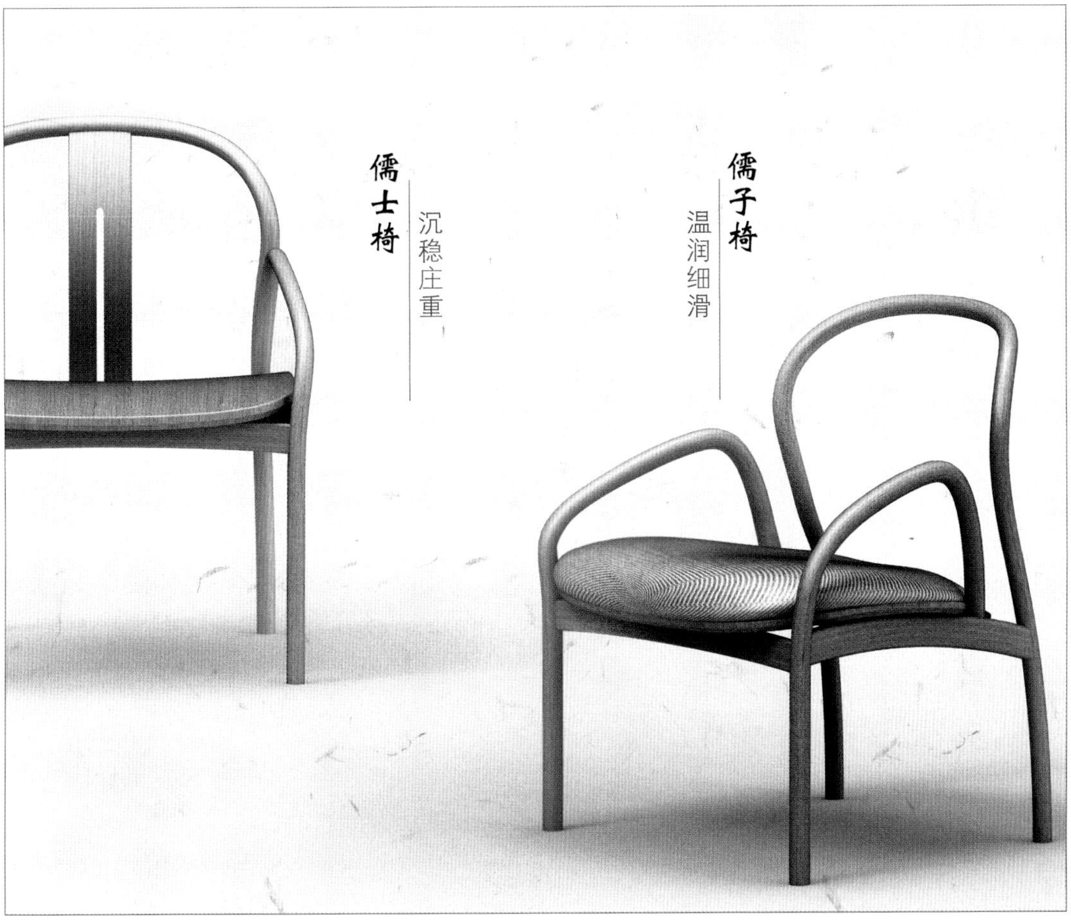

儒士椅

沉稳庄重

儒子椅

温润细滑

椅凳类设计奖

作品：禅·栖
作者：骆敏玲／广东轻工职业技术学院
指导老师：白平

禅·栖

古典休闲

远离繁华的都市生活，将个性与自
然完美结合，展现出非同一般的多功能休闲风尚

Away from the bustling city life, personality and
the perfect combination, classic fashion show extraordinary inspiration

Usage scenarios

使用情景——安逸舒适·储物功能

优质的棉麻布料，做起来舒适。
High quality cotton and
inen fabrics are comfortable
to do.

可打开椅垫，把想放东西储放在椅垫里面。
Can open the chair cushion and put things
in chair cushion inside.

可以从椅垫里拿出杂志悠闲的阅读。
Can be pulled out from the
chair cushion leisurely reading
magazines.

Design concept

设计理念——时尚线条·原木韵味

原实木和布艺一起，复古的材质和形式
营造一份安逸舒适，伴随着慵懒的气息
再搭配柔软的绒布，抗老化且不易变形

The original wood and cloth art, the
material-of restoring ancient ways and
forms, create a comfortable, with lang-
uid is lazy, Anti-aging and not easy to
deformation.

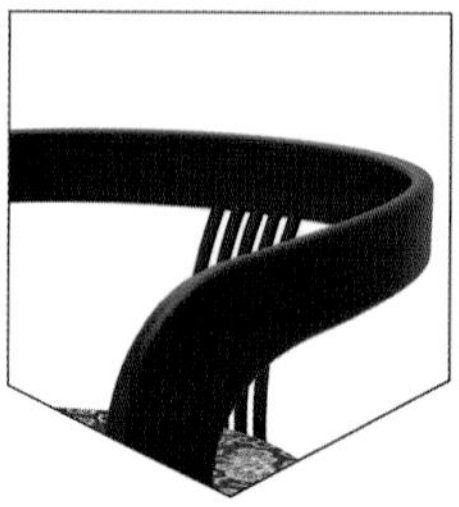

圆润切割
Round Cutting

实木框架
Solid Wood Frame

饱满座垫
Full Seat Cushion

共·竹

This is a sympathetic stool

竹：彰显气节，虽不粗壮，坚韧挺拔。以竹片加热弯曲成型，加工一个单元体，即可组装成凳子。
“共竹”是一把凳脚共同交织的凳子，共同承载着重量。视觉的不对称，让人情感交织。

作　品：共竹
作　者：梁志强／广东轻工职业技术学院
指导老师：白平

尺寸说明

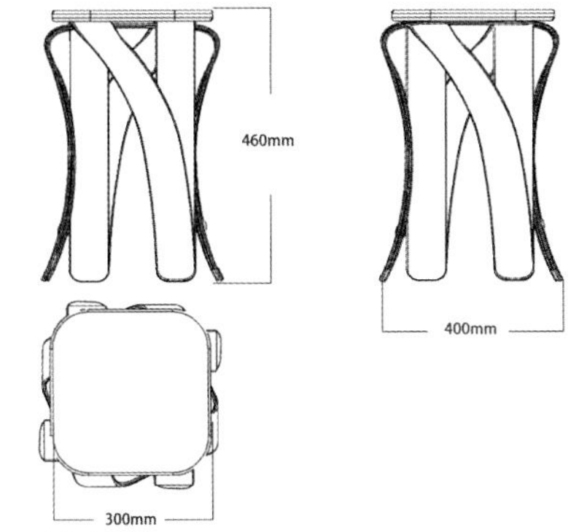

产品展示

“共竹”的设计遵循一种对曲线美与实用的理解，从如何减少竹子的加工工序，以及竹子的特性，对凳子的结构，造型不断推敲，把竹子扭曲的美表达出视觉上的交织，对称？不对称？也正是这种视觉不定，让凳子有淡淡的交织情绪。

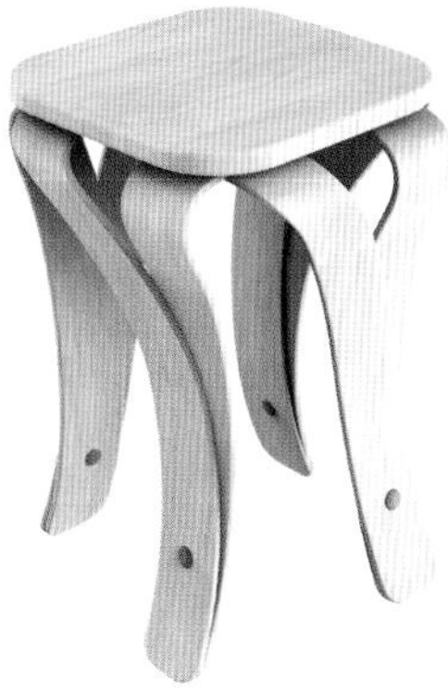

结构说明

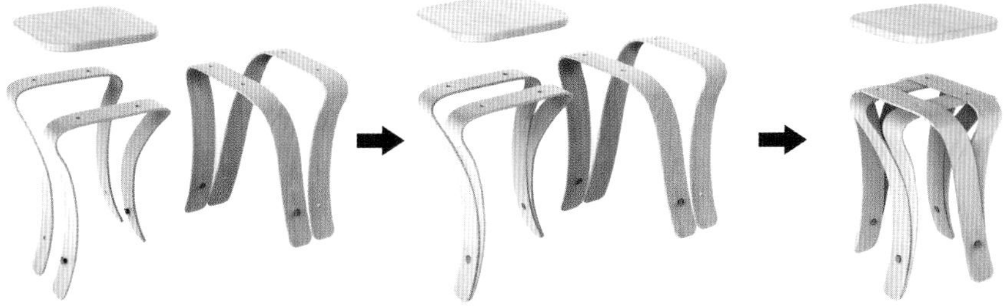

凳子的展开有凳面，支脚，五金固定钉制作工序简单，可自行组装。

当凳子的支脚交织在一起时，能快速展示出它的曲线美，突出竹子的特性。

组装完，就能发现竹的韧性非常有力量地撑起坐下来的力量。

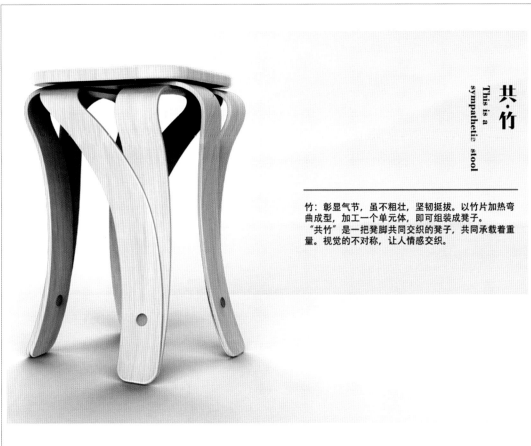

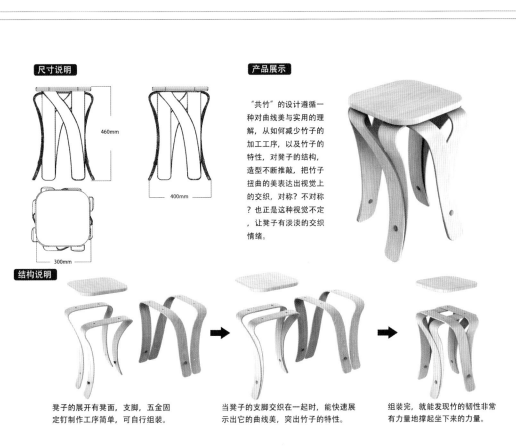

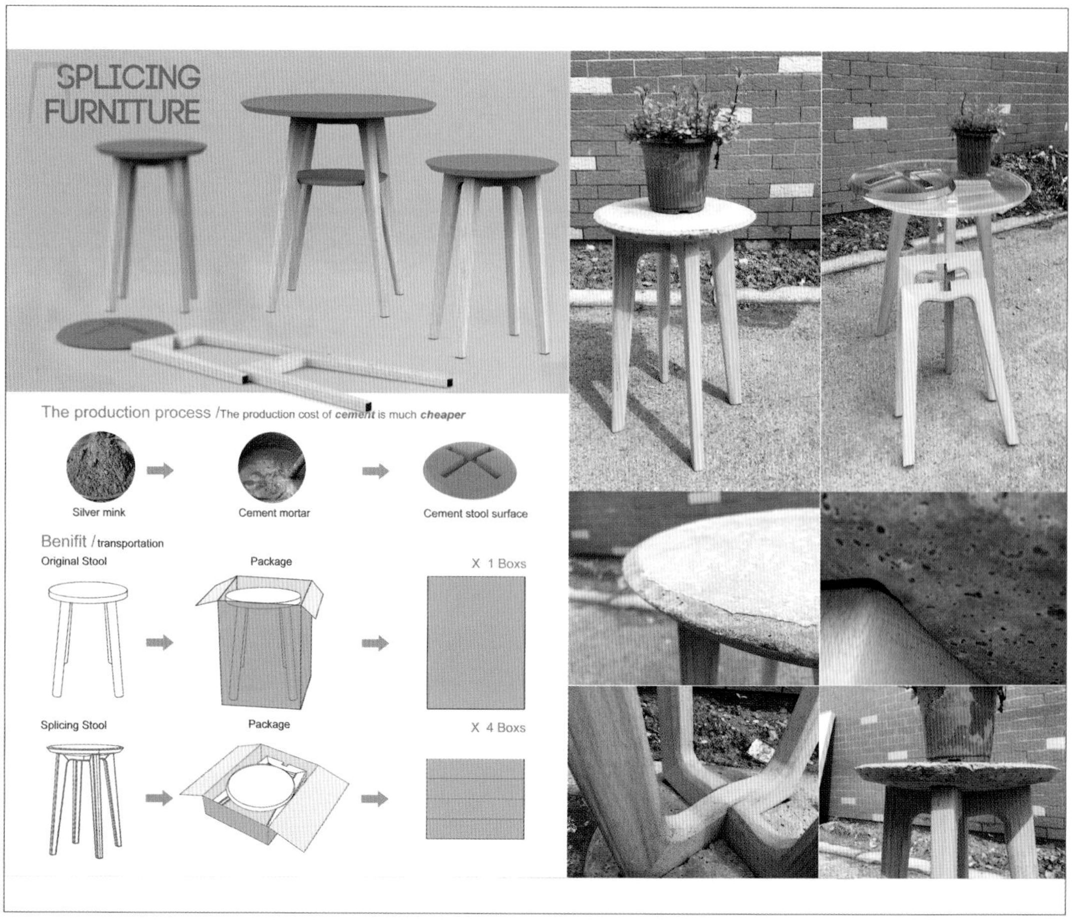

作品：拼接家具系列

作者：徐乐、翟伟民、张飞娥／浙江工业大学之江学院／杭州大巧家居设计工作室

Y拼凳
Y — Splicing Stool

设计背景/Design background

现在的90后人群收入较低、居住空间狭小、爱网购、经常搬家、追求一定的生活品质，他们需要灵活多用、节约空间、便于运输、造型简约时尚的家具来提升生活质量。

Nowadays, the post 90s have low income, living in the narrow space, being interested in online shopping, always moving houses and pursue the life of high quality. They need the flexible and modern furniture that is saving space and moving easily to promote their life quality.

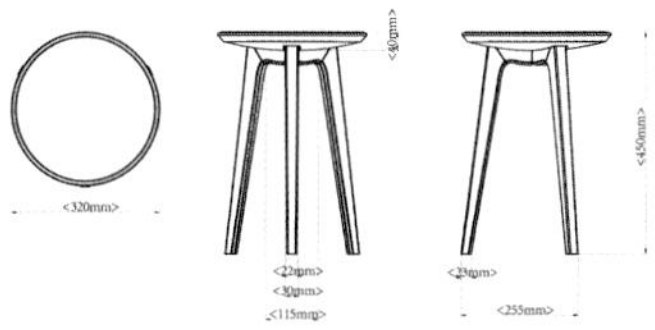
<320mm>
<40mm>
<450mm>
<23mm>
<30mm>
<115mm>
<23mm>
<255mm>

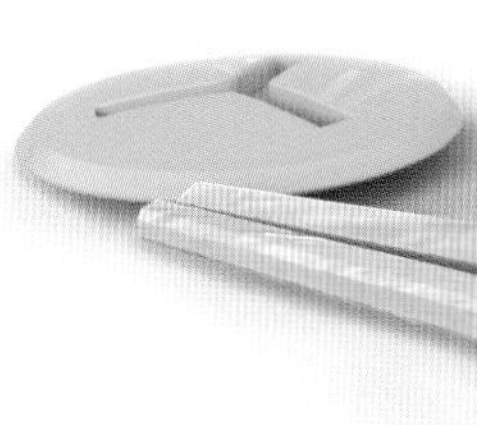

Y拼凳
Y — Splicing Stool

设计阐述/Design stateent

Y-拼凳是针对90后人群生活特点而设计，由榉木和玻璃钢（玻璃纤维增强塑料）两种材料组合而成。Y-拼凳一款美学和结构高度结合的凳子，两腿间连接部分运用了传统的榫卯结构——燕尾榫，徒手便能完成组装和拆卸，其结构之美很好地展现了前人的智慧。其扁平化的设计，大大降低了运输成本，非常适合线上售卖。

Y-Splicing Stool is made from beech and cement (or acrylic) is designed for the post 90s. It is made by beech and FRP (glass fiber reinforced plastic) a mix of two materials. Y-Splicing Stool a highly aesthetic and structure of the stool, two legs connection part using the traditional - dovetail mortise and tenon joint structure.It can installed by hand shows the intelligence of ancestors. The flat design reduce the transportation cost and is suitable for online shopping.

使用步骤/How to use

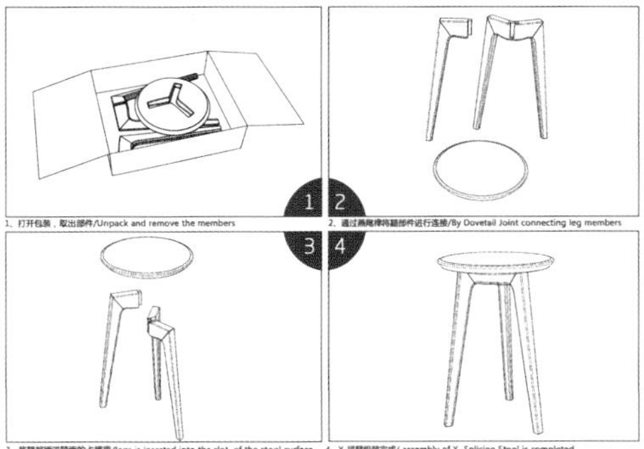
1
2
3
4

1、打开包装，取出部件/Unpack and remove the members

2、通过燕尾榫将腿部件进行连接/By Dovetail Joint connecting leg members

3、将腿部插进凳面的卡槽里/legs is inserted into the slot of the stool surface

4、Y-拼凳组装完成/ assembly of Y -Splicing Stool is completed

灵感来源/The source of inspiration

▼ 造型来源/The source of form

▼ 结构来源/The source of structure

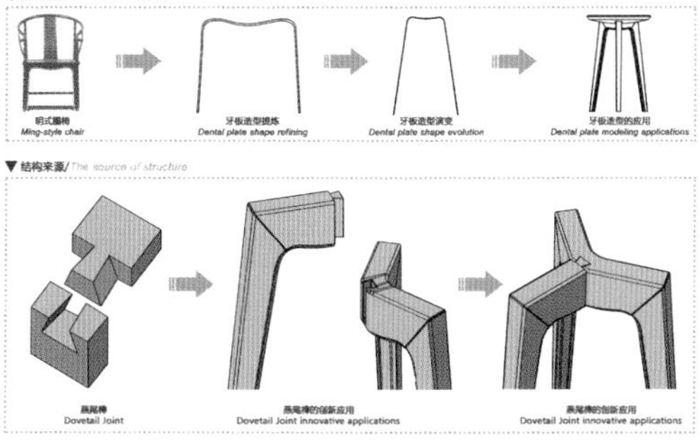
明式圈椅
Ming-style chair
牙板造型提炼
Dental plate shape refining
牙板造型演变
Dental plate shape evolution
牙板造型的应用
Dental plate modeling applications
燕尾榫
Dovetail Joint
燕尾榫的创新应用
Dovetail Joint innovative applications
燕尾榫的创新应用
Dovetail Joint innovative applications

爆炸图/Exploded view

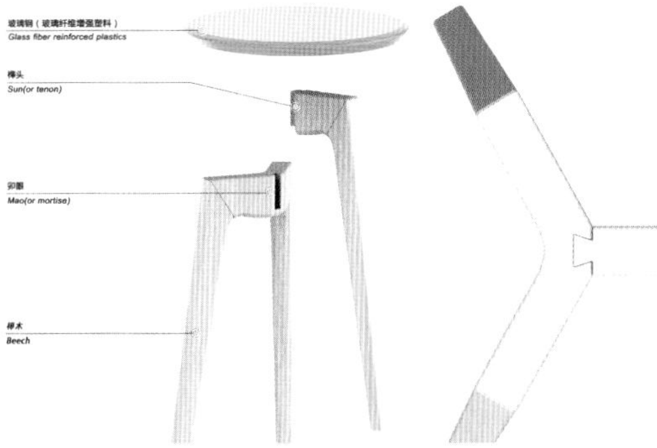
玻璃钢（玻璃纤维增强塑料）
Glass fiber reinforced plastics
榫头
Sun(or tenon)
卯眼
Mao(or mortise)
榉木
Beech

作品：Y-拼凳
作者：徐乐、翟伟民、张飞娥、张博文、卢恒／浙江工业大学之江学院／杭州大巧家居设计工作室

作　品：和——日式组合坐具设计
作　者：邓文鑫、赵鑫彤、周永丹／中南林业科技大学
指导老师：袁进东

和

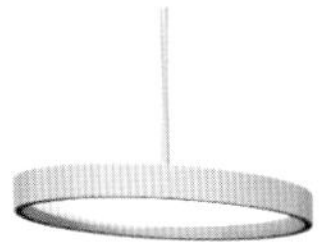

设计理念：

材料：松木+软包

壹·以“和”作为设计主题，体现中国传统文化“以和为贵”的哲学精神。

贰·“和”谐音“合”，造型由坐墩与椅靠、圆　的自由组合，变换成椅子和凳子，即可席地而坐，亦可平膝而坐，给人一种自在悠闲之感。

叁·材料使用松木和软包，造价便宜，适合广大消费群体。

肆·造型来源于日式传统坐姿习惯与现代家居结合，体现大和民族生活特质，富有禅意，体态圆润，给人一种温暖舒适的感觉。

组合图

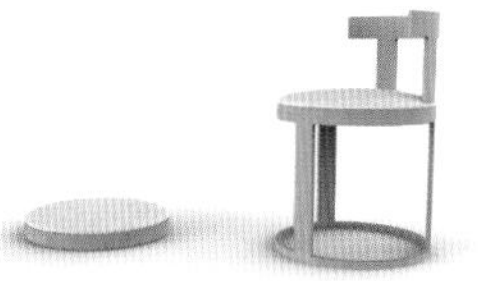

尺寸图

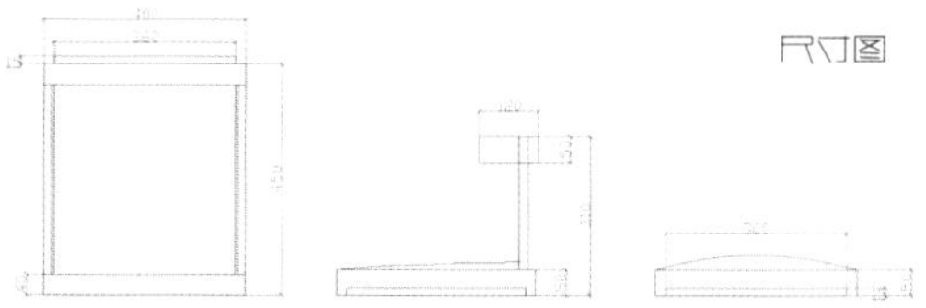

作品：浮檐

作者：贡芳图、金思雨／北京林业大学

浮檐
以明清玫瑰椅为原型，采用其比例及线条表现，用线条造重叠的效果，整体造型灵感源于徽派建筑的马头墙，
重叠造型
源于马头墙造型特点
渐变颜色 黛青色渐变为白色 与徽派建筑的马头墙颜色呼应
配色色卡
WORN TURQUOISE

作品：高莲

作者：金思雨／北京林业大学

指导老师：张帆

设计说明：
产品风格：产品是具有中式情调和色彩的餐椅，适合摆放于居家，茶室等中式装修风格的空间中，作为餐椅或者休闲椅使用。
材料技术：拟采用胶合板和热弯技术，以及后期的磨削技术，共同打造出造型简约，线条流畅，体验舒适的椅子。
细节处理：在坐面和椅背的部分，均考虑到人体工程学，并设计出相应的弧度，让使用感受更良好；扶手部分特殊处理，将扶手分段，使用者可依根据个人需要旋转扶手的方向和位置。
功能拓展：在椅子的一侧，可以附加部件，作为小的收纳空间，在金属扶手的部分可附加尺寸固定的台板，作为置物台使用。
造型特点：第一层含义源自"浴雪窃玲珑，纷披绿映红。——吴师道"，提取了池塘，荷花，荷包以及荷叶的造型元素和色彩，并融入设计之中。第二层含义：像是古时的大家闺秀，身着刺绣薄纱，身姿曼妙，头上一簪一髻，动人可爱。

作品：浅韵·扶手椅
作者：莫忠伟／中国美术学院艺术设计职业技术学院
指导老师：刘轶婷

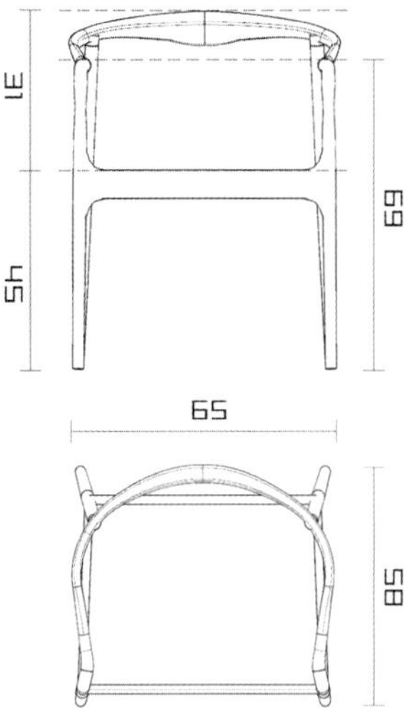

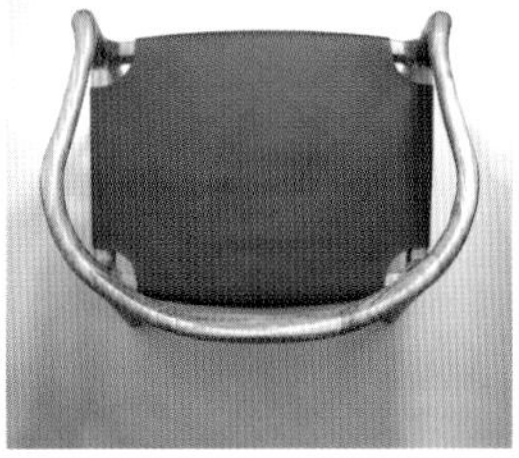

作品：喀尔喀蒙古族家具创新设计
作者：李军／内蒙古农业大学

喀尔喀蒙古族家具创新设计 — 整体效果图

设计说明

本设计方案为具有蒙古族风格特征的座椅。座椅为较低矮的形制，座椅设计兼顾垂足坐姿与盘足坐姿，是游牧文化起居方式的演绎。在座椅设计中，提炼喀尔喀蒙古族传统艺术中喜用的哈木尔（云纹）图案，设计演变为靠背、搭脑、扶手端头造型。家具制作选材为实木（松木或榆木），采用传统榫卯结合结合方式。

座椅尺寸
900×680×720 mm

方桌尺寸
945×945×375 mm

家具特色工艺

1	彩　绘
2	描　金
3	镶　嵌
4	皮　雕
5	皮绳穿接

家具配色方案

1	金　色
2	红　色
3	湖　蓝
4	墨　绿
5	乳　白

鲁作·天地乾坤座

，遵循传统客厅规制，结合当代实际功用，通过朴实、儒雅、大方、舒展的物质形象展现出造型的艺术魅力，而且在传达一种合乎自然"至质"的和谐，给人们一种超然沁心，古朴雅致的审美享受，甚至给而今庸庸碌碌的我们带来的是一种久违的脱俗与生机。从美学的意义上讲，是鲁班后人对历史传统的审美传承，是对优秀民族文化的弘扬光大。鲁作·天地乾坤座适用性强，商业会所、民居住宅、公共陈设均可使用，客户认可度和市场接受度高。

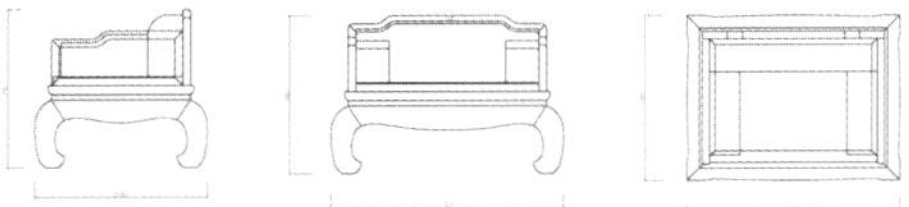

作品：鲁作·天地乾坤座

作者：卢克岩／济南天地儒风孔子文化艺术品有限公司

悟空

本款家具的造型以西游记里面紧箍咒为原型，将其简化成线条便成了家具的主体。整体结构简洁大方，由榫眼进行连接，并且将软包结合进来，增加人们的舒适感。在材质方面，选用大红酸枝作为原材，其材质坚硬便于长时间使用。而且因为其结构大方简洁，便于制作和运输。

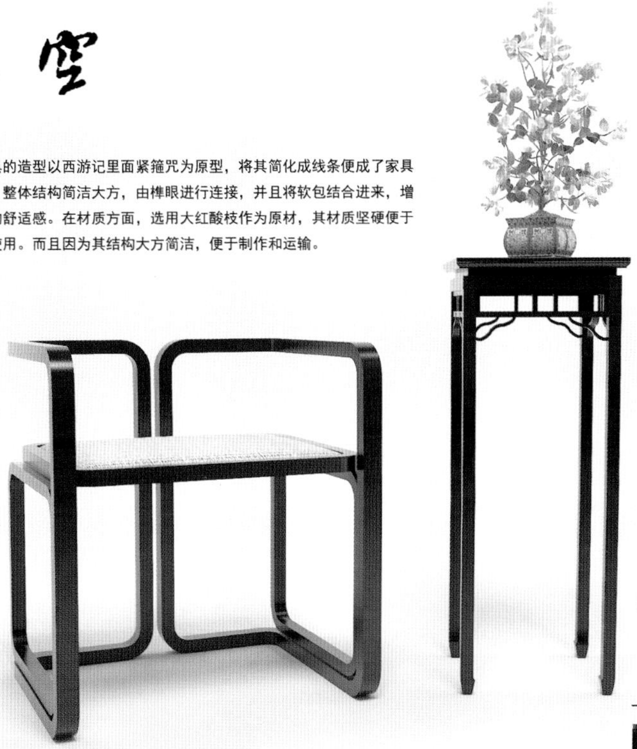

三视图：

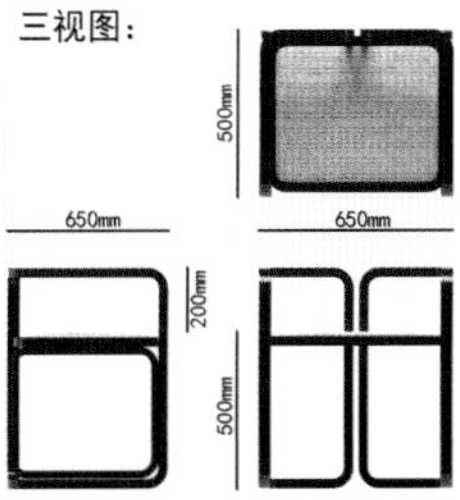
500mm
650mm
650mm
200mm
500mm

作品：悟空

作者：张亚鹤／山东工艺美术学院

作　品：『老有所乐』椅
作　者：方妍舒／清华大学美术学院
指导老师：于历战

老有所乐椅

“山水”的韵味融入家具的设计中，以符合老年人精神上的审美情趣。

同时，具备现代老年人一定的生活功能需求。

作　品：静界
作　者：黄钰茗／广西大学
指导老师：高伟

静界

设计说明

静以修身，俭以养德。非淡泊无以明志，非宁静无以致远。此款椅子利用现代工艺技术制作，造型简洁大方，靠背的圆形镂空给人一种空灵的境界，摇椅的设计令人感到闲适、放松。

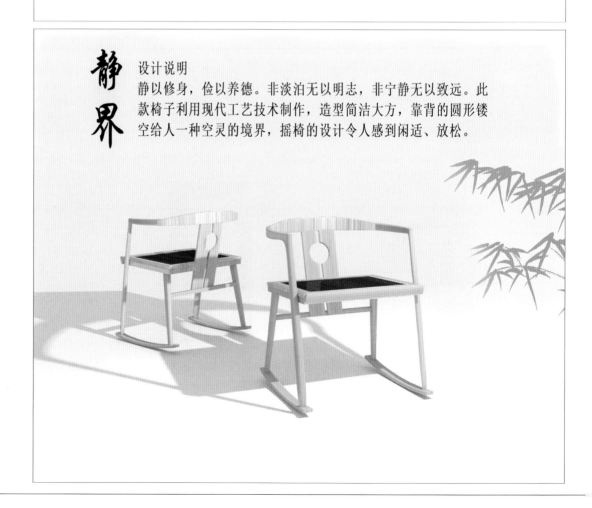

作品：大象椅

作者：徐新／清华大学美术学院

指导老师：于历战

○ 设计说明

这是一把有表情的椅子——大象椅。设计理念简单实用，没有太多繁琐装饰，但在细节之处匠心却处处可见。三只腿托起坐面，线条优美似大象。整体设计典雅而温润、稳重而安详。无论从色调把握还是氛围营造都强调古典与现代的结合，传统与时尚的碰撞，完美诠释着高洁的精神气度。很适合被放在书房，客厅，卧房休息或作为客厅单椅使用。

作品：双框吊椅

作者：程丹蕾、陈俊光／清华大学美术学院

指导老师：于历战

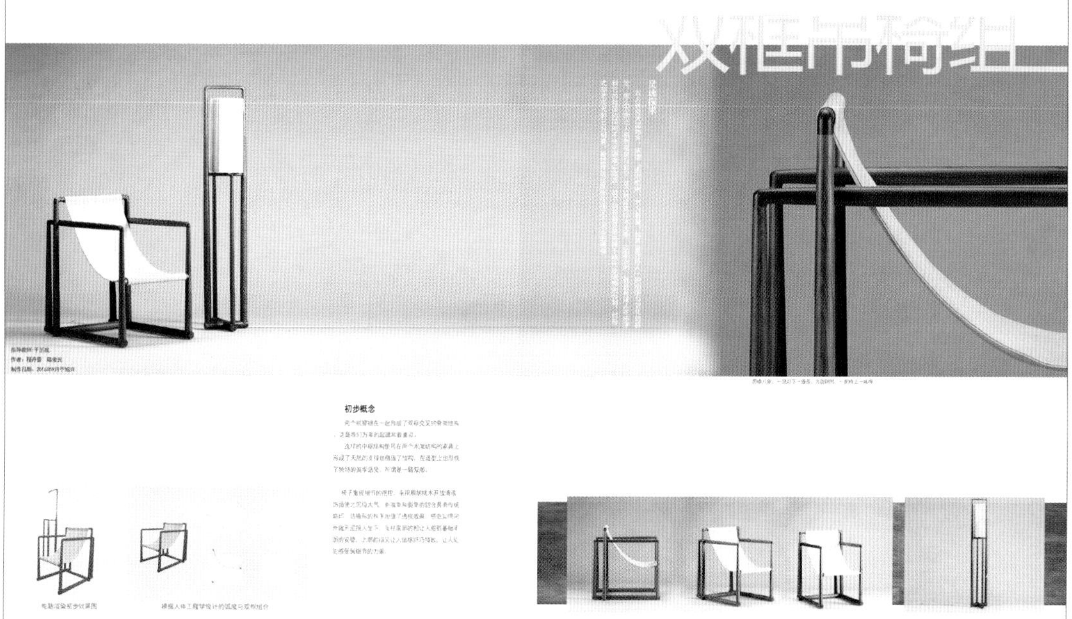

作品：现代圈椅

作者：杨慧全、刘志毅／华南农业大学

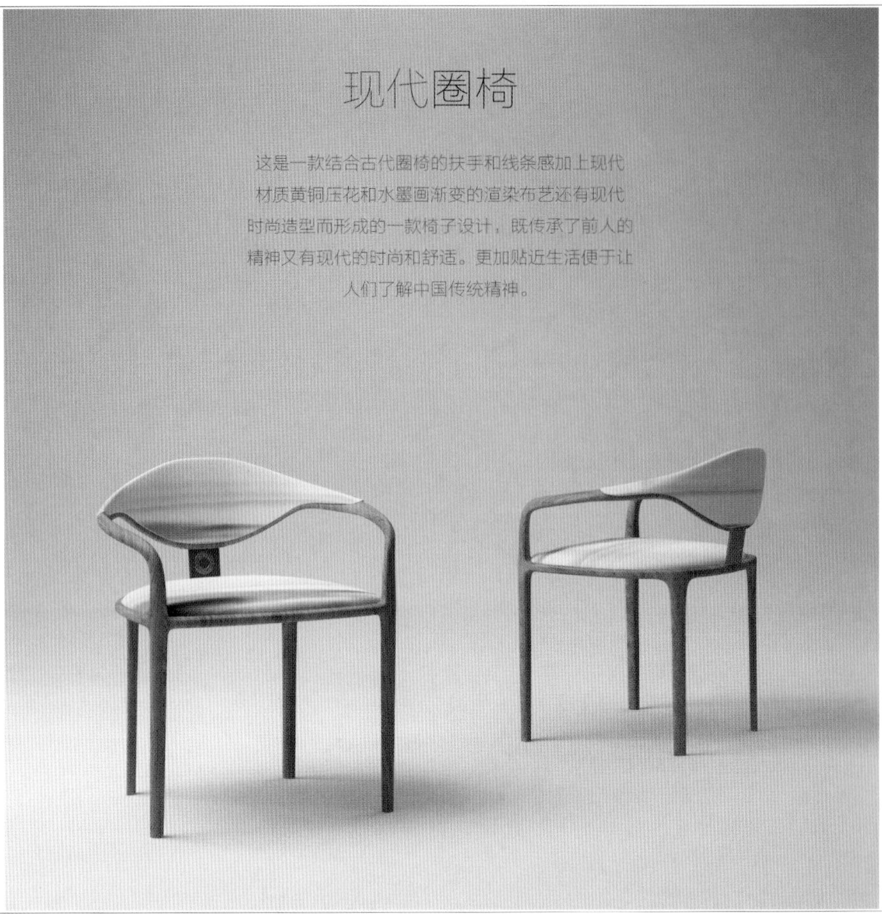
现代圈椅
这是一款结合古代圈椅的扶手和线条感加上现代材质黄铜压花和水墨画渐变的渲染布艺还有现代时尚造型而形成的一款椅子设计，既传承了前人的精神又有现代的时尚和舒适。更加贴近生活便于让人们了解中国传统精神。

作品：简·圈

作者：于冬阳／山东艺术学院

指导老师：张恒旺

简·圈

设计说明

这款家具的设计主要以简为主，灵感来源于“圈椅”，靠背和扶手都极为简洁却很大气，扶手与椅背连为一起线条流畅并采用不同颜色的接，使得椅子更为灵活，整把椅子处处体现着灵动与美观。

蘑菇椅设计

作品：蘑菇椅

作者：陈辉、胡娅娅/华侨大学

简韵

作品：简韵

作者：韩霖/山东艺术学院

指导老师：张恒旺

设计说明：

此款作品灵感来自于中国传统的圈椅与Y型椅的结合，减小了传统圈椅的厚重感，加入Y型椅的简约时尚的感觉，使其更容易融入现代家装风格。用料上采用优质橡木与真皮坐垫结合，提升椅子整体的美感与使用舒适度。

作品：M椅
作者：何莉、逯新辉、苏思蓓／四川农业大学

拆装图

M椅 效果圖

作品：悟道
作者：江超／仙游铭华古典家俱有限公司

悟道

设计说明：悟道方凳，以传统古典家具榫卯为结构，传承古典却又融合工艺。
结构用榫：粽角榫、燕尾榫变体（十字燕尾榫）
燕尾榫易，十字燕尾榫难
充分利用榫卯结构链接不同木材，一路接一路，互相衔接却又各自展示自己的纹理色泽。简单的线条，不同的色泽纹理，融合。
道生一，一生二，二生三，三生万物
木生榫，榫接器，器务人，人悟道
名族的才是世界的，传承古典，精益求精。

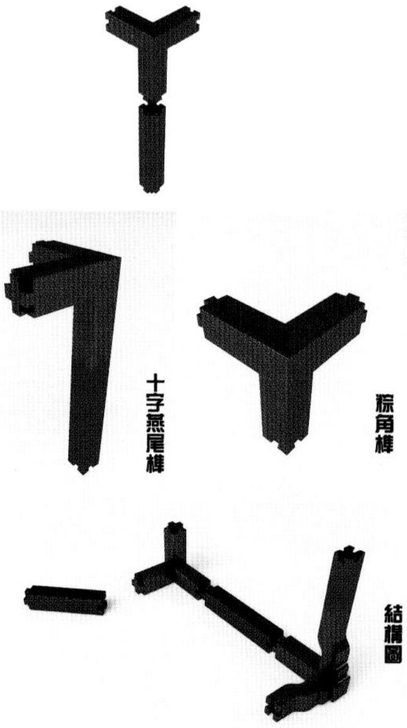

悟道方凳效果圖

作品：流明椅
作者：王树茂／深圳市沣茂设计有限公司
指导老师：于历战

流明椅 Liuming Chair

作品尺寸： 698 mm X 658 mm X 737 mm
制作材质： 黑胡桃，软垫

设计说明：

座椅的设计整体方正 ， 形似一把中规中矩的传统的中式扶手椅，摒弃了那些所谓身份象征的图腾雕饰，仅保留自然平顺的线条和清雅舒适的坐感。整体造型饱满圆润，平衡了古代坐椅庄重的仪式感与现代座椅的舒适性。传统手工楔钉榫工艺与现代力学结构相得益彰。两种靠背的座椅形式，饱满、细致、又极具张力，再通过细节弧度、比例收分、不同转角的微妙变化，简洁中得丰富质感，耐人把玩。无论是伏案工作或是品茗会友，都透露着从容不凡的儒雅之气。

作品：伽蓝
作者：薛坤、刘文杰、张骋／山东工艺美术学院

［伽蓝］

作品：若兰

作者：张悦／江苏农林职业技术学院

若蘭·

设计说明：【家具如人，讲究品格】
本次设计以中国传统家具灯挂椅为原型，进行了新中式创新设计，
去掉多余繁杂的装饰和纹样，只保留椅子最基本的形态，
椅背做局部镂空处理。整体造型简约清雅、气质不俗。

尺寸：坐高：450mm，坐宽：400mm，
坐深：360mm，靠背高350mm。

作品：算珠落落

作者：陈先浩／翰林装饰设计有限公司

指导老师：陈招量

算珠落落，
意取禅：圆而禅、山而禅、栅格而禅。
形取细：不以传统厚重为基调，以细成神韵。
疏与密，虚与实，金属与木。
又以算珠为点睛，算珠可活动，可以顺着
圆形靠背滑动。
腿部近地处造型与算珠相呼应。

细看，蛮有禅意。

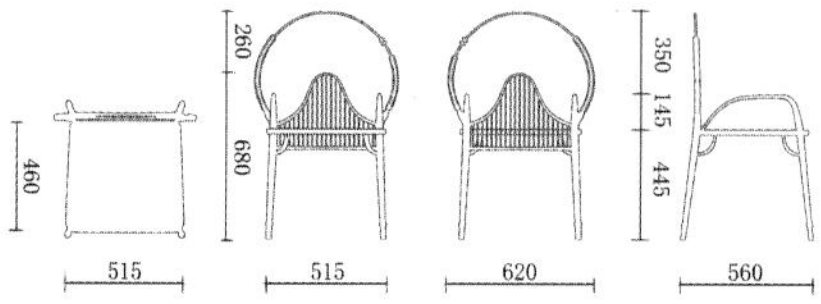

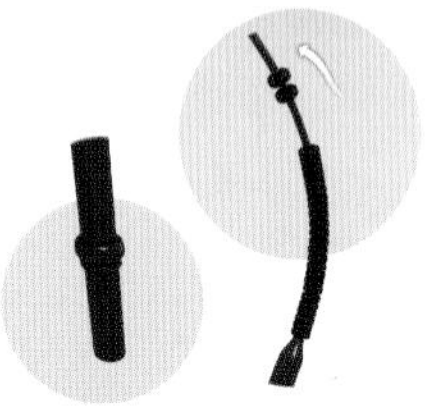

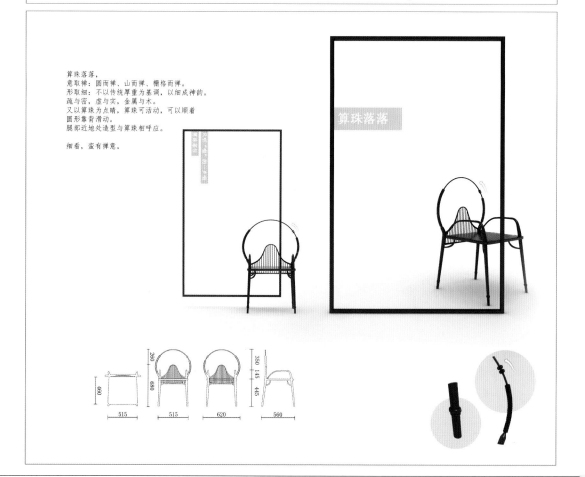

作品：枝交
作者：袁兆华／华南农业大学
指导老师：杨慧全

枝·交

“枝交”谐音“知交”，为与好友知己闲谈提供一种充满友人情怀的器具，优雅舒适，家具延续宋代家具的极素雅风格，浓郁色系下充满现代感觉的形态，纤细的枝条集合现代交叉支撑结构。形态凸显高挺笔直形象，局部的圆润则更显丰富，细节起到画龙点睛作用，朴质造型中带有丰富粗细变化的传统回纹，平衡了直与曲的分布，实与虚的统一，收放自如，和谐舒服。

作品：并蒂
作者：陈映芬／华南农业大学
指导老师：杨慧全

并蒂

设计说明：

“并蒂”设计灵感衍生于圈椅三件套，采用流畅的曲线赋予现代美感。中间借用绳索的打结形态化成小小的茶几，巧妙地连接了两把椅子，可供人们在闲聊之余，享受茶道。椅背则是简化牵牛花之形，通过榫卯连接，营造盘绕枝条之感。下方的柜子用于放置手机，或者一些杂志书籍，符合现代人生活习惯。整体营造轻松、雅致氛围。

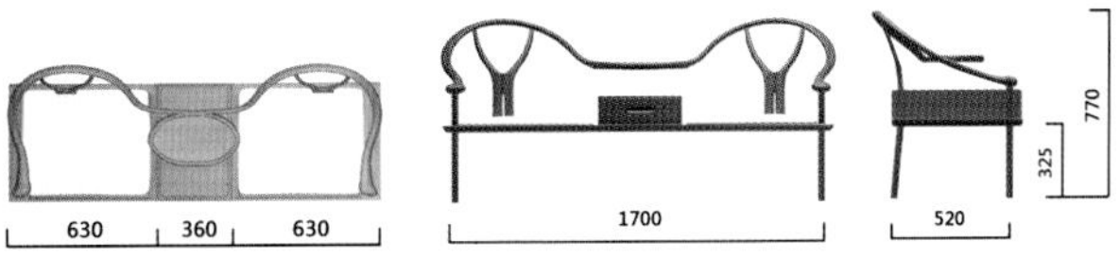

作　品：汉服古韵
作　者：陈绮雯／华南农业大学
指导老师：宋杰

汉服·古韵

设计说明：

此款椅子以汉服为原型进行设计，集汉服的交领、右衽、宽袖、大摆、横裾等特点于一身，充分体现了汉服的古风古韵。自古以来，中国就有章服之美，谓之华；有礼仪之大，谓之夏；黄帝尧舜垂衣裳而天下治之说。故而汉服最能体现中国古典文化，且以简约的形式表达，古今结合，轻巧精致。

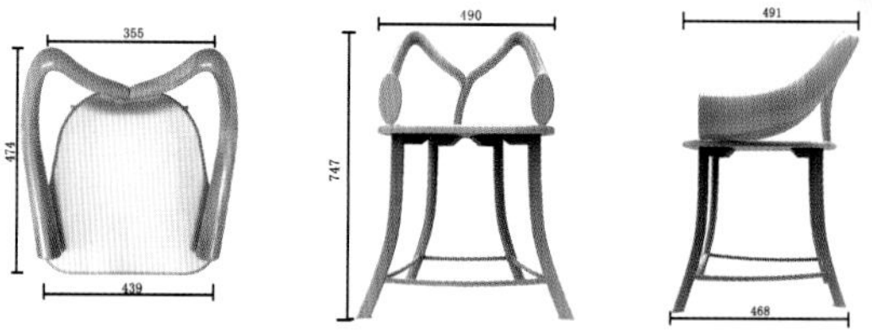

作　品：江南情
作　者：何耀国／华南农业大学
指导老师：陈哲、薛拥军

江南情

设计理念

这款椅子的设计来源于江南古镇建筑元素，将其元素与椅子融合在一起，通过传统榫卯结构的制作工艺，给人一种质朴清新的感觉，经典雅致，更加凸显地方情怀，表达中国传统文化中的庄重大方之意境。

作品：漆话
作者：黄帅华／福建农林大学
指导老师：陈祖建

漆 話

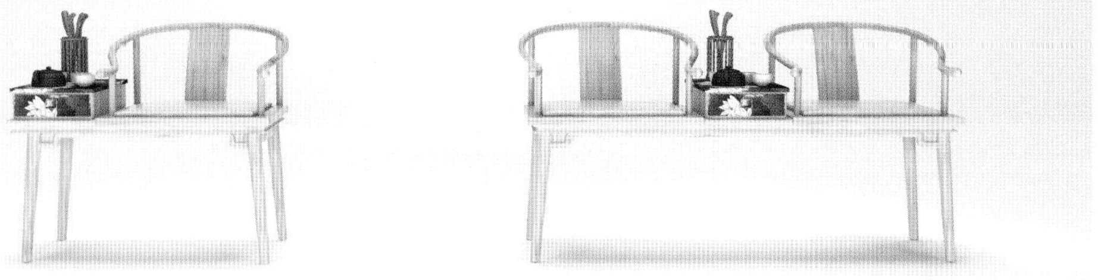

漆艺是我国历史悠久的文化遗产，福州漆艺在中国的漆艺界有着十分重要的地位，把大漆融入家具设计中，丰富了漆的语言。漆是有生命的材质，它会呼吸，与自然质朴的实木结合，在现代家具设计中是一种创新，一种突破，更是一种传承。

大漆，是一种有着深厚文化意义而遥远的材料。中国人使用大漆的历史长达7000余年，中国的传统从古至今，漆一直运用在人们的生活之中。明式家具的代表圈椅，这种"外圆内方"的造型人们审美标准下形成的。人与椅、人与漆、漆与椅，三者产生的共鸣，这或许就是悠然自在舒适的意境吧。

作品：居高临下
作者：黄远鹏／华南农业大学

尺寸图
320mm
810mm
366mm
展示图
结构图
居高临下
设计说明：这款设计工艺结构上以榫卯结构为主竹木与不锈钢的拼接无需一根螺丝，旋转座椅上的卡口到指定位置即可自由拆卸。坐垫底部用同样的结构做多一个隔板的设计，增加座椅稳定性的同时又可以放置物品在上面，随手就可以使用到。材料上采用竹木与不锈钢结合，感性中兼具理性的气质、质朴中又不失现代感。坐上去给人一种居高临下的感觉。

作品：方圆
作者：黄振波、邓雅洁／华南农业大学
指导老师：陈哲

方圆
圈椅：
天道为圆，地道为方，高古气，锤炼与厚重
书卷气，清妙与文气，尊贵气，匠心与华丽
圈椅造型为上圆下方，外圆内方。暗和中国传统文化中的乾坤之说，乾为天为圆，坤为地为方。而外圆内方则是中国传统文化中所崇尚的一种品德，虽在处事上有所圆滑但却内在有所坚持，

三视图：

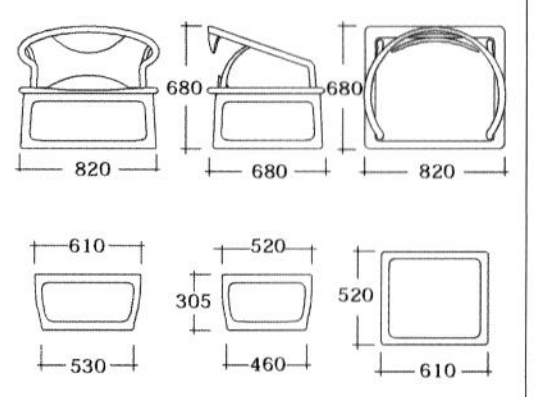
820
680
680
680
820
610
520
305
520
530
460
610

作品：梦蝶
作者：江丽君／华南农业大学
指导老师：杨慧全

梦蝶
灵感来源于翘头案和圈椅，将翘头案的飞角和圈椅的背部曲线融合，形若蝴蝶。转折接合处放大，分明的骨节给柔和温婉的曲线增添一丝硬朗，颇有英姿飒爽之感。

三视图

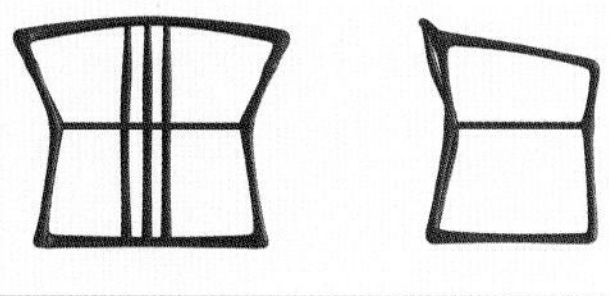

细节图

作品：鱼悦
作者：柯文山／华南农业大学
指导老师：杨慧全

鱼·悦

设计说明：

金鱼是我国一大国粹，传统文化又以"金鱼"谐"金玉"，喻家庭富有和有才学的人。鱼悦，取形于金鱼的经典品种蝶尾龙睛鱼，以传统圈椅为造型基础，并打破传统扶手样式，揉合金鱼形态，使椅子形态更丰富，圆润优美，简练的同时不知传统韵味，夸大牙子的起伏，加强椅子结构牢固性的同时正好契合了蝶尾龙睛的蝶尾造型，椅腿外撑，增加稳定性，更显端庄，形态更具张力，靠背板面镶嵌入皮革软垫，提高椅子舒适性，符合现代人的生活要求。

三视图

蝶尾形牙子

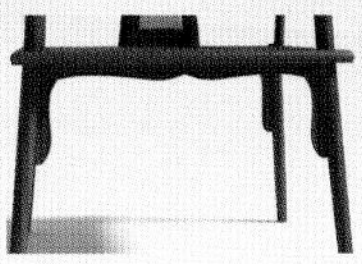

皮革靠背

作品：宛约椅
作者：劳美婷／华南农业大学
指导老师：杨慧全

宛约椅

设计说明

造型形神皆似"宛"。宛约二字，不仅蕴含曲折宛转的线条美感，更体现简约素净的韵味。是传统与现代的结合，继承传统榫卯结构，提炼明清家具的经典元素，彰显现代审美趣味。是美学与舒适的结合，贴合人体曲线，满足现代人的功能需要。靠背与扶手一体成包围姿态，流畅宛转的弧度，似生命的流动，在悠长的岁月沉淀成自然温润的质感。

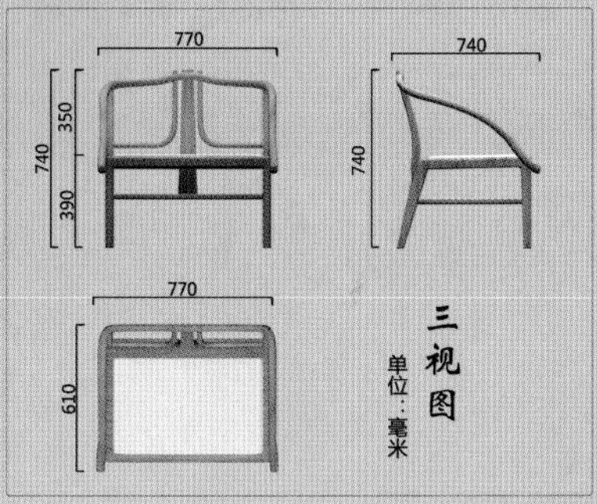

三视图
单位：毫米

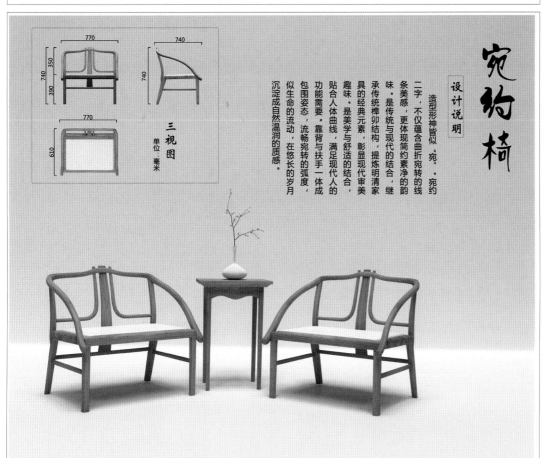

作品：素摇

作者：梁耀辉/华南农业大学

指导老师：杨慧全

素·摇

设计说明：

我心素已闲，繁华的都市需要一把惬意自由的摇椅。传承以优美连贯的曲线、柔软舒适的坐垫，合乎人体坐姿的尺寸，将传统明式圈椅重新呈现。结合现代审美而设计的一款有传统韵味的摇椅，是现代对于传统的表达。

作品：致官帽

作者：梁耀辉/华南农业大学

指导老师：杨慧全

致·官帽

设计说明：

设计灵感源自传统官帽，区别传统官帽椅而又具有官帽神韵，以符合现代审美的曲线和让人舒适的坐垫传承官帽形态。致，不仅表示作品落落大方将官帽形态发挥到极致，更是向传统官帽致敬。

其他效果图

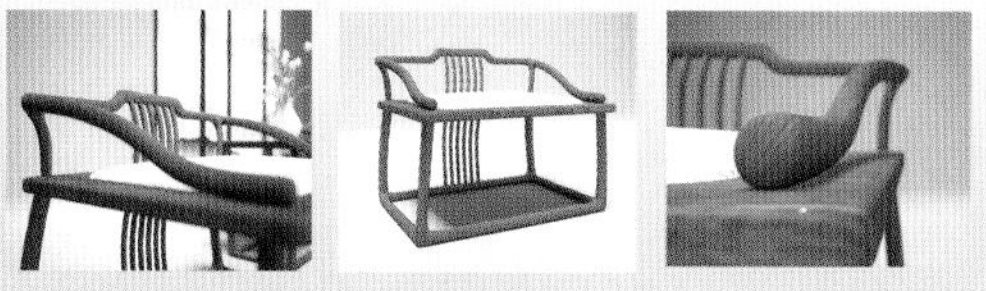

三视图

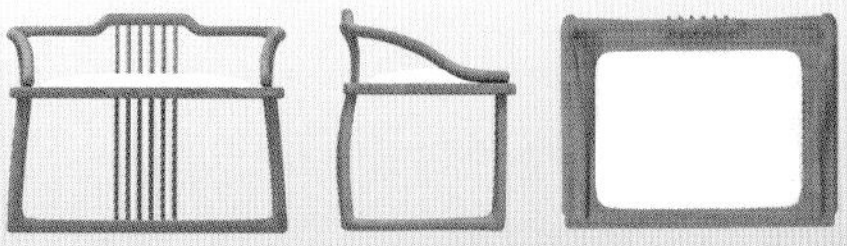

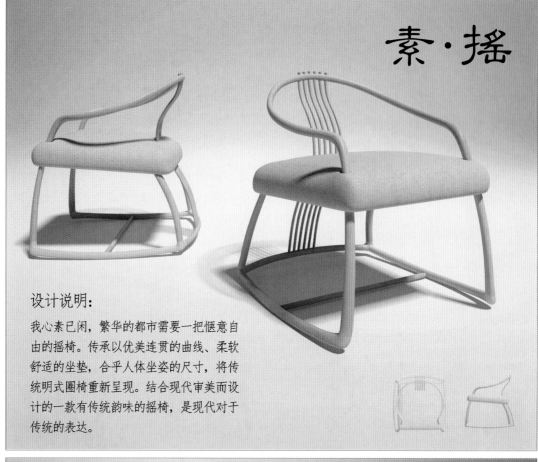

作品：玄机
作者：林怡菁／华南农业大学
指导老师：周宁昌

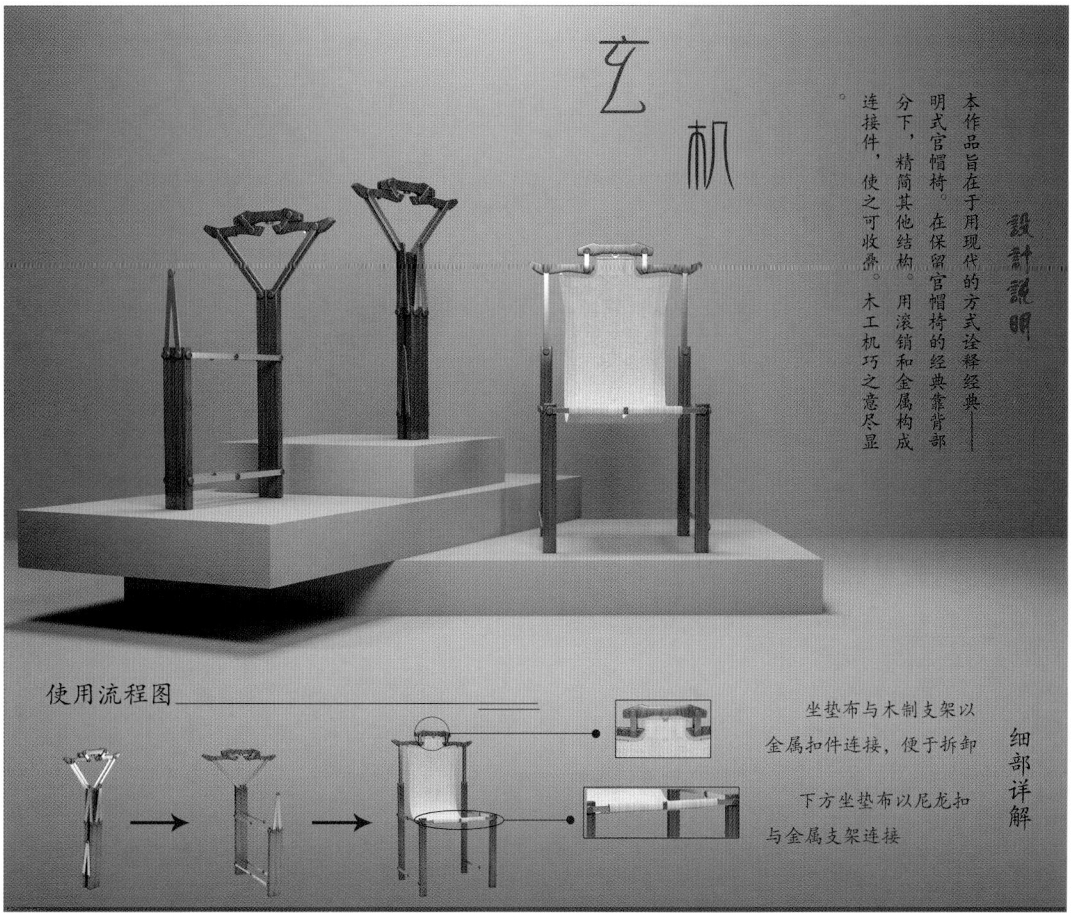
玄机
設計說明
本作品旨在于用现代的方式诠释经典——明式官帽椅。在保留官帽椅的经典靠背部分下，精简其他结构。用滚销和金属构成连接件，使之可收叠。木工机巧之意尽显。
使用流程图
坐垫布与木制支架以金属扣件连接，便于拆卸
下方坐垫布以尼龙扣与金属支架连接
细部详解

作品名称：福意组合椅

作品：『福意』组合椅
作者：刘斌杰／河北农业大学

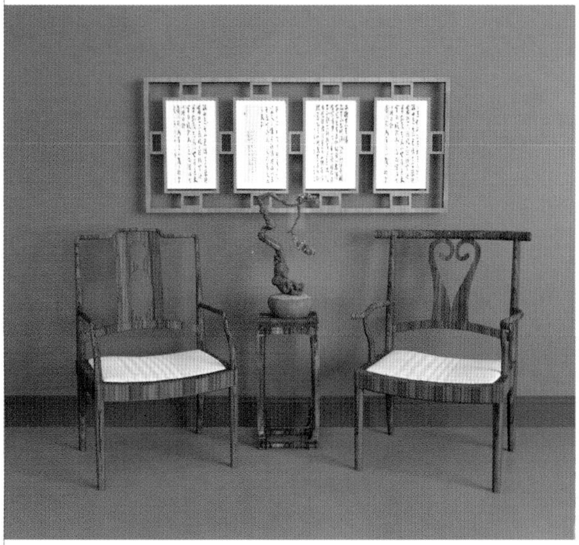

心形如意纹

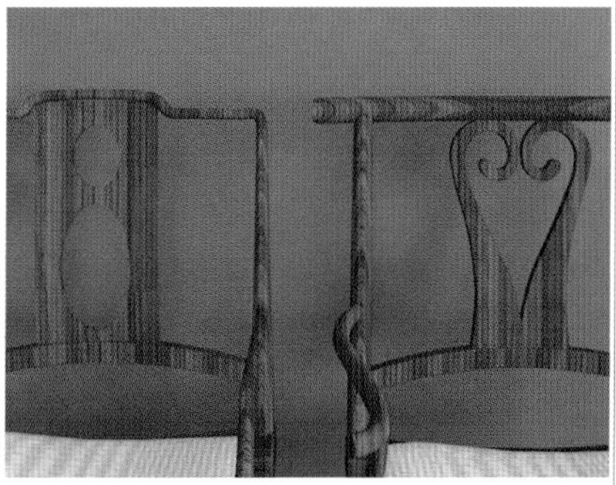

设计说明：

“福意椅”以南北官帽椅为原型设计。而靠背分别以葫芦和如意纹样变化过来，寓意福如东海、吉祥如意。从整体造型上来看更加简洁，椅子的扶手、靠背、座面之间的比例关系符合黄金分割比和人体工程学，使椅子在拥有美好寓意的同时又坐感舒适。

作　　品：河山·霁月
作　　者：石慧姣、高晴月／清华大学美术学院
指导老师：于历战

作　　品：非居
作　　者：曹振洪／顺德职业技术学院
指导老师：孙亮、曾艳萍

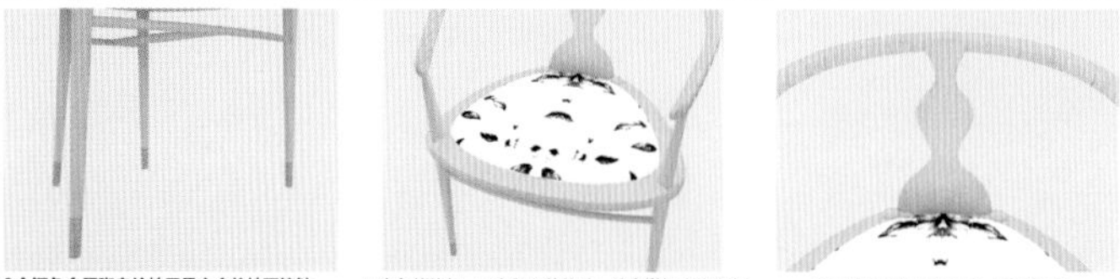

- 金铜色金属脚套给椅子最安全的地面接触
- 椅脚稳重中求美观的造型，舍弃繁杂造型，简而不俗
- 亮色的软包，既有舒服的体验，给家增加小小温馨
- 可折装的软包与实木结合给软包定时沐浴一下阳光
- 靠背的造型比例合理，舒适美观
- 将歌姬其形体几何化，柔美细腻

设计说明：

设计灵感来源于圈椅和日本歌姬结合。将歌姬其形体几何化。对明式家具重新进行审视和提炼，严谨合理的结构、恰到好处的装饰。再将两件事物相互融洽贯通跟当今社会高品质的精神需求对口，从而将新中式风格发展和延续。

《非 居》

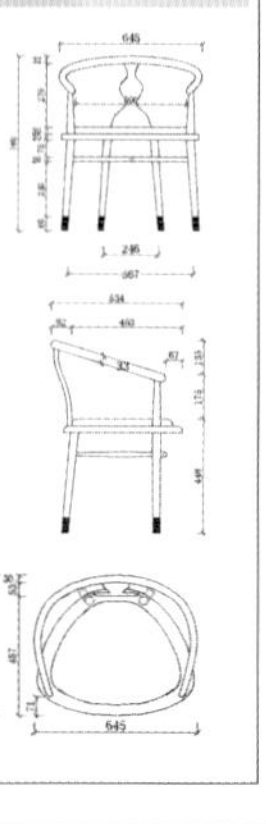

作品：花开半夏梦繁华

作者：崔锦贤／顺德职业技术学院

指导老师：孙亮、曾艳萍

花开半夏
梦繁华

设计说明：

生如夏花，无可奈何花落下花前月下，且听风吟只剩一梦繁华。在传统美学规范下，运用现代工艺及新材料去演绎中国文化中的精髓。营造出一种宁静恬适、乐天自然的意境，使整体极具典雅、端庄的中国气息。同时也体现中华民族的家居风范与传统文化的审美意蕴。生活在喧嚣的都市，每个人都在寻找自己心中的桃花源。归去来兮，胡不归？慢下来，感知时光，致敬美好。

作品：清心居

作者：赖浩塱／顺德职业技术学院

指导老师：彭亮、柳毅、曾艳萍

清心居

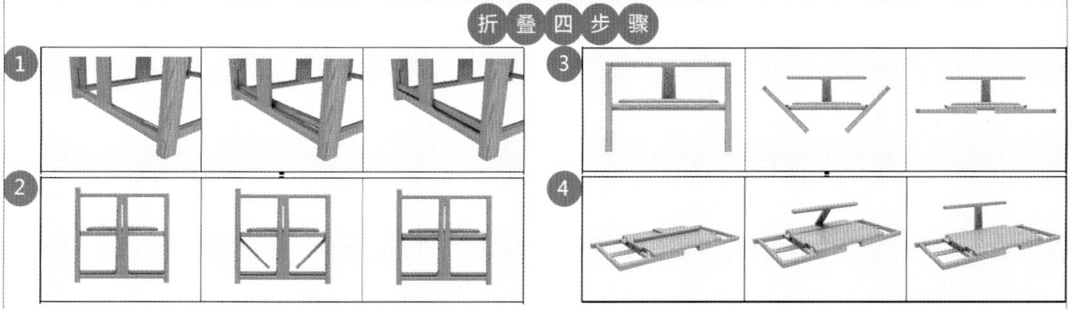
折叠四步骤
1
2
3
4

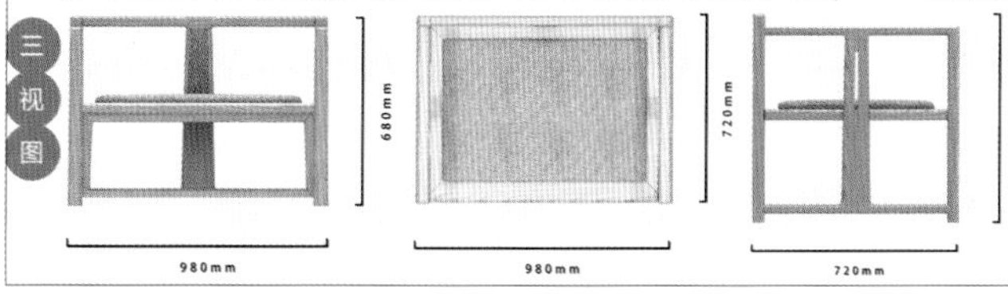
三视图
680mm
720mm
680mm
980mm
980mm
720mm

本系列家具《清心居》从传统的东方家具中提炼其关键元素，进行了简化和再设计，赋予其无尽的内涵。从结构上，采用现代先进的工艺结构进行连接，使本家具具有折叠、收纳、易运输、轻便等特点，并且具备了对人们的生活和现代电商市场有利的特性，充分体验了新东方家具的特色，富有禅意的气息和内涵。

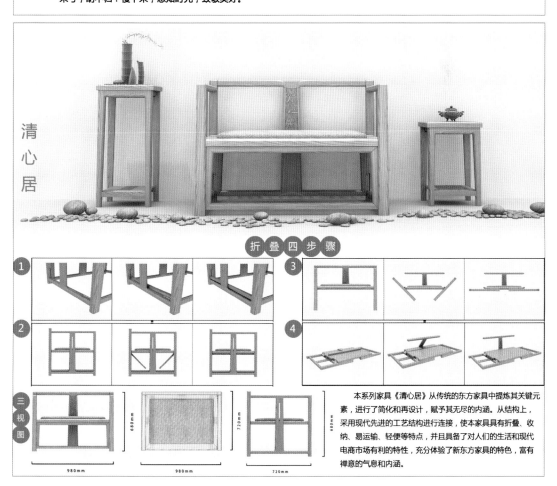

作品：禅意——古韵

作者：许敏／顺德职业技术学院

指导老师：彭亮、曾艳萍

禅意—古韵

设计元素：明清家具

材料：白蜡木

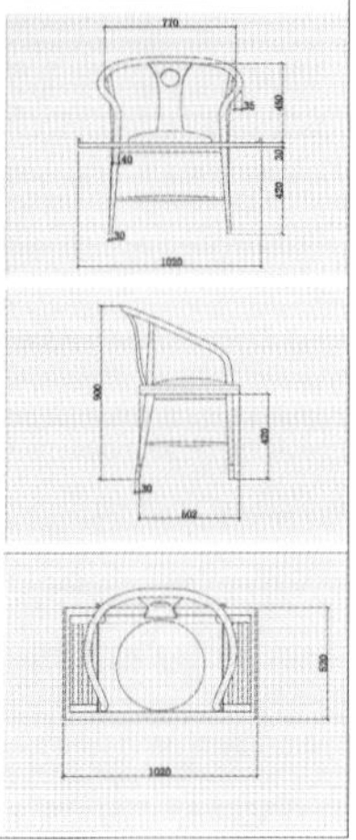

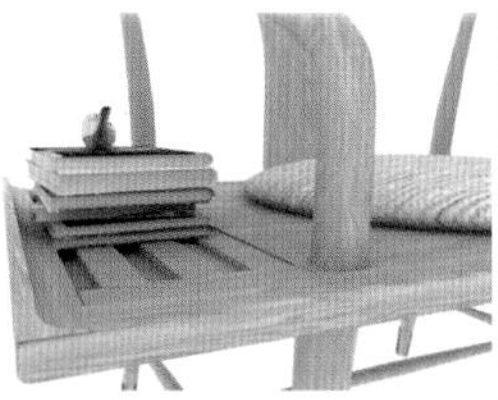

此产品是一款简约的新中式，整个结构都是实木榫接，颜色是原木色，给人清新透亮，脚底用黄铜包制而成，以丰富结构细节，坐宽加宽，可以用来放书籍，手机，茶杯，以增加收纳功能，坐垫用浅灰色的麻制成，以增加舒适度，靠背是采用人体工程学，这款产品是休闲用来感受生活的慢节奏，因此，只有对传统文化有深入的认知，才能将现代元素和传统元素结合在一起，以现代的审美需求来打造富有传统韵味的空间，让传统文化得以传承下去。

作品：嫣

作者：黎建松／顺德职业技术学院

指导老师：彭亮、曾艳萍

我们一直都在努力找寻一种代表我们中国的设计文化，这是一个摸索的过程，也是一种尝试，我们正在经历着这个阶段。要找寻中国的设计文化，我们就要学会忘掉，忘掉标着“东方设计”的东西，忘掉“明清”，忘掉“禅”，甚至是忘掉一切我们一直追求的东西，从“新”开始。结合中国人的对称审美，西方对线条的审美，试图做一个既舒适又有文化的设计。从旗袍中提取下来并且在性感的造型中保留了“骨”感。一身素装，却有着浓重的民族特色。看上去像是静静地倔强地从墙角开出的野蔷薇，也像一只翩翩起舞的花色蝴蝶，充满了那种旧时代与新时代气质的完美融合。

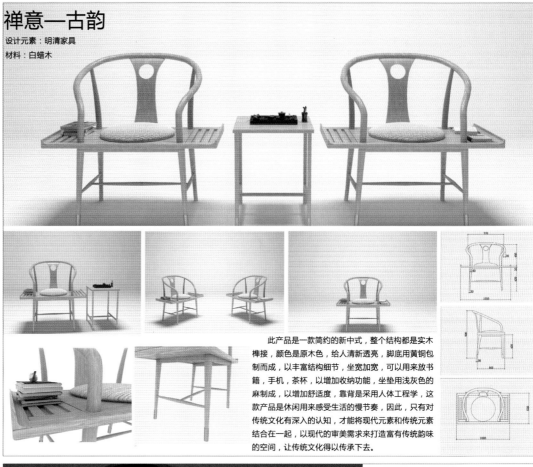

作品：透逗君·矩凳

作者：王井龙／长安微动创意设计工作室／浙江工业大学之江学院

秀逗君·矩凳

Moment stool

设计理念：规所以正圆，矩所以正方，君子"穷着独善其身，达者兼济天下。"能隐于世，能称其重。从心所欲不逾矩。边框为矩，谦恭有礼；内心如口，能藏百家。矩框棱角分明如君子做事简洁明了，内心编织，如同君子日省三身的细腻。十字绣与编织技艺融入交互情怀，每个君子外表气质如一，内涵解读却是独一无二。以中国编织的"细腻"和矩表现的"方正"形成对比，突出强烈视觉感与触感心里落差。Diy刺绣增加用户体验。整体风格现代简洁不失轻巧，极简美学与传统技术完美结合。适合现代个性的家居空间。采用榫卯结构编织技术，工艺简单快捷，天然竹材料，天然环保。组合拆卸方便，运输方便。

Design concept: rules so round, so Affirmative moment, "the poor gentleman was spared, and the world economy." Can be hidden in the world, can be said that the weight. No more than a moment have whatever is desired. The frame for the moment, courtesy; heart such as the mouth, can hide 100. Moment frame edges and corners clear as a gentleman to do things simple and clear, the heart knitting, as a gentleman of the three body of the fine. Cross stitch and weaving skills into the interactive feelings, each gentleman looks like a temperament, the connotation of the interpretation is unique.
With Chinese woven 'delicate' and 'founder' of the performance of the "founder" contrast, highlighting the strong sense of vision and touch the heart gap. Diy embroidery to increase the user experience. The overall style of the modern concise yet lightweight, minimalist aesthetic and traditional technology perfect combination. Suitable for the modern personality of the home space.
The tenon structure weaving technology process is simple, natural bamboo materials, natural environmental protection. Combination and convenient disassembly, convenient transportation.

组装图 Assembly drawing

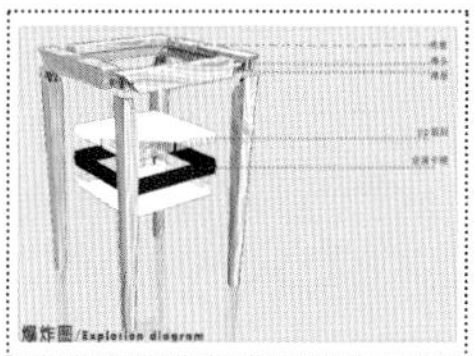

爆炸图 Explosion diagram

作品：云水摇椅

作者：徐思方、吴廷滨、刘雅靖／江苏贝特创意环境设计股份有限公司

设计说明：

【云水摇椅】

在继承苏作明式家具传精神内涵与工艺的基础上，运用人体工学，把躺椅和坐摇椅的功能完美结合，产生云水般的优美而简约的线条，使人仿佛置身于云雾之中。充分考虑了美感、舒适与结构工学，并重点考虑了上下使用的安全性。

作品：曲韵匠心
作者：徐新尧／山东艺术学院
指导老师：张恒旺

曲韵匠心

设计说明

安宁而飘逸的心境是人类潜意识的追求，而新中式家具正好满足了这一感性的需求。舒缓灵动的线条，木材肌理毕现，充满质感的艺术效果，满足现代人的归属感，是寻找归属感的一种心里符号，它不仅是休憩的空间，更满足人们追求人文价值的需要，满足了人们对中庸心境的需求。

本产品设计的灵感来源于对于明清家具的结合和改造以及新文化元素的植入而设计的一款中式古典风格强烈的新中式家具。

本产品主要材质选取樱桃红木为主材，纹理细腻、清晰、抛光性好，干燥后尺寸稳定性很好。坐垫面料选用光泽皮革，以嵌入的方式嵌入樱桃木框架中，美观且舒适。

作品：圈·禅
作者：许伟彬／华南农业大学
指导老师：杨慧全

圈·禅

设计说明

设计来源于对圈椅天圆地方和谐形态与禅椅的修身知性的境界特点浑然天成于一体，所以取名为"圈·禅"：延续宋式的儒雅之韵，汇集了明代大道至简之风，取明式圈椅天圆地方，简练圆浑的造型线条美创新性的打破圈椅椅圈的固有形态，低座面的设计借鉴了禅椅的夸张比例但又不失衡，上下梯形的形态具有稳重，庄严，祥和感，细节的点缀，修饰给予整体点睛之笔。

三视图

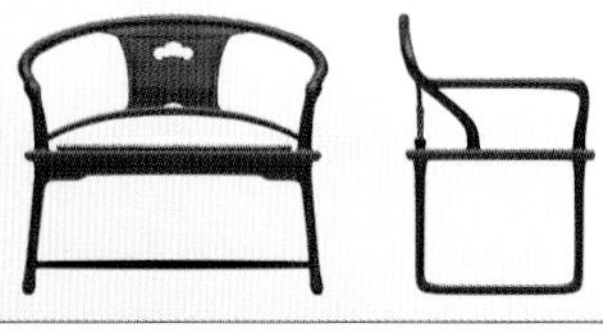

细节图

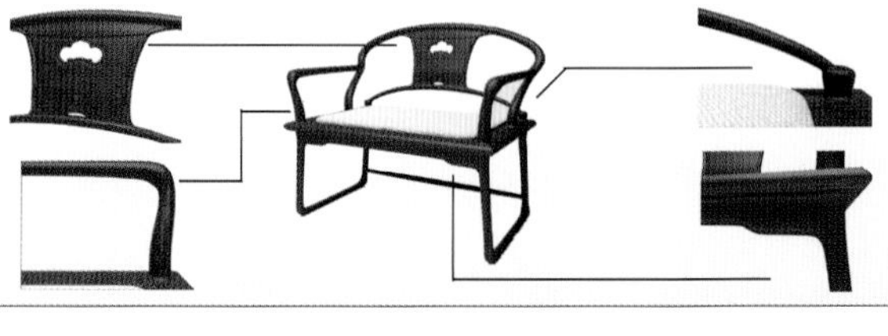

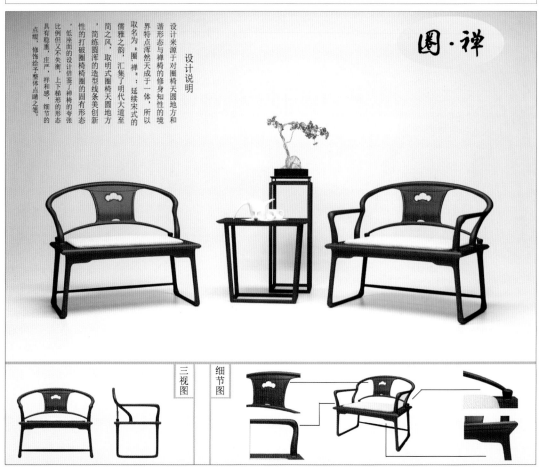

木思
木思　椅几组合
基於對明式家具的思考
融入對北歐風格的理解
思考對傳统結構的創新

作品：木思
作者：许智玉／南京林业大学
指导老师：于娜

南瓜椅

设计说明：

这是传承明式家具简洁流畅的设计手法与瓜能状的与圈椅巧妙融合的一款设计；在创新上，采用皮革的搭配符合现代人们对舒适度的需求，瓜能状的形态增其趣味，趣而不俗，大方；既体现了中国传统文化又具现代生活的气息。

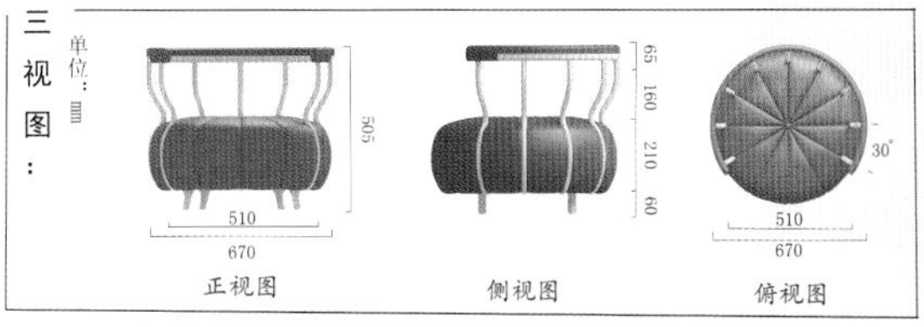
三视图：
单位：mm
505
510
670
65
160
210
60
30°
正视图
侧视图
俯视图

作品：南瓜椅
作者：杨慧全、周俊庭／华南农业大学

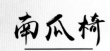

作品：纤枝
作者：杨瑞、谌震、周轩如／中南林业科技大学
指导老师：张继娟

纤枝

基于尊重与严谨
追寻永世传承的“精气神”
摒弃一切堆砌及浮华

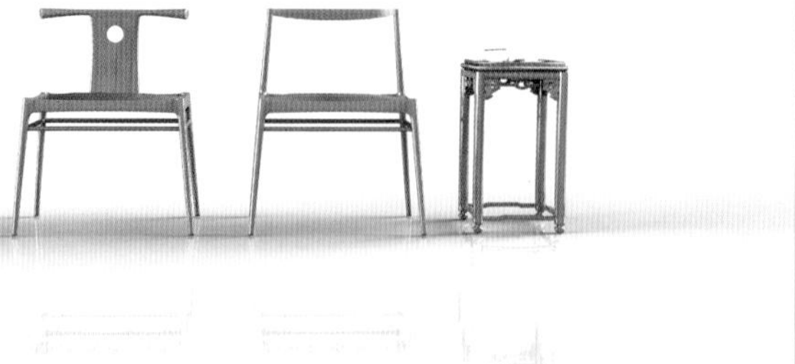

DETAILS

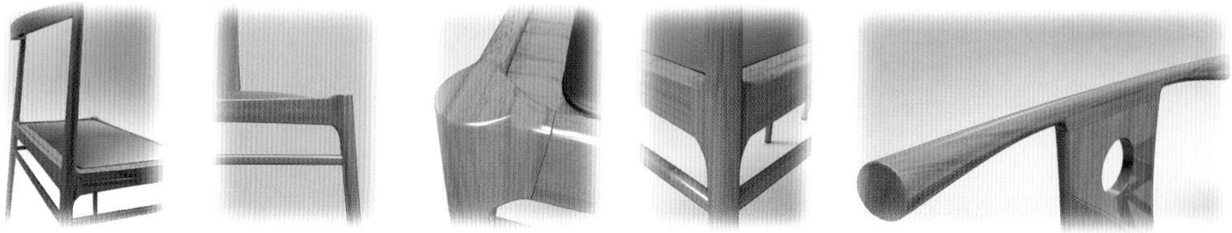

BASIC

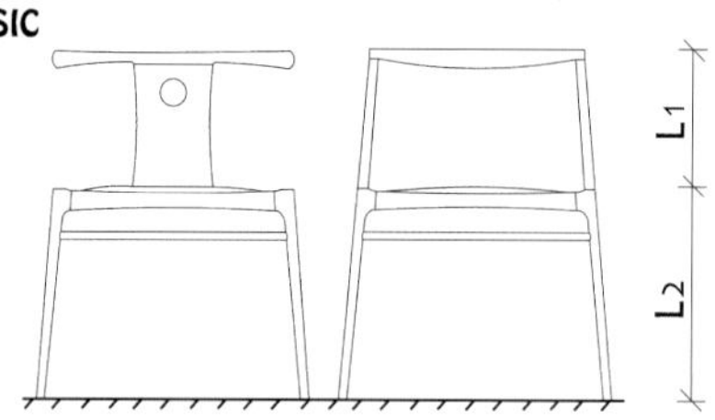

GOLDEN RATIO

$$\frac{L_1}{L_2}=\frac{L_2}{L_1+L_2}=0.618$$

设计说明：

“纤枝”是以硬木黄花梨为基材对明代官帽椅的再设计，保留古韵的同时对各部件节点处进行平滑过渡，意在突出适应“有机型”的审美。节制舒适同时遵循黄金分割定理。腰靠的尺度与坐垫则是出于对舒适的考虑。

作品：诙谐椅
作者：杨逸／南京林业大学
指导老师：关惠元

诙谐椅

在古时众多的中式家具中，明代官帽椅以其简约，线条流畅而著称。虽然它的椅面，腿等结构都是以直线为主，但是上部椅背、搭脑、扶手鹅脖都充满了灵动的气息。我设计的这一款椅子以明代的官帽椅造型为灵感，继承了它的端庄、大气、从容镇定、安定祥和，我将椅子中许多指的线条进行柔化，让它们弯曲迂回，给人以浑圆、诙谐、笨拙之感，极富生活情趣。从人体工程学的角度来看，在椅子的侧面，搭脑与靠背组成“S”型，与人体的脊椎曲线基本相同，搭脑对应颈椎靠背板则对应胸椎与腰椎，而且搭脑顶端的弧面也与头部的枕骨对应。当人体坐下且人的骨盆与脊椎失去直立状态时，头部的重力可通过颈椎与枕骨分散到搭脑上，胸椎与腰椎也能依托于靠背板的曲面而得到放松。这款椅子借鉴了官帽椅的绝妙设计，反映了人类肢体的形态特征与基本需求，各个构件以及它们之间的构成关系不仅充分反映了人坐的行为需要，更体现了坐的舒适与健康。

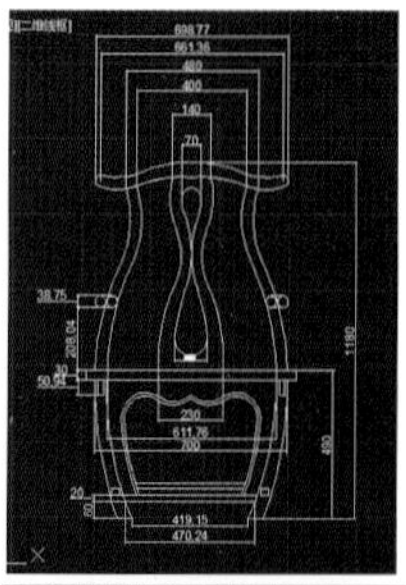

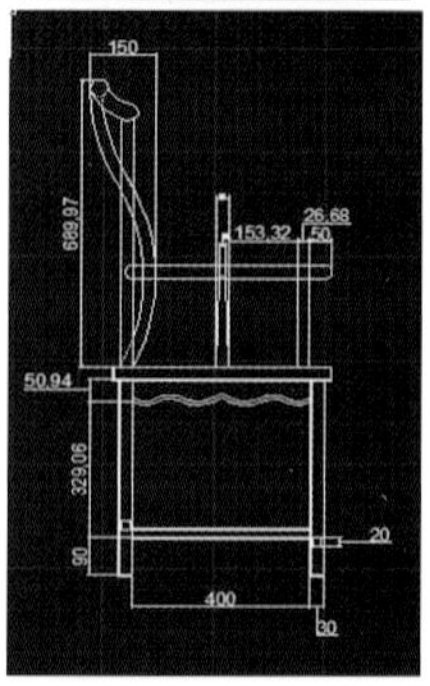

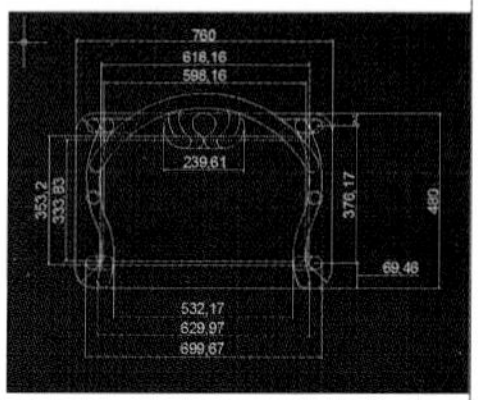

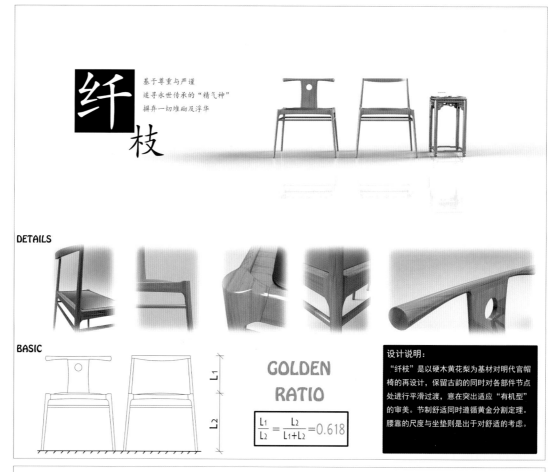

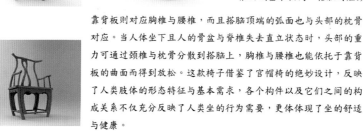

作品：明静

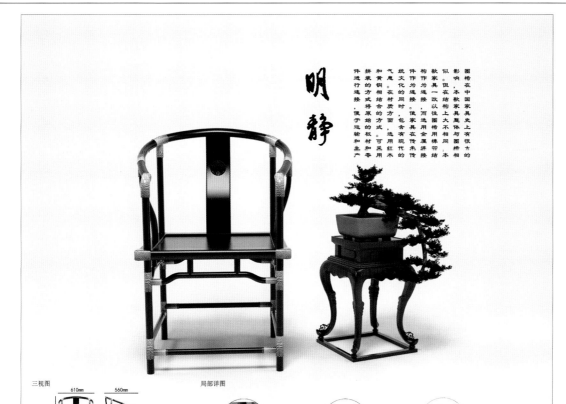

作者：张亚鹤／山东工艺美术学院

明静

圈椅在中国家具史上有很大的影响，本款家具整体与圈椅相似。但在结构上大不相同，本款家具一改以往圈椅用榫卯结构作为连接，而选用金属拼接件作为连接。使家具在传承传统文化的同时，包含有现代的气息。在材质方面，选用红木和黄铜相结合的方式，可采用拼装的方式将原始的板材和零件进行连接，便于运输和生产

三视图

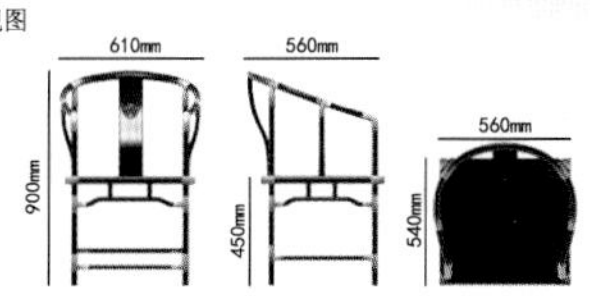
610mm
560mm
560mm
900mm
450mm
540mm

局部详图

1. 改变以前传统的榫接结构，采用金属连接的方式连接。

2. 相比以前传统的榫接结构，使用更加坚固和耐用的金属连接方式。

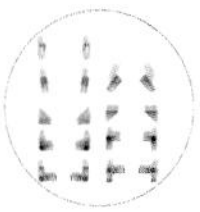

3. 整个椅子使用18个金属部件连接，便于运输和大规模生产。

作品：明韵

作者：张亚鹤／山东工艺美术学院

明韵

本款家具传承了明式家具的经典，但在原有的基础上舍去了繁杂的装饰，利用了原有圈椅上的线条，整体大方简洁。在其靠背板上透一小洞，既符合人体工程学，有透气之用；又增其寓意，有一轮明月高挂起之意。在其交接之处，选择用圆隼连接，使之交接处混为一体，增加其整体美感。

三视图

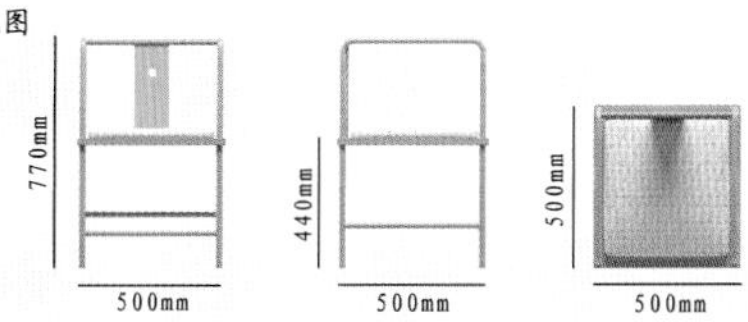
770mm
440mm
500mm
500mm
500mm
500mm

结构图

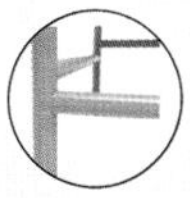

在其交接之处，选择用圆隼连接，使之交接处混为一体，增加其整体美感。

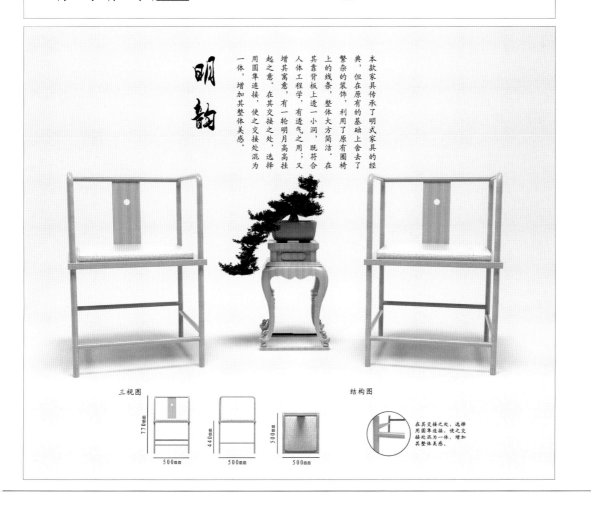

椅凳类设计奖

作品：尚·礼

作者：张亚鹤／山东工艺美术学院

尚·礼

本款家具设计灵感来自于官帽椅，从搭脑到腿部都有不同程度的创新。首先在搭脑部位更加形象，在其靠背板的位置利用仿生学更加生动，腿部也进行简化，在创新的同时不忘继承传统官帽椅的优秀之处。作品吸收了官帽椅的线条之美，整体线条流畅，弧度优美。在其材质方面选用质地坚硬的大红酸枝作为材料，其木纹美观大方，结实耐用，更有利于展示家具的线条之美。

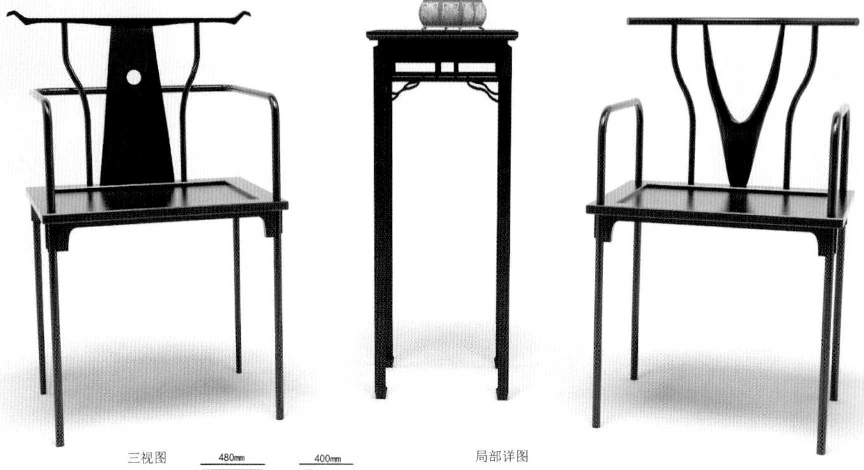

三视图

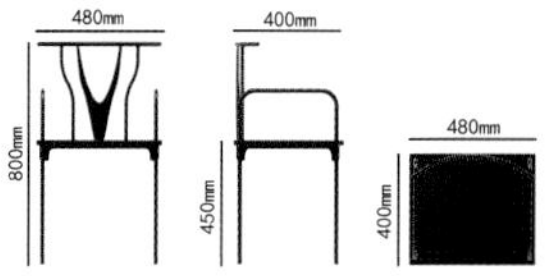
480mm
400mm
800mm
450mm
480mm
400mm

局部详图

靠背板和椅子扶手的结合，既美观又符合力学原理。靠背板上的圆孔和其弧度也更符合人体工程学。

此处添加传统官帽椅上的劵口牙子，既添加了装饰性，又增加了其稳固性。

作品：多用拼凳

作者：徐乐、翟伟民、张飞娥、杨存园／浙江工业大学之江学院／杭州大巧家居设计工作室

Multi-stitching stool 多用拼凳

设计背景

近些年，随着我国城市化进程的加速，城市房价日趋增长，住房供求紧张，绝大部分年轻人（80后为主）工作在大城市，靠租房来解决日常住宿，狭小的居住空间为生活带来了诸多不便。

这样的居住环境给80后年轻人造成的影响有：生活空间局限性大、住所不固定，年轻人追求个性、追赶时尚、情感交流多，他们需要更有风格、更时尚、简约且节省空间、便于运输与收纳的家居产品来融入到自己的生活。

In recent years, with the acceleration process of urbanization in China, the housing price in urban is growing fast, housing supply and demand is tight. Most of the young (80-based) work in the big city. They rent to solve their daily stay. The small living space bring a lot of inconvenience in their life.

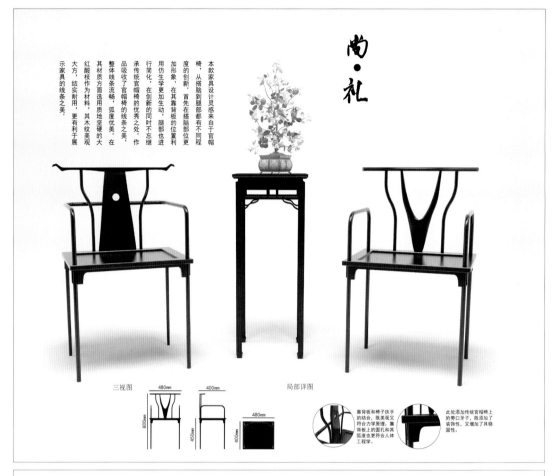

锁定方圆

作品：锁定方圆

作者：徐乐、翟伟民、张飞娥、张博文、卢恒／浙江工业大学之江学院／杭州大巧家居设计工作室

设计理念

现在的90后人群收入较低、居住空间狭小、爱网购、经常搬家、追求一定的生活品质，他们需要灵活多用、节约空间、便于运输、造型简约时尚的家具来提升生活质量。

设计阐述

锁定方圆，聚焦天圆地方，浓厚的国学文化，银定榫连接，巧妙呈现尺寸匠心。锁定方圆凳是针对90后人群生活特点而设计，由榉木和水泥（或亚克力）两种材料组合而成。它是一款美学和结构高度结合的多功能凳子，凳面正面放置是工人作息的凳子，凳面倒置是供人还巧用了传统的榫卯结构——银锭榫，徒手便能完成组装和拆卸，其结构之美很好地展现了前人的智慧。其扁平化的设计，大大降低了运输成本，非常适合线上售卖。

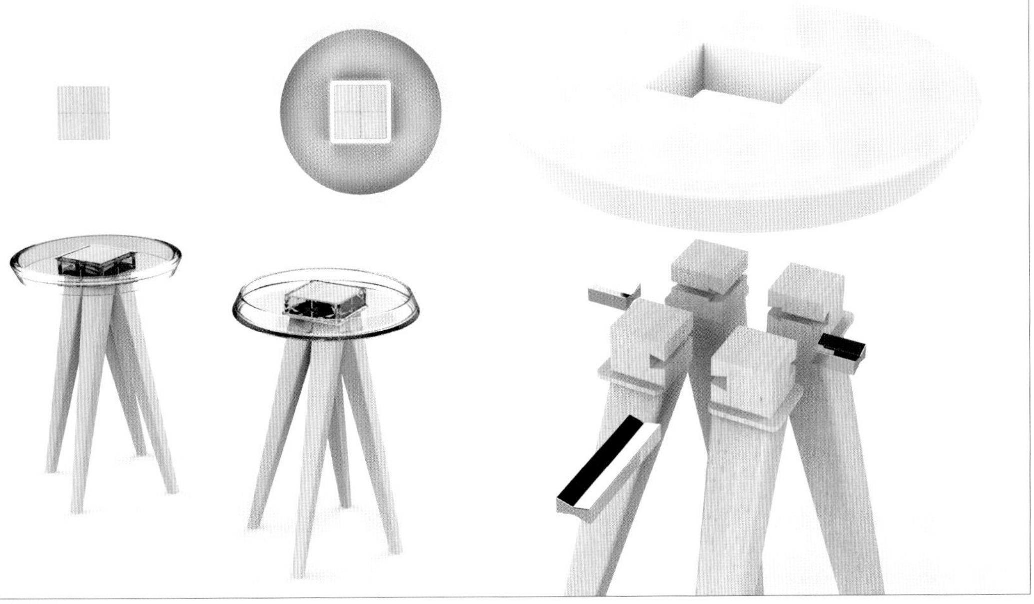

典·梓

作品：典·梓

作者：周俊庭／华南农业大学

指导老师：杨慧全

设计说明：

古有：梓实桐皮曰椅。这款设计是传承中国二出头官帽椅并结合靠背椅，其中改变二出头官帽椅的用法，使扶手更舒适；线性的简单流畅及前脚和扶手前支架的粗细变化，体现的现代家具的线性美；以及皮革坐垫的搭配，体现了中国传统文化有具有现代生活气息。

三视图：

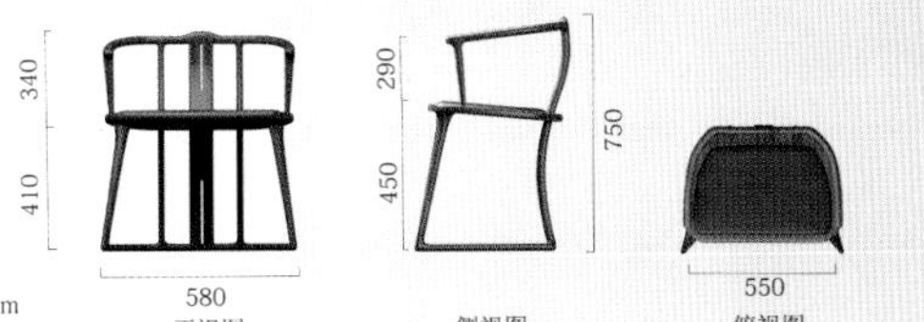

单位：mm

正视图　侧视图　俯视图

作品：儒雅
作者：周俊庭／华南农业大学
指导老师：杨慧全

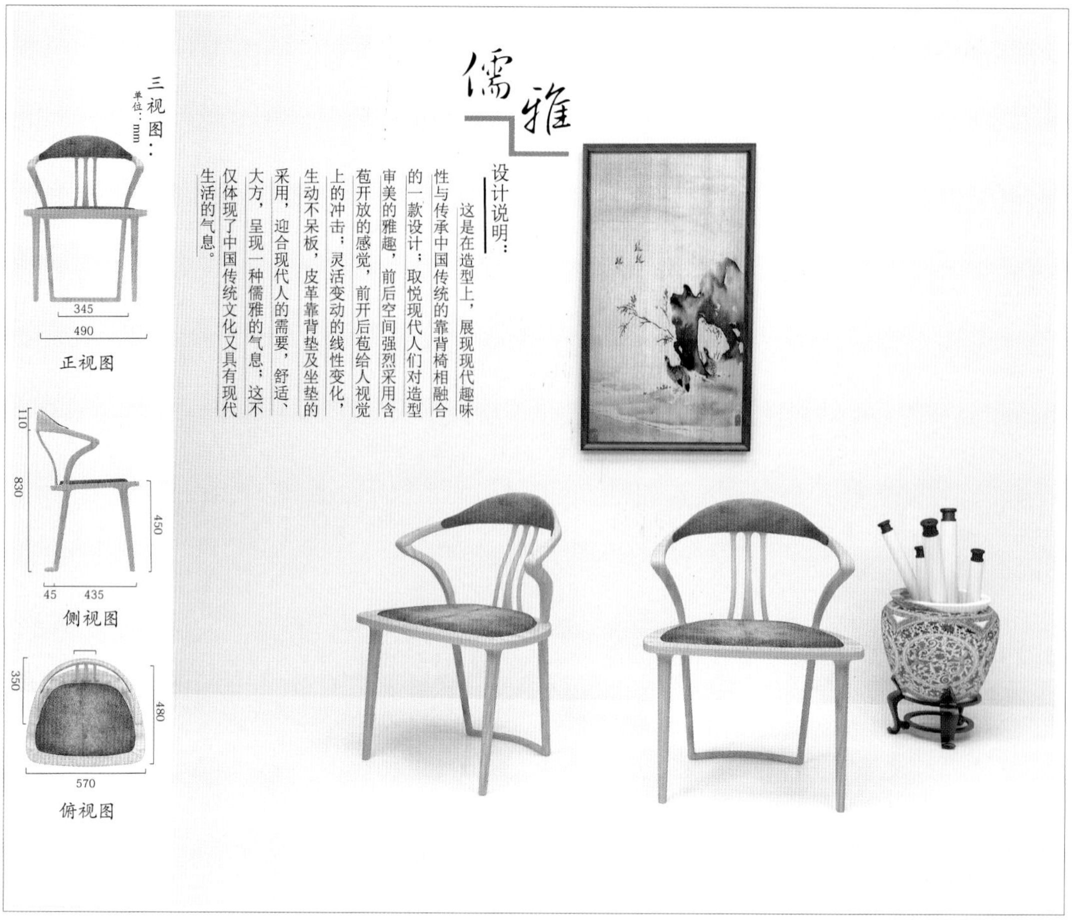
儒雅
设计说明：
这是在造型上，展现现代趣味性与传承中国传统的靠背椅相融合的一款设计，取悦现代人们对造型审美的雅趣，前后空间强烈采用含苞开放的感觉，前开后苞给人视觉上的冲击；灵活变动的线性变化，生动不呆板，皮革靠背垫及坐垫的采用，迎合现代人的需要，舒适、大方，呈现一种儒雅的气息；这不仅体现了中国传统文化又具有现代生活的气息。
三视图：
单位：mm
345
490
正视图
110
830
450
45
435
侧视图
350
480
570
俯视图

作品：回·椅
作者：朱艺璇／华南农业大学
指导老师：杨慧全

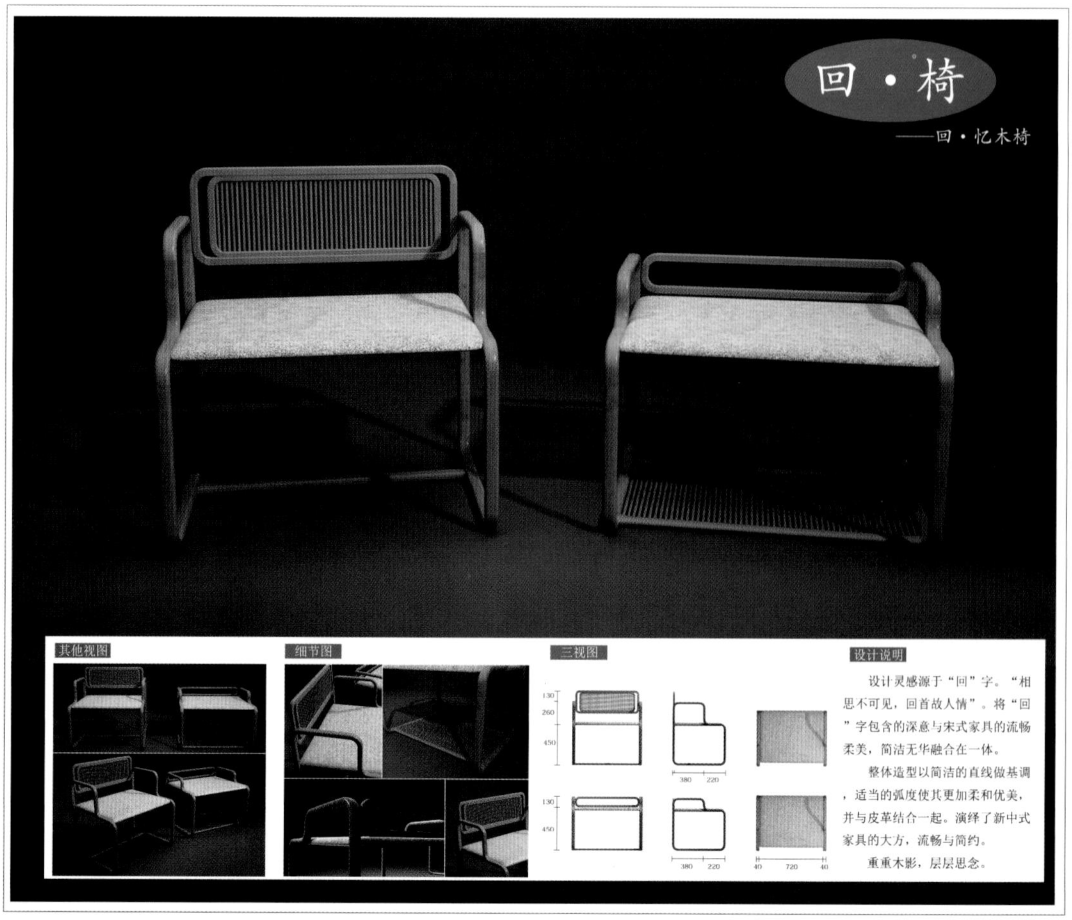
回·椅
——回·忆木椅
其他视图
细节图
三视图
130
260
450
380
220
130
450
380
220
40
720
40
设计说明
设计灵感源于“回”字。“相思不可见，回首故人情”。将“回”字包含的深意与宋式家具的流畅柔美，简洁无华融合在一体。
整体造型以简洁的直线做基调，适当的弧度使其更加柔和优美，并与皮革结合一起。演绎了新中式家具的大方，流畅与简约。
重重木影，层层思念。

匠

CARPENTER

设计说明

木匠技艺是中国传统文化之一，而随着社会的进步，木匠工具渐渐淡出人们的视野。此设计是以木匠中的传统工具为设计灵感，把木匠工具融入到现代家具设计当中，实现了家具设计的“匠心独韵”。

在造型上选取锯子、刨子和凿子的形态与管帽椅相结合，分别把其运用到家具的靠背和腿部，使形态更加美观，从而唤醒人们对木匠传统工具的追思。此款座椅有两种不同色系能满足不同人群的需求。

材料上以实木为主，金属和皮革为辅，尽显现代中式家具的特点。

作　品：匠
作　者：祝国东、杜玉龙、都可悦／淮南师范学院
指导老师：包永江

梳背椅

设计说明：

这是传承中国梳背椅的简洁流畅线条的一款设计，在传承了梳背椅特征的条件下使用了现代家具的比例尺度和实现了可拆装化，并且加入了现代化的材料皮革和不锈钢。既体现中国传统文化又具有现代生活气息。

三视图：

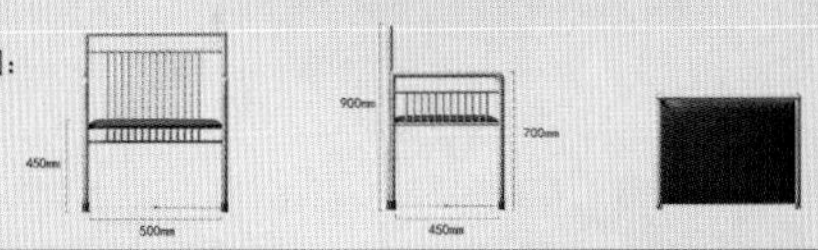
450mm
500mm
900mm
700mm
450mm

结构图：

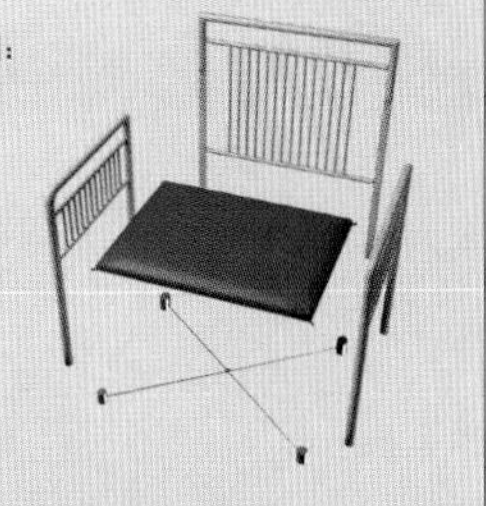

作　品：梳背椅
作　者：杨慧全、刘志毅／华南农业大学

椅凳类设计奖

作品：结绳记事

作者：张笑影／独立设计师

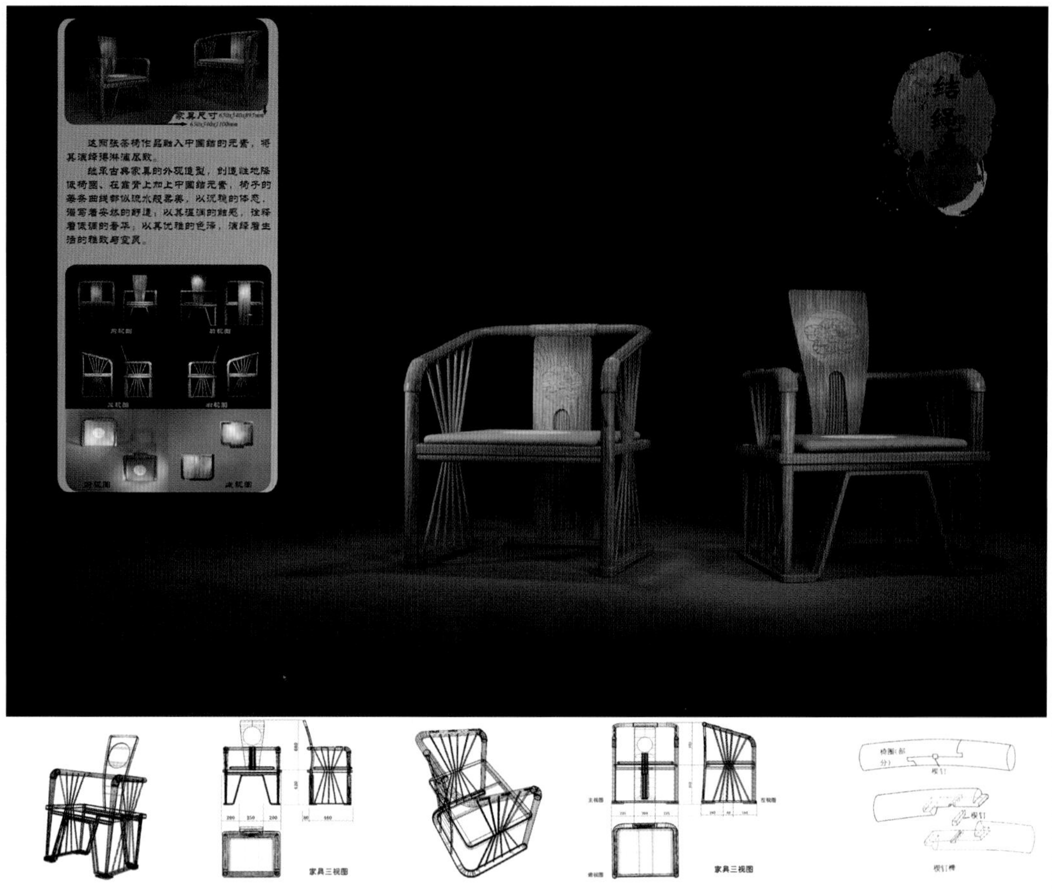

作品：点妆

作者：蔡凤琼、曹庆喆／广东轻工职业技术学院

指导老师：白平

diǎn zhuāng
點妝

设计说明：没有优美的造型，没有特别的结构，甚至你看一眼就明白的设计，我取名叫“点妆”，意为满足内心当设计师的喜悦，一个简单的安装过程体验生活情趣，简单有设计，无论方案构想、线条运用、材料选择、色彩搭配、细节处理，都非常考究，只为带来更好的生活。

包装说明：椅子结构是可拆装结构，可将其包装与瓦楞纸盒内纸盒尺寸为600*780*120，满足环保高效，包装精美，发货轻便，安装简易，运输成本低，减少售后服务等特点。

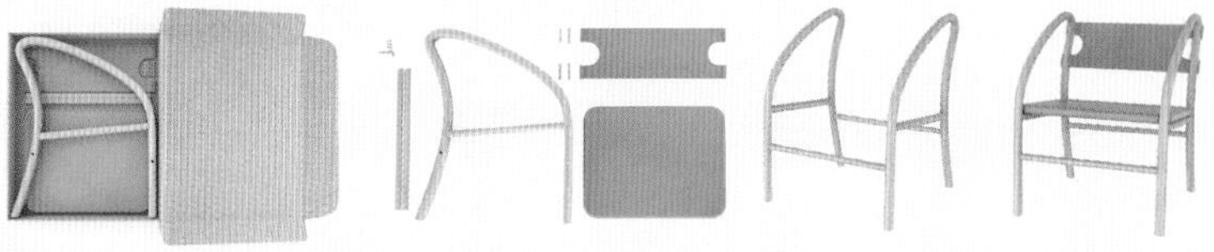

作品：贞竹
作者：曹庆喆／广东轻工职业技术学院
指导老师：白平

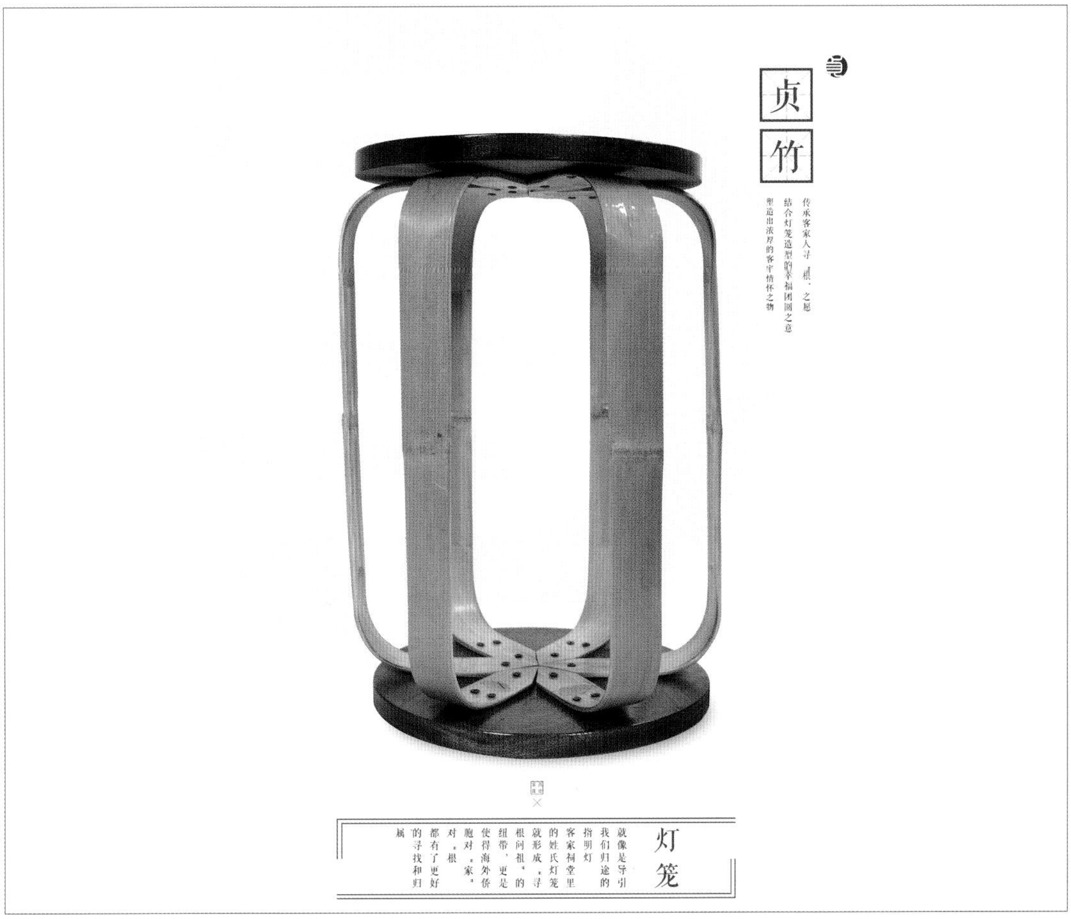
贞
竹
传承客家人寻"根"之愿
结合灯笼造型的幸福团圆之意
塑造出浓厚的客家情怀之物
灯笼
就像是导引
我们归途的
指明灯
客家祠堂里
的姓氏灯笼
就形成"寻
根问祖"的
纽带，更是
使得海外侨
胞对"家"
对"根"
都有了更好
的寻找和归
属

作品：「不」摇椅
作者：纪海泉、曹庆喆／广东轻工职业技术学院
指导老师：白平

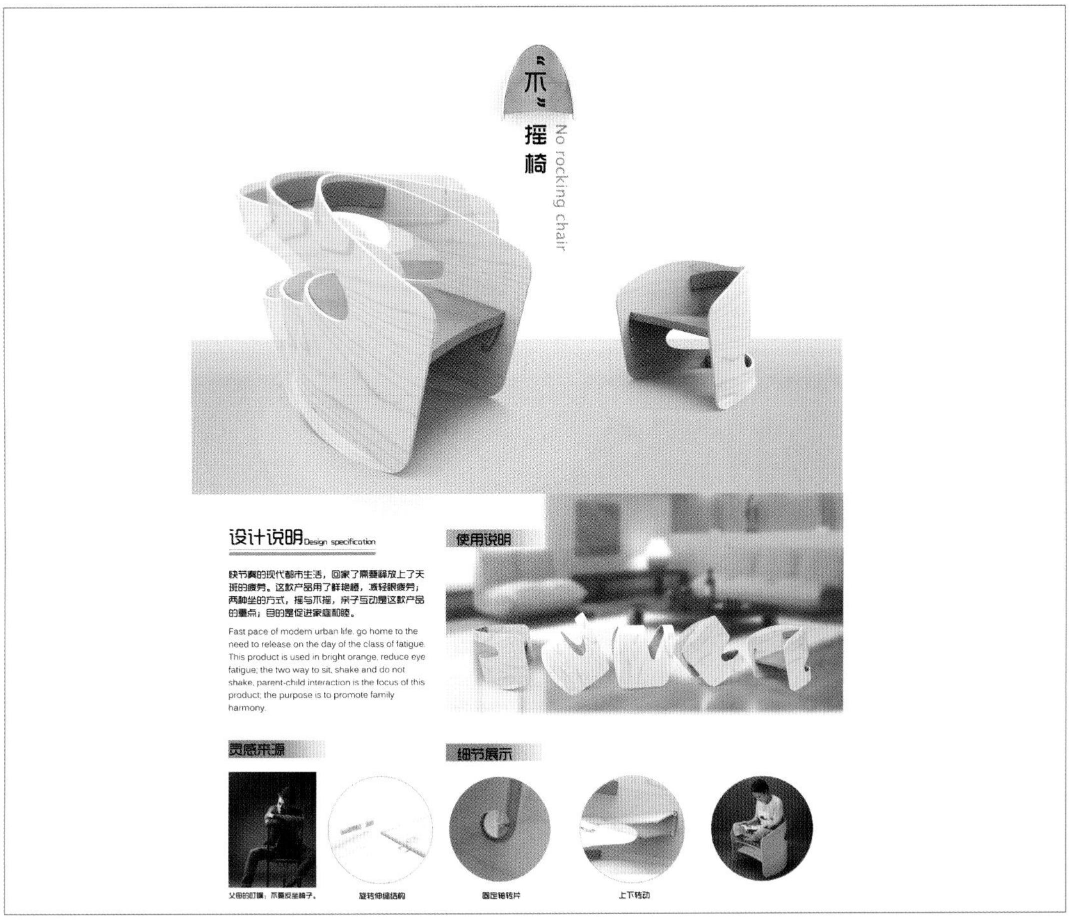
"不"
摇椅
No rocking chair
设计说明 Design specification
快节奏的现代都市生活，回家了需要释放上了天班的疲劳。这款产品用了鲜艳橙，减轻眼疲劳；两种坐的方式，摇与不摇，亲子互动是这款产品的重点；目的是促进家庭和睦。
Fast pace of modern urban life, go home to the need to release on the day of the class of fatigue. This product is used in bright orange, reduce eye fatigue; the two way to sit, shake and do not shake, parent-child interaction is the focus of this product; the purpose is to promote family harmony.
使用说明
灵感来源
细节展示
父母的叮嘱：不要反坐椅子。
旋转伸缩结构
固定轴转片
上下转动

椅凳类设计奖

作品：『和』之美
作者：谭广聪、曹庆喆／广东轻工职业技术学院
指导老师：白平

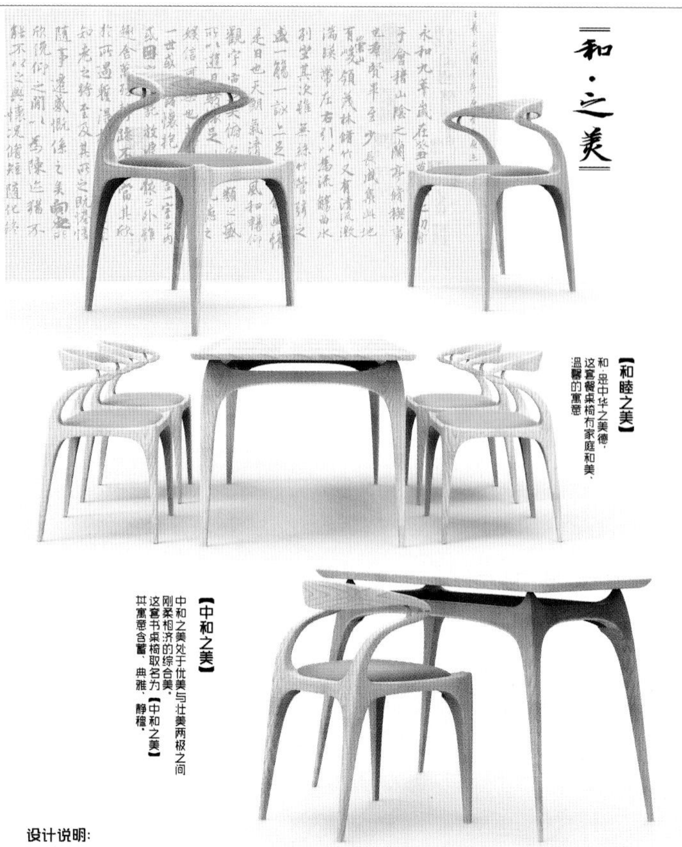
和·之美
【和睦之美】
和，是中华之美德，
这套餐桌椅有家庭和美、
温馨的寓意
【中和之美】
中和之美处于优美与壮美两极之间
刚柔相济的综合美。
这套书桌椅取名为【中和之美】
其寓意含蓄、典雅、静穆。

设计说明:

"和之美"的设计从造型上呈上圆下方，主要以流畅劲键的线条为主，参考了天下第一行书《兰亭序》的笔法，平和、自然、委婉含蓄，融合了书法文化。材质上采用了水曲柳与皮革的搭配，水曲柳质地硬、纹理灵活生动，与鲜明柔软的皮革坐垫搭配，给人一种强烈的活力与亲和感。靠背有向外30度的倾斜度，充分符合人机工程学。

作品：纹样
作者：王楚安、曹庆喆／广东轻工职业技术学院
指导老师：白平

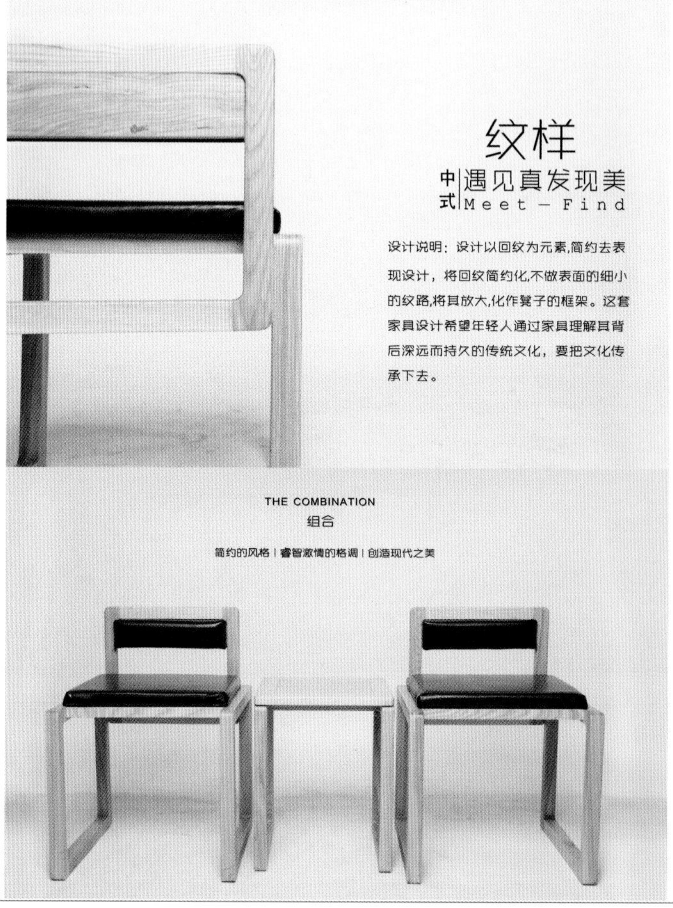
纹样
中式 遇见真发现美
Meet－Find
设计说明：设计以回纹为元素，简约去表现设计，将回纹简约化，不做表面的细小的纹路，将其放大，化作凳子的框架。这套家具设计希望年轻人通过家具理解其背后深远而持久的传统文化，要把文化传承下去。
THE COMBINATION
组合
简约的风格 | 睿智激情的格调 | 创造现代之美

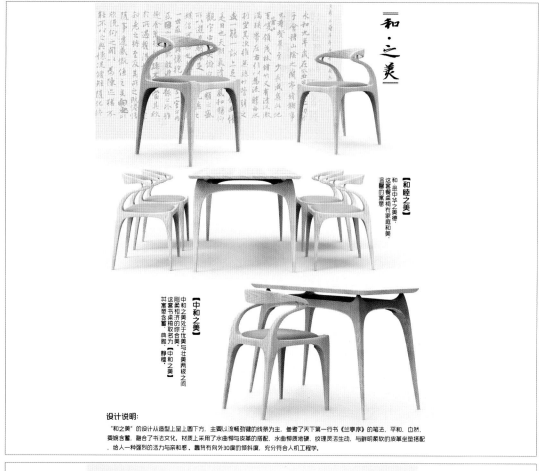

作品：巢椅

作者：伍培健、曹庆喆／广东轻工职业技术学院

指导老师：白平

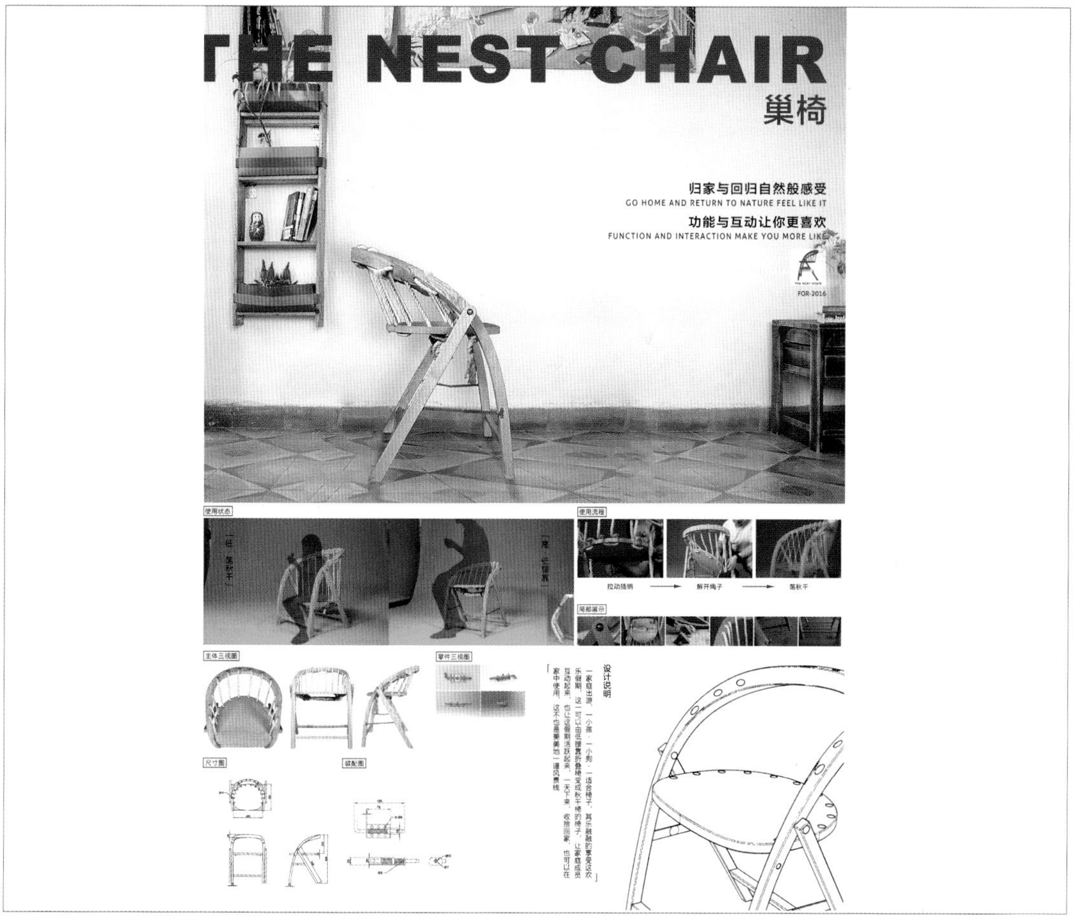
THE NEST CHAIR
巢椅
归家与回归自然般感受
GO HOME AND RETURN TO NATURE FEEL LIKE IT
功能与互动让你更喜欢
FUNCTION AND INTERACTION MAKE YOU MORE LIKE
设计说明

作品：伸长

作者：黎庆辉、曹庆喆／广东轻工职业技术学院

指导老师：白平

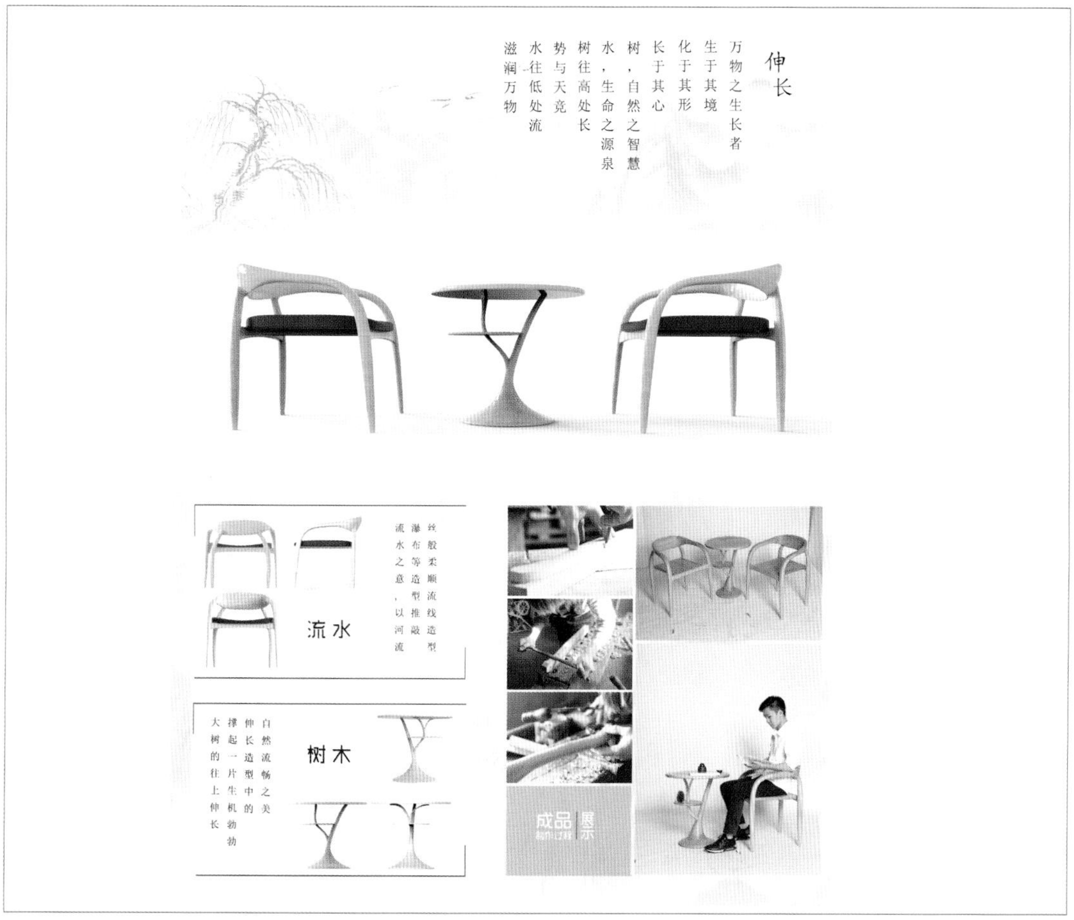
伸长
万物之生长者
生于其境
化于其形
长于其心
树，自然之智慧
水，生命之源泉
树往高处长
势与天竞
水往低处流
滋润万物
丝般柔顺流线造型
瀑布等造型推敲
流水之意，以河流
流水
树木
自然流畅之美
伸长造型中的
撑起一片生机勃勃
大树的往上伸长
成品展示

椅凳类设计奖

作品：曲韵
作者：何耀国／华南农业大学
指导老师：陈哲、薛拥军

曲韵

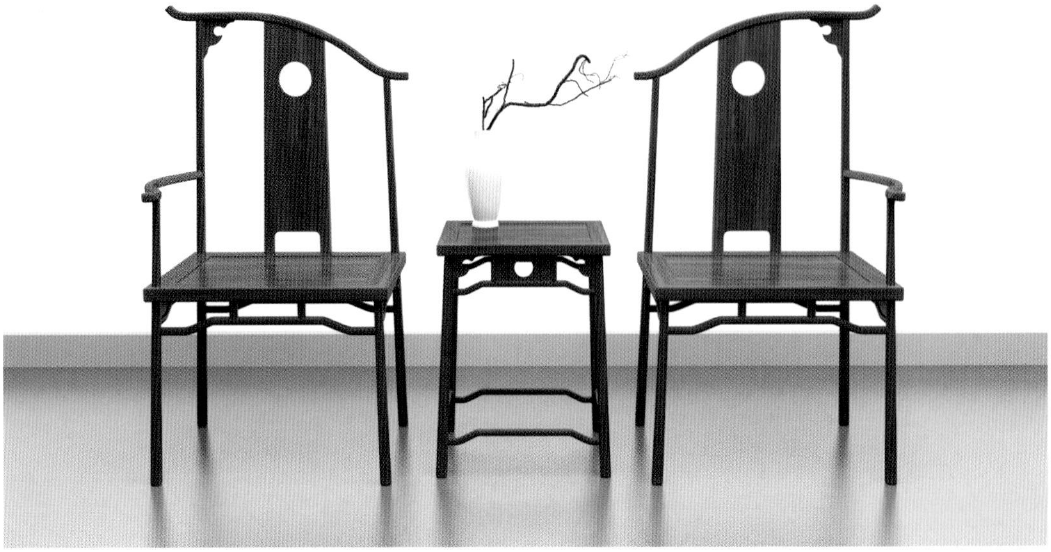

设计理念

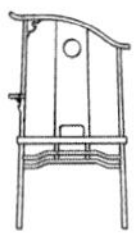

这款家具是传承明式家具简洁流畅的设计手法与官帽椅巧妙融合的一款设计；通过改变官帽椅靠背原本的型，增加其曲线感，使得整体风格呈现出流畅、富有弹性的美感；在制作工艺上，应用榫卯的结构方式，合理衔接，使家具更加着实稳固，体现了家具传统工艺的特征；使家具设计更具中国文化韵味。这款椅子的设计来源于江南古镇建筑元素，将其元素与椅子融合在一起，通过传统榫卯结构的制作工艺，给人一种质朴清新的感觉，经典雅致，更加凸显地方情怀，表达中国传统文化中的庄重大方之意境。

作品：倒鼎椅
作者：严章明／广东轻工职业技术学院
指导老师：白平

倒鼎椅

设计说明：鼎，庄重典雅，有中国传统文化的特点，也具有现代家具简约时尚的的气质。打破常规，利用坐垫做一个储物的空间；美观与实用性兼备。

作　品：曲木半圆
作　者：曾思然／广东轻工职业技术学院
指导老师：白平

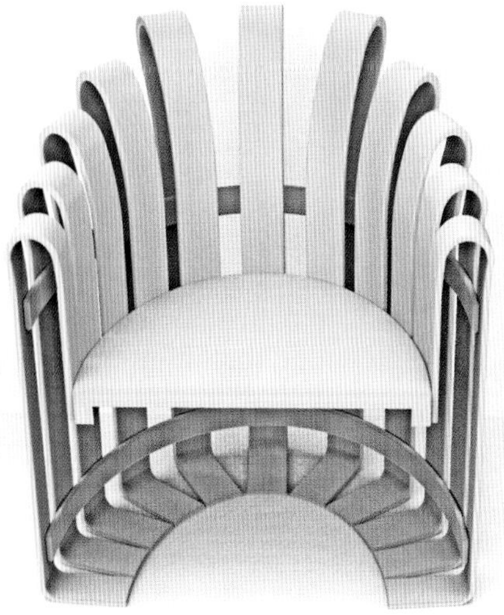

qu mu ban yuan

曲木半圆

它是由数条曲木成型的细长木板组成，木板的宽度相同，长度却不同，组合围成半圆，像是半包裹着，靠背上方稍微向后弯曲延伸，又似慢慢绽放开来。

作　品：和合新中式座椅
作　者：黄玉婷／广东轻工职业技术学院
指导老师：白平

和合
新中式休闲座椅
通过素雅的黑胡桃木进行塑造，椅子靠背和扶手都采用的细节曲木弯曲设计，座椅下部设有柜子收纳设计，做到一种和谐容纳一体的新中式家具设计。

椅凳类设计奖

作品：点绛唇
作者：谢文东、朱峰／中南林业科技大学

点绛唇
ROUGED LIPS
WOOD FURNITURE DESIGN

设计说明：《点绛唇》意为在已有的物件上点唇。圈椅：是较为著名的我国传统木椅样式，在针对圈椅的小范围调研中，发现大多数人喜爱其造型，然而现代人更关注坐靠的舒适度，而圈椅的全木材质显然无法达到预期，于是，本案改版设计在原版基础上进行了以下三方面的改良：一、将人体工程预设的与身体受力部分材质改为牛皮绳条，分别采用绷与缠的方式（坐靠受力部分为绷；缠主要运用于座椅边缘突出其动态感。）二、所有榫卯处采用开放式榫卯并重新设计，突出结构并增加嵌合尺幅以强调现代重视结构的审美需要。三、红色皮绳绷与缠的方式与绿檀木的完美结合，犹如在传统圈椅上画龙点睛，以彰显其传统工艺之美。

作品：禅几
作者：佟彤／山东艺术学院
指导老师：张恒旺

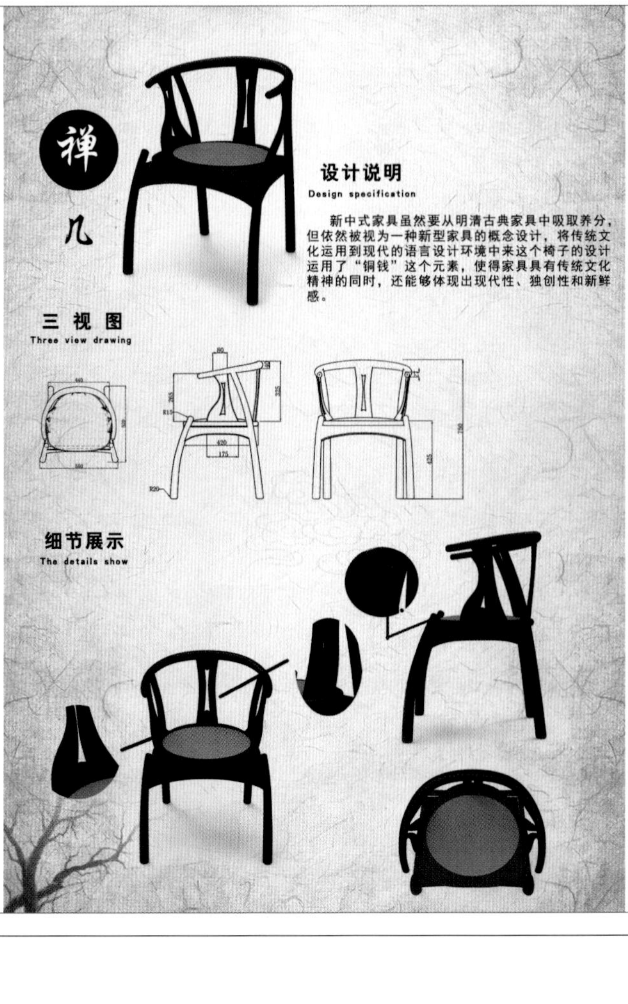
禅
几
设计说明
Design specification
新中式家具虽然要从明清古典家具中吸取养分，但依然被视为一种新型家具的概念设计，将传统文化运用到现代的语言设计环境中来这个椅子的设计运用了“铜钱”这个元素，使得家具具有传统文化精神的同时，还能够体现出现代性、独创性和新鲜感。
三视图
Three view drawing
细节展示
The details show

作　品：牛犊椅
作　者：胡钰铭／清华大学美术学院
指导老师：于历战

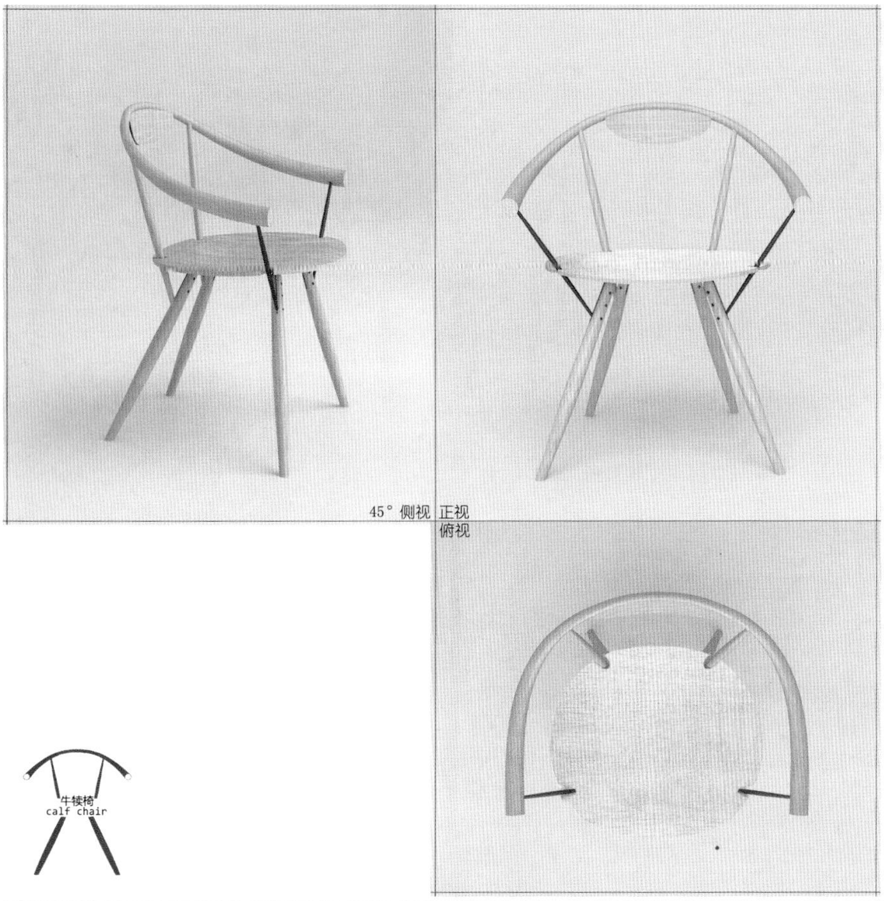
45° 侧视
正视
俯视
牛犊椅
calf chair

作　品：望月椅
作　者：刘晴／清华大学美术学院
指导老师：于历战

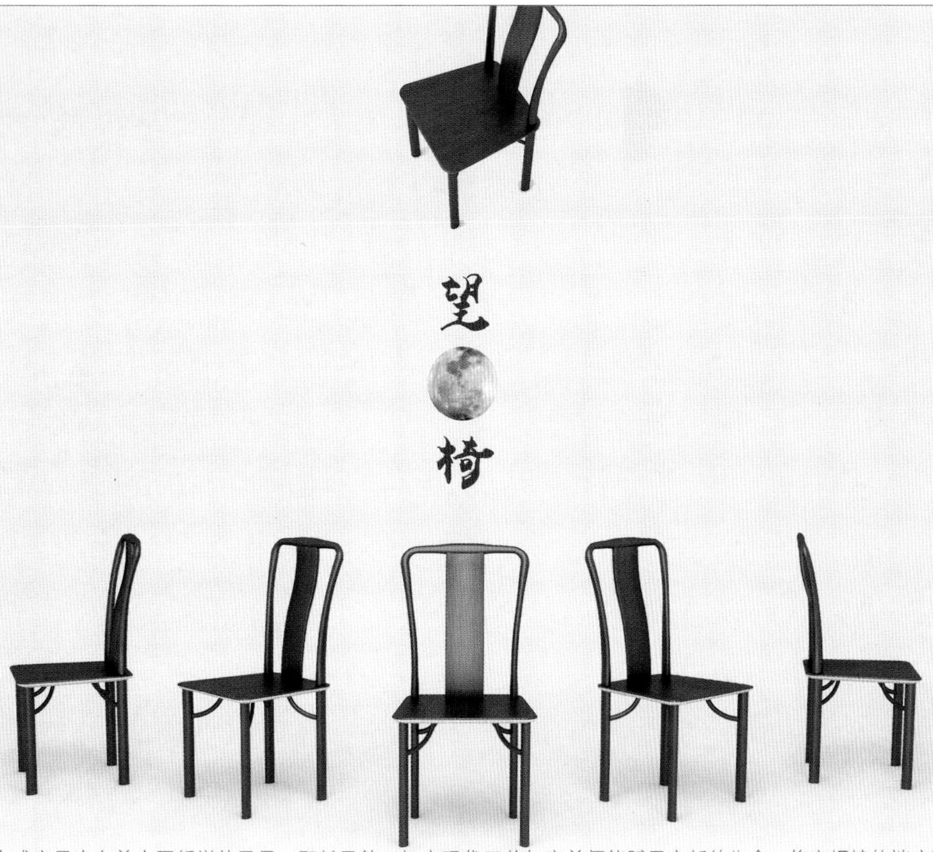
望
椅

传统中式家具中有着中国哲学的风骨，取其风韵，加之现代工艺与审美便能赋予它新的生命。将官帽椅的端庄稳重留下，加之不断变化的圆润与流畅，使之成为一把具有清风不断而流水永续的温柔气质的望月椅。

椅凳类设计奖

作　品：钱椅
作　者：曾欢、王超／择造家具设计工作室
指导老师：叶翠仙

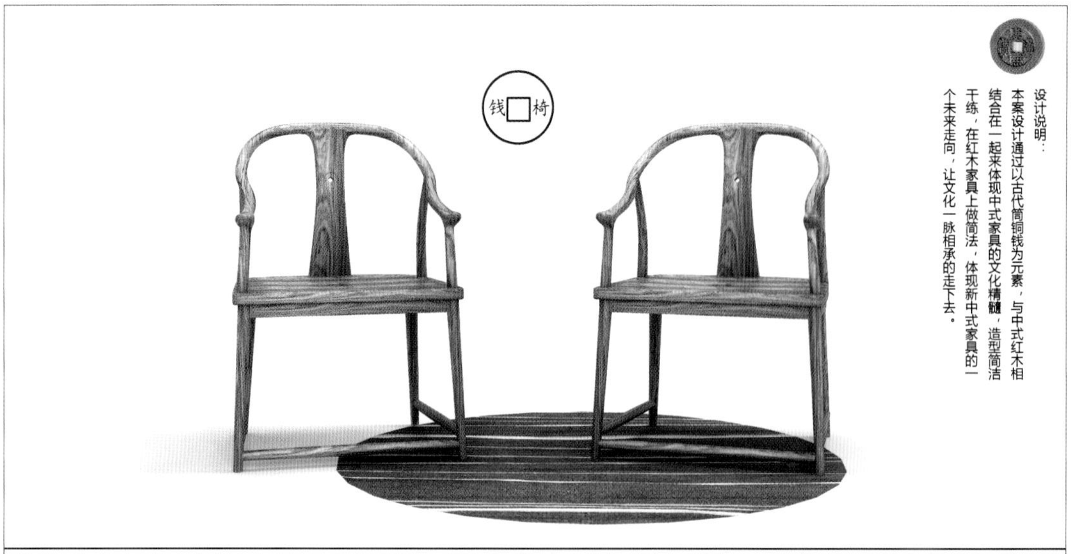
钱□椅
设计说明：
本案设计通过以古代简铜钱为元素，与中式红木相结合在一起来体现中式家具的文化精髓，造型简洁干练，在红木家具上做简法，体现新中式家具的一个未来走向，让文化一脉相承的走下去。

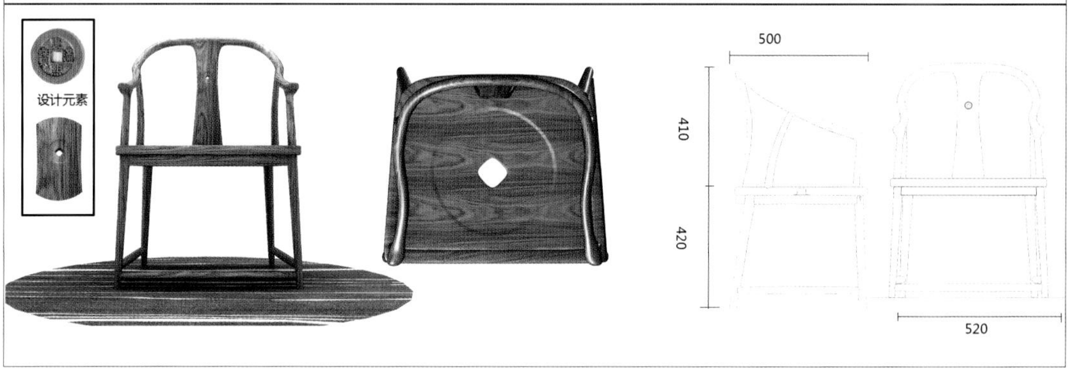
设计元素
500
410
420
520

作　品：青月·林
作　者：陈景进、徐嘉敏、陈雅青／华南农业大学
指导老师：薛拥军

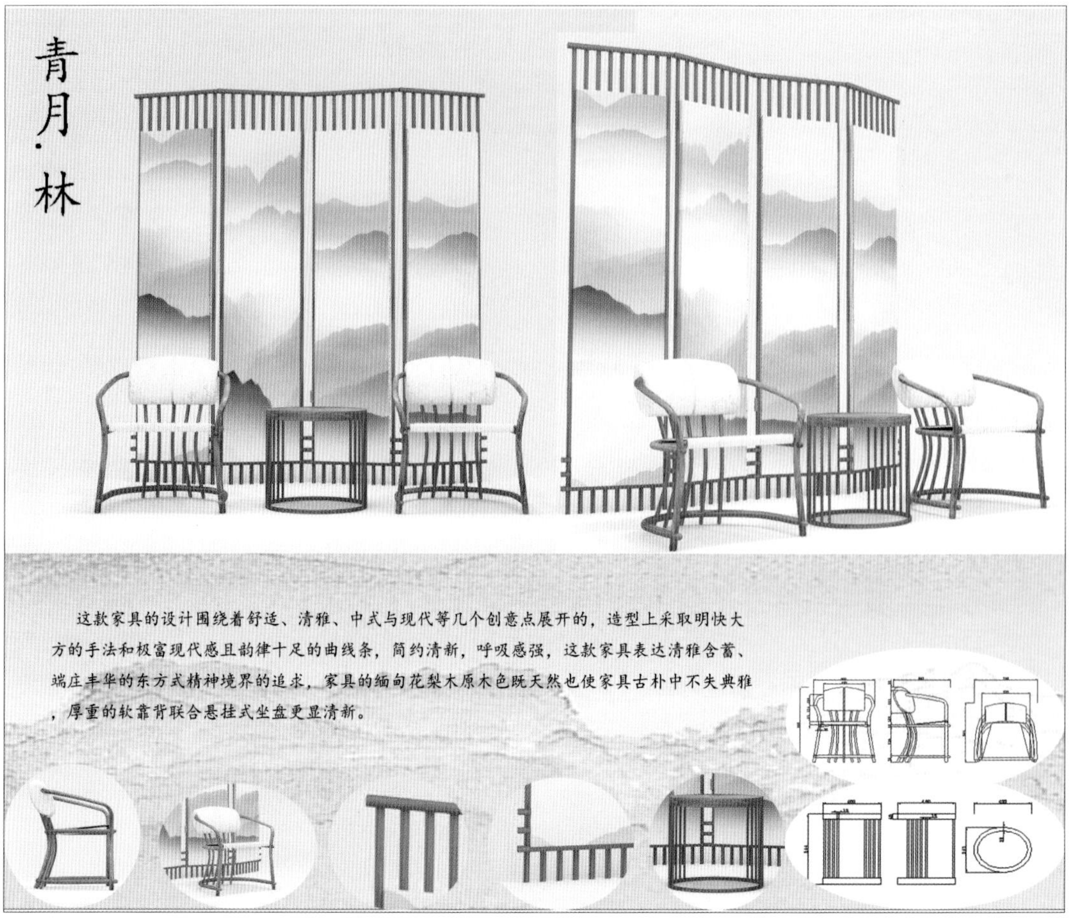
青月·林
这款家具的设计围绕着舒适、清雅、中式与现代等几个创意点展开的，造型上采取明快大方的手法和极富现代感且韵律十足的曲线条，简约清新，呼吸感强，这款家具表达清雅含蓄、端庄丰华的东方式精神境界的追求，家具的缅甸花梨木原木色既天然也使家具古朴中不失典雅，厚重的软靠背联合悬挂式坐盘更显清新。

“拼 拼”儿童家具

作 品：『拼拼拼』儿童家具
作 者：陈思／湖北工业大学
指导老师：陈勇军、工梦林

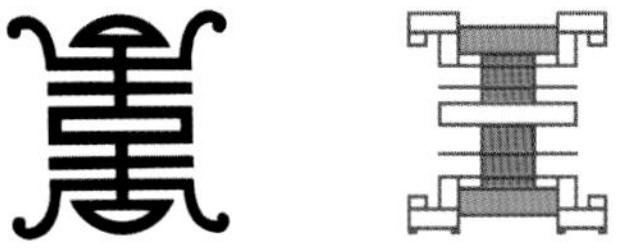

木承

寻找木作精神，传承中式设计

作 品：木承
作 者：陈鑫／浙江农林大学
指导老师：朱芋锭

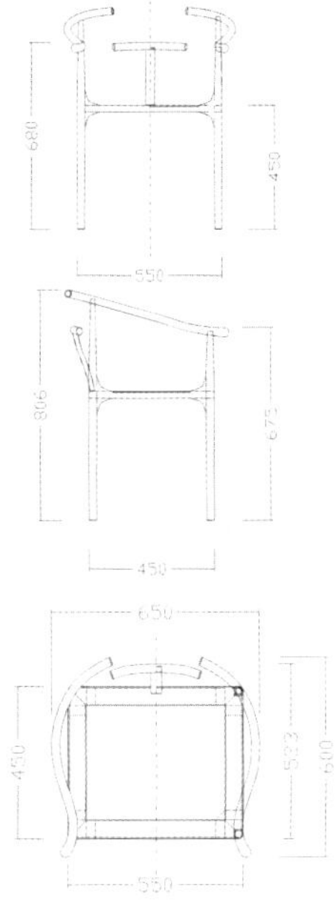

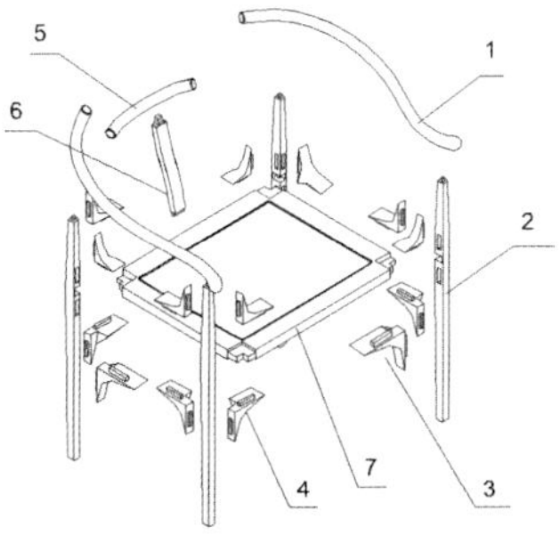

序号	代号	名称	数量	材料	备注
10	6	靠背板	1	红木	
09	5	腰靠	1	红木	
08	4	座面椅腿过渡件2	8	红木	
07	3	座面椅腿过渡件1	8	红木	
06	2	左后腿	1	红木	
05	2	右后腿	1	红木	
04	2	左前腿	1	红木	
03	2	右前腿	1	红木	
02	1	左扶手	1	红木	
01	1	右扶手	1	红木	

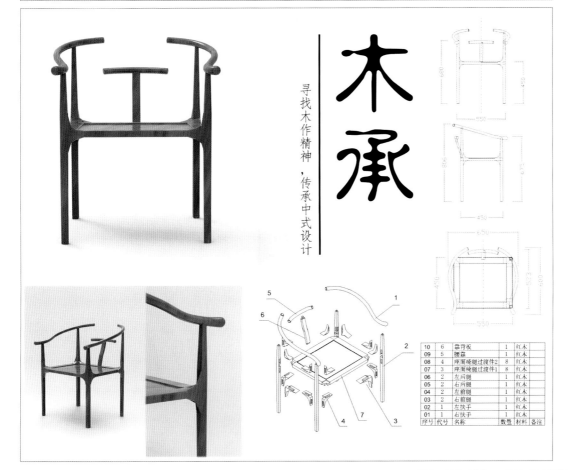

作品：清至

作者：陈雅青、徐嘉敏、陈景进／华南农业大学

指导老师：薛拥军

清至
心之所静，清之所至。清至休闲椅以中国传统圈椅为原型，结合现代人的生活方式，弧形的靠背符合人体工程学舒适怡然，简洁流畅的造型时尚简约，搭配明亮的色彩使空间活跃，浅色的橡木纹理清新自然。

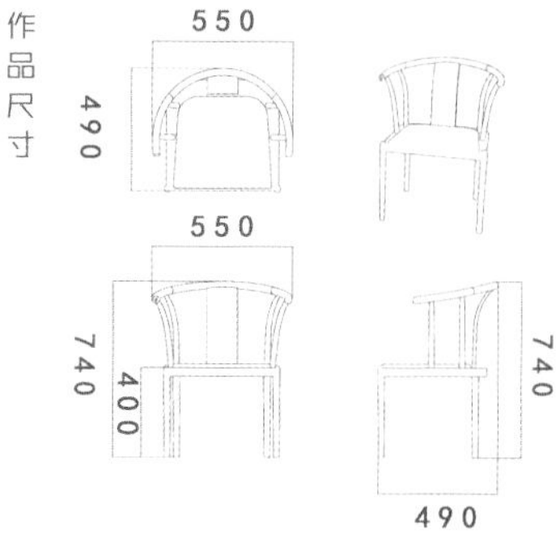
作品尺寸
550
490
550
740
400
740
490

作品：中式扶手椅

作者：方环宇／北京工业大学

中式扶手椅

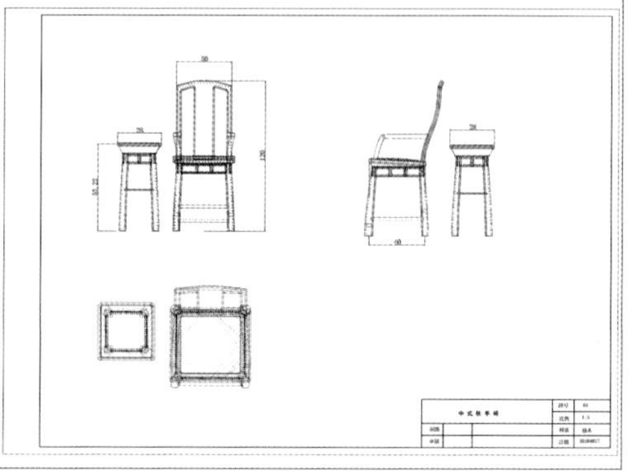

作品：古韵新风
作者：陈亮明／顺德龙江职业技术学校

古韵新风

设计说明：

本设计在新中式家具上进行了材质色彩设计的尝试，巧妙的嵌入了漆画工艺，它有着独特的美感，此作品造型一改传统的繁复，从中提炼平稳、对称、简练的美感，诠释现代人对中国传统美的继承。坐板两边的双翼，比喻海上丝绸之路继续腾飞。

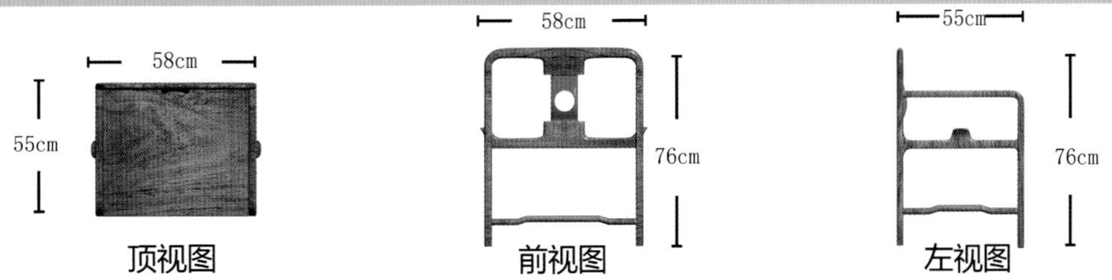
58cm
55cm
顶视图
58cm
76cm
前视图
55cm
76cm
左视图

作品：合角滴水
作者：刘华健、赖浩塱、张庆淇／顺德职业技术学院
指导老师：干珑

合角滴水

设计说明

该作品是借鉴了中国建筑合脚滴水的元素形式表达，加入了中国传统家具霸王枨，卯榫结构的明代简约风格，水波纹雕花与皮革完美融合成有中国特色的新中式家具。

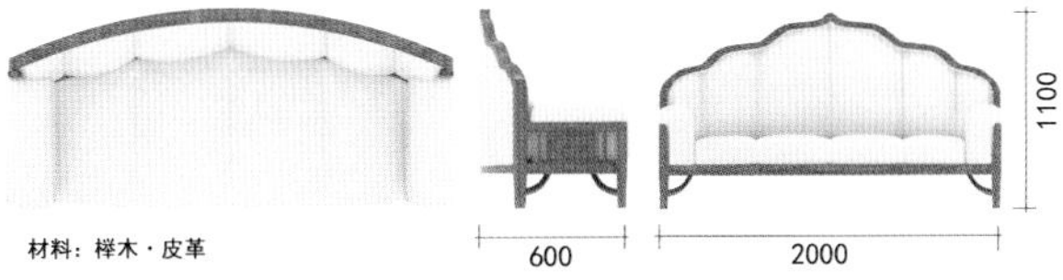
1100
600
2000

材料：榉木·皮革

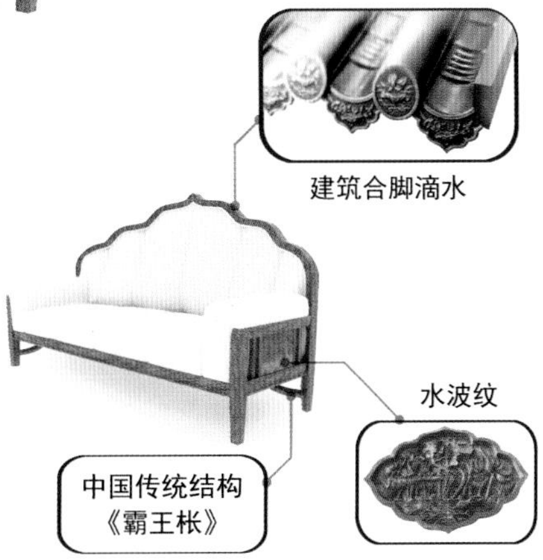
建筑合脚滴水
水波纹
中国传统结构
《霸王枨》

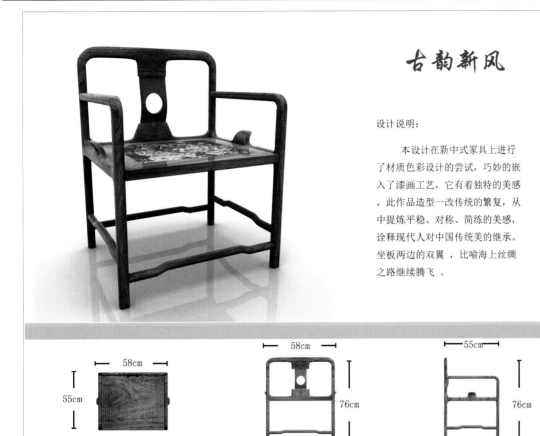

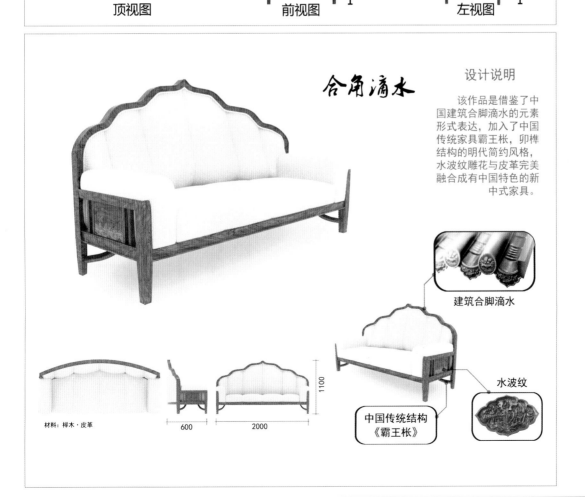

作品：爱莲说
作者：刘华健、赖浩堽、张庆淇／顺德职业技术学院
指导老师：干珑

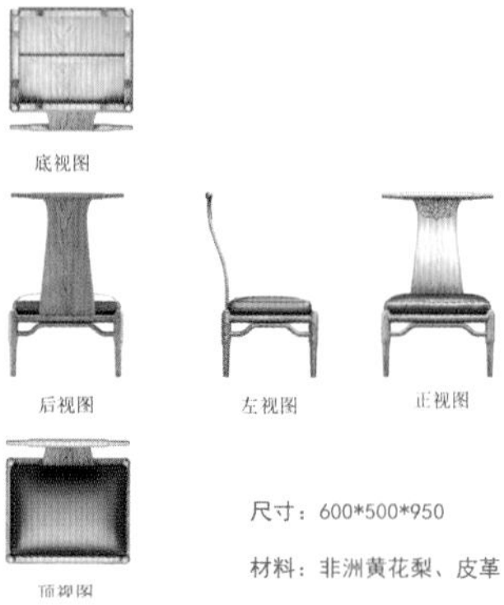

设计说明

家具设计理念借鉴了莲花、青花瓷元素形式表达，加入中国传统家具罗锅枨结构的明代简约，搭脑处与脚提炼的钗元素木料，应用非洲黄花梨，与皮革完美融合，形成了新的中式简约风格.

尺寸：600*500*950

材料：非洲黄花梨、皮革

作品：禅椅
作者：刘华健、赖浩堽、张庆淇／顺德职业技术学院
指导老师：干珑

禅椅

设计说明

家具设计理念借鉴吸收了中国传统明式家具和北欧家具艺术造型，结合榫卯结构融合了现代的简约风格和生活方式，形成独特的禅味造型，使得简约的风格更国际化环保化，材料上应用了优美的榉木，木纹优美既体现了现代感又有中国传文化的美学设计，形成了独特的新东方家具设计美学风格。

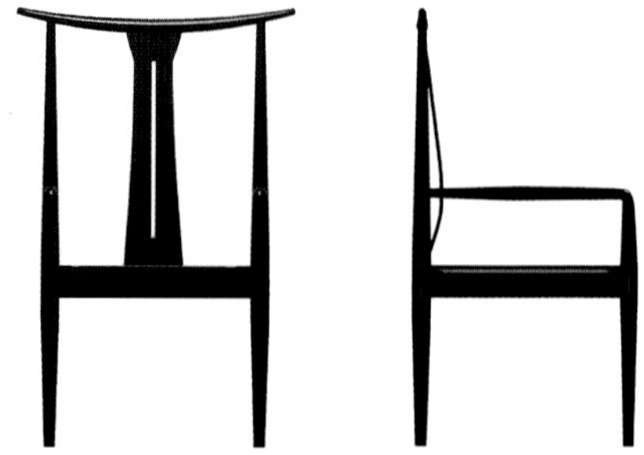

尺寸 500*550*1100

材料：榉木

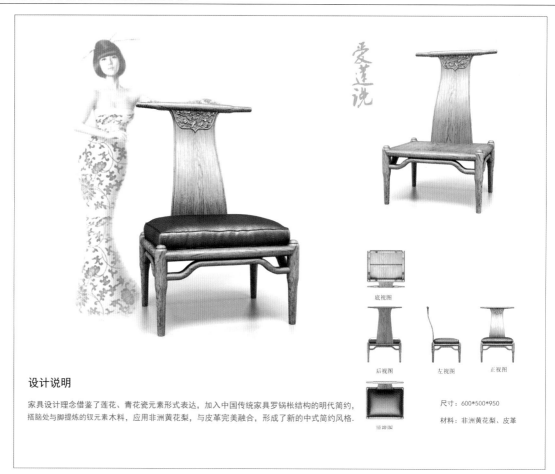

作　　品：高靠椅
作　　者：刘华健、赖浩塱、张庆淇／顺德职业技术学院
指导老师：千珑

高靠椅

设计说明

该作品是借鉴了中国禅的元素形式表达，加入了中国传统家具卯榫结构的明代禅椅简约风格，与皮革完美融合。

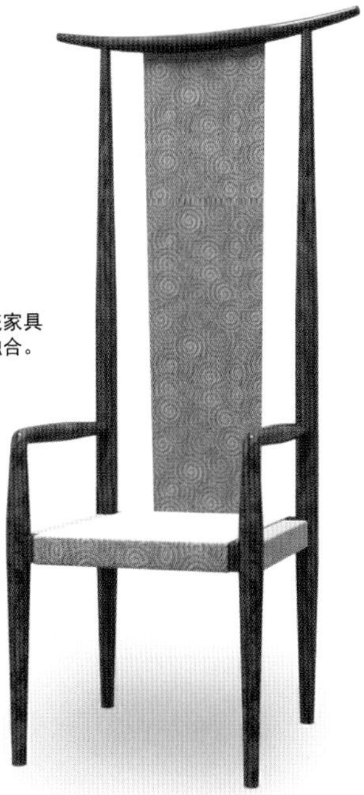

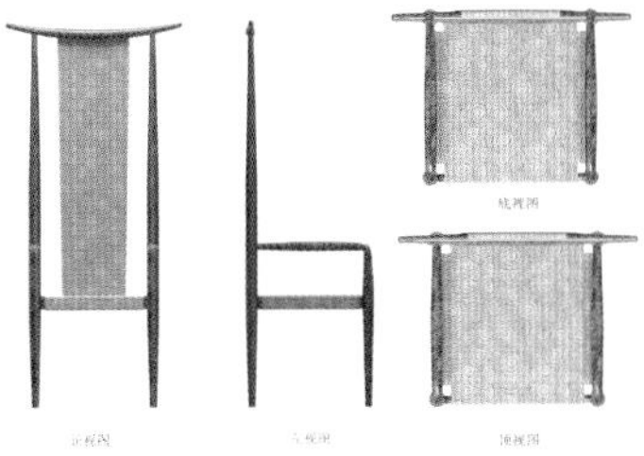

尺寸：500*500*1500

作　　品：荷塘月
作　　者：刘华健、赖浩塱、张庆淇／顺德职业技术学院
指导老师：千珑

荷塘月

设计说明

家具设计理念吸收了中国传统家具艺术造型与卯榫结构，融合现代简约风格和生活方式，把卷草纹，合角滴水，内翻马蹄，巧妙的与布艺结合，形成了独特的新中式家具设计。

尺寸：700*500*110
材料：巴西花梨

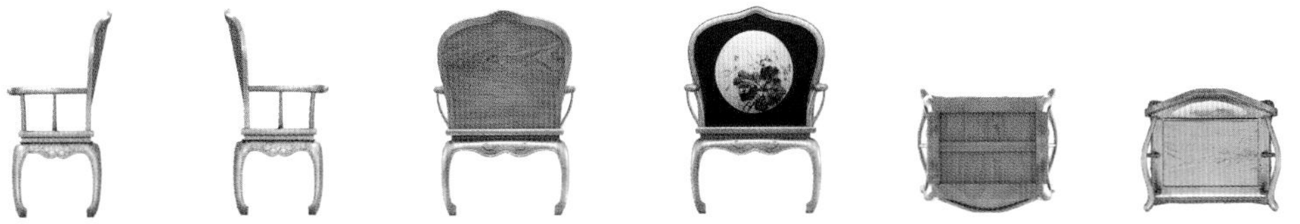

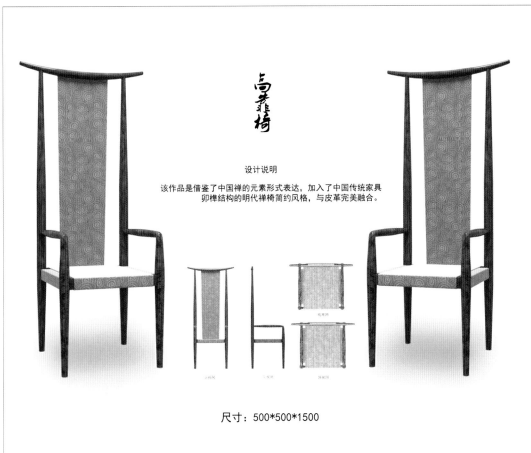

作品：家具电商
作者：刘华健、赖浩塱、张庆淇/顺德职业技术学院
指导老师：干珑

家具电商

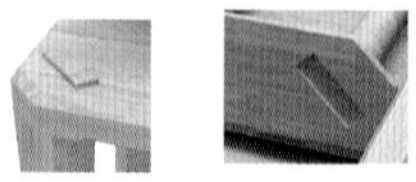

榫头固定　卡槽固定

家具电商

设计说明　家具设计理念借鉴禅椅抽象形态结合磁铁固定椅面随变换机功能实现可拆装竹具电商家具，磁铁用螺母固定。

尺寸：400*400*700
材料：榉木

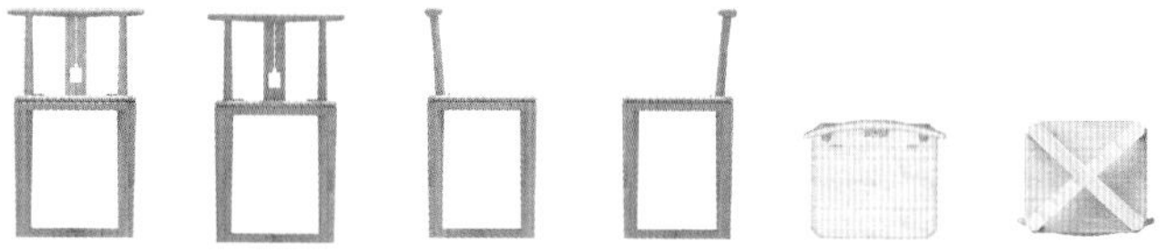

正视图　后视图　左视图　右视图　顶视图　底视图

作品：简明
作者：刘华健、赖浩塱、张庆淇/顺德职业技术学院
指导老师：干珑

简明

设计说明

造型选取明代家具作为传统中式家具代表原型，极简主义家具作为现代西方家具代表，在研究其来源以及发展的基础上，将木片的柔韧性进行有机的融合，呈现出一种新的美感。

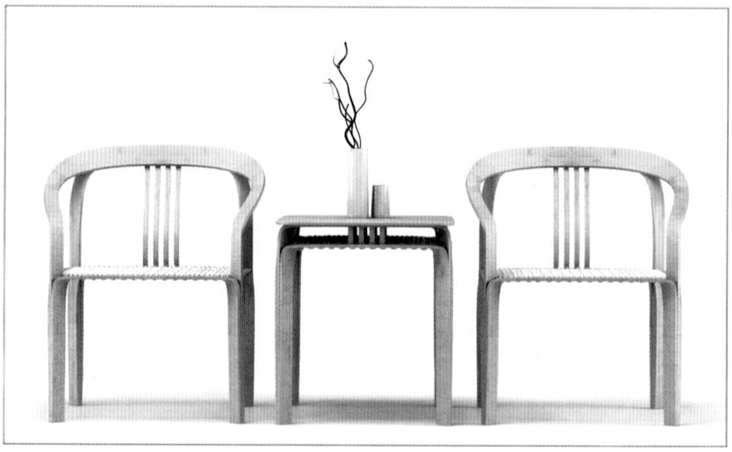

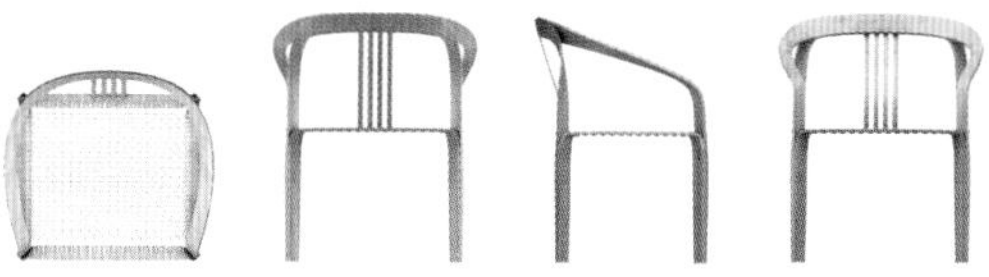

顶视图　后视图　左视图　正视图

尺寸：600*600*820　材料：木片、麻绳

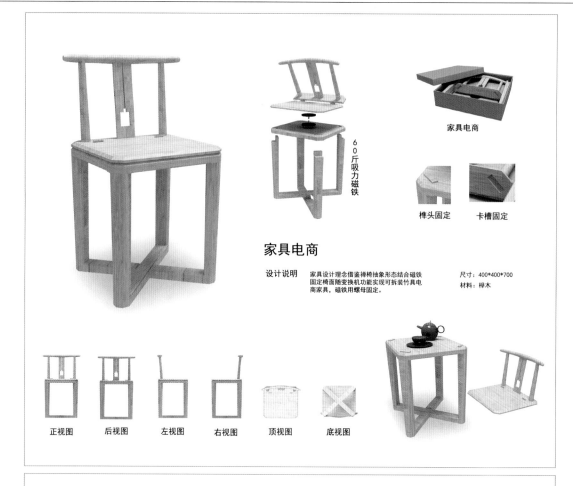

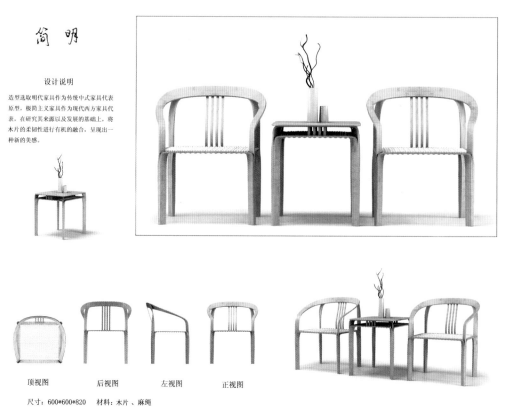

作品：蕉瑟
作者：刘华健、赖浩塱、张庆淇／顺德职业技术学院
指导老师：干珑

蕉瑟

设计说明

家具设计理念借鉴明代家具造型结构，把芭蕉纹，卷口牙子抽象提炼，结合现代生活方 式设计，两侧雕花祥云，造型简洁大方从而形成了独特的新中式家具设计。

材料：巴西花梨
尺寸：480*420*900

正视图

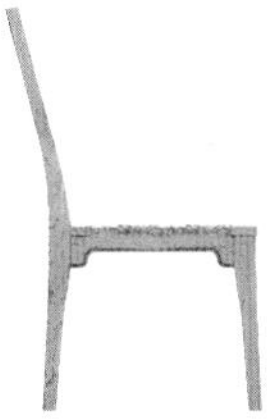
左视图

后视图

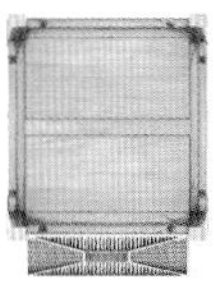
底视图

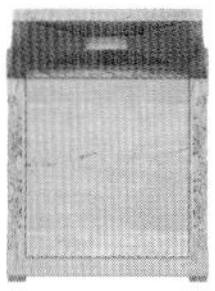
顶视图

作品：曲韵
作者：刘华健、赖浩塱、张庆淇／顺德职业技术学院
指导老师：干珑

《曲韵》

设计说明

造型选取明代家具作为传统中式家具代表原型，极简主义家具作为现代西方家具代表，在研究其来源以及发展的基础上，将麻绳与木片的柔韧性进行有机的融合，呈现出一种新的美感。

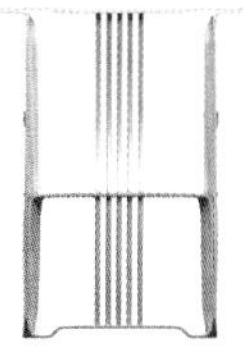
正视图

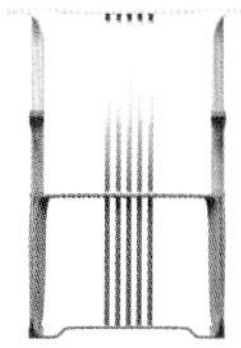
后视图

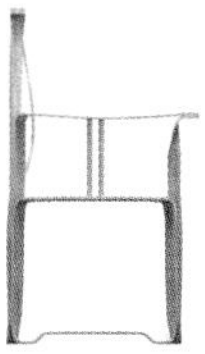
左视图

顶视图

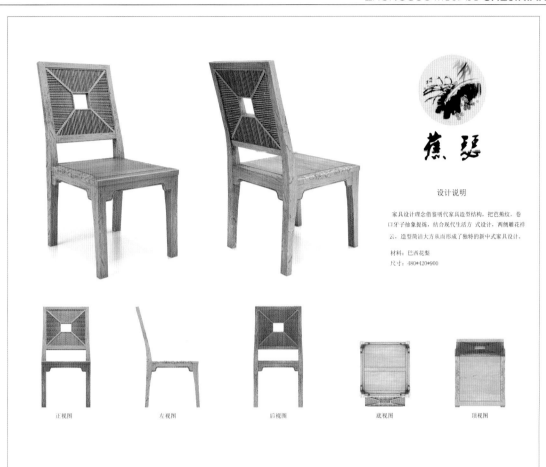

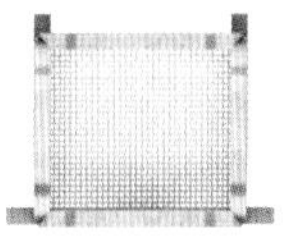
底视图

材料：麻绳. 木片
尺寸：590*480*980
结构：交接. 五金件结合. 麻绳拉力40公斤

椅凳类设计奖

作品：如意沙发
作者：刘华健、赖浩望、张庆淇／顺德职业技术学院
指导老师：干珑

如意 沙发

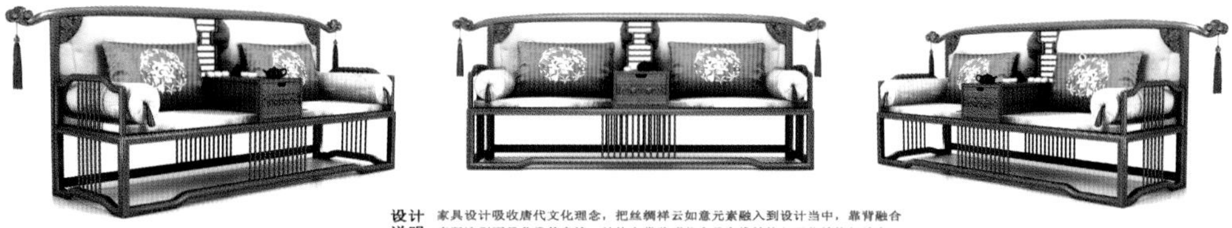

设计说明 家具设计吸收唐代文化理念，把丝绸祥云如意元素融入到设计当中，靠背融合唐服造型更显凸显其意境，结构上借鉴明代家具卯榫结构与现代结构相结合。
尺寸：1900*1100*1100　材料：非洲黄花梨

作品：唐贵妃
作者：刘华健、赖浩望、张庆淇／顺德职业技术学院
指导老师：干珑

唐贵妃

设计说明

家具设计理念借鉴唐代服装文化、建筑符号进行提炼，融合水波纹元素、雕花加于装饰、结合祥云牙子固定结构，在结合绿色绒布，舒适化设计为宗旨的新中式，形成了独特中式家具设计。

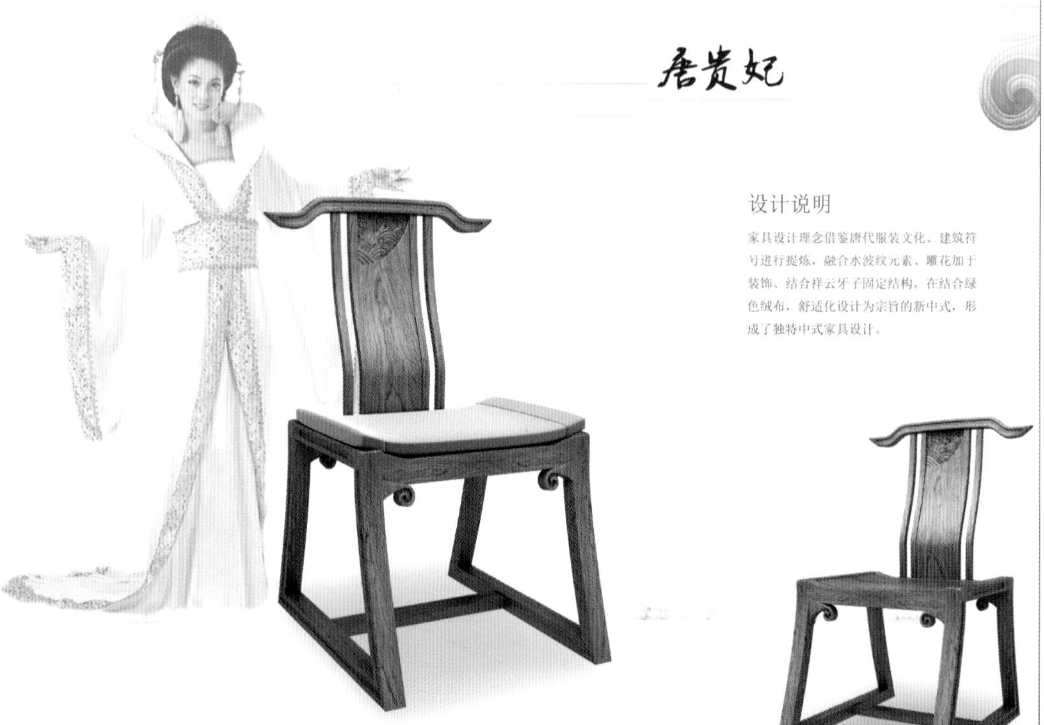

尺寸：615*675*1000　材料：非洲黄花梨/绿绒布软包

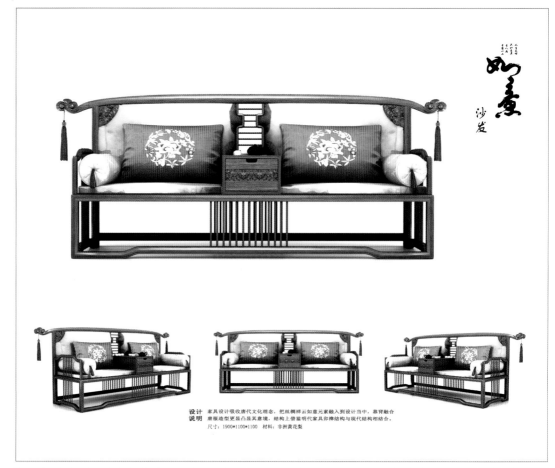

作品：亭亭玉立
作者：刘华健、赖浩塱、张庆淇／顺德职业技术学院
指导老师：干珑

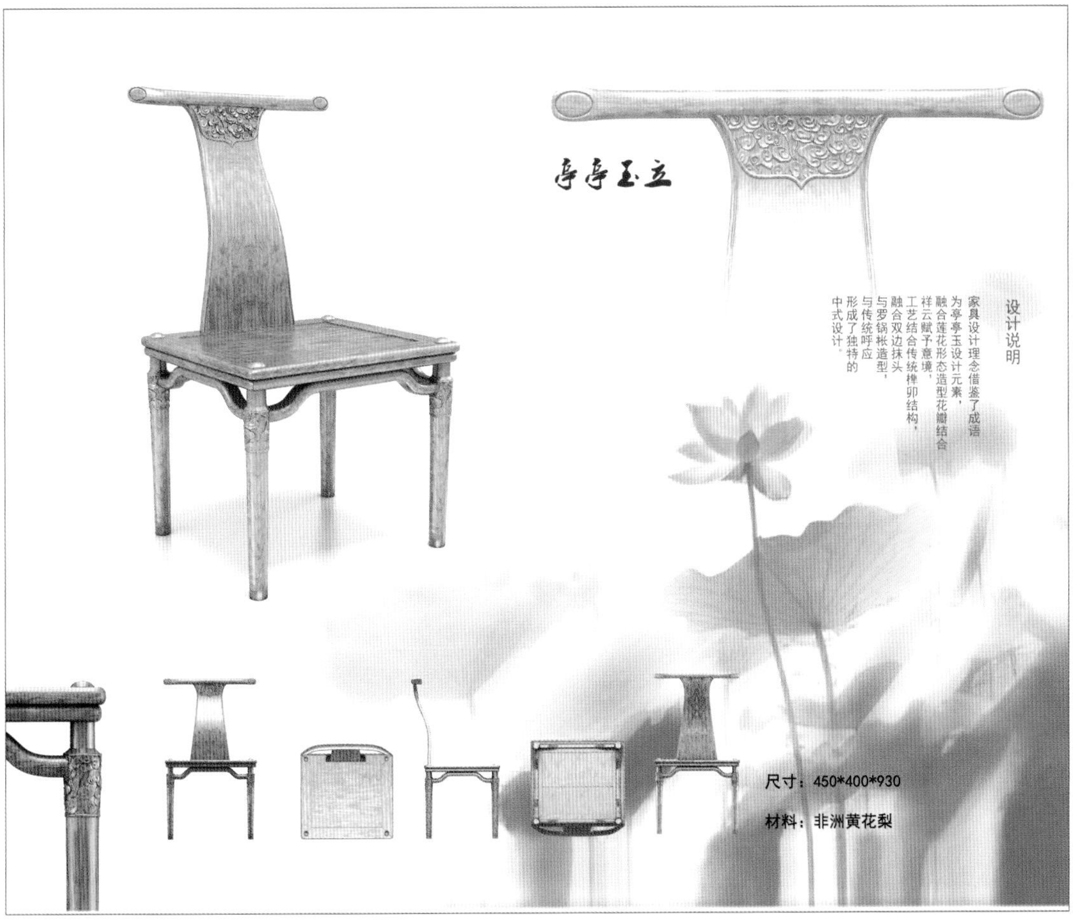
亭亭玉立
设计说明
家具设计理念借鉴了成语为亭亭玉立设计元素，融合莲花形态造型花瓣结合祥云赋予意境，工艺结合传统榫卯结构，融合双边抹头与罗锅枨造型，与传统呼应形成了独特的中式设计。
尺寸：450*400*930
材料：非洲黄花梨

作品：圆椅
作者：何加琦／华南农业大学
指导老师：鲁群霞

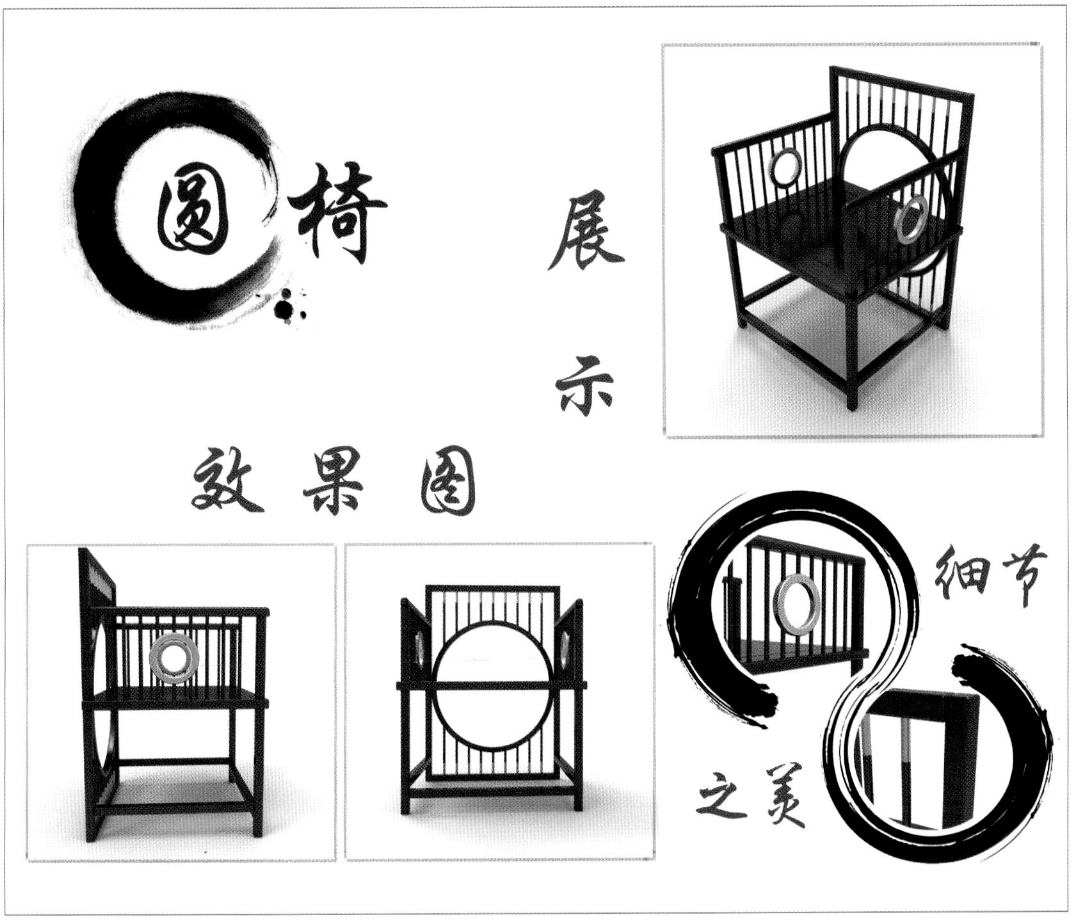
圆椅
展示
效果图
细节之美

作品：返璞归筝

作者：何修修、袁思欣/华南农业大学

指导老师：杨慧全

三视图

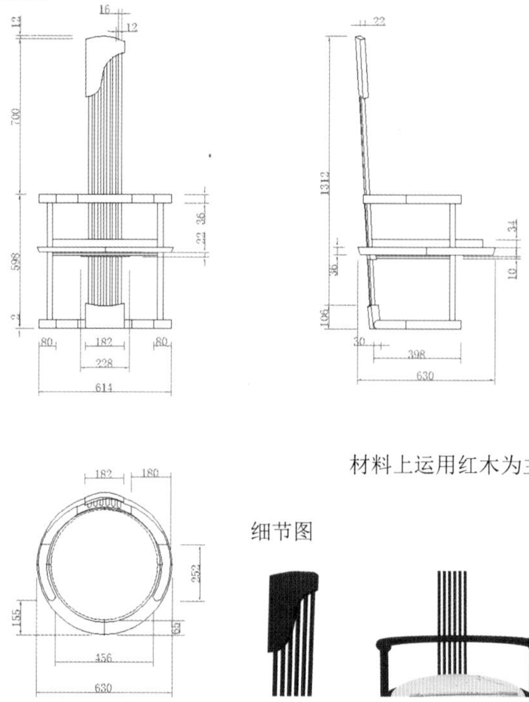

返璞归筝

材料上运用红木为主材，纯榫卯结构，无任何的金属构造。

细节图

作品：垂簪椅

作者：胡蓓、黄剑辉/华南农业大学

指导老师：杨慧全

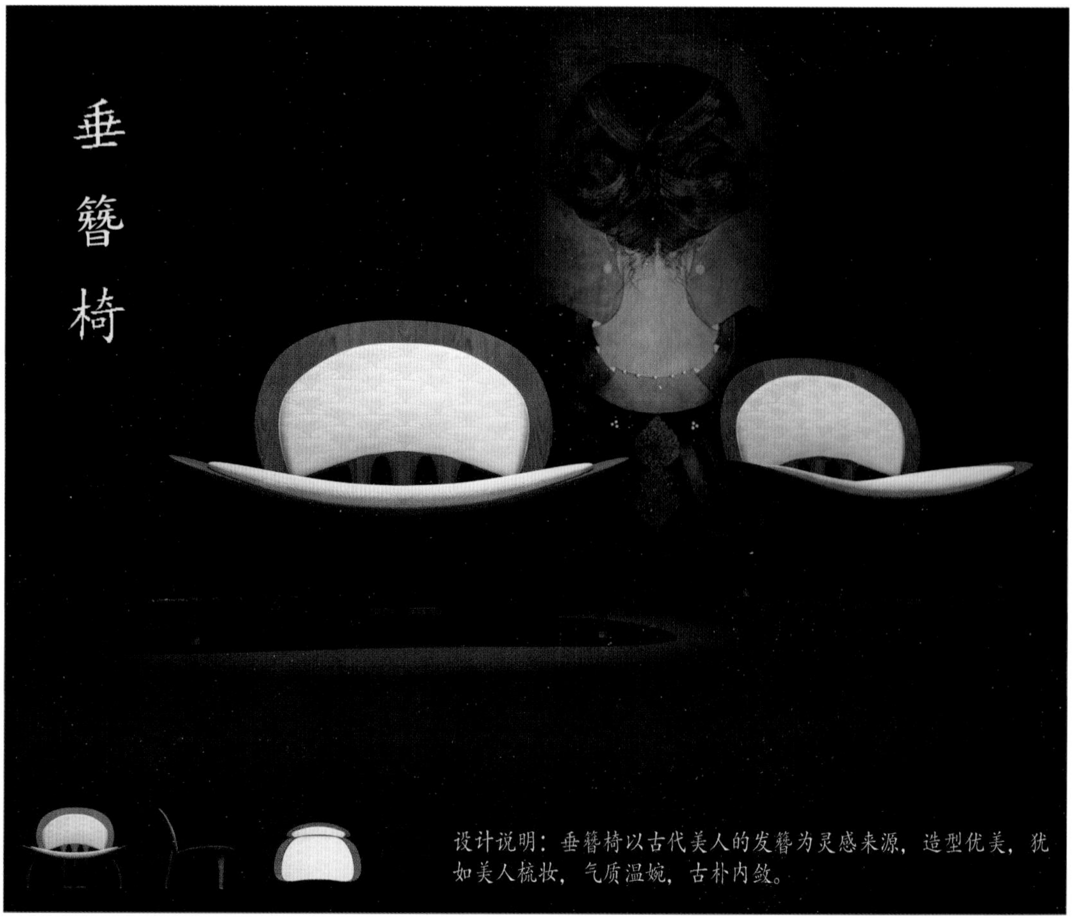
垂簪椅
设计说明：垂簪椅以古代美人的发簪为灵感来源，造型优美，犹如美人梳妆，气质温婉，古朴内敛。

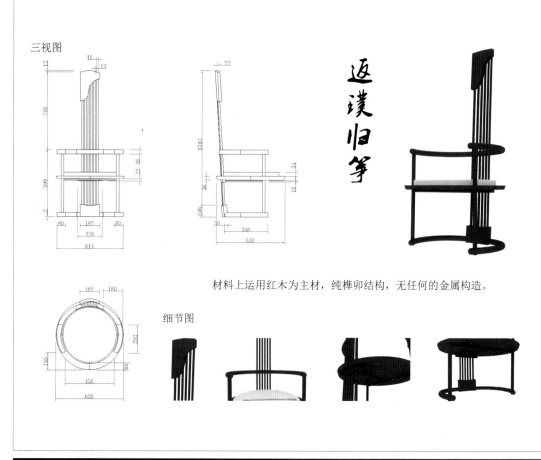

作品：如意
作者：黄帅华／福建农林大学
指导老师：陈祖建

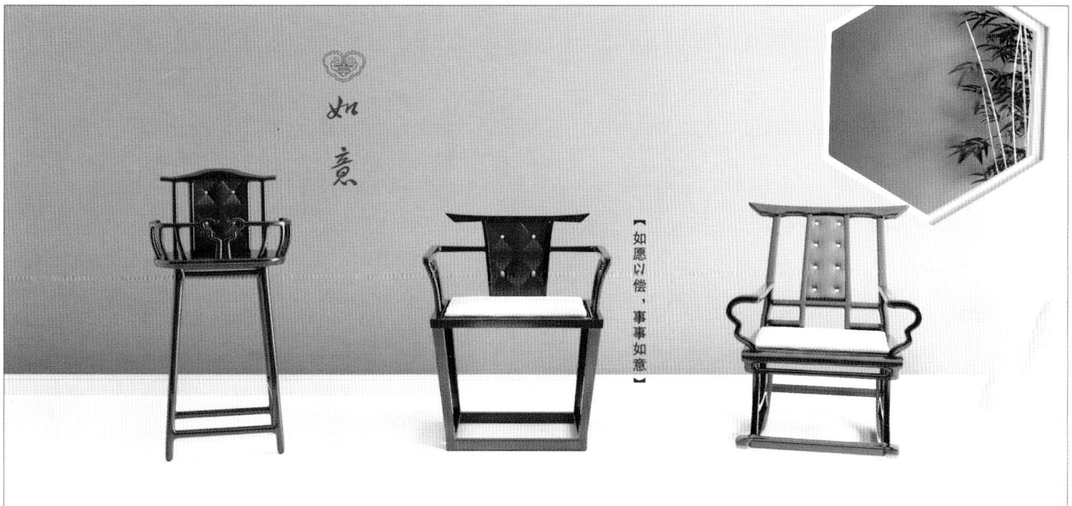
如意
【如愿以偿，事事如意】

如意是我国传统的传统吉祥物，简单大方，受到人们广泛青睐。如意寓意着美好，是展示东方文化的一个重要的标志，将家具与如意的巧妙结合，整套家具简约中带着一份中国风。家具的材质为红木，给人一份安逸，一份和谐。拥有吉祥物的特色家具，一定会受到用户的喜爱。

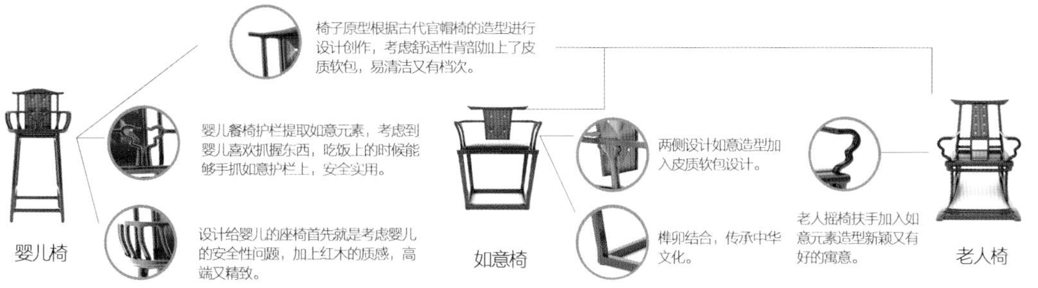
椅子原型根据古代官帽椅的造型进行设计创作，考虑舒适性背部加上了皮质软包，易清洁又有档次。
婴儿餐椅护栏提取如意元素，考虑到婴儿喜欢抓握东西，吃饭上的时候能够手抓如意护栏上，安全实用。
设计给婴儿的座椅首先就是考虑婴儿的安全性问题，加上红木的质感，高端又精致。
婴儿椅
两侧设计如意造型加入皮质软包设计。
榫卯结合，传承中华文化。
如意椅
老人摇椅扶手加入如意元素造型新颖又有好的寓意。
老人椅

作品：云牙
作者：林秋丽、黄剑辉／华南农业大学
指导老师：郭琼

设计说明：

设计来源是中国传统图案元素的“云头纹”。以实木为基本框架，配以布艺与软包，时尚简洁。座面以上采用木材弯曲工艺，座面一下的结构采用传统的榫卯结合方式。

三视图：

细节图：

其他视图：

云牙

作品：方韵
作者：梁燕燕、袁兆华／华南农业大学
指导老师：杨慧全

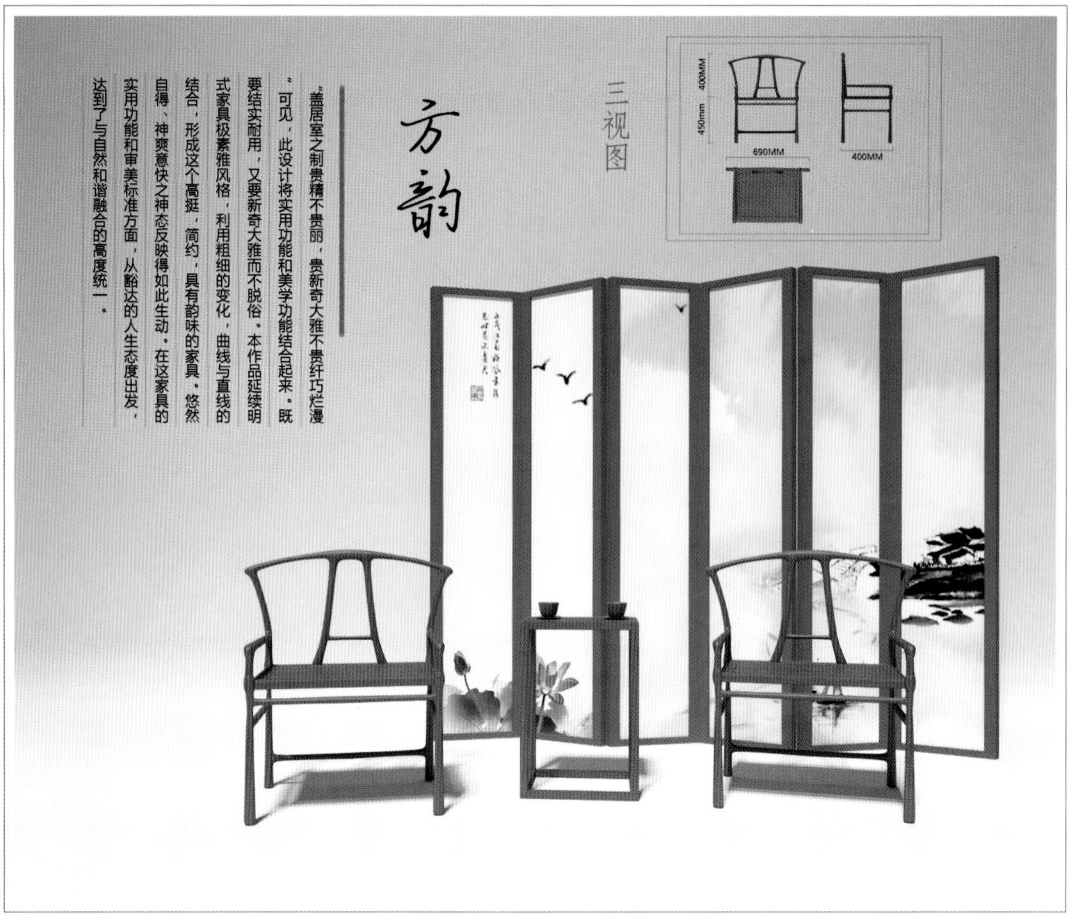
方韵
三视图
400MM
450mm
690MM
400MM
“善居室之制贵精不贵丽，贵新奇大雅不贵纤巧烂漫”可见，此设计将实用功能和美学功能结合起来。既要结实耐用，又要新奇大雅而不脱俗。本作品延续明式家具极素雅风格，利用粗细的变化，曲线与直线的结合，形成这个高挺，简约，具有韵味的家具。悠然自得、神爽意快之神态反映得如此生动。在这家具的实用功能和审美标准方面，从豁达的人生态度出发，达到了与自然和谐融合的高度统一。

作品：诺尘
作者：刘文杰／山东工艺美术学院
指导老师：薛坤

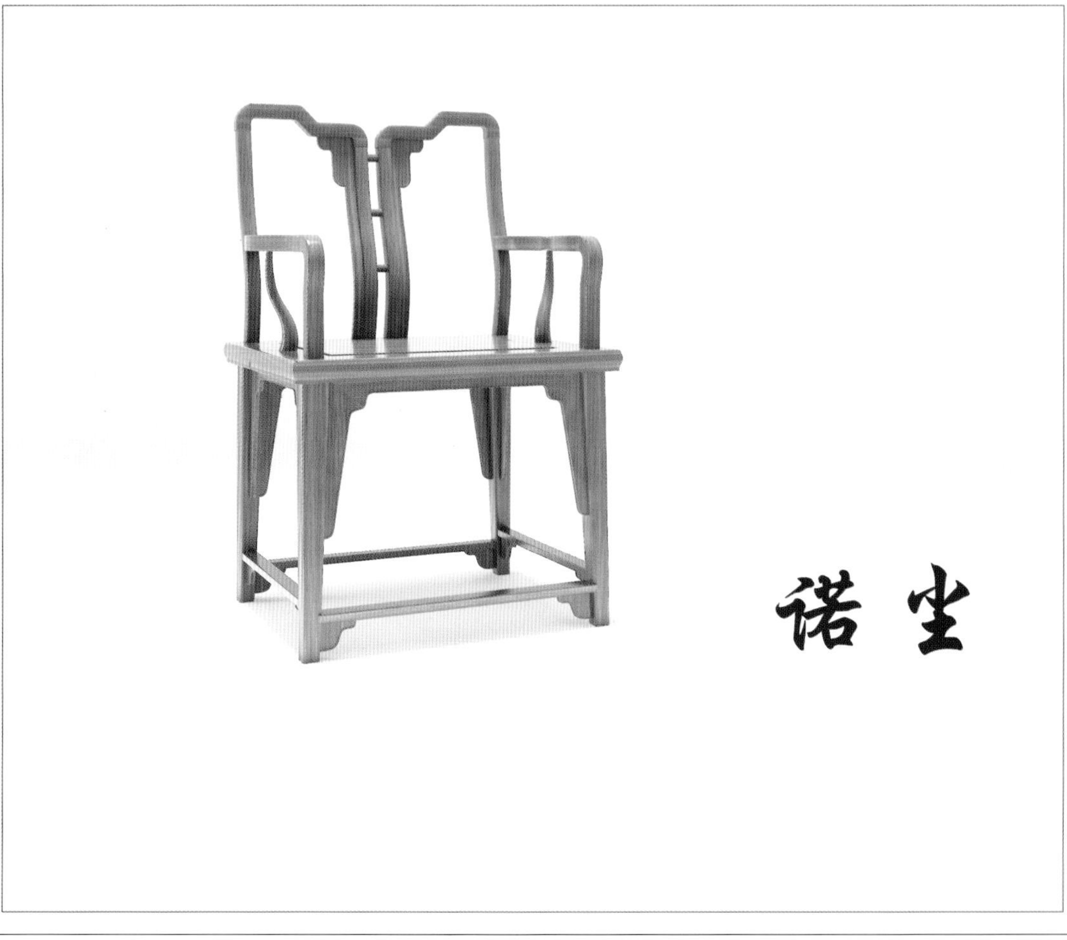
诺尘

作品：冰·韵
作者：毛菁菁／南京林业大学

扶手如同人的双臂向外舒展扩张；前腿收分与向外叉开的形式增加了椅子的稳定性；后腿下端略微向一侧撇出，别致优雅；靠背上雕刻的冰裂纹饰位于眼睛直接注视的地方，作为画龙点睛之笔。整体造型线条流畅自然，一气呵成，展现了节奏与韵律之美。

设计说明

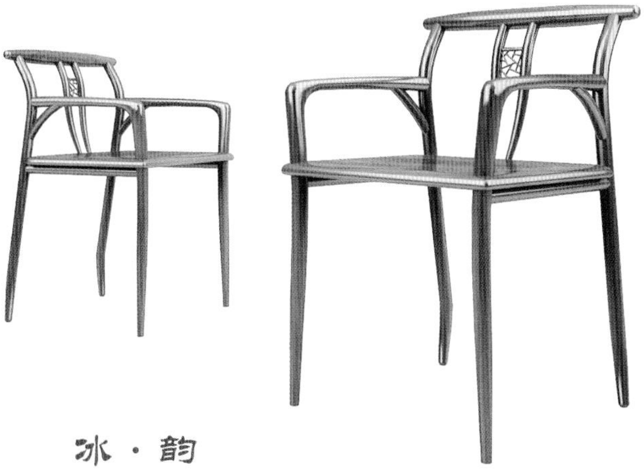

空间应用——为了扭转纯中式的古板，采用现代感十足的西式壁炉进行过渡，以地面材质的切换作为分割线。整体以西式的设计理念还原中式的传统空间，通过东西方的巧妙碰撞，演绎出过目不忘的惊喜。

冰·韵

Ice Rhythm

作品：贯今
作者：邵祯怡／福建农林大学
指导老师：陈祖建

贯今

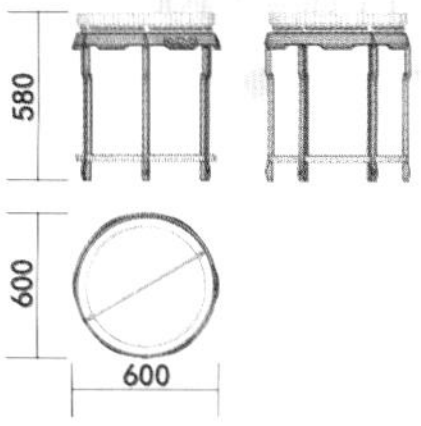

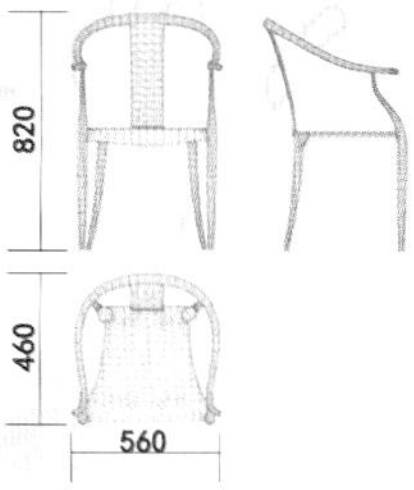

设计说明：

运用了圈椅的元素，同时又运用了现代的材料与椅腿结构，增强了现代感的同时，也增强了对传统文化的认同。

椅凳类设计奖

作品：禅韵·清风

作者：田泽强／南京林业大学

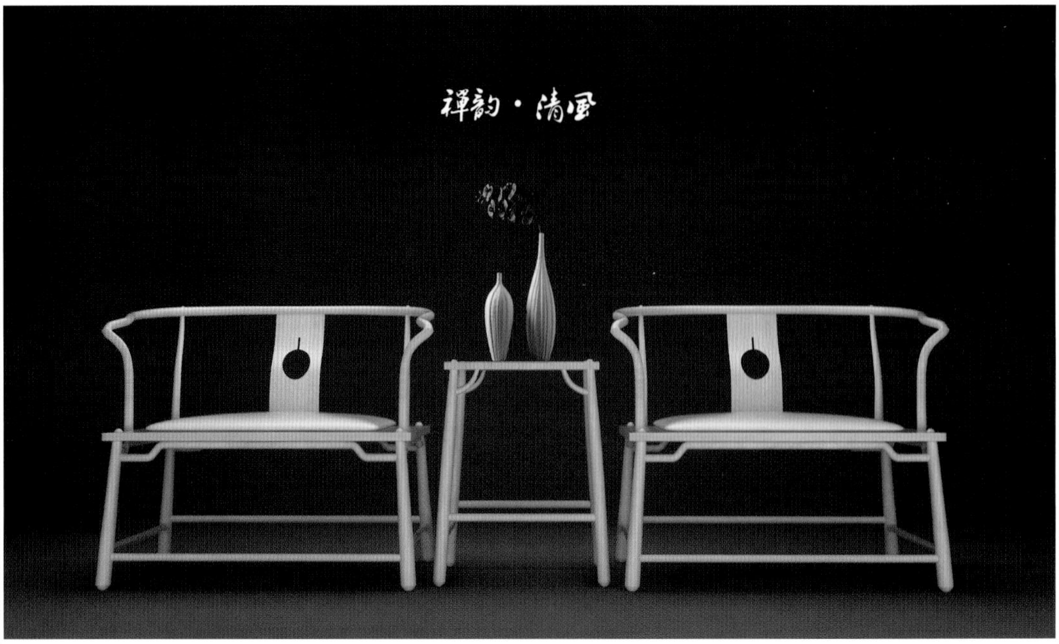
禅韵·清風

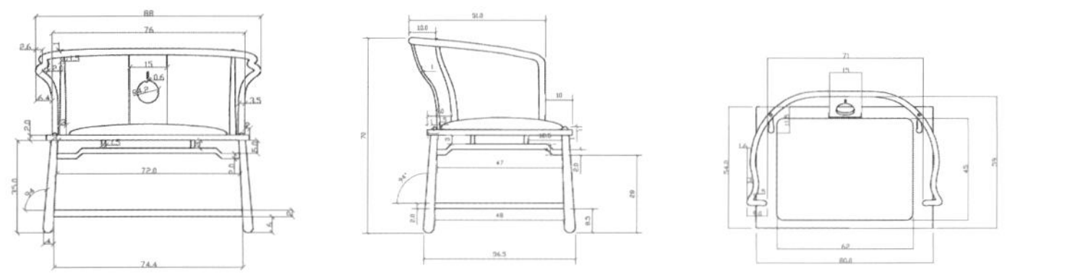

设计说明：此设计的目的是将传统禅文化融入到现代的创意家居环境中，以消除当代年轻人浮躁的心态，减轻人们的精神压力：让人们产生一股追求回归自然，内在宁静的原动力。

作品：清风

作者：田泽强／南京林业大学

清風
设计说明：
设计灵感来自于明清家具，其线条流畅简约，造型休闲，典雅。
设计作品充分体现出了皮革的魅力，端庄大气，
沙发的简约而不简单，充分展示了现代人的品味。
110mm
55mm
110mm
50mm
50mm
55mm

方·圆

作　品：『方·圆』新中式座椅
作　者：张鑫／天津科技大学

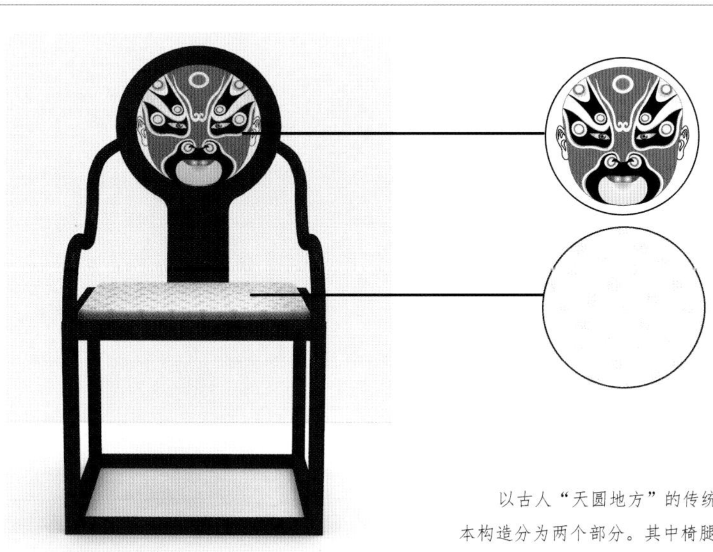

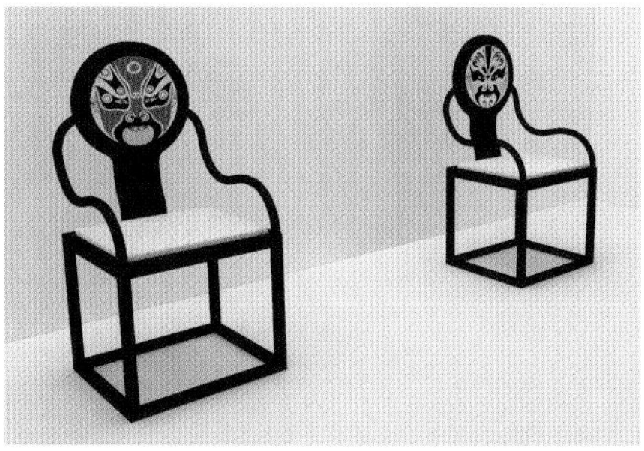

以古人“天圆地方”的传统观念为取材源泉，我将椅子的基本构造分为两个部分。其中椅腿、椅座代表“方”，靠背、扶手代表“圆”；此外，在靠背中添加了国粹京剧脸谱元素，并在坐垫中揉合了中国古式纹样元素。整张椅子按照人体工程学严谨设计，将直线与曲线紧密结合，木材选用水曲柳，并采用隼卯结合的中国传统方式拼接。在现代美学理论的基础上融入了中华优良传统文化，可放于家中客厅常用，也可作为正式场合的接待椅。

方和圆，是最基本的几何图形。方形有工整方正之美，圆形有柔和圆满之美，方和圆，体现了刚与柔的完美结合。

圆，是中国道家通变、趋时的学问；方，是中国儒家人格修养的理想境界：“智欲其圆道，行欲其方正”。方圆互容，儒道互补，构成了中国传统文化的主体精神，也是我这次设计的主要线索。

多点

作　品：多点
作　者：王伟文／华南农业大学
指导老师：杨慧全

设计理念

以官帽椅进行减法设计，少一点的架构，少一点的装饰，少一点无需的存在。少了或许是多了。多一点的传统元素融入现代生活方式中，使其简约造型依稀看到传统的缩影。打破以往深色，白净素雅的配色，多一点清新。外放的传统造型收敛于内，多一点情怀。运用传承，匠造当下。

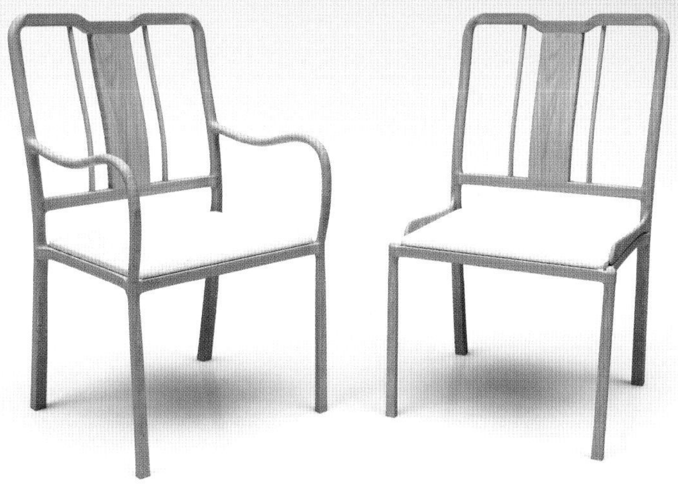

榫卯连接：对传统工艺的致敬。

三视图·

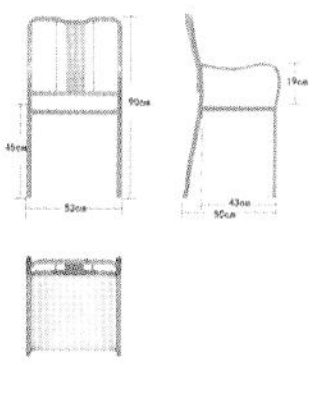

细节·工艺

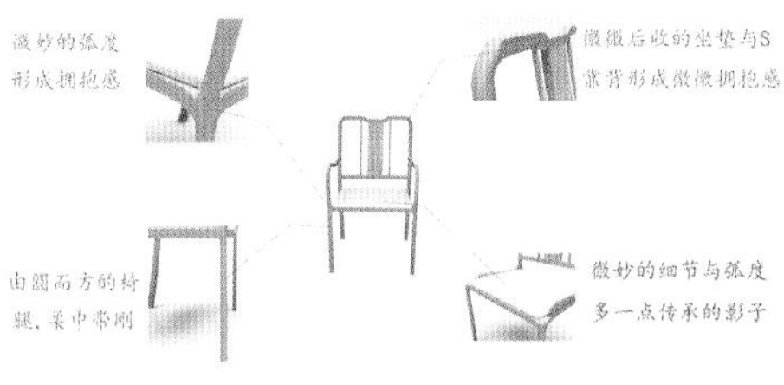

场景图·

作品：古风新语

作者：王增杰、陈雅青、陈景进、徐嘉敏／华南农业大学

作品名称：

《古风新语》

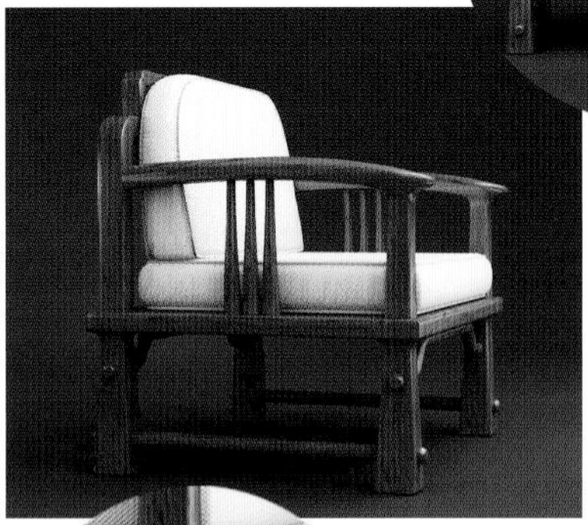

设计说明：

本设计案例，借古喻今，根据现代人的生活方式，采用软沙发形式表现。颜色素雅，造型新颖流畅。整个造型采用传统家具的框架结构，把明式家具的罗锅枨和联帮棍沿用在这款椅子上，很好继承古典家具优点。

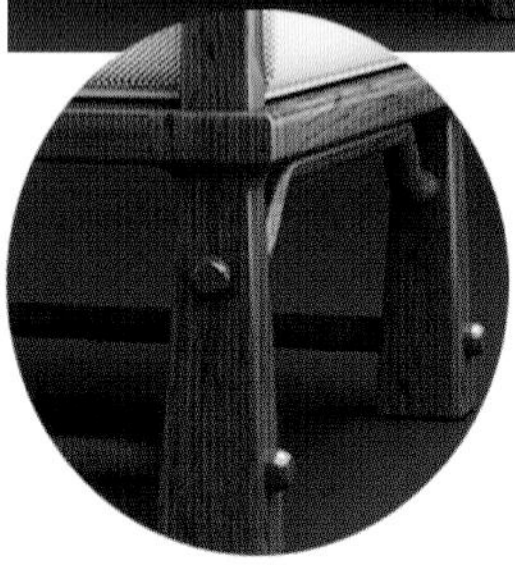

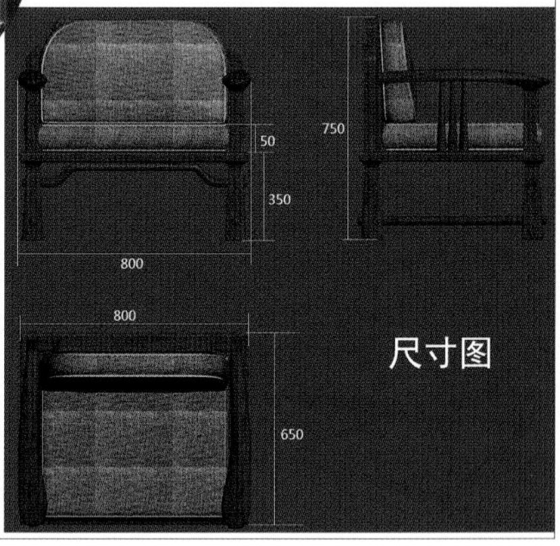

作品：空途

作者：余红涛、陈雅青、陈景进、徐嘉敏／自由设计师

《 空 途 》

设计说明：

以官帽椅美感为设计源泉，空途：人的生活方式在不断变化，所以官帽椅未来是空的，有无限种可能。用以更具现代感的稳固结构和巧妙的装饰细节代替传统家具部件。带来优雅的视觉感受赋予其现代感。圆滑的处理，平稳，让人安心

尺寸图：

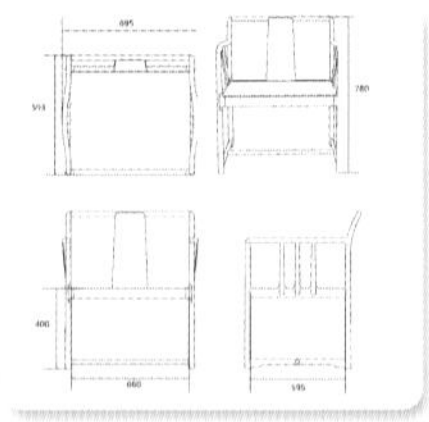

细节图：

作品：玉椅
作者：袁馨如／华南农业大学
指导老师：陈哲、薛拥军

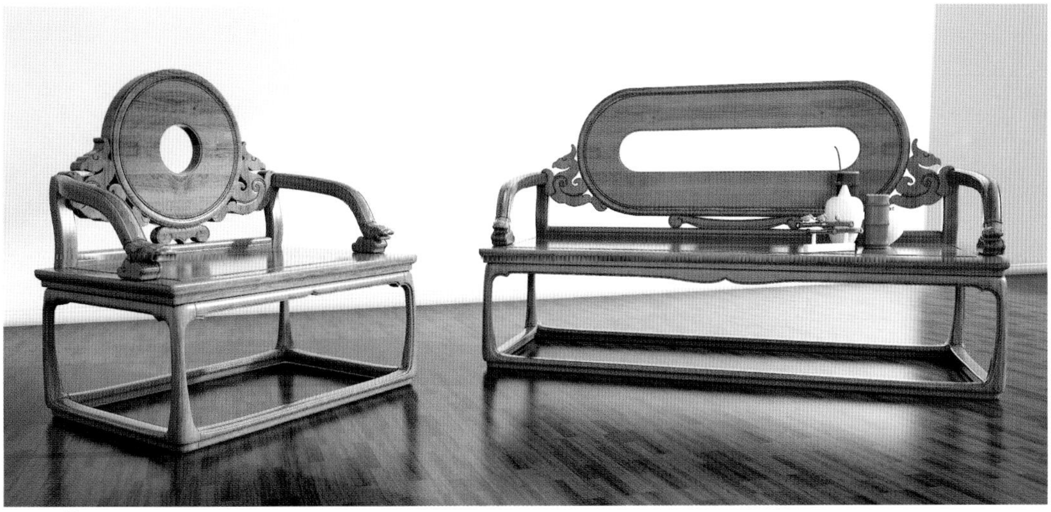

玉椅

单体展示

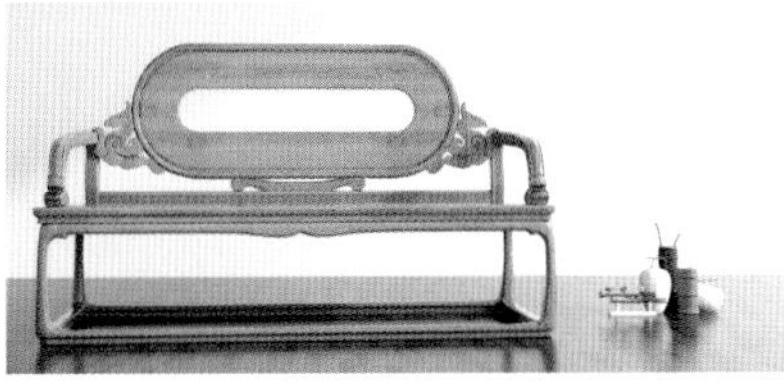

设计说明：

灵感来源于战国时期的玉佩的造型。简洁质朴的圆结合简约化中国传统元素中的凤和游龙的造型，营造出尊贵大方的感觉。材质选用红木木材。同时造型轻巧的下架设计与上部分形成视觉差，体现出现在中式家具的大胆创新。

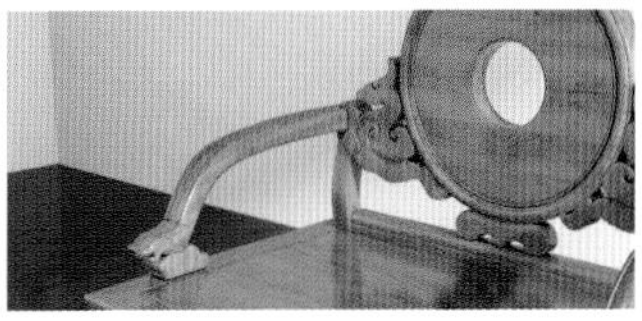

作品：恒·摇椅
作者：谭亚国、谭柳、彭康／中南林业科技大学
指导老师：刘文金

恒｜摇椅

动与静、圆与方、软与硬、惬意闲适与中规正矩、感性与理性...

事物的发展在二元对立中寻求平衡。

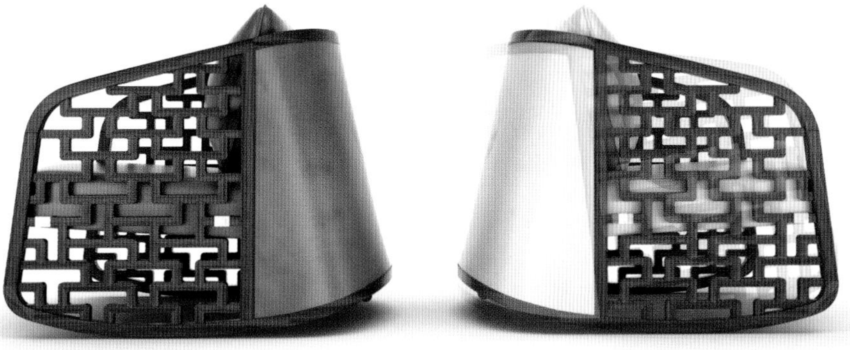

作品：肘节椅

作者：周瀚翔／清华大学美术学院

指导老师：于历战

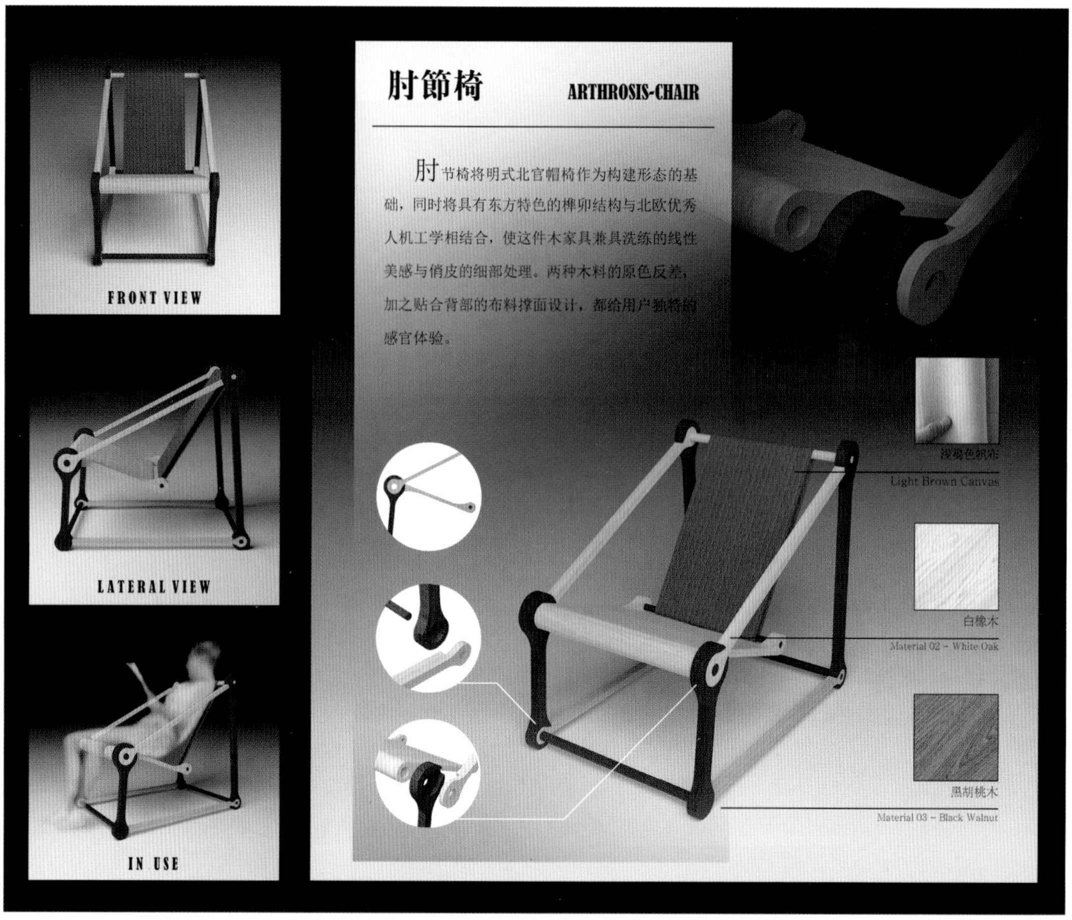
FRONT VIEW
LATERAL VIEW
IN USE
肘節椅
ARTHROSIS-CHAIR
肘节椅将明式北官帽椅作为构建形态的基础，同时将具有东方特色的榫卯结构与北欧优秀人机工学相结合，使这件木家具兼具洗练的线性美感与俏皮的细部处理。两种木料的原色反差，加之贴合背部的布料撑面设计，都给用户独特的感官体验。
Light Brown Canvas
白橡木
Material 02 – White Oak
黑胡桃木
Material 03 – Black Walnut

作品：醉东方

作者：刘文杰／山东工艺美术学院

指导老师：薛坤

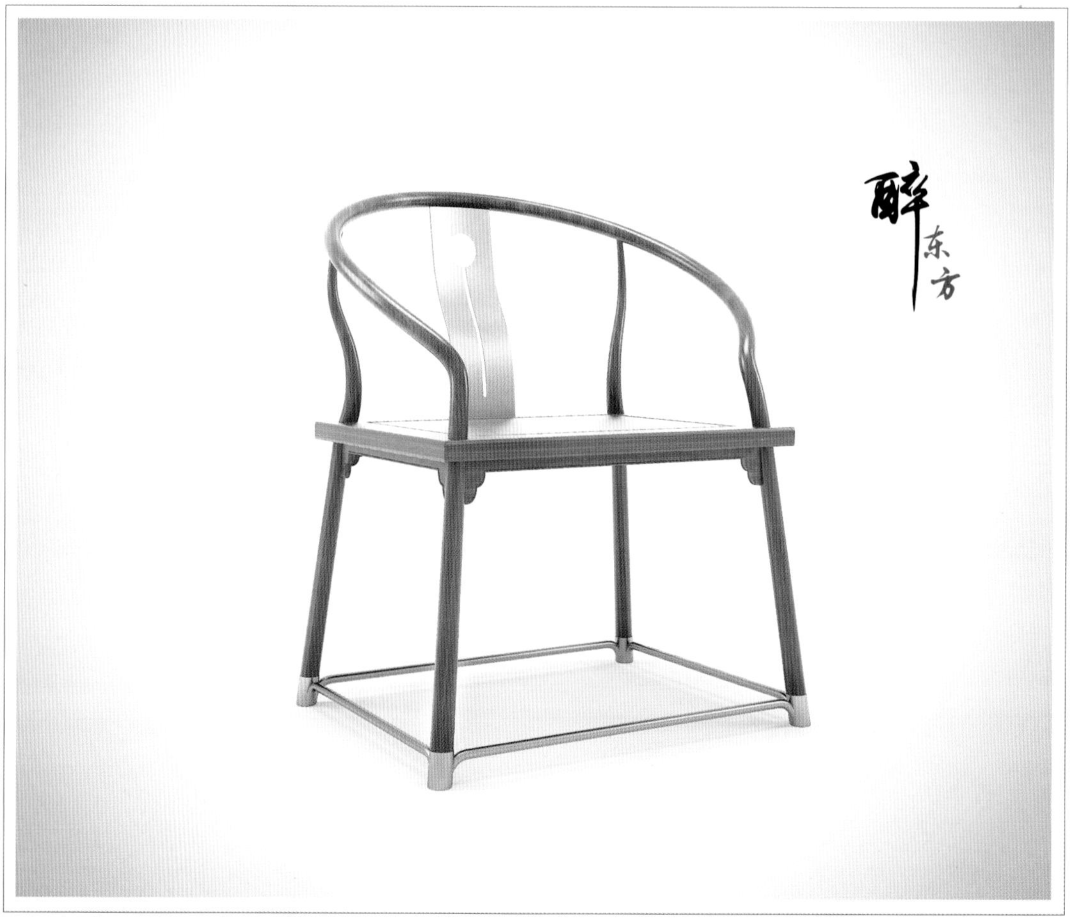
醉东方

梅椅

作品：梅椅
作者：逯新辉、何莉、苏思蓓／四川农业大学

曲·韵

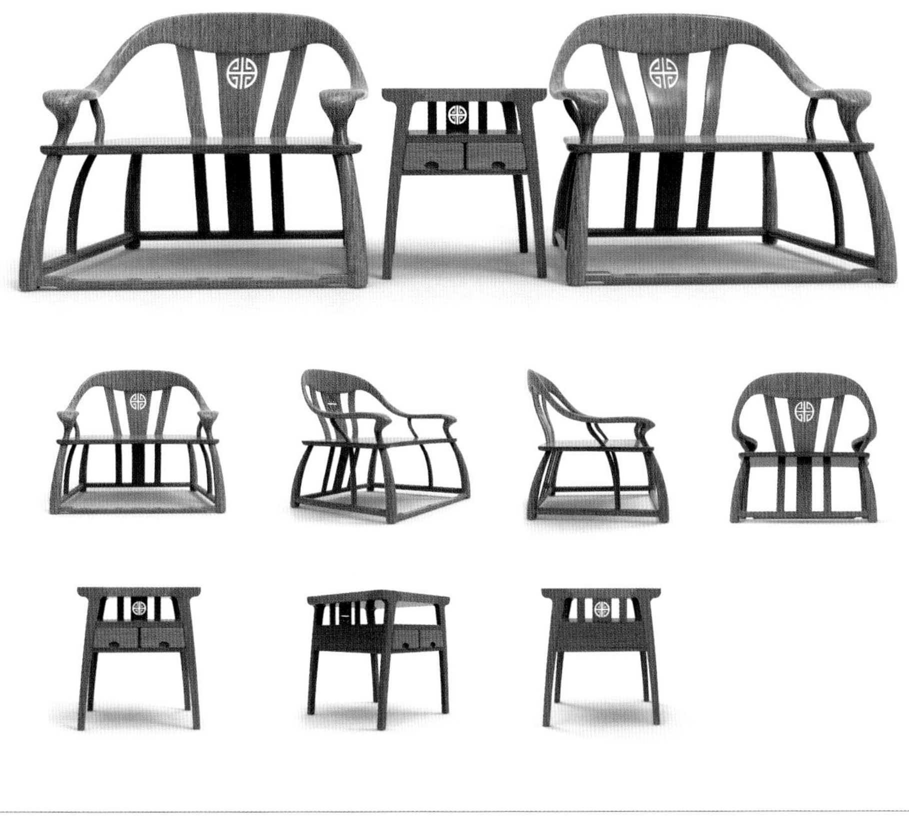

作品：曲·韵
作者：于冬阳／山东艺术学院
指导老师：张恒旺

椅凳类设计奖

作　品：乐在棋中
作　者：黄钰茗／广西大学
指导老师：高伟

乐在棋中

设计说明
此款椅子的灵感来源于围棋，结合明式官帽椅再融入现代元素。主要材料为硬质木材，利用现代弯曲木技术弯曲成型，外加烤漆饰面。黑白的色调配上藤编垫，时尚，简约，令人感到愉悦、放松。

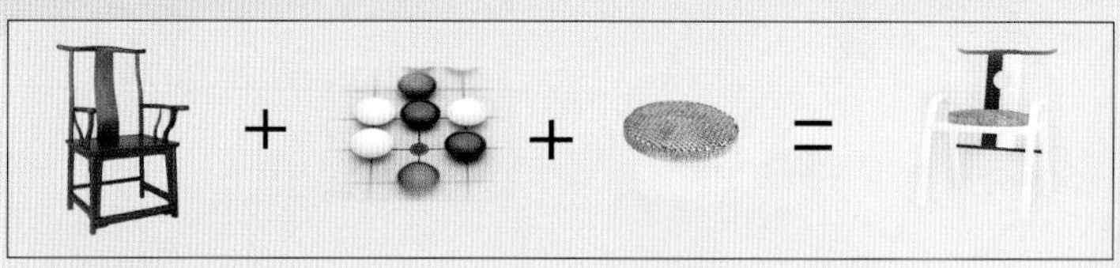

作　品：新·忆
作　者：方晶、张曙光／西南林业大学
指导老师：周雪冰

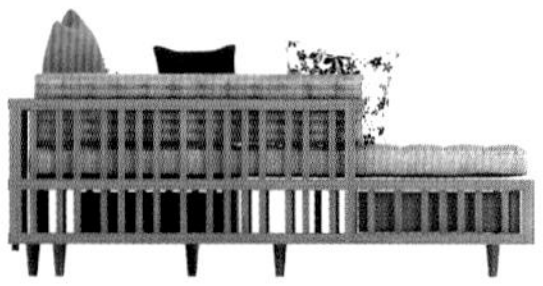

设计说明：

此方案以胡桃木为基材作为整个沙发的框架结构。并加上以棉麻为包裹材料，羽绒为填充材料作为软包。框架以多根小木方排列支撑，既保证了物理需要，又表达了外观上的韵律美。整个家具显得大气简约，胡桃木特有的颜色肌理凸显出了别具一格的新中式韵味。

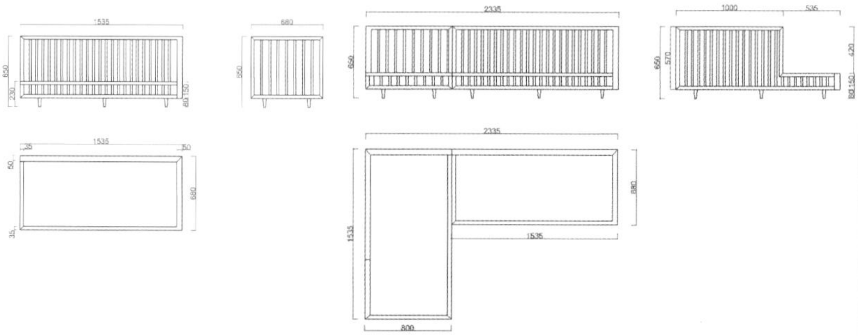

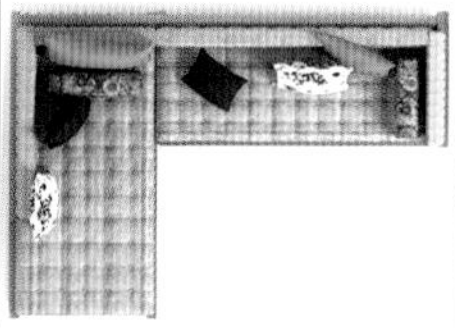

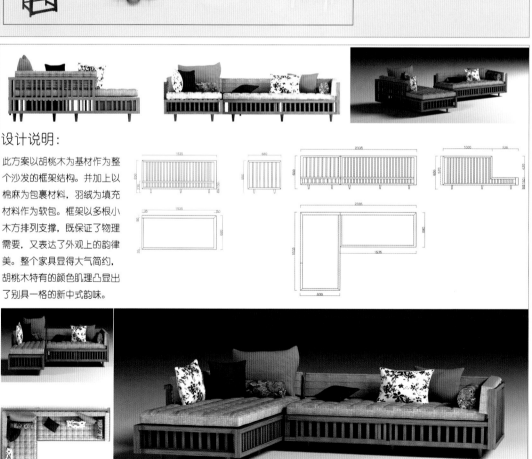

作品：单人沙发
作者：黄贵、张晔瑶／西南林业大学
指导老师：周雪冰

设计说明

本方案设计关键词为简约二字。此单人沙发主体结构一目了然，简洁明快。材料使用水曲柳实木，圆木销穿过四根竖撑，座面穿过四根竖撑落于圆木销之上，扶手及靠背采用插头榫进行结构连接，在保证结构稳定的同时，也起到一定的装饰作用。耐磨，实用的麻布坐垫和靠枕可以给用户提供舒适的坐感，同时也方便后期的清洁。

细节图

三视图

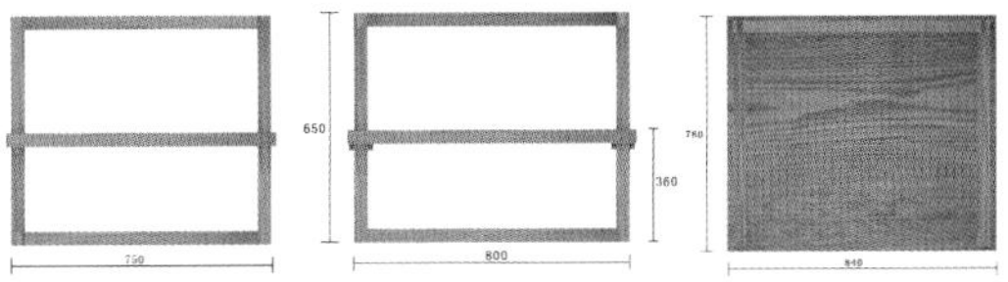

作品名称：单人沙发

作品：檐韵
作者：水恩娇／西南林业大学
指导老师：周雪冰

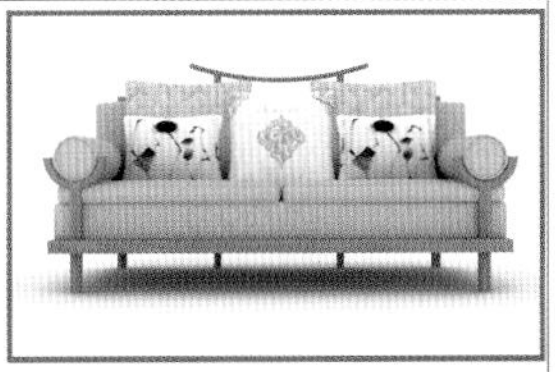

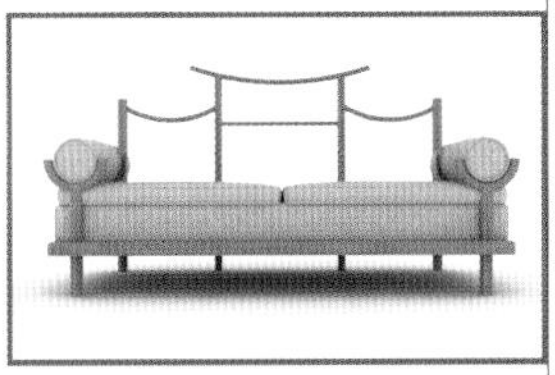

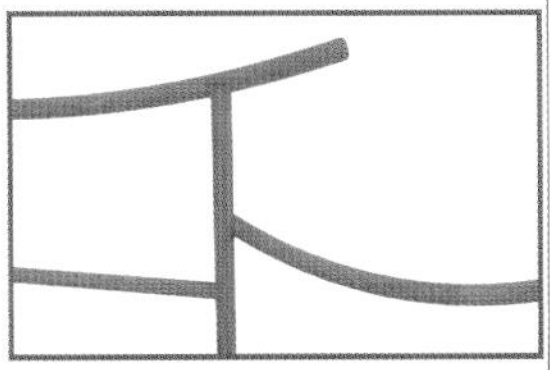

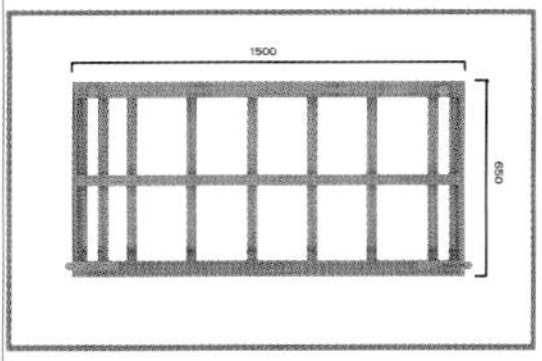

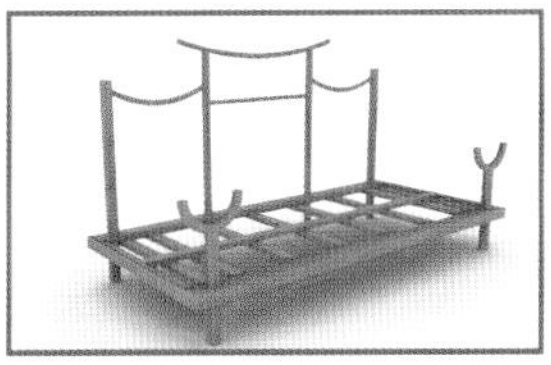

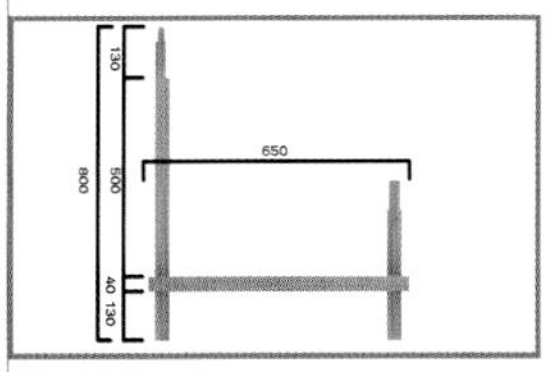

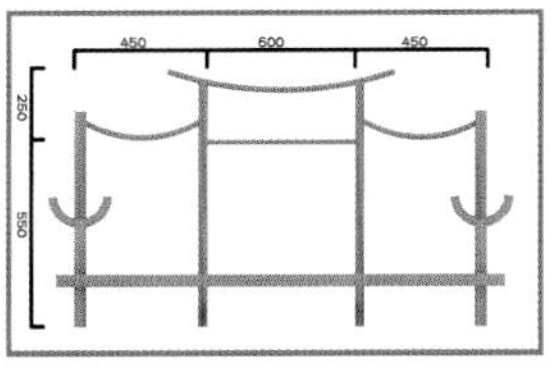

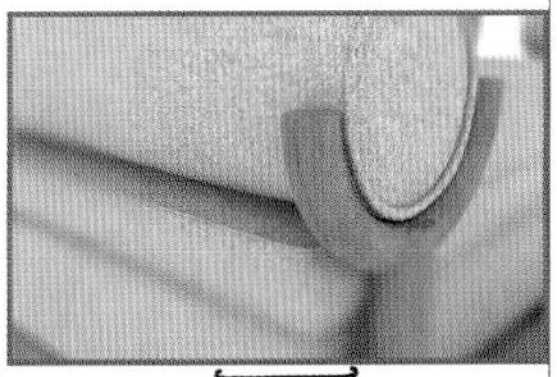

设计说明：

本方案以徽派建筑为设计元素。提取了屋顶高低错落有致这一点再加以有弧度的横撑来完成沙发靠背的设计。靠背也为此沙发的一大亮点。此外，用半圆弧的线条以支撑软包来做沙发的扶手，让装饰物与结构物完美融合。此方案所选材料为浅色木材，整个沙发以实木框架完成沙发的结构。

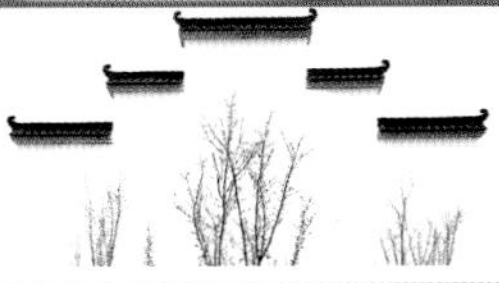

作　品：飞羽玉竹
作　者：张曙光、李从良、李书飞／西南林业大学
指导老师：周雪冰

设计说明

本沙发的设计主要是从古典建筑中进行提炼简化出其元素进行再设计。顶盖部分吸取了古典建筑中的屋顶部分，靠背为建筑中的"美人靠"在沙发的柱脚、横撑及牙板等处运用了古典的线脚方式，使此沙发整体看上去简约去不简单而且使整体更有细节、更有工艺感。牙头部分采用了传统的"云头纹"为元素装饰使其整体看上去更具古典韵味。材料主要采用竹重组材、原竹。框架部分为竹重组材，靠背和竖撑还有屋檐部分为原竹，顶盖则用金属杆穿插原竹连接而成。此沙发适合摆放在礼堂、大厅、别墅等大的民用空间里。

三视图

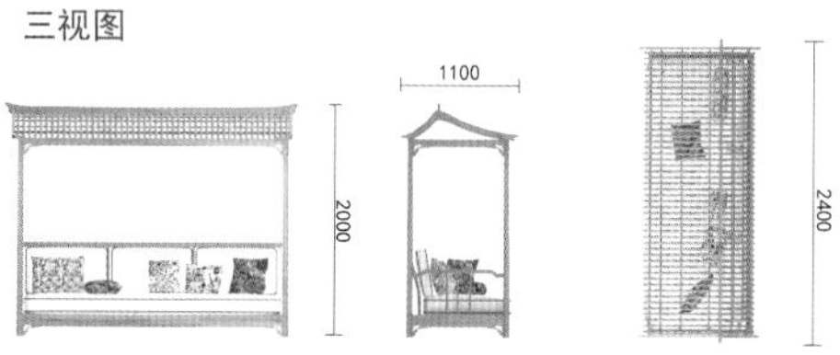

细节图

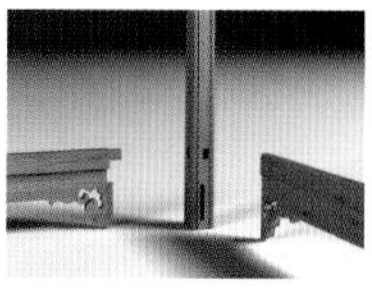

下部横枨、牙板与腿子的结合

上部腿子、牙板与腿子的结合

作品名称：飛羽玉竹

作　品：积木
作　者：张曙光、水恩娇、黄贵／西南林业大学
指导老师：周雪冰

这套沙发是以模块化设计理念为基础进行设计的。通过模块化设计，这套沙发具有标准性、通用性和灵活性，能够增加材料的利用率、提高工作效率，便于大规模工业化生产。

这套沙发由4个单体组合而成，我将它们命名为单体一、单体二、单体三、单体四，如图9、10、11、12。单体一在单体二的基础上去掉了倚靠的功能，单体四则在单体二的基础上，增加了扶手的位置，单体三为一个小箱子，在与单体四搭配使用后，可用作沙发扶手。

通过对这4个单体进行合理的组合，便可形成不同大小、不同形态甚至不同功能的沙发形式，如图1至图8。

道家讲："道生一，一生二，二生三，三生万物。"而这套沙发也正是遵循了这一法则由起初最简单的几个单体，最终衍生出丰富多彩的功能和形态。而且这样一来，它们也具备了形式自由多变、功能出人意料的特点，同时还使其本身的趣味彰显出来。

图1

图8

图2

图3

图9 单体一
770mm*900mm*390mm（坐垫厚度为150mm）

图10 单体二
770mm*700mm*760mm

图4

图5

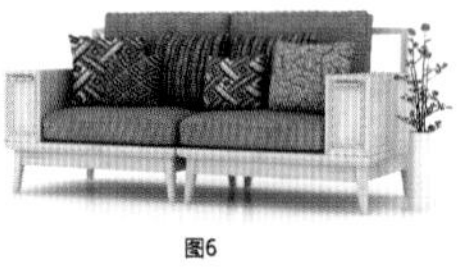

图6

图7

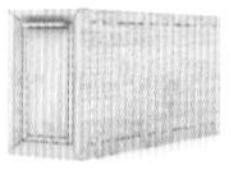

图11 单体三
710mm*200mm*320mm

图12 单体四
770mm*900mm*760mm

作品名称：积木

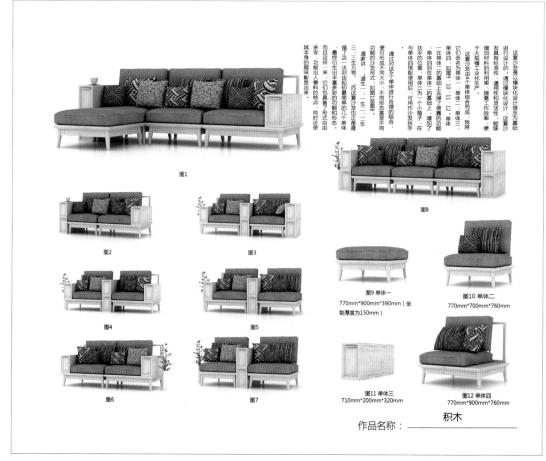

作　品：人为峰
作　者：林丹、何鑫／西南林业大学
指导老师：沈华杰

● 人为峰

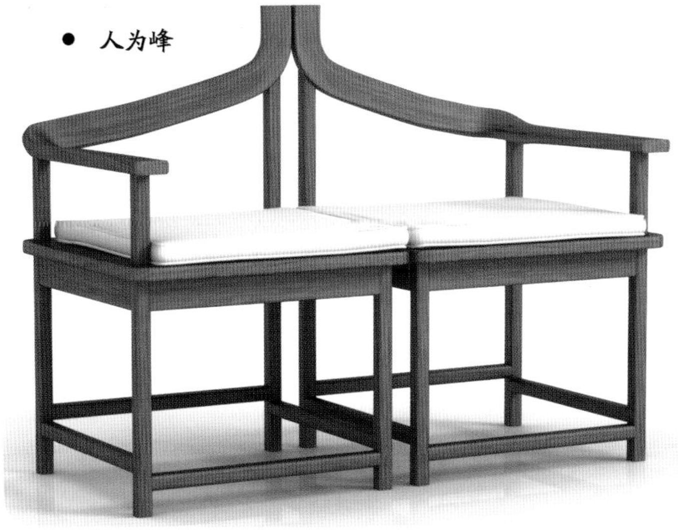

● 椅子单座

● 椅子侧面

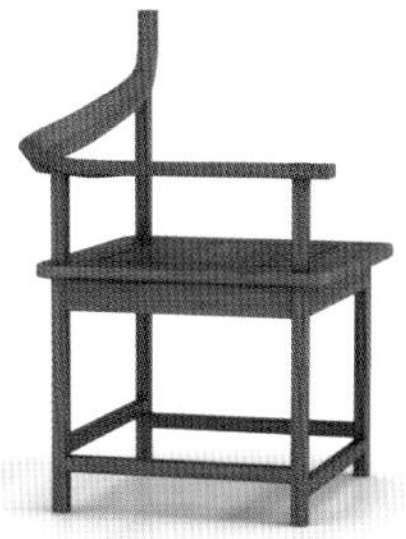

1/2

● 设计说明：

山高人为峰，中华悠久文明中，实木家具素有“匠人形，文心意”之精髓。材料上，木作品以楠木为料，楠木是中国特有的珍贵木材，木质坚硬，经久耐用，耐腐性能极好，带有特殊的香味，能避免虫蛀；造型上，借“人为峰”的设计源泉工艺上；借“珍贵木材多维弯曲”的技术，将扶手扶摇而上弯曲出靠背之形，而后施以传统榫卯结构之艺，采用加工简易的直角榫，从而实现单把椅子简洁、新颖的形态，力求“技、形、艺、新”的工匠精神与文化自信。若将椅子成对呈现，则“人为峰”的意境在靠背处呼之欲出。

作　品：莲杌
作　者：陈子薇／华南农业大学

莲杌

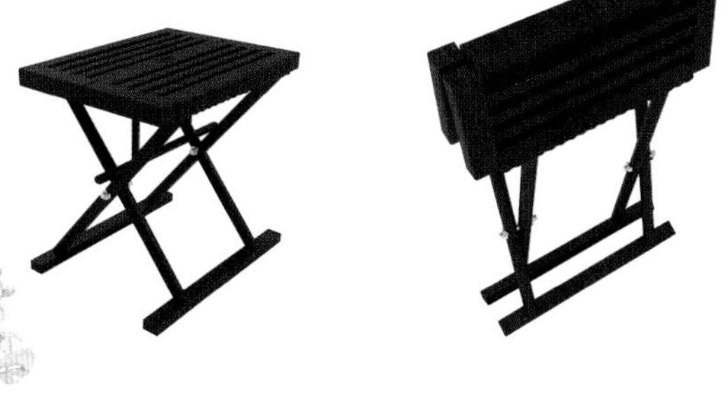

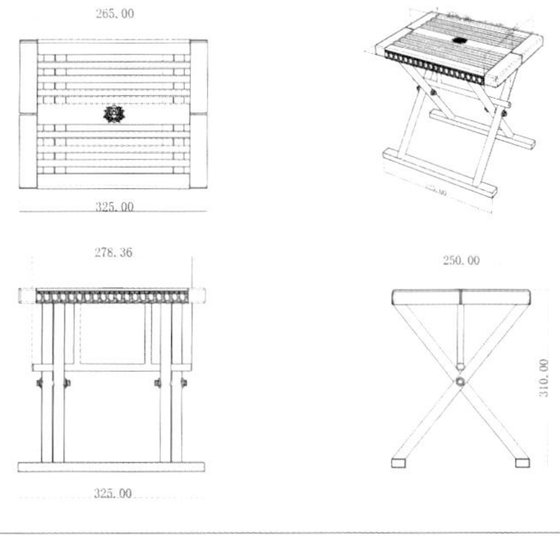
265.00
325.00
278.36
325.00
250.00
310.00

作品：茧
作者：崔艳凯、崔凤阳／山东工艺美术学院

茧
蜕变的精彩

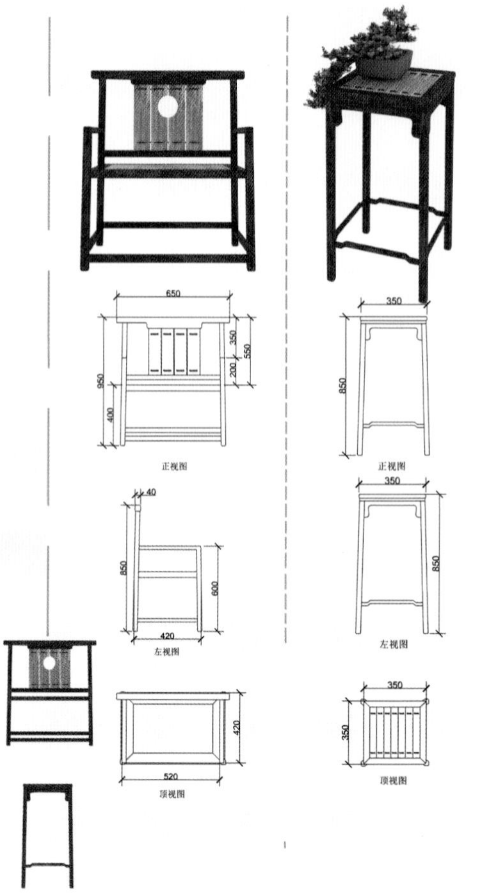
650
350
550
200
950
400
正视图
350
850
正视图
350
40
850
600
420
左视图
850
左视图
420
520
顶视图
350
350
顶视图

设计说明：这套家具最初灵感是我在研究竹筒时想到的，靠背想到利用竹筒来做填充，让作品产生出雅致，古典，璞素的味道。竹筒，意味着知识的载体，将它融入坐具，在精神状态给人以思考，反省的状态。靠背与坐面采用金丝楠木其他部采用鸡翅木，这种深浅对比和颜色的搭配让它有了不一样的气息。将中国的传统技艺演绎崭新的中式家具，创造最为自由的思考空间及最为自在的生活状态。

作品：礼
作者：冯学斌、刘志毅／华南农业大学
指导老师：杨慧全

礼
沙发椅整体造型灵感来源来自于古代礼仪作揖，侧面似双手抱拳敬礼状。扶手及椅腿采用楠木为原料，配以布面软包，主体为圈椅造型上圆下方，外圆内方。相比于传统家具坐感更加舒适，也更符合现代人的生活习惯，颜色简洁易于搭配。金属包边使沙发椅更有现代时尚的感觉，符合现代审美。

半月凳

作　品：半月凳
作　者：黄彬、张艺鸿／中南林业科技大学
指导老师：刘文金

设计思路—小凳的故事

这款小凳，取玉坠和月为设计元素。中间的小圆孔从两个小木板中间穿过，取玉坠上系绳子穿过玉坠小孔的意向,为坐面的点睛之笔。

坐面板与腿部之间采用棕角榫进行连接，上大下小，腿部两根连接横撑微微成弧形，形似弯月别具美感。

童摇—倒坐的凳子

作　品：童摇－倒坐的凳子
作　者：黄彬、张艺鸿／中南林业科技大学
指导老师：刘文金

房间里的小凳，

每个凳子上，都有着我们童年的回忆……

作品：伴椅
作者：蒋烯／山东工艺美术学院

伴椅

“伴椅”的设计灵感来源于传统官帽椅。将传统官帽椅从中间隔断，一分为二，取其一半。

该椅子保留了明式家具简单大方的造型，以及其讲究线条美的特点。以线为主要元素。高靠背的长线条与搭脑、扶手的曲线，突出了家具外部轮廓的线条变化，线条简洁，无过多装饰。

加入现代榫卯结构，将搭脑榫露出，上方可悬挂衣服等。坐面没有与靠背直接连接，更具现代感。将坐面软化，时尚舒适，使这款椅子更具人情味

座椅融合了现代家居的风格，没有过多的雕花装饰，简单大气。

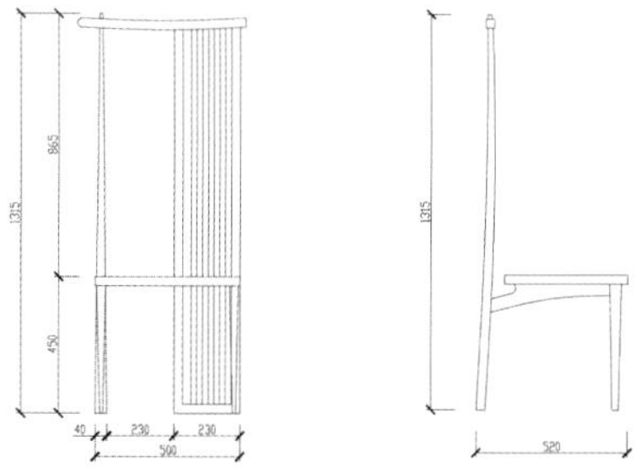

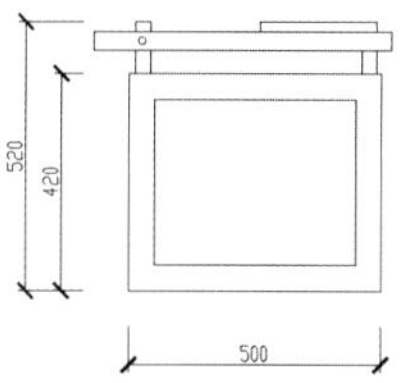

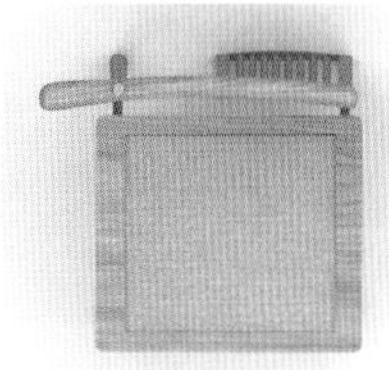

作品：YY椅
作者：王树茂／清华大学美术学院
指导老师：于历战

YY椅 YY Chair

作品尺寸： 539 mm X 505 mm X 706 mm
制作材质： 黑胡桃，软垫

设计说明：

物如其名，在设计中隐藏着对各种工艺极限的挑战。Y字形分叉的后腿，细节处理令腿足有如刀锋般锐利，结合适度的曲线，创造出一种特殊的不平衡的存在感、以及雕刻般的视觉美感，给人以极具骨感、却又纤细轻盈的感受，连接处使用的是榫卯工艺，椅子弧度设计也充分符合了人体工程学。产品在有设计感的同时，又满足了舒适度和耐用性，同时也保证了产品的强度。

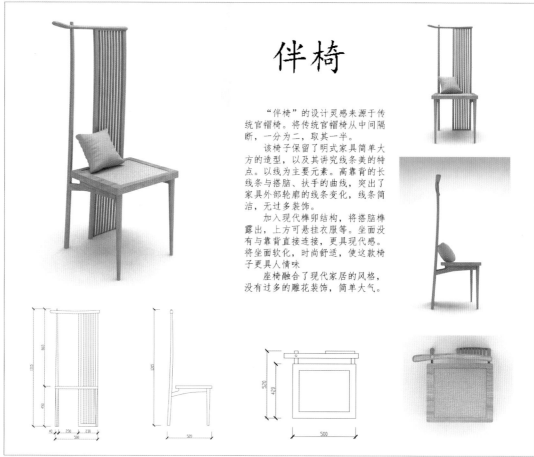

作品：圈椅

作者：王树茂／清华大学美术学院

指导老师：于历战

圈椅　Round-backed Armchair

作品尺寸：580 mm X 555 mm X 718 mm

制作材质：黑胡桃，黄铜，软垫

设计说明：

借鉴中国明代圈椅的圆满形式，用现代的手法去除雕刻繁复的装饰，得其筋骨，再通过细节弧度、比例收分、不同转角的微妙变化，仅保留自然平顺的线条和清雅舒适的坐感。最大的设计亮点为后背的黄铜支架，简洁中得丰富质感，耐人把玩。整体造型饱满圆润，轻盈秀气，正反不同视角转换间富于变化，平衡了古代圈椅庄重的仪式感与现代座椅的舒适性。

作品：品『粤』

作者：林秋丽／华南农业大学

指导老师：郭琼

品

"粤"

设计说明

设计灵感来源于中国四大名绣之一的粤绣，从中国传统官帽椅出发，保留其简洁大方的外形特点，选取粤绣常用题材之一的孔雀作为设计重点。本设计中，茶几背面的展示架上是一幅绣有昂首阔步的孔雀的刺绣，作为呼应，椅子靠背是孔雀翎的形状，坐垫是刺绣的基调色的皮革。

三视图

椅子

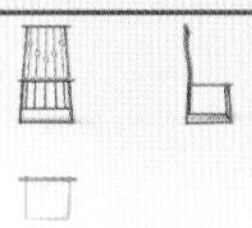

茶几

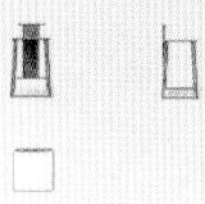

作品：阅享
作者：林秋丽／华南农业大学
指导老师：郭琼

阅享

设计说明

以传统圈椅为原型，通过横向拉长和纵向缩减而得基本骨架，用藤编织物代替生硬木材靠背，给圈椅加上一个半封闭的空间，使其真正成为一个人的天地。后横梁造型来源于潮绣中的“二针龙鳞绣”，不断的重复给人一定视觉上的冲击力，材质上采用黄铜。

三视图

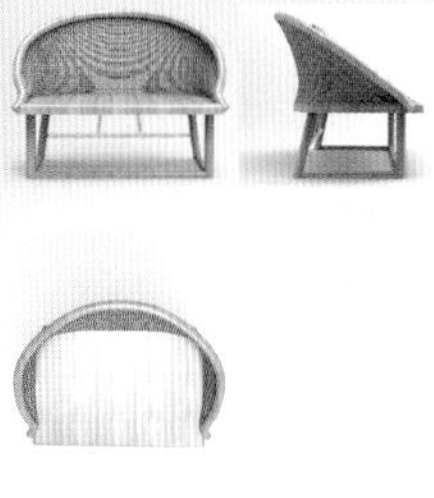

作品：『吕』椅
作者：刘岸、谭亚国／中南林业科技大学
指导老师：刘文金

吕椅

设计说明

此款设计的最大亮点在于座椅上下两个部分都可以用来乘坐，一边形制取材于玫瑰椅，另一边形制取材于圈椅。从正面看过去上下两部分均呈现〝口〞字型，故取名〝吕〞椅。

椅子通体采用|木做为原材料，中间椅面采用布艺软包。整体造型简约时尚，禅意十足，是新中式风格的又一次大胆尝试。

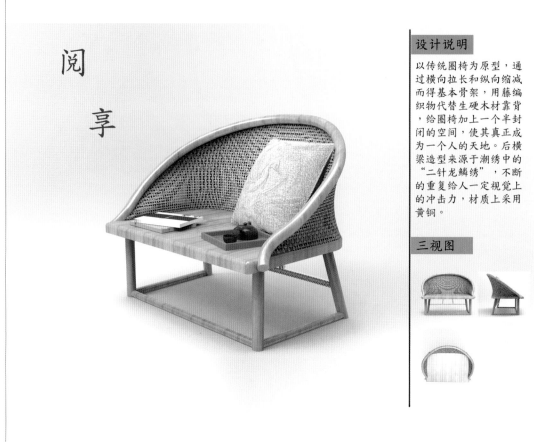

缘

作　品：缘
作　者：罗曼桃／江门职业技术学院
指导老师：黄凯

设计说明

缘的谐音是“圆”，这组新中式的圈椅组合家具是在传统圈椅加上现代风格设计而成的，既不抛弃传统文化又能与时俱进，整体给人一种视觉性的美，简单朴实还不失优雅。

产品三视图

椅子：

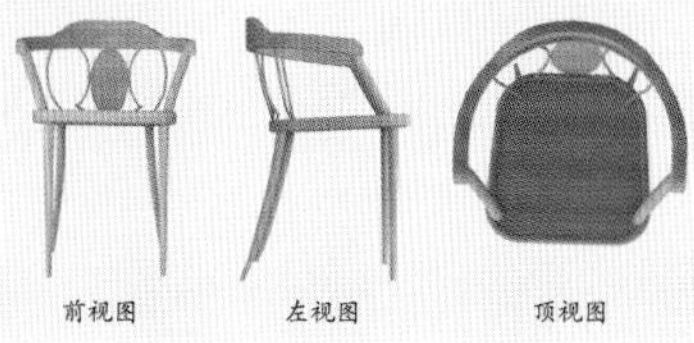

桌子：

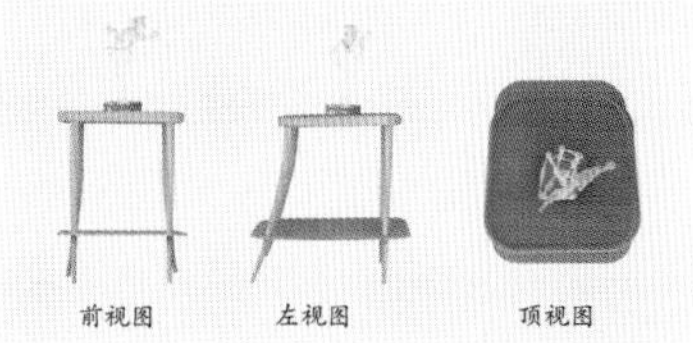

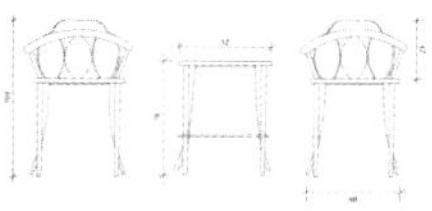

明阅椅

作　品：明阅椅
作　者：袁馨如／华南农业大学
指导老师：陈哲、薛拥军

设计说明：明阅的设计造型来自中国传统圈椅，简单流畅的线条，加上富有现代雕塑感的和曲线感的造型，腿部的倾斜和新结构的运用，诠释出新中式木家具的新造型。

作品：格椅
作者：凌立沅／华南农业大学
指导老师：陈哲

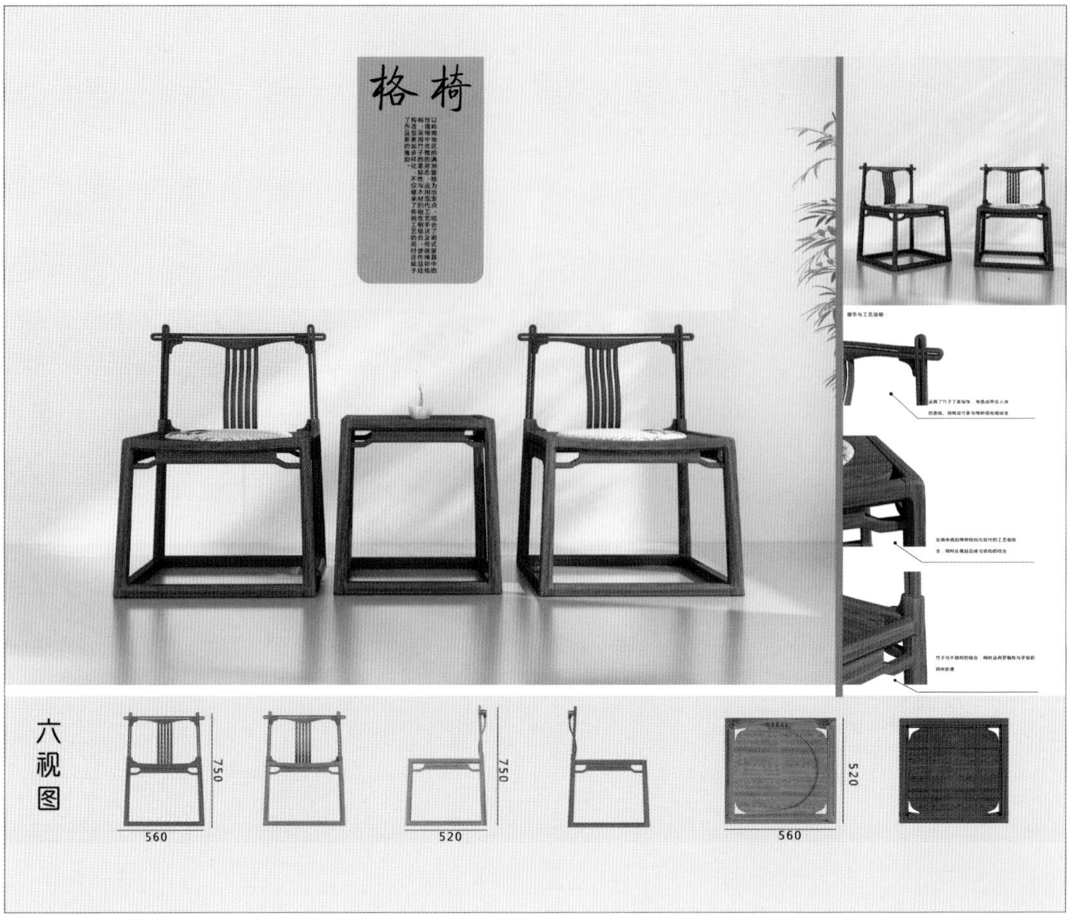
格椅
六视图
750
560
750
520
520
560

作品：忆明清
作者：凌立沅／华南农业大学
指导老师：陈哲

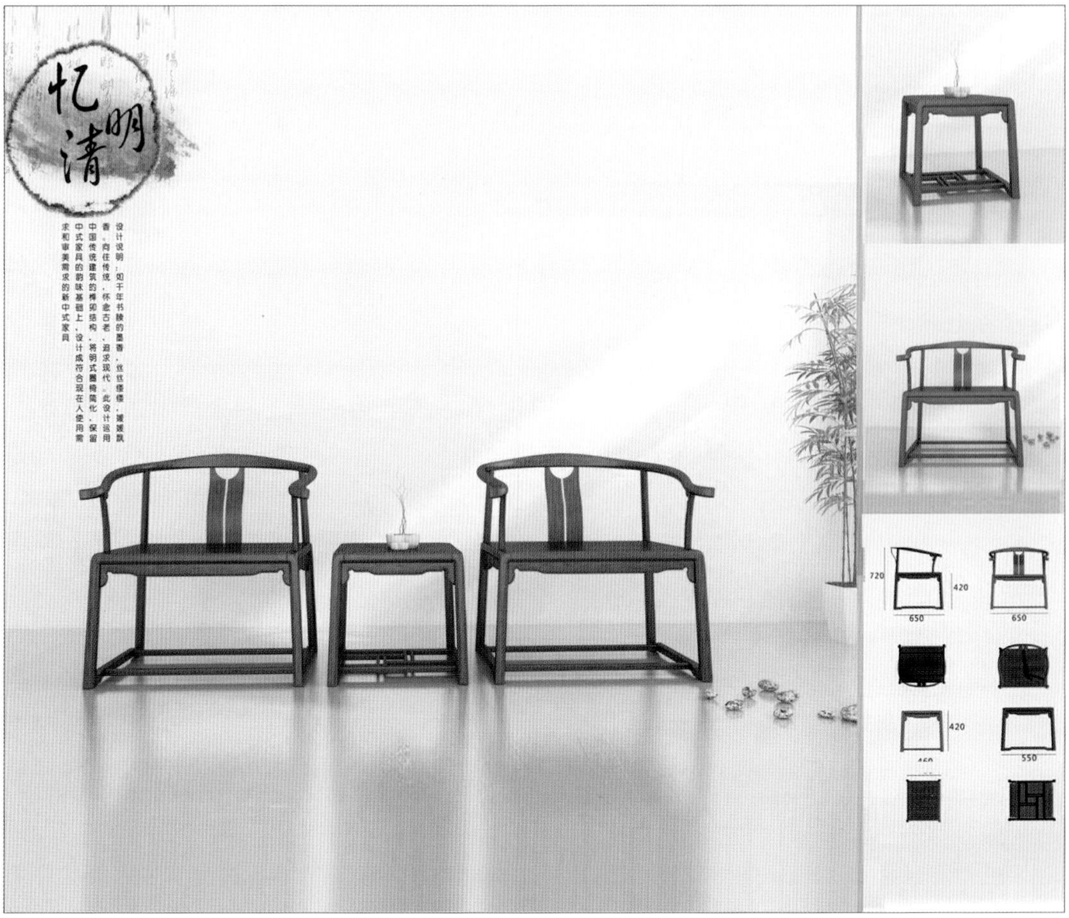
忆明清
设计说明：如千年书籍的墨香，丝丝缕缕，娓娓飘香。向往传统，怀念古老，追求现代。此设计运用中国传统建筑的榫卯结构，将明式圈椅简化，保留中式家具的韵味基础上，设计成符合现在人使用需求和审美需求的新中式家具
720
420
650
650
420
550

作品：大自在椅

作者：薛坤、张骋、刘文杰／山东工艺美术学院

三视图

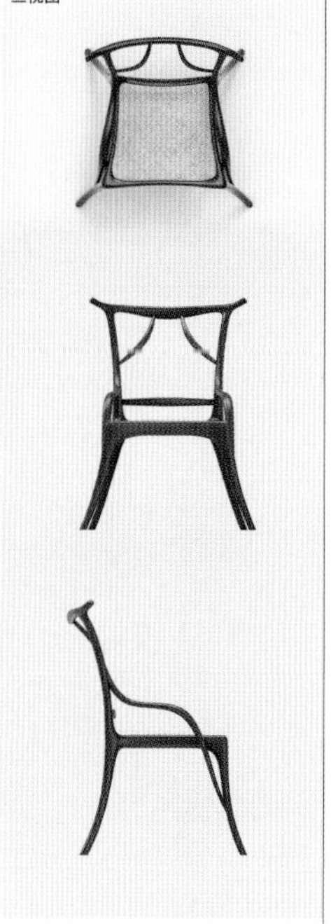

受力示意图

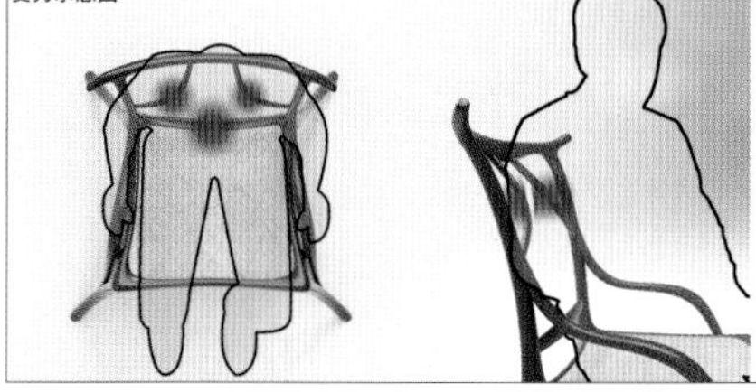

设计说明：

大自在椅：用看似无意、随性、有机的线条诠释了生活的态度。大自在，佛教语。谓进退无碍，心离烦恼。《法华经.五百弟子受记品》："复闻诸佛有大自在神通之力。"

材料采用黑胡桃木和竹编相结合.根据人体工程学原理。靠背由三部分组成，形成支撑。能够有效地支撑起腰部和背部。具有良好的舒适性。使用者也可根据自身需要选择不同坐姿。

作品：瓶型牛皮面髹漆交椅

作者：杨红军、陈炎／福建省慧全文化创意有限公司

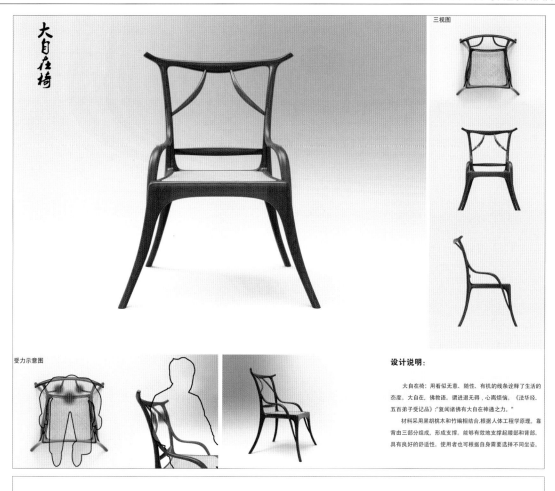

作　品：云芝椅
作　者：张骋／山东工艺美术学院
指导老师：薛坤

设计说明：

云芝椅的设计灵感来源于灵芝的造型，改变了传统的扶手形式。该座椅主要用于参禅打坐，座椅坐高设计较低，坐面放置圆形软垫，使用起来更加舒适。结构依然采用传统的榫卯结构和框架式结构，保证整体的稳固性。材料采用黑胡桃。造型融合了传统与现代。灵芝又代表着富贵吉祥，健康长寿。代表着对使用者美好的祝愿。

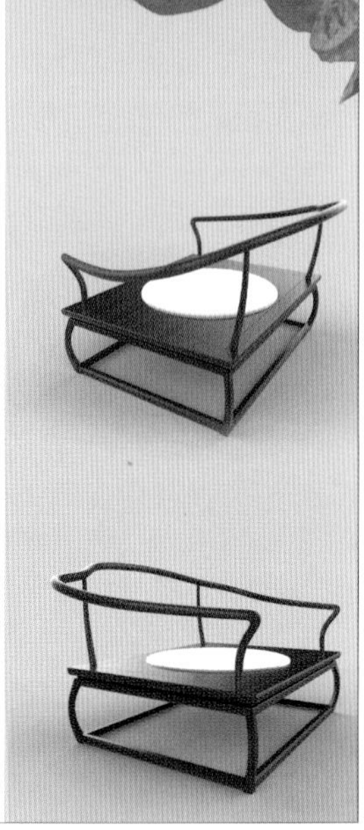

作　品：一叶知秋
作　者：张永超／山东工艺美术学院
指导老师：王所玲

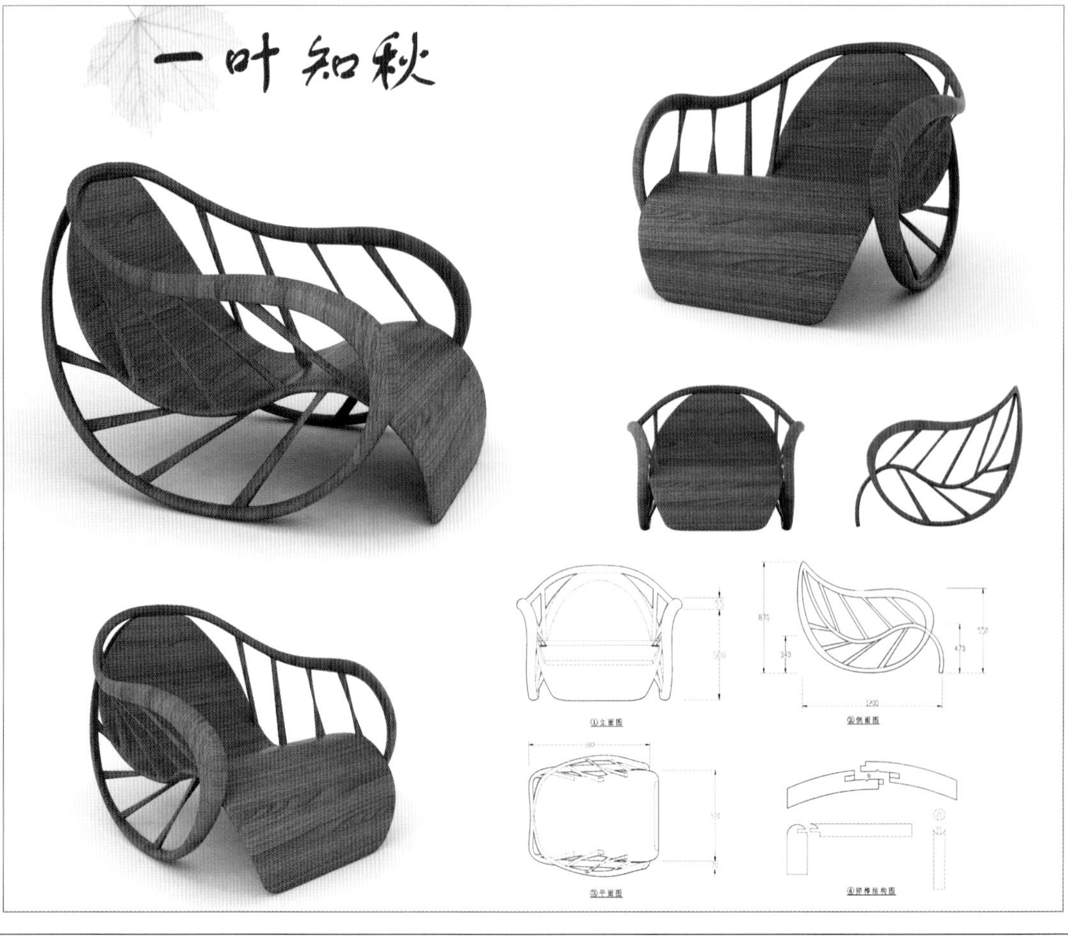

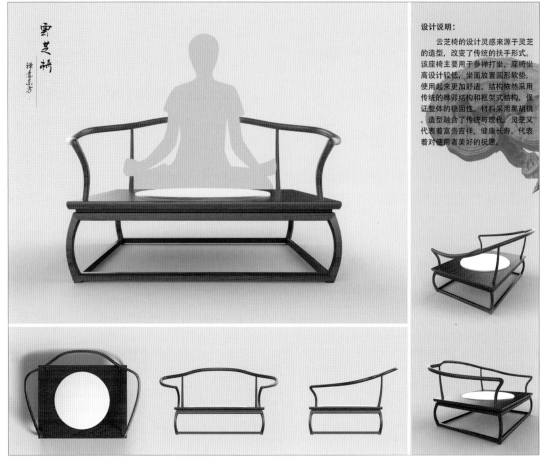

作品：方正
作者：王娟／江苏农林职业技术学院
指导老师：张悦

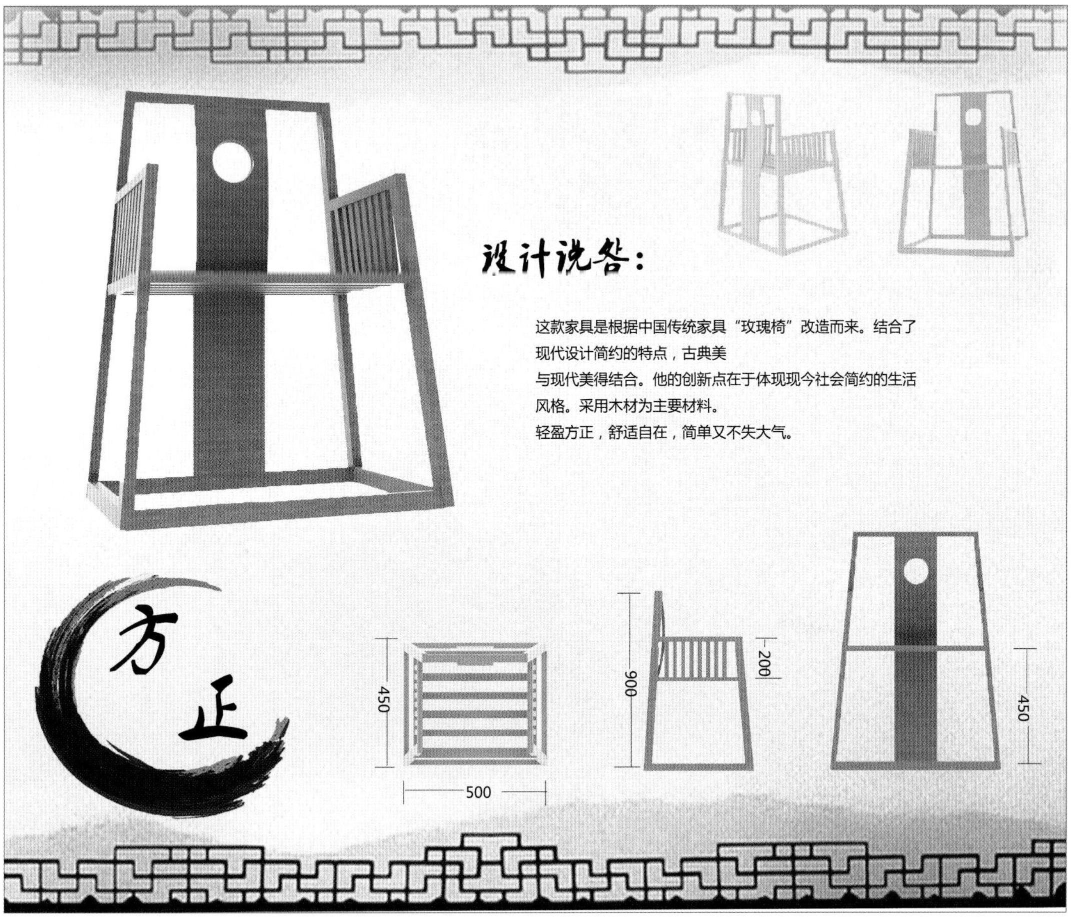
设计说明：
这款家具是根据中国传统家具“玫瑰椅”改造而来。结合了
现代设计简约的特点，古典美
与现代美得结合。他的创新点在于体现现今社会简约的生活
风格。采用木材为主要材料。
轻盈方正，舒适自在，简单又不失大气。
方正
450
500
900
200
450

作品：回
作者：徐守楠／南京林业大学
指导老师：于娜

这款椅子以“回”字为名，取其曲折之意，呼应了椅背的造型。

椅子以西汉末年王莽所铸的新莽货币“大布黄千”为造型元素，取其浑厚古朴的线条轮廓为椅身部分造型，将玫瑰椅作为基础，并将古典纹路回型纹融入其中进行设计。

椅身材料为黑檀，手感润滑，亮里透光，丝丝游动的黑色木纹若隐若现，含蓄而不张扬。

座面为红绸软包，配有金色图腾，不仅能够为用户提供舒适的休息体验，还给整件家具增添了一抹靓丽的色彩，虽具有视觉跳跃感，却不突兀。

椅背分左右两部分，左右两靠背各与其对应的后腿为一体，两部分之间以座面上方的赶枨及下方的赶枨相连接，以达到良好的稳定性。椅背的回型部分均有榫卯连接，并辅以鱼鳔胶黏结来起到固定作用。

扶手的设计带有一定倾斜角度，由椅背向前渐低，符合人体坐姿搭手的习惯，契合了人机工程学的设计要点，并且为整体刚直的线条造型增添一丝活泼，显得虽然庄重而不沉闷。

回

椅凳类设计奖

作品：扶手椅
作者：许锡倩／南京林业大学
指导老师：于娜

扶手椅

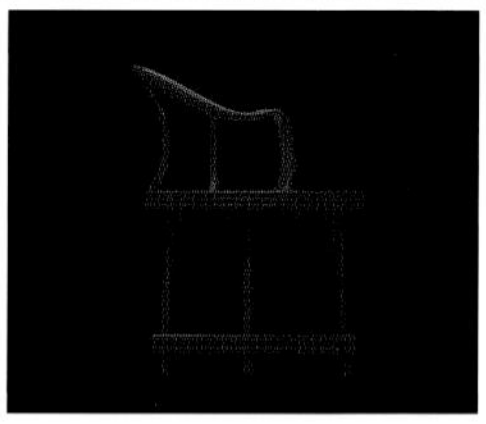

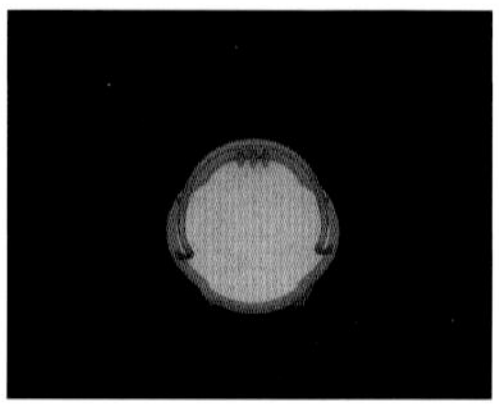

渲染三视图

设计理念：

上扶手和靠背是在一定的人体工程学的基础上设计的，会让人感到舒适；坐面图案为四季海棠的形态，可以采用藤编或其他形式，椅腿使用的六根，符合整体设计的同时，会让人更有安全感。

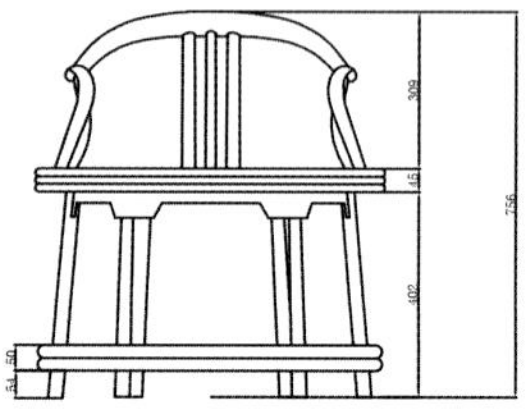

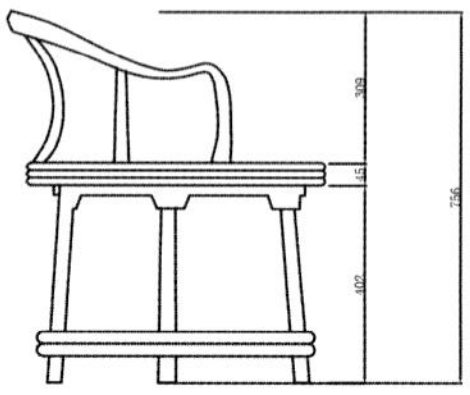

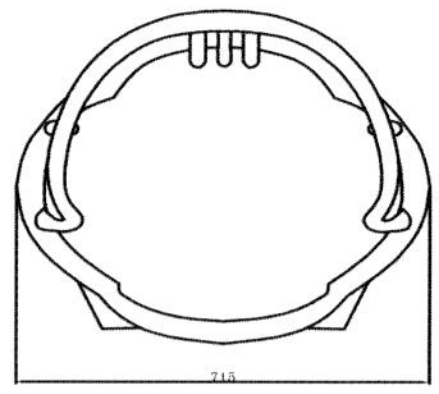

三视图

尺寸：

715×450×756

作品：荷叶椅
作者：张晓纯／南京林业大学
指导老师：于娜

荷叶椅——温婉，涵雅

靠背细节

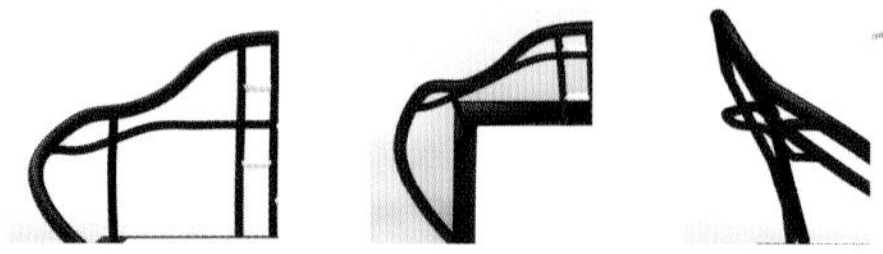

椅子的造型以圈椅为原型，在其基础上融入荷叶元素，取其柔美的边线作为靠背，增加灵动之感；靠背板采用线条组合，使得椅子显得更加轻盈。荷叶的造型意在表明淡雅清丽之意，亦有“出淤泥而不染，濯清涟而不妖”之味。

座面尺寸：545mm*430mm

通高：930mm

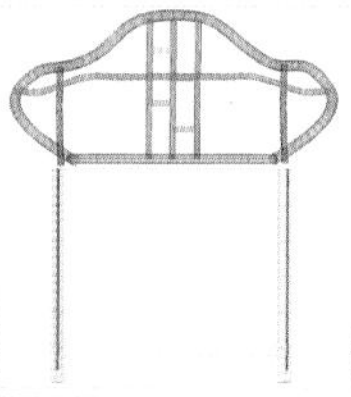

椅子的下半身采用圈椅的壶门券口，使得椅子更有中国传统的味道。壶门券口更重要的作用是增强了椅子的稳定性。

多视角展示

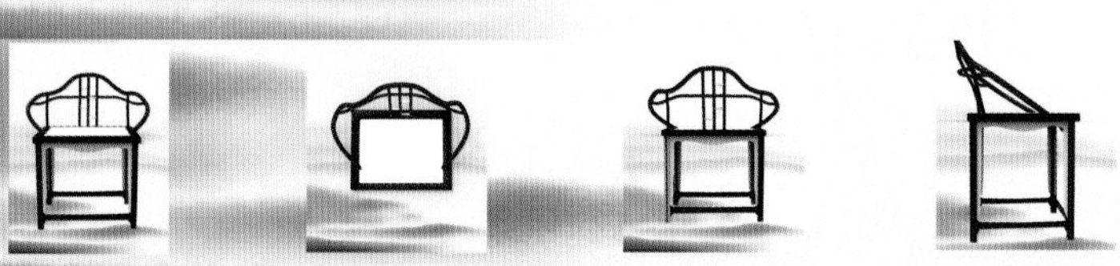

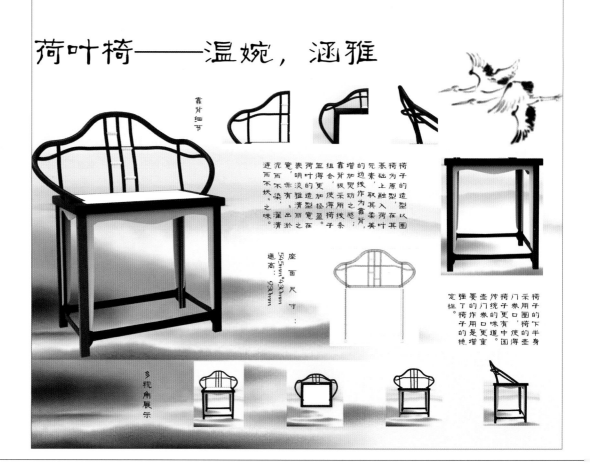

作品：典
作者：黄强／江西环境工程职业学院

该款沙发以橡木为主材，辅助不锈钢做支架，以“使用更少的材料实现更多的功能”为出发点，集舒适，美学，质感，简约，低碳，实用等于一体。

两旁以可升降的圆桌来代替沙发扶手，也可放置物品；通过圆桌面的折叠与定位亦可实现吧台椅和挂衣架等辅助功能，极尽其能，任君想象。单体沙发靠背可实现倾斜，以适应不同人群、不同时期的工作与休闲需求，考虑到使用时的舒适性，即躺椅，抽出的地方可放脚。扶手的柔软度可根据客户需要，自行添加软垫部分。

一类家居，
一室简约
典

三个角落
一片休憩

一页生活
一处情调

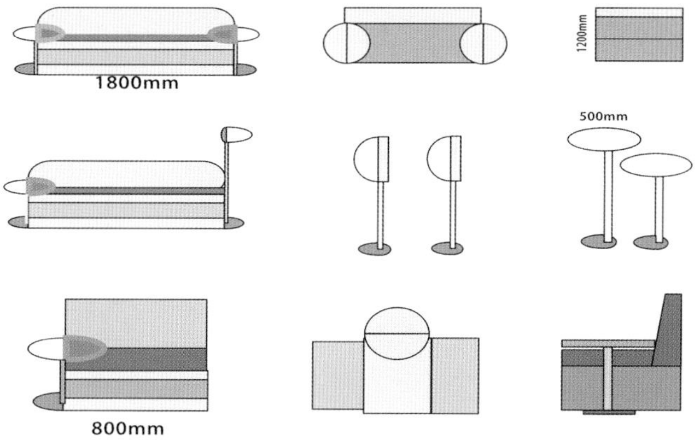
1800mm
1200mm
500mm
800mm

产品三视图

作品：生机3
作者：孙克亮、张付花／江西环境工程职业学院

生机3

设计说明：圈椅，几百年前明朝很流行的一种家具形制，体现了文人墨客的情感依托。“生机3”是我在椅子设计中的第三阶段尝试，集合了美学性和实用性的考量，目的是在尊重圈椅的原创意境的基础上，从家具零部件的结构、尺寸、结合形式等进行了二次解构，以此探索木工设备与手工工艺间的关系，从而使圈椅的制备工艺及外在形式得以进一步发展。

作品：黑骏马
作者：白立中/内蒙古师范大学青年政治学院
指导老师：张美玲

三视图及尺寸
(mm)

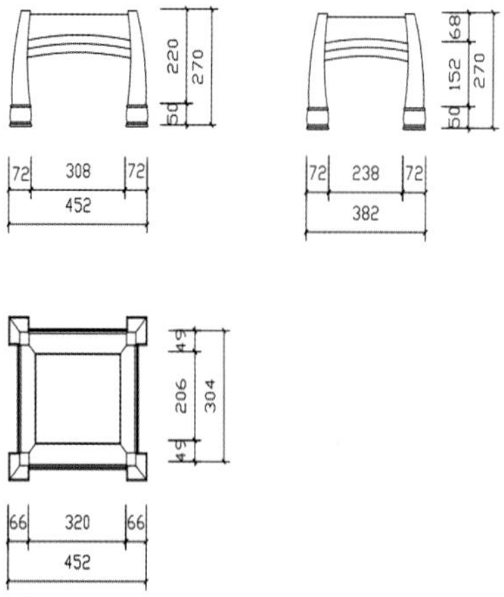

黑骏马
休闲座椅

草原上的北国风光，骏马驰骋，奔腾万千。城市生活的我们，也许会向往大草原的开阔，或是像骏马一样自由自在的飞翔。自由、奔放成为本次设计的主题，也符合休闲娱的生活方式。设计灵感来源于马蹄造型，将其提炼运用到坐凳的腿上，直与取中更添加了一份力道。家具饰以黑漆，给人高贵、沉稳之感。因此，家具取名为“黑骏马”。

作品：静坐参禅
作者：冯雪婷、张琪/内蒙古师范大学青年政治学院
指导老师：张美玲

静坐参禅
休闲座椅

静，对于在浮躁的快节奏中迷失自我的人，是一种精神的放松和寄托。禅椅，禅者静度，踞坐以潜意。椅背小半部分镂空的线条和中间的实靠背融为一体，直接贯穿到椅子腿部分，附有整体感。整个器形笔挺饱满，从而才会拥有从容淡定、豁然大度的闲雅气质。家具饰以黑漆，沉下心来仔细品读，配合灵动的软装抱枕搭配，如诗如画，更具有诗意。

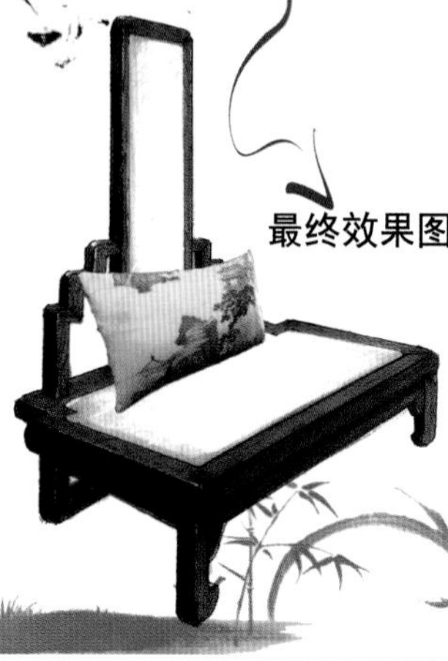

最终效果图

三视图及尺寸（mm）

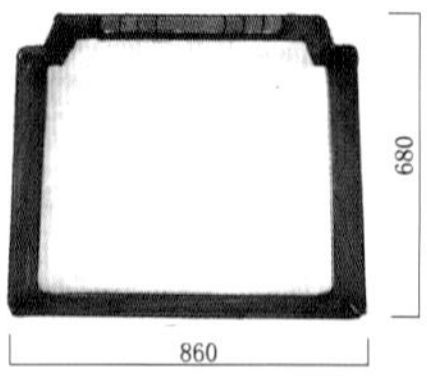

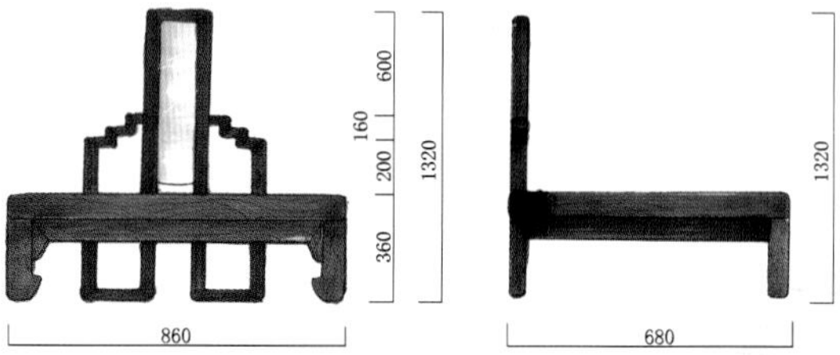

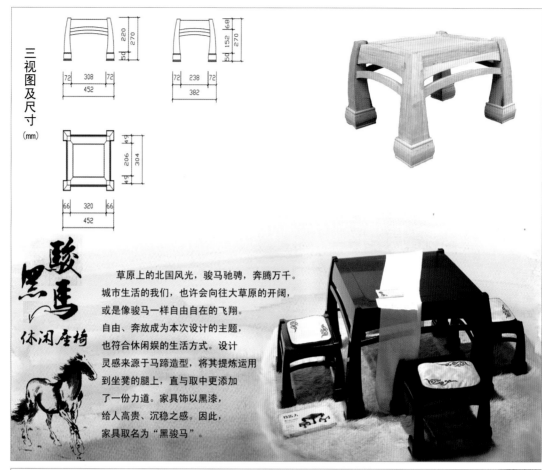

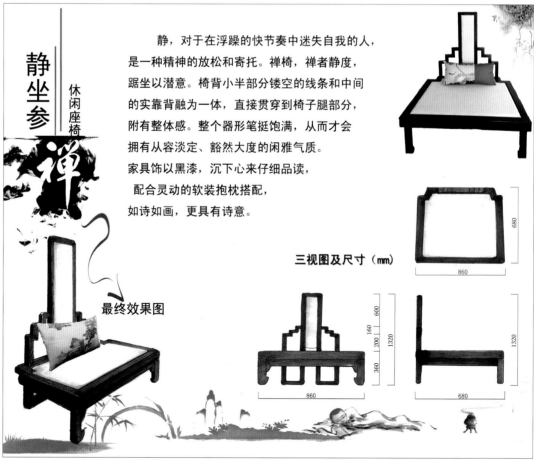

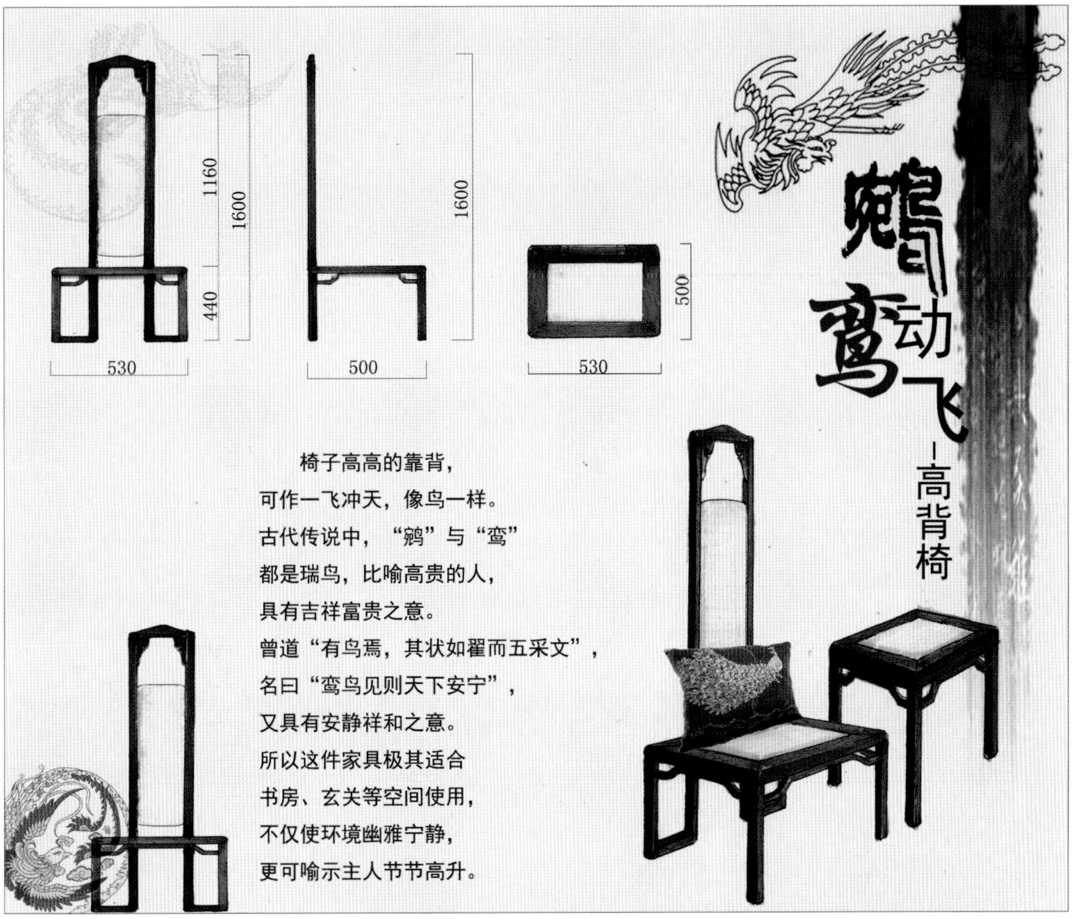
鹓动鸾飞
—高背椅
椅子高高的靠背，
可作一飞冲天，像鸟一样。
古代传说中，"鹓"与"鸾"
都是瑞鸟，比喻高贵的人，
具有吉祥富贵之意。
曾道"有鸟焉，其状如翟而五采文"，
名曰"鸾鸟见则天下安宁"，
又具有安静祥和之意。
所以这件家具极其适合
书房、玄关等空间使用，
不仅使环境幽雅宁静，
更可喻示主人节节高升。

作品：鹓动鸾飞
作者：冯雪婷、朱鹏超／内蒙古师范大学青年政治学院
指导老师：张美玲

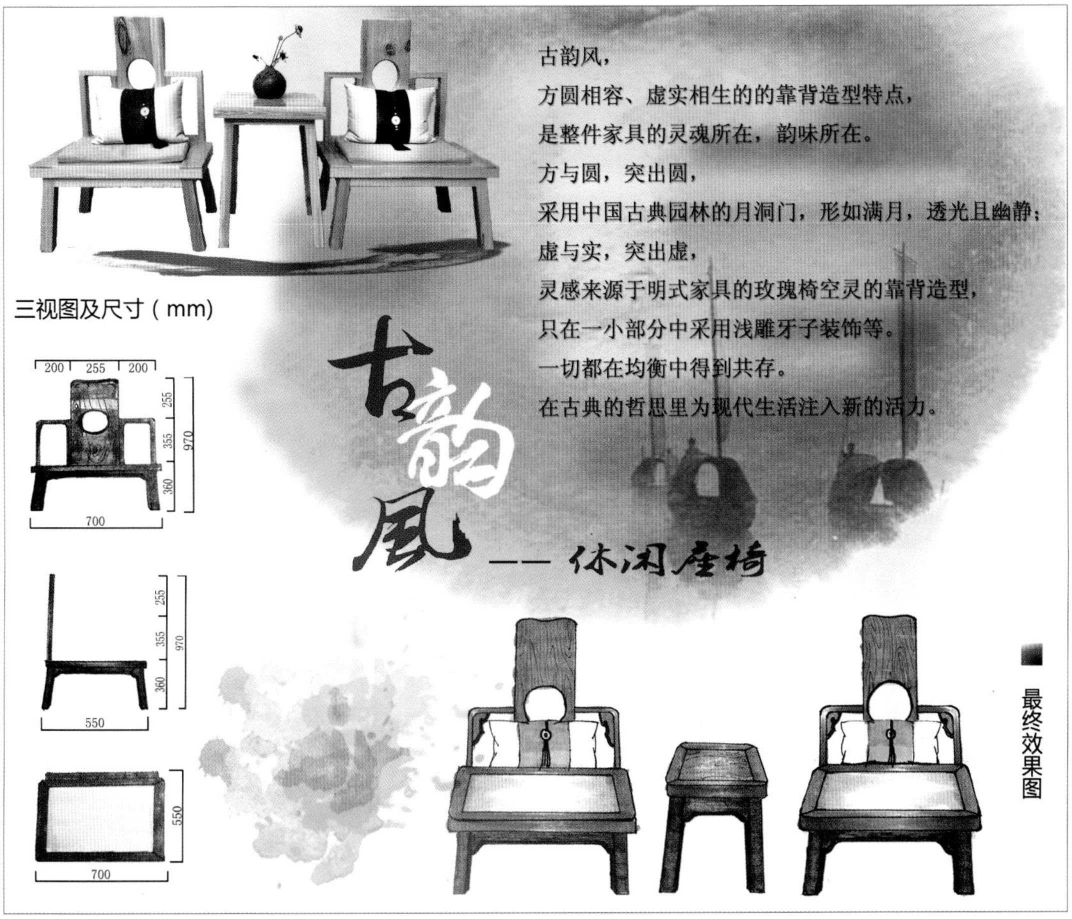
古韵风，
方圆相容、虚实相生的的靠背造型特点，
是整件家具的灵魂所在，韵味所在。
方与圆，突出圆，
采用中国古典园林的月洞门，形如满月，透光且幽静；
虚与实，突出虚，
灵感来源于明式家具的玫瑰椅空灵的靠背造型，
只在一小部分中采用浅雕牙子装饰等。
一切都在均衡中得到共存。
在古典的哲思里为现代生活注入新的活力。
三视图及尺寸（mm）
古韵风——休闲座椅
最终效果图

作品：古韵风
作者：李继玲／内蒙古师范大学青年政治学院
指导老师：张美玲

椅凳类设计奖

作品：峦
作者：李洁／内蒙古师范大学青年政治学院
指导老师：张美玲

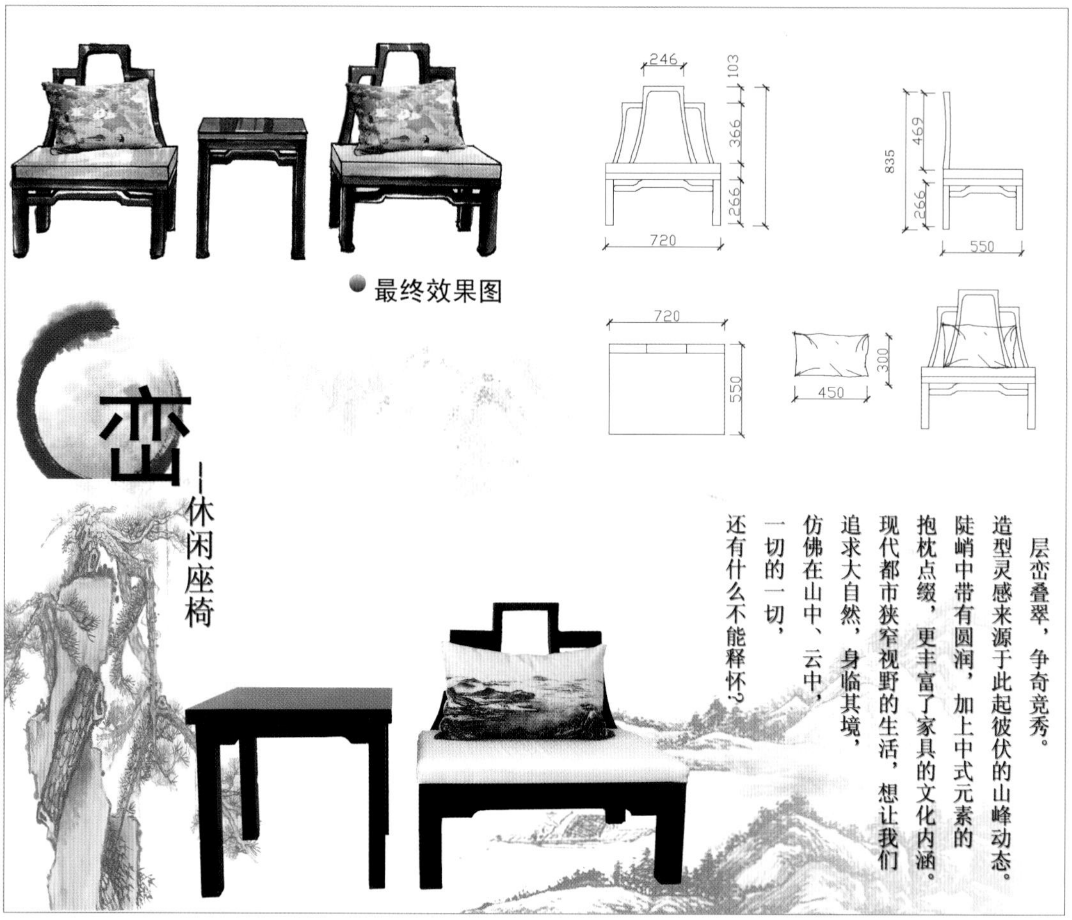
最终效果图
246
103
366
266
720
835
469
266
550
720
550
450
300
峦
—休闲座椅
层峦叠翠，争奇竞秀。
造型灵感来源于此起彼伏的山峰动态。
陡峭中带有圆润，加上中式元素的
抱枕点缀，更丰富了家具的文化内涵。
现代都市狭窄视野的生活，想让我们
追求大自然，身临其境，
仿佛在山中、云中，
一切的一切，
还有什么不能释怀？

作品：观心
作者：李晓飞／内蒙古师范大学青年政治学院
指导老师：张美玲

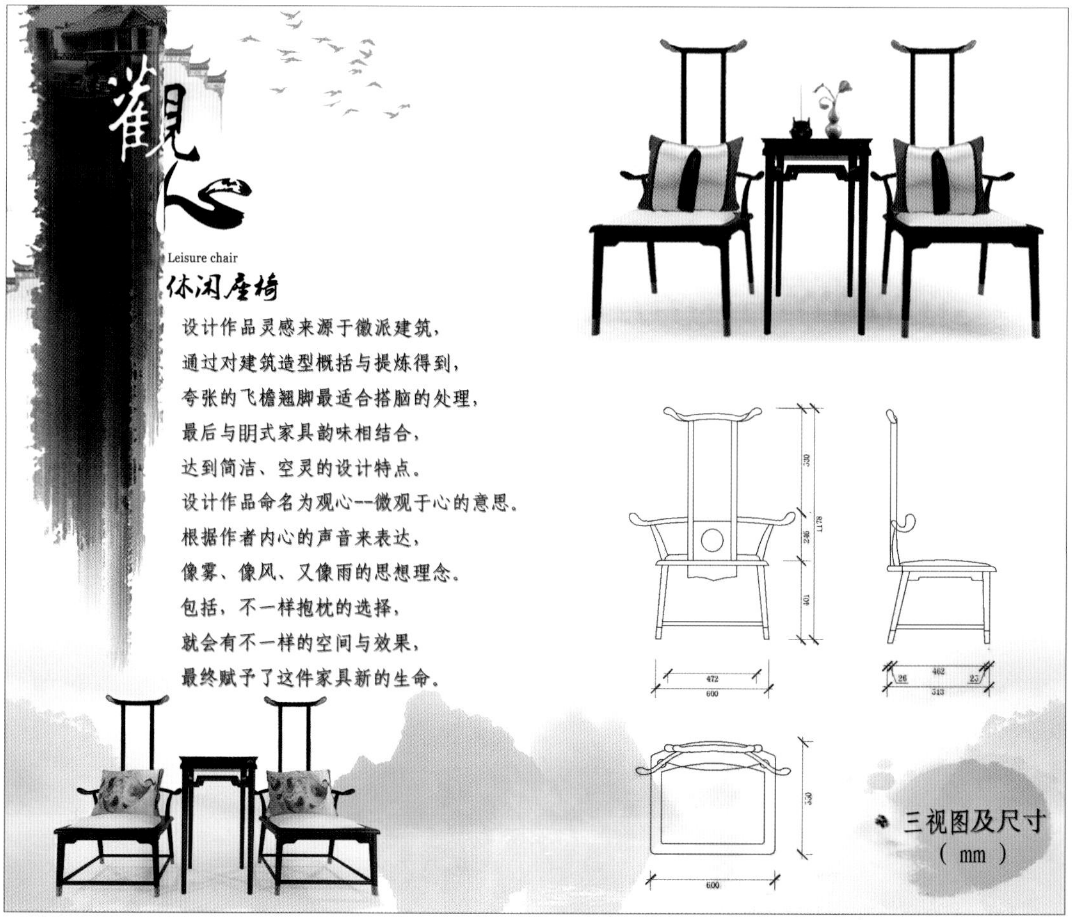
观心
Leisure chair
休闲座椅
设计作品灵感来源于徽派建筑，
通过对建筑造型概括与提炼得到，
夸张的飞檐翘脚最适合搭脑的处理，
最后与明式家具韵味相结合，
达到简洁、空灵的设计特点。
设计作品命名为观心--微观于心的意思。
根据作者内心的声音来表达，
像雾、像风、又像雨的思想理念。
包括，不一样抱枕的选择，
就会有不一样的空间与效果，
最终赋予了这件家具新的生命。
三视图及尺寸
（mm）

作品：棋
作者：刘翠娟、工婷婷／内蒙古师范大学青年政治学院
指导老师：张美玲

棋——休闲座椅

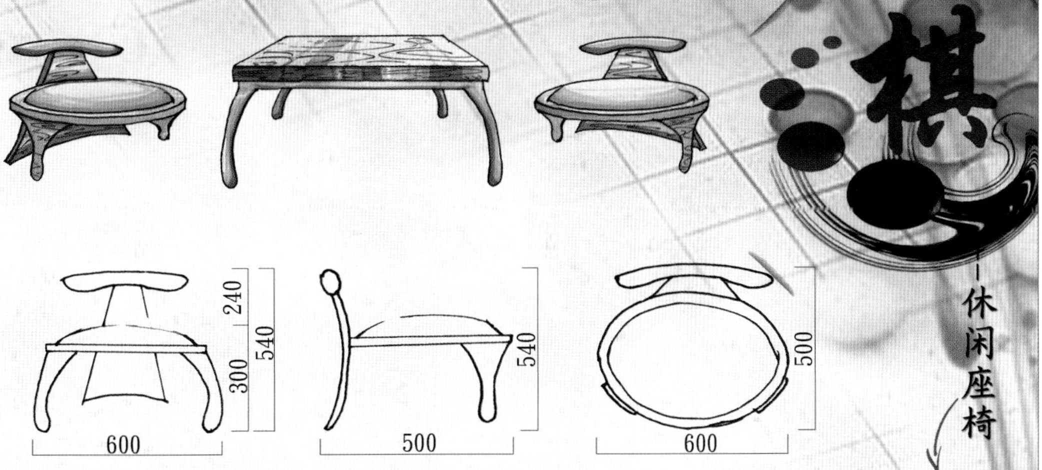

琴棋书画之棋指的就是围棋。规则简单却变幻莫测。李远的《北梦琐言》中“人事三杯酒，流年一局棋”可谓以一种轻松的姿态道尽人的一生，此作品以简洁又现代的方式表达出来，契合主题。将围棋的功能特点和明式家具韵味相结合，并不生搬硬套，对其整体进行简化，加之微妙的现代处理手法，相互呼应、对比。如此，具有现代感的设计与传统文化及工艺相结合成就了这套新中式的座椅。

作品：梓芒
作者：齐彦妮／内蒙古师范大学青年政治学院
指导老师：张美玲

梓芒——休闲座椅

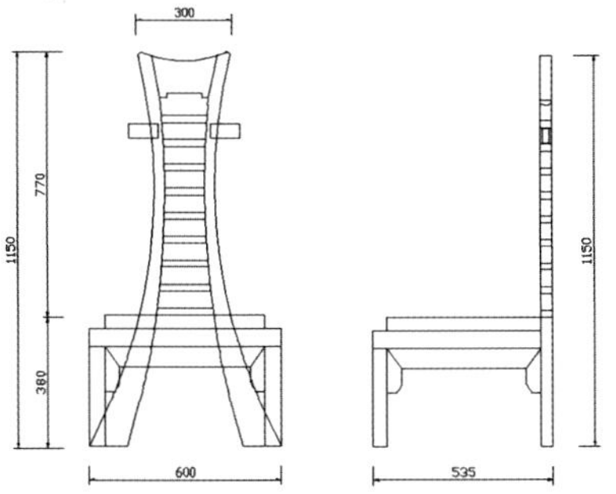

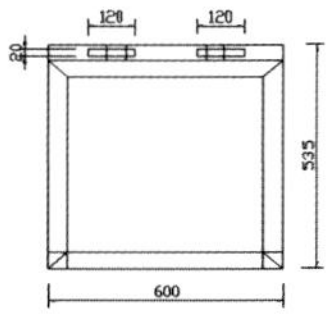

最终效果图

较为舒展的靠背造型，给人视觉上的美感。没有具体的设计灵感，只求家具造型的每一笔都要符合比例美感。最后在保证基本轮廓的基础上，结合明式家具的细节装饰特征，使家具即有比例美感，又有细节内涵。采用北方常见的松木，纹理质朴，稍上淡漆，给人清新自然之感，仿佛将我们带到丛林之中。

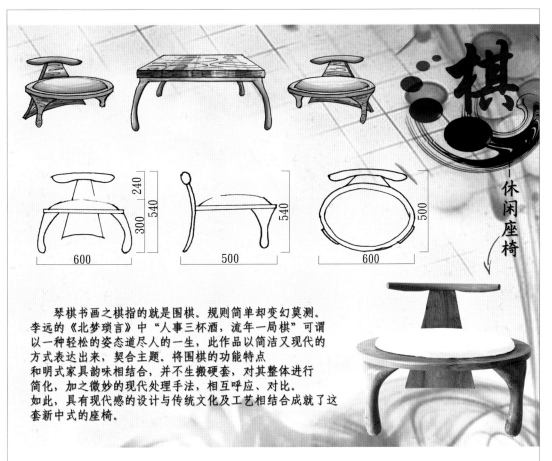

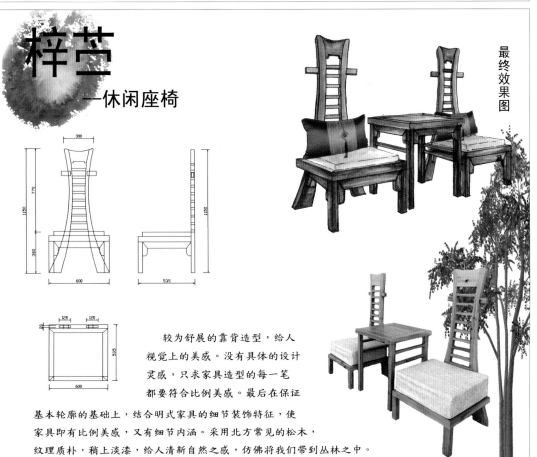

作　品：恒驿骑士
作　者：赵欣悦／内蒙古师范大学青年政治学院
指导老师：张美玲

恒驿骑士

——休闲椅

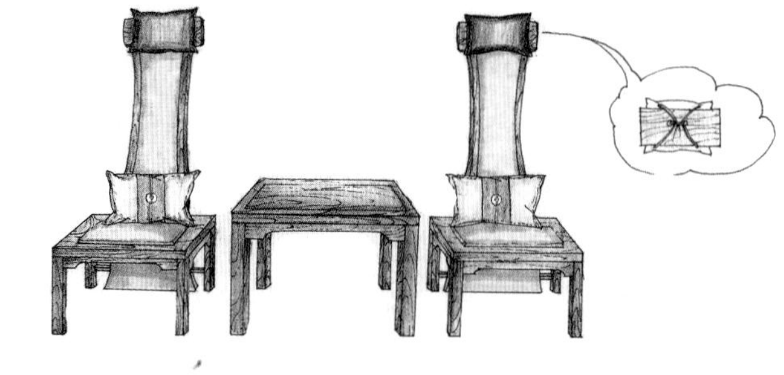

当今社会，多数人们生活在忙碌之中，想到人们该学会放松，比如喝茶，博弈等，于是想设计一套适合放松的家具。接触了明清家具后，发现明代家具的设计精巧，线脚的细节刻画的非常完美，造型及其工艺表现得淋漓尽致，并且线条流畅，简洁，虚实结合，主次分明，引人注目。所以结合明式家具简单大气的特点，设计了这款新中式休闲椅。

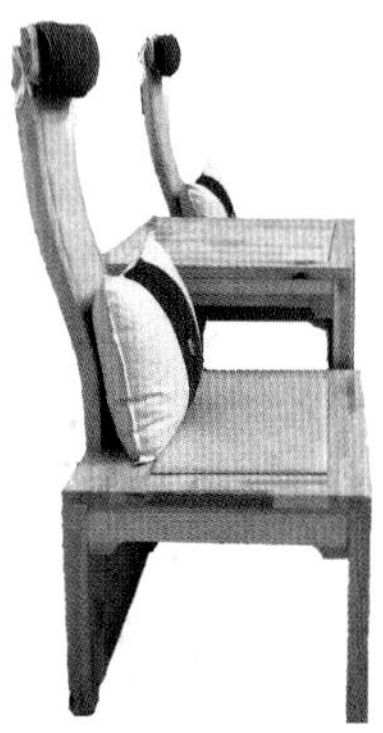

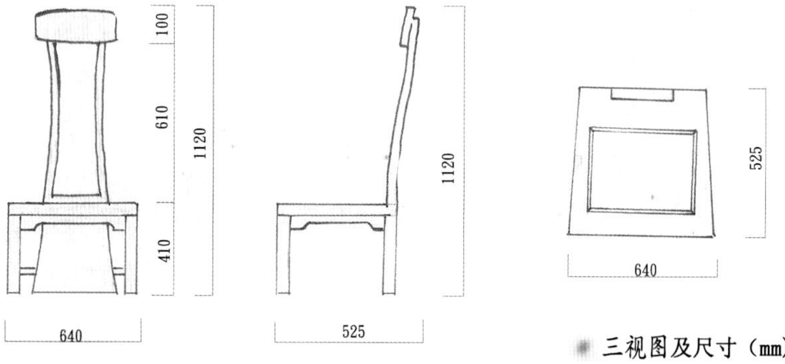

三视图及尺寸（mm）

作　品：草原回音
作　者：李军／内蒙古农业大学

草原回音

——新蒙古风格休闲家具

设计说明

本设计创意源于蒙古族传统乐器“马头琴”的形态。设计方案中的“椅”和“几”均采用上小下大的梯形状结构造型；座椅中间的凹槽代表马头琴的琴弦，该处理方法使椅子的视觉感受更加轻巧、透气；靠背造型设计有倾斜角度，符合家具人体工程学尺寸，这一结构不仅保证了靠背的稳定性，又增加了整体的美观度。

家具主要制作用材为榆木，榫卯结构的结合方式保证了家具的稳定性，座面中间覆以皮革软包。该两种材料的结合体现出家具的时尚感与独特性，在色彩上原木色与深棕色的结合更是形成了和谐统一的视觉效果。

该家具设计方案造型独特、材质环保，在紧扣大赛主题的前提下，体现出强烈的地域民族风格特征。

家具尺寸

座椅　520 × 480 × 1080 mm
茶几　500 × 540 × 460 mm

■ 家具实物

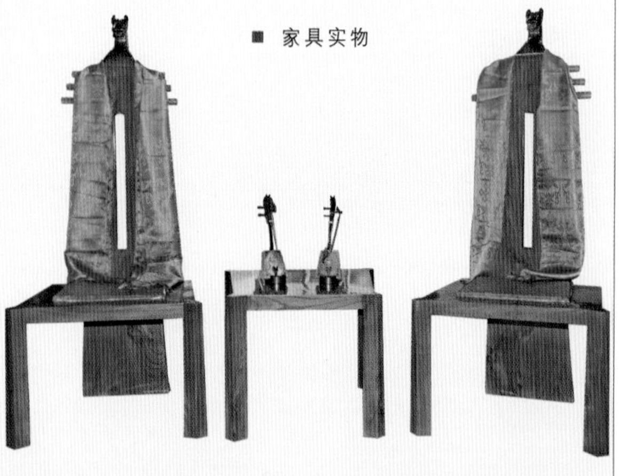

■ 工艺雕刻马头

■ 效果图

■ 三视图

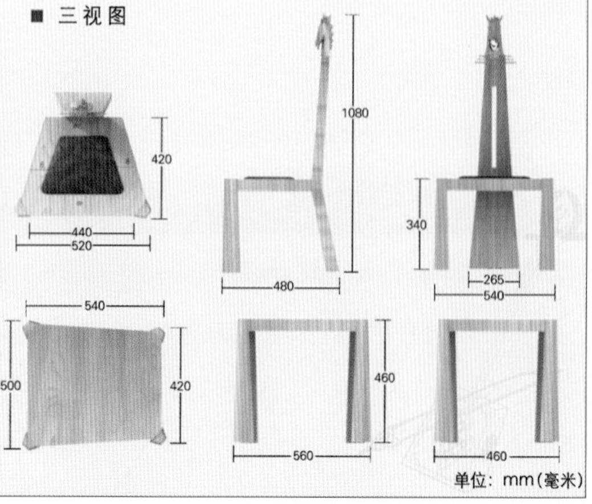

单位：mm（毫米）

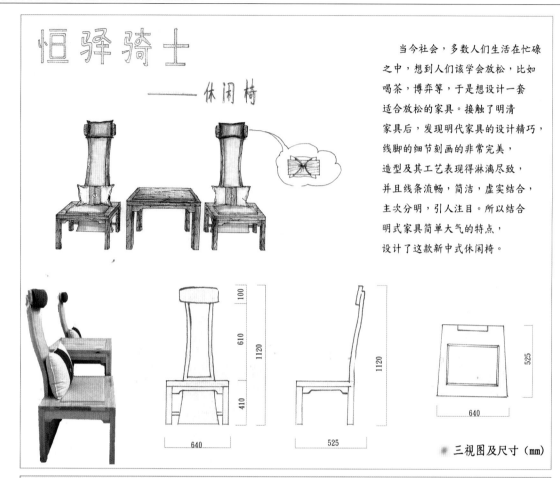

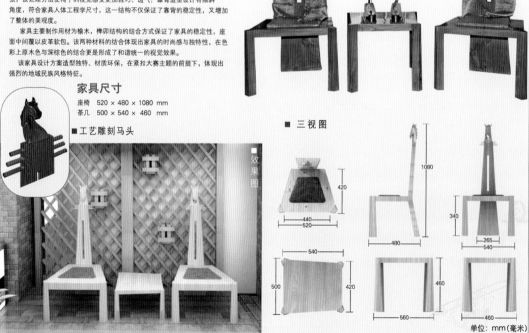

作品：草原恋
作者：庄鹏飞／内蒙古农业大学
指导老师：李军

草原恋
——新蒙古风格家具设计

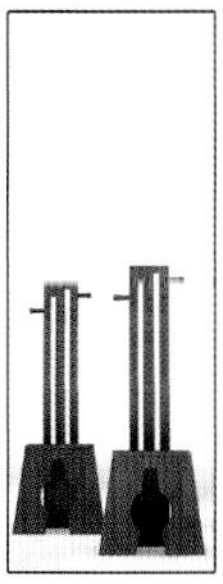

你可曾到过美丽的大草原，
这里有最蔚蓝的天空。
雄鹰盘旋在自由的世界快乐飞翔，
白云飘过绿色的山岗，
那悠扬的牧歌带着奶茶的浓香飘荡。
是什么声音？
这样忧伤淡雅，
那曲调声声敲在心上。
远处深沉的旋律还在委婉的述说，
是马头琴歌唱草原的乐曲，
在重温蒙古民族历史河流的风情。

座椅尺度 520×466×1400 mm
几尺度 520×520×600 mm

● 三视图及尺寸

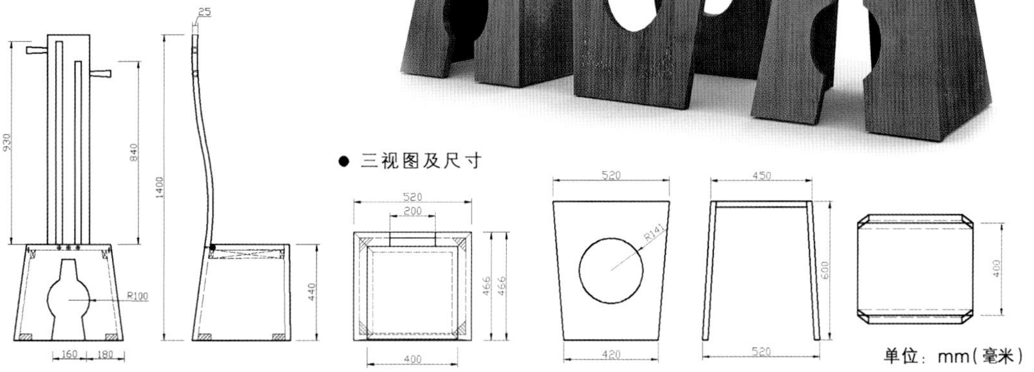

单位：mm（毫米）

作品：春夏秋冬
作者：李军／内蒙古农业大学

春夏秋冬
——新蒙古风格礼仪空间用家具

设计说明

本套设计为具有蒙古族风格的礼仪装饰座椅，创意以蒙古族传统图案“兰萨”作为切入点，深入研究其造型观念和方法，探讨传统符号在家具设计中的运用，最终将造型升华为一套四件礼仪接待空间用椅，名称为“春、夏、秋、冬”，分别象征着萌发、怒放、收敛、蛰伏四个寓意，方案在造型上互相呼应又各有特征。

设计方案在造型和细节中都体现出强烈的蒙古族传统文化特征。整套家具突出了自然和谐的设计风格，造型庄重典雅，传承了民族特色，对传统元素的运用进行了全新的演绎。

家具用材为松木，工艺采用传统卯榫结构，在装饰工艺上采用了豪放舒展的雕花皮革。松木的自然纹理和皮革独特的色泽肌理得到了完美结合，得体大方的蒙古族图案使家具更具有文化内涵，具有民族特色的礼仪家具焕发出时代气息。

■“春”、“夏”效果图

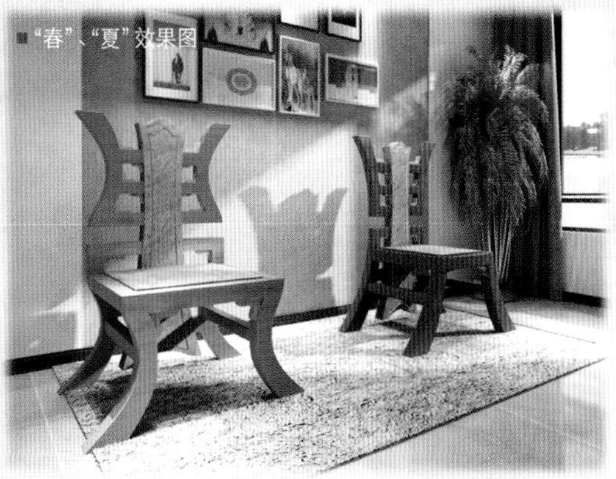

■“秋”、“冬”效果图

■“春”实物照片

■“冬”实物照片

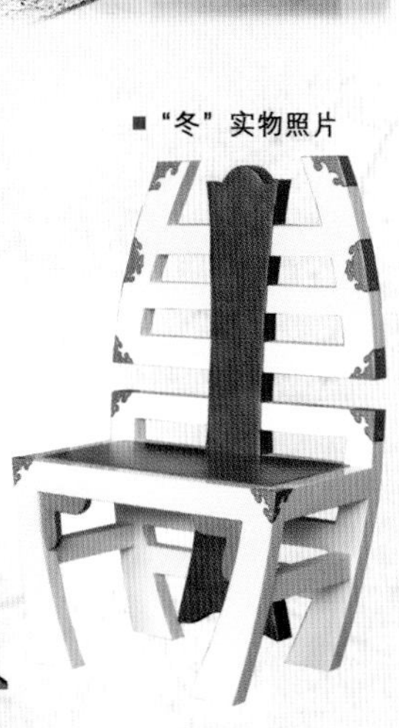

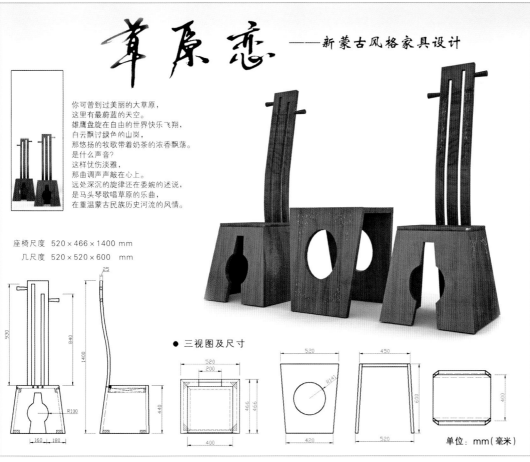

椅凳类设计奖

作品：马背的记忆
作者：韩超／内蒙古农业大学
指导老师：李军

馬背的記憶 ——蒙古族风格休闲摇椅

蒙古族是具有悠久历史的马背民族，蒙古族传统家具是蒙古族传统文化的重要组成部分。蒙古族家具造型简洁，以实用为主，具有鲜明的游牧民族风格特征。

本设计方案为摇椅，造型源自马鞍。摇椅制作材料为松木，靠背部分用木条编织，形成具有一定弹性的结构。椅背和扶手部位有浮雕装饰，装饰内容为蒙古族图案。该设计方案中扶手和椅腿采用流线型设计，符合人体工程学尺度，也符合现代摇椅的审美标准。

坐在摇椅上，耳边又仿佛听到那悠扬的歌声“在我很小很小的时候，很小的时候，有一只神奇的摇篮，神奇的摇篮，那是一副雕花的马鞍……”

家具尺寸　510 × 1100 × 980 mm　　L W H

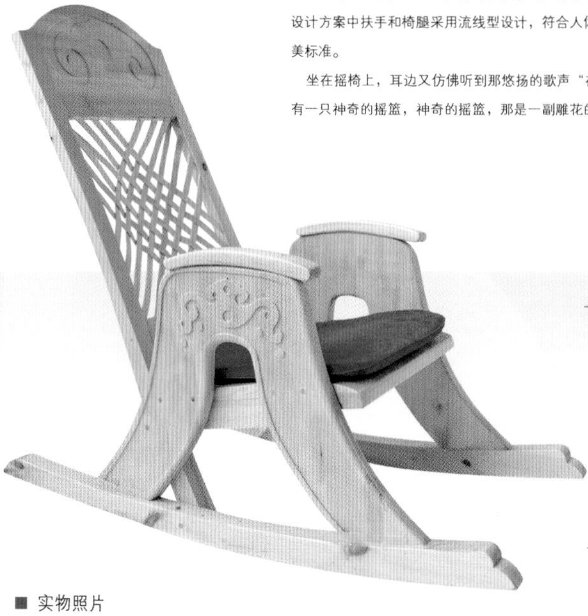

■ 实物照片

■ 三视图

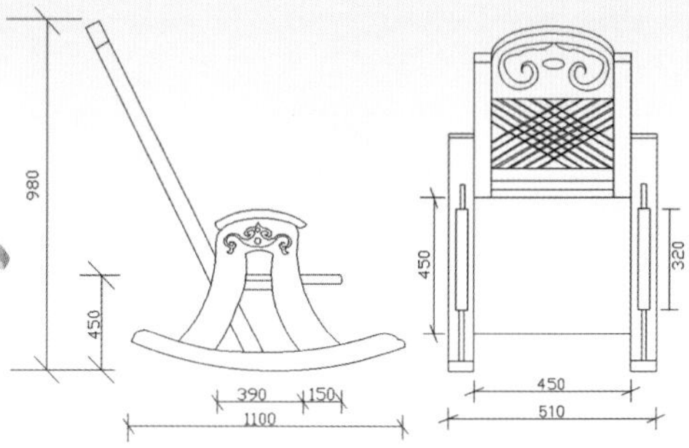

单位：mm(毫米)

作品：民乐情节
作者：翟玮雄／内蒙古农业大学
指导老师：李军、宁国强

■ 三视图

民乐情节 —— 民族风格座椅设计

设计说明　该设计方案创意源于蒙古族传统乐器“马头琴”的造型。座椅以马头琴作为设计元素，经过变形，设计出坐凳和靠背部分，满足作为家具的乘坐功能；靠背在不失马头琴基本特征的前提下进行了艺术处理，使家具具有民族风格。

该设计方案极具艺术装饰特征，又兼具实用功能，是蒙古族元素家具创新设计的精彩案例。

家具尺寸　540 × 500 × 1350 mm　　L W H

■ 效果图

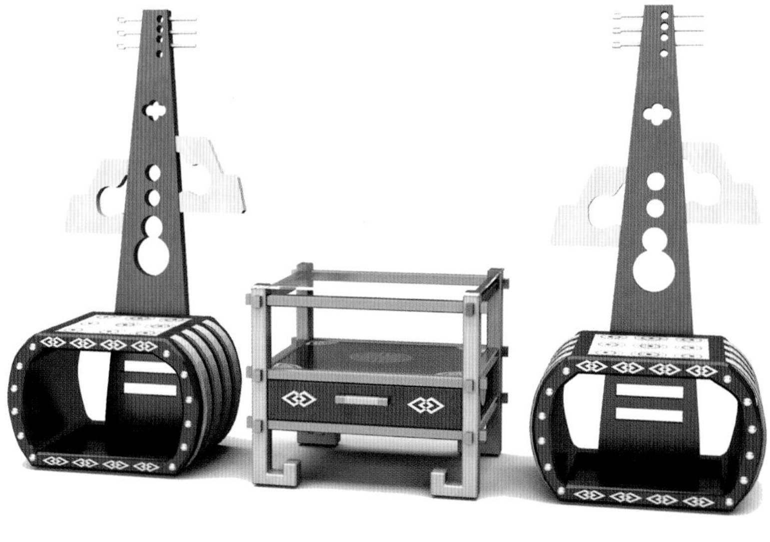

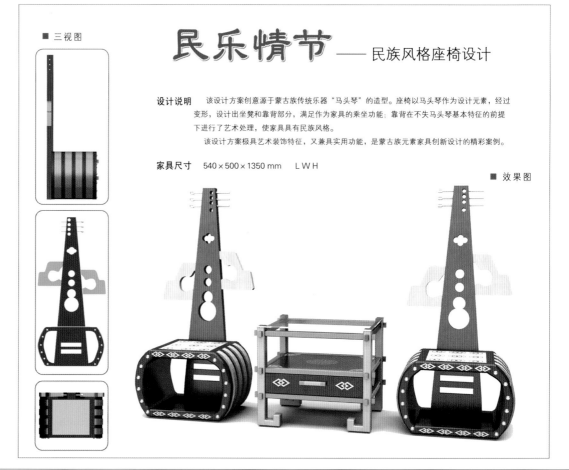

融者

——新中式休闲家具

作品：融者
作者：托亚／内蒙古农业大学
指导老师：赵喜龙

设计说明

该设计方案为新中式休闲家具，一套三件，两沙发凳、一茶几。作品中沙发凳的灵感来源于绣墩，茶几的灵感来源于翘头案，将二者融合设计出新民族风格家具。

家具主体用宽厚的木制框架，保证了座具的稳定性又体现了民族传统特色。墩子面部采用软包，满足舒适性的要求。

色彩上选用白色皮革做坐墩包覆，木制部分色彩为灰黑色，这两种材质形成较鲜明的黑白对比，相映成趣。黑与白，是两种高贵、神秘的色彩，稳定与洁净中给人一种高贵的美感。

家具尺寸

茶　几　602×450×550 mm
沙发凳　直径550　高430mm

■ 单体效果图

■ 茶几三视图

■ 沙发凳三视图

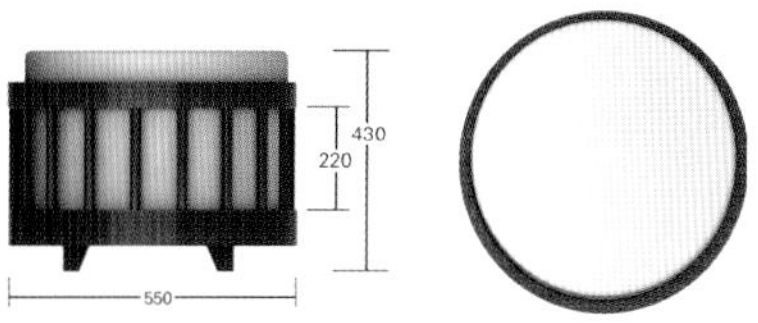

单位：mm(毫米)

萨塔克

——新蒙古风格休闲家具

作品：萨塔克
作者：宝勒尔／内蒙古农业大学
指导老师：宁国强

设计说明

本方案为蒙古族风格休闲家具设计，由两沙发、一几组成。设计方案将蒙古族图案与现代沙发结合，外形设计简洁大方，体现出浓郁的民族文化气息。

家具主体采用橡木制作，部分外露面有皮革镶嵌，皮革经过雕花处理，沙发坐垫部分软包处理。家具以木色为底，辅以皮雕装饰，美观实用，既突出了档次又将民族文化韵味很好的体现出来。

■ 效果图

■ 实物照片

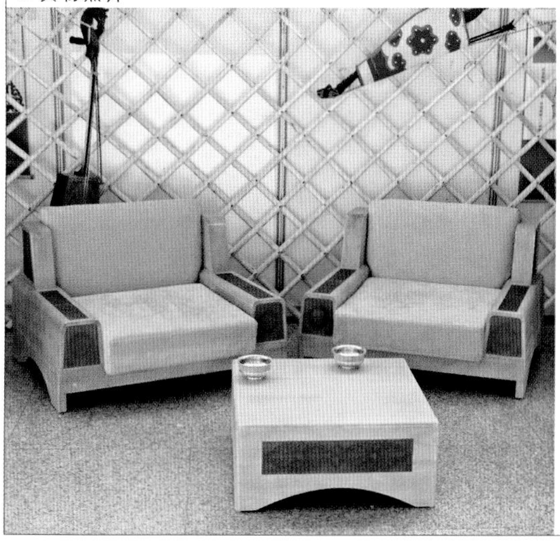

■ 三视图

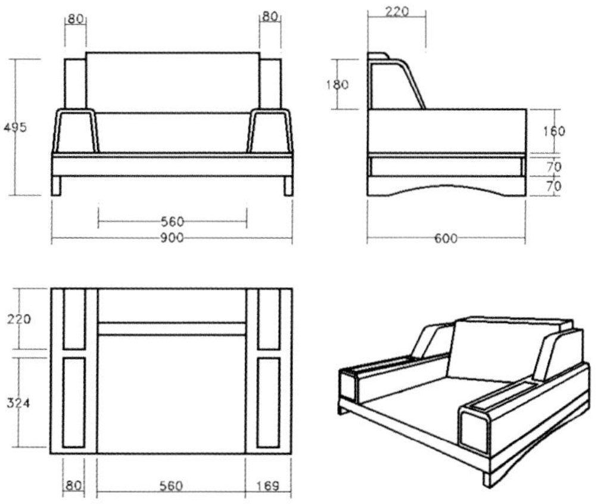

单位：mm(毫米)

作品：尚古遗风
作者：姜佳杰/内蒙古农业大学
指导老师：李军

■ 沙发三视图

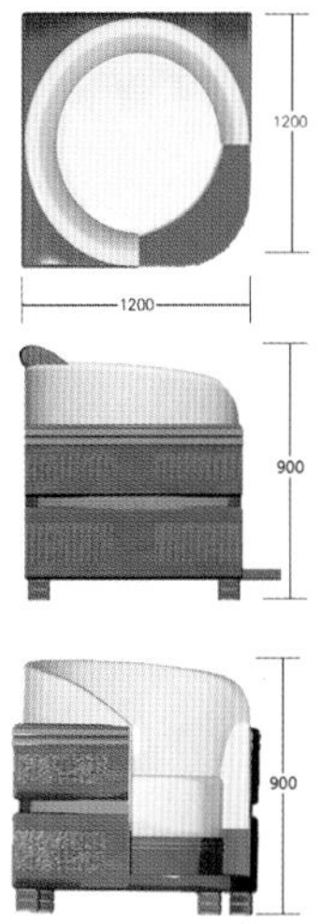

尚古遗风
——新中式家具设计

设计说明

玉琮是中国古代玉器，是一种带有神秘色彩的礼器，《周礼》记载“以黄琮礼地”，既用来祭祀大地，也是权威的象征。

这套古典沙发的设计来源于玉琮的形态。家具造型外方内圆，沉稳厚重。在沙发的下部前沿设计有脚踏，这个人性化的结构使双脚踩踏更具舒适性，也使作品增添了高贵感觉。材料采用硬木作为框架，这样易于在家具外侧进行图案雕刻，在座椅部分覆以皮质软包。在颜色上由中国红与白色作为主体颜色。

整套设计是古典元素在现代沙发设计中的精彩表现，即透露出中国传统文明气息，又不失现代时尚感。

■ 单体效果图

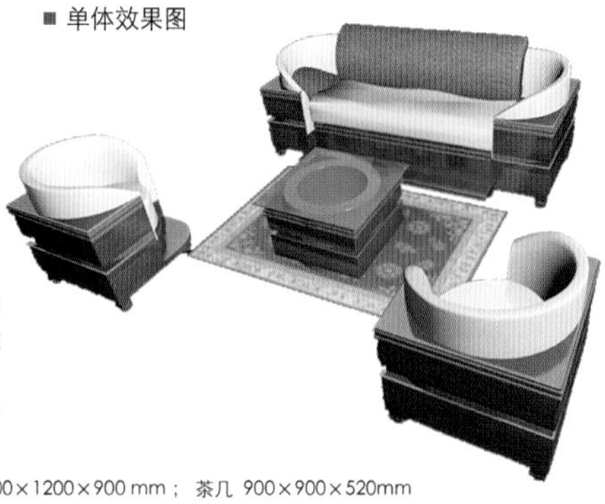

家具尺寸 三人位 2000×1200×900 mm； 单人位 1200×1200×900 mm； 茶几 900×900×520mm

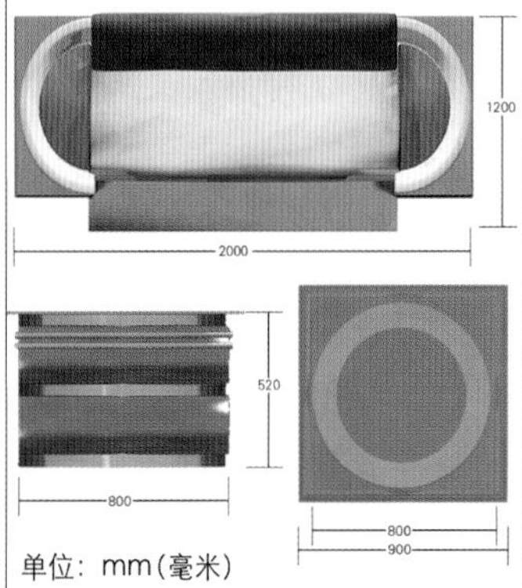

单位：mm(毫米)

■ 环境效果图

作品：时尚蒙元
作者：张美玲/内蒙古农业大学
指导老师：李军

时尚蒙元
——新蒙古风格休闲家具

设计说明

本套设计为具有草原风情格调的休闲座椅。

设计中借鉴了大气古朴的勒勒车车轮形象，在装饰工艺上采用了豪放舒展的雕花皮革，除了木材和皮革的本身纹理，还在皮革上进行了印花装饰，得体大方的蒙古族图案使家具更有了文化内涵。

整套家具突出了自然和谐的设计风格，整个造型庄重典雅，传承了游牧民族特色，对草原风情进行了独到的演绎。

材料及工艺

家具用材为樟子松松木指接板和蒙古风格特色的皮革浮雕，松木的自然纹理和皮革独特的色泽肌理得到了完美结合。

零部件结合采用圆棒榫和胶粘合，稳固结实且便于加工制作。

家具尺寸

座椅尺寸 525×538×1020 mm
茶几尺寸 450×400×360 mm

■ 三视图

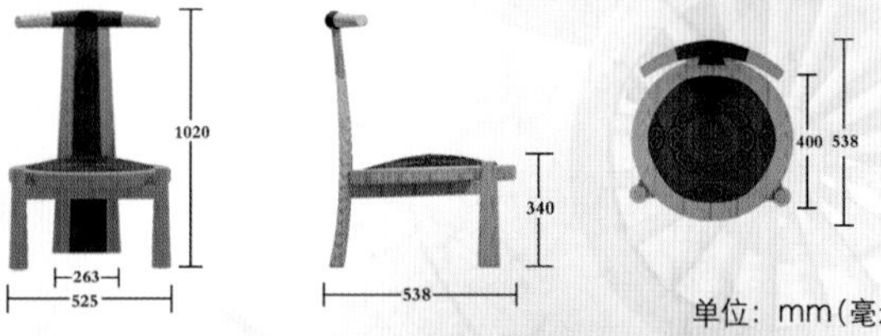

单位：mm(毫米)

■ 单体效果图

■ 环境效果图

作品：云水谣
作者：李水禾／内蒙古农业大学
指导老师：李军

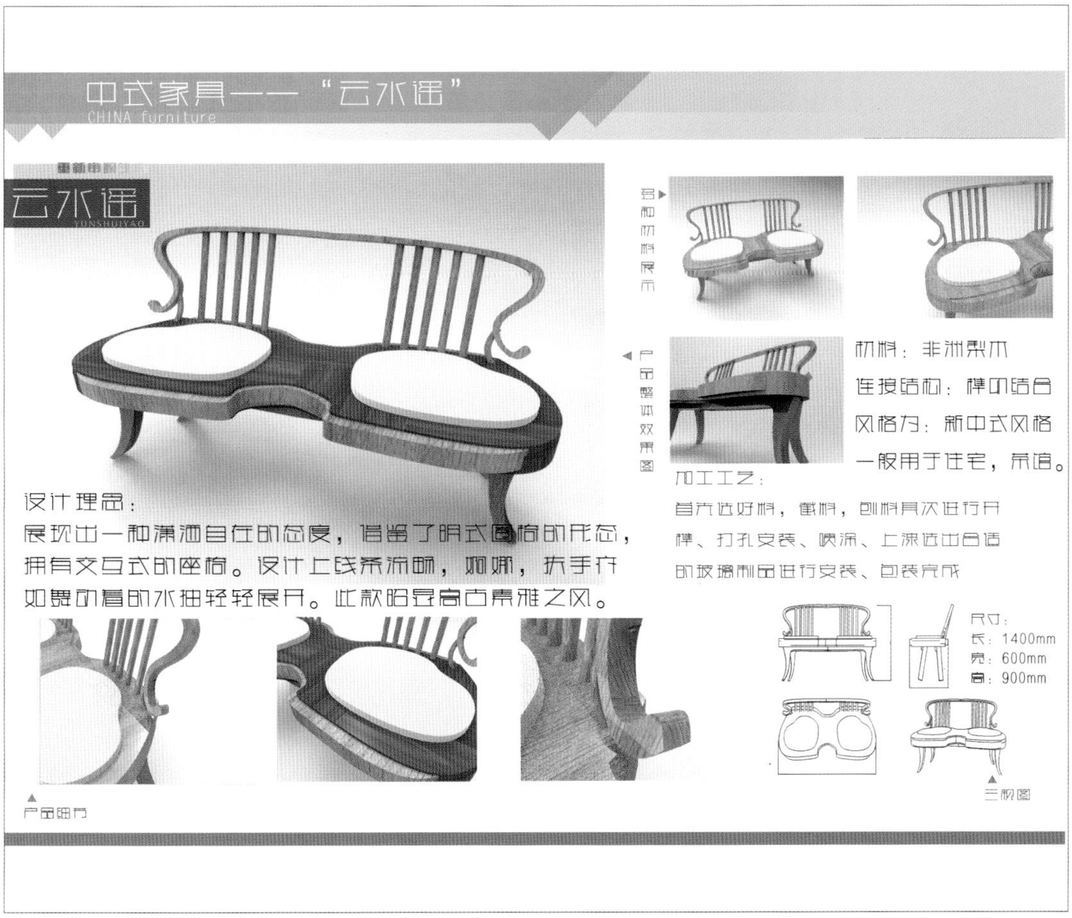
中式家具——"云水谣"
CHINA furniture
云水谣
YUNSHUIYAO
多角度材料展示
产品整体效果图
材料：非洲梨木
连接结构：榫卯结合
风格为：新中式风格
一般用于住宅，酒店。
加工工艺：
首先选好料，截料，刨料再次进行开榫、打孔安装、喷涂、上漆选出合适的玻璃制品进行安装、包装完成
设计理念：
展现出一种潇洒自在的态度，借鉴了明式圈椅的形态，拥有交互式的座椅。设计上线条流畅，婀娜，扶手好如舞动着的水袖轻轻展开。此款昭显高古素雅之风。
尺寸：
长：1400mm
宽：600mm
高：900mm
三视图
产品细节

作品：翻转式扶手贵妃椅
作者：廖良坤／中南林业科技大学
指导老师：夏岚

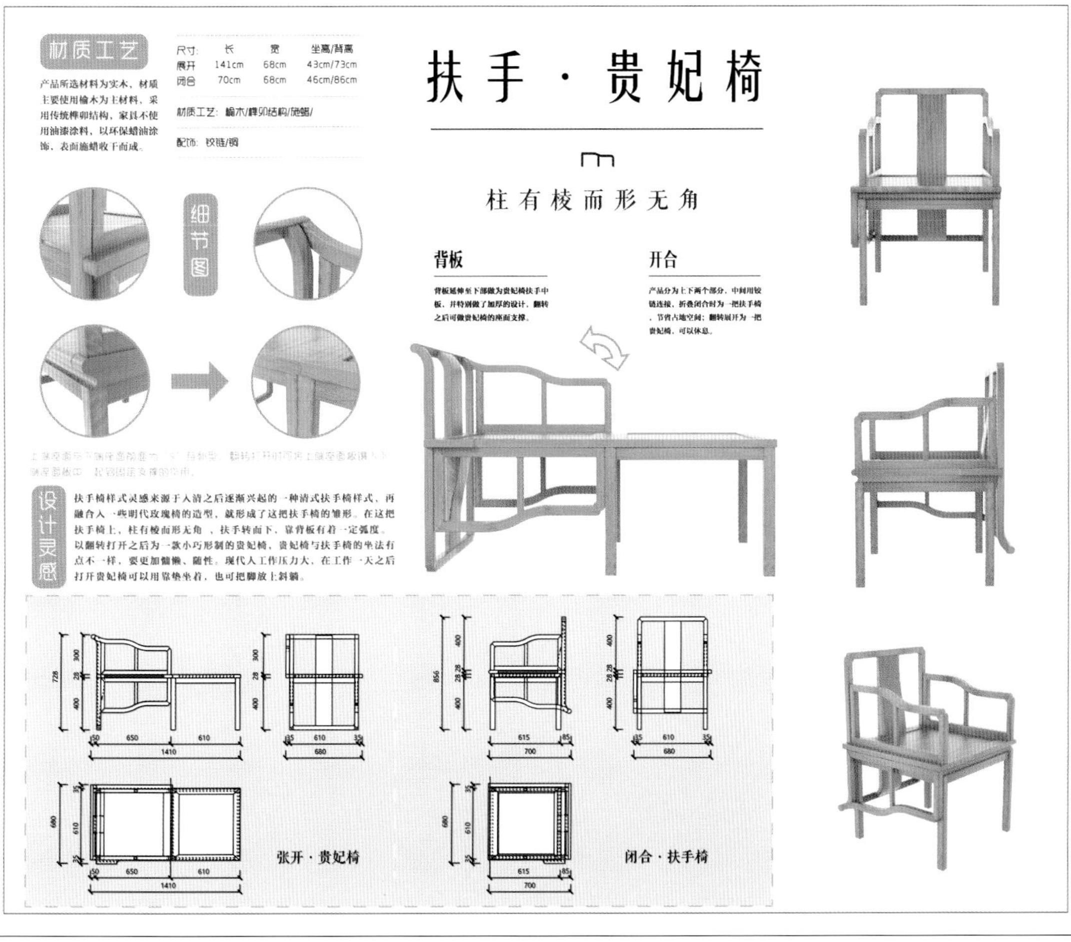
材质工艺
产品所选材料为实木，材质主要使用榆木为主材料，采用传统榫卯结构，家具不使用油漆涂料，以环保蜡油涂饰、表面施蜡收干而成。
尺寸： 长 宽 坐高/背高
展开 141cm 68cm 43cm/73cm
闭合 70cm 68cm 46cm/86cm
材质工艺：榆木/榫卯结构/施蜡/
配饰：铰链/铜
扶手 · 贵妃椅
柱有棱而形无角
背板
背板延伸至下部做为贵妃椅扶手中板，并特别做了加厚的设计，翻转之后可做贵妃椅的座面支撑。
开合
产品分为上下两个部分，中间用铰链连接，折叠闭合时为一把扶手椅，节省占地空间；翻转展开为一把贵妃椅，可以休息。
细节图
设计灵感
扶手椅样式灵感来源于入清之后逐渐兴起的一种清式扶手椅样式，再融合入一些明代玫瑰椅的造型，就形成了这把扶手椅的雏形。在这把扶手椅上，柱有棱而形无角，扶手转而下，靠背板有着一定弧度。以翻转打开之后为一款小巧形制的贵妃椅，贵妃椅与扶手椅的坐法有点不一样，要更加慵懒、随性。现代人工作压力大，在工作一天之后打开贵妃椅可以用靠垫坐着，也可把脚放上斜躺。
张开 · 贵妃椅
闭合 · 扶手椅

作品：互行
作者：陈宇星、陈潇／中南林业科技大学
指导老师：夏岚

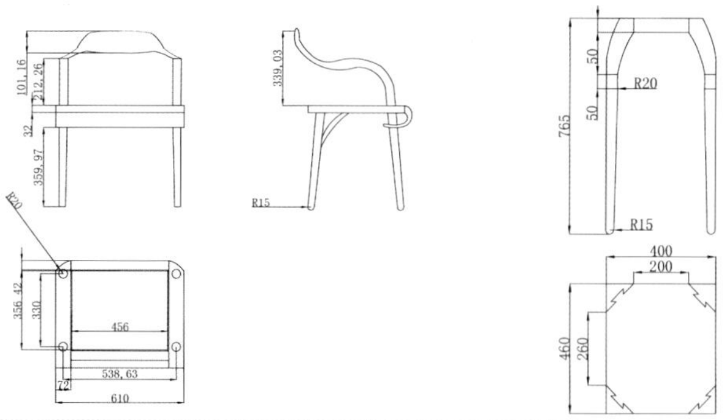

互行

“互行”既相互偕行，
亦作“互形”相互补形。

作品：两仪
作者：董皓／中南林业科技大学
指导老师：夏岚

两仪

一椅两用，上下两宜

阴·反面形态（摇椅形态）

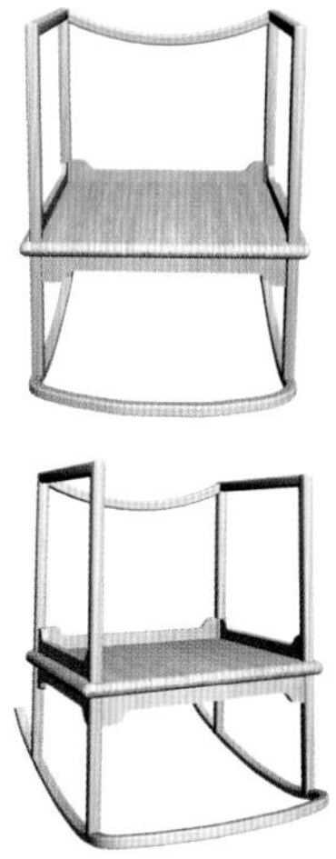

阳·正面形态（稳定形态）

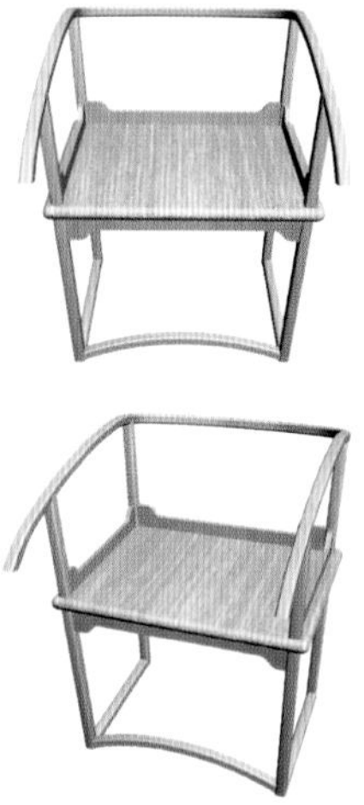

两仪·三视图

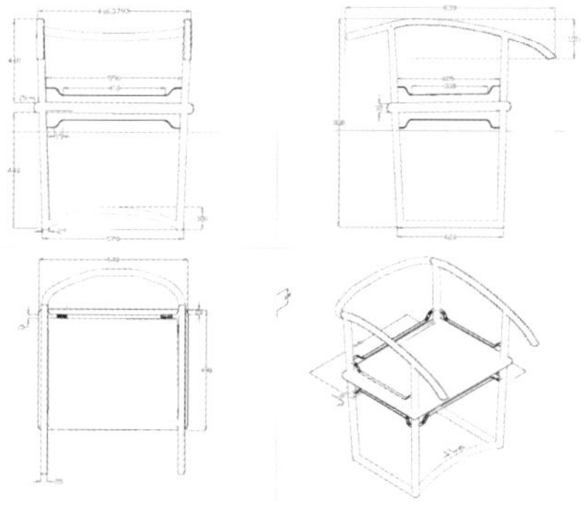

两仪·效果图

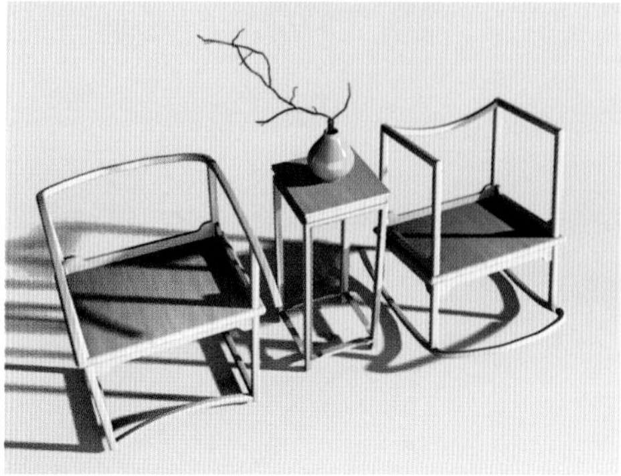

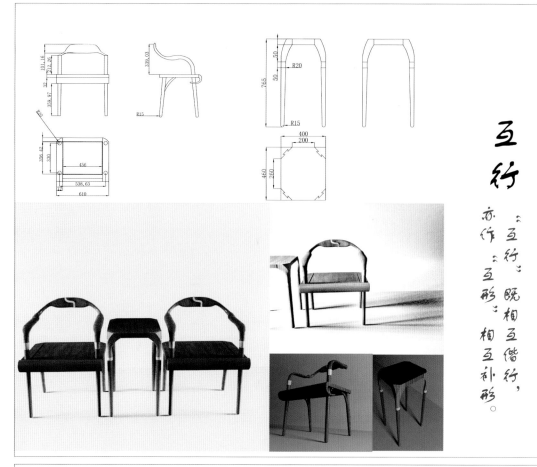

作品：楔椅
作者：刘俊阳／中南林业科技大学
指导老师：夏岚

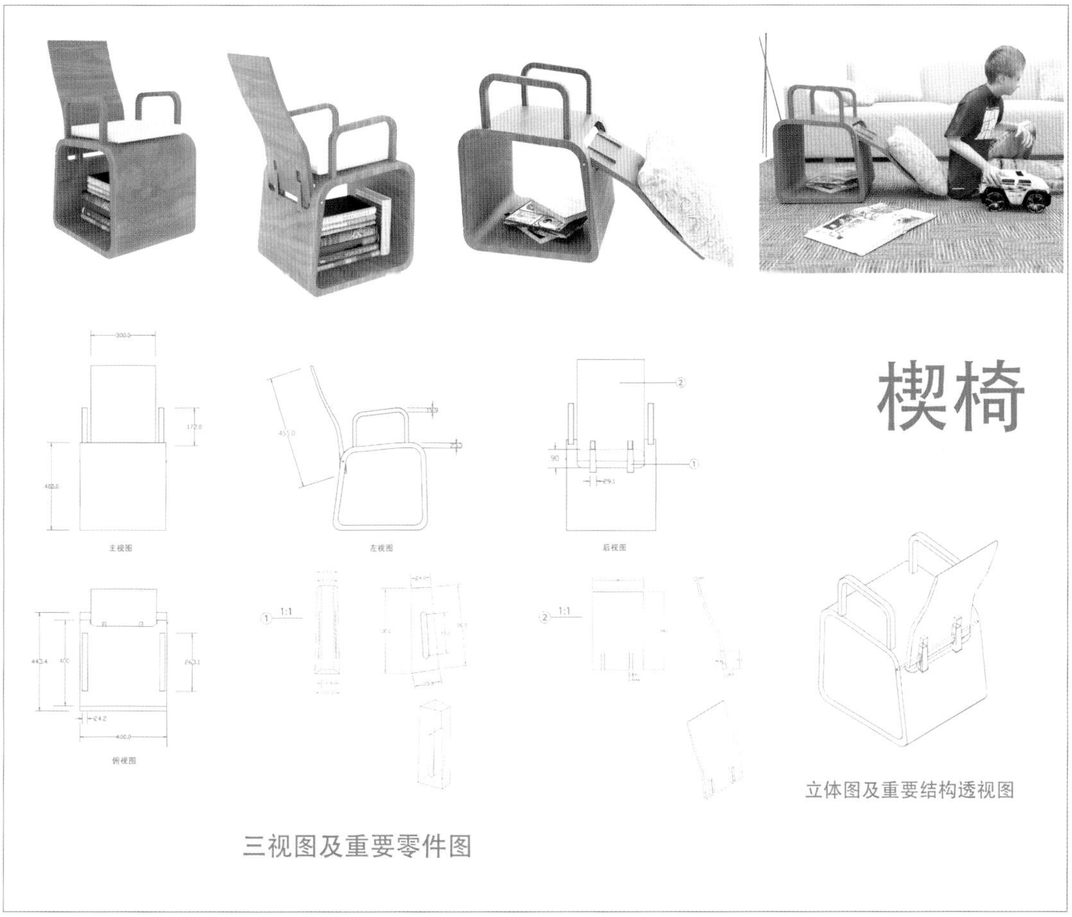
楔椅
主视图
左视图
后视图
俯视图
三视图及重要零件图
立体图及重要结构透视图

作品：有无系列
作者：邓文鑫、文阳、张乾／中南林业科技大学
指导老师：袁进东

有无系列
有无相生，难易相成
方中有圆，圆中有方
设计说明
壹・本设计以极具人文情怀的明式家具（玫瑰椅）为基本原型，用简洁精炼的线条以及胡桃木原木色质感与中国素色风元素的软包相搭配，展现了东方女性的端庄柔美。
贰・整套系统形式上简洁大方，结构采用传统榫卯，无任何五金件连接，牢固环保。
叁・融合传统"天圆地方"哲学思想，达到虚实相生的意境。
罗汉床・三视图
玫瑰椅・三视图
局部细节

作品：明韵今声系列

作者：袁进东、夏岚／中南林业科技大学

指导老师：刘文金

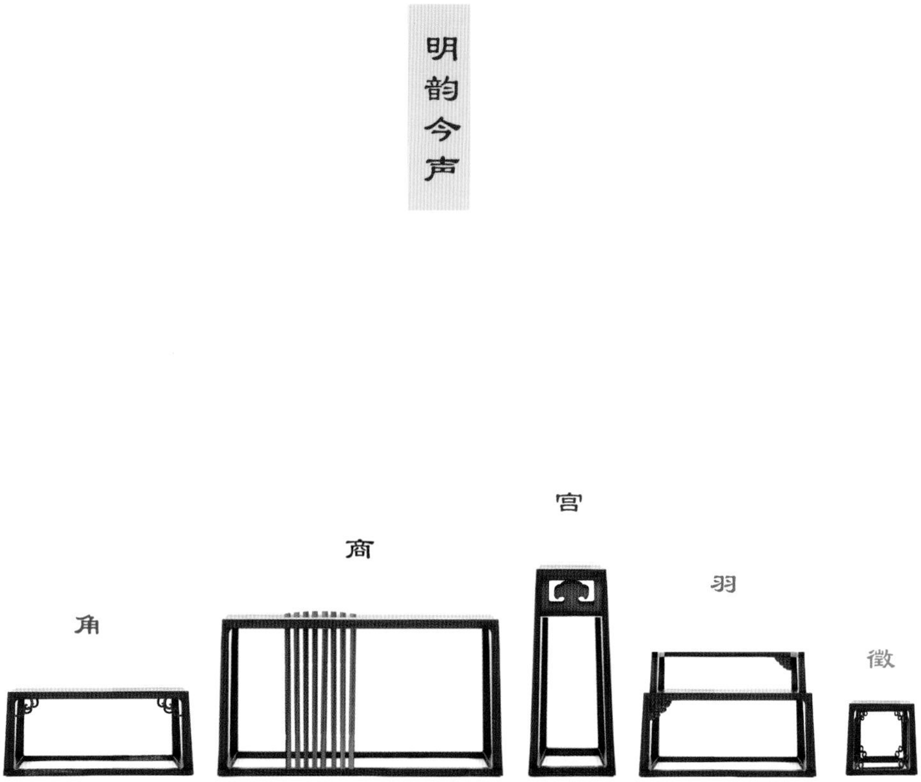

作品：禅椅

作者：谭亚国／中南林业科技大学

指导老师：袁进东

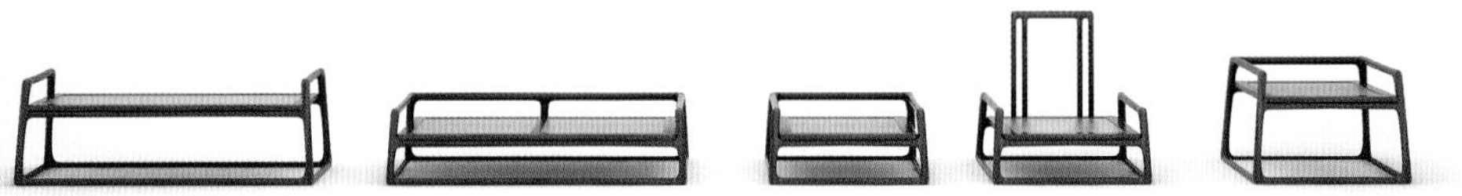

禪椅

禅椅系列

高禅椅

高靠背禅椅

矮禅椅

双人禅椅

长禅凳

椅子可以是人的一个伴，材料是简洁明了的，精神追求是深冗抽象的，其实人的情衷是简简单单一把椅子可以负载的。

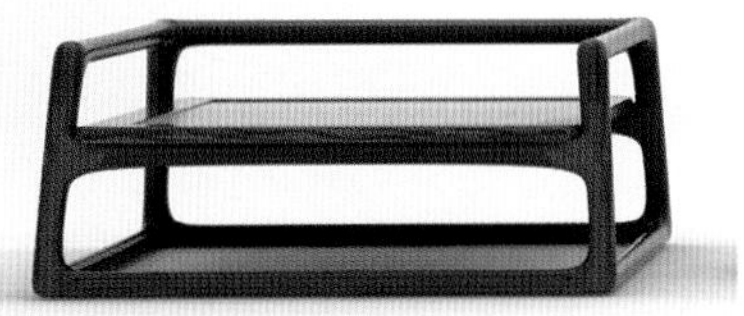

尺寸：820×620×400

材质：缅甸花梨

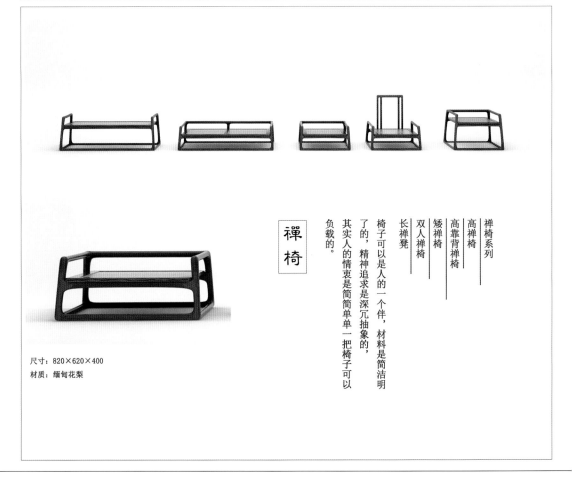

作品：郁椅
作者：袁进东、夏岚、王静茹／中南林业科技大学
指导老师：刘文金

郁椅

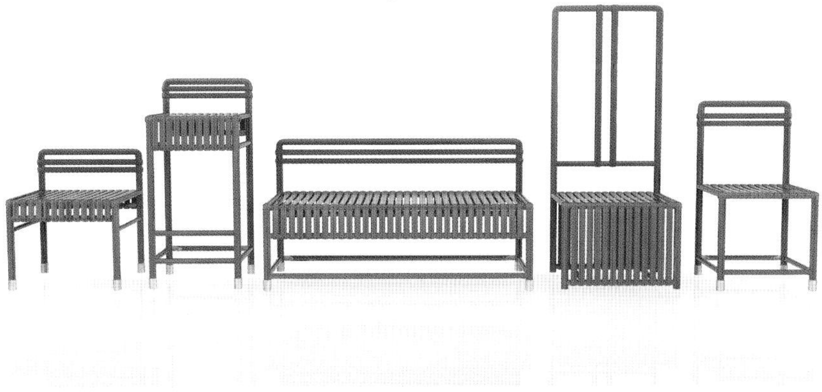

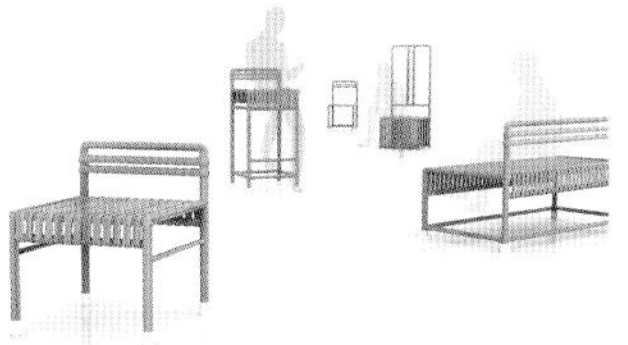

郁椅是对传统郁竹家具的改良设计。传统的郁竹家具整体造型及结构上都略显简单、笨拙，设计在竹腿郁弯处开一道狭长开口，拉长整体腿部结构，使整个结构呈现一种纤细、空灵之美，在开口处若有似无的透出里面的结构，将竹子中空有节的高贵品质展露无疑。

尺寸：450*450*600
450*400*1000
450*1500*620
450*450*1600
450*450*1000

作品：寓意椅
作者：李凯、罗惠文／中南林业科技大学
指导老师：袁进东

寓意

打破传统官帽椅的固定形态，将更多的现代元素融入其中。简化形态，除去多余装饰，使该椅造型更简练、清爽。选取海棠木作为该椅材料，颜色清新自然，古韵雅致。

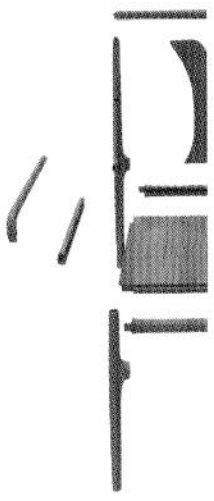

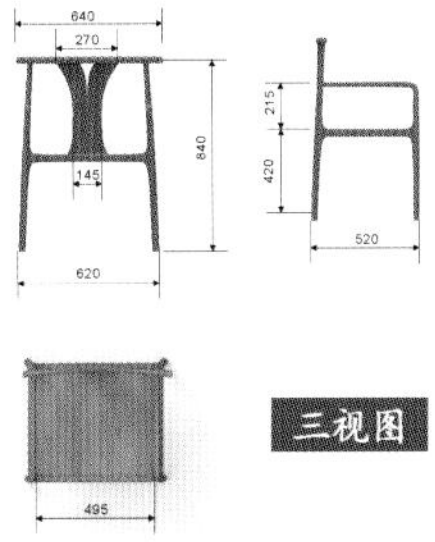

一分为二的靠背仿若即将张开的翅膀，赋予该椅以活力。搭脑与靠背背部呈曲线型，将舒适与美观完美结合。

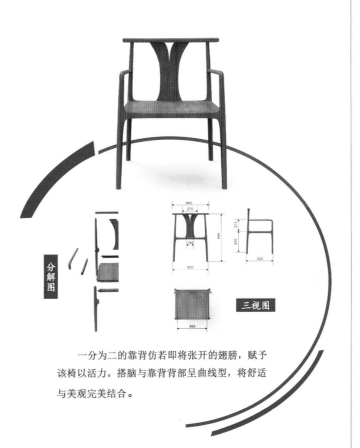

椅凳类设计奖

作　品：山椅
作　者：袁进东／中南林业科技大学
指导老师：刘文金

作　品：抱樸·坐器
作　者：张君双代／中南林业科技大学
指导老师：袁进东

拙而，抱樸也，抱朴守拙。人们之间的思想情感总难免磕碰,终会使人锋藏角秃,城府日深.难得明白,更难得糊涂;难得老成,更难得纯朴;难得谨慎,更难得疏狂。

这款坐具的设计源于中国传统本性中平真、自然、不加任何修饰的原始而发。座椅上方以"抱"造型，展开怀抱海纳百川，让人不由想停下了坐下。抱樸·坐器下方造型回归本质，用传统的方柜造型展示。可以把那些烦恼多余器物放入柜中，不去干扰内心的宁静。坐在抱樸坐器之上，求繁华过后的韵味，平凡中的美丽。制作工艺上采用传统的五金件和榫槽结构，不加华丽装饰，保持原有朴素。木材采用红胡桃木材质，色泽比较均匀、有油质感体现木材的质感。

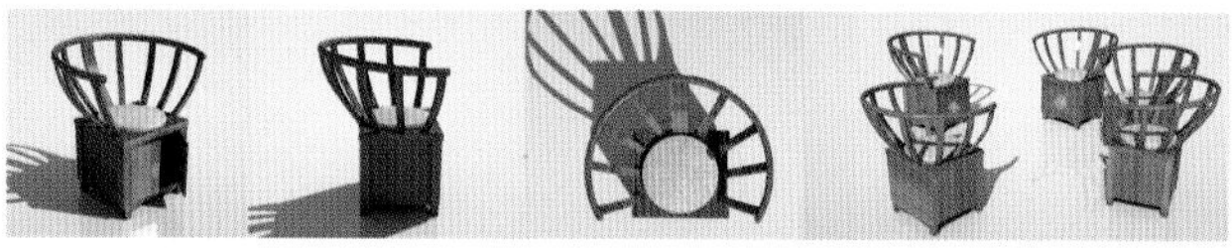

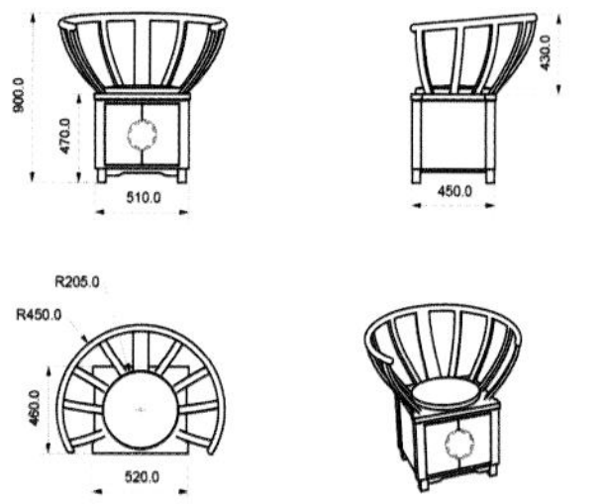

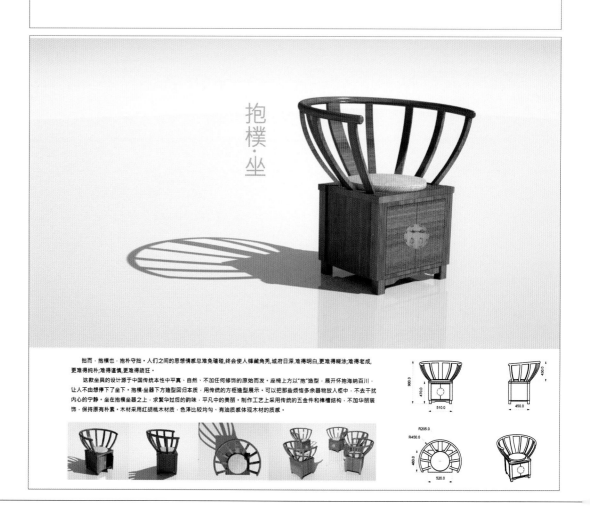

作品：涟漪

作者：曾欢、王超／择造家具设计工作室

涟漪

以水滴落在水面上泛起一道涟漪为元素！涟漪给人一种清净去除烦恼的感觉！心境如禅！让烦恼就像那水波一样荡漾慢慢的消失。水滴则寓意让人坚持，持之以恒！水滴之渺小则以水面荡之！做人做事也一样不要觉得自己不行！整体设计使用竹材榫卯工艺制作！

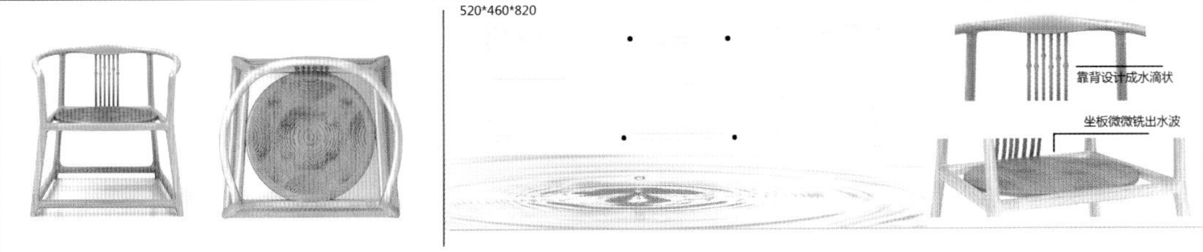
520*460*820
靠背设计成水滴状
坐板微微铣出水波

作品：三足官帽椅

作者：曹艳／杭州大巧家居设计工作室

指导老师：翟伟民、徐乐

「三足官帽椅」

新中式家具设计

延续了传统宋式家具的造物理念，充分考虑了木材榫卯的特性和力学原理，打破了传统的椅面和腿部椅面与靠背的连接方式，吸取了传统建筑斗拱传力的思想。整体椅子可以拆卸，便于叠放和运输。扁平化的包装迎合当下网上家具销售模式。

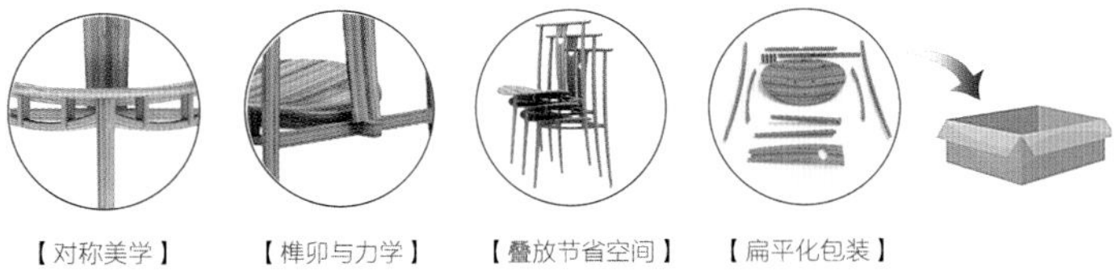
【对称美学】
【榫卯与力学】
【叠放节省空间】
【扁平化包装】

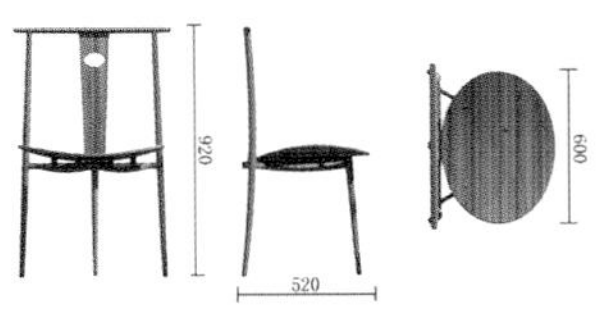
920
520
600

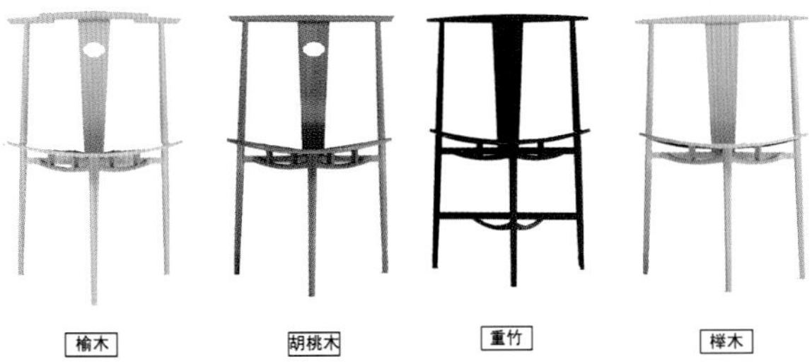
榆木
胡桃木
重竹
榉木

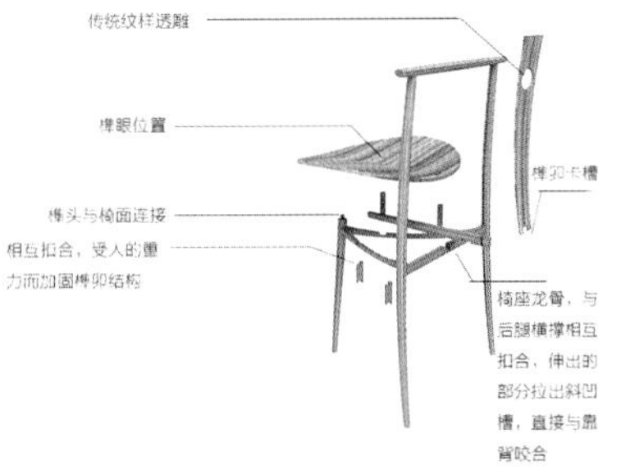
传统纹样透雕
榫眼位置
榫头与椅面连接
相互扣合，受人的重力而加固榫卯结构
椅座龙骨，与后腿横撑相互扣合，伸出的部分拉出斜凹槽，直接与靠背咬合

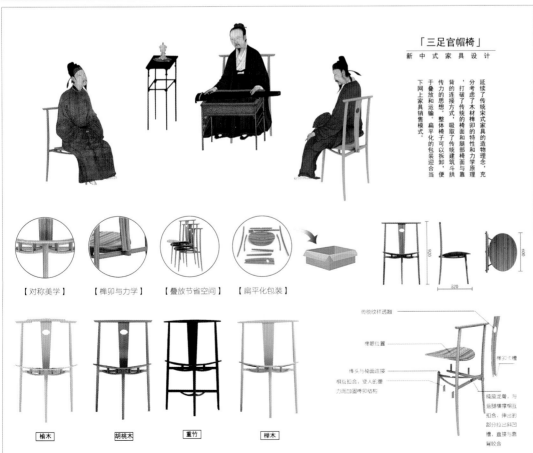

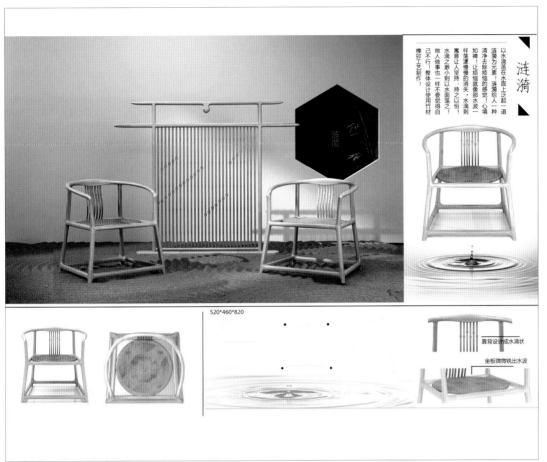

椅凳类设计奖

作　品：素圈椅
作　者：曹艳／杭州大巧家居设计工作室
指导老师：翟伟民、徐乐

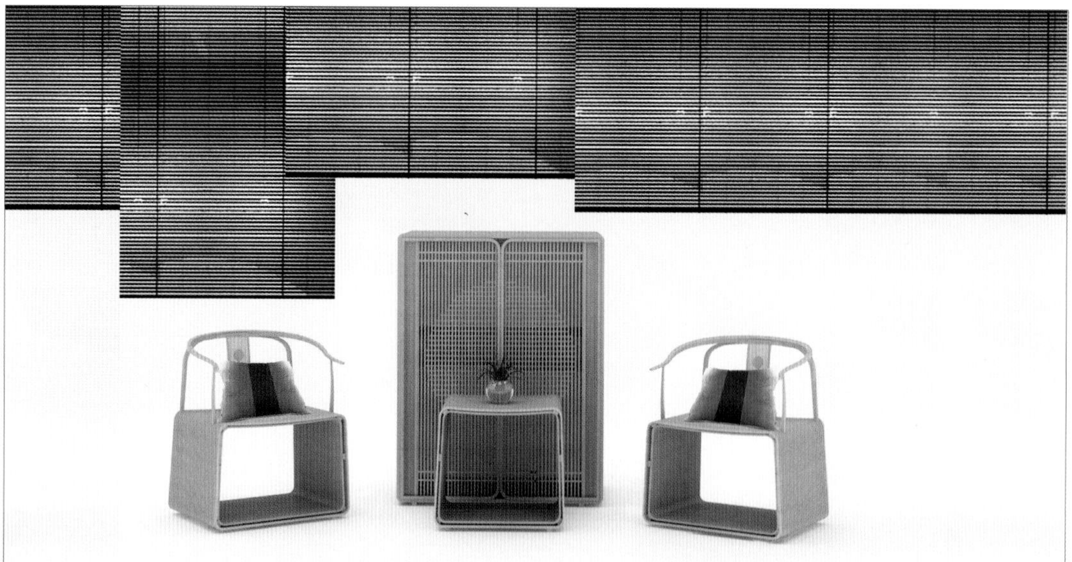

素圈椅
当下文人家具

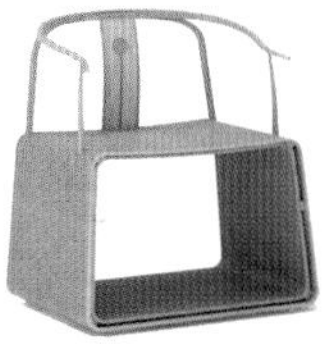

本设计以木材为基材，采用了传统榫卯结构和竹编工艺，在设计中汲取了明式家具的简练，素雅的造物精髓，以素为美，营造一份安静朴实的居家氛围，以木造物，给当下家具一个文明的传承。

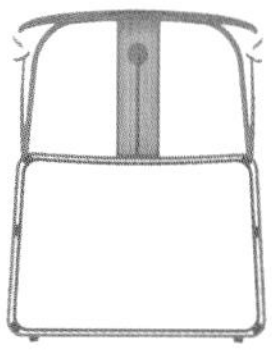

作　品：雅直扶手椅
作　者：曹艳／杭州大巧家居设计工作室
指导老师：翟伟民、徐乐

雅直扶手椅
新中式家具设计

此设计延续了宋式家具的儒雅和明式家具的简洁，将中国人“藏与露”、“收与放”、“有和无”、“空与实”相互矛盾又相对统一的哲学理念，注入到家具的设计之中。在造型设计上呼应了西方现代主义设计理念中的“少就是多”的设计理念，线条柔美，方中有曲，在靠背都有体现，结构上汲取了传统凳子的腿与面的榫卯结构，四平八稳，比例匀称，平衡了横纵线条和力度，收放自如，浑然天成。

椅，坐具后有倚者，今人俗呼椅子。——《正字通》

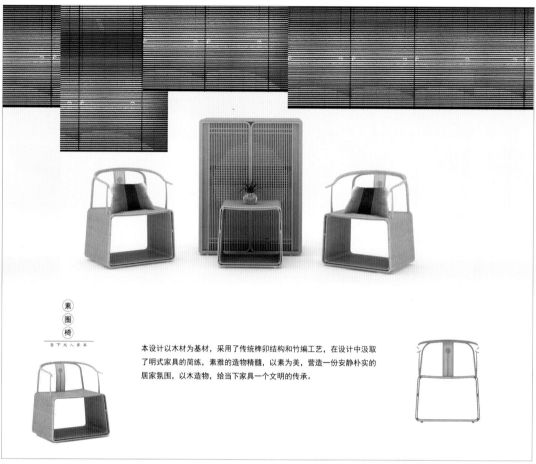

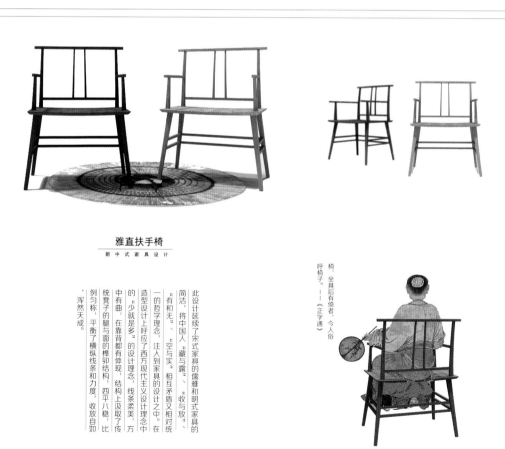

作　品：木缘·新中式茶家具系列
作　者：曹艳／杭州大巧家居设计工作室
指导老师：翟伟民、徐乐

木缘
新 中 式 茶 家 具 系 列
延续了传统宋式家具的造物理念，充分考虑了木材榫卯的特性和力学原理，打破了传统的椅面和腿部椅面与靠背的连接方式，吸取了传统建筑斗拱传力的思想。整体椅子可以拆卸，便于叠放和运输。扁平化的包装迎合当下网上家具销售模式。

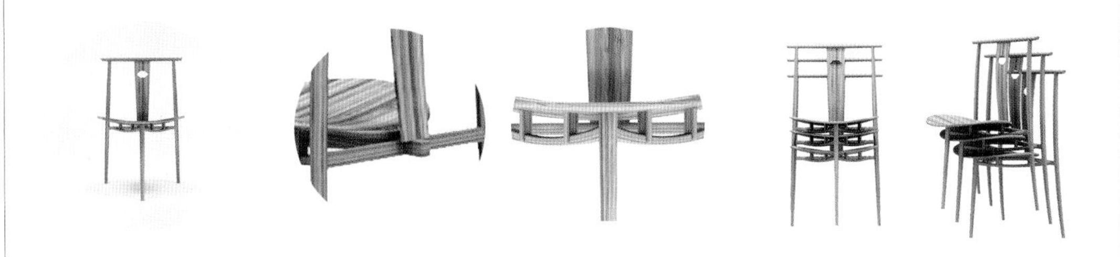

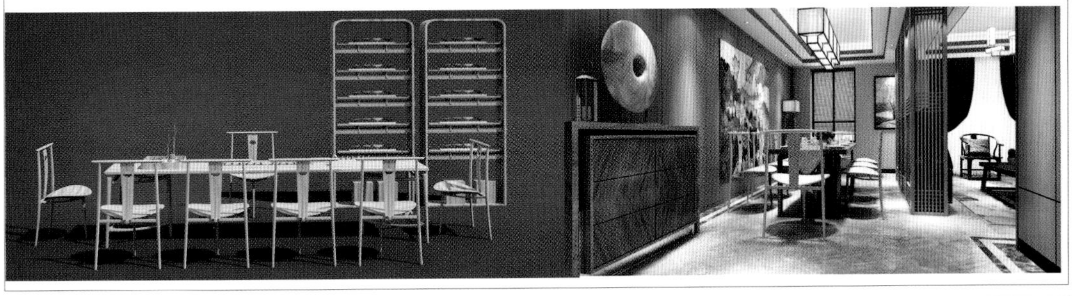

作　品：文心·新中式客厅
作　者：曹艳／杭州大巧家居设计工作室
指导老师：翟伟民、徐乐

文心·新中式客厅
文人气质
榫卯结构
手工藤编
造型素雅

新中式文椅

从传统明式家具中汲取设计元素，用质朴，淡雅，趣味的语言去诠释新中式设计内容，简以线韵，素以木语。严格延续传统的榫卯工艺，使椅具更加具有文人气质和智慧，在与人体接触的座面和靠背均采用了藤面装饰，同时增加了家具的舒适性和通透感，在座面的下部采用了一个藤面托板，便于存放物品，给都市车水马龙的都市生活传递出一份从容和睿智的解读。

韵器·自然·天人合一

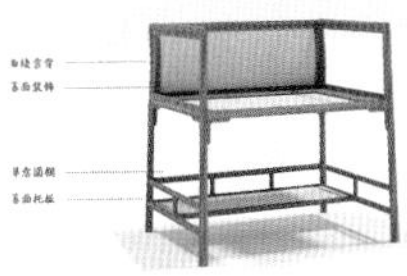

从传统明式家具中汲取设计元素，用质朴，淡雅，趣味的语言去诠释新中式设计内容，简以线韵，素以木语。严格延续传统的榫卯工艺，使椅具更加具有文人气质和智慧，在与人体接触的座面和靠背均采用了藤面装饰，同时增加了家具的舒适性和通透感，在座面的下部采用了一个藤面托板，便于存放物品，给都市车水马龙的都市生活传递出一份从容和睿智的解读。

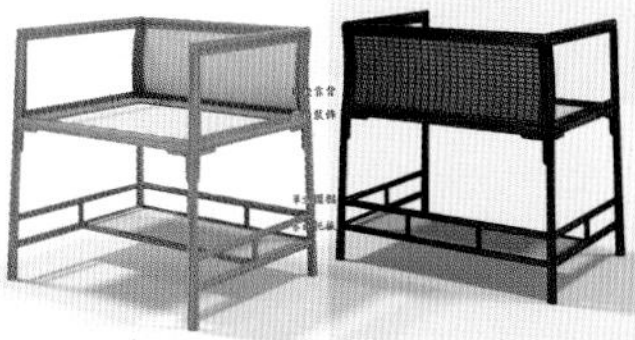

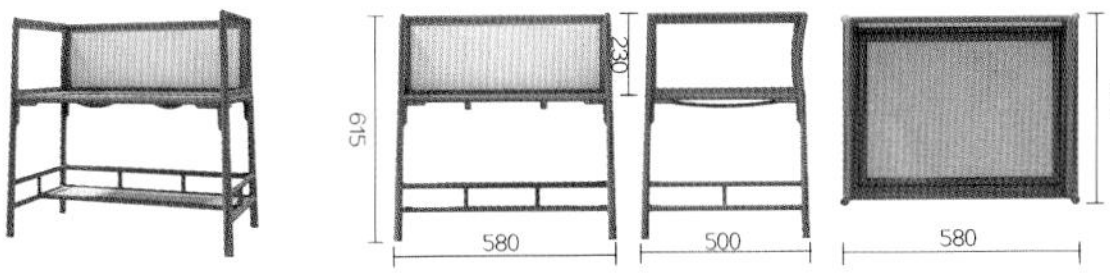
615
230
580
500
500
580

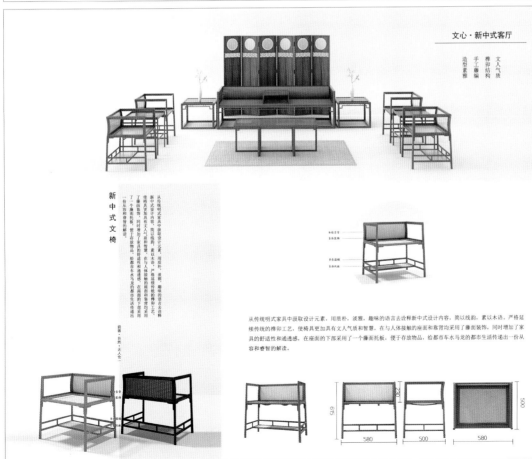

作品：宽心椅
作者：朱伟／杭州大巧家居设计工作室
指导老师：翟伟民、徐乐

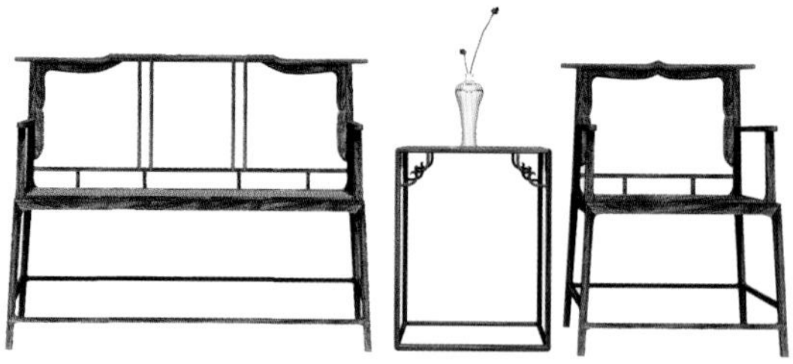

宽心椅

560 × 480 × 900cm
500 × 380 × 680cm
875 × 480 × 900cm

以素为美，比例尺寸，力求协调自然，同时富有力度，不仅平衡结构强度也达到了器物的整体气韵。整体结构以榫卯穿插，椅背扶手以及凳面的弧度都充分考虑了人的舒适习惯而设计，整体家具简洁，横平竖直却不失去弧度的优美，简而有道。

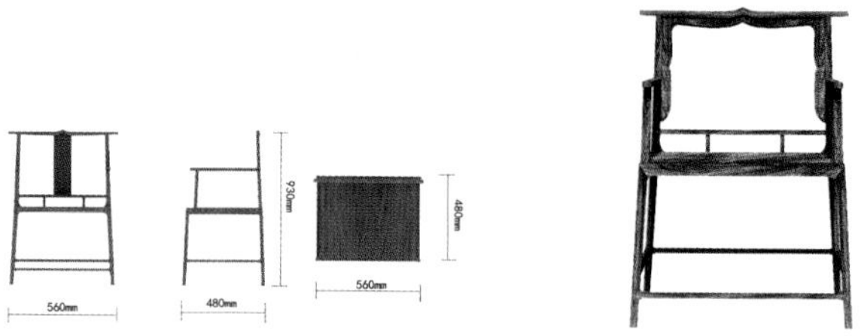

作品：亦桌亦椅
作者：朱伟／杭州大巧家居设计工作室
指导老师：翟伟民、徐乐

【亦桌亦椅】

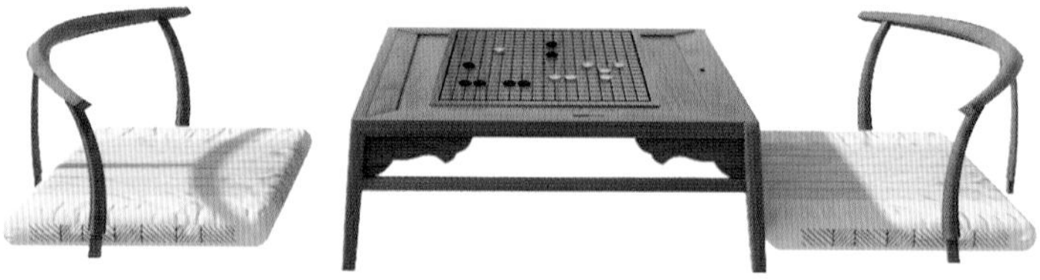

中国椅子的发展经历了从席地而坐到垂足而坐的过程，这个过程根本上改变了国人的坐姿，本设计将席地时代的坐具凭几和垂足时代的方凳联系在一起，通过一组走马销实现了结构上面的连接，打开时候可以是一组棋手对弈，组合起来可以是一把休闲椅。引发因“坐”而生的时间空间的思考。

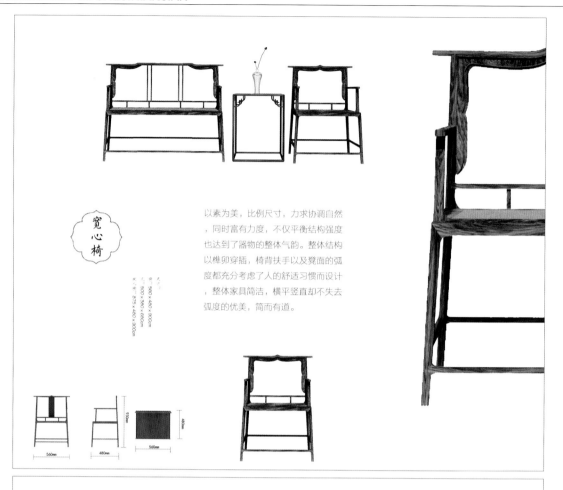

作品：圆形方榫
作者：朱伟／杭州大巧家居设计工作室
指导老师：翟伟民、徐乐

「圆形方榫」

此款圆面靠背椅子的设计承袭了北欧的设计风格，椅面为圆形，采用藤屉饰面，四足与椅面采用燕尾榫卯卡扣结构，同时支撑座面受力，他们之间相互制约，拱形横撑汲取建筑结构元素，支撑四足同时支撑藤屉的座面，靠背与后腿采用了燕尾榫卯结构，靠背与座面也是相互制约，整体坐具，造型轻巧，结构稳固，符合人体工程学的舒适性尺寸要求。

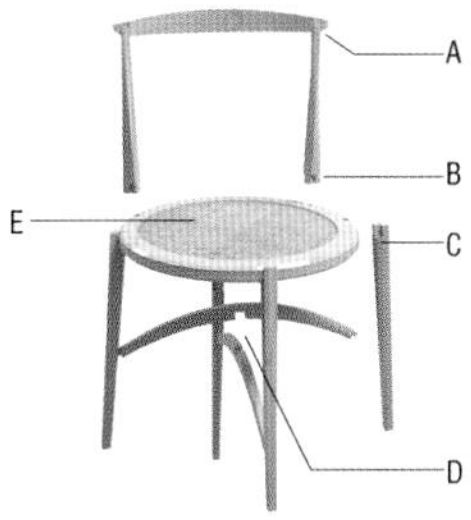

A：夹头榫卯，上下可拆分

B：燕尾榫结构，人倚靠时候被座面卡住，上下可拆分

C：燕尾榫结构，腿部被座面锁住同时支撑座面受力

D：穿档卡扣结构，支撑四足和座面藤屉，收徽派建筑冬瓜梁启发

E：藤屉，增加舒适感和通透感

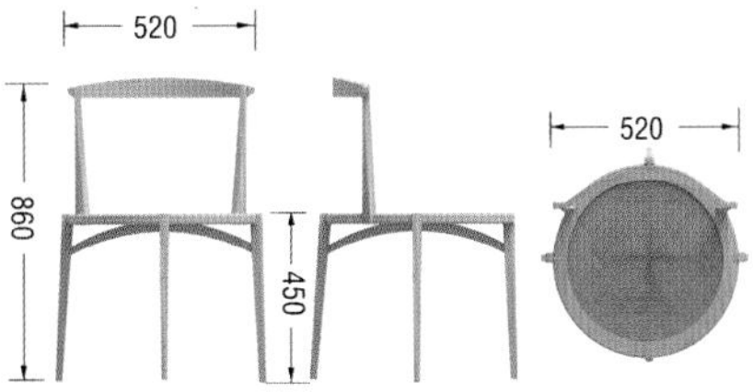

作品：袖椅
作者：黄剑辉、林秋丽、陈宜科／华南农业大学
指导老师：杨慧全

袖椅

灵感来源于中国古代衣服袖口的造型和现代家具的美感相结合。由黑紫檀木、皮革、铜金属构成。

作　品：望月

作　者：吕文／山东艺术学院

指导老师：张恒旺

望月
●设计说明
这件单人座具的名字为望月，椅子正面借鉴了中国传统建筑檐部形式之一——飞檐翘角的造型，形如飞鸟展翅，轻盈活泼，飞檐为汉族建筑民族风格的重要表现之一。
将挑檐式建筑造型融合在中式家具之中，把中国传统建筑与传统家具交织在一起，是我设计这件座椅的初衷，椅子后腿的侧面为弦月的造型，中国人对月始终有一份独特的情感，月打座椅的美也只有中国人才会懂得
，座椅框架的材质采用沉稳的胡桃木，椅面采用原色牛皮。
●三视图
660
660
690
Shandong University Of Arts

作　品：如云

作　者：马金伟／内蒙古师范大学

指导老师：张中原

如云
"图纹"
梦想的标识符
人生的启蒙家
儿时初见她
我的思想总会
以微小的力量，
轻松累积
终成梦想家居
"图纹"梦想的标识符
人生的启蒙家再见到她
我的思想就会
在这朵祥云上留存下来
家居，磺溪流域第一间，
人生居家之最惊叹号，
已打造完成

作品：君椅
作者：鲍海明／南京林业大学
指导老师：吕九芳

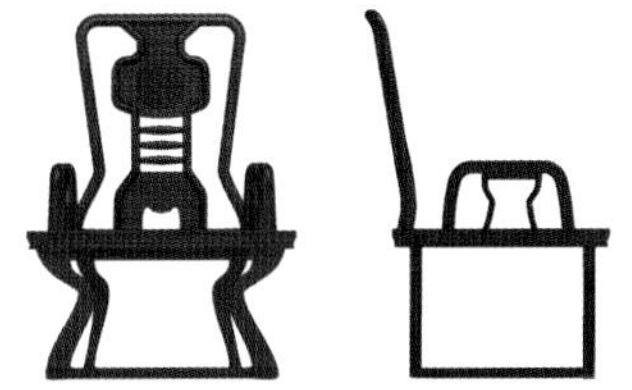

长:720mm
宽:600mm
高:1000mm

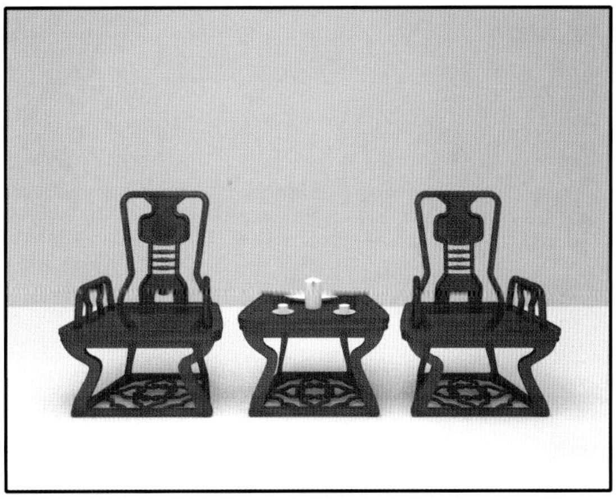

君椅

设计说明：君子无束，心向恒之！“君椅”突破了传统中式家具直腿的造型，以全新的弯曲腿进行代替，这样的设计可以使整个家具灵活多变。托尼的设计与椅腿呼应并承托整个椅子。椅背和扶手的设计相得益彰，都利用弯曲封闭的特点，使整体家具造型得到升华。

椅背中间按摩滚轴的设计，可谓是点睛之笔，它可以对人体背部肌肉进行按摩放松。椅背顶端的搭脑部分可以使人体颈部得到放松，整个椅背的曲线形状完全按照人体工程学进行设计，可以对人体有个更好地支撑。

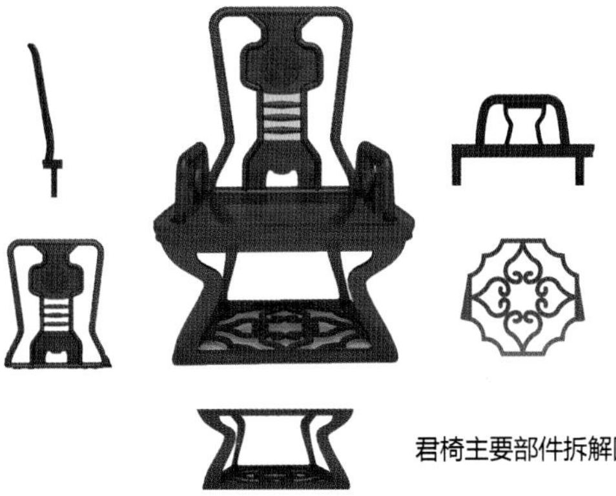

君椅主要部件拆解图

作品：天籁
作者：谭翰文／华侨大学
指导老师：谭永胜

天籁

Sounds of nature

设计说明

椅身工艺

盘腿而席，冥世间之宁静：凝神静听，享天籁之光阴
座盘宽敞，故能盘腿而坐，整座禅椅简洁素雅，形如“天”字
沿用古官帽椅设计，方椅圆垫，天地之间皆可静听，
全椅均采用止方榫，双方榫，楔钉榫 契合而成 朴素简雅
浑然天成，远离世俗之浮华 ，通悟世间之灵性。

环绕立体音响

椅官帽两侧为蓝牙音箱，并齐左右，参禅时能通过电子设备播放环的音乐效果，为打坐环境提供意境及氛围，并与靠背用楔钉榫相连，拆下后和进行充电，左右两侧还可相互组合变成独立的蓝牙音箱，用于办公与播放。

原木蓝牙音箱(楔钉榫可拆卸重组)

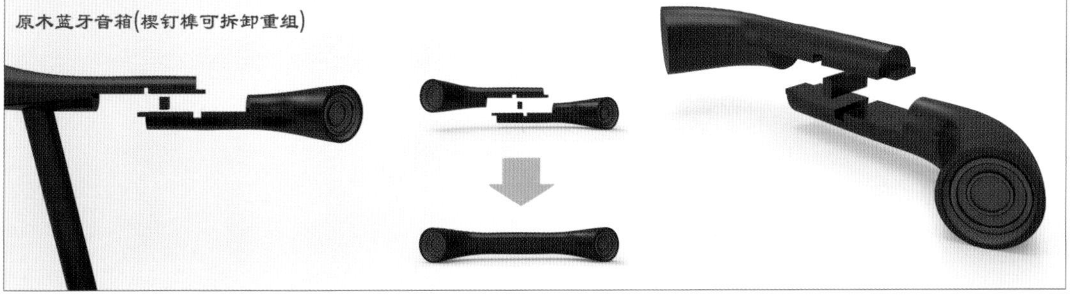

椅凳类设计奖

作品：竹石——圈椅
作者：岑宝光、黎斌艳／华侨大学
指导老师：谭永胜

竹石——圈椅

设计说明：“咬定青山不放松,立根原在破岩中”道出了竹子跟岩石的关系，竹子的精神自古便让人称赞，本设计采用竹石结合让圈椅在继承的同时赋予了生命。圈椅的圈采用竹子为材料，将竹子本身的韧性发挥到了极致，青石板刚硬光滑镶嵌为坐垫也算是物尽其用。

爆炸图：

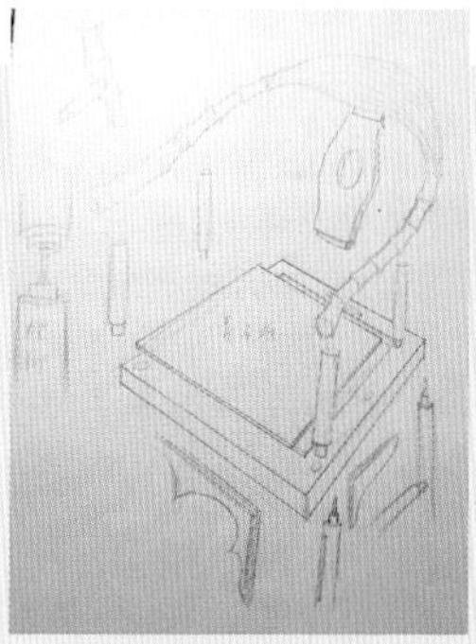

三视图：

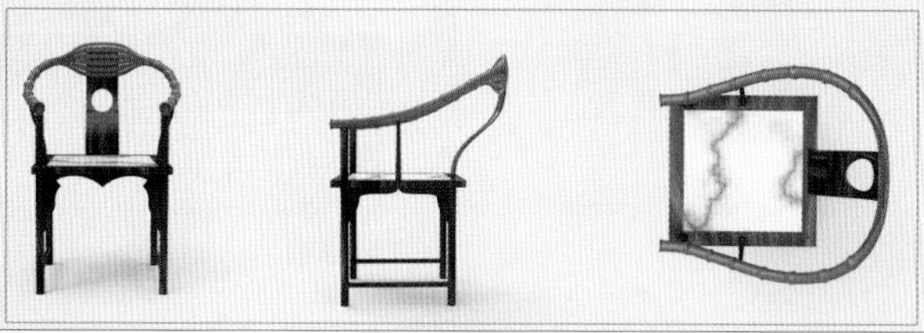

作品：猫
作者：刘泽宇／华南农业大学
指导老师：杨慧全

猫

设计说明：设计灵感源于圈椅的独特外形以及现实中的猫。圈椅独特优美的曲线圆形靠背被提取出来，另外从猫中提取其独特的耳朵造型运用到扶手上，以及爪子的造型运用到背撑上。整个造型充满曲线的流畅美感。以猫的独特拟态造型契合现代人的审美，同时具备禅意，与矮垫本身的悠然随适相互契合。将传统高椅中的圈形靠背元素运用到矮椅中，使传统元素的传承。

透视图

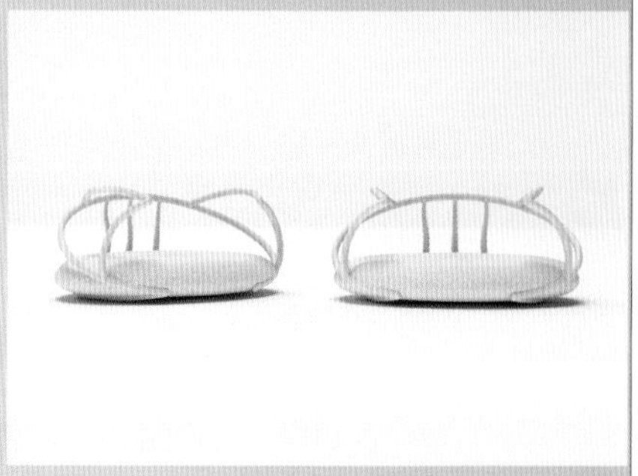

三视图

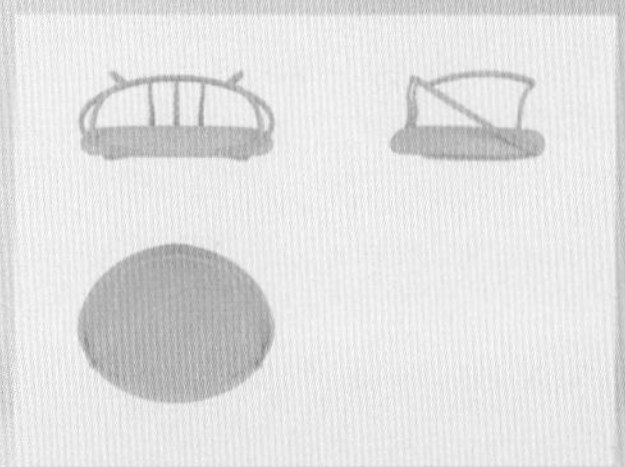

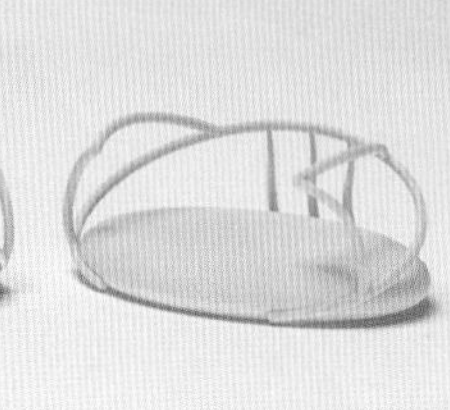

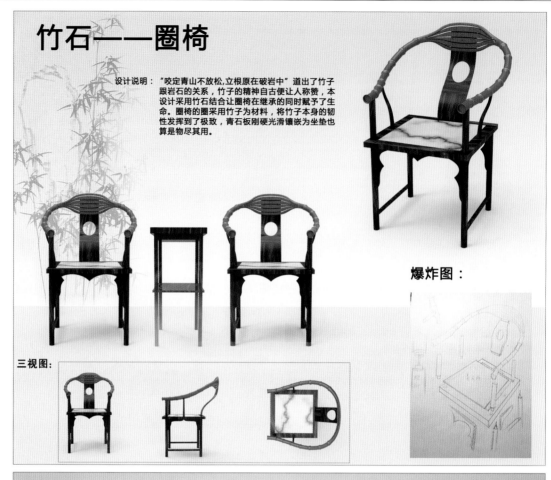

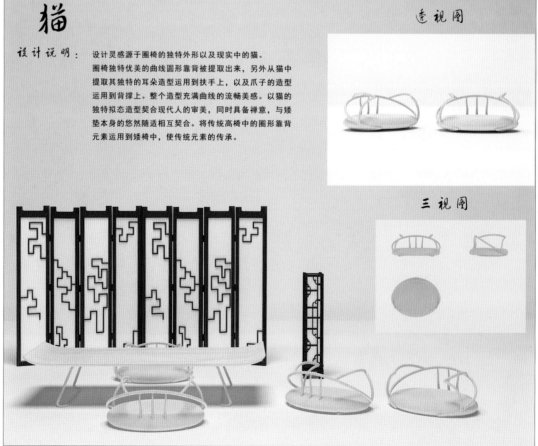

作　品：童趣
作　者：邓欣／天津科技大学
指导老师：孙光瑞

“见藐小之物必细察其纹理，

故时有物外之趣”

童趣

作　品：草原印记
作　者：李军／内蒙古农业大学

草原印记

——游牧民族风格座椅设计

创意来源

勒勒车是蒙古民族使用的传统交通运输工具，勒勒车在草原人的生活中扮演着重要的角色。随着经济的发展和社会的进步，生活方式渐渐改变，勒勒车逐步退出了历史舞台，但是作为草原文化的重要部分，勒勒车的形象却永远印在了人们的记忆里……

勒勒车的特点是车轮大车身小，这大大的车轮成为本套设计创意的来源。

设计说明

本设计方案是民族风格座椅，主体借用车轮的形态，既保证座椅的稳定性又体现民族特色，座椅和靠背由贯穿的木制连接杆件与主体框架相连。在座椅和靠背上根据使用功能的不同，又分别加装了坐垫和靠垫，满足舒适性的要求。在材质方面，选用北方常见的榆木，天然的木材纹理体现出蒙古族粗旷的性格特征，坐垫和靠垫的覆面材料选择带有民族特色的织物，色调倾向蓝色，这其中蕴含着强烈的民族色彩情节。设计方案在形态上一气呵成，体现出淳朴的自然美。

单人座椅尺度　800×900×800 mm

三人座椅尺度　1850×900×800 mm

● 效果图

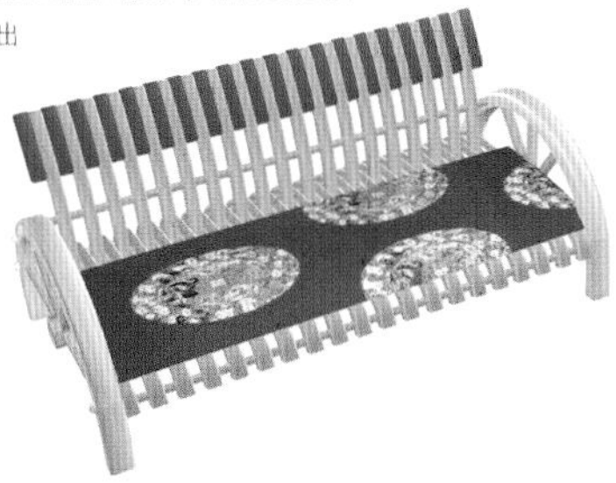

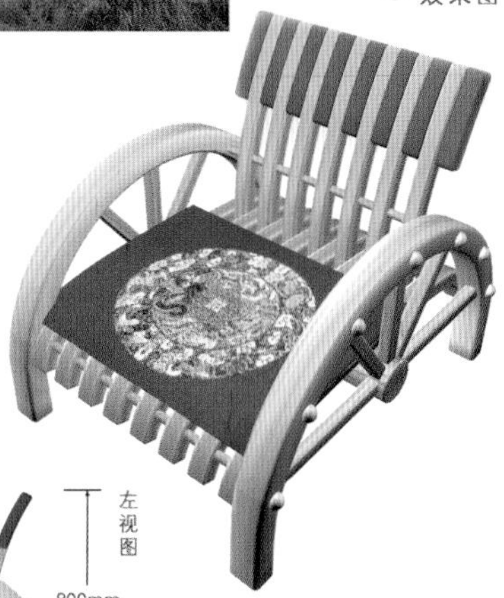

● 三视图及尺寸

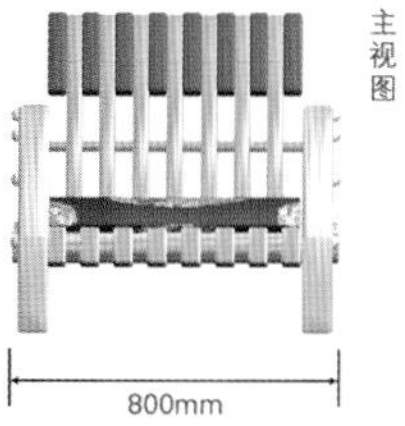

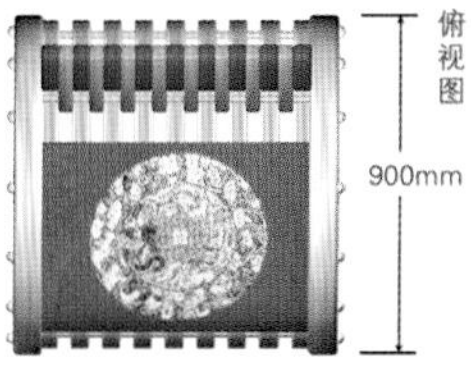

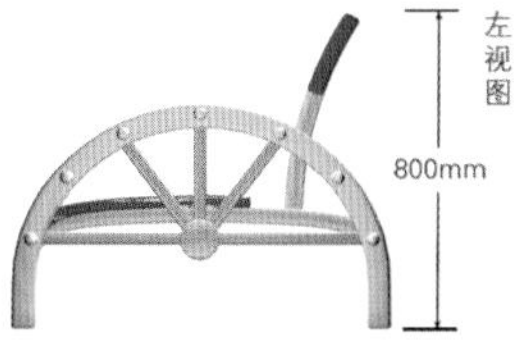

单位：mm（毫米）

椅凳类设计奖

作品：鼎立
作者：魏旭红／内蒙古农业大学
指导老师：王瑞浩

鼎立 ——新古典装饰家具

■ 三视图

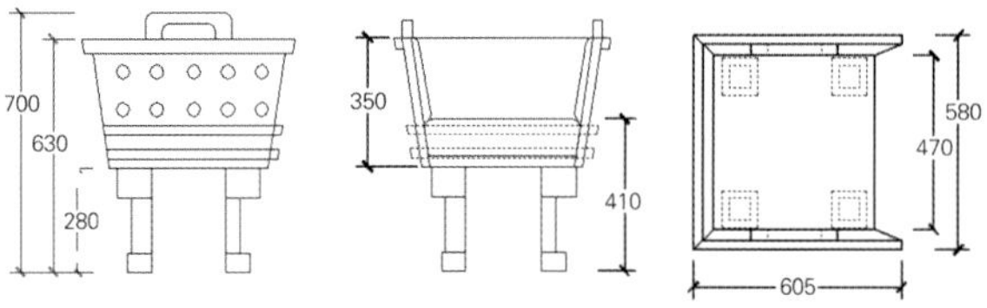

设计说明

青铜器是中国古代重要的礼器，其造型稳重内敛，具有特殊的文化意义，是最古老的中华传统符号之一。本设计灵感源于青铜器，具象的应用了青铜器的特殊造型，使家具具有古朴的视觉感觉。

本设计方案"鼎立"在装饰上使用漆面做旧工艺，将椅身通体塑造成青铜颜色，软包选用青灰色金丝线花纹布。该设计的造型及质感很好的体现了座椅的威严之感，是借中国古代器物形态进行家具创新而又体现复古风的创作尝试。

家具尺寸

580 × 605 × 700 mm LWH

■ 家具实物

■ 效果图

单位：mm(毫米)

作品：端庄蒙古韵
作者：李军／内蒙古农业大学

端庄蒙古韵 ——新蒙古风格家具设计

■ 实物照片

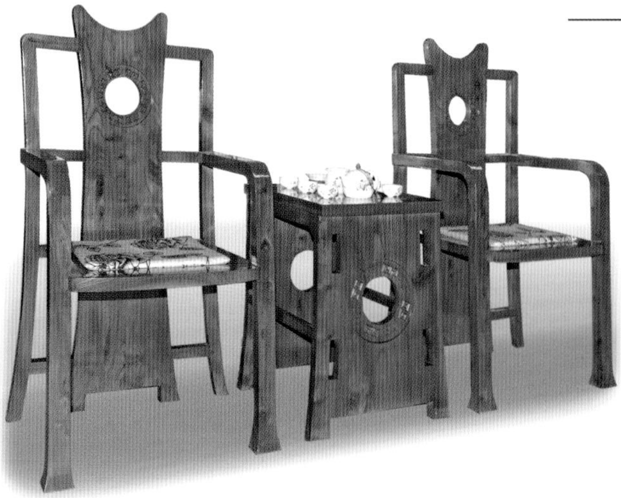

设计说明

该设计方案为新蒙古风格休闲家具，一套三件，两扶手椅、一茶几。作品中扶手椅的灵感来源于蒙古族传统礼仪服饰中的高领造型，再加上雕刻装饰，使设计方案体现出民族风格。

家具采用榆木制作，既保证了结构的稳定性又体现了民族传统特色，座面部分采用软包。座椅造型符合人体工程学尺度要求，满足乘坐舒适性。

家具尺寸

座 椅 500×420×1100 mm LWH
茶 几 400×500×600 mm LWH

■ 俯视图

■ 主视图

■ 左视图

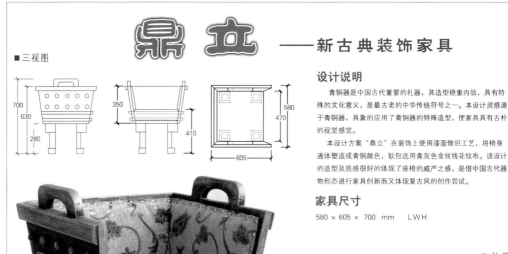

作品：古影
作者：刘日霞／内蒙古农业大学
指导老师：李军

古　影

——新蒙古风格座椅设计

设计说明

该设计方案为具有蒙古族风格特征的休闲椅，创意来源于蒙古族风格用具和爵士风格家具。

家具的框架采用实木材质，处理手法上稍作做旧处理。具有生命感的木材带有岁月的痕迹，加之做旧处理使之更显沧桑，该质感在视觉空间中便会带给人厚重、朴实的独特气息。坐面和靠背均使用整块牛皮制成，牛皮触感柔和、色泽自然。牛皮表面采用雕花装饰，内容为蒙古族传统图案。

该设计方案中实木与牛皮的搭配，颇有一气呵成之感。加之靠背上吉祥图案的雕花装饰，让椅子呈现出粗狂、朴实的古典美感，也是对蒙元文化的独到演绎。

座椅尺寸 650×540×820 mm　LWH

■单体效果图

■环境效果图

■三视图

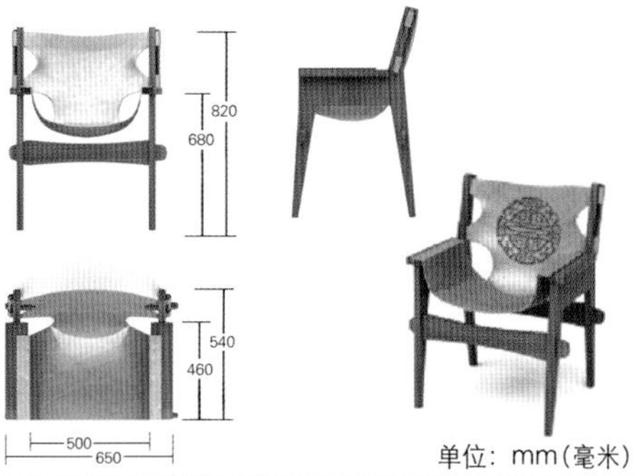
820
680
540
460
500
650

单位：mm(毫米)

作品：木窖
作者：邬丽清／内蒙古农业大学
指导老师：王俊峰

木窖

新蒙古风格坐具设计

设计说明

设计方案以游牧民族传统的木桶造型为基础，靠背用羊头的造型加以变化。该设计的主要材料为实木，木材具有天然、无污染，与人的亲和性强等优势，这符合现代都市人崇尚自然的心理需求。家具靠背处的羊头造型部分施以浅浮雕装饰，凸显蒙古族家具独特的民族风格装饰形式，富有韵味的木桶再辅以镶嵌，更会增添家具的天然情趣。

家具尺寸

550 × 600 × 1050 mm　LWH

■三视图

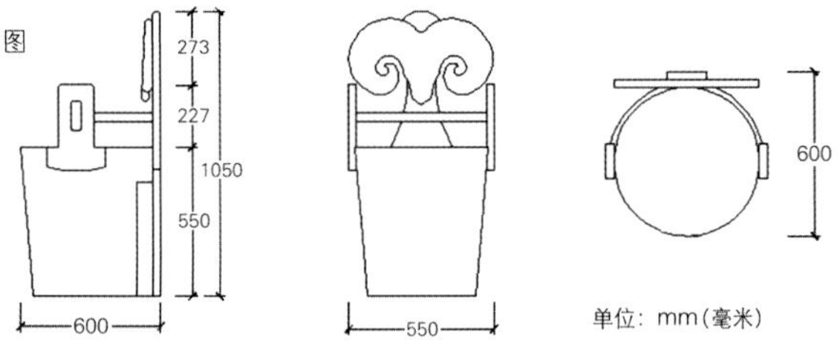
273
227
1050
550
600
550
600

单位：mm(毫米)

■家具实物

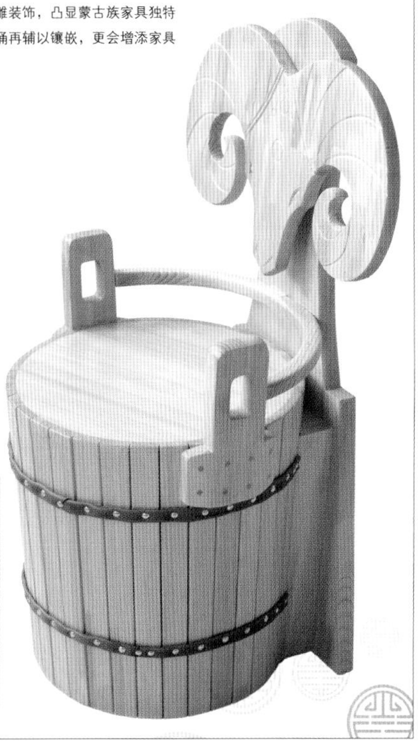

■实物照片

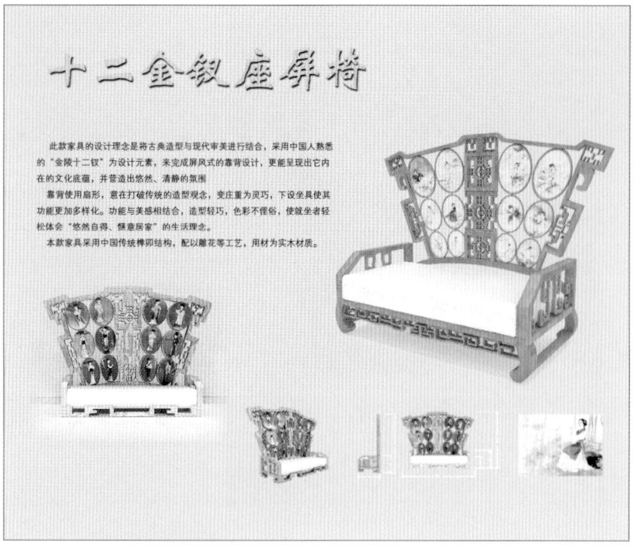
十二金钗座屏椅
此款家具的设计理念是将古典造型与现代审美进行结合，采用中国人熟悉的"金陵十二钗"为设计元素，来完成屏风式的靠背设计，更能呈现出它内在的文化底蕴，并营造出悠然、清静的氛围
靠背使用扇形，意在打破传统的造型观念，变庄重为灵巧，下设坐具使其功能更加多样化。功能与美感相结合，造型轻巧，色彩不俚俗，使就坐者轻松体会"悠然自得、惬意居家"的生活理念。
本款家具采用中国传统榫卯结构，配以雕花等工艺，用材为实木材质。

作　　品：十二金钗座屏椅
作　　者：郑缇全／内蒙古农业大学

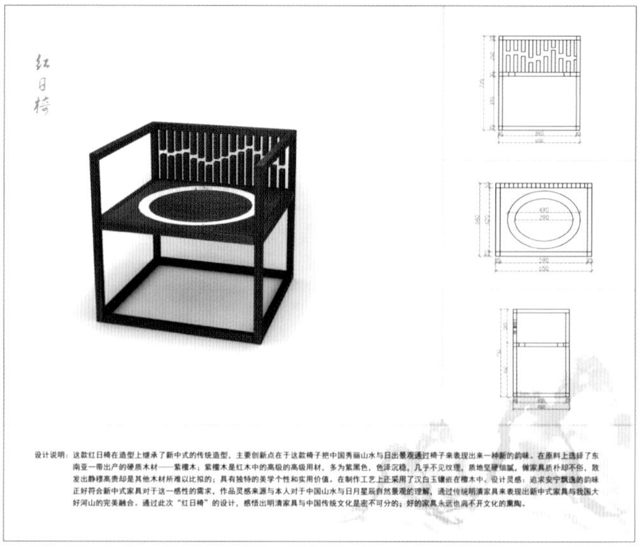
红日椅

作　　品：红日椅
作　　者：刘成／中南林业科技大学
指导老师：夏岚

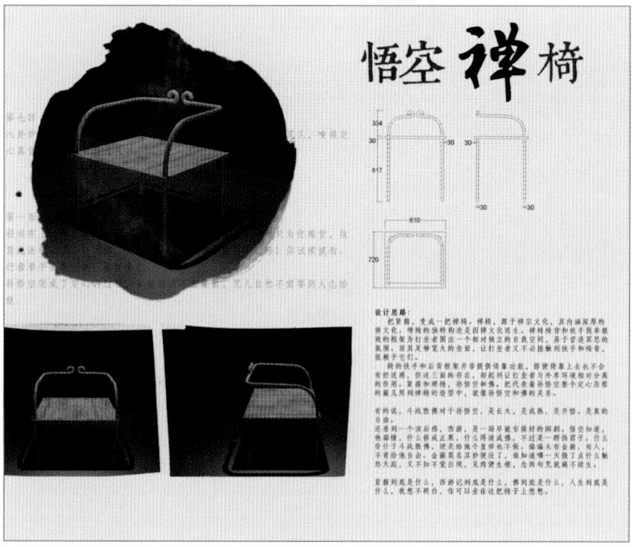
悟空禅椅

作　　品："悟空"禅椅
作　　者：董雨晴、刘恋、韦海玲、汪源／北京林业大学

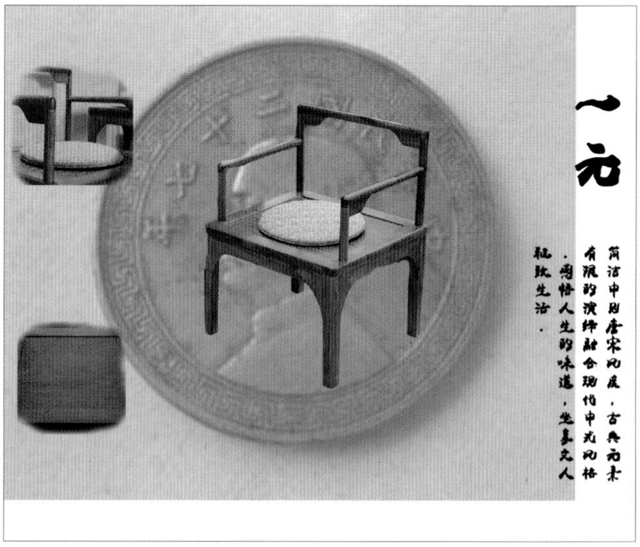
一元
简洁中引唐宋风度，古典元素
有限的演绎融合现代中式风格
．感悟人生的味道，坐享文人
闲致生活．

作　　品：陈天碧
作　　者：一元／广西大学
指导老师：刘娜

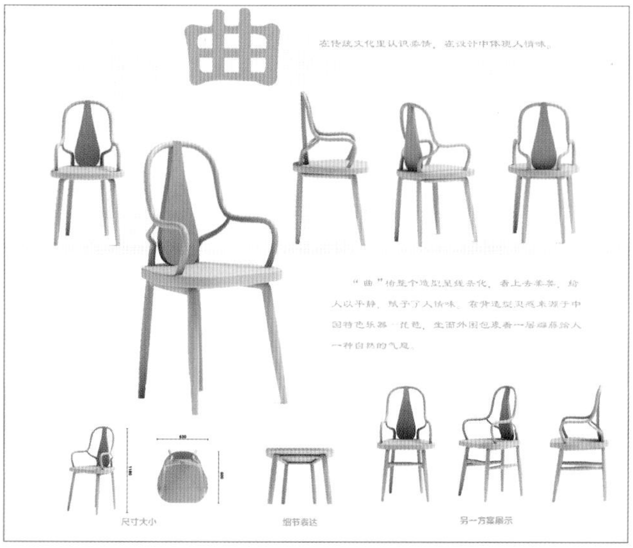
曲
在传统文化里认识亲情，在设计中体现人情味。
尺寸大小
细节表达
另一方案展示

作　　品："曲"椅
作　　者：谌震、杨瑞、周轩如／中南林业科技大学
指导老师：张继娟

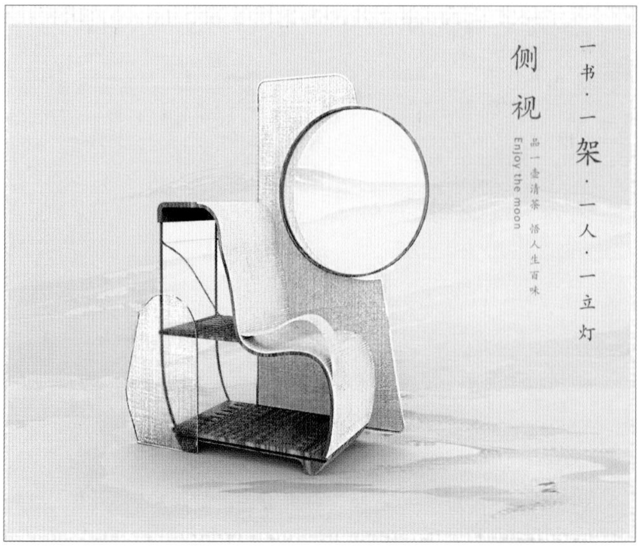
侧视
Enjoy the moon
品一壶清茶 悟人生百味
一书·一架·一人·一立灯

作　　品：赏·月
作　　者：鲍乌勒娜／北京工业大学
指导老师：杨玮娣

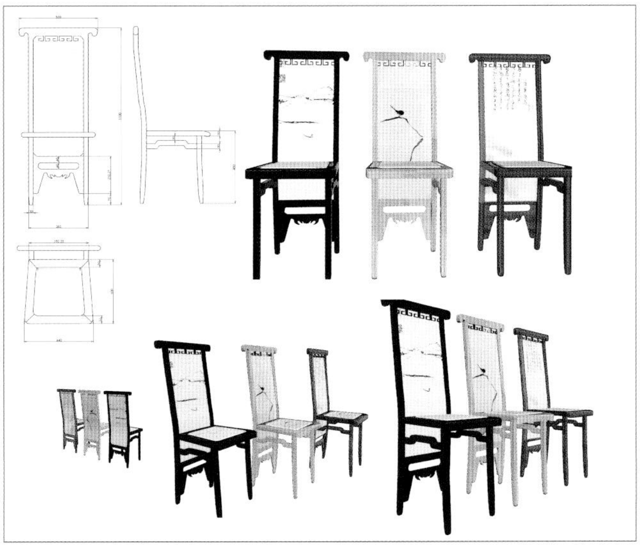

作　　品：屏风椅
作　　者：堵梦丽／安徽农业大学
指导老师：陈玉霞

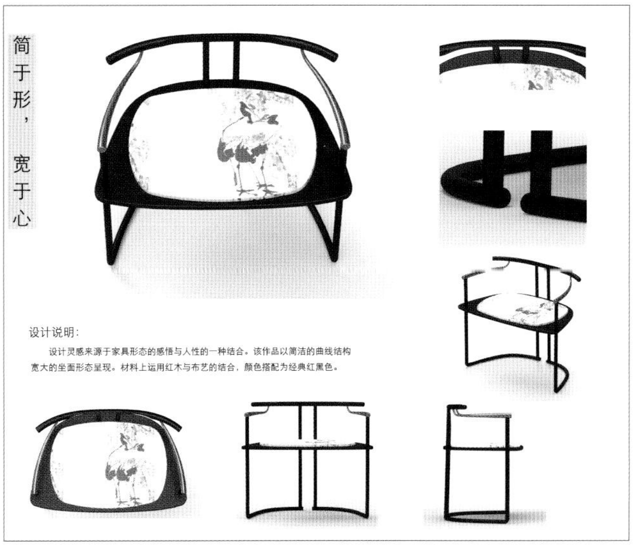
简于形，宽于心
设计说明：
设计灵感来源于家具形态的感悟与人性的一种结合。该作品以简洁的曲线结构宽大的坐面形态呈现。材料上运用红木与布艺的结合，颜色搭配为经典红黑色。

作　　品：简于形，宽于心
作　　者：李友文／山东艺术学院
指导老师：张恒旺

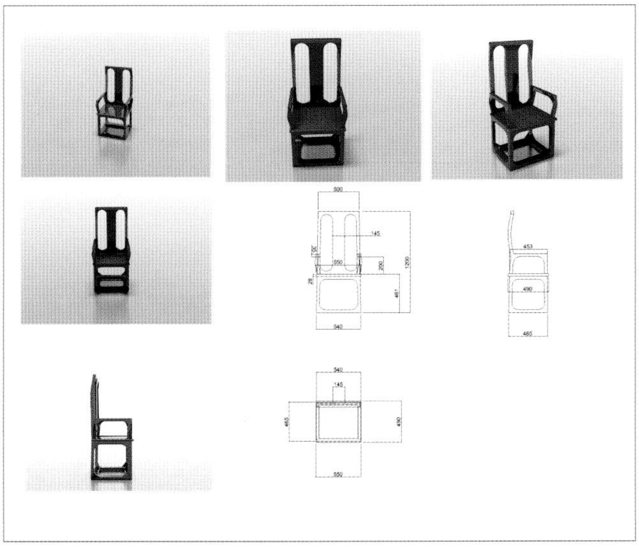

作　　品：内柔外刚
作　　者：李静／四川农业大学
指导老师：宁莉萍

君子椅
三视图：
910
420
800
680
设计说明：
以汉族服饰为原型，将椅子两侧的扶手设计成宽大的衣袖形状，上有菊与梅的木雕。古有梅兰竹菊四君子，此椅则命名为君子椅，标志着清雅淡薄，高洁脱俗的君子形象。
椅子采用黄花梨木，看似纤细的木条实则上窄下宽，坐面配有可更换软垫，让座椅更为舒适。

作　　品：君子椅
作　　者：李冉、黄帅华／福建农林大学
指导老师：陈祖建

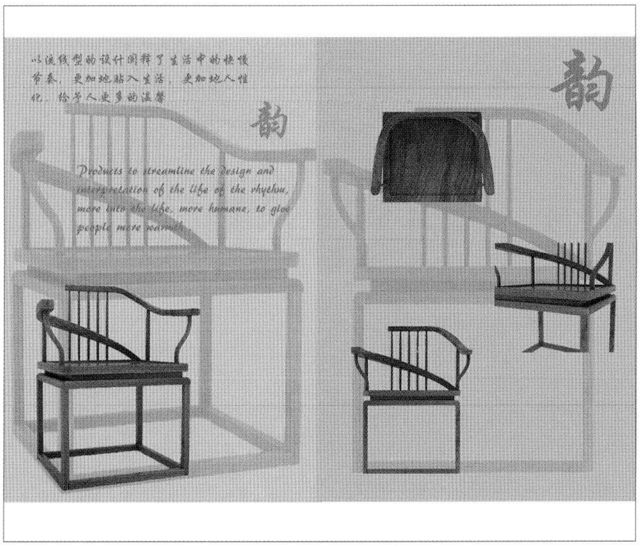
以流线型的设计阐释了生活中的快慢节奏，更加地贴入生活，更加地人性化，给予人更多的温馨
韵
韵

作　　品：韵
作　　者：林威儒／郑州轻工业学院
指导老师：屈新波

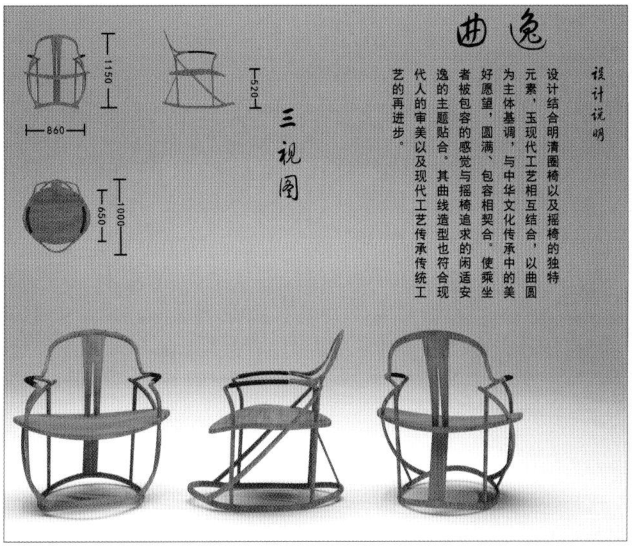
曲逸
设计说明
设计结合明清圈椅以及摇椅的独特元素，玉现代工艺相互结合，以曲圆为主体基调，与中华文化传承中的美好愿望，圆满、包容相契合。使乘坐者被包容的感觉与摇椅追求的闲适安逸的主题贴合。其曲线造型也符合现代人的审美以及现代工艺传承传统工艺的再进步。
三视图
1150
860
520
650
1000

作　　品：曲逸
作　　者：刘泽宇／华南农业大学
指导老师：杨慧全

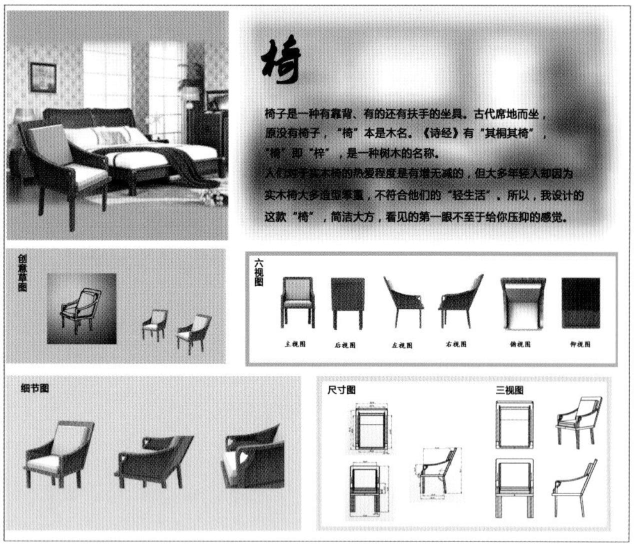
椅
创意草图
六视图
主视图
后视图
左视图
右视图
俯视图
仰视图
细节图
尺寸图
三视图

作　　品：椅
作　　者：任雪娇 / 山东交通学院
指导老师：王丽君

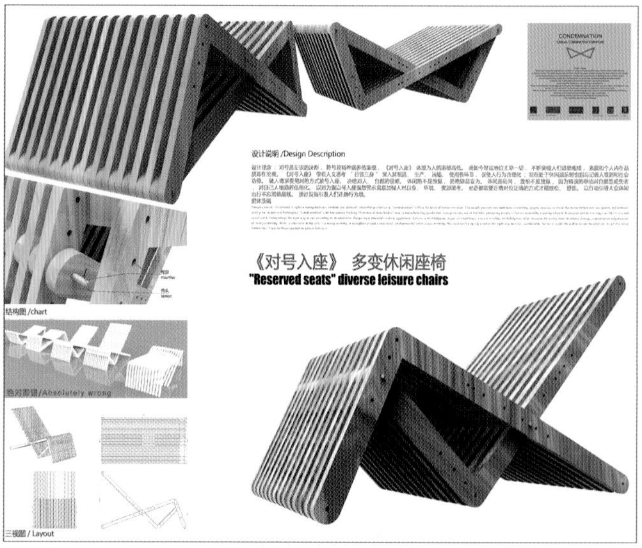
设计说明 /Design Description
《对号入座》 多变休闲座椅
"Reserved seats" diverse leisure chairs
结构图 /chart
三视图 / Layout

作　　品：对号入座
作　　者：王井龙 / 长安微动创意设计工作室 / 浙江工业大学之江学院

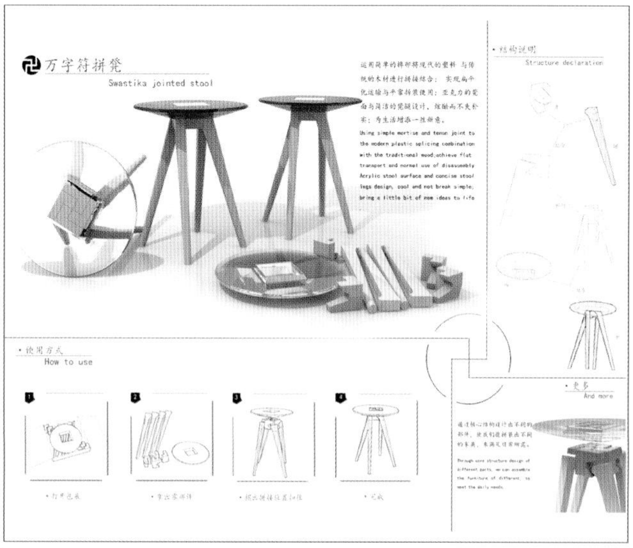
万字符拼凳
Swastika jointed stool
结构说明
Structure declaration
使用方式
How to use
更多
And more

作　　品：万字符拼凳
作　　者：吴亮 / 浙江工业大学之江学院
指导老师：徐乐

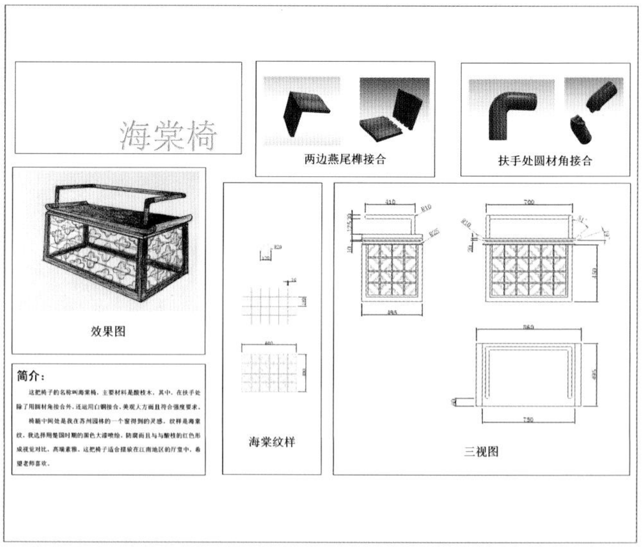
海棠椅
两边燕尾榫接合
扶手处圆材角接合
效果图
简介：
海棠纹样
三视图

作　　品：海棠椅
作　　者：叶翠茵 / 北京林业大学

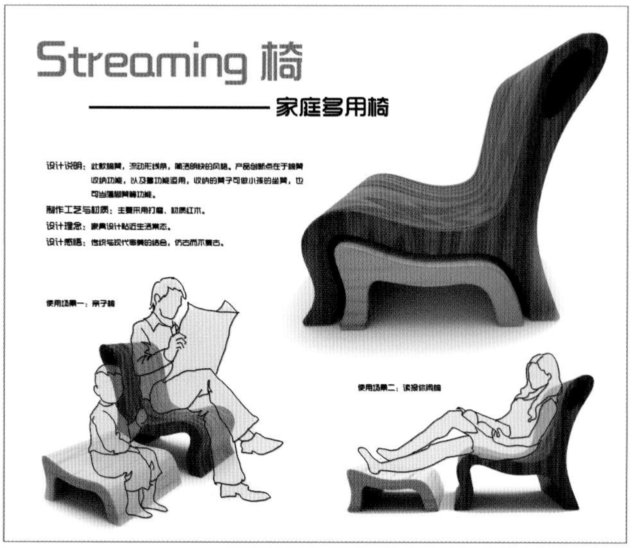
Streaming 椅
家庭多用椅
使用场景一：亲子椅
使用场景二：读报休闲椅

作　　品：流动椅——家庭多用椅
作　　者：张颖 / 华侨大学
指导老师：谭永胜

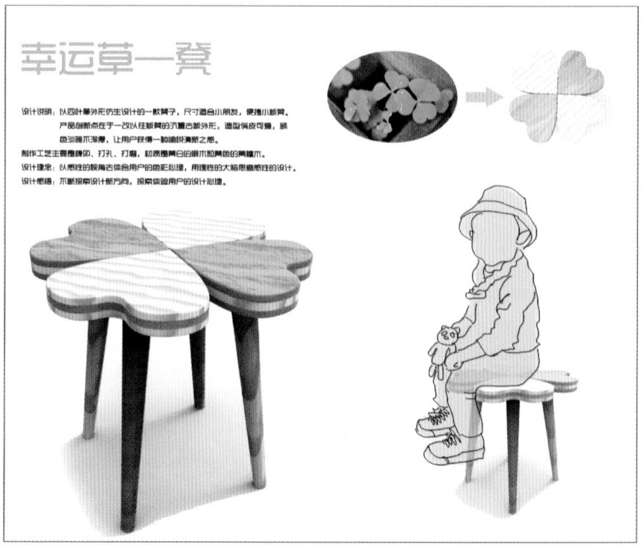
幸运草一凳

作　　品：四叶草凳
作　　者：张颖 / 华侨大学
指导老师：谭永胜

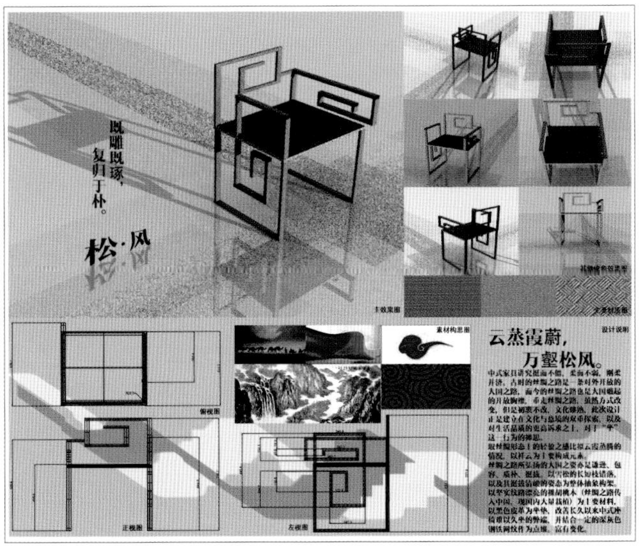
夙雕夙琢，
复归于朴。
松·风
云蒸霞蔚，
万壑松风。
设计说明

作　　品：松·风
作　　者：张云璐／安徽农业大学

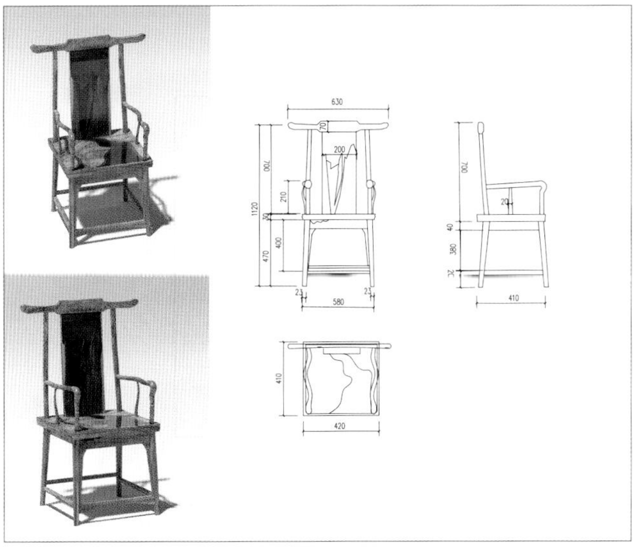
630
200
700
210
1120
400
470
580
410
420

作　　品：它与山水
作　　者：赵于淋、曾兴文／四川农业大学
指导老师：宁莉萍

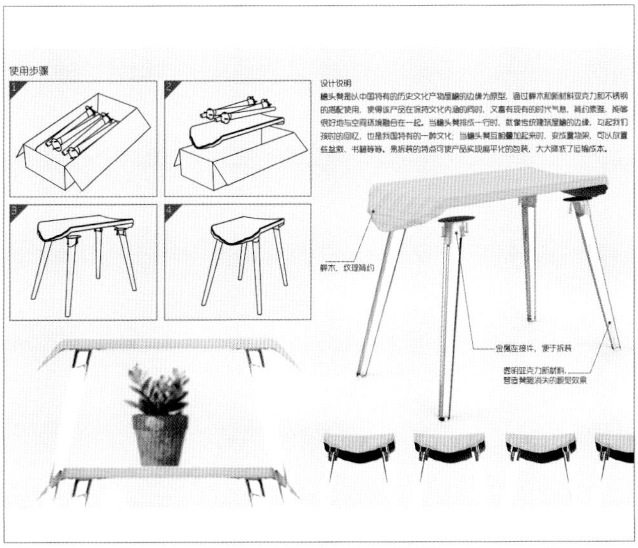
使用步骤
设计说明
檐头凳是以中国特有的历史文化产物屋檐的边缘为原型，通过榉木和新材料亚克力和不锈钢的搭配使用，使得该产品在保持文化内涵的同时，又富有现有的时代气息，简约素雅，能够很好地与空间环境融合在一起。当檐头凳排成一行时，就像传统建筑屋檐的边缘，勾起我们孩时的回忆，也是我国特有的一种文化；当檐头凳互相叠加起来时，变成置物架，可以放置些盆栽、书籍等等。易拆装的特点可使产品实现扁平化的包装，大大降低了运输成本。

作　　品：檐头凳
作　　者：徐乐、翟伟民、张飞娥、张博文、卢恒／浙江工业大学之江学院

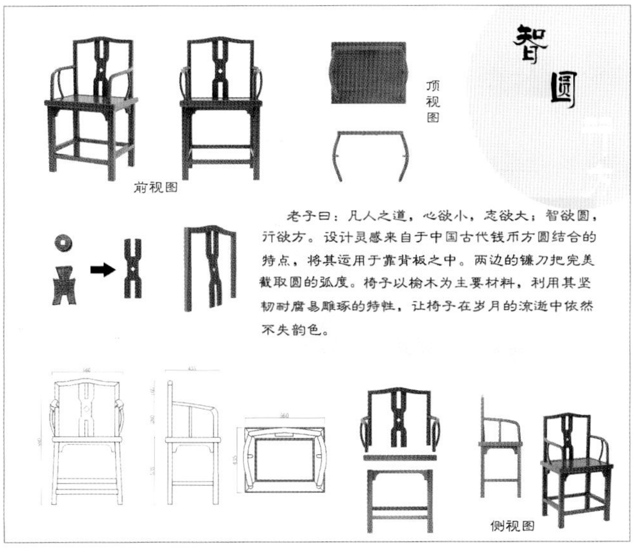
智
圆
顶视图
前视图
老子曰：凡人之道，心欲小，志欲大；智欲圆，行欲方。设计灵感来自于中国古代钱币方圆结合的特点，将其运用于靠背板之中。两边的镰刀把完美截取圆的弧度。椅子以榆木为主要材料，利用其坚韧耐腐易雕琢的特性，让椅子在岁月的流逝中依然不失韵色。
侧视图

作　　品：智圆行方
作　　者：周轩如、杨瑞、谌震／中南林业科技大学
指导老师：曾利

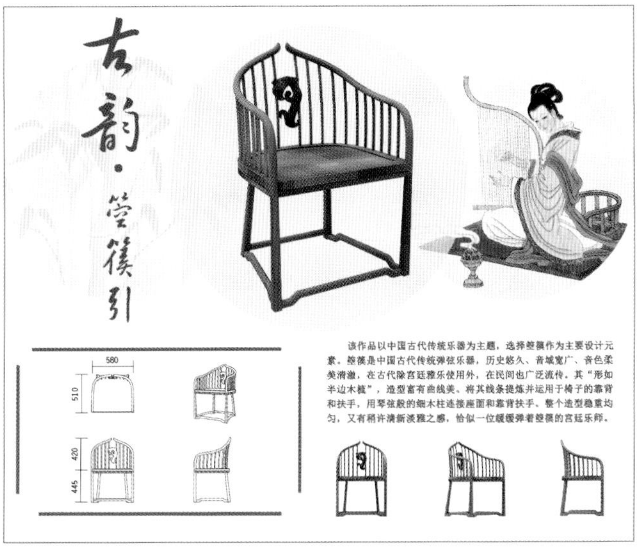
古韵·箜篌引
580
510
420
445
该作品以中国古代传统乐器为主题，选择箜篌作为主要设计元素。箜篌是中国古代传统弹弦乐器，历史悠久、音域宽广、音色柔美清澈，在古代除宫廷雅乐使用外，在民间也广泛流传。其“形如半边木梳”，造型富有曲线美。将其线条提炼并运用于椅子的靠背和扶手，用琴弦般的细木柱连接座面和靠背扶手。整个造型稳重均匀，又有稍许清新淡雅之感，恰似一位缓缓弹着箜篌的宫廷乐师。

作　　品：古韵·箜篌引
作　　者：李绮琳、李杨阳、刘桂瑜／华南农业大学
指导老师：宋杰

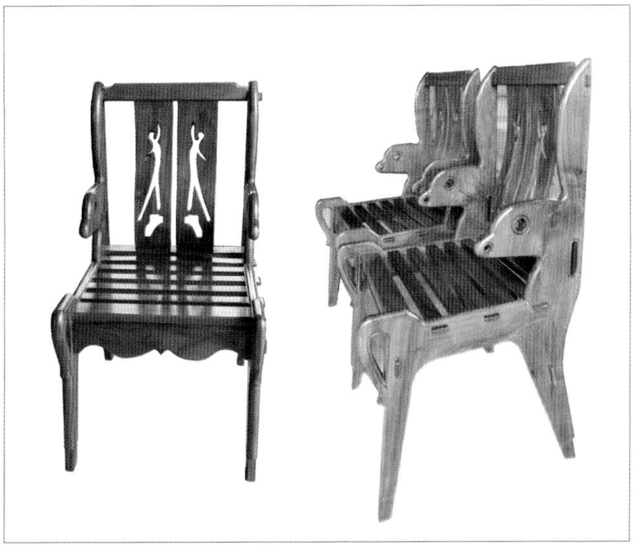

作　　品：八仙张果老长寿椅（万事回头看）
作　　者：路玉章、王玉才、孙旭／侯马正兴堂古典家具文化有限公司／路玉章工作室

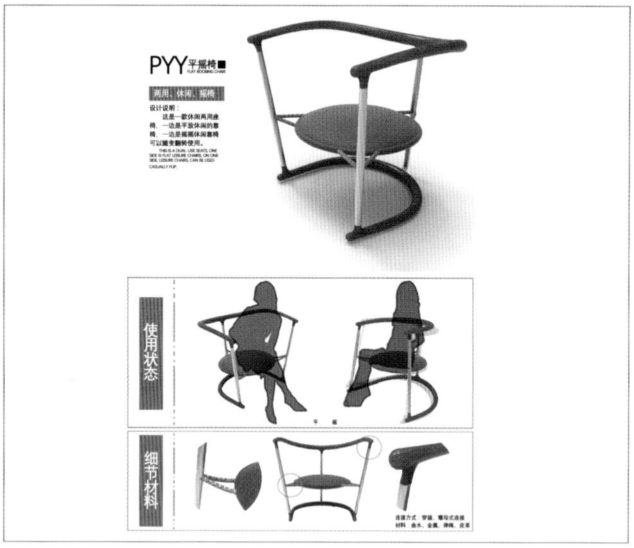

作　　品：平摇椅
作　　者：古永昌／广东轻工职业技术学院
指导老师：白平

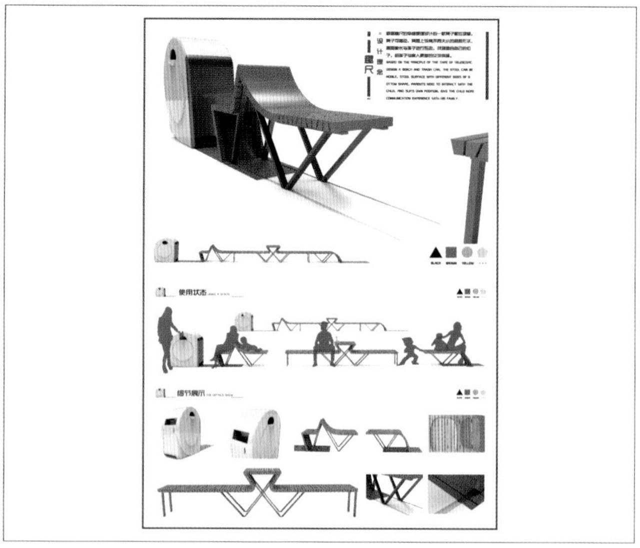

作　　品：趣尺
作　　者：古永昌／广东轻工职业技术学院
指导老师：廖乃真

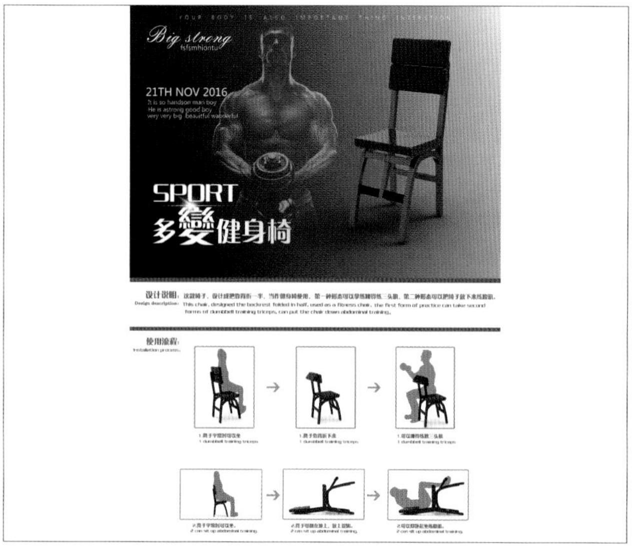

作　　品：多变健身椅
作　　者：梁植槐／广东轻工职业技术学院
指导老师：白平

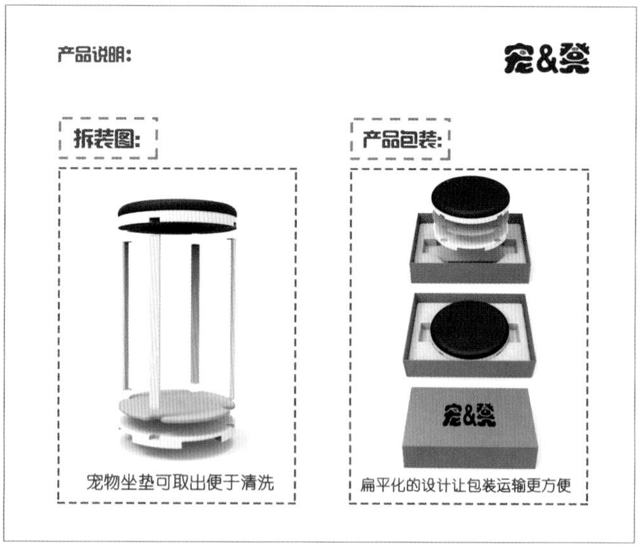

作　　品：宠＆凳
作　　者：廖嘉威／广东轻工职业技术学院
指导老师：白平

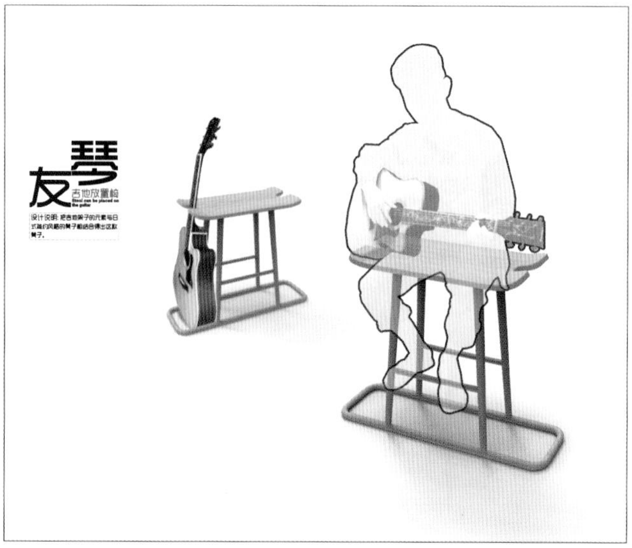

作　　品：友琴吉他椅
作　　者：黄浩震／广东轻工职业技术学院
指导老师：张鋈

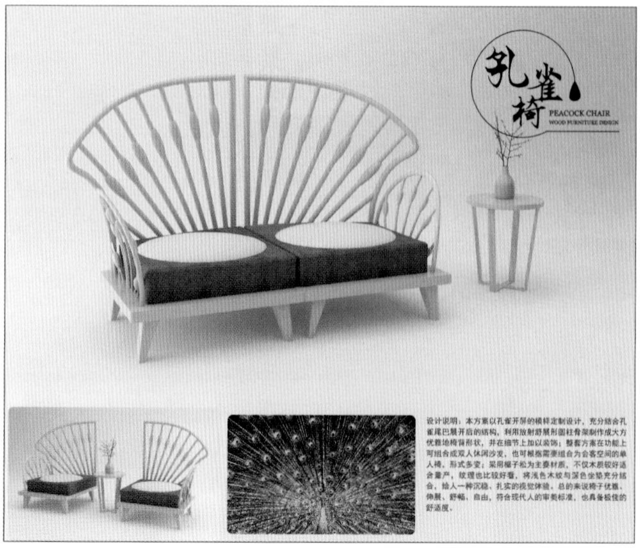

作　　品：孔雀椅
作　　者：谢文东／中南林业科技大学
指导老师：袁进东

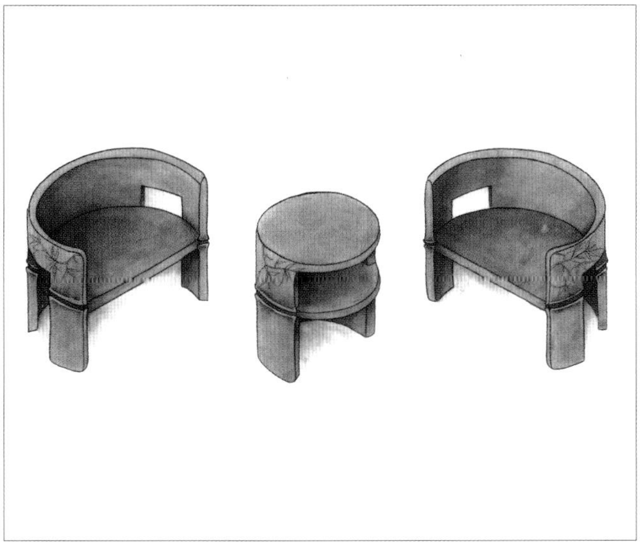

作　　品：竹节儿
作　　者：盛晴、何露茜／北京林业大学

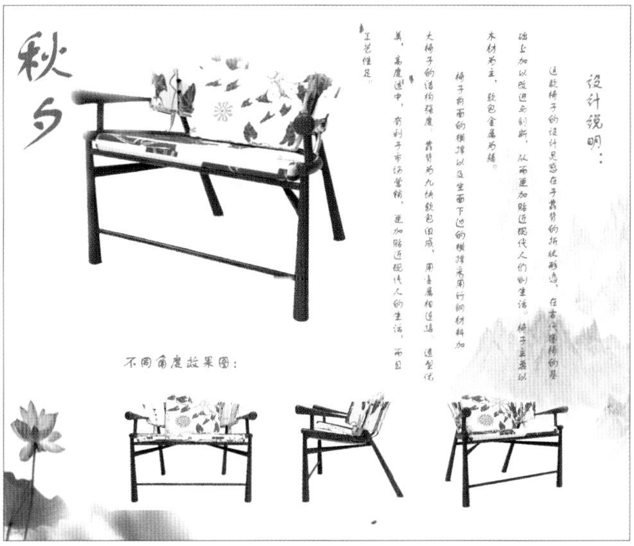
秋夕
设计说明：
这款椅子的设计灵感在于靠背的折纹形态，在古代圈椅的基础上加以改进与创新，从而更加贴近现代人们的生活。椅子主要以木材为主，软包金属为辅。
椅子前面的横撑以及坐面下边的横撑采用竹钢材料加大椅子的结构强度。靠背为九块软包组成，用金属相连接。造型优美，高度适中，有利于市场营销，更加贴近现代人的生活，而且工艺性足。
不同角度效果图：

作　　品：秋夕
作　　者：孙淑敏／山东艺术学院
指导老师：张恒旺

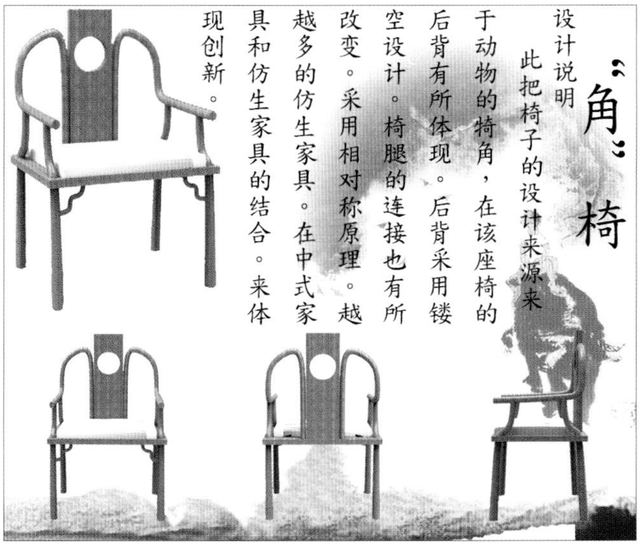
"角"椅
设计说明
此把椅子的设计来源来于动物的犄角，在该座椅的后背有所体现。后背采用镂空设计。椅腿的连接也有所改变。采用相对称原理。越来越多的仿生家具。在中式家具和仿生家具的结合。来体现创新。

作　　品："角"椅
作　　者：张晓欣／山东艺术学院
指导老师：张恒旺

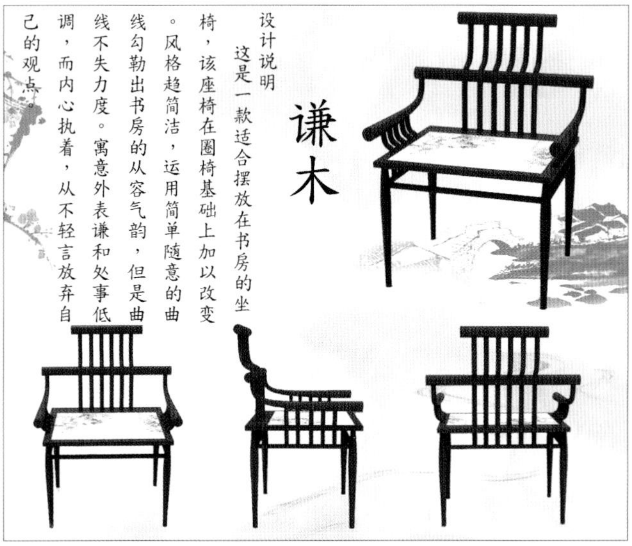
谦木
设计说明
这是一款适合摆放在书房的坐椅，该座椅在圈椅基础上加以改变。风格趋简洁，运用简单随意的曲线勾勒出书房的从容气韵，但是曲线不失力度。寓意外表谦和处事低调，而内心执着，从不轻言放弃自己的观点。

作　　品：谦木
作　　者：张晓欣／山东艺术学院
指导老师：张恒旺

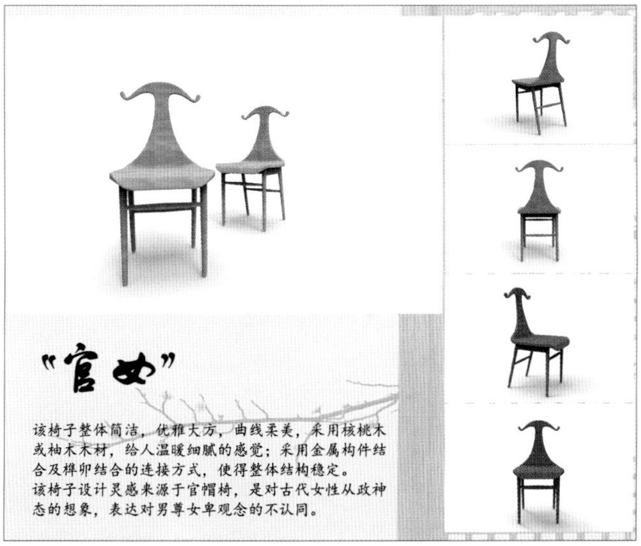
"官女"
该椅子整体简洁，优雅大方，曲线柔美，采用核桃木或柚木木材，给人温暖细腻的感觉；采用金属构件结合及榫卯结合的连接方式，使得整体结构稳定。
该椅子设计灵感来源于官帽椅，是对古代女性从政神态的想象，表达对男尊女卑观念的不认同。

作　　品："官女"
作　　者：陈思韵／华南农业大学

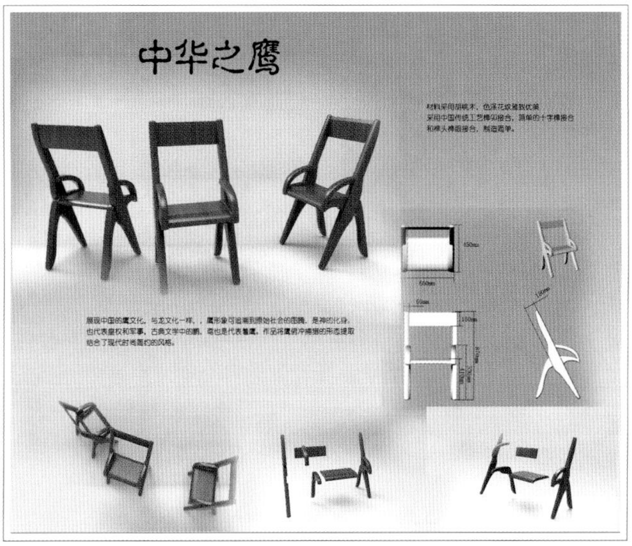
中华之鹰

作　　品：中华之鹰
作　　者：陈志远／华南农业大学
指导老师：宋杰

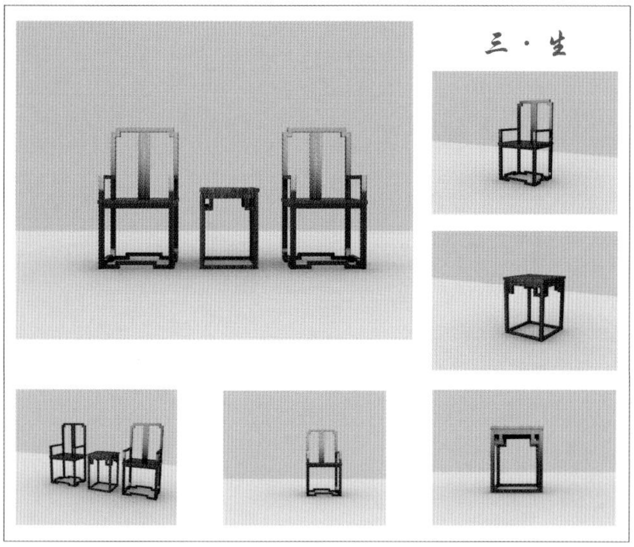
三 · 生

作　　品：三 · 生
作　　者：邓利平／四川农业大学
指导老师：宁莉萍

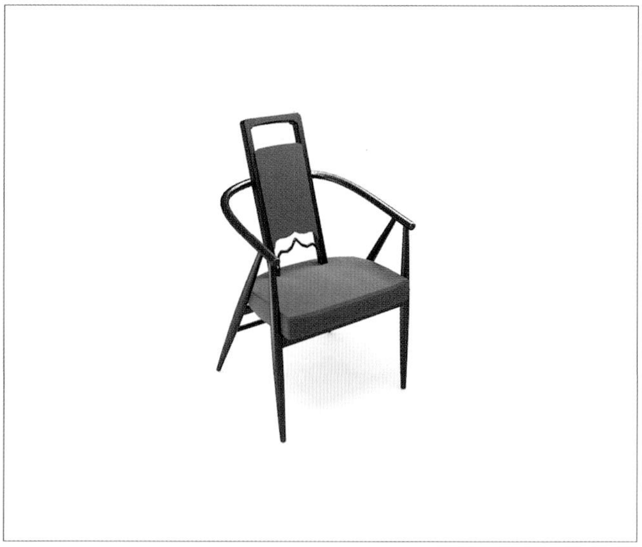

作　　品：木芙蓉
作　　者：邓双／四川农业大学
指导老师：曾静

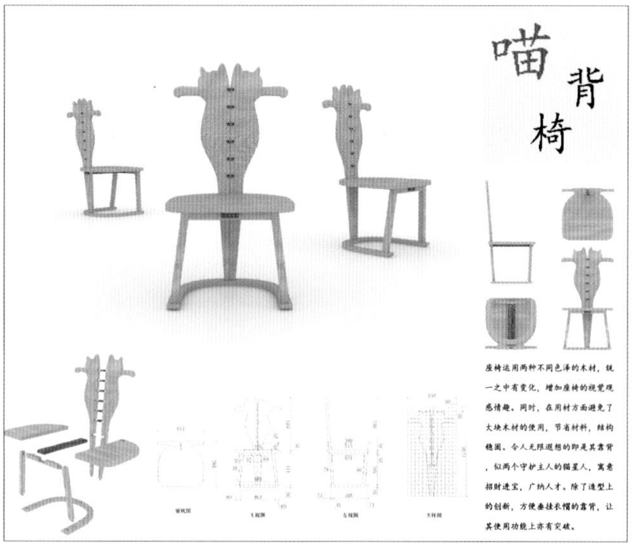
喵
背
椅
座椅运用两种不同色泽的木材，统一之中有变化，增加座椅的视觉观感情趣。同时，在用材方面避免了大块木材的使用，节省材料，结构稳固。令人无限遐想的即是其靠背，似两个守护主人的猫星人，寓意招财进宝，广纳人才。除了造型上的创新，方便垂挂衣帽的靠背，让其使用功能上亦有突破。

作　　品：喵背椅
作　　者：邓文杰／广西大学

"盘点" INVENTORY
设计说明

作　　品："盘点"
作　　者：范诗航／景德镇陶瓷大学
指导老师：曹上秋

品韵
家具设计
2016.10.7
设计说明

作　　品：品韵
作　　者：肖芸／景德镇陶瓷大学
指导老师：曹上秋

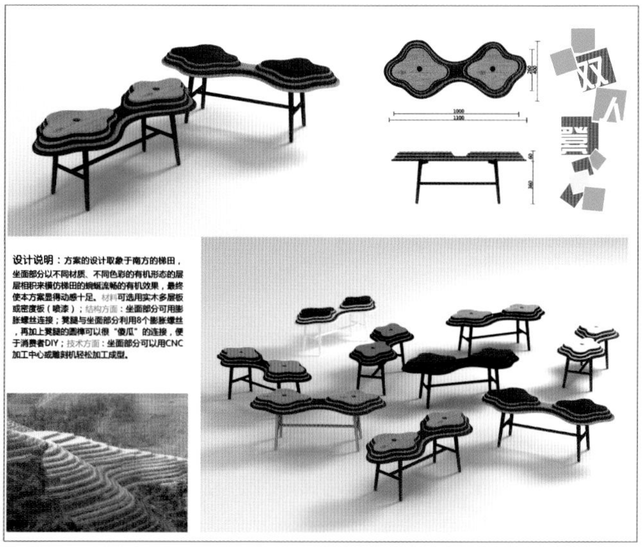
双人凳
设计说明：方案的设计取象于南方的梯田，坐面部分以不同材质、不同色彩的有机形态的层层相积来模仿梯田的蜿蜒流畅的有机效果，最终使本方案显得动感十足。材料可选用实木多层板或密度板（喷漆）；结构方面：坐面部分可用膨胀螺丝连接；凳腿与坐面部分利用8个膨胀螺丝，再加上凳腿的圆榫可以很"傻瓜"的连接，便于消费者DIY；技术方面：坐面部分可以用CNC加工中心或雕刻机轻松加工成型。

作　　品：双人凳
作　　者：冯光儒、张曙光、黄贵／西南林业大学
指导老师：周雪冰

设计说明：方案的设计取象于南方的梯田，坐面部分以不同材质、不同色彩的有机形态的层层相积来模仿梯田的蜿蜒流畅的有机效果，最终使本方案显得动感十足。材料可选用实木多层板或密度板（喷漆）；结构方面：坐面部分可用膨胀螺丝连接；凳腿与坐面部分利用6个膨胀螺丝，再加上凳腿的圆榫可以很“傻瓜”的连接，便于消费者DIY；技术方面：坐面部分可以用CNC加工中心或雕刻机轻松加工成型；后期包装尺寸只有510*460*140（如图所示），便于运输。
450
300

作　　品：梯田凳
作　　者：冯光儒、黄贵、李从良／西南林业大学
指导老师：周雪冰

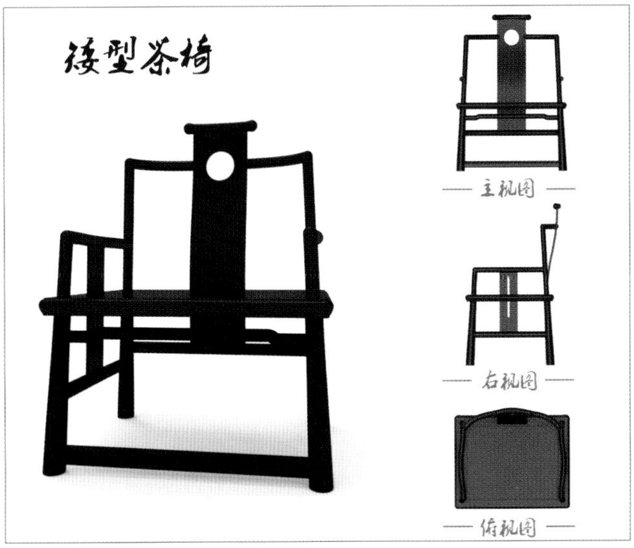
矮型茶椅
主视图
右视图
俯视图

作　　品：矮型茶椅
作　　者：葛建波／沈阳航空航天大学
指导老师：孙明磊

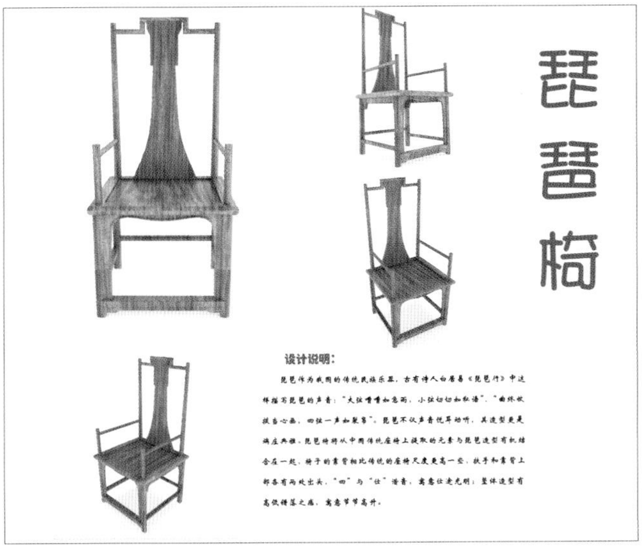
琵琶椅
设计说明：
琵琶作为我国的传统民族乐器，古有诗人白居易《琵琶行》中这样描写琵琶的声音：“大弦嘈嘈如急雨，小弦切切如私语”，“曲终收拔当心画，四弦一声如裂帛”。琵琶不仅声音悦耳动听，其造型更是端庄典雅。琵琶椅将从中国传统座椅上提取的元素与琵琶造型有机结合在一起，椅子的靠背相比传统的座椅尺度更高一些，扶手和靠背上部各有两处出头，“四”与“仕”谐音，寓意仕途光明；整体造型有高低错落之感，寓意节节高升。

作　　品：琵琶椅
作　　者：古春玲／四川农业大学
指导老师：曾静

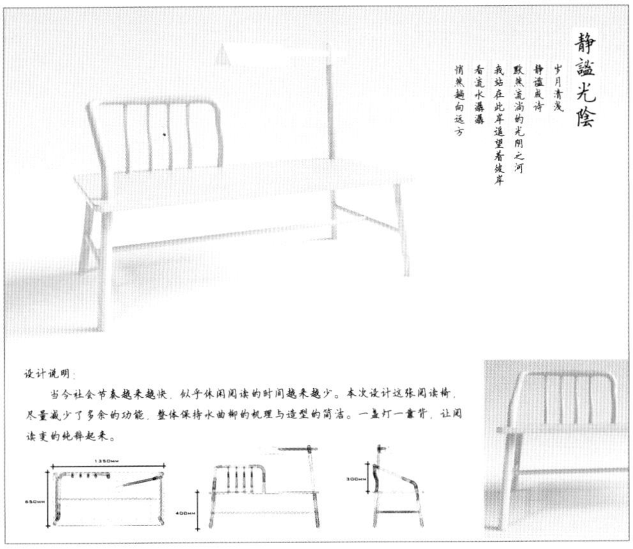
静謐光陰
岁月清浅
静谧成诗
默然流淌的光阴之河
我站在此岸遥望着彼岸
看流水潺潺
悄然越向远方
设计说明：
当今社会节奏越来越快，似乎休闲阅读的时间越来越少。本次设计这张阅读椅，尽量减少了多余的功能，整体保持水曲柳的机理与造型的简洁。一盏灯一靠背，让阅读变的纯粹起来。
1350MM
650MM
400MM
300MM

作　　品：静谧光阴
作　　者：李自蹊／龙江职业技术学校

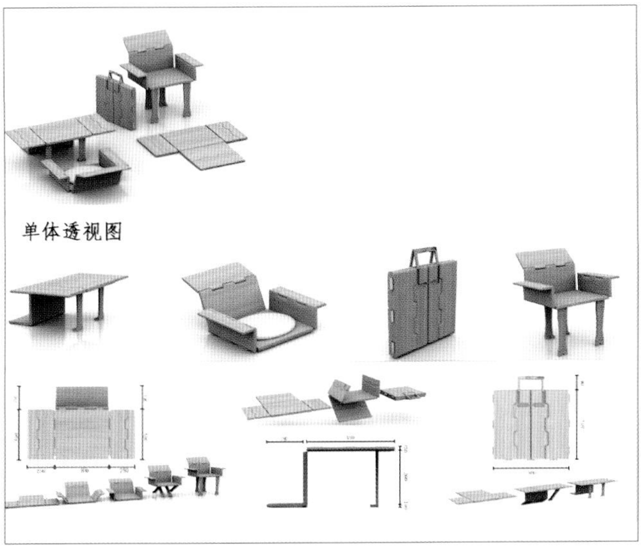
单体透视图

作　　品：变换＋
作　　者：练锦雄／顺德龙江职业技术学校
指导老师：杨伊纯

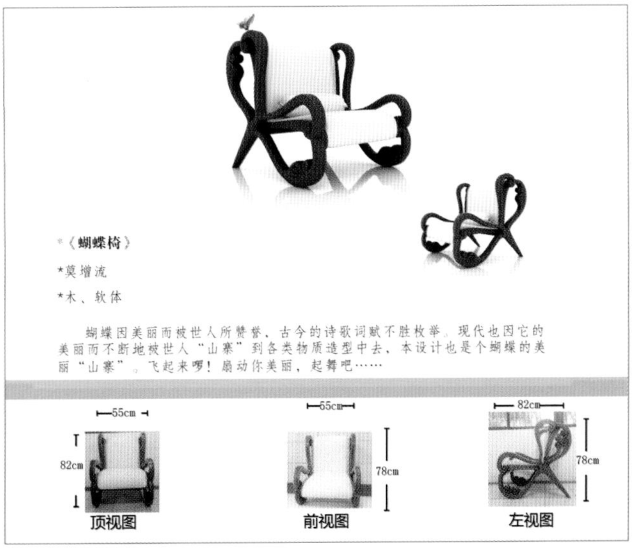
《蝴蝶椅》
*莫增流
*木、软体
蝴蝶因美丽而被世人所赞誉，古今的诗歌词赋不胜枚举，现代也因它的美丽而不断地被世人“山寨”到各类物质造型中去，本设计也是个蝴蝶的美丽“山寨”，飞起来啰！扇动你美丽，起舞吧……
55cm
82cm
顶视图
55cm
78cm
前视图
82cm
78cm
左视图

作　　品：蝴蝶椅
作　　者：莫增流／顺德龙江职业技术学校
指导老师：陈亮明

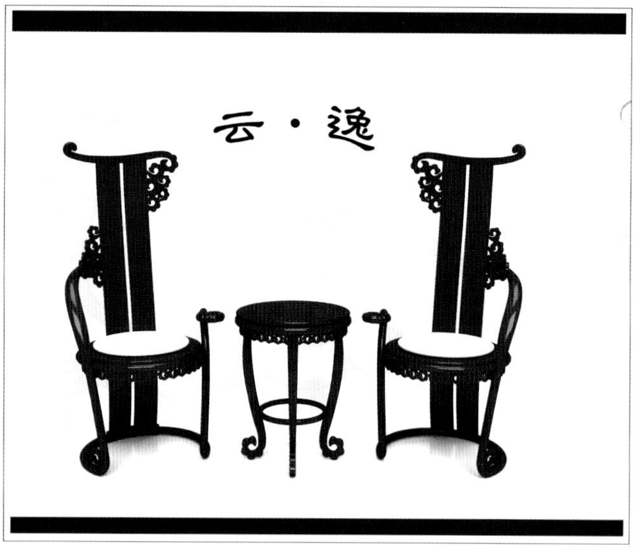

作　　品：云逸
作　　者：杨伊纯／顺德龙江职业技术学校

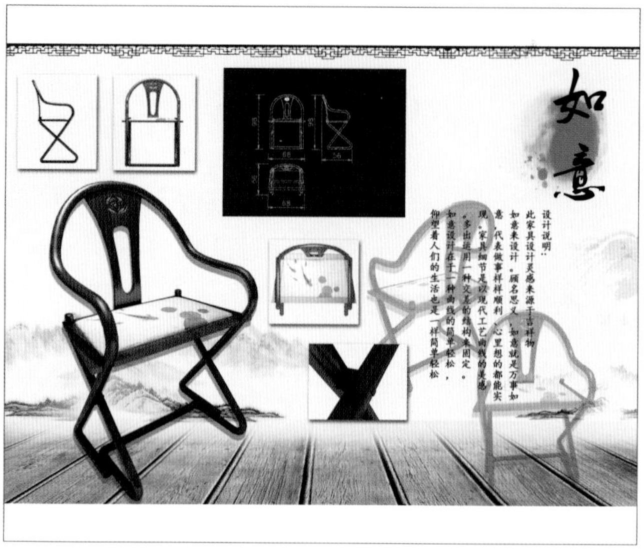

作　　品：如意
作　　者：朱常洪、燕子林／顺德龙江职业技术学校
指导老师：杨伊纯

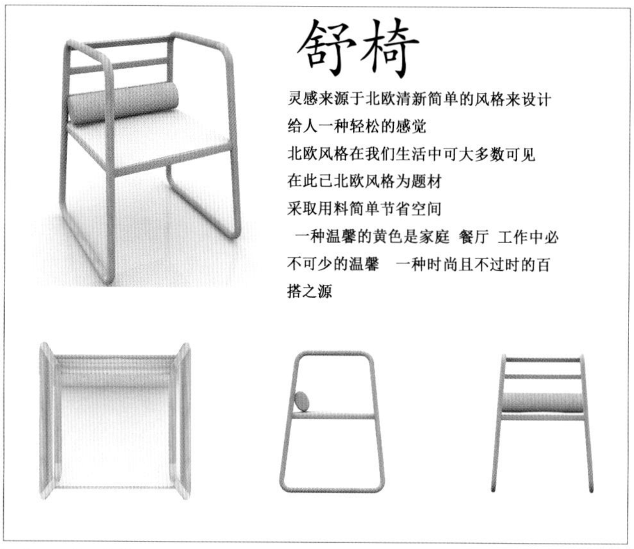

作　　品：舒椅
作　　者：朱常洪、燕子林／顺德龙江职业技术学校
指导老师：杨伊纯

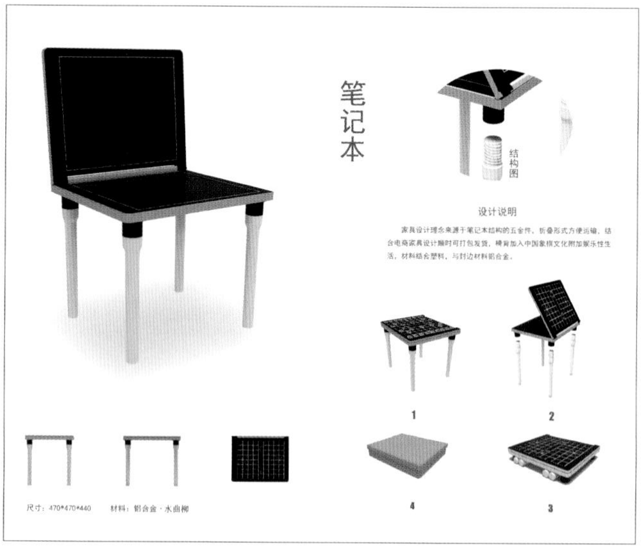

作　　品：笔记本
作　　者：刘华健、赖浩塱、张庆淇／顺德职业技术学院
指导老师：干珑

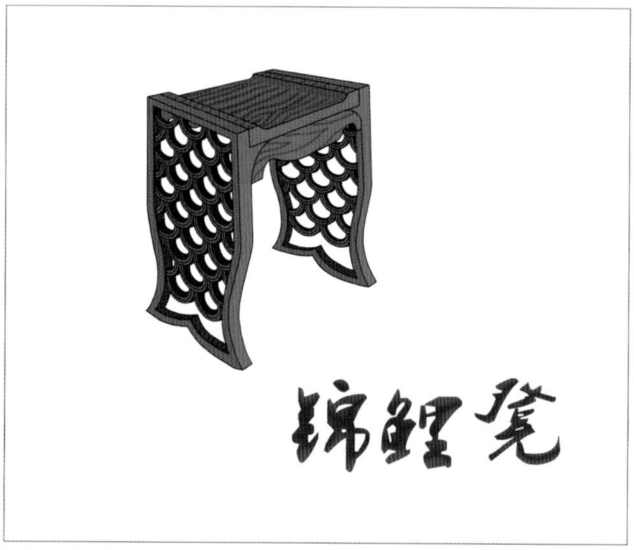

作　　品：锦鲤凳
作　　者：郭智强／东北林业大学

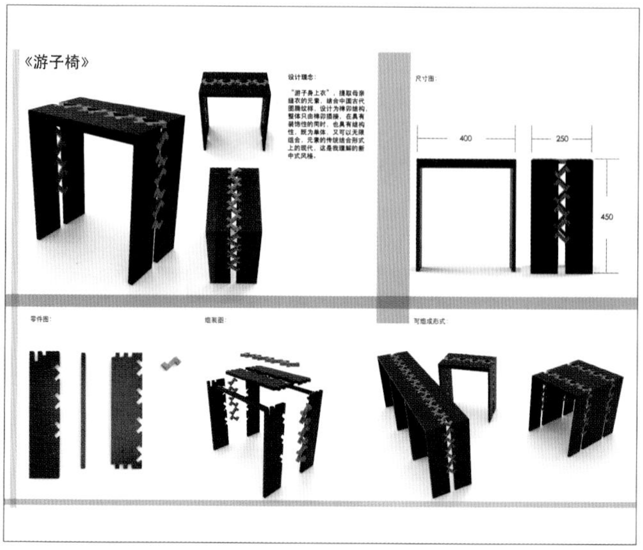

作　　品：游子椅
作　　者：李海铭／北京工业大学
指导老师：杨玮娣

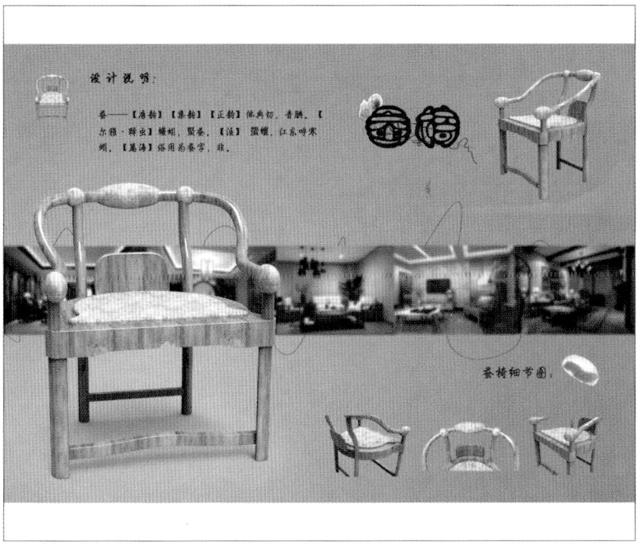
设计说明：
蚕椅
蚕椅细节图：

作　　品：蚕椅
作　　者：颜玉芝／山东艺术学院
指导老师：张恒旺

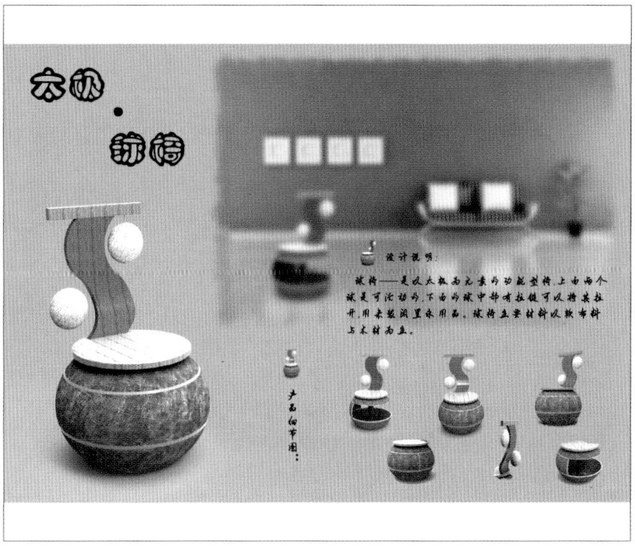
太极
球椅
设计说明：
产品细节图：

作　　品：太极·球椅
作　　者：颜玉芝／山东艺术学院
指导老师：张恒旺

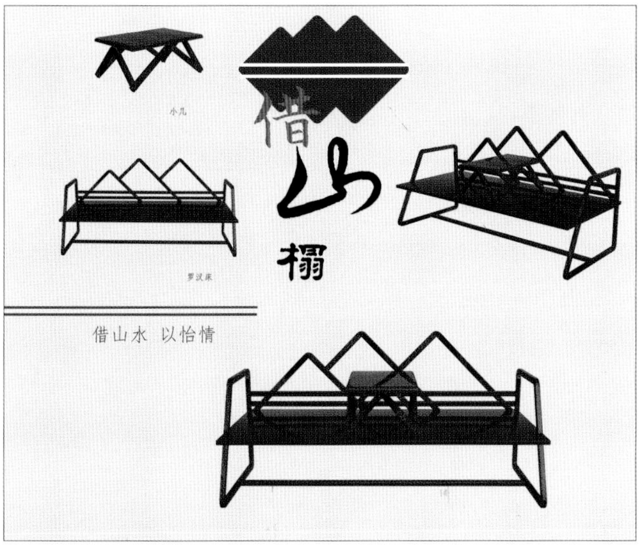
小几
借
山
榻
罗汉床
借山水 以怡情

作　　品：借山榻
作　　者：唐涓澜／广西大学
指导老师：高伟

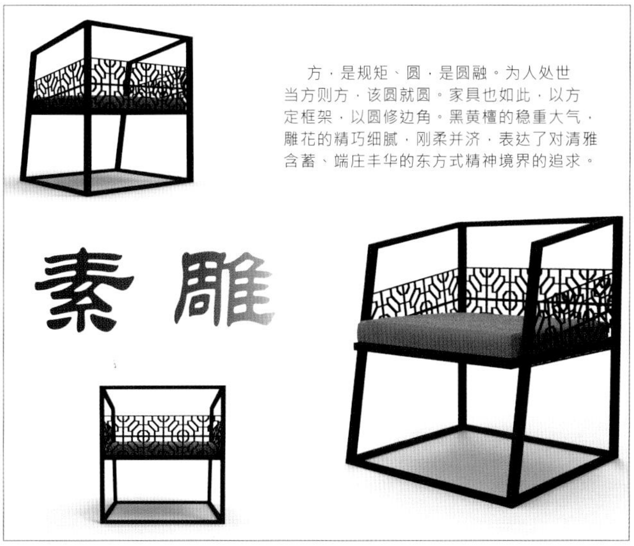
方，是规矩、圆，是圆融。为人处世当方则方，该圆就圆。家具也如此，以方定框架，以圆修边角。黑黄檀的稳重大气，雕花的精巧细腻，刚柔并济，表达了对清雅含蓄、端庄丰华的东方式精神境界的追求。
素雕

作　　品：素雕
作　　者：王文／浙江农林大学
指导老师：朱芋锭

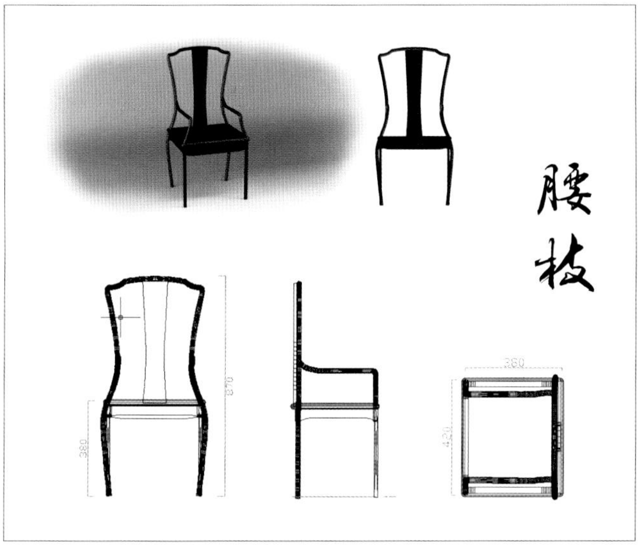
腰
枝

作　　品：腰枝
作　　者：王英豪、臧坤／北京林业大学
指导老师：张帆

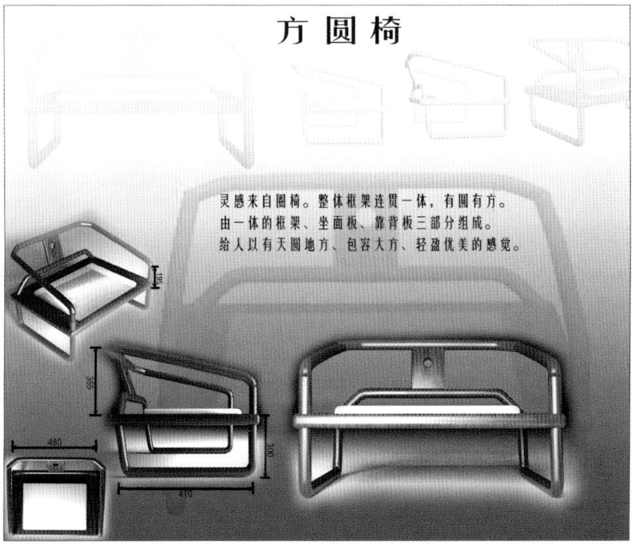
方圆椅
灵感来自圈椅。整体框架连贯一体，有圆有方。
由一体的框架、坐面板、靠背板三部分组成。
给人以有天圆地方、包容大方、轻盈优美的感觉。

作　　品：方圆椅
作　　者：王永奇／江苏农林职业技术学院
指导老师：杨静

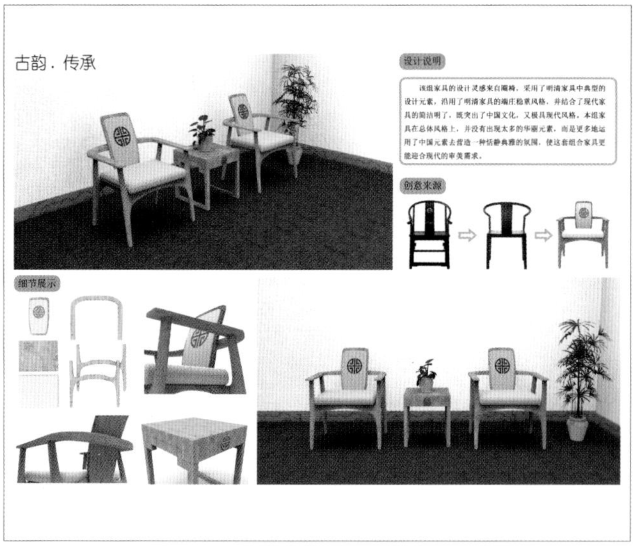
古韵．传承
设计说明
创意来源
细节展示

作　　品：古韵·传承
作　　者：徐元强／山东艺术学院
指导老师：张恒旺

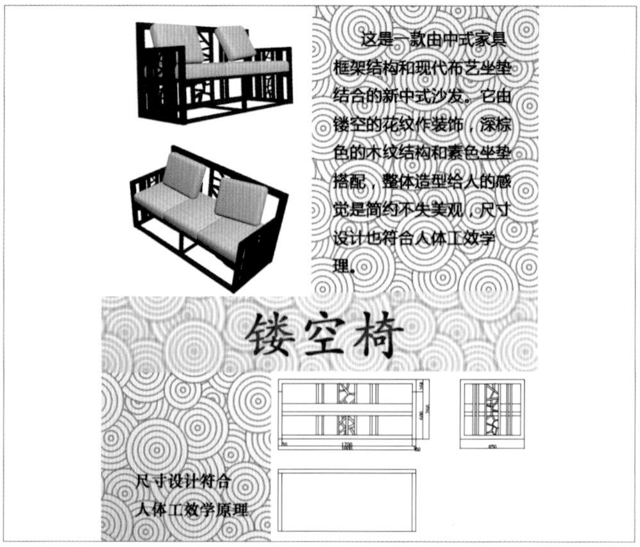
这是一款由中式家具框架结构和现代布艺坐垫结合的新中式沙发。它由镂空的花纹作装饰，深棕色的木纹结构和素色坐垫搭配，整体造型给人的感觉是简约不失美观，尺寸设计也符合人体工效学理。
镂空椅
尺寸设计符合人体工效学原理

作　　品：镂空椅
作　　者：叶荷玲／广西大学
指导老师：高伟

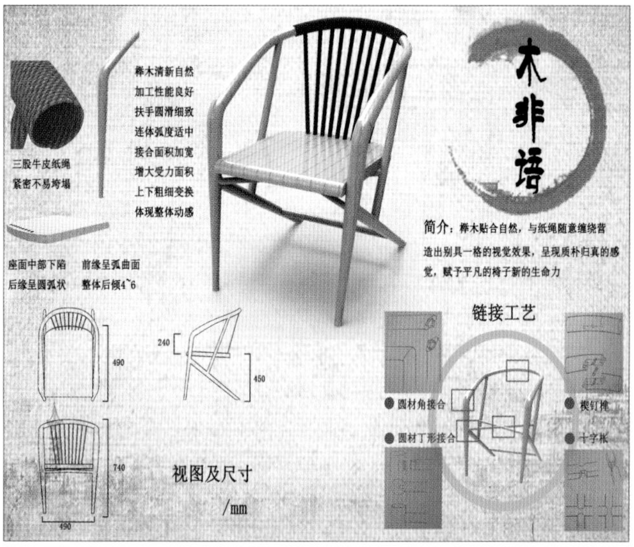
木非语
榉木清新自然
加工性能良好
扶手圆滑细致
连体弧度适中
接合面积加宽
增大受力面积
上下粗细变换
体现整体动感
三股牛皮纸绳
紧密不易垮塌
座面中部下陷　前缘呈弧曲面
后缘呈圆弧状　整体后倾4˚6
简介：榉木贴合自然，与纸绳随意缠绕营造出别具一格的视觉效果，呈现质朴归真的感觉，赋予平凡的椅子新的生命力
链接工艺
圆材角接合
圆材丁形接合
十字枨
视图及尺寸
/mm

作　　品：木非语
作　　者：张靓蕾／山东艺术学院
指导老师：张恒旺

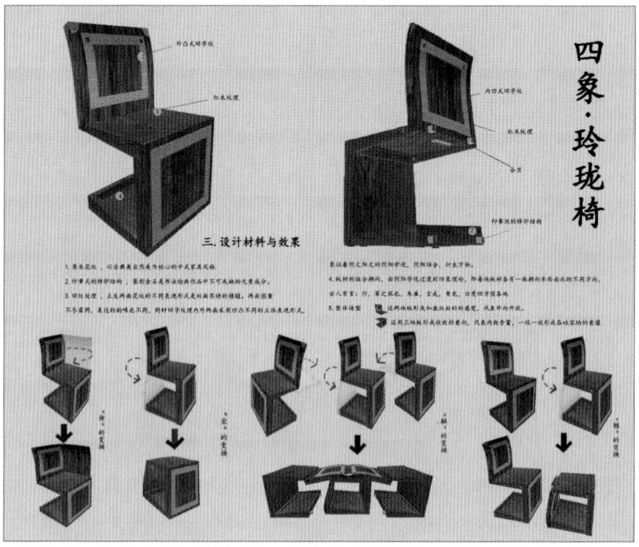
四象·玲珑椅
三.设计材料与效果

作　　品：四象·玲珑椅
作　　者：张杨、黄天辰／安徽农业大学
指导老师：丁文清

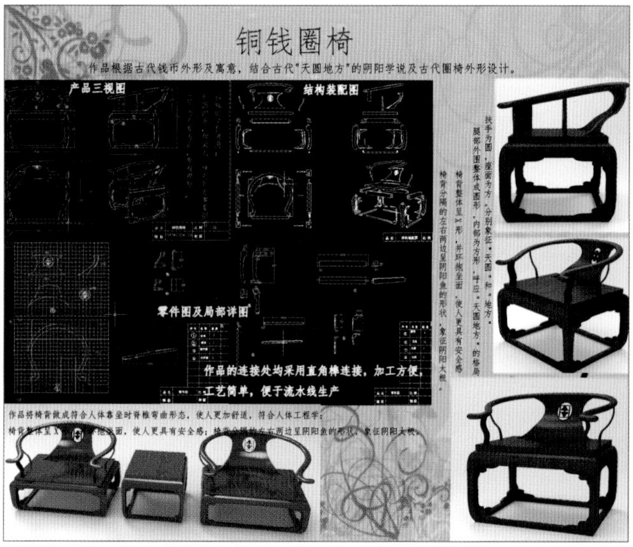
铜钱圈椅
作品根据古代钱币外形及寓意，结合古代"天圆地方"的阴阳学说及古代圈椅外形设计。
产品三视图
结构装配图
零件图及局部详图
作品的连接处均采用直角榫连接，加工方便，工艺简单，便于流水线生产

作　　品：铜钱圈椅
作　　者：郑凯南／内蒙古农业大学
指导老师：吕悦孝

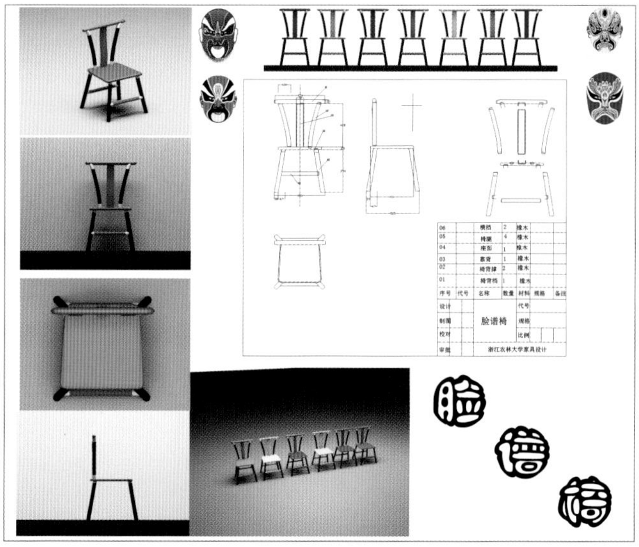
脸谱椅

作　　品：脸谱椅
作　　者：朱午滨、胡宇航／浙江农林大学
指导老师：朱芋锭

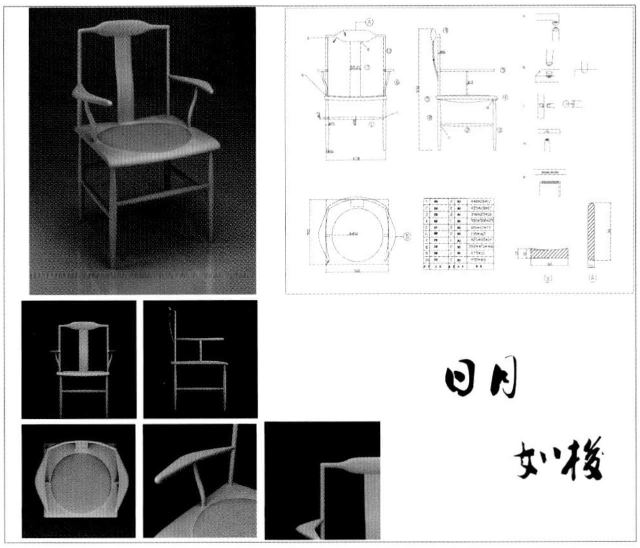
日月
如梭

作　　品：日月如梭
作　　者：朱振杰／浙江农林大学
指导老师：朱芋锭

韵
风

作　　品：韵风 · 椅
作　　者：李超／内蒙古农业大学
指导老师：杨洋

设计说明：
该凳的设计来源于小方凳，把线条硬朗的小方凳融合大块面布艺进行柔和简化，整体感觉现代简洁。
简易
结构装配：
整个凳子的主要部分，上宽下窄的造型让整体感觉更有透气性，也不失稳定性。
凳子的第三条腿，即增强了凳子的稳定牢固性，也是整个造型的画龙点睛之处。
三视图：
11
28
42
39
6
28
单位：cm

作　　品：简易
作　　者：金伟金／山东艺术学院
指导老师：张恒旺

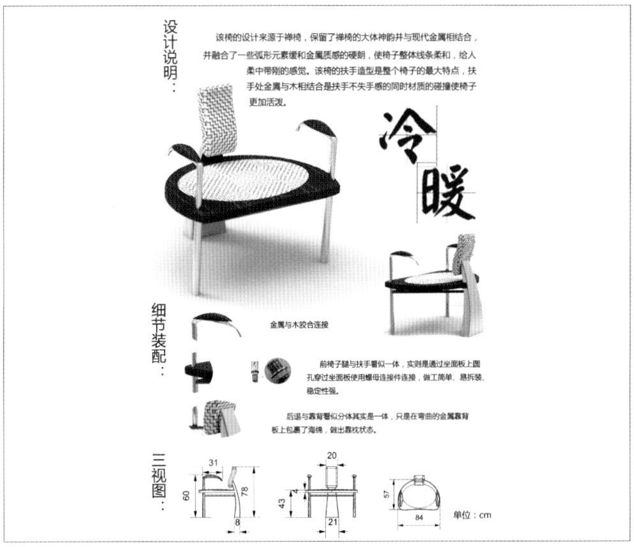
设计说明：
该椅的设计来源于禅椅，保留了禅椅的大体神韵并与现代金属相结合，并融合了一些弧形元素缓和金属质感的硬朗，使椅子整体线条柔和，给人柔中带刚的感觉。该椅的扶手造型是整个椅子的最大特点，扶手处金属与木相结合是扶手不失手感的同时材质的碰撞使椅子更加活泼。
冷
暖
细节装配：
金属与木胶合连接
前椅子腿与扶手看似一体，实则是通过坐面板上圆孔穿过坐面板使用螺母连接件连接，做工简单、易拆装、稳定性强。
后退与靠背看似分体其实是一体，只是在弯曲的金属靠背板上包裹了海绵，做出靠枕状态。
三视图：
31
60
78
8
20
4
43
21
57
84
单位：cm

作　　品：冷暖
作　　者：金伟金／山东艺术学院
指导老师：张恒旺

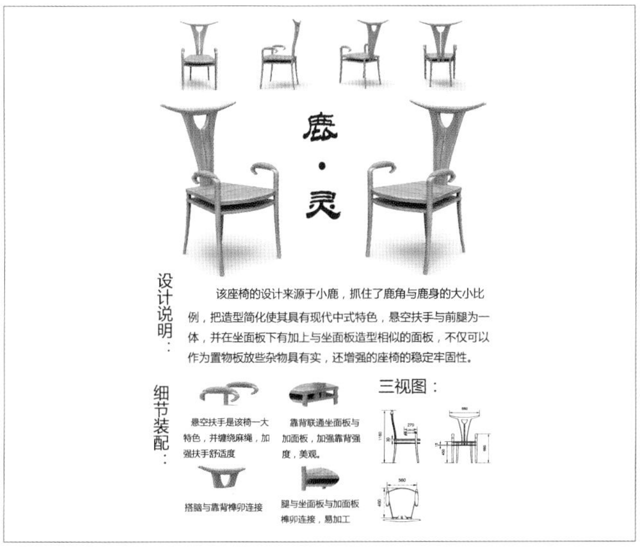
鹿
·
灵
设计说明：
该座椅的设计来源于小鹿，抓住了鹿角与鹿身的大小比例，把造型简化使其具有现代中式特色，悬空扶手与前腿为一体，并在坐面板下有加上与坐面板造型相似的面板，不仅可以作为置物板放些杂物具有实，还增强的座椅的稳定牢固性。
细节装配：
悬空扶手是该椅一大特色，并缠绕麻绳，加强扶手舒适度
靠背联通坐面板与加面板，加强靠背强度，美观。
搭脑与靠背榫卯连接
腿与坐面板与加面板榫卯连接，易加工
三视图：

作　　品：鹿灵
作　　者：金伟金／山东艺术学院
指导老师：张恒旺

棂感
榫卯结合
木纹
沙发图案
窗棂图
设计说明
中式家具一直秉承“天圆地方”的理念，所以本次设计我采用了“方形”作为主体结构。端庄大气，古色古香。
镂空图案的灵感来自于窗棂。古有“何当共剪西窗烛，却话巴山夜雨时”窗棂是我们一生都可以使用的艺术。不规则的图案，仿佛有不规则的月光流入，不禁引人遐想。再搭配青花图案的软垫，即提高了舒适性，更添清新之感。仿佛月光皎皎，微风徐徐，一位文艺少女在窗前，研读人生。
顶视图
左视图
后视图

作　　品：棂感
作　　者：黄慧金／广西大学
指导老师：孙静

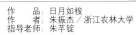

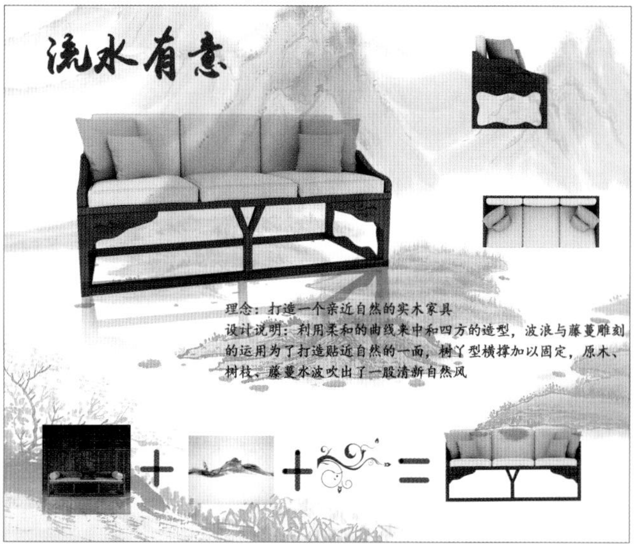
流水有意
理念：打造一个亲近自然的实木家具
设计说明：利用柔和的曲线来中和四方的造型，波浪与藤蔓雕刻的运用为了打造贴近自然的一面，树丫型横撑加以固定，原木、树枝、藤蔓水波吹出了一股清新自然风

作　　品：流水有意
作　　者：黄玉婷／广西大学
指导老师：刘娜

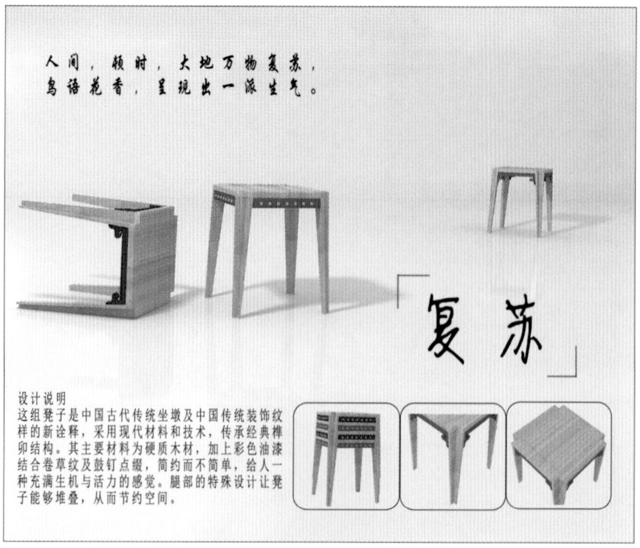
人间，顿时，大地万物复苏，
鸟语花香，呈现出一派生气。
「复苏」
设计说明
这组凳子是中国古代传统坐墩及中国传统装饰纹样的新诠释，采用现代材料和技术，传承经典榫卯结构。其主要材料为硬质木材，加上彩色油漆结合卷草纹及鼓钉点缀，简约而不简单，给人一种充满生机与活力的感觉。腿部的特殊设计让凳子能够堆叠，从而节约空间。

作　　品：复苏
作　　者：黄钰茗／广西大学
指导老师：高伟

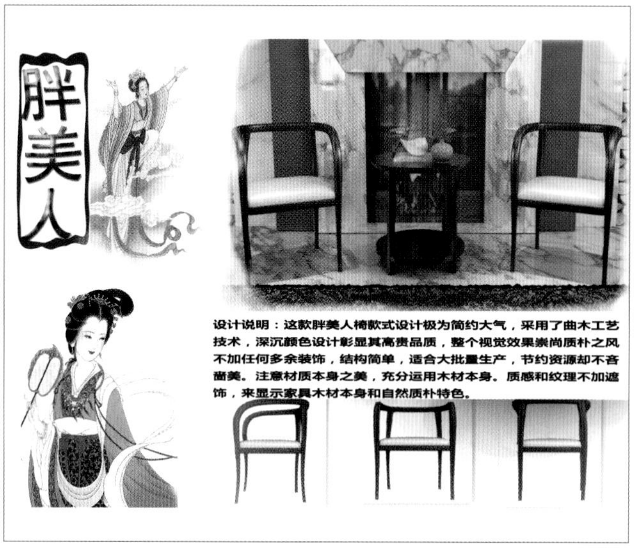
胖美人
设计说明：这款胖美人椅款式设计极为简约大气，采用了曲木工艺技术，深沉颜色设计彰显其高贵品质，整个视觉效果崇尚质朴之风不加任何多余装饰，结构简单，适合大批量生产，节约资源却不吝啬美。注意材质本身之美，充分运用木材本身。质感和纹理不加遮饰，来显示家具木材本身和自然质朴特色。

作　　品：胖美人
作　　者：粟娅敏／广西大学
指导老师：高伟

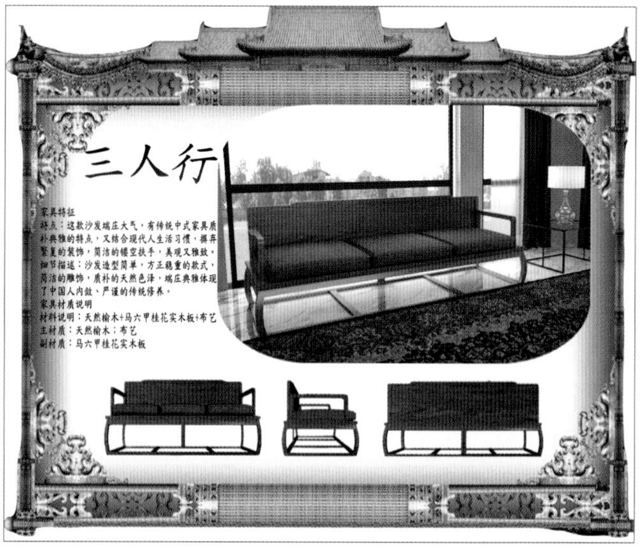
三人行
家具特征
特点：这款沙发端庄大气，有传统中式家具质朴典雅的特点，又结合现代人生活习惯，摒弃繁复的装饰，简洁的镂空扶手，美观又雅致。
细节描述：沙发造型简单，方正稳重的款式，简洁的雕饰，质朴的天然色泽，端庄典雅体现了中国人内敛、严谨的传统修养。
家具材质说明
材料说明：天然榆木+马六甲桂花实木板+布艺
主材质：天然榆木；布艺
副材质：马六甲桂花实木板

作　　品：三人行
作　　者：粟娅敏／广西大学
指导老师：孙建平

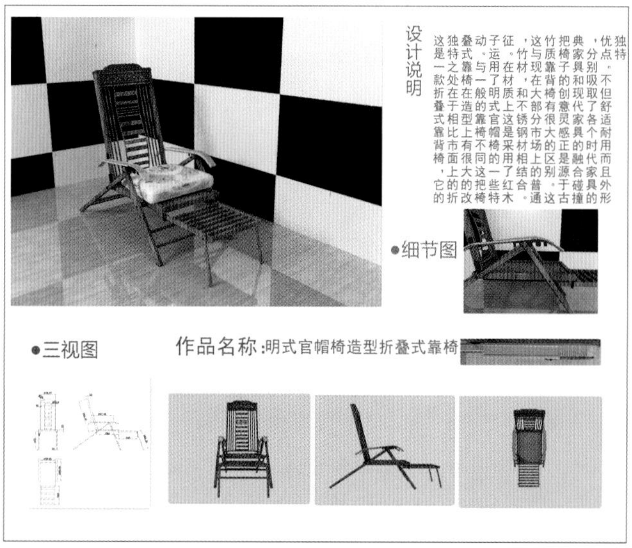
设计说明
这独叠动子征，这竹把典，优独
是特式。运。竹与质椅家分点特
一之靠与用在材现靠子具别。
款处椅一了材，在背的和吸不
折在在般明质和大椅创现取但
叠于造的式上不部有意代了舒
式相型靠官这锈分很灵家各适
靠比上椅帽是钢市大感具个耐
背市有不椅采材场的正的时用
椅面很同的用相上区是融代而
，上大这一了结的别源合家且
它的的把些红合普。于碰具外
的折改椅特木。通这古撞的形
•细节图
•三视图
作品名称：明式官帽椅造型折叠式靠椅

作　　品：明式官帽椅造型折叠式靠椅
作　　者：蔡银辉／西南林业大学
指导老师：周雪冰

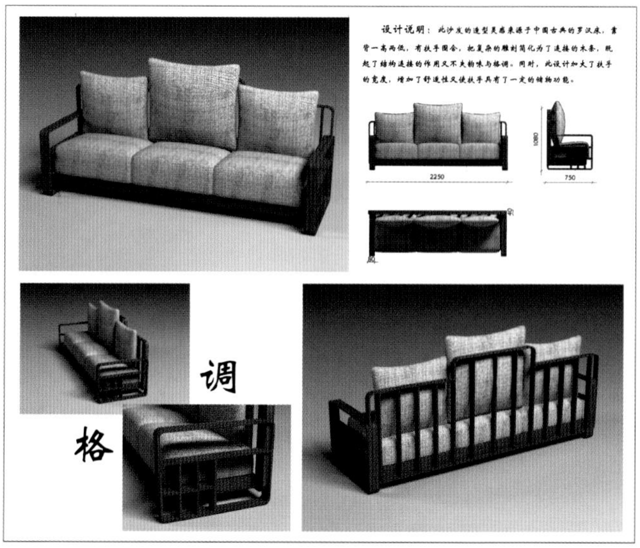
设计说明：此沙发的造型灵感来源于中国古典的罗汉床，靠背一高两低，有扶手围合，把复杂的雕刻简化为了连接的木条，既起了结构连接的作用又不失韵味与格调。同时，此设计加大了扶手的宽度，增加了舒适性又使扶手具有了一定的储物功能。
2250
1080
750
调
格

作　　品：格调
作　　者：李从良、张曙光、李书飞／西南林业大学
指导老师：周雪冰

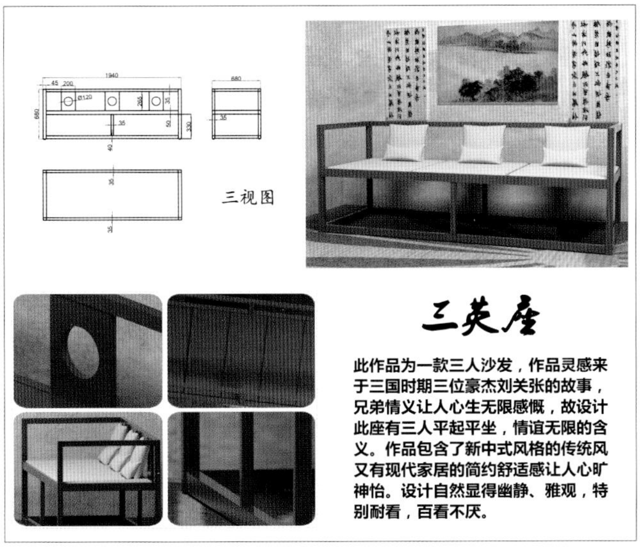
三视图
三英座
此作品为一款三人沙发，作品灵感来于三国时期三位豪杰刘关张的故事，兄弟情义让人心生无限感慨，故设计此座有三人平起平坐，情谊无限的含义。作品包含了新中式风格的传统风又有现代家居的简约舒适感让人心旷神怡。设计自然显得幽静、雅观，特别耐看，百看不厌。

作　　品：三英座
作　　者：王永恒／西南林业大学
指导老师：周雪冰

设计说明：
随着现在人们的生活水平不断的提高，许多年轻工作者压力都特别的大。那么缓解生活压力是一件特别重要的事情。把休息区的桌子设计成带有实物模型的款式。
女性用来做梳妆台是不是也不一般呢，看上去心情是不是美美的！
巧克力桌

作　　品：巧克力桌
作　　者：俞明功／西南林业大学
指导老师：周雪冰

圈不住的圆
将传统圈椅的扶手与坐腿结合
后背成s形符合人体脊柱弯曲
座倾角为4°
使人更加舒适
三视图
结构装配图
零件图

作　　品：圈不住的圆
作　　者：刘梦雨、郑凯南／内蒙古农业大学

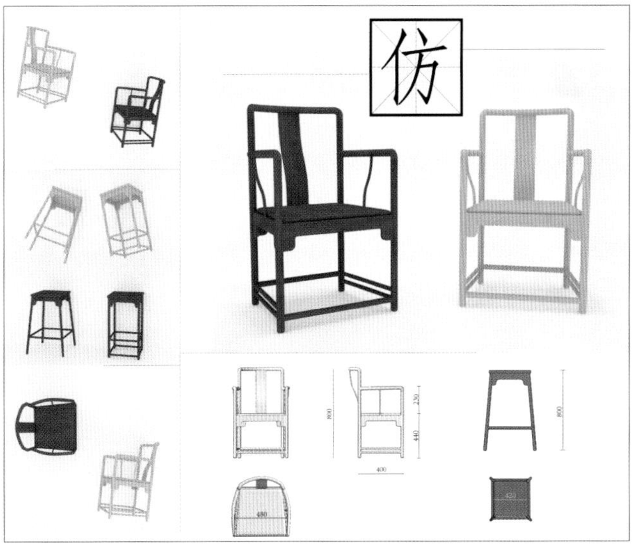
仿

作　　品：仿
作　　者：沈昊仪／天津科技大学
指导老师：孙光瑞

作　　品：随风椅
作　　者：朱福生／四川农业大学
指导老师：宁莉萍

交错/STAGGERED
设计说明：
交错是反向交融，简洁的形式概括勾勒出拥抱礼节形式。简单没复杂多余修饰，呈现最简洁继承。黑核桃和枫木对比，鲜明色彩对比。
Staggered is the reverse blend, concise outline of the outline of the form of embrace etiquette.
Simple no complicated redundant modification.
Presenting the most succinct inheritance. Black walnut and maple contrast, vivid color contrast.

作　　品：交错
作　　者：王井龙／长安微动创意设计工作室／浙江工业大学之江学院

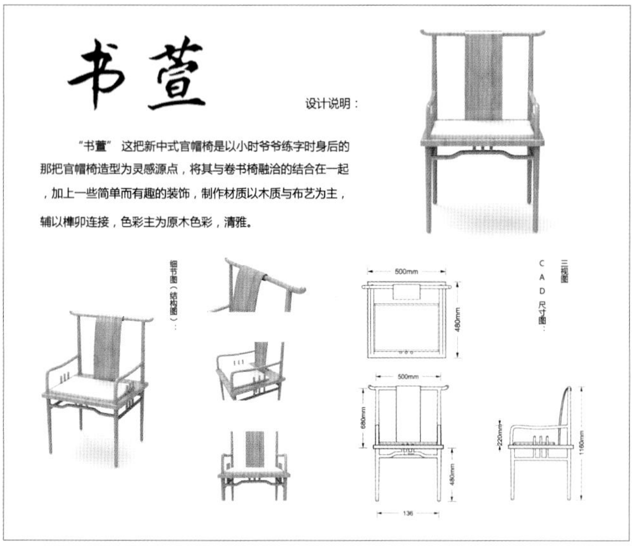
书萱
设计说明：
“书萱” 这把新中式官帽椅是以小时爷爷练字时身后的那把官帽椅造型为灵感源点，将其与卷书椅融洽的结合在一起，加上一些简单而有趣的装饰，制作材质以木质与布艺为主，辅以榫卯连接，色彩主为原木色彩，清雅。
细节图（结构图）：
CAD尺寸图：
三视图
500mm
480mm
500mm
680mm
480mm
220mm
1160mm
136

作　　品：书萱
作　　者：吴亚楠／山东艺术学院
指导老师：张恒旺

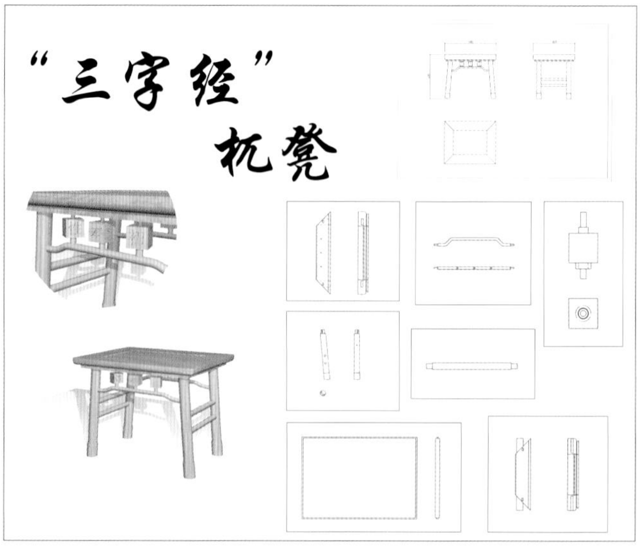
“三字经”
杌凳

作　　品：三字经
作　　者：徐劲豪／天津科技大学
指导老师：孙光瑞

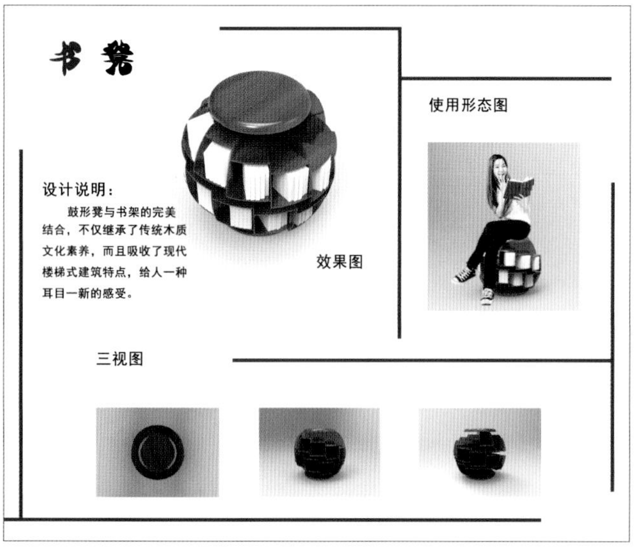
书凳
设计说明：
鼓形凳与书架的完美结合，不仅继承了传统木质文化素养，而且吸收了现代楼梯式建筑特点，给人一种耳目一新的感受。
效果图
使用形态图
三视图

作　　品：书凳
作　　者：张飞扬／华侨大学
指导老师：谭永胜

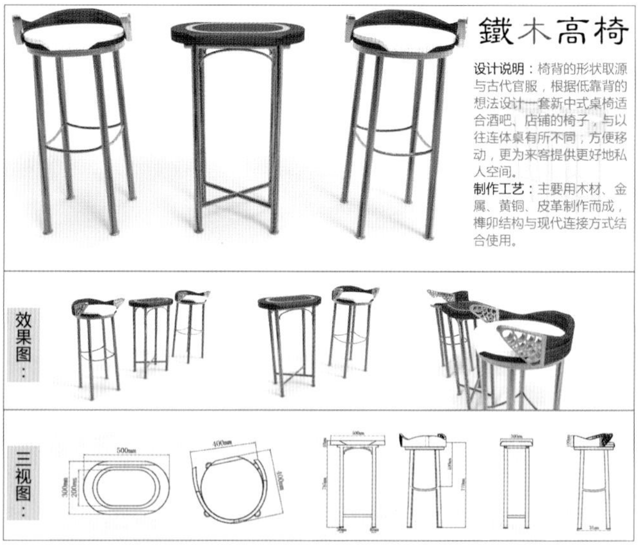
鐵木高椅
设计说明：椅背的形状取源与古代官服，根据低靠背的想法设计一套新中式桌椅适合酒吧、店铺的椅子，与以往连体桌有所不同，方便移动，更为来客提供更好地私人空间。
制作工艺：主要用木材、金屬、黃铜、皮革制作而成，榫卯结构与现代连接方式结合使用。
效果图：
三视图：
500mm

作　　品：铁木高椅
作　　者：张义／山东艺术学院
指导老师：张恒旺

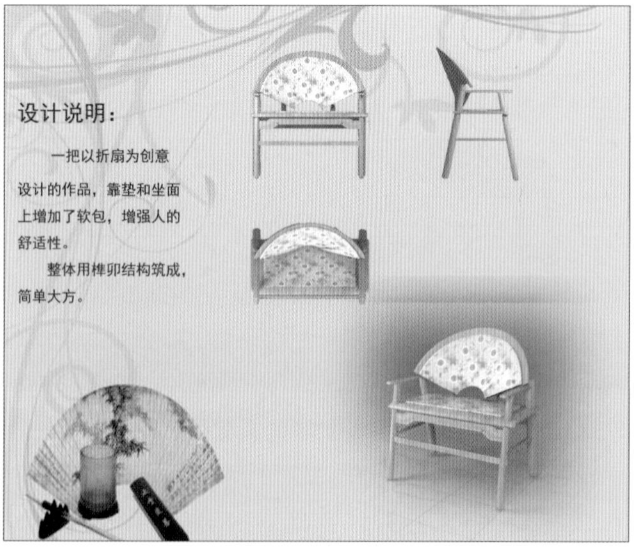
设计说明：
一把以折扇为创意设计的作品，靠垫和坐面上增加了软包，增强人的舒适性。
整体用榫卯结构筑成，简单大方。

作　　品：上“扇”若水
作　　者：陈长江／江苏农林职业技术学院
指导老师：张悦

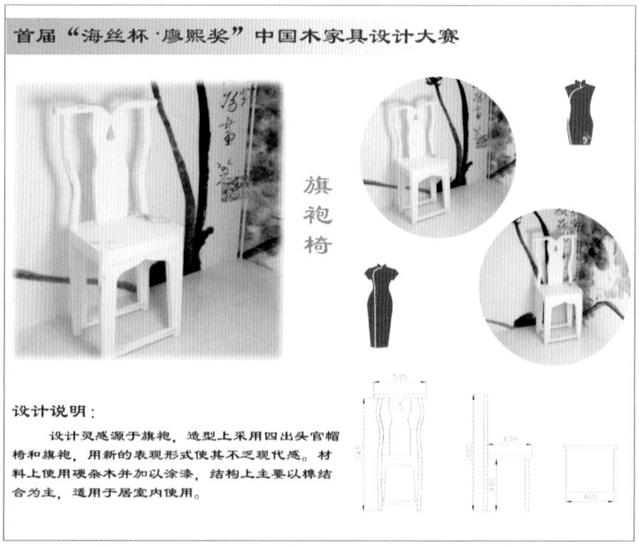
首届“海丝杯·廖熙奖”中国木家具设计大赛
旗袍椅
设计说明：
设计灵感源于旗袍，造型上采用四出头官帽椅和旗袍，用新的表现形式使其不乏现代感。材料上使用硬杂木并加以涂漆，结构上主要以榫结合为主，适用于居室内使用。

作　　品：旗袍椅
作　　者：冯菁／江苏农林职业技术学院

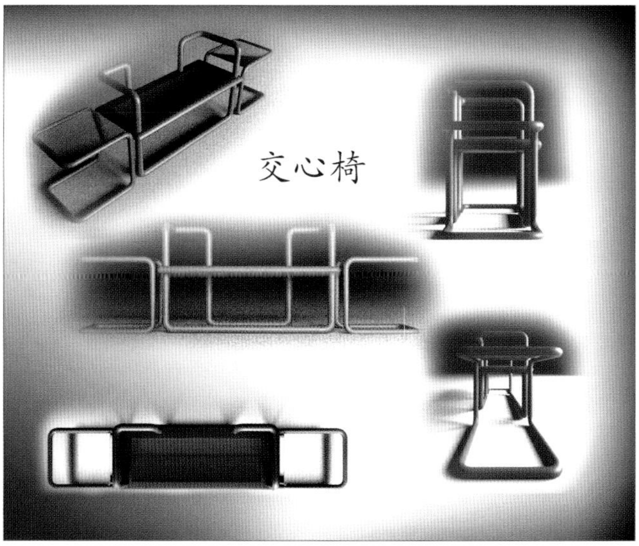
交心椅

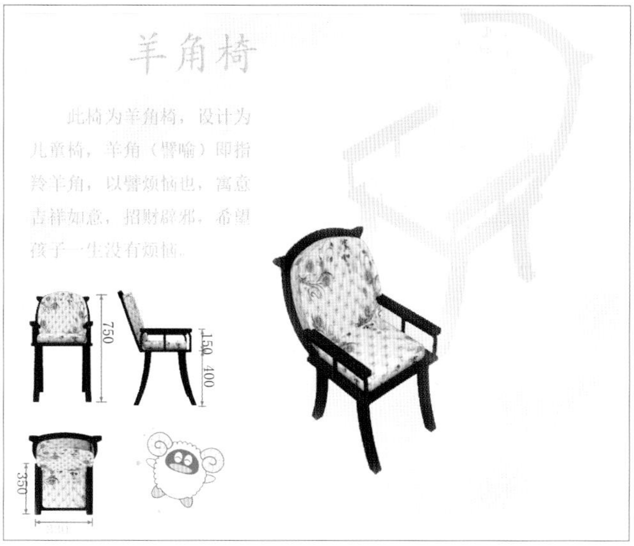
羊角椅
此椅为羊角椅，设计为儿童椅，羊角（譬喻）即指羚羊角，以譬烦恼也，寓意吉祥如意，招财辟邪，希望孩子一生没有烦恼。
750
150
400
350

作　　品：交心椅
作　　者：郭威／江苏农林职业技术学院

作　　品：羊角椅
作　　者：李天池／江苏农林职业技术学院
指导老师：杨静

丹
设计说明：
这款家具是简约设计，座椅简洁而实用，并且不易损坏，可长期使用。通体采用简单的木制和布艺，亲切质朴；经典的黑红两色与简单的结构使其简单而不失潮流。
700
400
500

曲直
刚正不阿的“直”中夹杂着代表柔情的“曲”。将中国传统文化中寓意吉祥的祥云纹融入在了方方正正的家具中，一改市面上以曲目为主流的家具特色，看似矛盾，却又别有一番风味，给人以一种眼前一亮耳目一新的视觉冲击感。

作　　品：丹
作　　者：刘子艳／江苏农林职业技术学院
指导老师：张悦

作　　品：曲直
作　　者：沈凯晨／江苏农林职业技术学院
指导老师：张悦

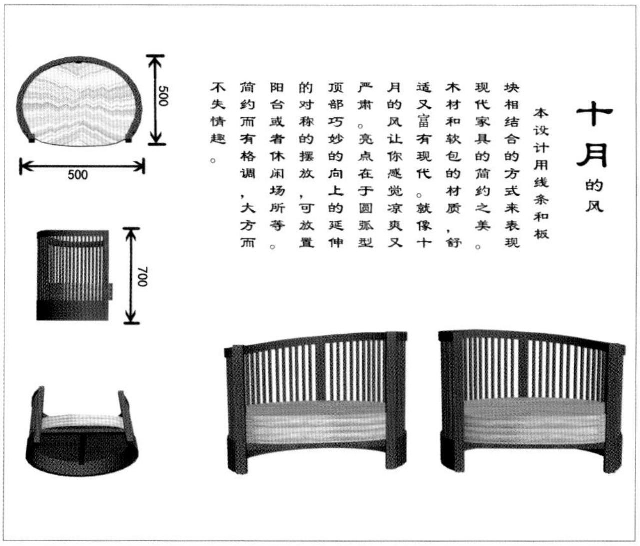
十月的风
本设计用线条和板块相结合的方式来表现现代家具的简约之美。木材和软包的材质，舒适又富有现代。就像十月的风让你感觉凉爽又严肃。亮点在于圆弧型顶部巧妙的向上的延伸的对称的摆放，可放置阳台或者休闲场所等。简约而有格调，大方而不失情趣。
500
500
700

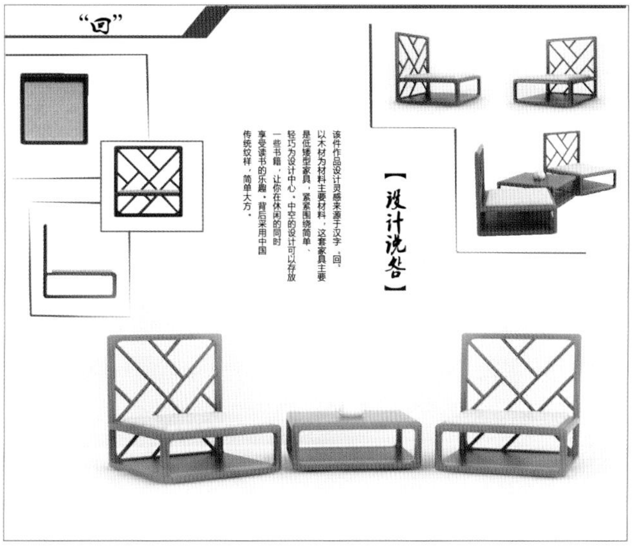
“回”
【设计说明】
该件作品设计灵感来源于汉字“回”。以木材为材料主要材料，这套家具主要是低矮型家具，紧紧围绕简单、轻巧为设计中心，中空的设计可以存放一些书籍，让你在休闲的同时享受读书的乐趣，背后采用中国传统纹样，简单大方。

作　　品：十月的风
作　　者：孙巧／江苏农林职业技术学院
指导老师：杨静

作　　品：回
作　　者：王娟／江苏农林职业技术学院
指导老师：张悦

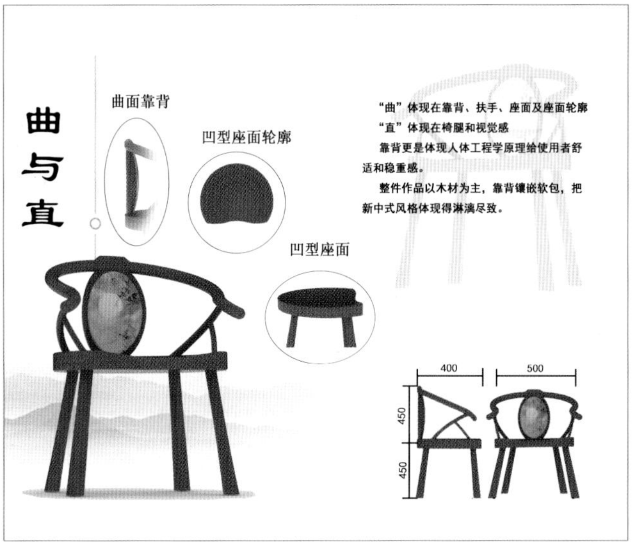
曲与直
曲面靠背
凹型座面轮廓
凹型座面
“曲”体现在靠背、扶手、座面及座面轮廓
“直”体现在椅腿和视觉感
靠背更是体现人体工程学原理给使用者舒适和稳重感。
整件作品以木材为主，靠背镶嵌软包，把新中式风格体现得淋漓尽致。
400
500
450
450

作　　品：曲与直
作　　者：张银凤／江苏农林职业技术学院
指导老师：张悦

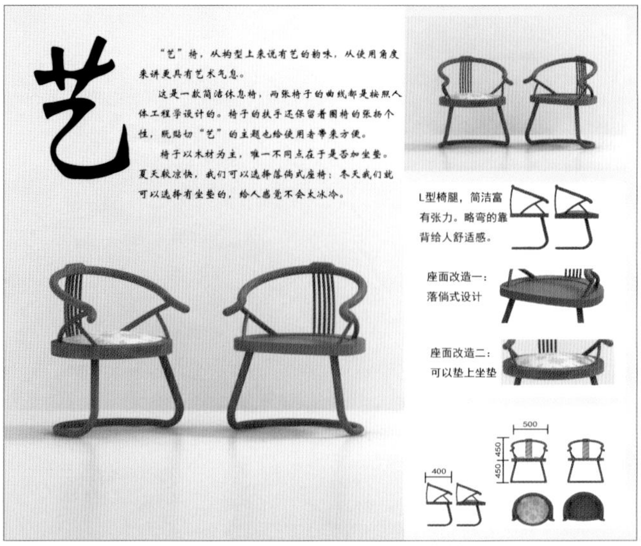
艺
“艺”椅，从构型上来说有艺的韵味，从使用角度来讲更具有艺术气息。
这是一款简洁休息椅，两张椅子的曲线都是按照人体工程学设计的。椅子的扶手还保留着圈椅的张扬个性，既贴切“艺”的主题也给使用者带来方便。
椅子以木材为主，唯一不同点在于是否加坐垫。夏天较凉快，我们可以选择落倘式座椅；冬天我们就可以选择有坐垫的，给人感觉不会太冰冷。
L型椅腿，简洁富有张力。略弯的靠背给人舒适感。
座面改造一：落倘式设计
座面改造二：可以垫上坐垫
500
450
450
400

作　　品：艺
作　　者：张银凤／江苏农林职业技术学院
指导老师：张悦

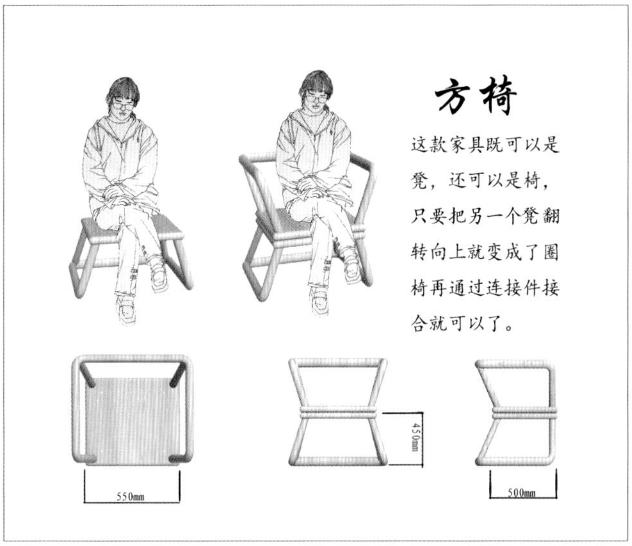
方椅
这款家具既可以是凳，还可以是椅，只要把另一个凳翻转向上就变成了圈椅再通过连接件接合就可以了。
550mm
450mm
500mm

作　　品：方椅
作　　者：张莹／江苏农林职业技术学院
指导老师：张悦

发光时
此款椅造型以酒樽为原型，造型纤细，线条优美。红木与3Dpla材料结合，完美地利用3Dpla易显光，适合做灯罩的特性，将白色部分采用3Dpla材料，且底部内置USB可拆充电灯源，打开灯时可营造黄晕氛围。且镂空雕花采用3D打印技术，节约成本，适合大批量生产，节省人工。

作　　品：微光
作　　者：陈美怡／南京林业大学
指导老师：于娜

闲饮浓茶夏日长
抽屉
细节图
传统的冰裂纹
Chinese furniture is closely related to the steady , it is the result of culture after thousands of years of precipitation. Design concept is the traditional mahogany intertwined retro lines. With the cloth is to increase its flexibility, but also for young people.
中式家具与稳重与内涵紧密相关，它是文化经过数千年的沉淀的结果。设计理念就是传统的红木交织复古的纹路。配上布料就是增加了它的灵动性，更面向年轻人。
夢

作　　品：闲饮浓茶夏日长
作　　者：胡星辰／南京林业大学
指导老师：于娜

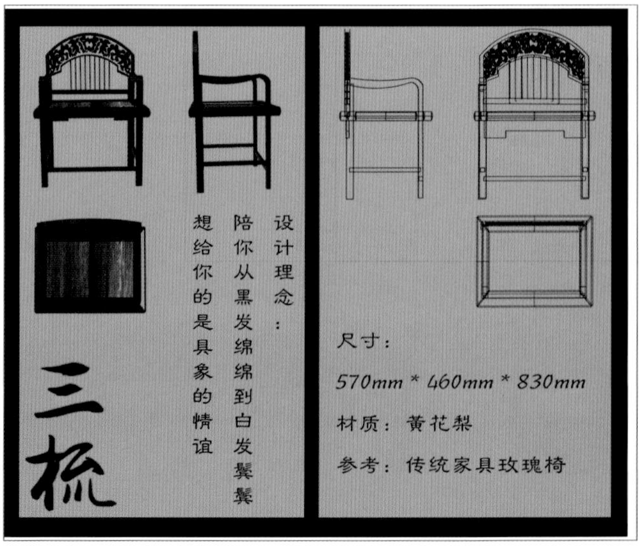
设计理念：
陪你从黑发绵绵到白发鬓鬓
想给你的是具象的情谊
三梳
尺寸：
570mm * 460mm * 830mm
材质：黄花梨
参考：传统家具玫瑰椅

作　　品：三梳
作　　者：吴双双／南京林业大学
指导老师：于娜

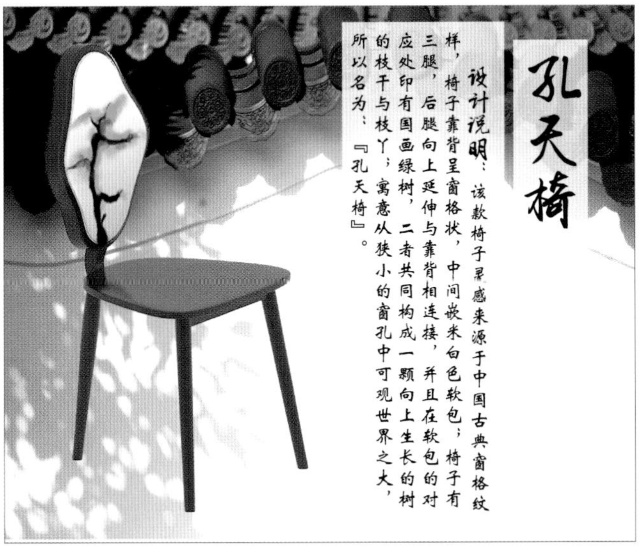
孔天椅
设计说明：该款椅子灵感来源于中国古典窗格纹样，椅子靠背呈窗格状，中间嵌米白色软包；椅子有三腿，后腿向上延伸与靠背相连接，并且在软包的对应处印有国画绿树，二者共同构成一颗向上生长的树的枝干与枝丫；寓意从狭小的窗孔中可观世界之大，所以名为：『孔天椅』。

作　　品：孔天椅
作　　者：叶欢／南京林业大学
指导老师：于娜

减
单
Minus
中式家具如今在年轻人中间的地位逐渐落寞，深沉厚重的体量感就像工作学习中感受到的压力，常常会让他们感到压抑。我借鉴了经典的巴塞罗那椅的曲线型的椅腿，做出了感觉轻盈流畅的椅腿，再结合了古典的中式圈椅，在中式圈椅上做减法，删繁就简。将圈形椅背变短，将宽厚而又富有装饰的背板改为三条曲线流畅舒适的柱形支撑。同时借鉴现代极简主义家具的元素，改良成了一把更符合现代年轻人审美的座椅。除此以外，之所以把折椅子设计成一个摇椅，也是希望使用者能够放松心情的坐在上面，悠闲自在地或读一本好书，听一首好歌。摇椅的存在本身就会让人产生轻松自在的惬意舒适感。

作　　品：减单
作　　者：俞沁宇／南京林业大学
指导老师：于娜

作　　品：蝶恋椅
作　　者：郁丹薇／南京林业大学
指导老师：于娜

曲
雅
椅

作　　品：曲雅休闲椅
作　　者：危志福／江西环境工程职业学院
指导老师：张付花

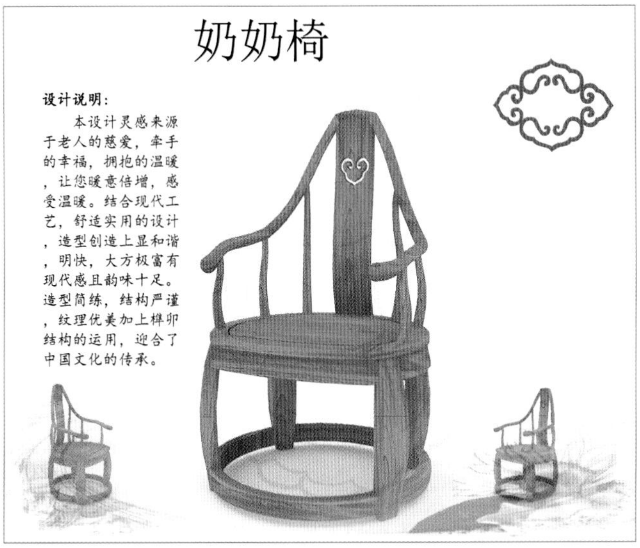
奶奶椅
设计说明：
本设计灵感来源于老人的慈爱，牵手的幸福，拥抱的温暖，让您暖意倍增，感受温暖。结合现代工艺，舒适实用的设计，造型创造上显和谐，明快，大方极富有现代感且韵味十足。造型简练，结构严谨，纹理优美加上榫卯结构的运用，迎合了中国文化的传承。

作　　品：奶奶椅
作　　者：叶劲涛、罗美芳／江西环境工程职业学院
指导老师：张付花

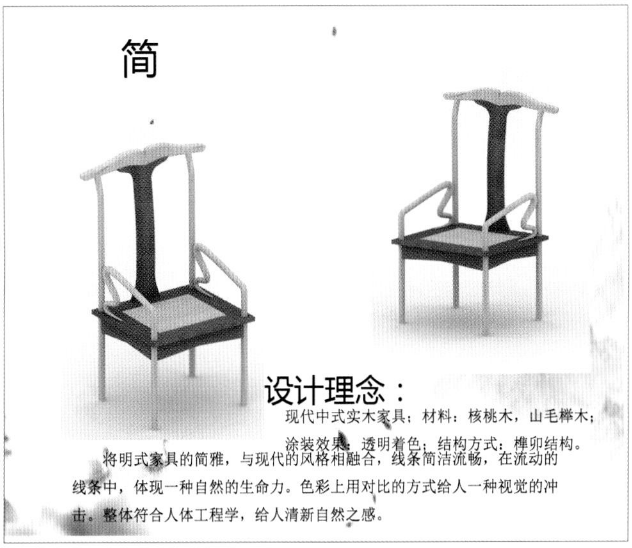
简
设计理念：
现代中式实木家具；材料：核桃木，山毛榉木；涂装效果：透明着色；结构方式：榫卯结构。
将明式家具的简雅，与现代的风格相融合，线条简洁流畅，在流动的线条中，体现一种自然的生命力。色彩上用对比的方式给人一种视觉的冲击。整体符合人体工程学，给人清新自然之感。

作　　品：简
作　　者：钟勇／江西环境工程职业学院
指导老师：张付花

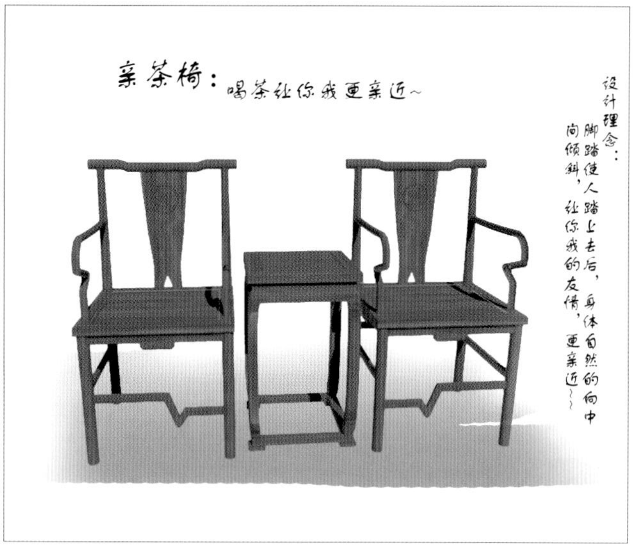
亲茶椅：喝茶让你我更亲近~
设计理念：脚踏使人踏上去后，身体自然的向中间倾斜，让你我的友情，更亲近~~

作　　品：亲茶椅
作　　者：朱苏兰、叶劲涛 / 江西环境工程职业学院
指导老师：张付花

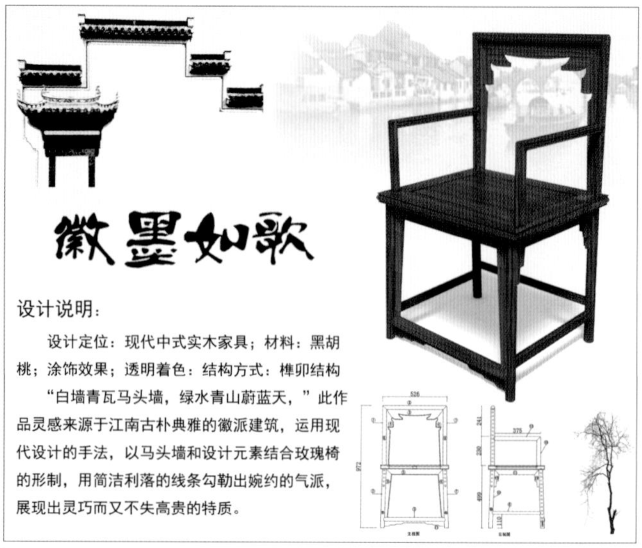
徽墨如歌
设计说明：
设计定位：现代中式实木家具；材料：黑胡桃；涂饰效果：透明着色；结构方式：榫卯结构
"白墙青瓦马头墙，绿水青山蔚蓝天，"此作品灵感来源于江南古朴典雅的徽派建筑，运用现代设计的手法，以马头墙和设计元素结合玫瑰椅的形制，用简洁利落的线条勾勒出婉约的气派，展现出灵巧而又不失高贵的特质。

作　　品：徽墨如歌
作　　者：朱晓瑶、张小龙 / 江西环境工程职业学院
指导老师：张付花

一枝獨秀
设计说明：
设计定位：现代中式实木家具；材料：橡胶木；涂饰效果：透明着色；结构方式：榫卯结构
万物丛生，一枝独秀，自强不息，中华民族历经苦难而又生生不息，就像该椅子的靠背，一层更比一层高，展现了自强不息的骨气。

作　　品：一枝独秀
作　　者：朱晓瑶、衷存旺 / 江西环境工程职业学院
指导老师：张付花

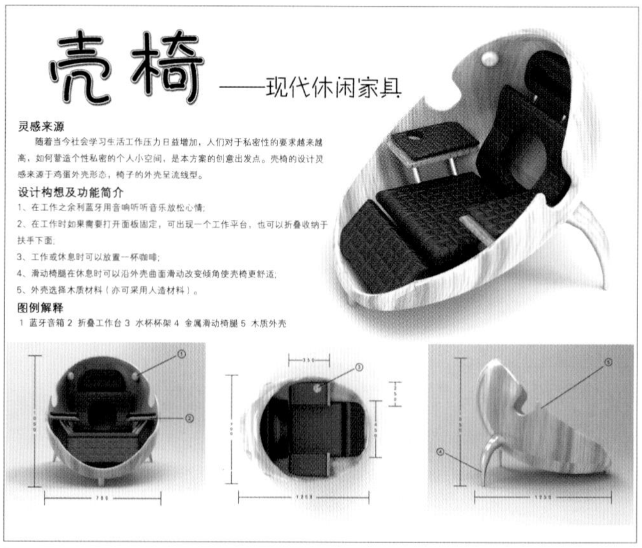
壳椅——现代休闲家具
灵感来源
随着当今社会学习生活工作压力日益增加，人们对于私密性的要求越来越高，如何营造个性私密的个人小空间，是本方案的创意出发点。壳椅的设计灵感来源于鸡蛋外壳形态，椅子的外壳呈流线型。
设计构想及功能简介
1、在工作之余利蓝牙用音响听听音乐放松心情；
2、在工作时如果需要打开面板固定，可出现一个工作平台，也可以折叠收纳于扶手下面；
3、工作或休息时可以放置一杯咖啡；
4、滑动椅腿在休息时可以沿外壳曲面滑动改变倾角使壳椅更舒适；
5、外壳选择木质材料（亦可采用人造材料）。
图例解释
1 蓝牙音箱 2 折叠工作台 3 水杯杯架 4 金属滑动椅腿 5 木质外壳

作　　品：壳椅
作　　者：陈鹏飞 / 内蒙古农业大学
指导老师：李军

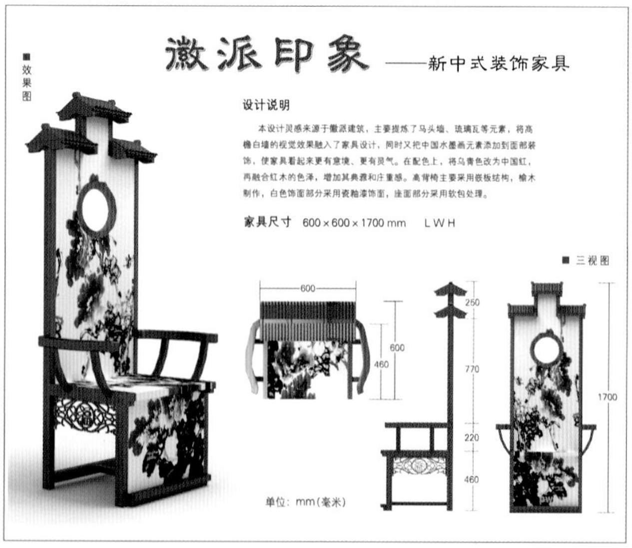
徽派印象——新中式装饰家具
效果图
设计说明
本设计灵感来源于徽派建筑，主要提炼了马头墙、琉璃瓦等元素，将高檐白墙的视觉效果融入了家具设计，同时又把中国水墨画元素添加到面部装饰，使家具看起来更有意境、更有灵气。在配色上，将乌青色改为中国红，再融合红木的色泽，增加其典雅和庄重感。高背椅主要采用嵌板结构，榆木制作，白色饰面部分采用瓷釉漆饰面，座面部分采用软包处理。
家具尺寸 600×600×1700 mm　L W H
三视图
600
600
460
250
770
220
460
1700
单位：mm（毫米）

作　　品：徽派印象
作　　者：李彦 / 内蒙古农业大学
指导老师：李军、宁国强

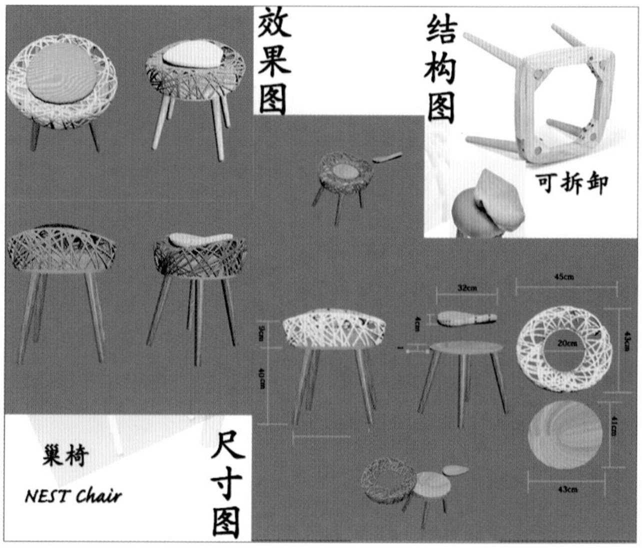
效果图
结构图
可拆卸
巢椅
NEST Chair
尺寸图
32cm
45cm
20cm
43cm
41cm
43cm

作　　品：巢椅
作　　者：王凝 / 中南林业科技大学
指导老师：夏岚

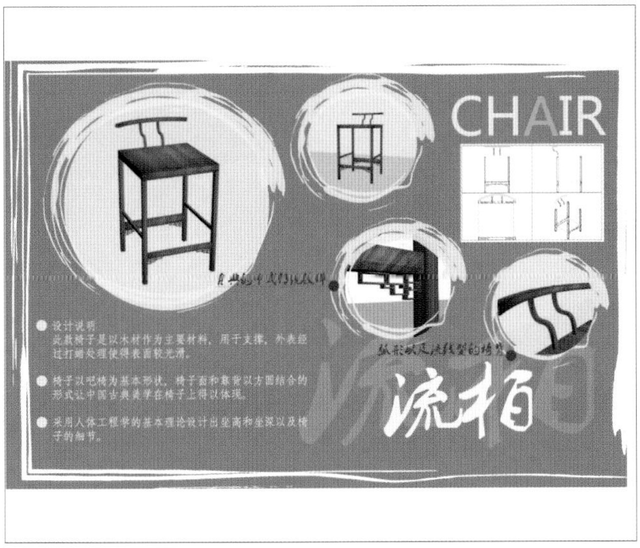
CHAIR
流柏

作　　品：流柏
作　　者：王亚菲、周璇／中南林业科技大学
指导老师：夏岚

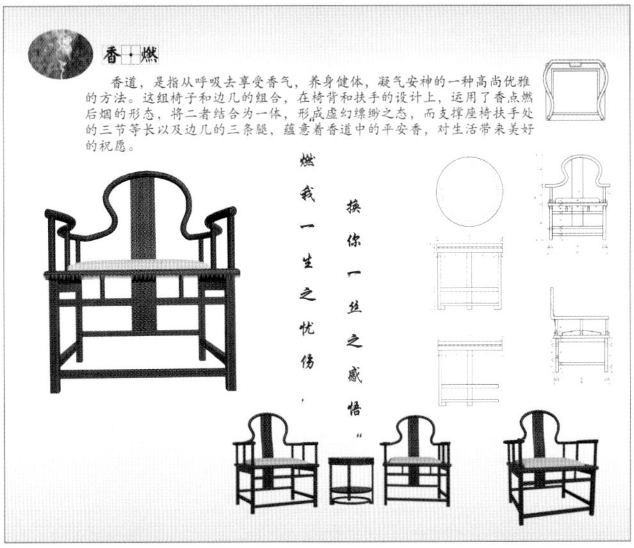
香·燃
香道，是指从呼吸去享受香气，养身健体，凝气安神的一种高尚优雅的方法。这组椅子和边几的组合，在椅背和扶手的设计上，运用了香点燃后烟的形态，将二者结合为一体，形成虚幻缥缈之态，而支撑座椅扶手处的三节等长以及边几的三条腿，蕴意着香道中的平安香，对生活带来美好的祝愿。
燃我一生之忧伤，
换你一丝之感悟

作　　品：香·燃
作　　者：唐晓涵／四川农业大学
指导老师：曾静

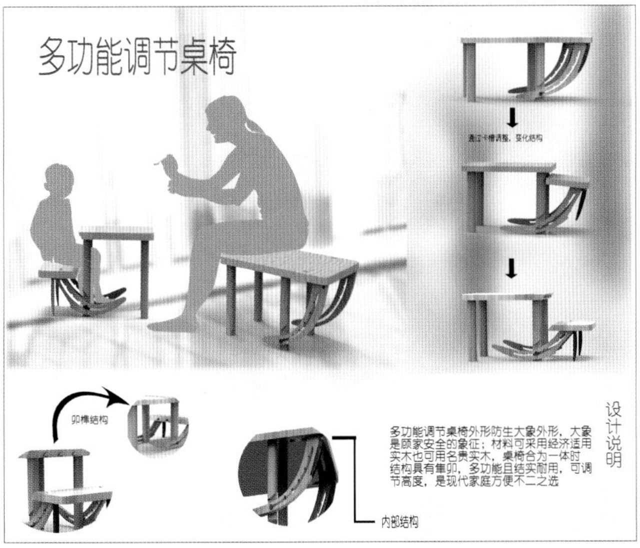
多功能调节桌椅
卯榫结构
设计说明
多功能调节桌椅外形仿生大象外形，大象是颐家安全的象征；材料可采用经济适用实木也可用名贵实木，桌椅合为一体时结构具有隼卯，多功能且结实耐用，可调节高度，是现代家庭方便不二之选
内部结构

作　　品：多功能调节桌椅
作　　者：肖沂鑫／华侨大学

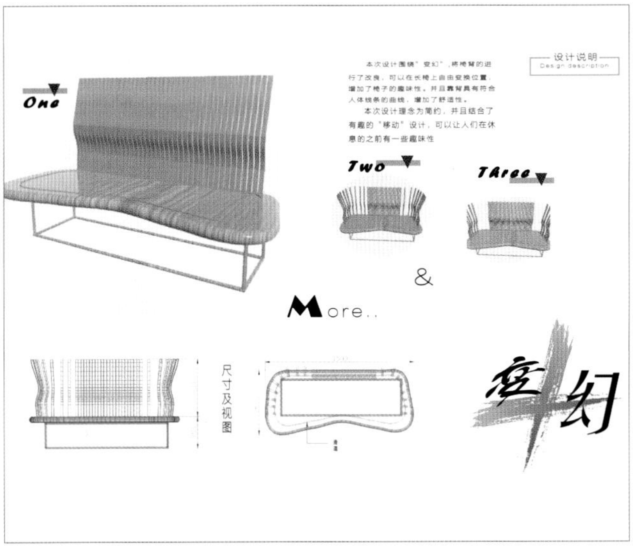
设计说明
Design description
One
Two
Three
&
More..
尺寸及视图
变幻

作　　品：变幻
作　　者：卢禹彤／广西大学
指导老师：刘娜

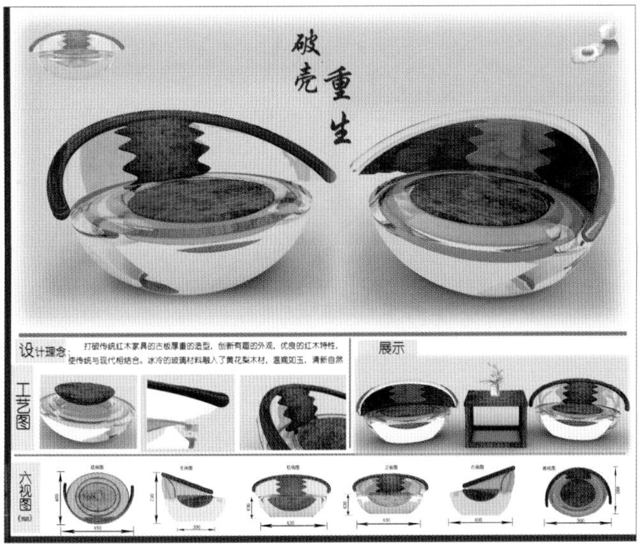
破壳重生
设计理念
展示
工艺图
六视图

作　　品：破壳重生
作　　者：冼芸安／广西大学
指导老师：江涛

ZHONGGUO
MUJIAJU
SHEJI
NIANJIAN
2017

设计表现作品

桌案类设计奖

设计说明

无相：没有具体形象、概念。须弥：无始无终，既无开始，也
融入坐具中，整体呈行云流水之态，高低错落之势宛如山川江湖，
地表达了这件家具与自然万象浑为一体。分离开则变为两把实用
应用防水材质，栽入盆景可与高矮凳合成简易花台。整件家具无
现代，同样不失古韵十足的禅意。

作　　品：无相 · 须弥
作　　者：卢晓梦／山东工艺美术学院

WUXIANG XUMI

无相·须弥

applicaton, you can you traveleanywherephrasebou travelean hen you travelnciation such as rio de laneiro before the ndroid install ou traveleanywherephrasebookhrour a hen you herephras travelpplica tionyou can use anytimehand ou trave

leanywherephrasebookhrand anywhere.

将传统翘头案
计形态更好
处开椭圆口
将传统融入

【Cloud】
云

花台组合

将高凳与翘头案面相互组合，亦景亦趣

【Mountain】
山

结构组装

合可为一整体；分可各司其职，巧捷万端

【Mountain】
湖

三视图

家具尺寸三视图

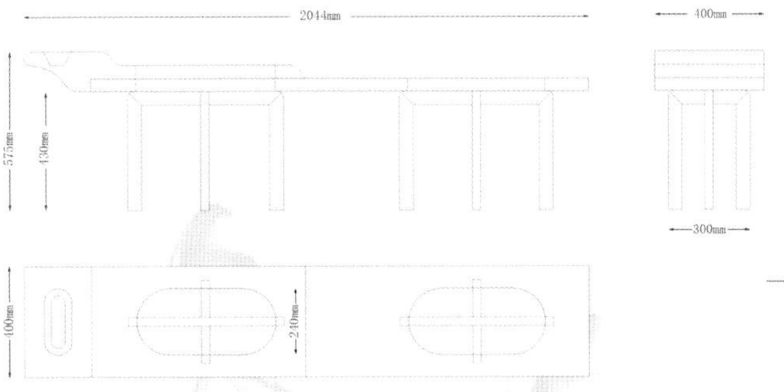
2044mm
400mm
575mm
430mm
300mm
400mm
240mm
500mm
500mm

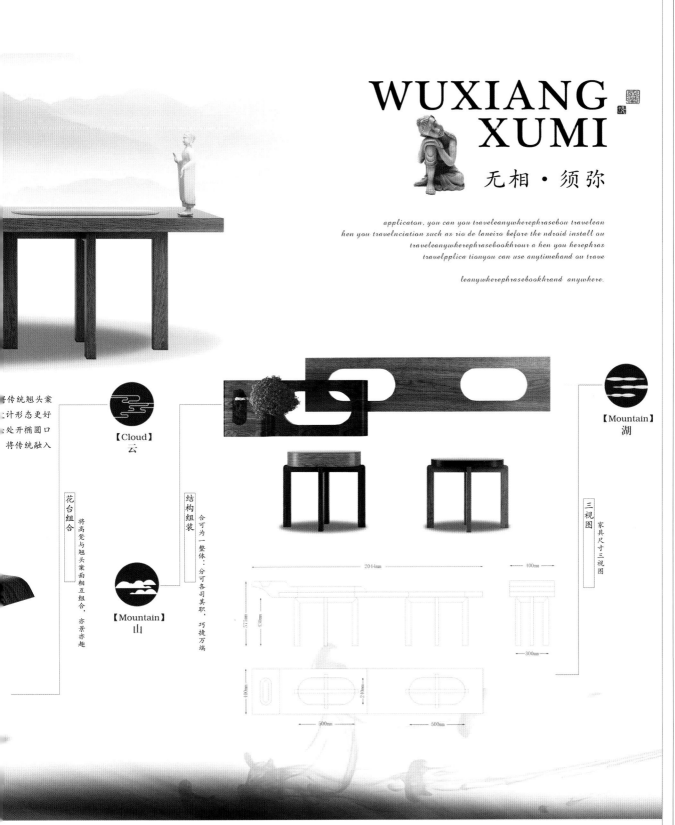

尺寸：210 ×70cm 高80

材质：龙凤檀/缅甸花梨

作　　品：画案
作　　者：谭柳、谭亚国、邓文鑫、李思萍 / 中南林业科技大学
指导老师：夏岚

画 案

]，動與靜，有和無，傳統與現代的陰陽平衡....

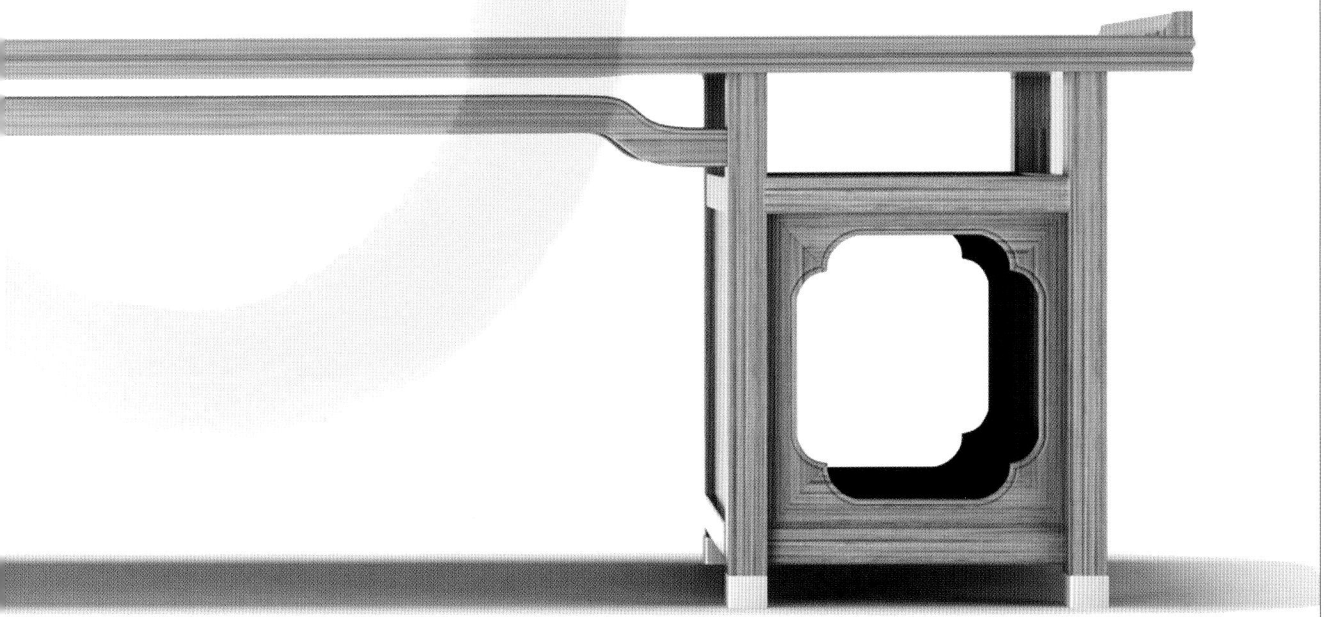

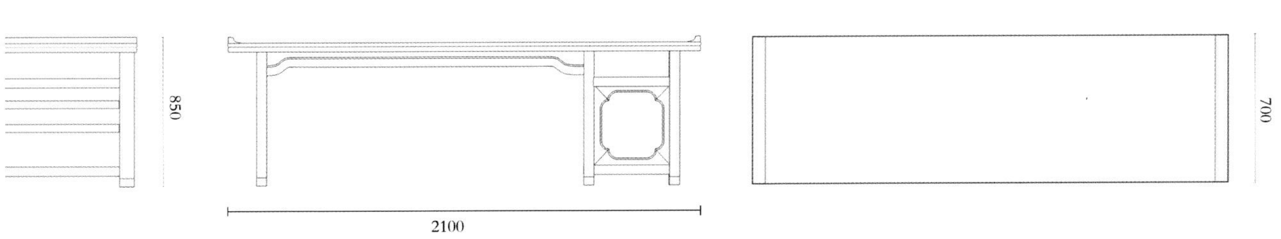

作　品：环形模块化办公桌
作　者：劳翠兰／广东轻工职业技术学院
指导老师：白平

设计说明：这款办公桌子构思来源于是一个简单的形状——环形。它是汲取了环形的一部分组成，它能构成多种办公模式，能满足个人办公、多人单独办公、多人相互讨论办公、多人合作办公、临时会议办公等需求。

Design description: The office desk design source and a simple shape, ring. It is part of the learnt the ring, it can constitute a variety of office pattern, can satisfy the personal office, many people separate office, many people discuss each other office, many people cooperation office, such as temporary office meeting demand.

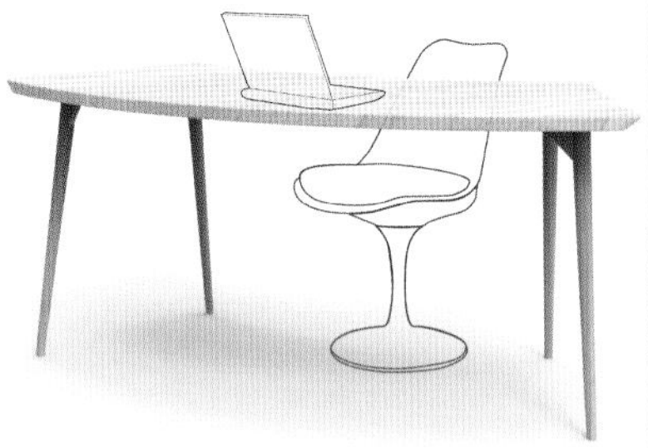

环扇模块化办公桌

Ring fan modular desk

•独立工作模式：Independent work mode:

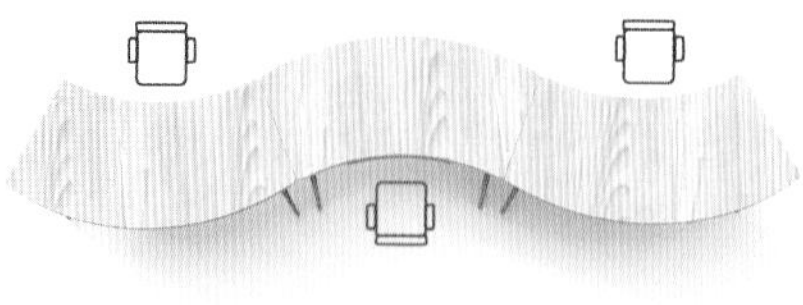

这种是适合单人工作的一种私密状态，弧状的错开每个人与人之间形成一个舒适的独立办公空间。

•会议模式：The meeting model:

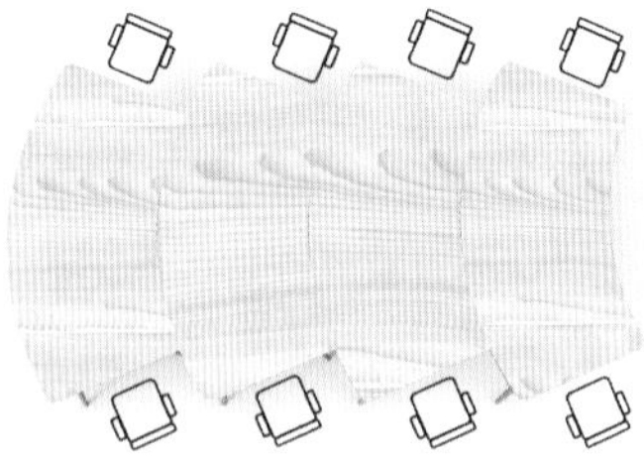

这个桌子可以几张并排拼在一起形成以个简单地会议桌。

•合作模式：Cooperation mode:

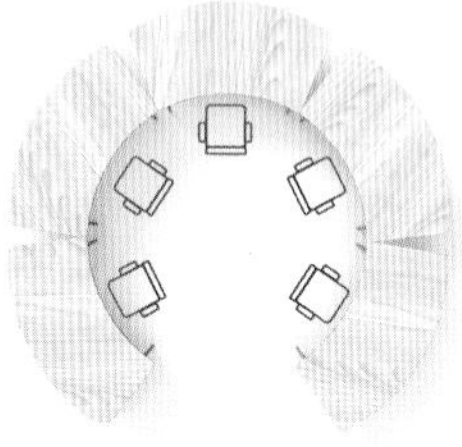

这种工作状态是紧凑的，同事们在同一个空间工作更加方便交流、合作。

•讨论模式：Discussion mode:

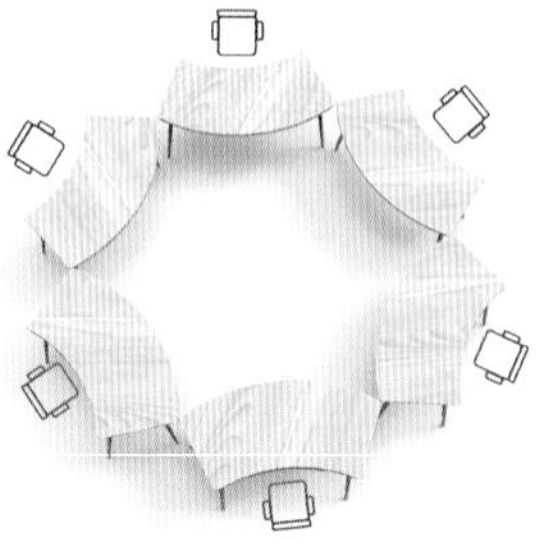

这种工作模式比较适合一些团队互相讨论的工作状态，相互面对讨论。

作品：《贡红》大漆犀皮纹明式平头案
作者：林文锋、林广杰／福建省莆田市太朴大漆手作工作室

《贡红》大漆犀皮纹明式平头案　设计方案：

正面线稿

侧面线稿

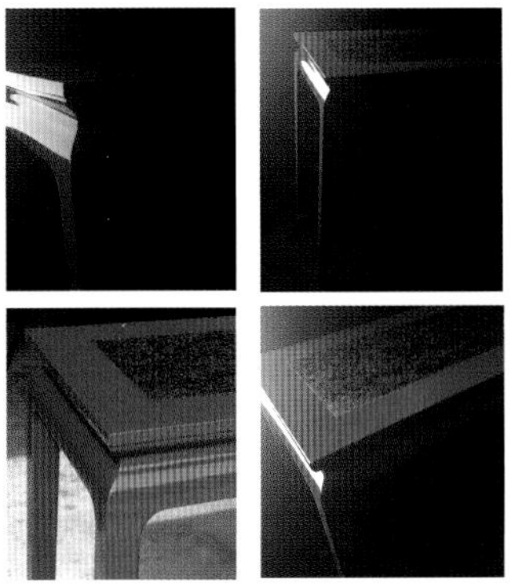
实物局部拍摄

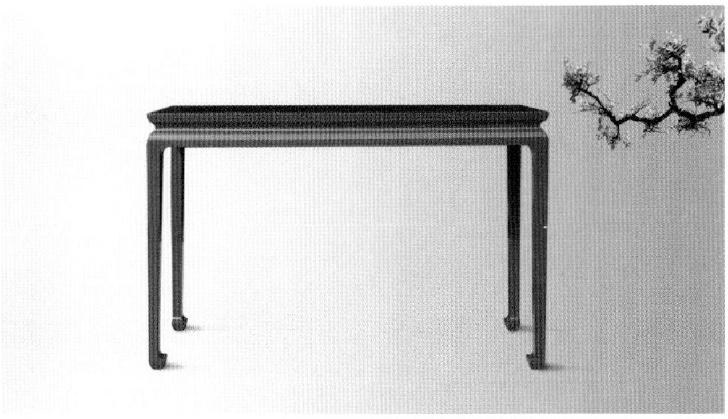
实物正面整体拍摄

本作品漆艺髹饰过程节选：

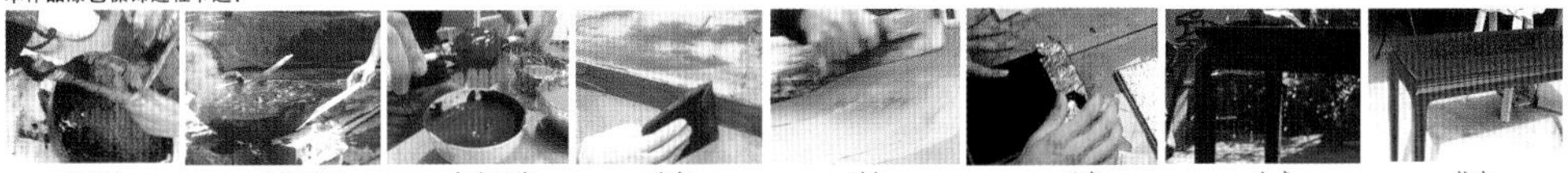
滤生漆　古法熬制　色漆制作　裱布　刮灰　贴金　水磨　推光

作品：明式三弯腿霸王枨画案
作者：牛晓霆／东北林业大学

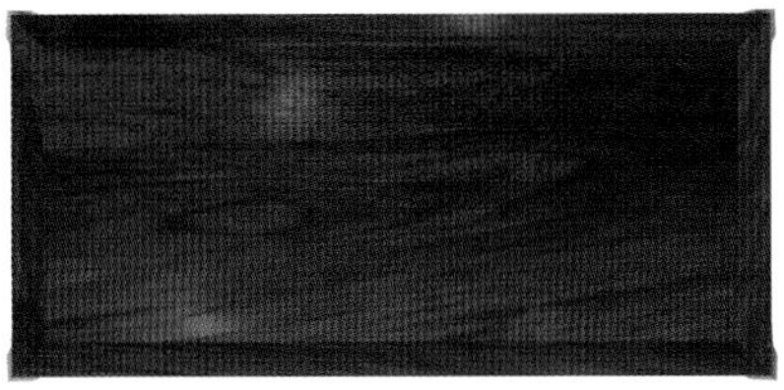

案面采用攒框装板结构，边抹外侧一改冰盘沿压边线之做法，自边抹上端急缓而下，上舒下敛，中间再起波澜，可谓一波三折，将中国古代文化中的“三”节奏展现淋漓。束腰与牙板一木作，顺接边抹外侧曲线之势，上敛下舒，相映成趣。牙板与腿足穿销挂榫，无阳线收边，以木纹为饰，现自然之华章。腿足三弯，上凸顺接牙板，中凹引力而消融，至足端外翻马蹄，即与边抹呼应，又有四两拨千斤之妙。更具妙法的是腿足上端霸王枨之应用，即将腿足与案面紧密相连，增强了家具整体框架结构的强度，又增加了案体空间的节奏，化方为圆，与中国园林借景之法异曲同工。

明式三弯腿霸王枨画案

作品：贰
作者：赖建文／正合木创／台湾屏东科技大学

贰/Modest

以老贰哲学的「贰」字为主轴，破除办公桌制式化的形态，采用左右不对称样式，外观上刚柔并济的线条与老二哲学做人处事既刚硬又圆融的情形互相呼应，意义上也隐喻没有所谓的第一，全看自己用什么样的角度去思考，进而衍生出具有文化内涵的价值。

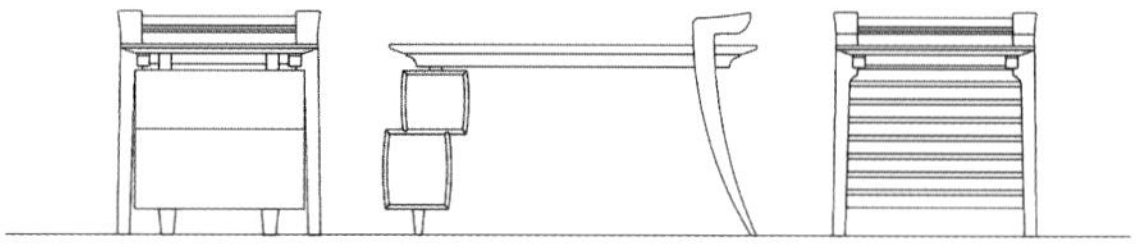

作品：线桌
作者：陈绍煜／广东工业大学
指导老师：郭琼

线桌 Line Table

设计说明/Design Idea:

设计基于中国传统家具对“线”审美偏好，尝试以“线”造形；桌面材质为白瓷，用白色来消减“面”的感觉，框架由圆形截面的木构件，尝试以“线”造形。

Bade on aesthetic preference of traditional Chinese furniture—"Line".desktop material is porcelain,weakening the feeling of "face" with white,frame is made circular section wooden parts,constructed with "line".

设计细节/Design Detali:

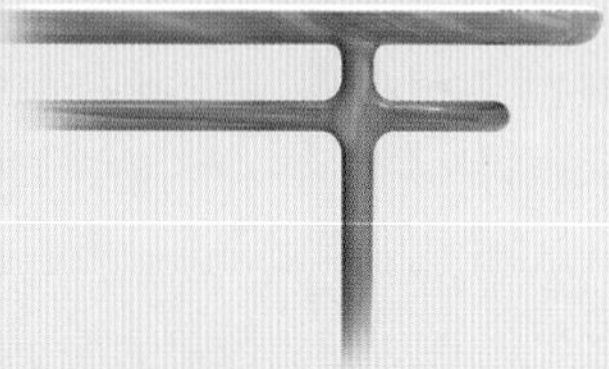

圆形截面的木构件光滑连接
Circular section wooden parts are connected smoothly.

三视图/Three views:

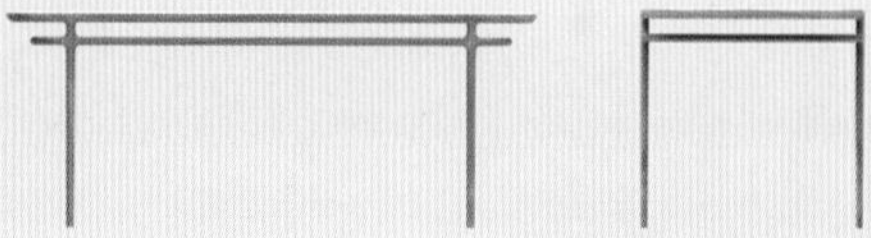

L1900 W780
H735

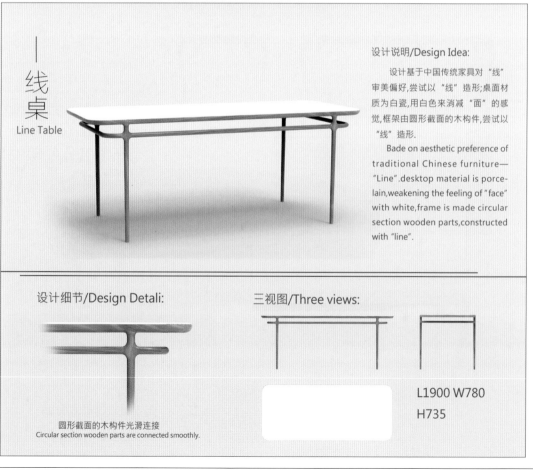

作品：雪桌
作者：陈绍煜／广东工业大学
指导老师：郭琼

雪桌
Snow Table

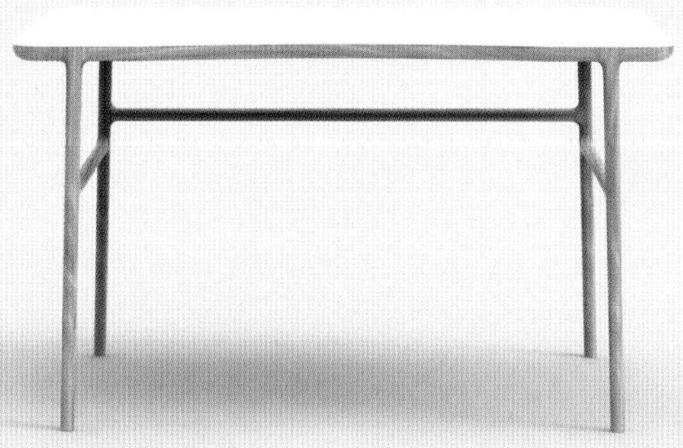

设计说明/Design Idea:

设计基于中国传统家具对“线”审美偏好，尝试以“线”造形；桌面材质为白瓷，用白色来消减“面”的感觉，框架由圆形截面的木构件，尝试以“线”造形.

Bade on aesthetic preference of traditional Chinese furniture—“Line”.desktop material is porcelain,weakening the feeling of “face” with white,frame is made circular section wooden parts,constructing with “line”.

结构细节/Structure Detail:

圆形截面的木构件光滑连接
Circular section wooden parts are connected smoothly.

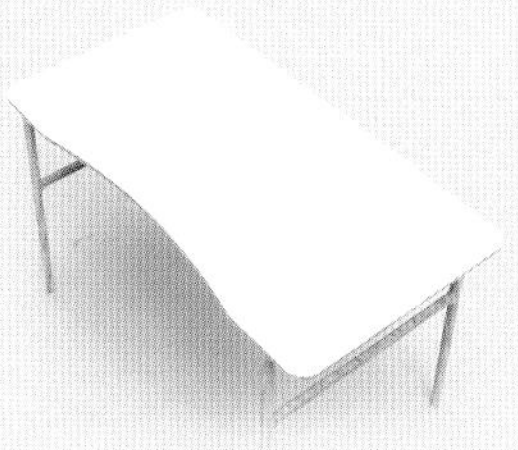

桌面前沿微凹，让使用者有微弱的围合感
Desktop frontier is bent inward slightly,allowing users to build a weak sense of surround.

三视图/Three views:

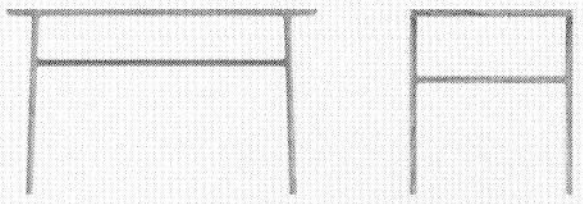

L1300 W700
H750

作品：流水案
作者：江丽君／华南农业大学
指导老师：杨慧全

流水案

“青山隐隐，流水迢迢。”

此设计以翘头案和流水为设计灵感，高低不平的案面、翘起的飞角、弧线优美的案腿，营造了流水潺潺的流动之感。木材与金属的结合增添了现代韵味，也使结构更加稳固，在传承传统的同时也进行了创新。

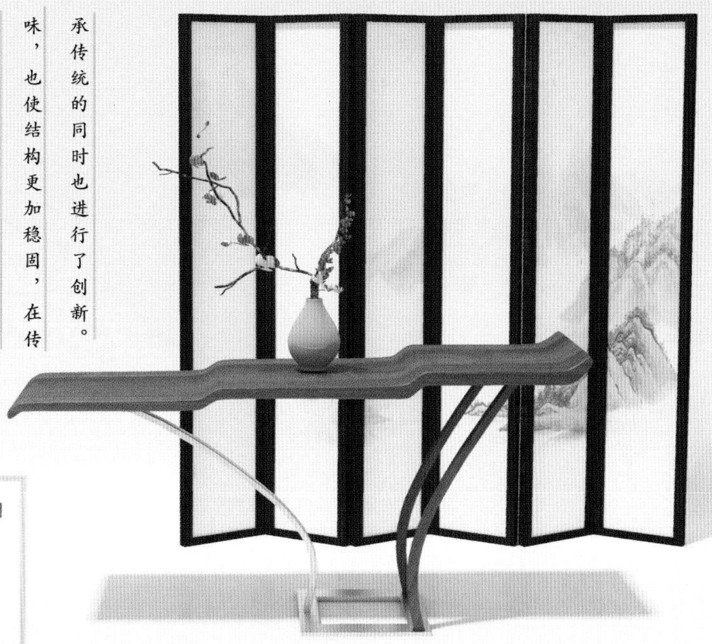

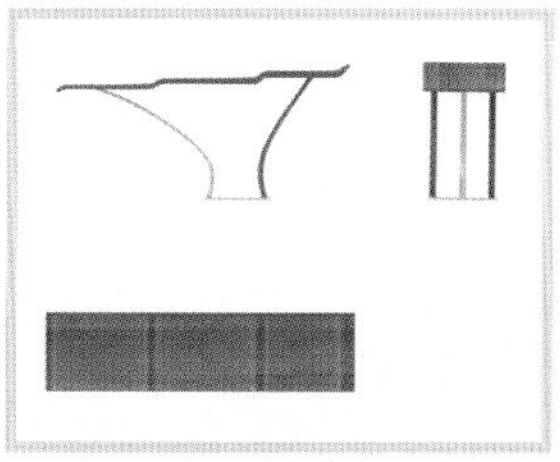

作 品：梵桌
作 者：劳美婷／华南农业大学
指导老师：杨慧全

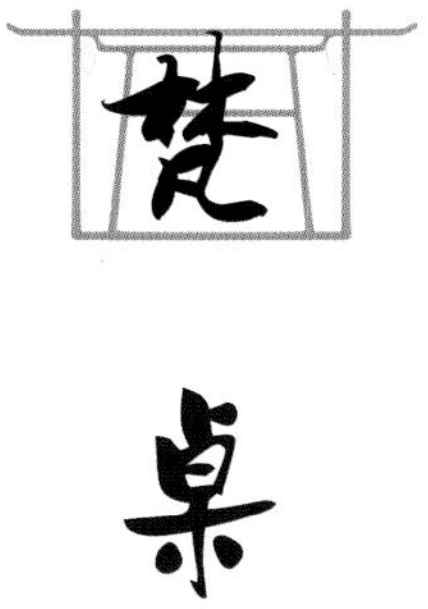
梵
桌

梵，意清净，这与道家的“清静无为”观不谋而合。秉承中华传统文化的优秀内涵，继承中国古建筑的设计精髓，传承明清家具的榫卯结构，同时满足现代人的审美与功能需求。梵桌将搁物架与工作面巧妙融为一体，镂空设计打破沉闷且便于收纳，线条简约优雅不失稳健，美观与实用性兼备，营造洁净、恬静、“净修梵行”的氛围，以达到静心工作的和谐合一。

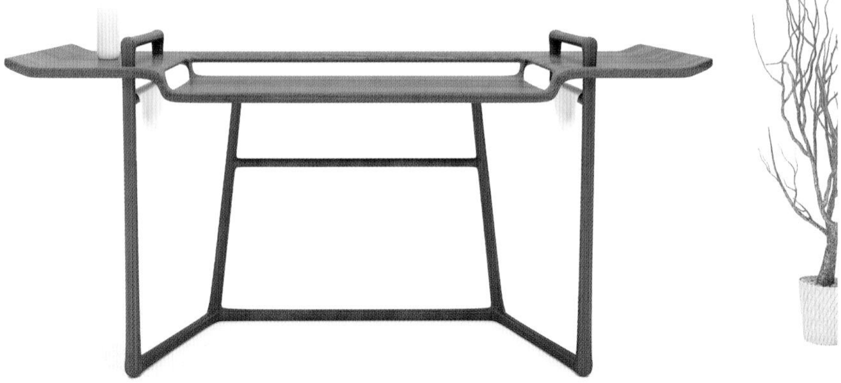

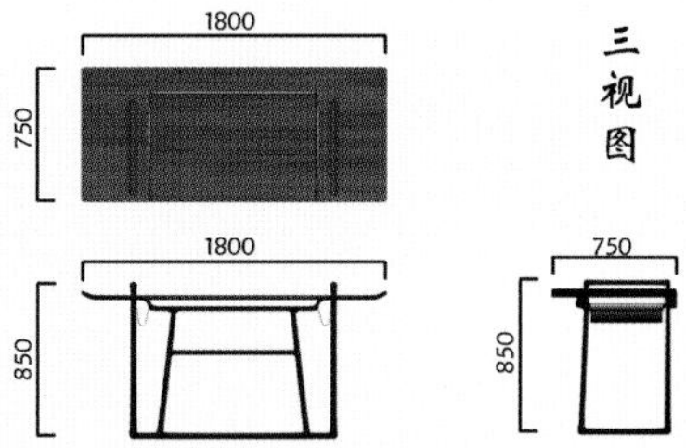
1800
750
1800
850
750
850
三视图

细节图

展示图

作 品：古筝茶韵
作 者：连善芝／南京林业大学

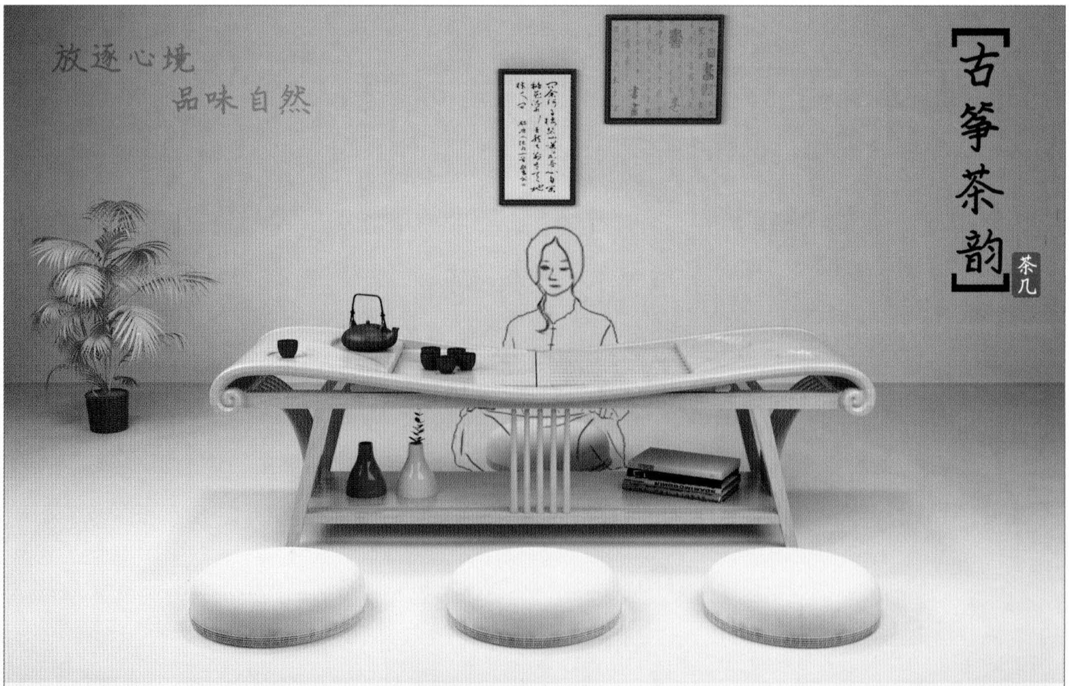
放逐心境
品味自然
古筝茶韵
茶几

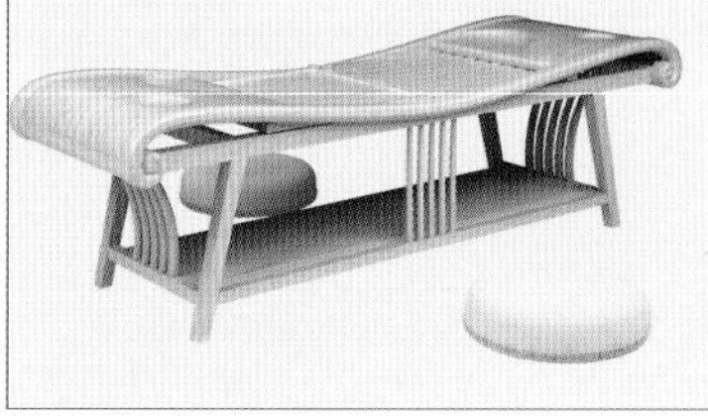

古筝茶韵茶几的设计灵感来源于东方最古老的民族乐器—古筝，将其简化造型与茶文化结合而打造一种自然、静谧的生活理念。自古茶文化与古筝相通融合，质朴的气质，增强产品感染力。茶文化与古筝都是中华文明的重要部分。

在造型中两端过度的曲线，犹如古筝演奏，且凹凸元素点缀可以陈放茶具，中部茶盘栅格与下沉处理，引导水流，且可以滑动取出水盘。连接结构通过榫卯结构，稳定性强。而材质为橡木，色泽亲近自然。每一部位的设计都演绎出不同的东方文化情调，感触产品回归自然心境。

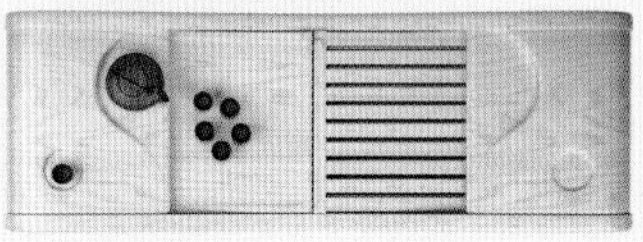

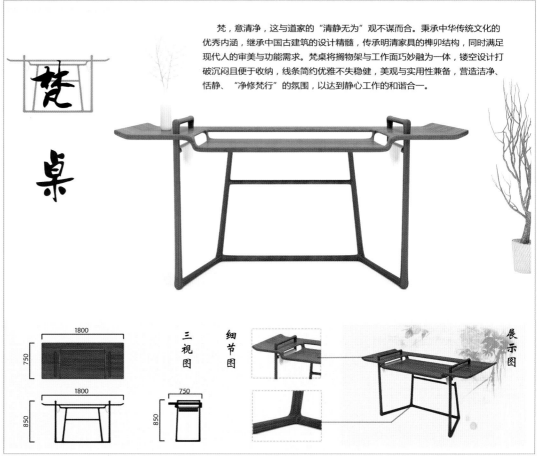

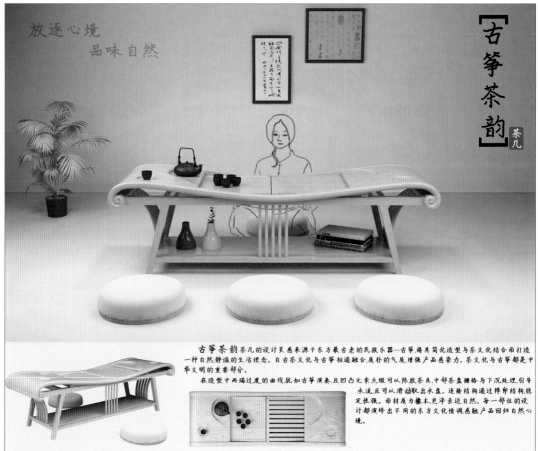

轴案

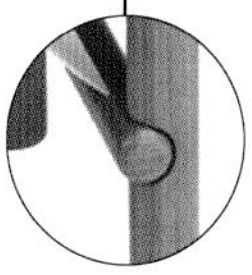

作品：轴案
作者：连善芝／南京林业大学

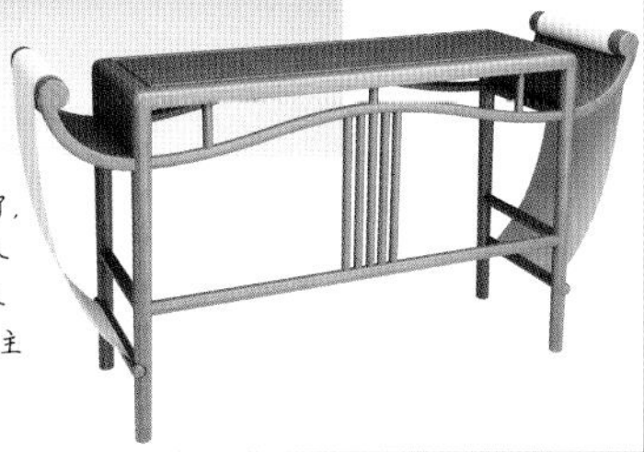

轴案是以卷轴,画卷为灵感而设计的书案。卷轴是中国古代图书的一种载体,现在却被遗弃了,但其具备的书香气息的感觉却被沿用。该案台以此为灵感也符合现代书法的气氛,将其简化融入其中,既传承中国书香文化,又给人们一份精神食粮的思考。取其元素,简洁、实用,两端的卷轴可以存放画卷、书写工具等文具。运用矮老与曲线完美过渡结合,增加稳定性。结构上利用榫卯连接,主材为胡桃木,再结合两边简朴的织物卷轴,使案台描绘出一幅中国韵的画作。

鼎

作品：鼎
作者：周俊庭／华南农业大学
指导老师：杨慧全

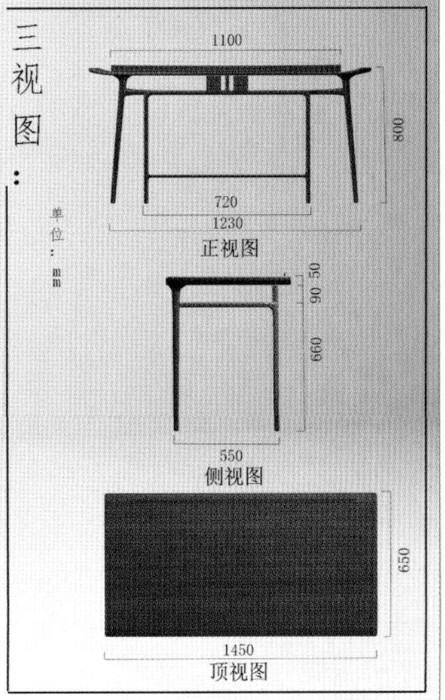
三视图：
单位：mm
1100
800
720
1230
正视图
90
50
660
550
侧视图
650
1450
顶视图

设计说明：

这是一款以传承中国的鼎为主要元素作为支撑架，加上“檐”的构造元素作为桌板，巧妙融合的设计；简约微妙的线条构造线，简而结实，前脚倾斜，后脚笔直，逃离呆板，符合现代审美要点；精炼的桌板及简美的支架融合，体现了中国传统文化又具有现代生活的气息。

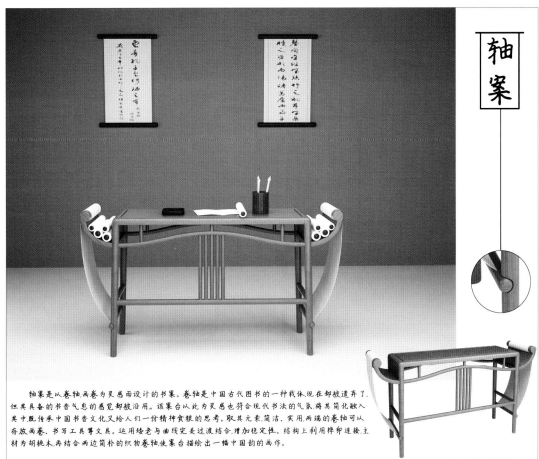

作品：澄承条案

作者：高思超／济南优再社家具（U+家具）制造有限公司

澄承条案

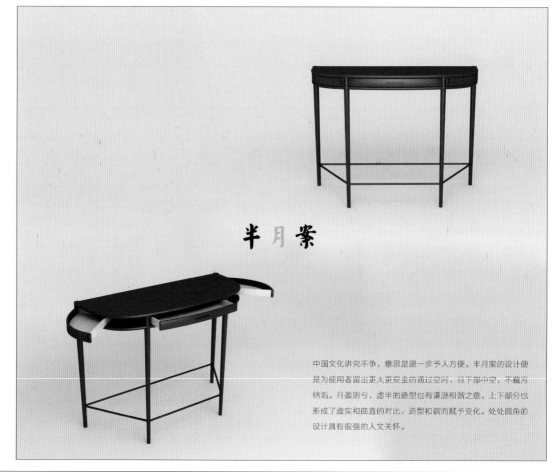

设计说明：

上善若水，水静而澄。整件作品放弃多余的装饰，只保留标志性的罗锅枨结构，带来纯粹的美感。在传承传统罗锅枨结构的同时加以创新，使两枨绕腿相交形成中国古建筑中的"斗拱"结构。标志性的罗锅枨演化为标志性的斗拱，即是纯粹遇见了传承。"澄承条案"由此而生。

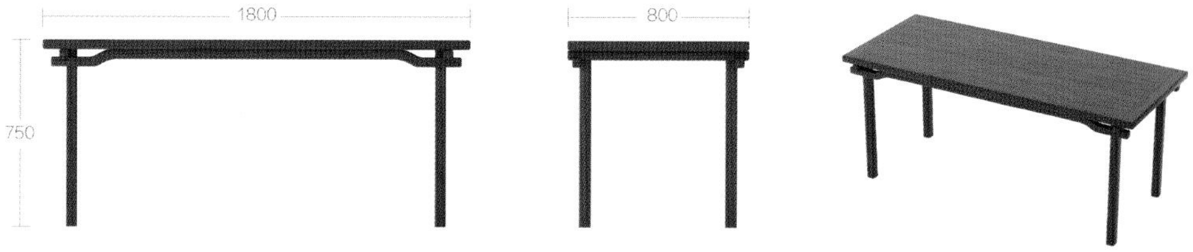

作品：半月案

作者：刘晴／清华大学美术学院

指导老师：于历战

半月案

中国文化讲究不争，意思是退一步予人方便。半月案的设计便是为使用者留出更大更安全的通过空间，且下部中空，不藏污纳垢。月盈则亏，虚半的造型也有谦逊和谐之意。上下部分也形成了虚实和曲直的对比，造型和谐而赋予变化。处处圆角的设计具有很强的人文关怀。

作品：格致
作者：柯文山／华南农业大学
指导老师：杨慧全

格致

设计说明：

《格致》书桌，名字源于"格物致知"一词。书桌整体形态端庄秀气，简洁大方雅致，俨然一派君子之正气。融入传统家具的牙子与木门窗的窗格，书桌一侧设计成可调节大小的皮革袋子，收纳书本和文具用品，严谨的方桌间，增添些轻松的调性。传承是个"扬弃"的过程，汲取传统的优秀部分，并不断加入新的生力，创造出符合现代人的生活方式。

三视图

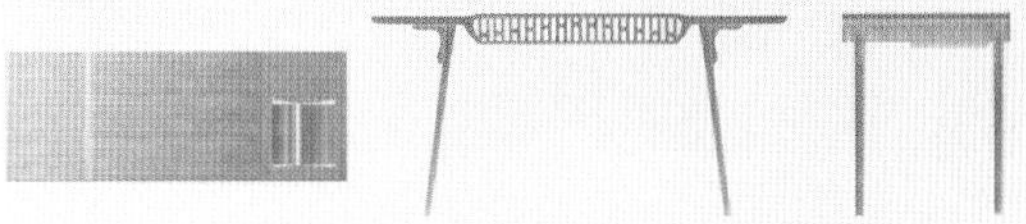

细节图

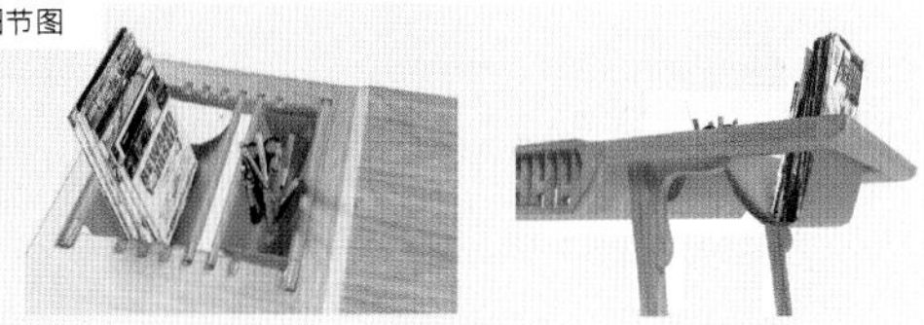

作品：随隅而案
作者：周阳峰、李丽／中南林业科技大学
指导老师：张仲凤

随隅而案

「隅」即角落，随隅而案，就是装点各个角落的案台。案台使用鸡翅木作为材料，以榫卯为连接方式。结构上设计成可拆解组装的几个部件。既能以普通案台置物于玄关等，也可根据房间的情况组成转角案台，既能更好的利用空间，也有另一番风味。

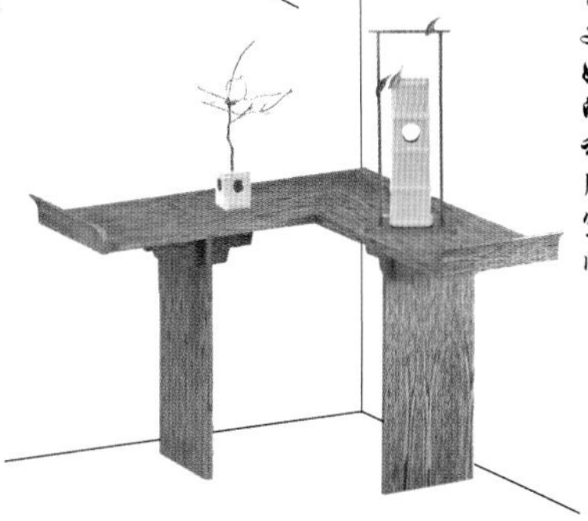

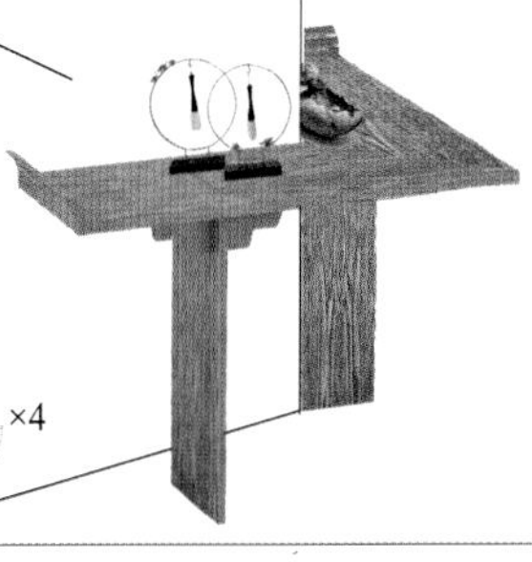

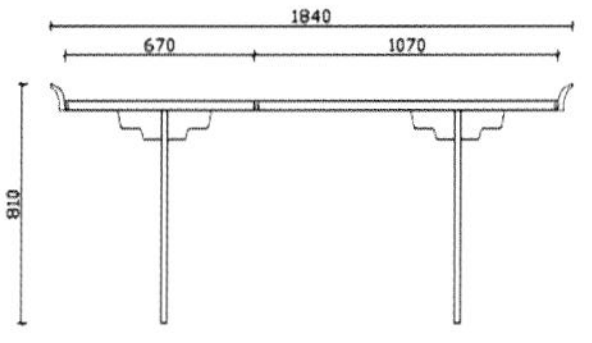
1840
670
1070
810

前视图

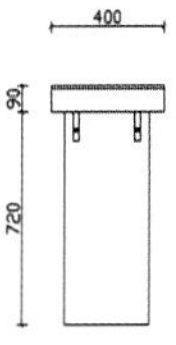
400
90
720

左视图

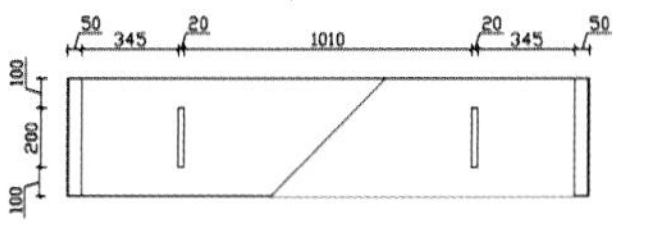
50
345
20
1010
20
345
50
100
200
100

俯视图

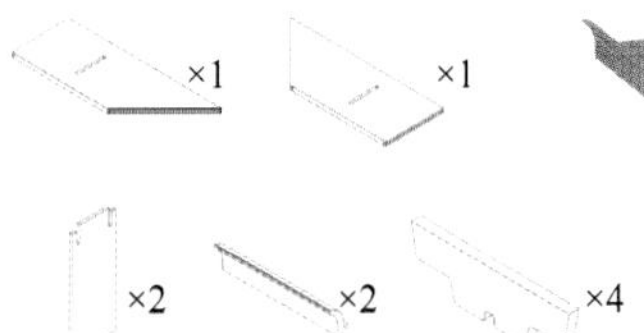
×1
×1
×2
×2
×4

部件图

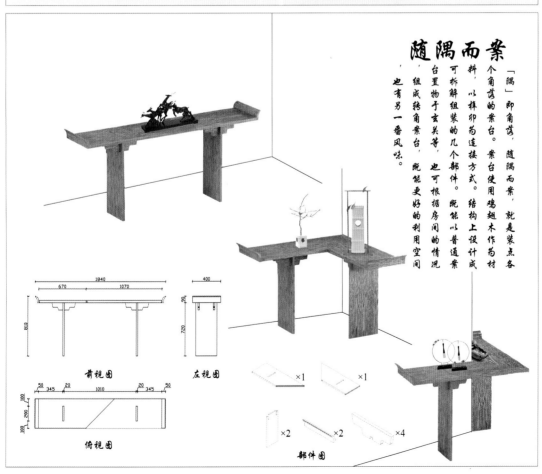

桌案类设计奖

作品：新生

作者：田泽强／南京林业大学

新生

设计说明：这款条案的设计灵感来源于大自然中的树枝，造型巧妙，韵味十足,圆润的线条一气呵成，新生象征着新事物的诞生，它道出了世间万物的消长变化，使人们对未来充满希望。

功能：多样化的社会，给人带来很多烦恼，新生出来的枝条，总能给人一种美好的向往，它可以悬挂自己喜爱的小饰品。既充满希望，又有趣味。

作品：素木·桌

作者：王伟文／华南农业大学

指导老师：杨慧全

素木·桌

三视图

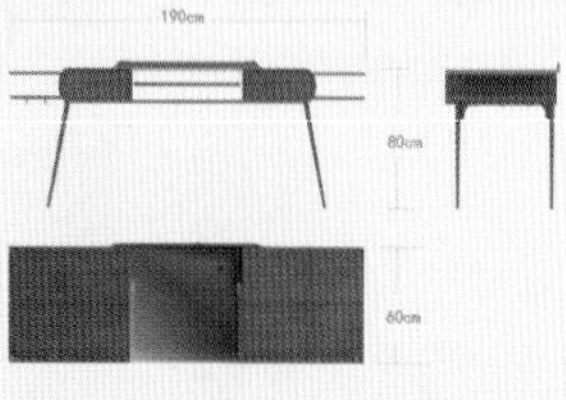

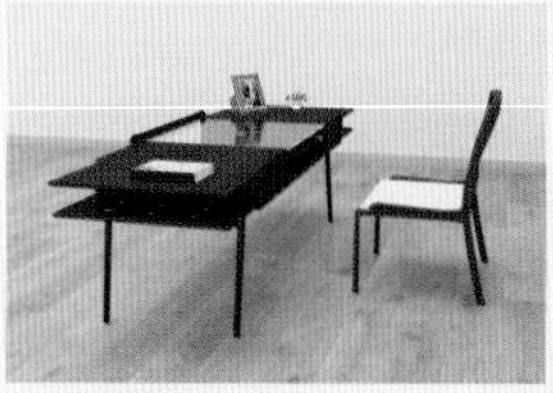

设计理念

桌子造型以官帽椅为原型进行设计。两端保留古代官帽形状、腿部使用古典的结构。桌子中间部分使用透明玻璃、玻璃下加有托盘以及左侧可移动挂钩等细节能够使产品更加现代化、实用性更强，拥有古代经典的韵味同时具有现代的功能和美感。

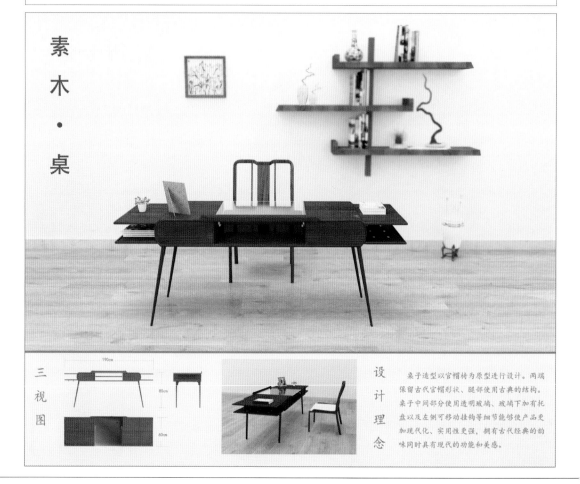

作品：素心
作者：严金燕、路猛、梁颖／沈阳航空航天大学
指导老师：孙明磊、孔祥富

素心 SIMPLE HEART

過軒窗，幽幽檀香，伏案而書者何人，悠然自得，無絲竹之亂耳，無案牘之勞形，調素琴，閱金經，談笑有鴻儒，往來無白丁。軒窗外，苔痕上階綠，草色入簾青。素心以求，匠心獨造，或柔或剛，曲直有道，樸實無華，惟吾德馨。

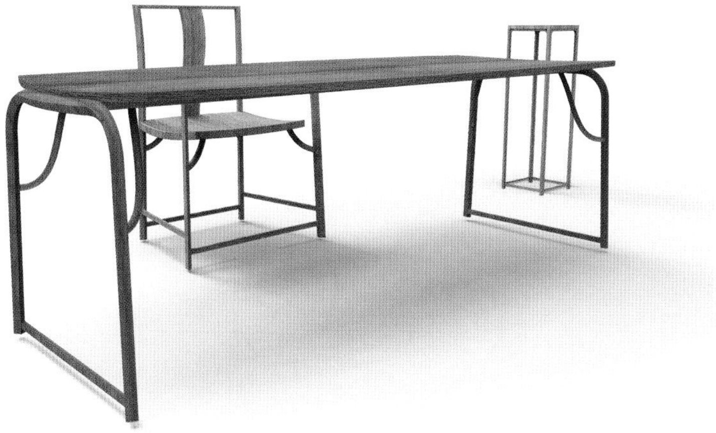

書桌

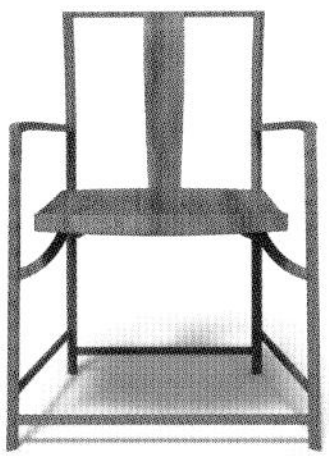

素椅

香幾

作品：彩云案
作者：张骋／山东工艺美术学院
指导老师：卢晓梦

彩云案
彩云案的设计灵感来源于云彩
将传统的翘头案与云彩的形进行巧妙
地融合 云彩寓意着吉祥如意 在案
的上半部和下本部都设有弯曲的隔板
也可直接放置物品 结构上采用改良
后的榫卯结构 继承了传统且增添了
新的活力 材料采用黑胡桃木

局部图

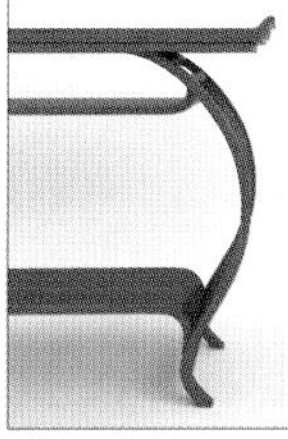

透视图

三视图（单位mm）

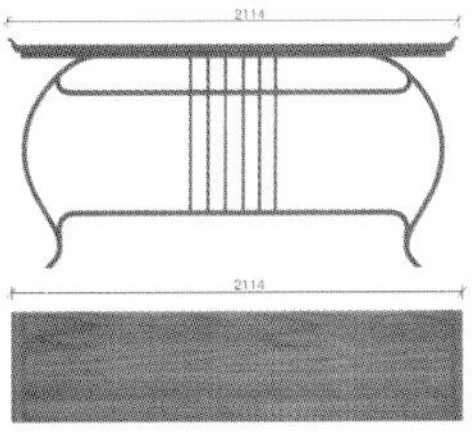
2114
931
2114

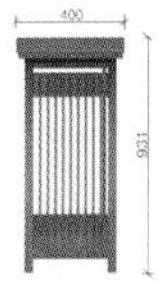
400

桌案类设计奖

作品：翘
作者：张竞文、张佳敏、杨再田／沈阳航空航天大学
指导老师：孙明磊

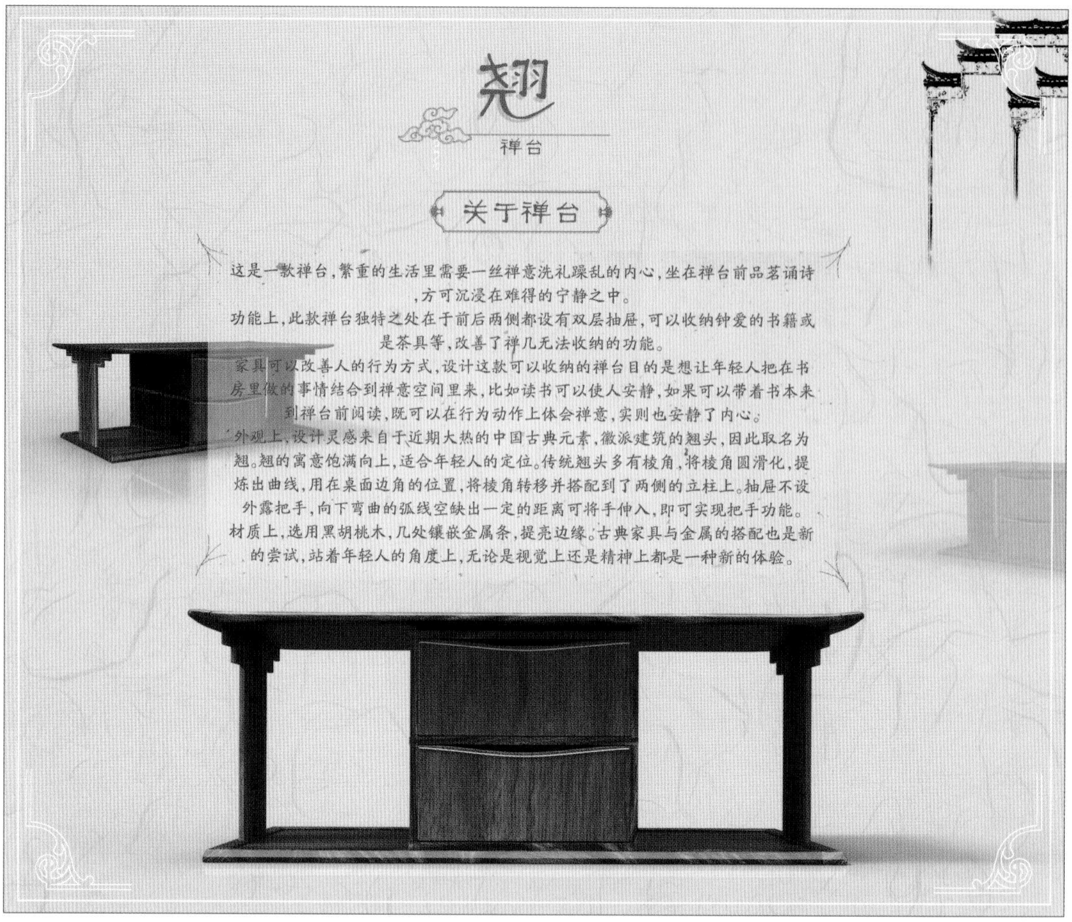
翘
禅台
关于禅台
这是一款禅台，繁重的生活里需要一丝禅意洗礼躁乱的内心，坐在禅台前品茗诵诗，方可沉浸在难得的宁静之中。
功能上，此款禅台独特之处在于前后两侧都设有双层抽屉，可以收纳钟爱的书籍或是茶具等，改善了禅几无法收纳的功能。
家具可以改善人的行为方式，设计这款可以收纳的禅台目的是想让年轻人把在书房里做的事情结合到禅意空间里来，比如读书可以使人安静，如果可以带着书本来到禅台前阅读，既可以在行为动作上体会禅意，实则也安静了内心。
外观上，设计灵感来自于近期大热的中国古典元素，徽派建筑的翘头，因此取名为翘。翘的寓意饱满向上，适合年轻人的定位。传统翘头多有棱角，将棱角圆滑化，提炼出曲线，用在桌面边角的位置，将棱角转移并搭配到了两侧的立柱上。抽屉不设外露把手，向下弯曲的弧线空缺出一定的距离可将手伸入，即可实现把手功能。
材质上，选用黑胡桃木，几处镶嵌金属条，提亮边缘。古典家具与金属的搭配也是新的尝试，站着年轻人的角度上，无论是视觉上还是精神上都是一种新的体验。

作品：知规矩
作者：黄远鹏／华南农业大学

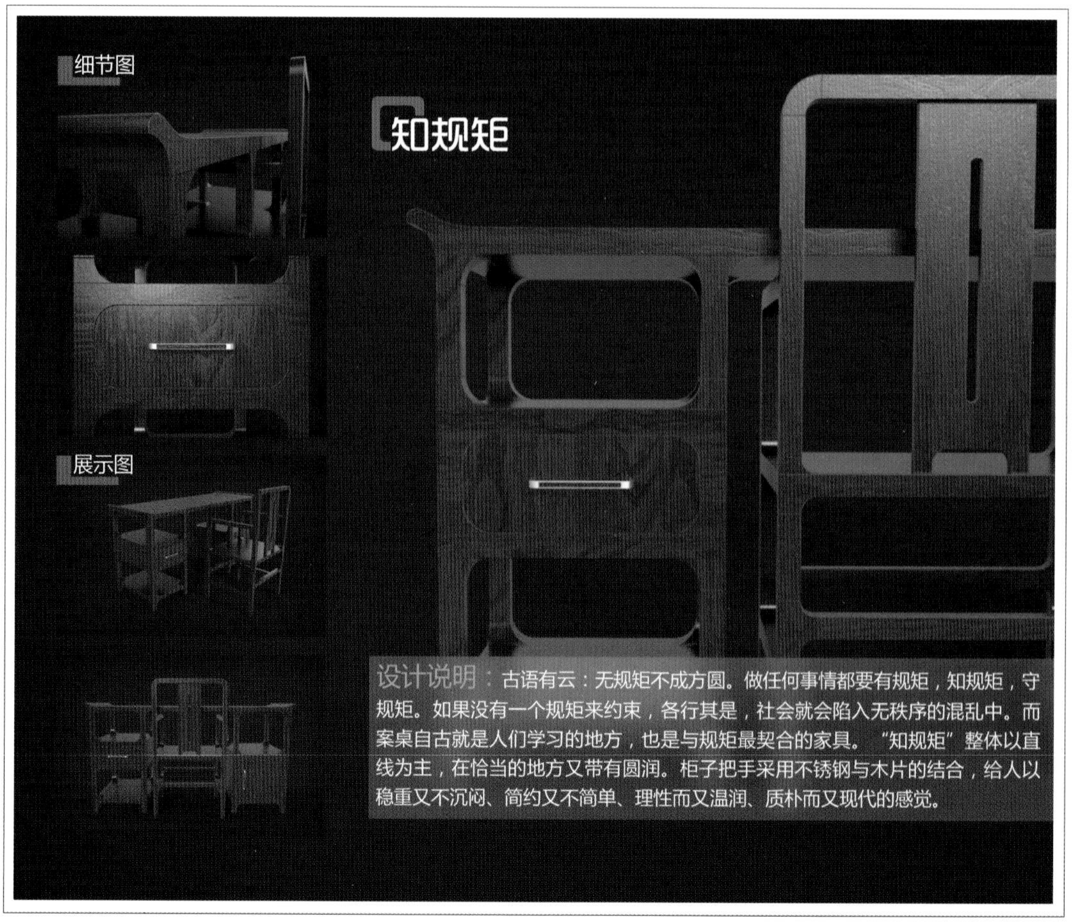
细节图
知规矩
展示图
设计说明：古语有云：无规矩不成方圆。做任何事情都要有规矩，知规矩，守规矩。如果没有一个规矩来约束，各行其是，社会就会陷入无秩序的混乱中。而案桌自古就是人们学习的地方，也是与规矩最契合的家具。"知规矩"整体以直线为主，在恰当的地方又带有圆润。柜子把手采用不锈钢与木片的结合，给人以稳重又不沉闷、简约又不简单、理性而又温润、质朴而又现代的感觉。

作　品：花好月圆

作　者：陈宜、曹庆喆／广东轻工职业技术学院

指导老师：白平

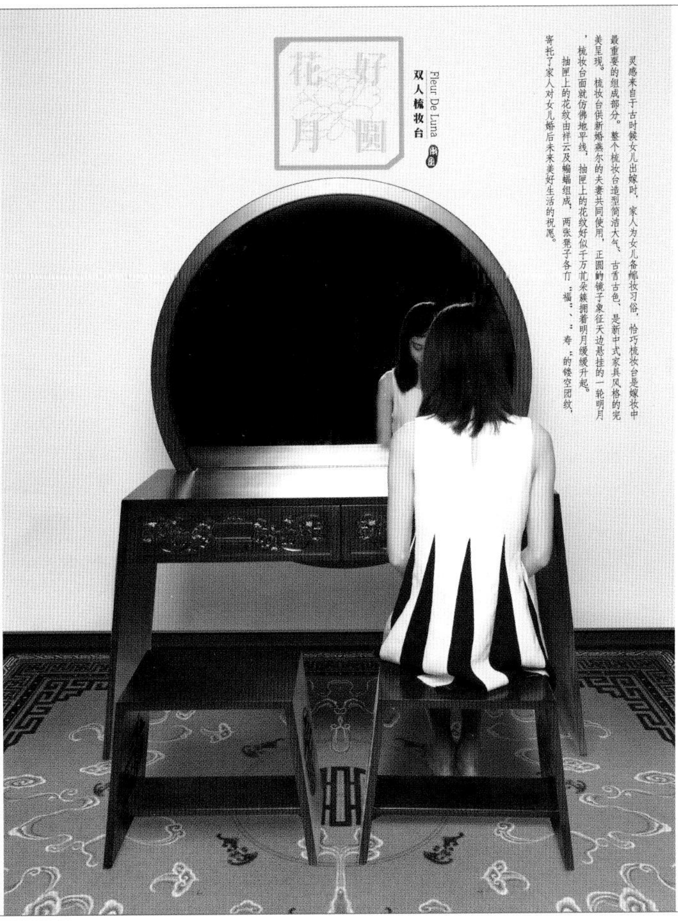
花好月圆
Fleur De Luna
双人梳妆台
灵感来自于古时候女儿出嫁时，家人为女儿备梳妆习俗，恰巧梳妆台是嫁妆中最重要的组成部分。整个梳妆台造型简洁大气、古香古色，是新中式家具风格的完美呈现。梳妆台供新婚燕尔的夫妻共同使用，正圆的镜子象征天边悬挂的一轮明月，梳妆台面就仿佛地平线，抽匣上的花纹好似千万朵簇拥着明月缓缓升起。
抽匣上的花纹由祥云及蝙蝠组成，两张凳子各有"福"、"寿"的镂空团纹，寄托了家人对女儿婚后未来美好生活的祝愿。

作　品：曲木延桌，椅树一架

作　者：劳翠兰／广东轻工职业技术学院

指导老师：廖乃徵

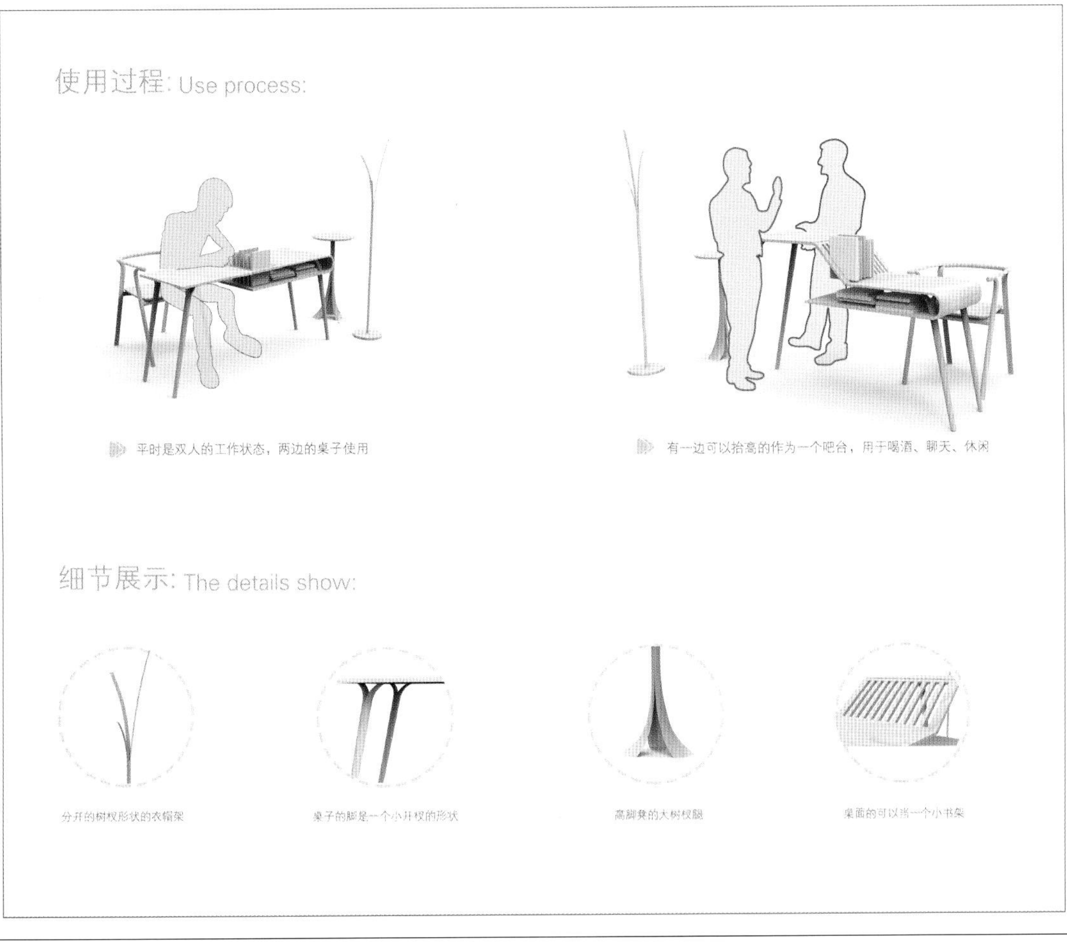
使用过程：Use process:
平时是双人的工作状态，两边的桌子使用
有一边可以抬高的作为一个吧台，用于喝酒、聊天、休闲
细节展示：The details show:
分开的树杈形状的衣帽架
桌子的脚是一个小开杈的形状
高脚凳的大树杈腿
桌面的可以当一个小书架

桌案类设计奖

作品：『工』享双人办公桌

作者：张丽蓉／广东轻工职业技术学院
指导老师：白平

“工享”

双人办公桌 Double Computer desk

设计说明：这是一款双人办公桌，在办公时两边的人可以沟通交流，不用的时候可把两边的工作台合上，节省空间。凳子也可以叠起来，可转变成置物架，适用于居家办公，拆装方便。

This is a double desk, can the people on both sides of the communication in the office,Need not when can be put on both sides of the workbench closed, save a space.Stool can also beFold up, can be transformed into shelf,apply to thehome office, tear open outfit is convenient.

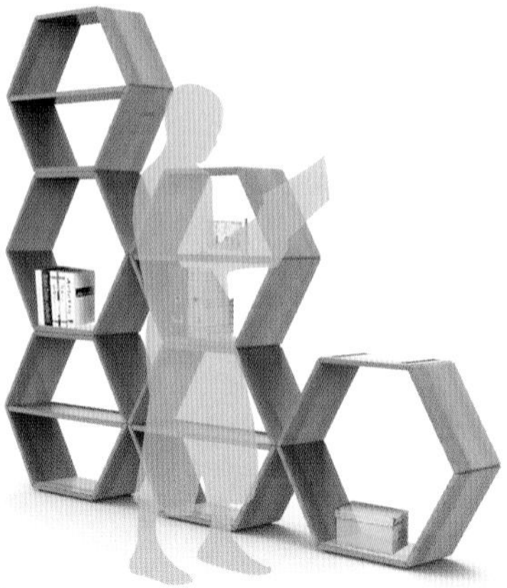

作品：『香』和

作者：刘华健、赖浩塱、张庆淇／顺德职业技术学院
指导老师：干珑

“香”和

设计说明

此设计灵感来源于中国传统文化香文化与和文化，结构上结合元代家具元素罗锅枨造型文化元素，屏风处贴祥云浮雕，更突显禅意文化又兼顾功能需要。

局部图

局部图

局部图

尺寸：1380*120*750
材料：铁·胶合板

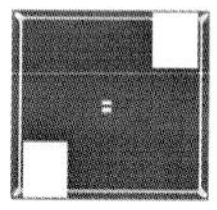

底视图

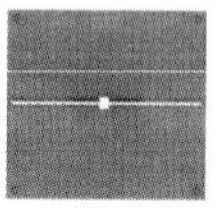

顶视图

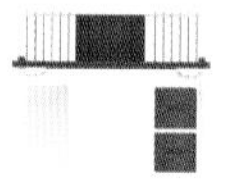

正视图

左视图

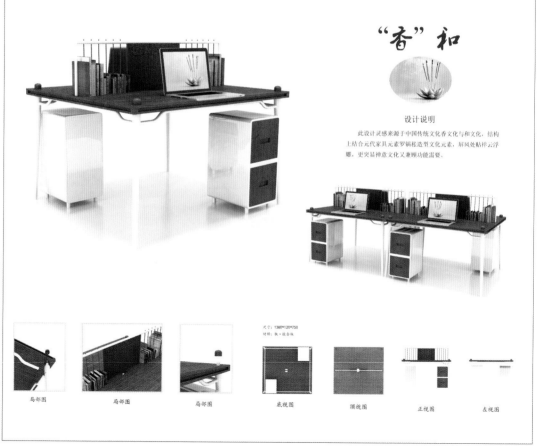

作品：听琴
作者：冯棋／西南林业大学
指导老师：周雪冰

传统东方的空灵禅意与现代简约相互融合，流露出优雅的自然主义风格，一木一世界。木质温润，框架灵动，起居于一个平实细致的自然空间

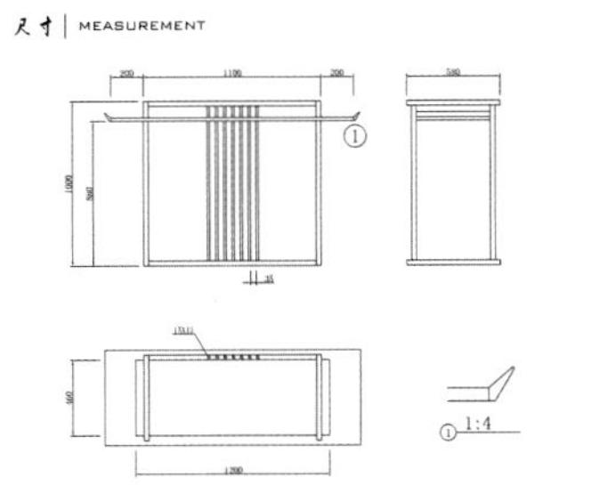

作品：鞍
作者：张曙光、冯光儒、彭彩霞／西南林业大学
指导老师：周雪冰

鞍

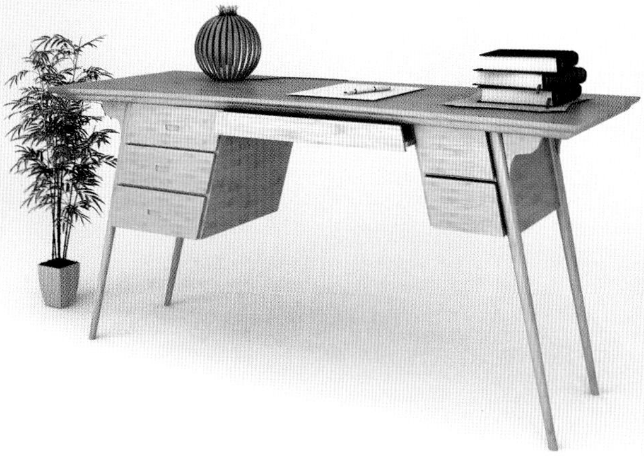

“鞍”的设计灵感仿生于马鞍，线条简练，安静的外观蕴含着一股渴望奔腾的力量，奔腾于书海之间。与时俱进，简洁的造型将功能再升华，不同规格的收纳抽屉，不再烦恼整理文件带来的困扰。以竹集成材为主材，制造工艺简单，适于大批量生产。

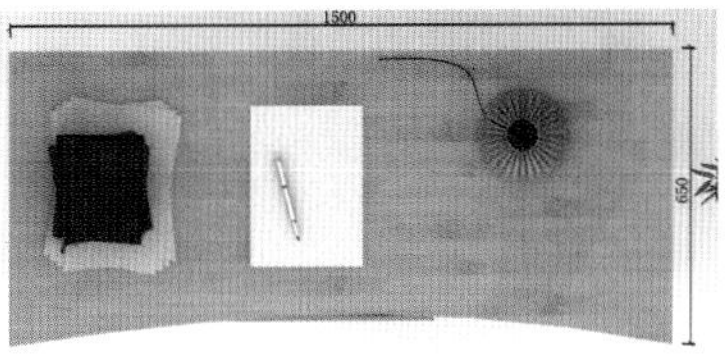

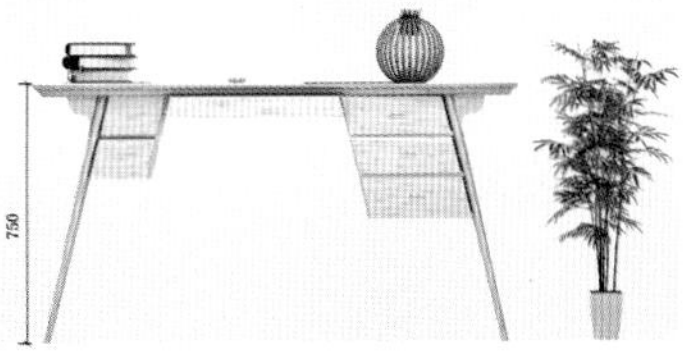

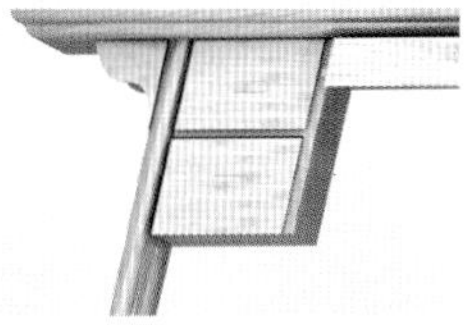

作品名称：鞍

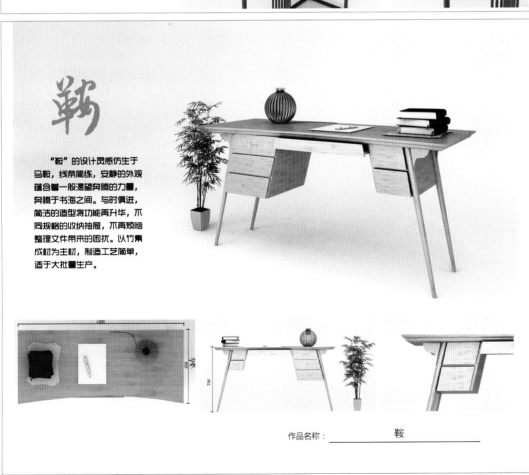

作品：梯田几

作者：张曙光、龙宇昕、田超／西南林业大学

指导老师：周雪冰

设计说明：

本方案设计取象与南方的梯田，采用竹材质与实木材质的搭配使用，展现梯田委婉流畅的有机效果，使本方案显得动感十足。

材料选用竹集成材和深色木材，进行材质纹理的对比；结构主要选用九根圆棒榫和胶连接，几面与底座选用金属吸盘连接，板材可用CNC加工机床进行精确成型和打孔。

细节图

底座与玻璃桌面连接的金属吸盘

板与板之间用圆棒和胶黏剂连接，一次连接五块，进行多次连接，并将圆棒榫眼进行三角形布置，增强整体的结构稳定性。

尺寸图

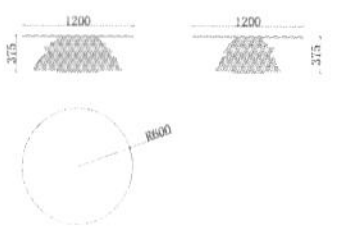

作品名称：梯田几

作品：三联橱

作者：祁廷中／江西环境工程职业学院

全器質樸光素，不施雕琢，僅以牙頭、銅件做裝飾，所配的銅活頁正圓平實，不造作不搶眼。除此，已改類似櫃子下體量過于臃腫的視覺印象，本器在下體設計中采取貫通式；將普遍使用的圓腿改爲分列式的方腿，更强調了這衹櫃子見棱見角的感覺，視覺上非常穩定，在力學上也合理。

■ 实物照片

禅茶一味

——休闲茶桌椅设计

作品：禅茶一味
作者：钱常乐／内蒙古农业大学
指导老师：杨宝音图

■ 效果图

设计说明

本方案为茶桌椅设计，茶桌与座椅均较低矮，尺度适合盘腿而坐，供几人品茶使用。设计的宗旨是寻找“静”这一主题，将情感融入到设计中。“茶苦而寒，阴中之阴，最能降火，火为百病，火情则上清矣”，茶苦而后甘，苦中有甘的特性正是人生的真实写照，品茶如品味人生。

家具为榆木制作，茶桌中间部分镶嵌石台，石台中心有孔洞可以漏水；实木座椅的面板也采用打孔设计，设计方法相互呼应，也增加了座椅的视觉通透感。

茶道讲究“和静怡真”，“禅”便是从静中得出。故本设计作品名曰——“禅茶一味”。

家具尺寸

茶桌	580 × 580 × 500 mm	L W H
椅	700 × 700 × 380 mm	L W H

榫卯桌椅

- 建筑斗拱元素
- 丹麦家具元素
- 传统明式家具元素
- 传统苏作家具结构

榫卯桌案

新 中 式 家 具 设 计

作品：榫卯桌案
作者：曹艳／杭州大巧家居设计工作室
指导老师：翟伟民、徐乐

汲取了中国传统建筑斗拱和家具的结构，利用木材榫卯的结构构架家具的造型，在比例尺寸上注意收放关系，恰到好处地表现线条的力度，整体家具以榉木为材质，桌面采用透明亚克力材质，可以清晰地看到桌子的结构关系，此款家具可以拆分，极大方便了扁平化运输。

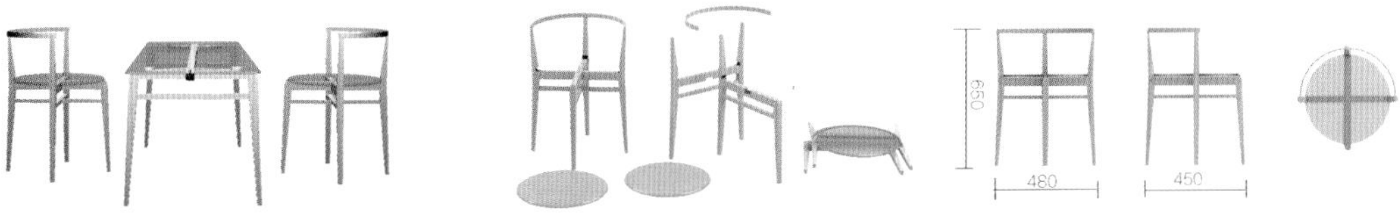

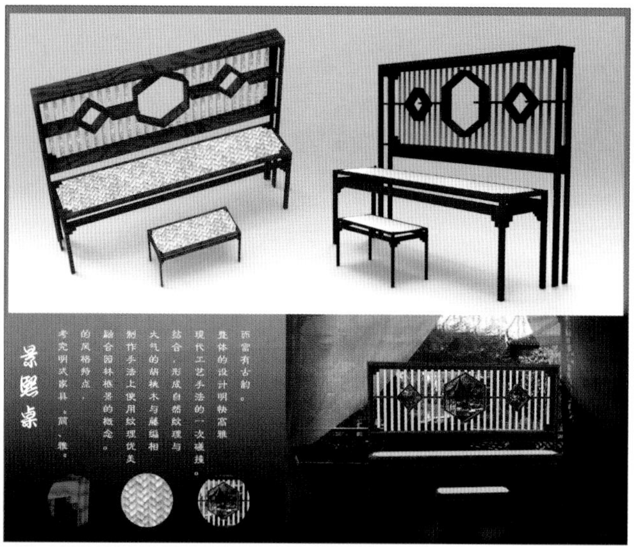
景熙桌
而富有古韵。
整体的设计明快高雅
现代工艺手法的一次碰撞。
结合，形成自然纹理与
大气的胡桃木与藤编相
制作手法上使用纹理优美
融合园林框景的概念。
的风格特点，
考究明式家具，简、雅。

作　　品：景熙桌
作　　者：胡阔／华侨大学
指导老师：吴彦

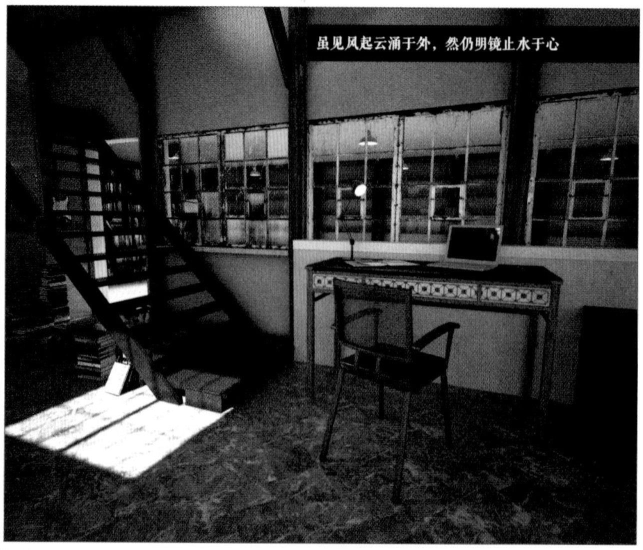
虽见风起云涌于外，然仍明镜止水于心

作　　品：传
作　　者：冯际龙／南京林业大学

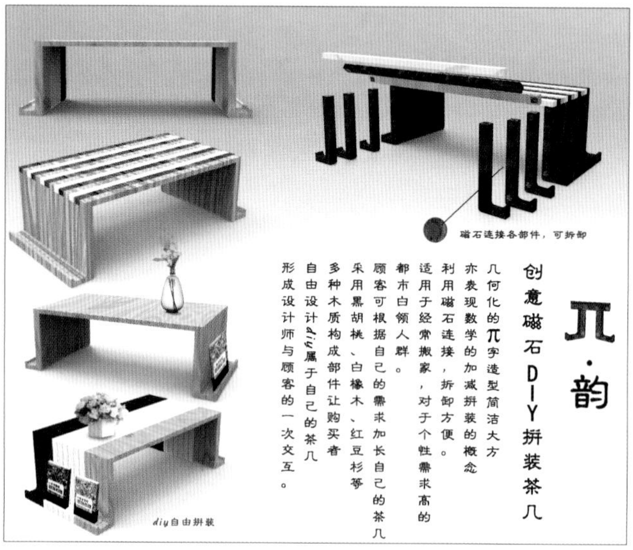
磁石连接各部件，可拆卸
创意磁石DIY拼装茶几
几何化的π字造型简洁大方
亦表现数学的加减拼装的概念
利用磁石连接，拆卸方便。
适用于经常搬家，对于个性需求高的
都市白领人群。
顾客可根据自己的需求加长自己的茶几
采用黑胡桃、白橡木、红豆杉等
多种木质构成部件让购买者
自由设计diy属于自己的茶几
形成设计师与顾客的一次交互。
diy自由拼装

作　　品：圆周韵——创意磁石 DIY 拼装茶几
作　　者：胡阔／华侨大学
指导老师：吴彦

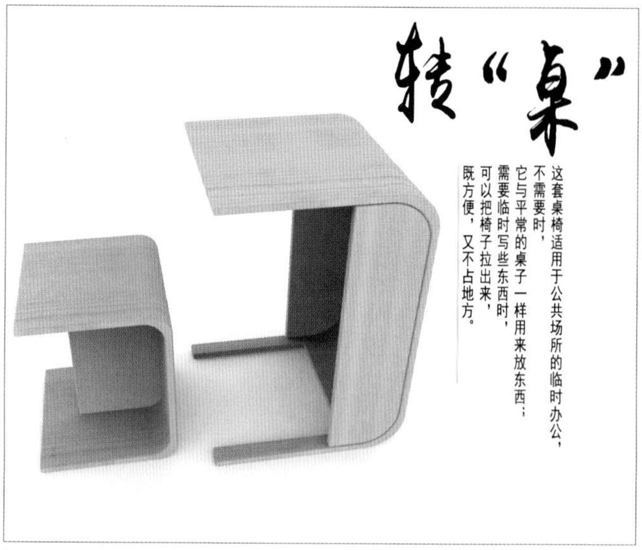
转"桌"
这套桌椅适用于公共场所的临时办公，
不需要时，
它与平常的桌子一样用来放东西；
需要临时写些东西时，
可以把椅子拉出来，
既方便，又不占地方。

作　　品：转桌
作　　者：吴婉青／广东轻工职业技术学院
指导老师：白平

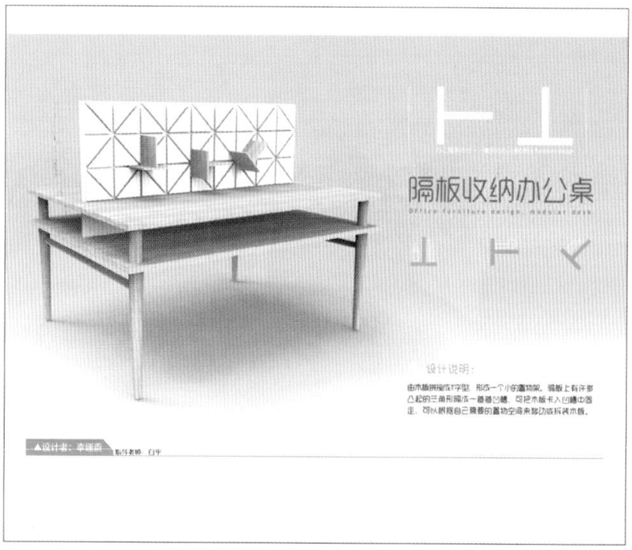
隔板收纳办公桌
设计说明

作　　品：隔板收纳办公桌
作　　者：李姗蔚／广东轻工职业技术学院
指导老师：白平

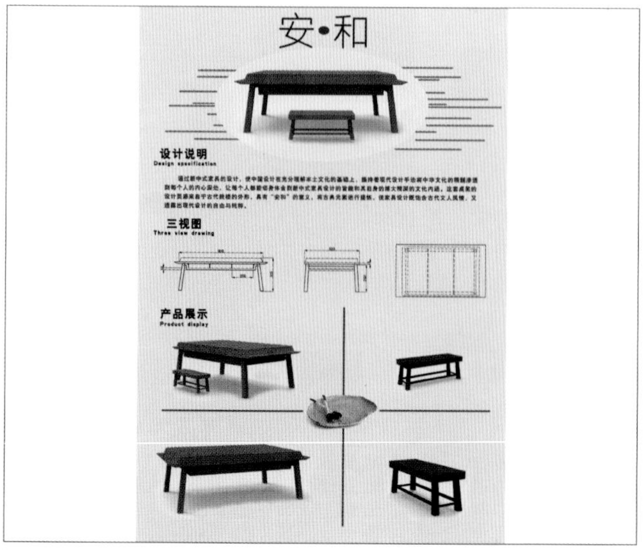
安•和
设计说明
三视图
产品展示

作　　品：安和
作　　者：佟彤／山东艺术学院
指导老师：张恒旺

书
叙
设计说明
Design specification
当代的家具设计仍然以简约和文化为主流，人性化设计逐渐成为市场未来发展的方向。设计的元素采用“回”形纹，回形纹因形如“回”字而得名，寓意着连绵不绝、吉利永长，从新石器时代的马家窑文化到西伯利亚马尔它遗址，以及现存的古埃及壁画、艺术品上都有回形纹的身影。“回形纹”——中国传统的吉祥图案，表达了源远流长、生生不息、九九归一、止于至善的中华民族优秀文化精髓。
材料工艺
Material and craft
三视图
Three view drawing

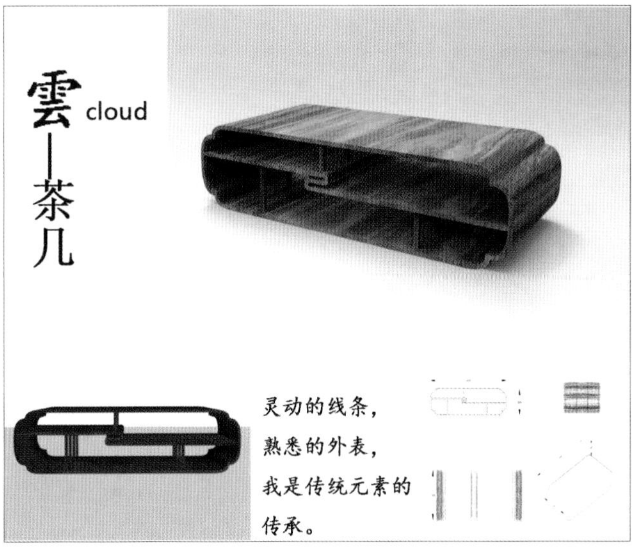
雲 cloud
茶几
灵动的线条，
熟悉的外表，
我是传统元素的
传承。

作　　品：书叙
作　　者：佟彤／山东艺术学院
指导老师：张恒旺

作　　品：云——茶几
作　　者：邓舒月／四川农业大学
指导老师：曾静

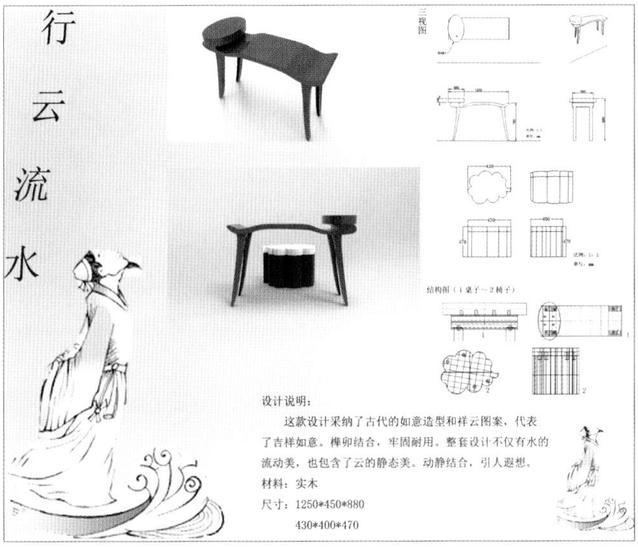
行
云
流
水
设计说明：
这款设计采纳了古代的如意造型和祥云图案，代表了吉祥如意。榫卯结合，牢固耐用。整套设计不仅有水的流动美，也包含了云的静态美。动静结合，引人遐想。
材料：实木
尺寸：1250*450*880
430*400*470

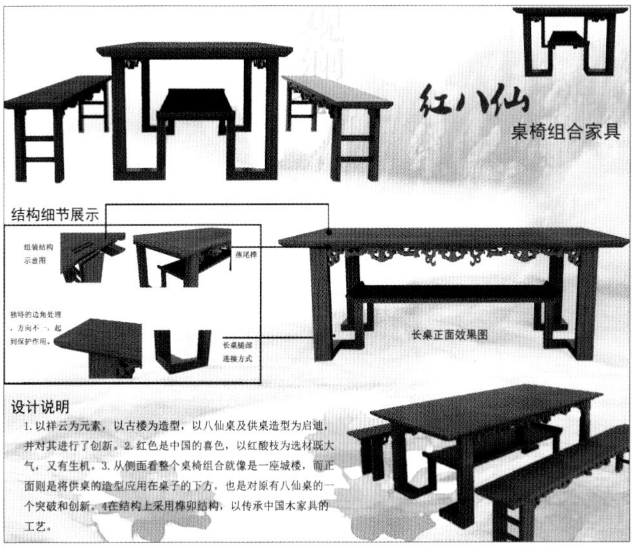
红八仙
桌椅组合家具
结构细节展示
长桌正面效果图
设计说明
1.以祥云为元素，以古楼为造型，以八仙桌及供桌造型为启迪，并对其进行了创新。2.红色是中国的喜色，以红酸枝为选材既大气，又有生机。3.从侧面看整个桌椅组合就像是一座城楼，而正面则是将供桌的造型应用在桌子的下方，也是对原有八仙桌的一个突破和创新。4在结构上采用榫卯结构，以传承中国木家具的工艺。

作　　品：行云流水
作　　者：李萌、郝登云、任飞／内蒙古农业大学
指导老师：姚利宏

作　　品：红八仙桌椅组合
作　　者：马村／中南林业科技大学
指导老师：唐立华

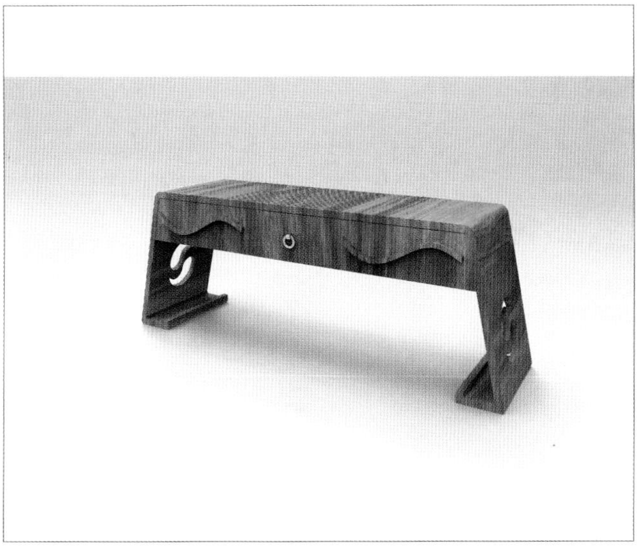

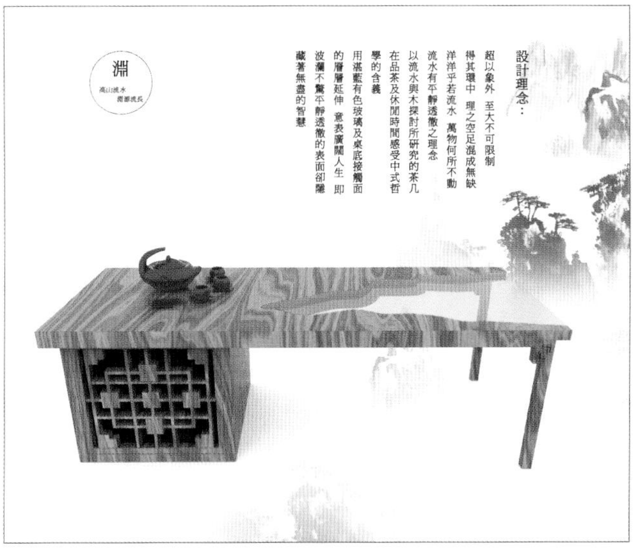
淵
設計理念：
超以象外　至大不可限制
得其環中　理之空足混成無缺
洋洋乎若流水　萬物何所不動
流水有平靜透徹之理念
以流水與木探討所研究的茶几
在品茶及休閒時間感受中式哲
學的含義
用湛藍有色玻璃及桌底接觸面
的層層延伸　意表廣闊人生　即
波瀾不驚平靜透徹的表面卻隱
藏著無盡的智慧

作　　品：和
作　　者：胡隽杰／四川农业大学
指导老师：曾静

作　　品：渊
作　　者：孙敏／华侨大学
指导老师：任磊

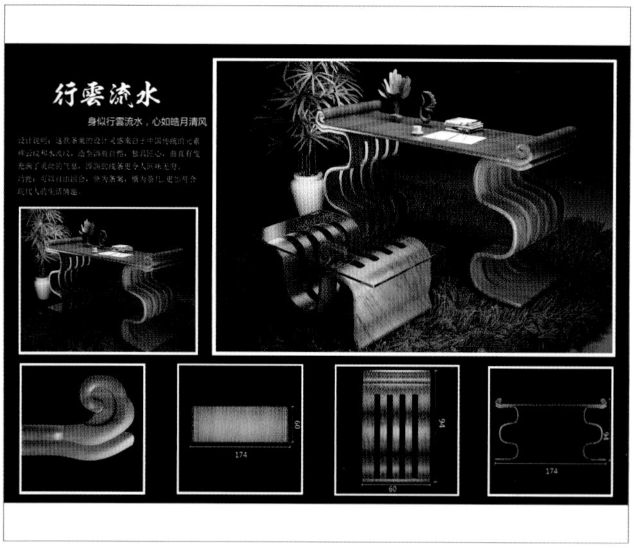
行雲流水
身似行雲流水，心如皓月清风
174
60
94
174

作　　品：行云流水
作　　者：田泽强／南京林业大学

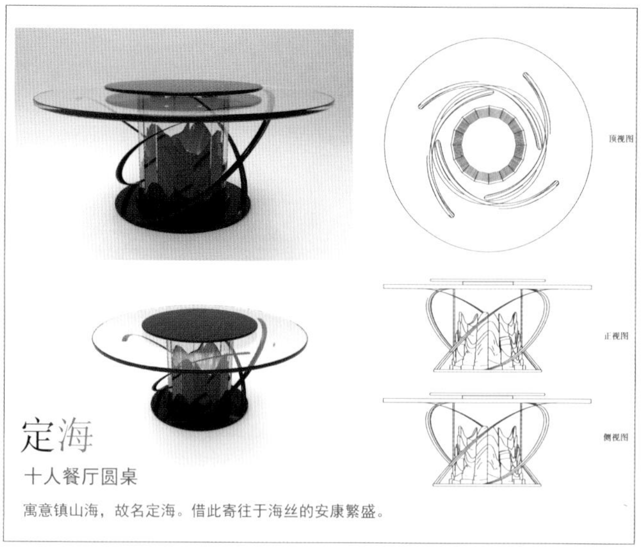
定海
十人餐厅圆桌
寓意镇山海，故名定海。借此寄往于海丝的安康繁盛。

作　　品：定海
作　　者：许德育、薛洁、宋庆新／华侨大学
指导老师：任磊

臻
尚
案

作　　品：臻尚案
作　　者：郑丹彤／华南农业大学
指导老师：宋杰

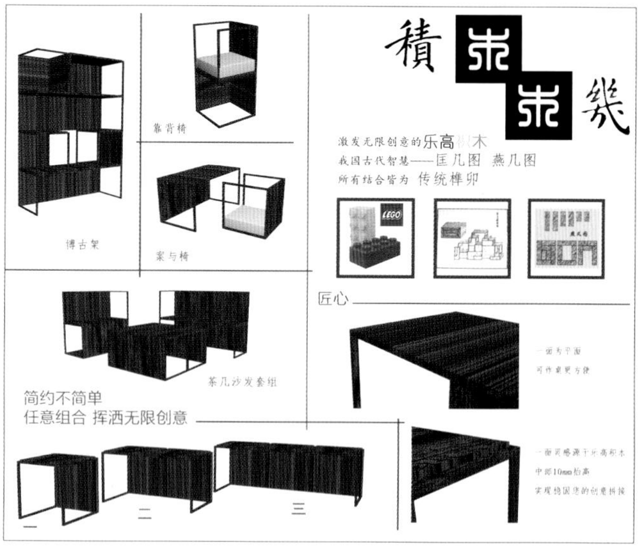
靠背椅
博古架
案与椅
積
幾
激发无限创意的乐高积木
我国古代智慧——匡几图 燕几图
所有结合皆为 传统榫卯
匠心
一面为平面
可作桌更方便
茶几沙发套组
简约不简单
任意组合 挥洒无限创意
一
二
三
一面灵感源于乐高积木
中部10mm抬高
实现稳固坚的创意拼接

作　　品：积木木几
作　　者：唐涓澜／广西大学
指导老师：高伟

天道酬勤
三视图
弯
月
设计说明：
本款书桌的设计来源于月亮未圆时的弯弯的形状，两边的弯月相互对称，将上方桌板和下方踏板容纳其中，有希望人团圆之意。两边翘起是截取了几案的案头，犹如一对耳朵在聆听美妙的音乐，给人安静舒适之感。温暖的木质色彩将实用性巧妙的融入到大气的人文艺术中，实用与美观的完美结合，岁月沉淀后的超逸气质，风情姿态都变得不再普通，韵味悠长散发着迷人的气息。

作　　品：弯月
作　　者：李梅／西南林业大学
指导老师：周雪冰

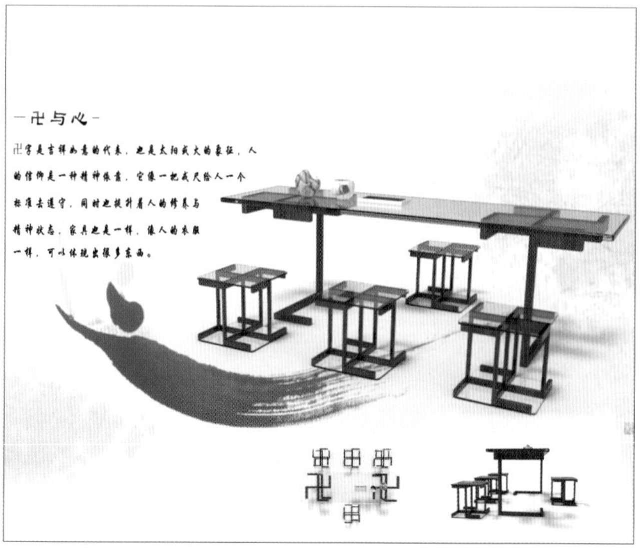
-卍与心-
卍字是吉祥如意的代表，也是太阳或火的象征，人的信仰是一种精神依靠，它像一把戒尺给人一个标准去遵守，同时也提升着人的修养与精神状态，家具也是一样，像人的衣服一样，可以体现出很多东西。

作　　品：卍与心
作　　者：刘文飞／华侨大学
指导老师：谭永胜

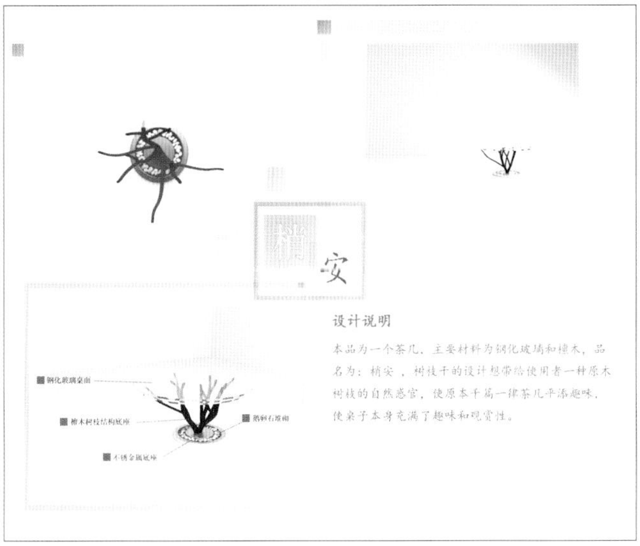
安
设计说明
本品为一个茶几，主要材料为钢化玻璃和檀木，品名为：梢安，树枝干的设计想带给使用者一种原木树枝的自然感官，使原本千篇一律茶几平添趣味，使桌子本身充满了趣味和观赏性。
钢化玻璃桌面
鹅卵石堆砌
不锈金属底座

作　　品：梢安
作　　者：王博明／华侨大学
指导老师：谭永胜

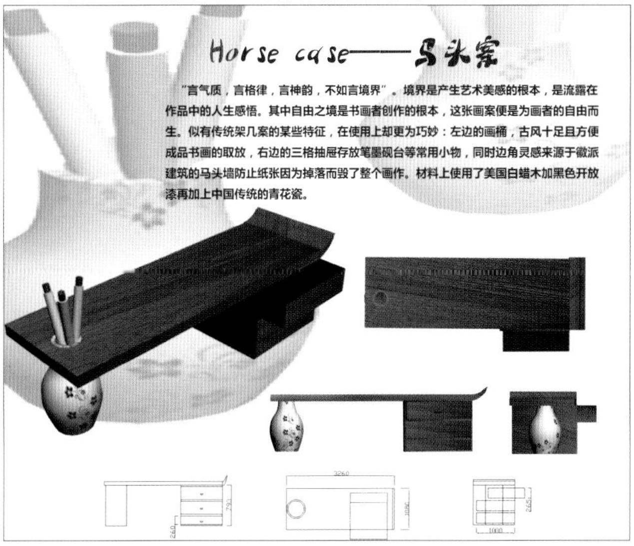
Horse case——马头案
"言气质，言格律，言神韵，不如言境界"。境界是产生艺术美感的根本，是流露在作品中的人生感悟。其中自由之境是书画者创作的根本，这张画案便是为画者的自由而生。似有传统架几案的某些特征，在使用上却更为巧妙：左边的画桶，古风十足且方便成品书画的取放，右边的三格抽屉存放笔墨砚台等常用小物，同时边角灵感来源于徽派建筑的马头墙防止纸张因为掉落而毁了整个画作。材料上使用了美国白蜡木加黑色开放漆再加上中国传统的青花瓷。

作　　品：马头案
作　　者：章琦／江苏农林职业技术学院
指导老师：杨静

中國情結
——新中式家具设计
设计说明
本套方案为茶桌设计，一套五件，一长方桌、四坐凳。设计方案在造型上借用中国传统建筑中的锦窗棂格，材质采用实木，结构为榫卯结构，桌面中心部分覆盖玻璃，增加了桌面的通透感。装饰上采用红色纺织面料（面料表面覆有甲骨文字样或传统纹样），凸显出中国传统文化中吉祥、喜庆、平安、祥和的氛围。坐凳中心软包，覆面材料与桌面互相呼应。
家具尺寸　长方桌　1200×700×500 mm　LWH　坐凳　350×350×350 mm　LWH
三视图
效果图
单位：mm（毫米）

作　　品：中国情结
作　　者：石勇梅／内蒙古农业大学
指导老师：王瑞浩

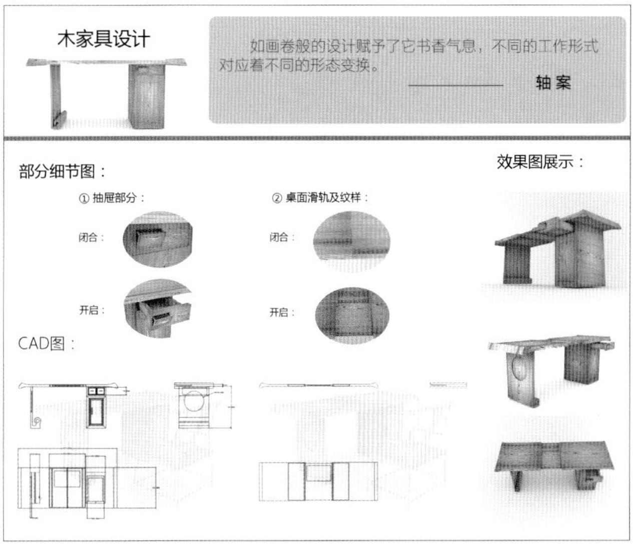
木家具设计
如画卷般的设计赋予了它书香气息，不同的工作形式对应着不同的形态变换。
——————　轴案
部分细节图：
① 抽屉部分：
闭合：
开启：
② 桌面滑轨及纹样：
闭合：
开启：
效果图展示：
CAD图：

作　　品：轴案
作　　者：田野、孙正阳／中南林业科技大学
指导老师：夏岚

ZHONGGUO

MUJIAJU

SHEJI

NIANJIAN

2017

设计表现作品

柜架类设计奖

设计说明：

1. 作品名称为"紫七"，以7颗紫铜拉手命名，

2. 以"柔美"为主题，展现硬朗、有骨气的中

又有现代家具的美感与舒适；既兼顾传承又不失

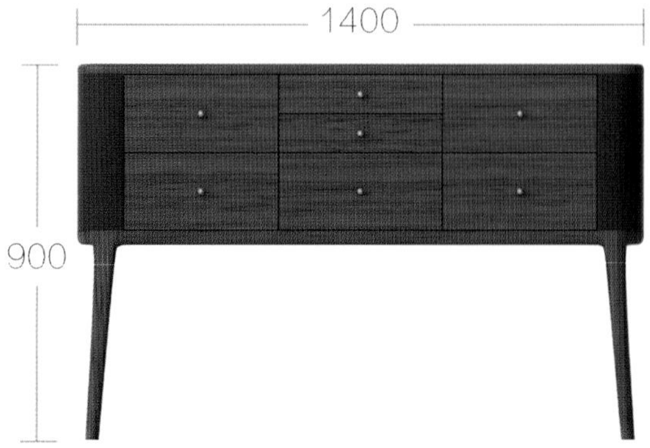

作　　品：紫七收纳柜
作　　者：高思超 / 济南优再社家具（U+ 家具）制造有限公司

紫七收纳柜

，吉祥如意。

。在保证中式家具内在精神的前提下，对产品的外观造型去繁就简，保留优美的曲线。既有东方家具的气质，

诠释“东方的，世界的”设计理念。

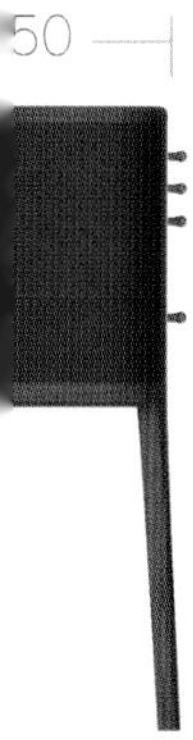

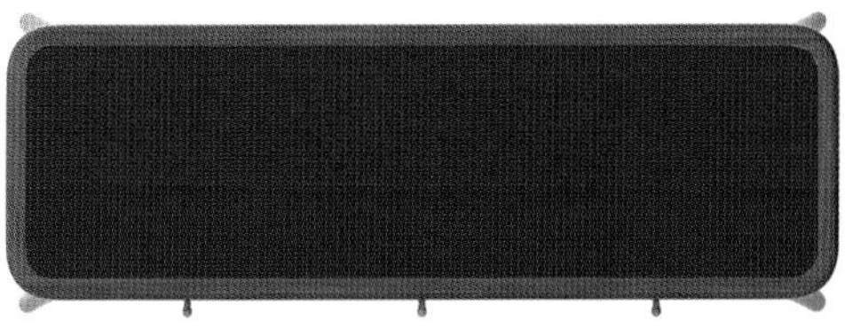

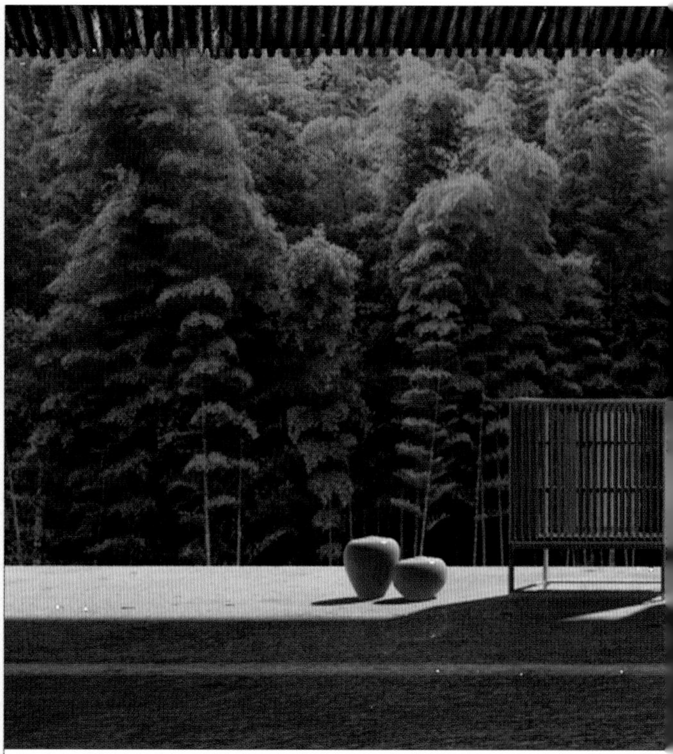

以传统木作榫卯作为设计元素，柜
独特新颖，通过榫卯结构实现了柜

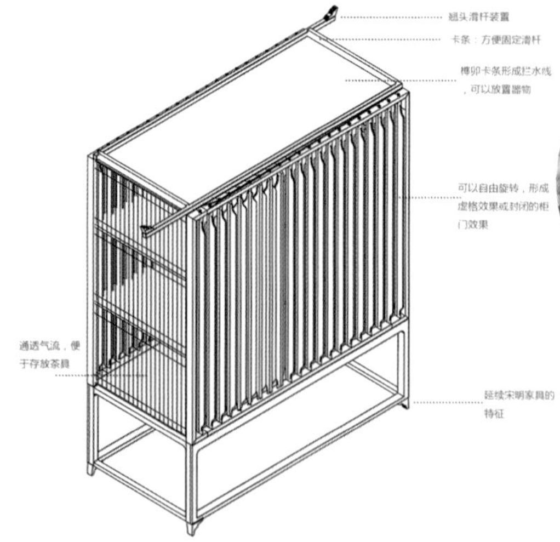

置物　虚格　传动　雅线　明韵　巧榫

作　　品：新中式亮格柜
作　　者：曹艳／杭州大巧家居设计工作室
指导老师：翟伟民、徐乐

简，是不覆繁缛，
素，是一腔赤诚，
简素，恰若生活的一
场修行，
是有形，也是无极，
所谓「简素生大美」

新中式亮格柜

符合自然法则的智慧，寓意着东方人的哲学思想，这一款亮格茶水柜设计，在细节出虚虚实实，禅意无穷，器物虽小，道蕴其中，天人合一。

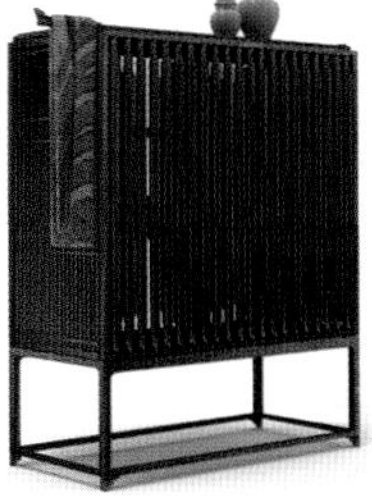

【虚实亮格茶水柜】
尺寸：880×450×1580mm
材质：北美胡桃木

【虚实亮格茶水柜】
尺寸：880×450×1580mm
材质：北美胡桃木

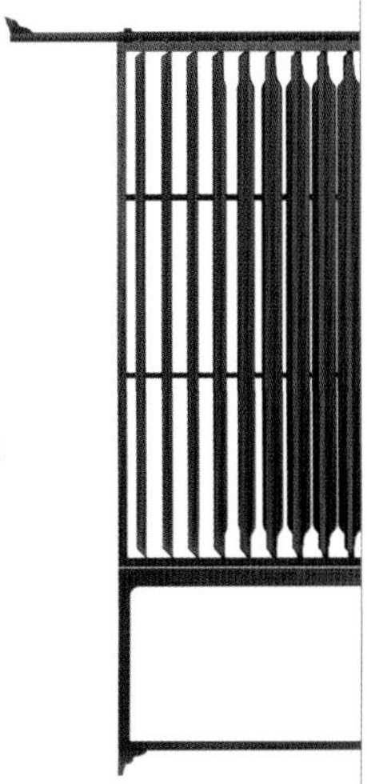

柜架类设计奖

明月柜
【归心若素】
明月几时有
把酒问青天

组合形式
可多个组合也可以对摆形式多样

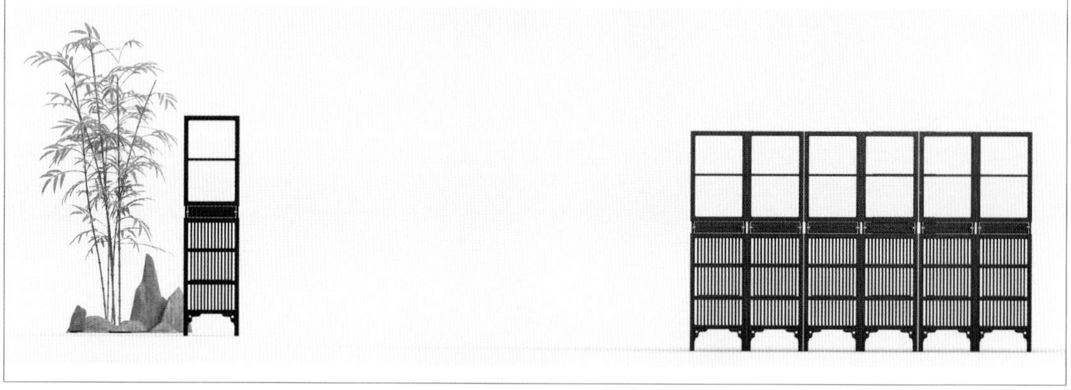

作　品：明月柜
作　者：陈家柩／中山职业技术学院
指导老师：潘质洪

工艺说明
抽屉两侧用铜条卡住
使用者两边均可以使用

细节至美

The bottom of the"OPEN"

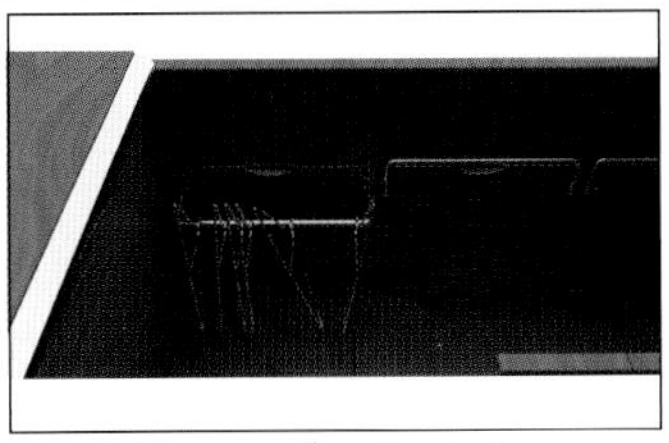
The top of the"OPEN"

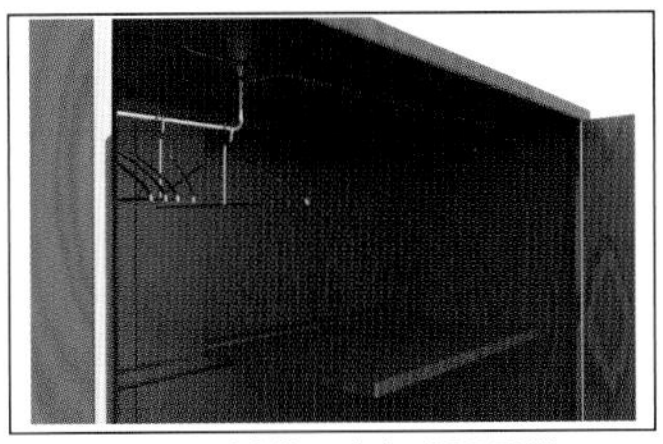
The middle of the"OPEN"

自由合理分配空间

Distribute the free space

这款多功能衣柜我取名为“開”它采用胡桃木材质，外观简洁，色调沉稳，既有古典中国传统的一面，又具有现代家居衣柜的功能性，但跟传统家用衣柜不同的一点在于，它可以让使用者自由分配叠件与挂件的存放比例，底部设有鞋柜，储物抽屉。收集小物件，安置新鞋旧鞋也是很方便的。

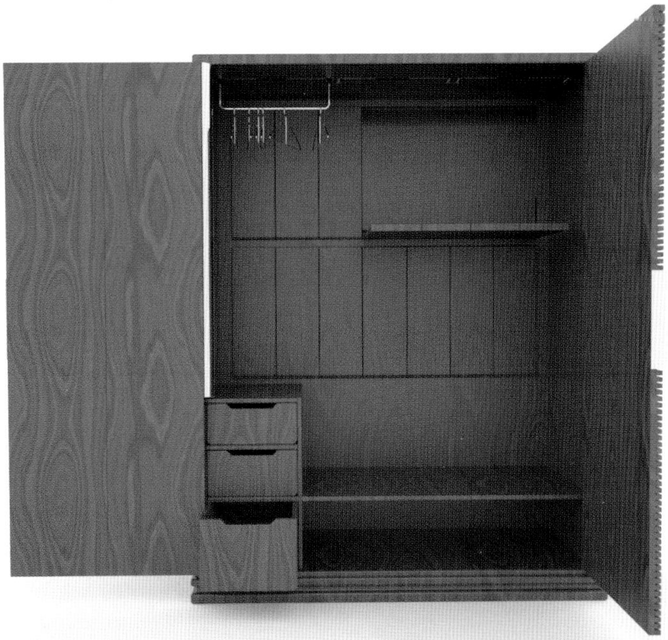

作品：開
作者：曹梦灵／华侨大学
指导老师：任磊

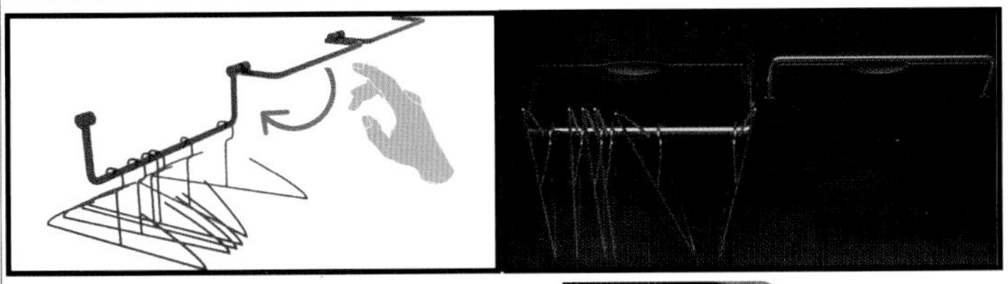
衣杆可翻转

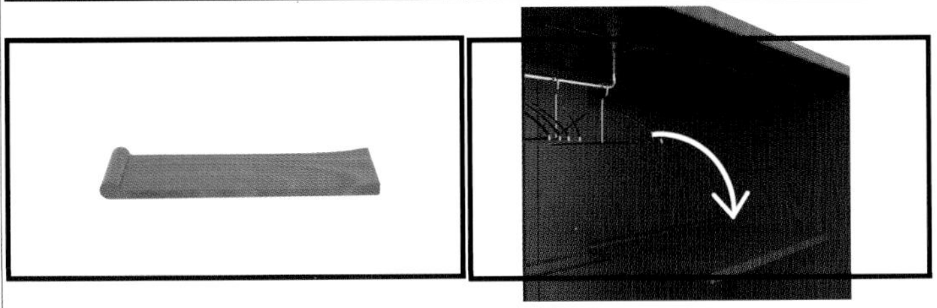
棚板可翻转

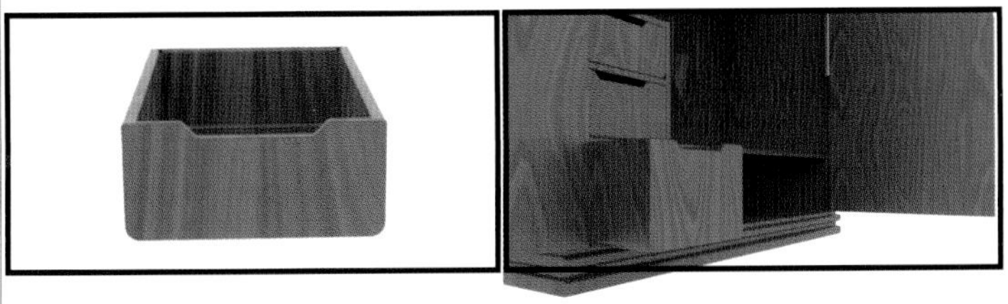
抽屉外侧梯形缺口便于拉伸

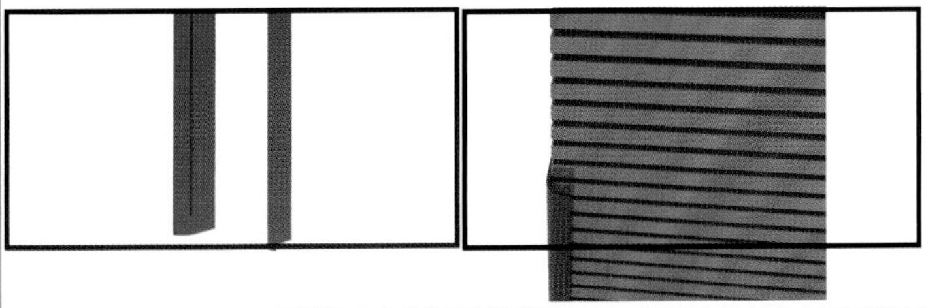
门把设计

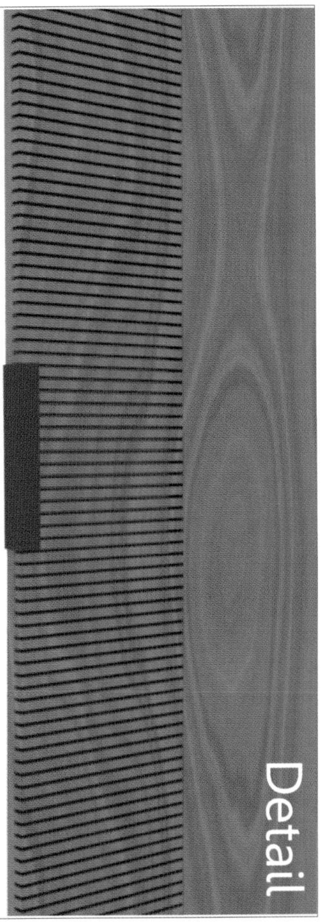

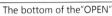

椅柜

柜子和软垫的结合，不同的搭配，可搭配出不同的工作或休息的方式。

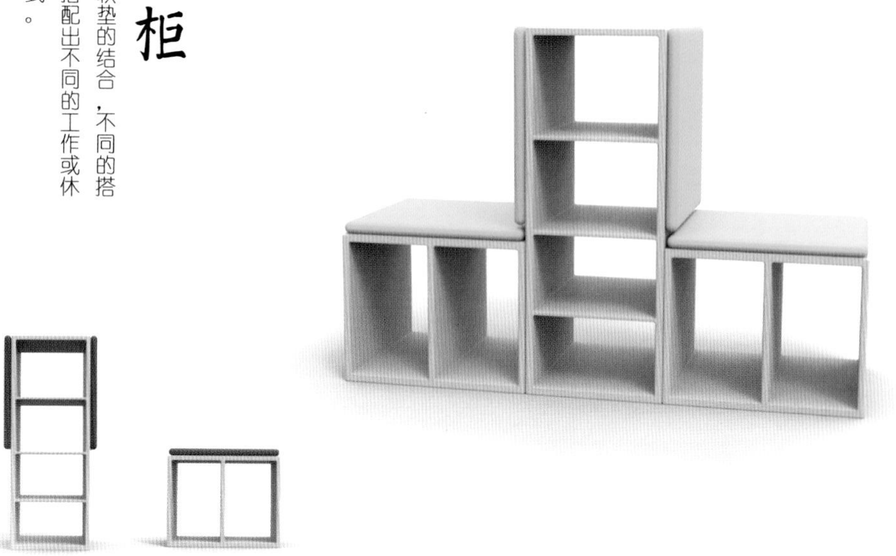

作　品：椅柜
作　者：廖嘉威／广东轻工职业技术学院
指导老师：白平

■设计说明 Design description

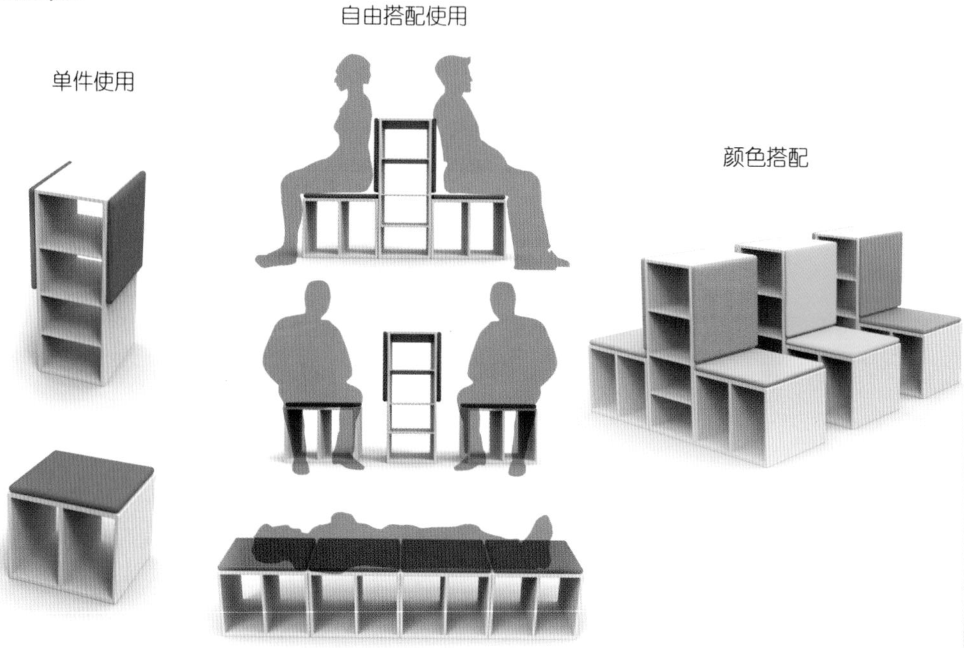

作品：山间月

作者：欧鸥、徐利／氧气设计工坊

隔柜

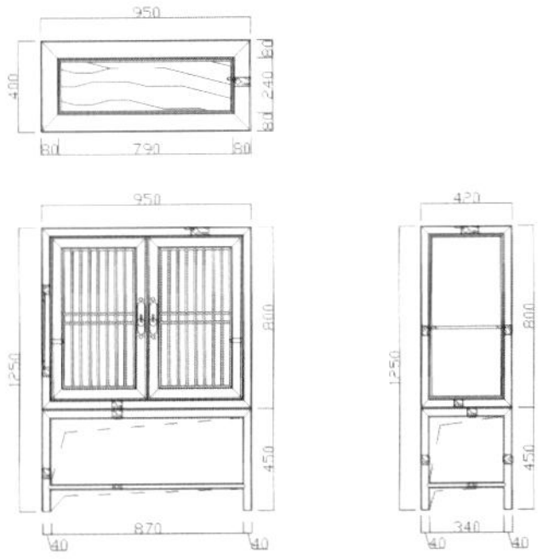

作品：隔柜

作者：李亚东／自由设计师

作品：衣帽架
作者：刘华健、赖浩望、张庆淇／顺德职业技术学院
指导老师：干珑

衣帽架

设计说明

设计理念借鉴明代椅子造型结构，抽象提炼的合角滴水元素、融入祥云赋予其意境，充分的修饰处荷塘的景色和韵味，工艺上融合罗锅枨、单边抹头，融合现代简约生活的造型，红木与现代完美结合、整体大气端庄，形成了独特的新中式家具设计。

材料：非洲黄花梨
尺寸：鞋柜1200*450*750
凳子：300*300*300
衣帽架：550*450*1450

作品：屏山层峦
作者：沈美艺／山东工艺美术学院
指导老师：卢晓梦

屏山层峦

设计说明：屏山层峦，借鉴中国山水画中屏山的形态，山水文化博大精深，作品旨在将山水的宏伟呈现在一个柜子中，一景尽在方寸之间。也体现出传统文化伟大的包容性。柜门处采用半镂空式，借鉴了古代柜体家具的长圆柱形，制造出一种无形的禅意。柜体的四角采用圆角式设计，造型新颖，对传统柜体形态进行了创新。柜体的材料选用了实木，经过打版，裁料，组装，刷漆，将柜子大体形态展现出来，还可以采用竹子进行制作，制作材料多种多样。

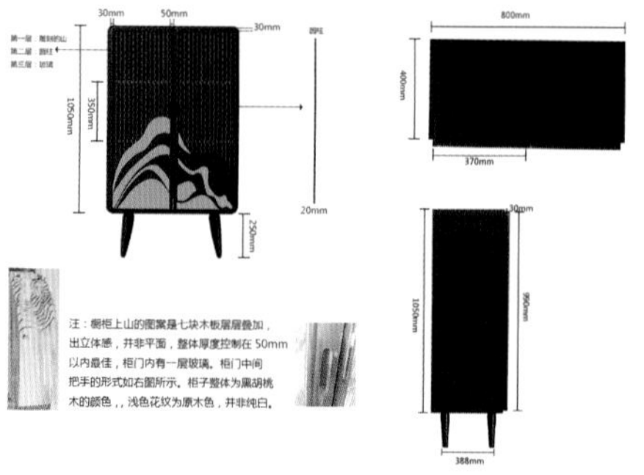

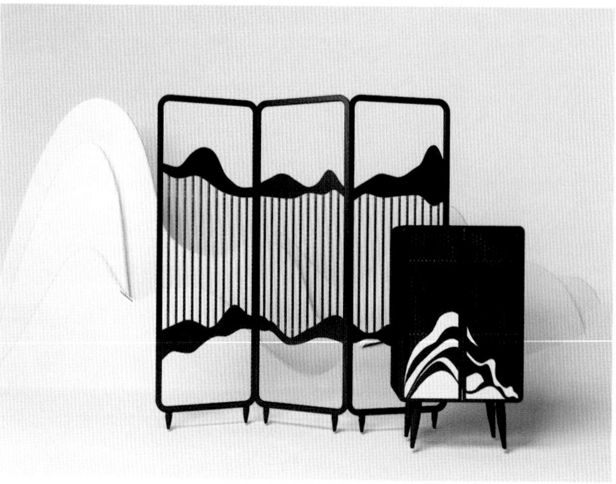

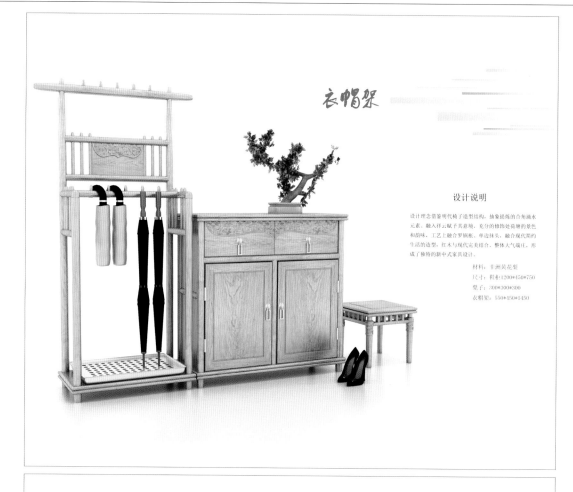

作　品：高山流水
作　者：王伟文／华南农业大学
指导老师：杨慧全

高山流水

分析图

设计理念

古代文人诗者对中国高山水景总是充满着无尽的美意，诗意。书架简约的几块木头，美丽的造型走向如流水一般，使人陶醉在木色书香的环境中，静静遨游于大自然的书海中。传承山水设计，匠造现代简约生活方式。给每一个学者营造一种恬静，舒适的学习的环境。

作　品：间色福柜
作　者：钟诗琳／四川农业大学
指导老师：吕建华

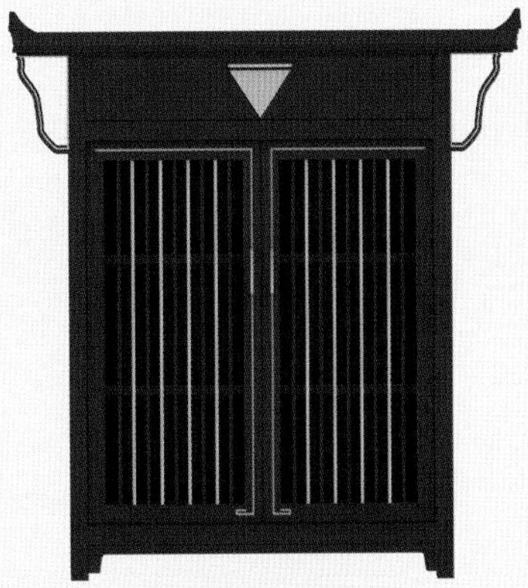

作品：名门香案
作者：杨伊纯／龙江职业技术学校

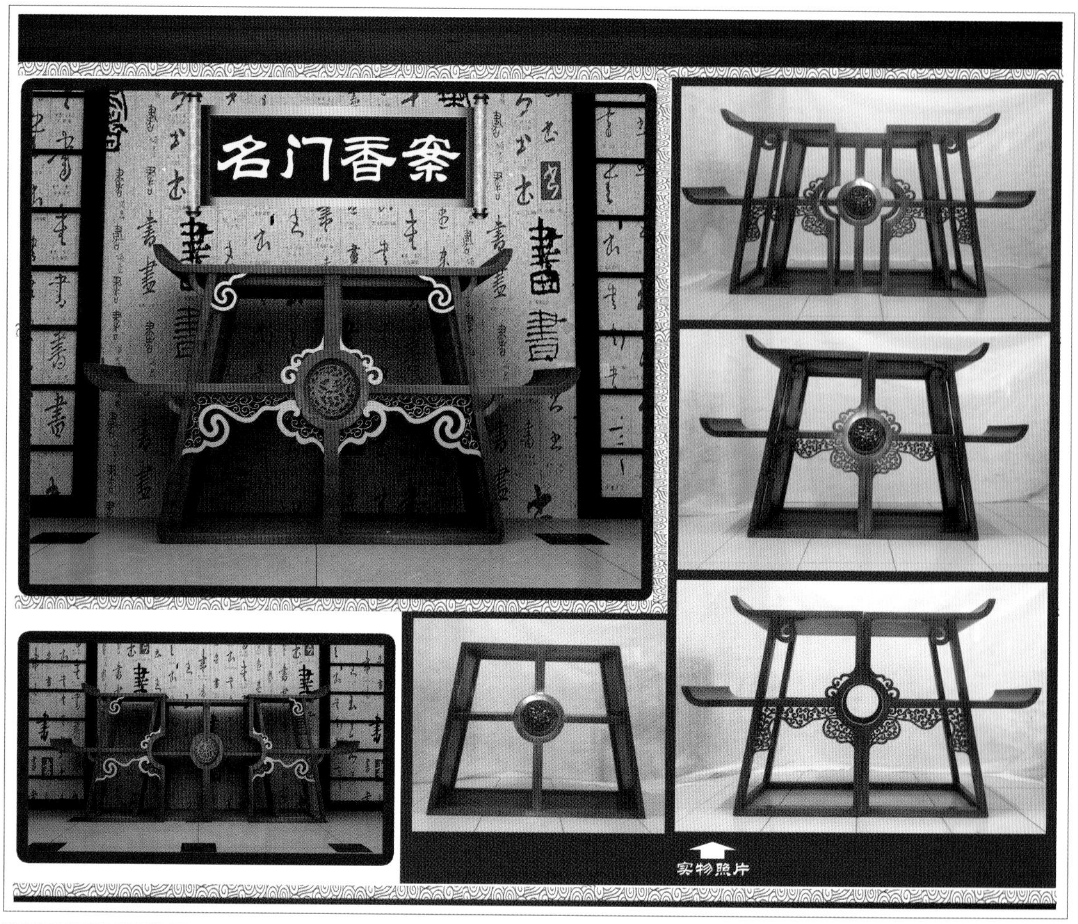
名门香案
实物照片

作品：瓷语
作者：林秋丽／华南农业大学
指导老师：郭琼

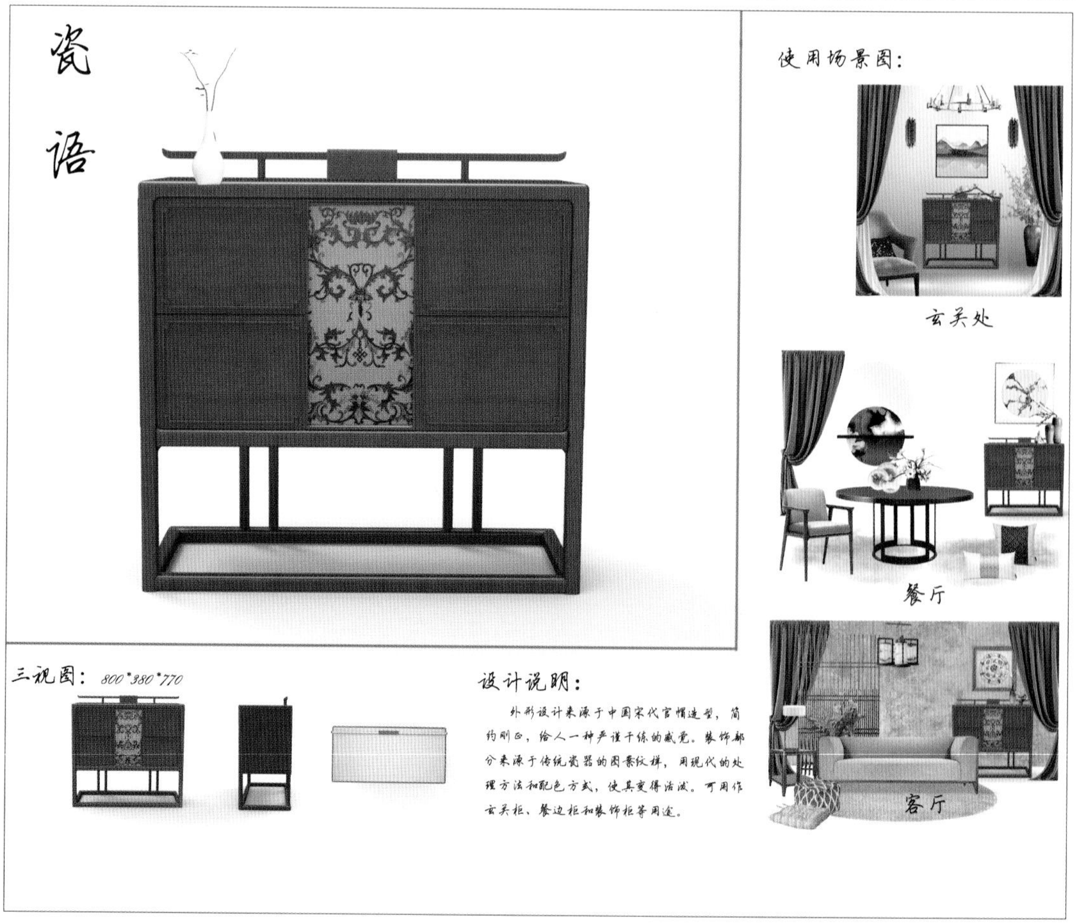
瓷语
使用场景图：
玄关处
餐厅
客厅
三视图：800*380*770
设计说明：
外形设计来源于中国宋代官帽造型，简约刚正，给人一种严谨干练的感觉。装饰部分来源于传统瓷器的图案纹样，用现代的处理方法和配色方式，使其变得活泼。可用作玄关柜、餐边柜和装饰柜等用途。

作　品：叠叠居——新中式柜
作　者：袁馨如／华南农业大学
指导老师：陈哲

叠叠居

新中式柜

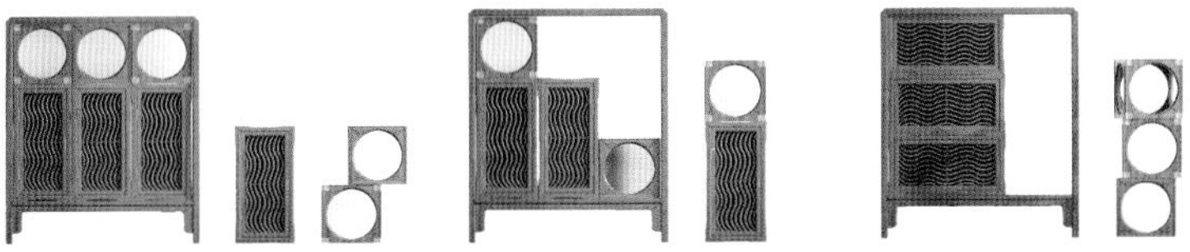

设计说明：灵感来源于中国传统大型衣物柜，《叠叠居》柜子大框架取自中国传统柜子轮廓造型，内部分为六个等宽等深高度二比一的各自独立柜子。这一构想来自于经典桌游叠叠乐的。柜子大框架三面为长条阵列，在光线的映衬下，显得格外清幽雅致。正方形柜，四面镂空正圆，个别加以黄铜包角。造型简单可爱既吸收了传统柜子的方圆结合，既可多宝架般使用，也可用来坐小板凳。长方形柜子造型典雅，阵列的弯曲木条与框框相呼应，可横放竖放。可独立可结合。框架也可用作椅子休息。叠叠居在传统木工艺的传承下，注入了新时代的自由组合新思维。

作　品：弦柜
作　者：邓雅洁、黄振波、李爱琳／华南农业大学
指导老师：陈哲

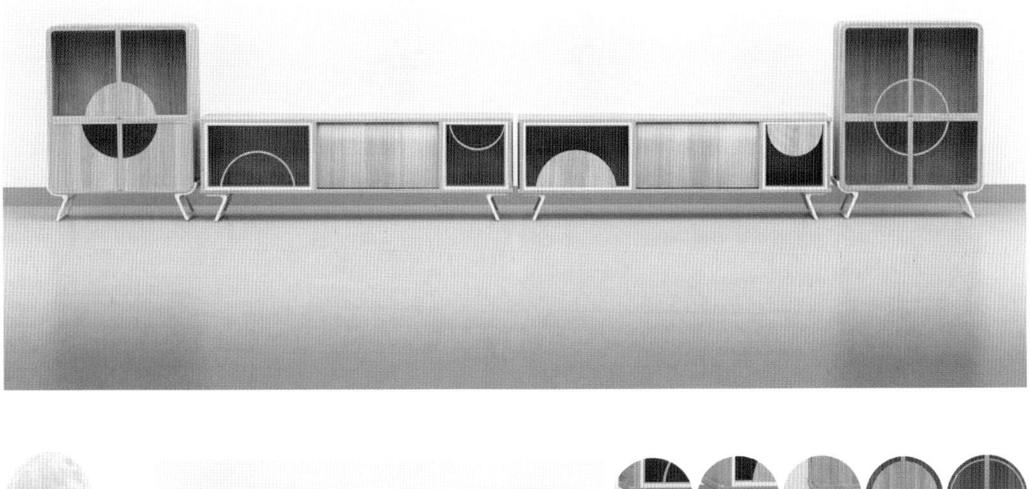

弦·柜

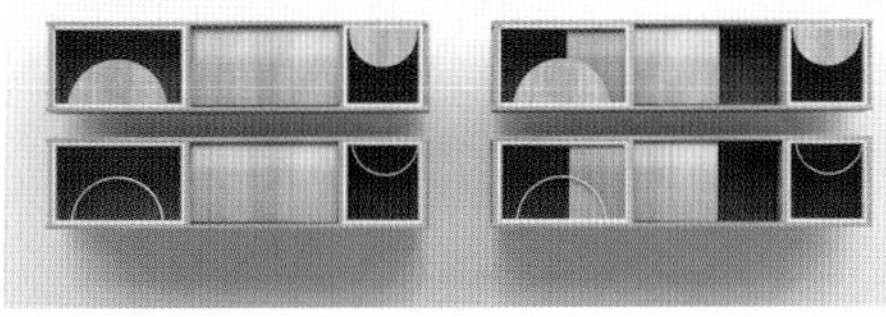

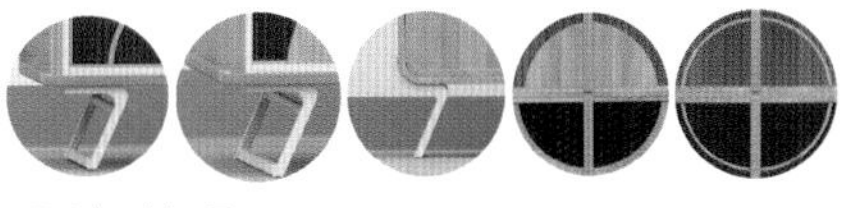

设计说明：

月，自古以来就是人们表达情感的载体。而这系列的柜子就是以月为元素，做了两款柜子——餐桌边柜和电视柜。作品表达的是一种美好的愿望——圆满。柜子通过虚实变化表达月的不同状态，也表达着一种时光的变迁。这系列柜子工艺简单，造型简单大方。在材料上选用了优质胡桃木。

柜架类设计奖

作品：百川柜
作者：朱忠文、张程恺、张雨／山东交通学院
指导老师：王丽君

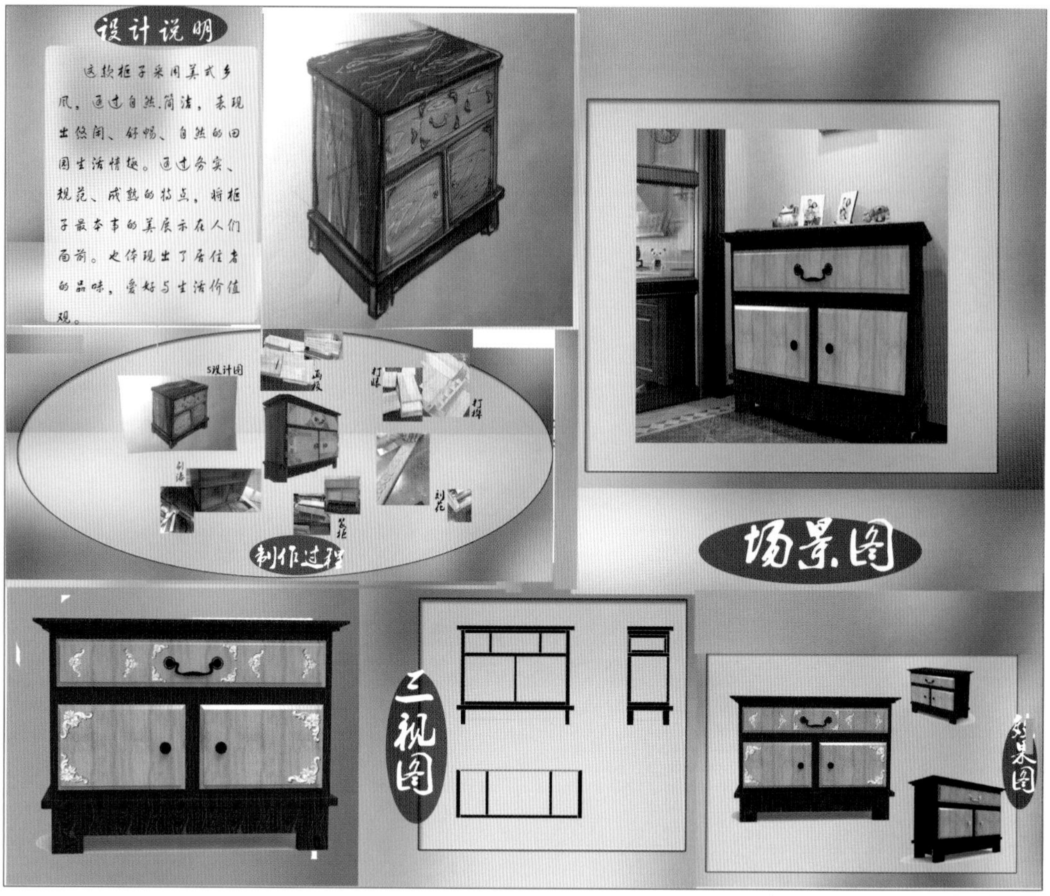
设计说明
这款柜子采用美式乡风，通过自然.简洁，表现出悠闲、舒畅、自然的田园生活情趣。通过务实、规范、成熟的特点，将柜子最本事的美展示在人们面前。也体现出了居住者的品味，爱好与生活价值观。
场景图
制作过程
三视图

作品：秦时明月
作者：冯光儒、张曙光、李从良／西南林业大学
指导老师：周雪冰

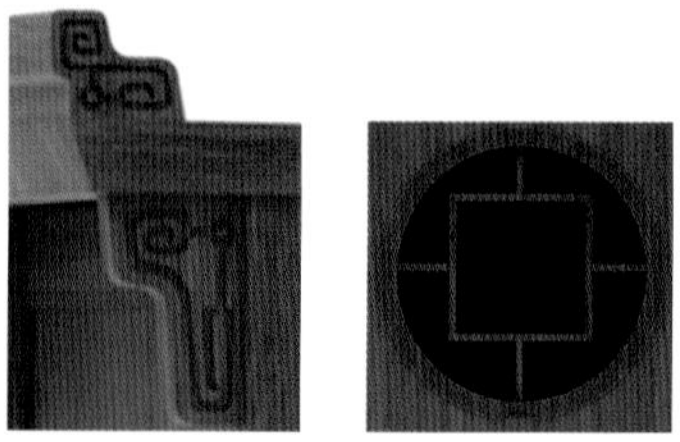

回纹装饰：商周与秦汉时期的云雷纹与回纹变形体.

方中有圆，一轮明月，圆中带方铜钱造型，边缘采用秦汉时期的回文点缀，突显古朴气息.

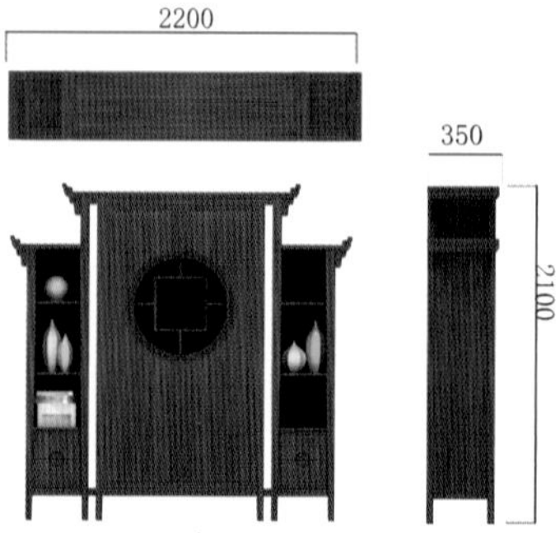
2200
350
2100

（2.1*0.35*2.2）

本方案主材为红酸枝，设计源于对中国古代建筑形式的理解：对称法则所营造出端庄稳重的外形、不同体量大小的组合所体现出的节奏和韵律、斜翘的飞檐多传达出的神秘意蕴...

向内倾斜的腿部与向外、向上造势的角牙和帽头好似建筑中挺拔的柱脚和高耸的飞檐，一起成就了本方案的视觉扩张，凸显了本方案的古朴凝重、庄严大气.造型对称稳重方中有圆，圆中见方，不失情趣。功能主次分明有封有透，虚实相生。

作品名称：秦时明月

定制衣帽间 岛台

作品：衣帽间·岛台

作者：李亚东／自由设计师

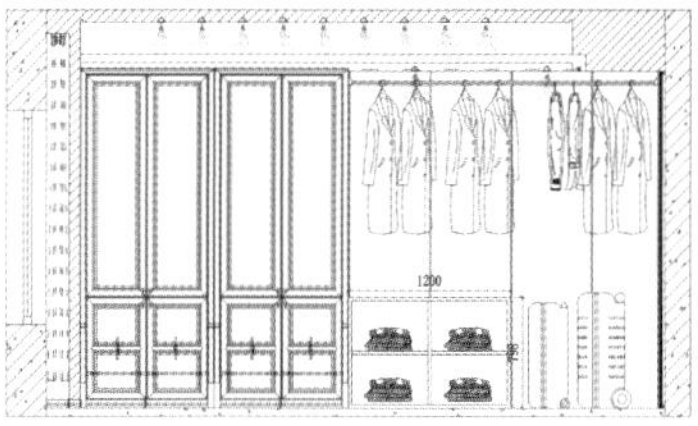

衣帽间A1立面图

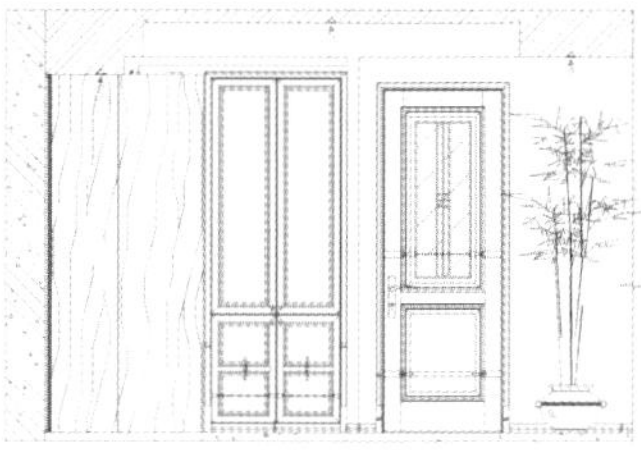

衣帽间B1立面图

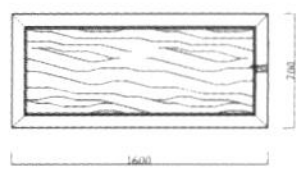

岛台平面图

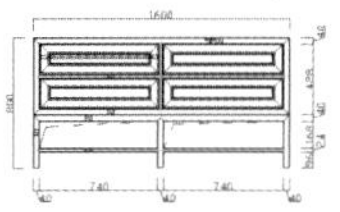

岛台立面图

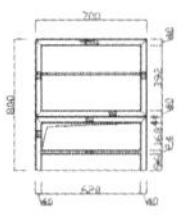

岛台侧立面图

荷天下酒柜

作品：荷天下酒柜

作者：刘华健、赖浩塱、张庆淇／顺德职业技术学院

指导老师：干珑

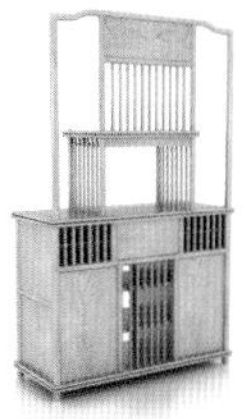

设计说明

设计理念借鉴明代椅子造型结构，抽象提炼的合角滴水元素、融入祥云赋予其意境，充分的修饰处荷塘的景色和韵味，工艺上融合罗锅枨、单边抹头，融合现代简约生活的造型，红木与现代完美结合、整体大气端庄，形成了独特的新中式家具设计。

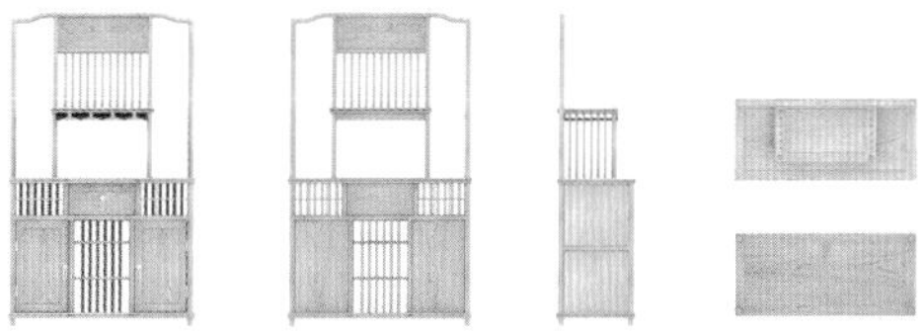

材料：非洲黄花梨 尺寸：1500*400*2000

作品：书柜DIY
作者：刘华健、赖浩塱、张庆淇／顺德职业技术学院
指导老师：干珑

书柜DIY

设计说明

造型选取明代家具作为传统中式家具代表原型，极简主义家具作为现代西方家具代表，在研究其来源以及发展的基础上，将竹编竹子的柔韧性进行有机的融合，呈现出一种新的美感与DIY。

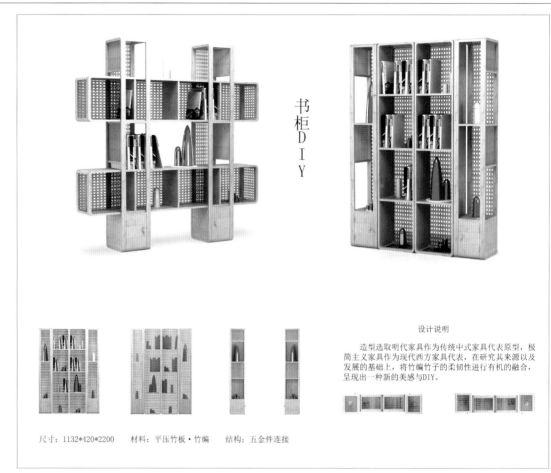

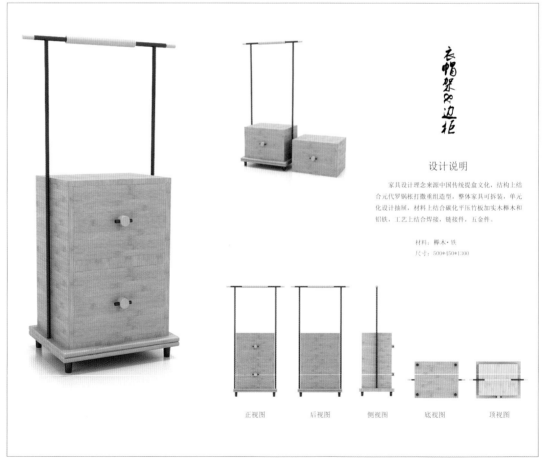

尺寸：1132*420*2200　材料：平压竹板·竹编　结构：五金件连接

作品：衣帽架&鞋柜
作者：刘华健、赖浩塱、张庆淇／顺德职业技术学院
指导老师：干珑

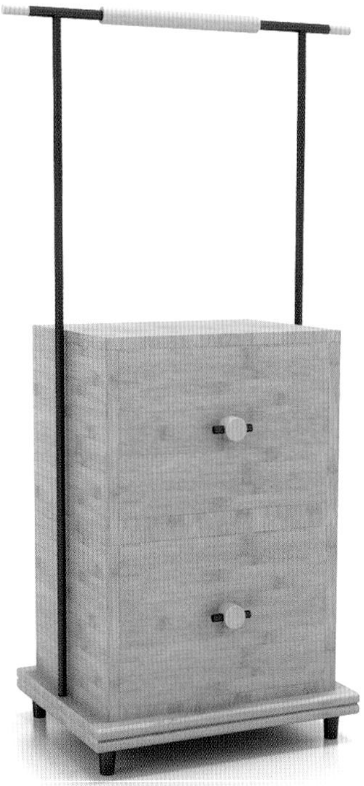

衣帽架&边柜

设计说明

家具设计理念来源中国传统提盒文化，结构上结合元代罗锅枨打撒重组造型，整体家具可拆装，单元化设计抽屉，材料上结合碳化平压竹板加实木榉木和铝铁，工艺上结合焊接，链接件，五金件。

材料：榉木·铁
尺寸：500*450*1300

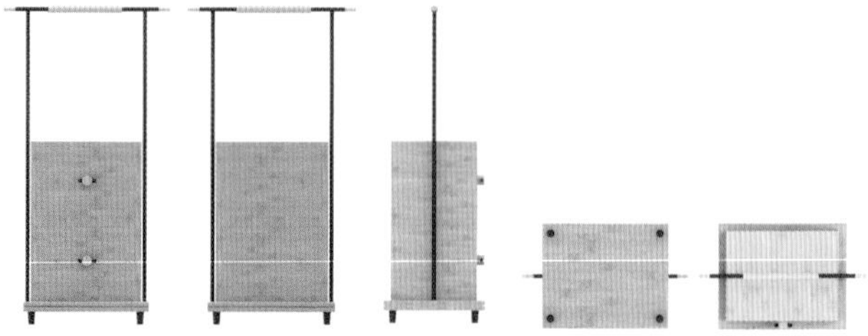

正视图　后视图　侧视图　底视图　顶视图

作　品：茶橱
作　者：刘方舟、游智文、彭琨越／北京工业大学
指导老师：杨玮娣

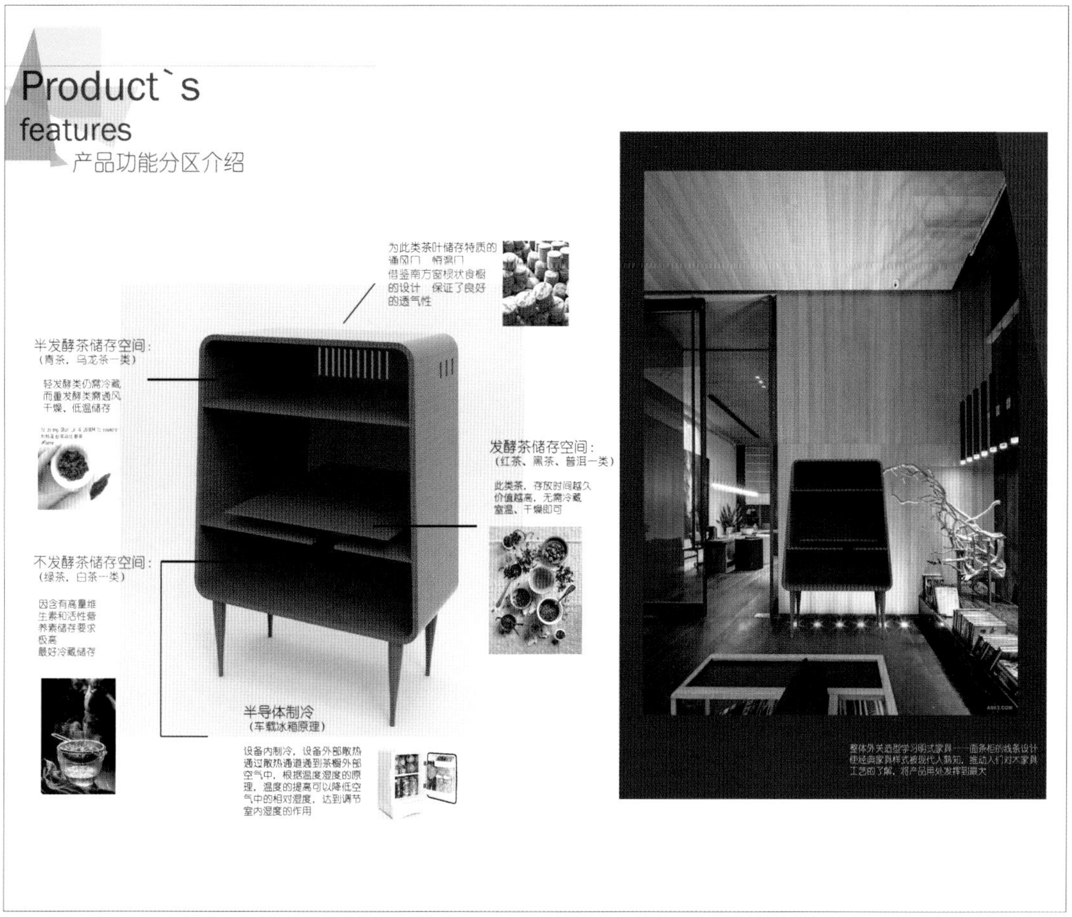
Product`s
features
产品功能分区介绍
为此类茶叶储存特质的通风门　恒温门
借鉴南方窗棂状食橱的设计　保证了良好的透气性
半发酵茶储存空间：
（青茶，乌龙茶一类）
轻发酵类仍需冷藏而重发酵类需通风干燥、低温储存
发酵茶储存空间：
（红茶、黑茶、普洱一类）
此类茶，存放时间越久价值越高，无需冷藏室温、干燥即可
不发酵茶储存空间：
（绿茶，白茶一类）
因含有高量维生素和活性营养素储存要求极高
最好冷藏储存
半导体制冷
（车载冰箱原理）
设备内制冷，设备外部散热通过散热通道通到茶橱外部空气中，根据温度湿度的原理，温度的提高可以降低空气中的相对湿度，达到调节室内湿度的作用
整体外观造型学习明式家具——面条柜的线条设计使经典家具样式被现代人熟知，推动人们对木家具工艺的了解，将产品用处发挥到最大

作　品：琵琶韵
作　者：张宇／华侨大学
指导老师：张肖

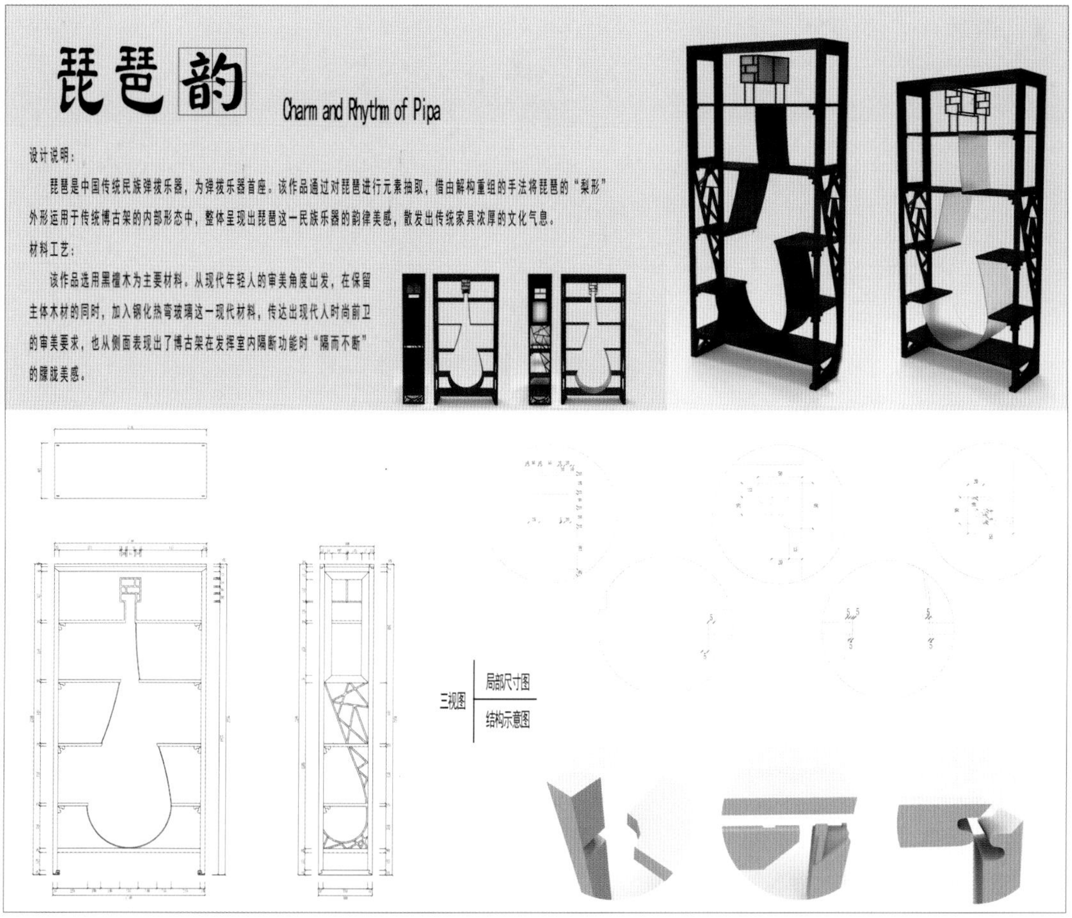
琵琶韵
Charm and Rhythm of Pipa
设计说明：
琵琶是中国传统民族弹拨乐器，为弹拨乐器首座。该作品通过对琵琶进行元素抽取，借由解构重组的手法将琵琶的“梨形”外形运用于传统博古架的内部形态中，整体呈现出琵琶这一民族乐器的韵律美感，散发出传统家具浓厚的文化气息。
材料工艺：
该作品选用黑檀木为主要材料。从现代年轻人的审美角度出发，在保留主体木材的同时，加入钢化热弯玻璃这一现代材料，传达出现代人时尚前卫的审美要求，也从侧面表现出了博古架在发挥室内隔断功能时“隔而不断”的朦胧美感。
三视图
局部尺寸图
结构示意图

柜架类设计奖

作　品：江南物语
作　者：彭倩／山东艺术学院
指导老师：张恒旺

江南物語

設計說明：江南物語系列衣柜設計，衣架部分由南方房屋的屋檐為元素變形而來，蕴含着中式韵味。功能齊全，衣橱衣架鞋柜三個部分組成。朴實又大方的造型，暖色調木材使家具又有一丝温柔。

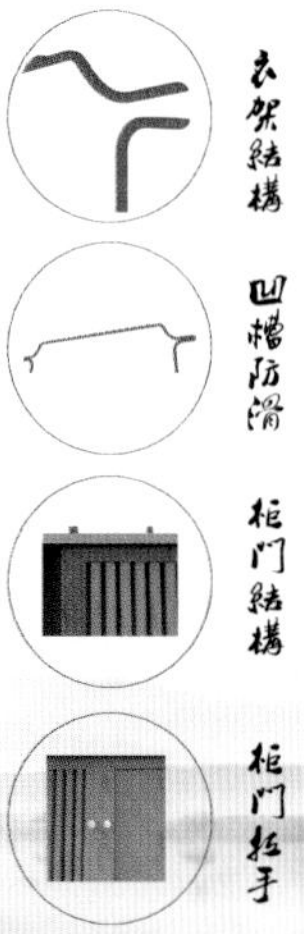
衣架結構
凹槽防滑
柜门結構
柜门拉手

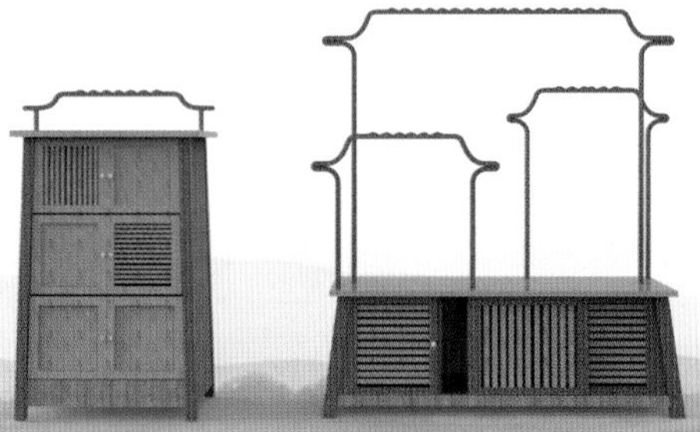

作　品：音柜
作　者：李仕焕／西南林业大学
指导老师：周雪冰

音柜

本作品名源于右侧的图案，它是简化的鱼鳞纹，又似蜂巢，取其为柜子的门饰，亦作为开门把手。镂空设计使柜内空气通透。

鱼，在古代被认为是吉祥之物，象征奔腾、活跃、吉庆，故常将其鳞纹用于椅靠背或器皿，以求好运。

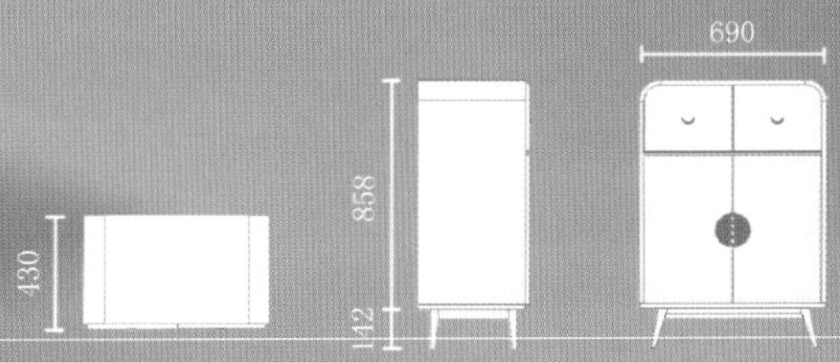
690
858
430
142

设计说明

音柜的名称源于它给人的外观印象，之所以会想到设计这样一个餐边柜是由北欧家具的极简融合了一些中式元素，也就是鱼鳞纹，因为它相对于其他纹饰更加简明。整个柜子采用实木（橡木）制作，下柜门处的纹饰采用的也是实木镂刻。柜子上半部边缘以倒角半径为60度的方式给观者带来趣味性。这是一次极简主义与中式家具的结合。

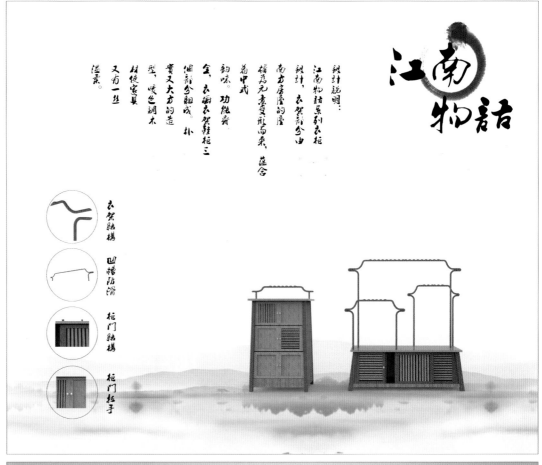

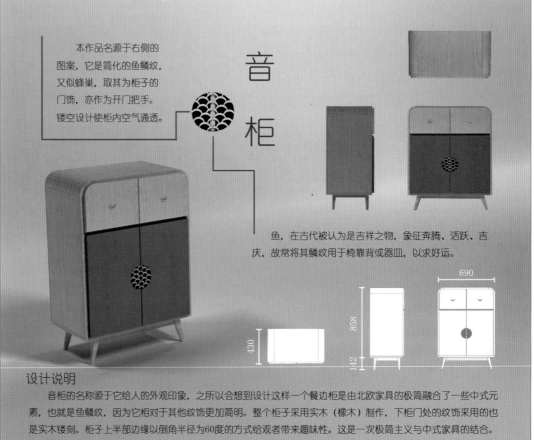

作品：斗柜
作者：张聪聪／西南林业大学
指导老师：周雪冰

斗柜

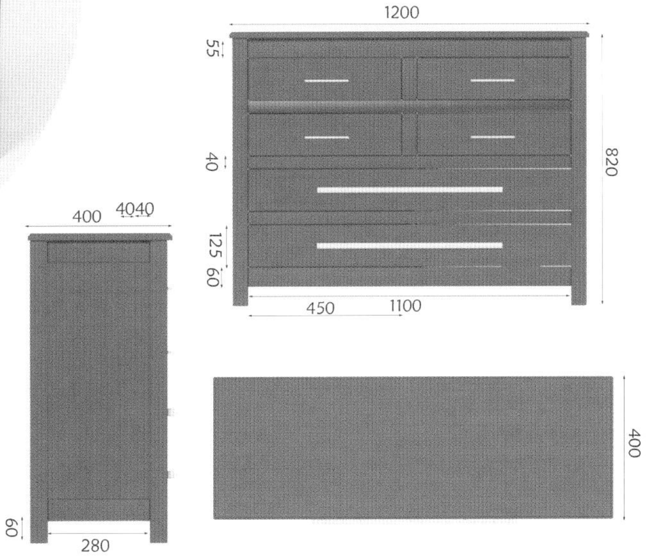

设计说明：

设计简约而不简单。在设计上没有设计得太过于繁琐，并不是把所有的中式元素都运用在条案设计中。设计因地因人而已，在设计中尽量简约，即显档次又显品味。删去过于复杂的装饰，是该设计的最大亮点！

作品：花窗柜
作者：冯学斌、刘志毅／华南农业大学
指导老师：陈哲

花窗柜

设计说明

花窗展示柜主要创作起始于对木材加工余料的应用，灵感来源于古典园林传统花窗艺术，柜体门板有两种不同的样式组成，两门重合又构成新的样式图案。黄铜配上黑胡桃木的配色更有高贵沉稳的气质。为空间增添装饰功能又有储物功能。

柜门单体：

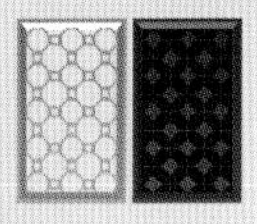

柜门重合：

柜架类设计奖

作品：宫灯
作者：庄佳运／南京林业大学
指导老师：于娜

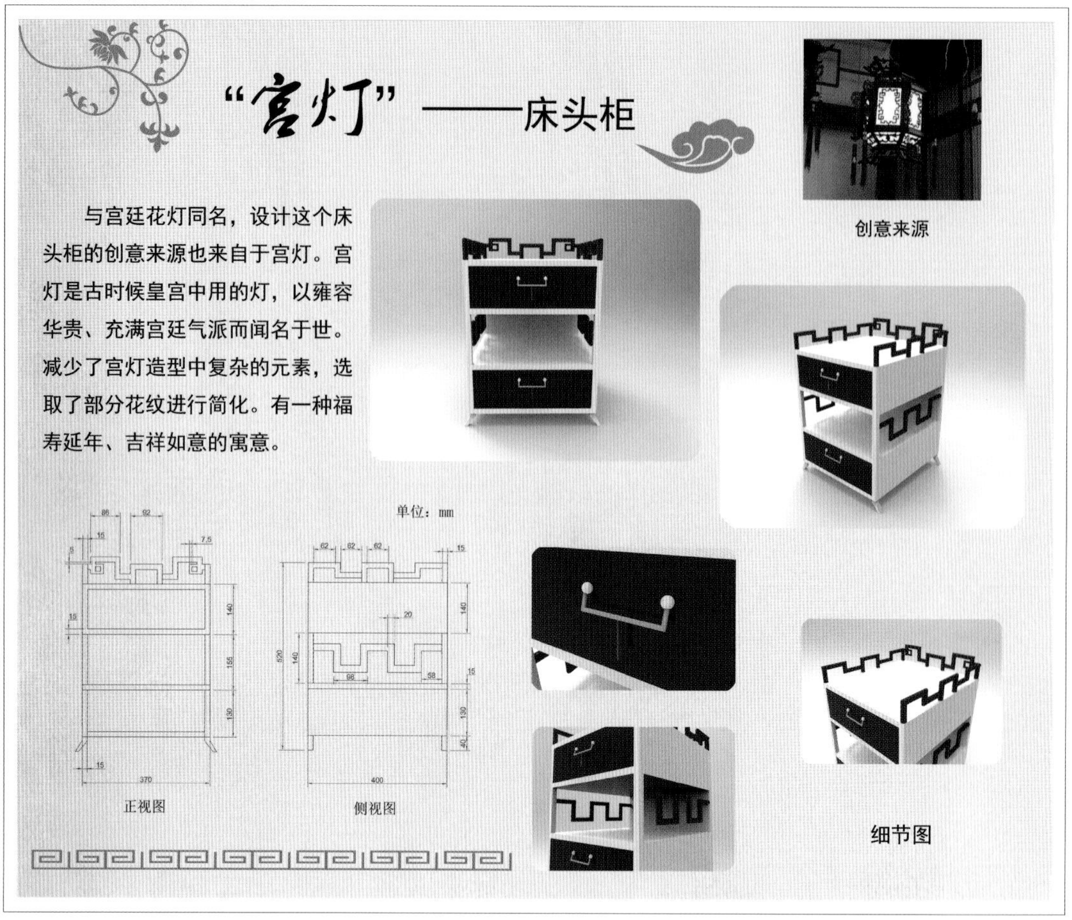
"宫灯"——床头柜
与宫廷花灯同名，设计这个床头柜的创意来源也来自于宫灯。宫灯是古时候皇宫中用的灯，以雍容华贵、充满宫廷气派而闻名于世。减少了宫灯造型中复杂的元素，选取了部分花纹进行简化。有一种福寿延年、吉祥如意的寓意。
创意来源
单位：mm
正视图
侧视图
细节图

作品：意境天成
作者：王博／内蒙古师范大学青年政治学院
指导老师：张美玲

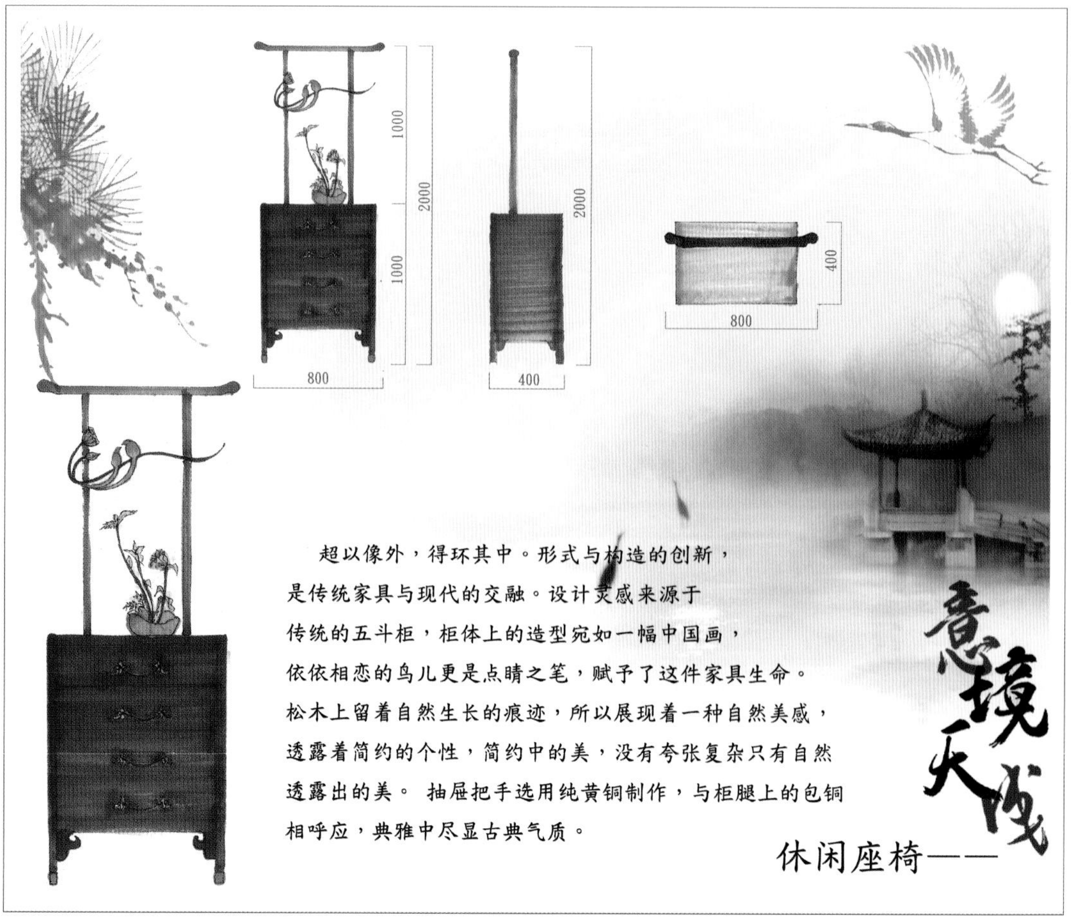
1000
2000
1000
800
2000
400
400
800
超以像外，得环其中。形式与构造的创新，是传统家具与现代的交融。设计灵感来源于传统的五斗柜，柜体上的造型宛如一幅中国画，依依相恋的鸟儿更是点睛之笔，赋予了这件家具生命。松木上留着自然生长的痕迹，所以展现着一种自然美感，透露着简约的个性，简约中的美，没有夸张复杂只有自然透露出的美。 抽屉把手选用纯黄铜制作，与柜腿上的包铜相呼应，典雅中尽显古典气质。
意境天成
休闲座椅——

作　品：壹木
作　者：李思萍、张乾、邓文鑫／中南林业科技大学
指导老师：袁进东

壹木

板与木的组合

功能模块化组合柜

切合未来家居的主题，以空间节约、便于安装运输、功能定制为设计理念；

每两个支撑框架之间通过金属细条交叉固定，且支撑框架与柜体的接触面附着防滑橡胶，也能起到稳固作用，从而不用担心组合柜倾倒。实木支撑框架则充分展现其实木原色及纹理，以纤细的直线条为主，整体设计风格简约时尚。

作　品：雅韵茶间
作　者：朱伟／杭州大巧家居设计工作室
指导老师：翟伟民、徐乐

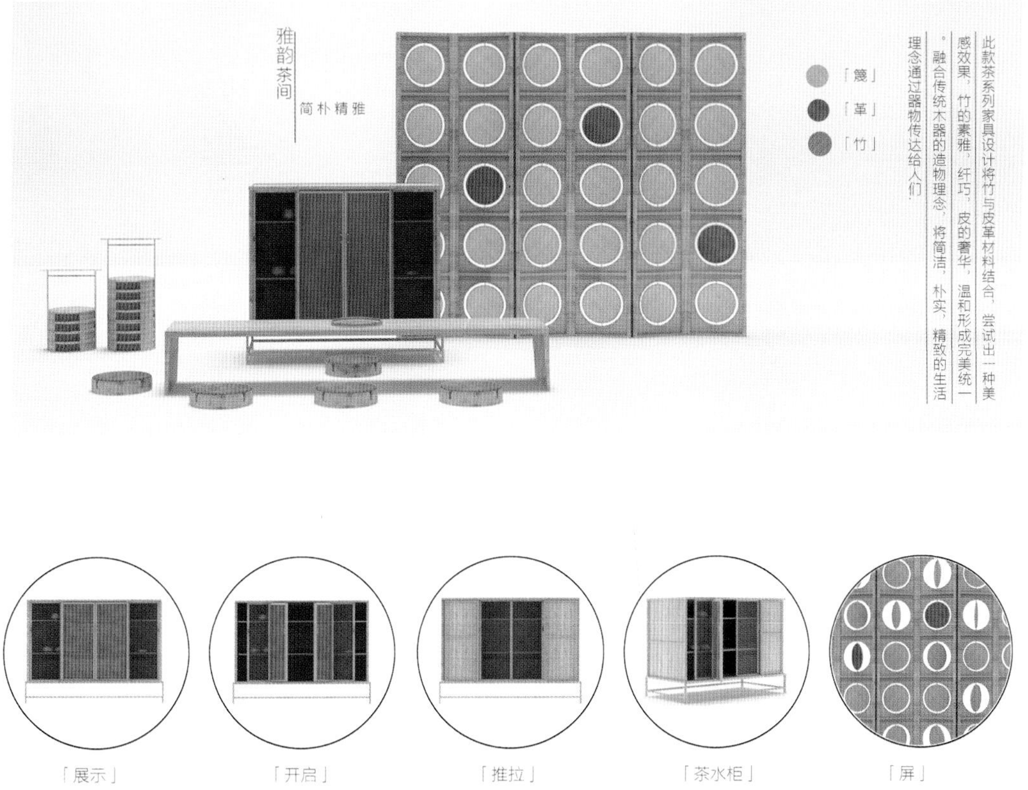
雅韵茶间
简朴精雅
「篾」
「革」
「竹」
此款茶系列家具设计将竹与皮革材料结合，尝试出一种美感效果，竹的素雅，纤巧，皮的奢华，温和形成完美统一。融合传统木器的造物理念，将简洁，朴实，精致的生活理念通过器物传达给人们。
「展示」
「开启」
「推拉」
「茶水柜」
「屏」

柜架类设计奖

作品：『承古』——简约中式实木床头柜
作者：李丹丹、彭伟、和向宁／山东交通学院
指导老师：王丽君

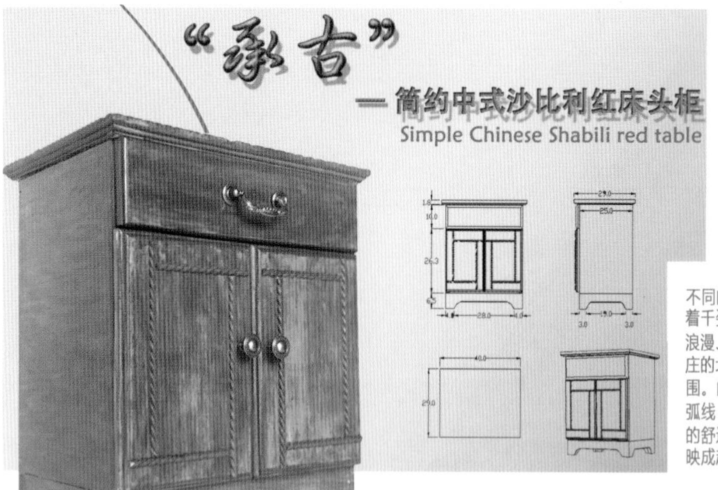
“承古”
—简约中式沙比利红床头柜
Simple Chinese Shabili red table

不同的家装风格演绎出各种各样的家园风情，蕴含着千姿百态的生活乐趣。这款家具追求简练、明快、浪漫、单纯和抽象的简约欧式风格。整体颜色为端庄的北欧红，营造出和谐温馨、华贵典雅的居室氛围。门的造型设计，既要有凹凸感，又要有优美的弧线，既保留古典的奢华与美，又能体现现代生活的舒适。把手使用古铜色的金属把手，两种材质相映成趣，风情万种。

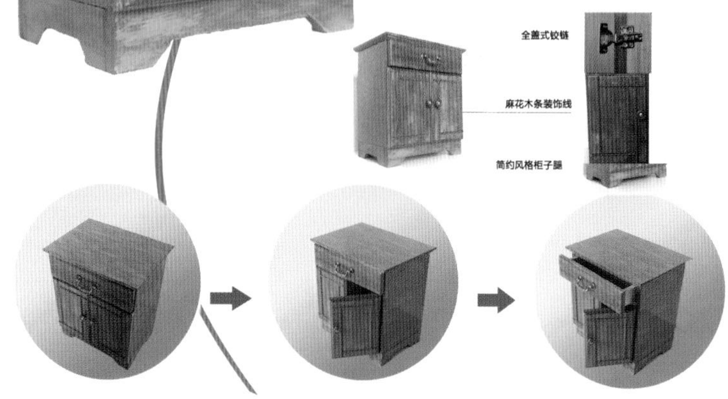
全盖式铰链
麻花木条装饰线
简约风格柜子腿

作品：『归来』床头柜
作者：吕琪琪、古保鹏、马丽燕／山东交通学院
指导老师：王丽君

“归来”床头柜

以中国传统家具“简洁”、“大方”的设计风格为理念，采用中式家具中最为典型的卯榫结构，以期表达对清雅含蓄、端庄丰华的东方式精神境界的追求。装饰适度。局部装饰服从整体，以衬托整体的简洁之美。产品名为“归来”，是为了让人们在繁杂的工作、学习中，回归家庭，感受温暖，多多“归来”。

三视图

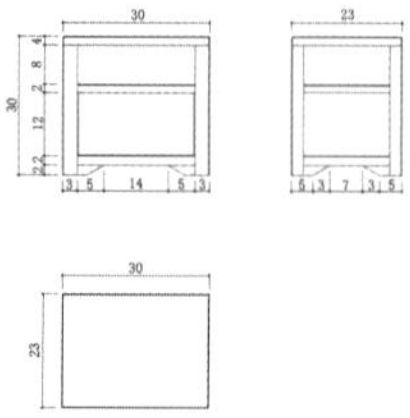

制作过程

效果图

实物照片

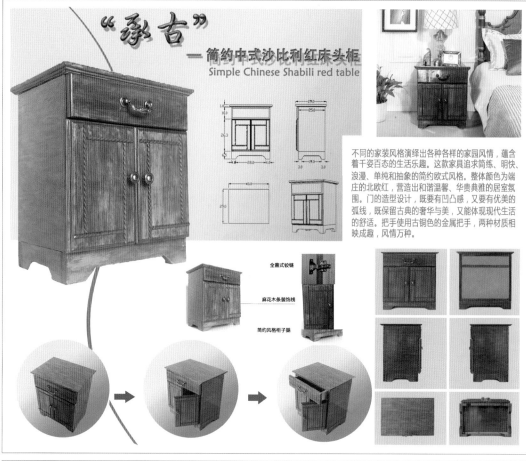

作品：旧时回忆
作者：王晓涵、干哲、张颖／山东交通学院
指导老师：王丽君

旧时回忆

玄关柜是现代家具中常见的实用又美观的一种家具，生活中离不开它。本设计玄关柜的上部通透，既可以增加玄关的空间，还能够增加玄关与客厅之间的私密感，也不影响客厅的通风等问题。设计运用了几何元素，以及中国古典的回字纹饰，让整个柜体既有古典风采，又有现代的元素在其中。

实物细节图

制作过程

运用中国传统木质工艺，匠心制造

1.三视图 2.建模 3.讨论方案 4.做模型1:3 1.画板 2.切板 3.精细切边 4.打榫

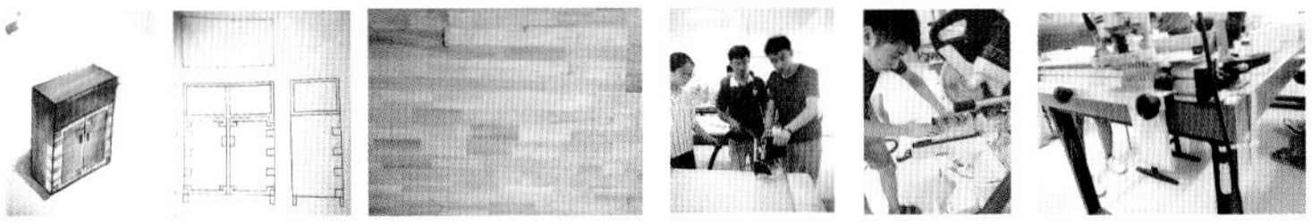

4.打磨毛边 5.小试拼装 6.调漆涂色 7.上油 8.合页，门把手 9.晾晒

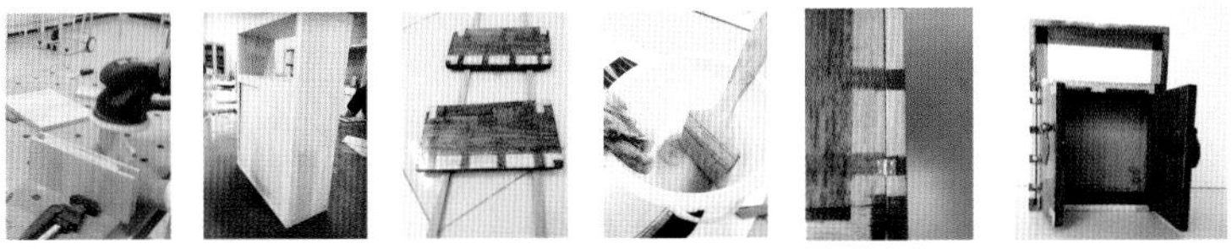

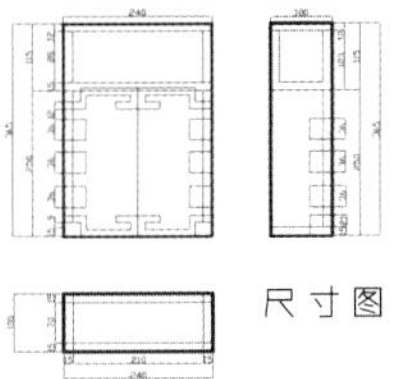

尺寸图

作品：现中式床头柜
作者：武云芳、阮秋银、鲜鹏飞／山东交通学院
指导老师：王丽君

现中式床头柜

设计思路

加入现代中西融合元素。
打破传统全中式全西式风，

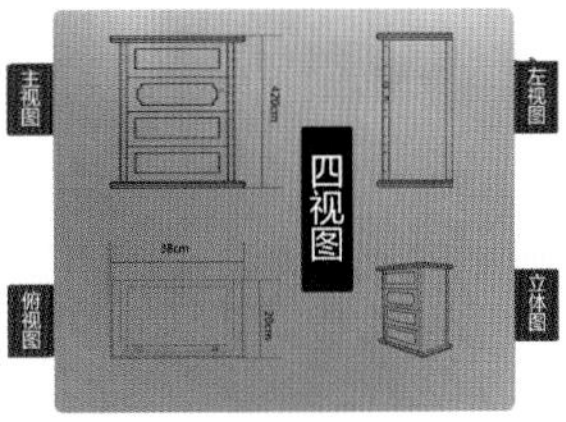
主视图
左视图
四视图
俯视图
立体图

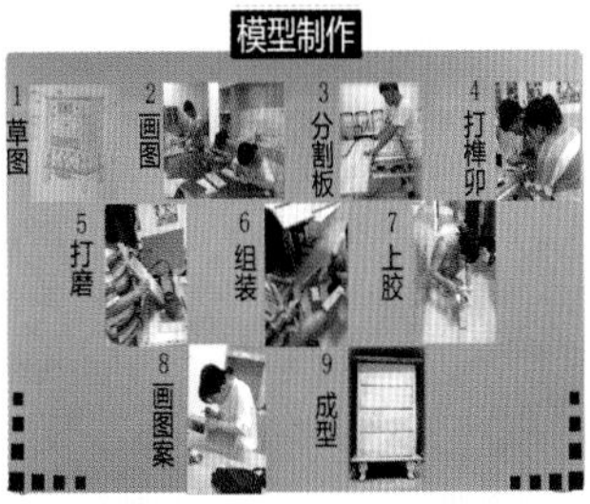
模型制作
1 草图
2 画图
3 分割板
4 打榫卯
5 打磨
6 组装
7 上胶
8 画图案
9 成型

设计说明

中式家具融入了现代元素，加入了中式从没有的大胆色彩。让中式不再是老年人的“专利”。

效果图
细节展示

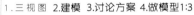

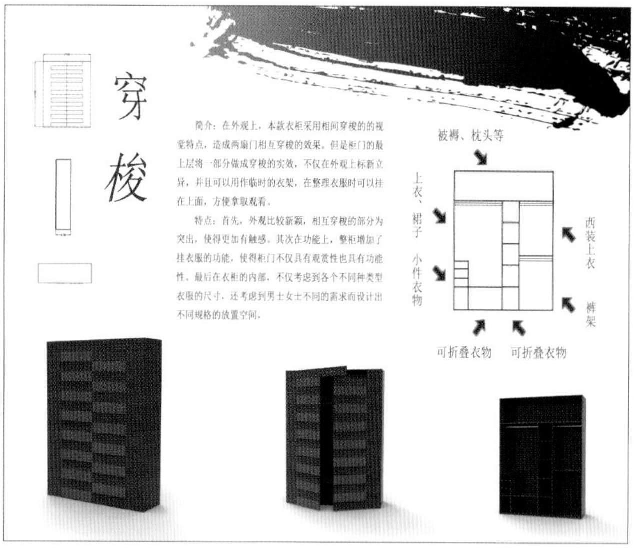
穿梭
简介：在外观上，本款衣柜采用相间穿梭的的视觉特点，造成两扇门相互穿梭的效果。但是柜门的最上层将一部分做成穿梭的实效，不仅在外观上标新立异，并且可以用作临时的衣架，在整理衣服时可以挂在上面，方便拿取观看。
特点：首先，外观比较新颖，相互穿梭的部分为突出，使得更加有触感。其次在功能上，整柜增加了挂衣服的功能，使得柜门不仅具有观赏性也具有功能性。最后在衣柜的内部，不仅考虑到各个不同种类型衣服的尺寸，还考虑到男士女士不同的需求而设计出不同规格的放置空间。
被褥、枕头等
上衣、裙子
小件衣物
西装上衣
裤架
可折叠衣物
可折叠衣物

作　　品：穿梭
作　　者：秦岚／华南农业大学

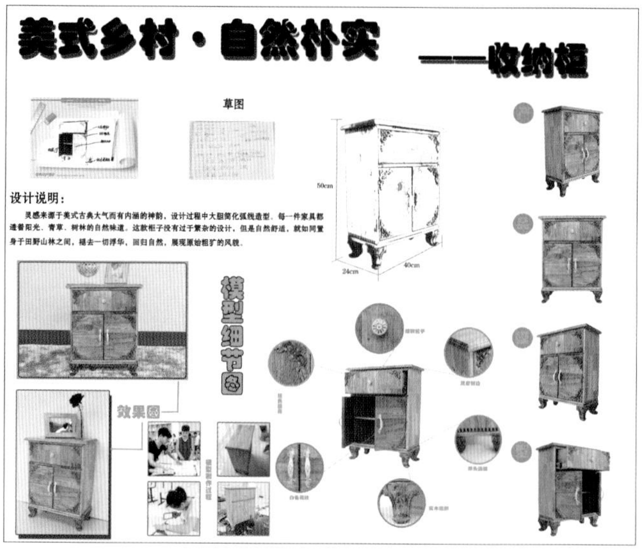
美式乡村·自然朴实
——收纳柜
草图
设计说明：
灵感来源于美式古典大气而有内涵的神韵，设计过程中大胆简化弧线造型。每一件家具都透着阳光、青草、树林的自然味道。这款柜子没有过于繁杂的设计，但是自然舒适，就如同置身于田野山林之间，褪去一切浮华，回归自然，展现原始粗犷的风貌。
50cm
24cm
40cm
模型细节图
效果图

作　　品：美式乡村收纳柜
作　　者：骆俊领、刘甜甜、张宗强／山东交通学院
指导老师：王丽君

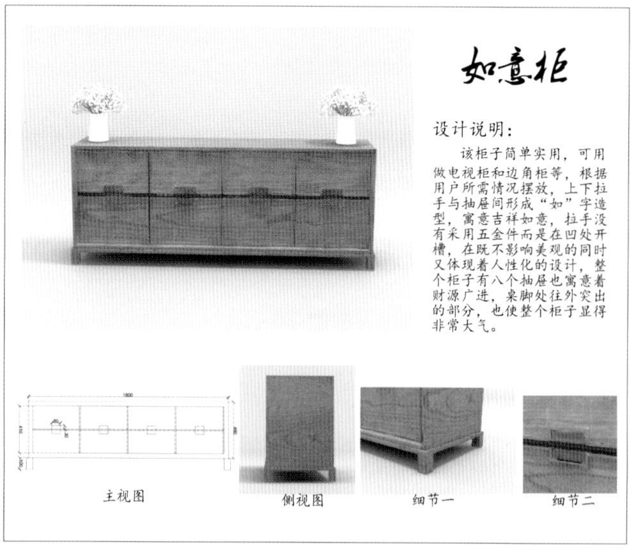
如意柜
设计说明：
该柜子简单实用，可用做电视柜和边角柜等，根据用户所需情况摆放，上下拉手与抽屉间形成"如"字造型，寓意吉祥如意，拉手没有采用五金件而是在凹处开槽，在既不影响美观的同时又体现着人性化的设计，整个柜子有八个抽屉也寓意着财源广进，桌脚处往外突出的部分，也使整个柜子显得非常大气。
主视图
侧视图
细节一
细节二

作　　品：如意柜
作　　者：黄银／西南林业大学
指导老师：周雪冰

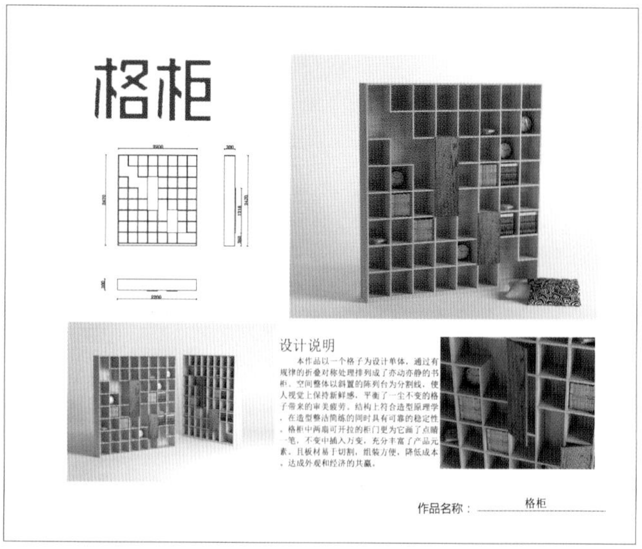
格柜
设计说明
本作品以一个格子为设计单体，通过有规律的折叠对称处理排列成了亦动亦静的书柜。空间整体以斜置的陈列台为分割线，使人视觉上保持新鲜感，平衡了一尘不变的格子带来的审美疲劳。结构上符合造型原理学，在造型整洁简练的同时具有可靠的稳定性。格柜中两扇可开拉的柜门更为它画了点睛一笔，不变中插入万变，充分丰富了产品元素。且板材易于切割，组装方便，降低成本，达成外观和经济的共赢。
作品名称：格柜

作　　品：格柜
作　　者：李浩天、张曙光、冯光儒／西南林业大学
指导老师：周雪冰

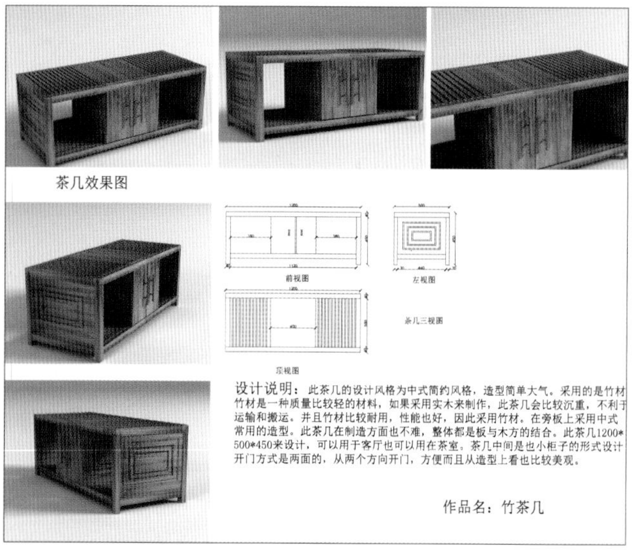
茶几效果图
前视图
左视图
茶几三视图
顶视图
设计说明：此茶几的设计风格为中式简约风格，造型简单大气。采用的是竹材竹材是一种质量比较轻的材料，如果采用实木来制作，此茶几会比较沉重，不利于运输和搬运。并且竹材比较耐用，性能也好，因此采用竹材。在旁板上采用中式常用的造型。此茶几在制造方面也不难，整体都是板与木方的结合。此茶几1200*500*450来设计，可以用于客厅也可以用在茶室。茶几中间是也小柜子的形式设计开门方式是两面的，从两个方向开门，方便而且从造型上看也比较美观。
作品名：竹茶几

作　　品：竹茶几
作　　者：李书飞、张曙光、李从良／西南林业大学
指导老师：周雪冰

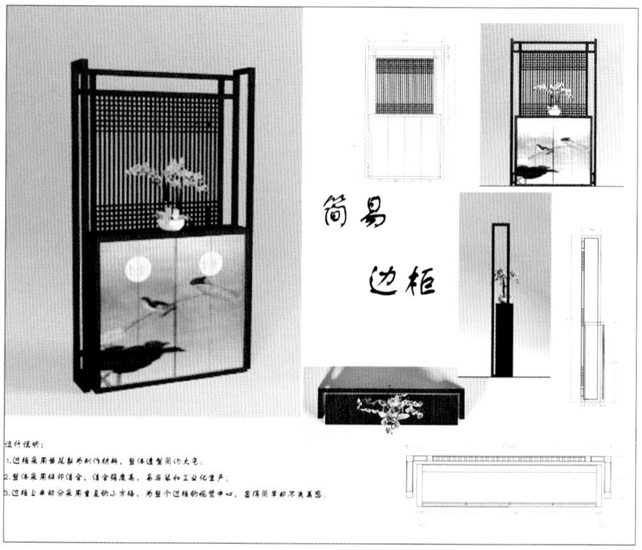
简易
边柜
设计说明：
1.边柜采用黄花梨为制作材料，整体造型简约大气。
2.整体采用榫卯结合，结合强度高，易安装和工业化生产。
3.边柜上半部分采用重叠的小方格，为整个边柜的视觉中心，显得简单却不失美感。

作　　品：简易边柜
作　　者：夏姣／西南林业大学
指导老师：周雪冰

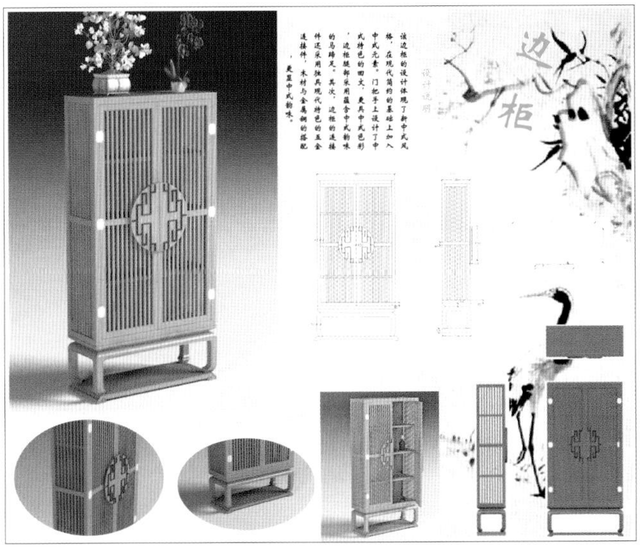

作　　品：边柜
作　　者：杨丹／西南林业大学
指导老师：周雪冰

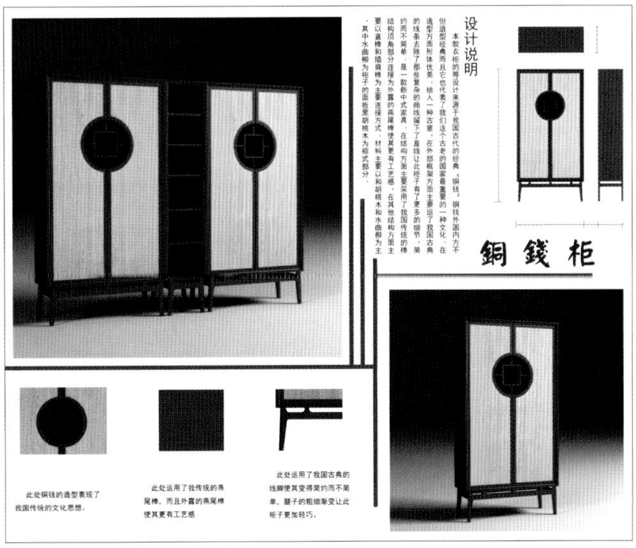

作　　品：铜钱柜
作　　者：张曙光、李从良、李书飞／西南林业大学
指导老师：周雪冰

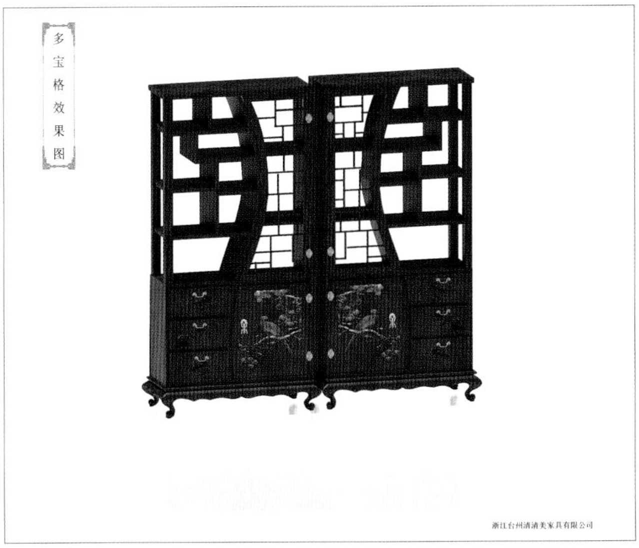

作　　品：平安多宝格
作　　者：周鸣山、周天兴／浙江台州清清美家居有限公司

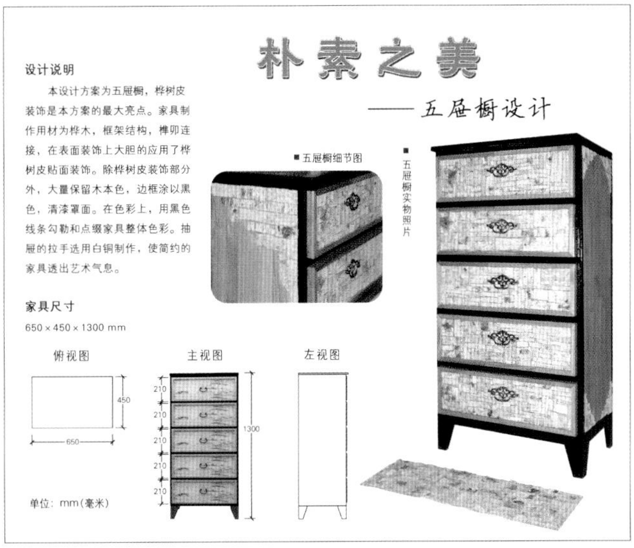

作　　品：朴素之美
作　　者：李军／内蒙古农业大学

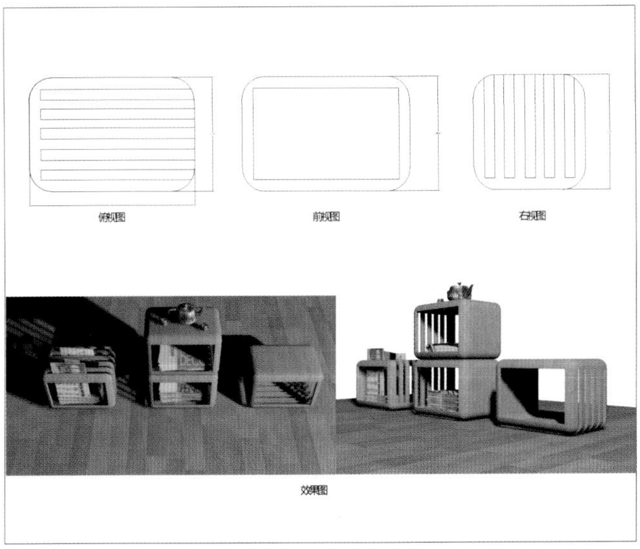

作　　品：多功能坐凳
作　　者：吕莹／中南林业科技大学
指导老师：夏岚

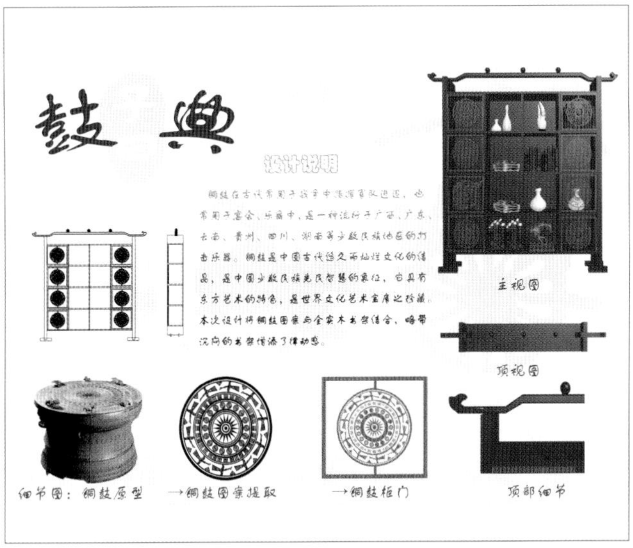

作　　品：鼓典
作　　者：黄慧金／广西大学
指导教师：孙静

ZHONGGUO
MUJIAJU
SHEJI
NIANJIAN
2017

设计表现作品

床榻类设计奖

轩
"轩窗小憩
繁琐的世界寻找
式传统元素，回
味。同时采用新
置，美观而实用。
现与传统床榻不
现，融入所理解
侧层加入一个皮革半袋子，可以放入书籍之类
杂物，方便解决想要小憩时候的放置问题

作　　品：轩
作　　者：袁兆华／华南农业大学
指导老师：杨慧全

窗倚“轩”，在
收。“轩”提炼中
运用更体现经典韵
勾，侧层收纳的设
式的结合，因而呈
感觉，对传统的在

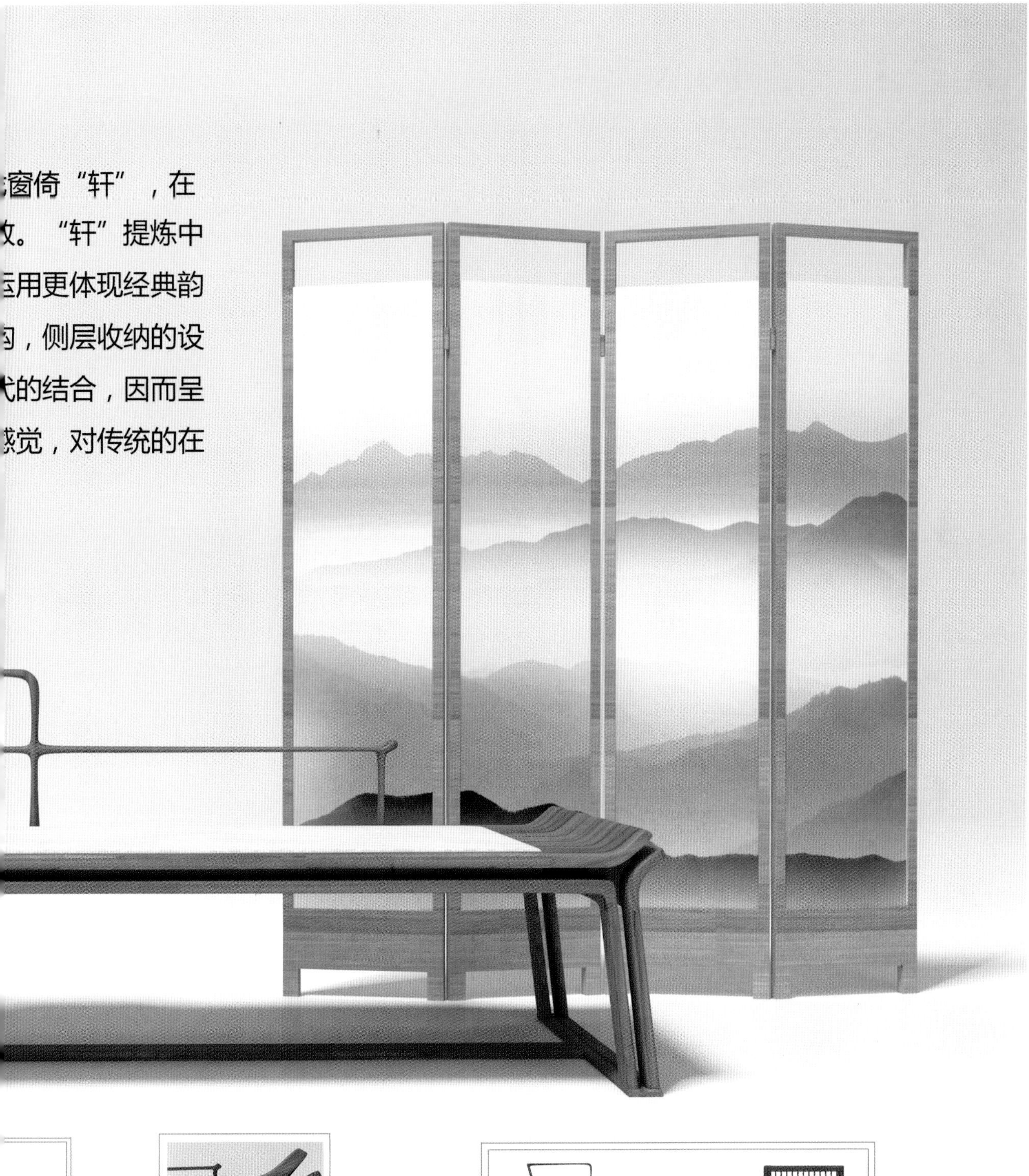

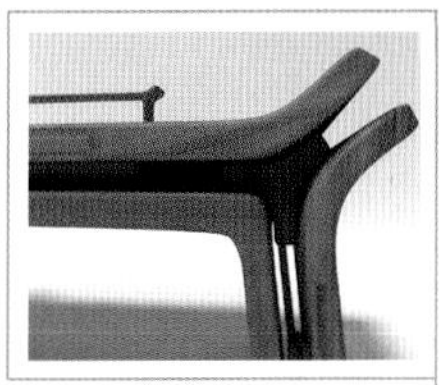

两头夹层中间用了一个往内收的六边形隔断，在上层与侧层下方匀用螺丝固定，下层则自然放置。

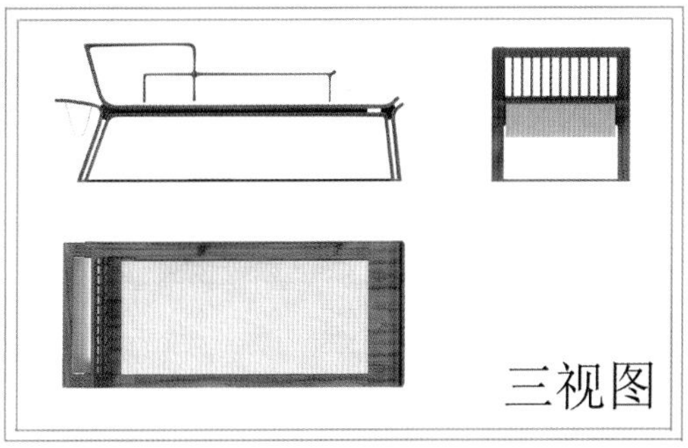

作　　品：彩云追月
作　　者：薛拥军、陈哲／广州知道家居设计有限公司

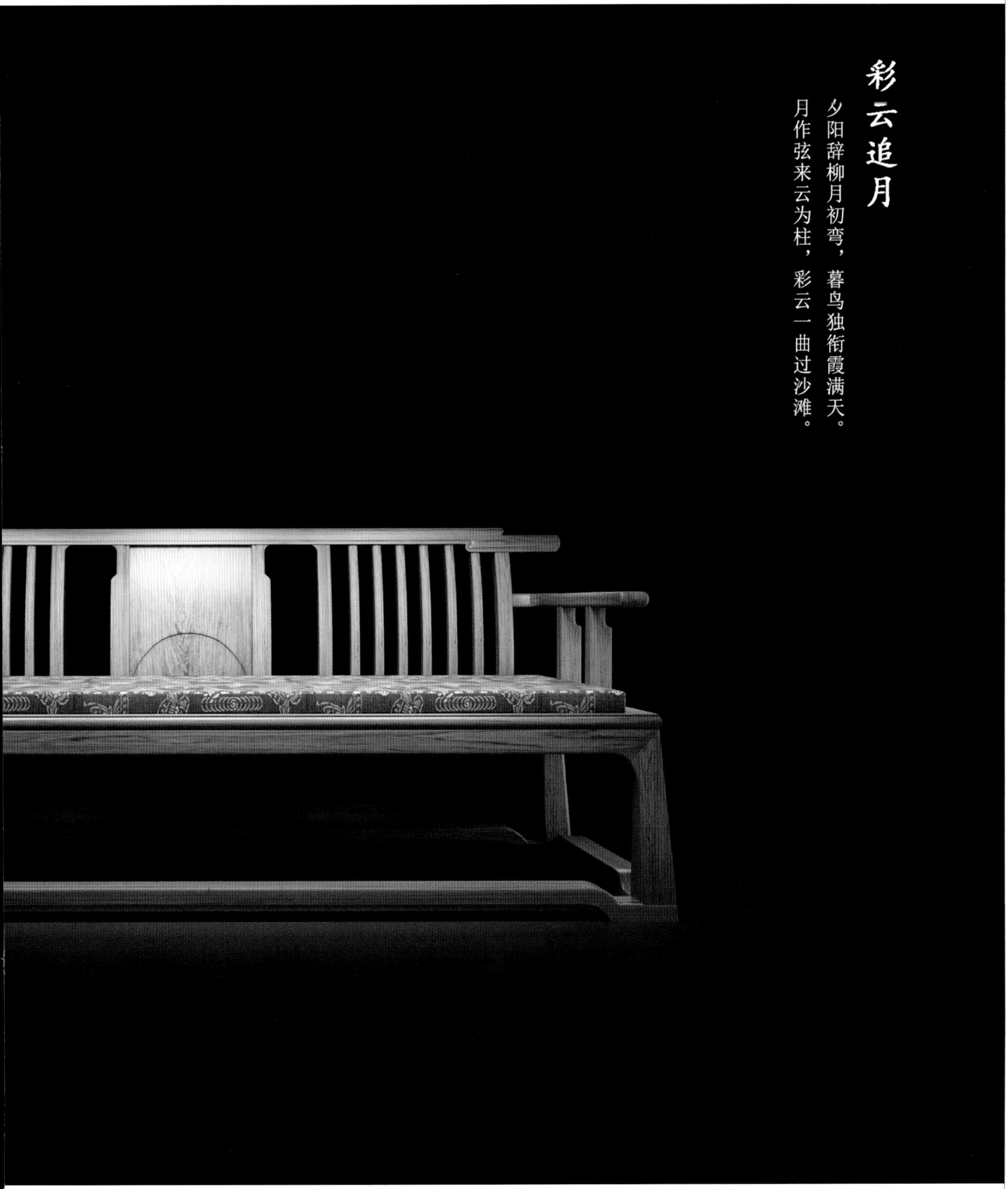
彩云追月
夕阳辞柳月初弯，暮鸟独衔霞满天。
月作弦来云为柱，彩云一曲过沙滩。

作　品：渡
作　者：祝国东／淮南师范学院
指导老师：包永江

整体造型吸取了江南乌蓬船元素，营造出一种“野渡无人舟自横”的寂寥之美，如入禅境。船能让人由此岸渡向彼岸，而修为与历练能帮你达到人生彼岸。人生如弈，要“渡过”的除了人还有“阿尔法狗”，但是最终能将自己渡向彼岸的还是自己的内心。坐其上敛气凝神，雾气升腾，椅如舟行，冷露无声，岁月静好，一船、一蓬、一篙，划向人生彼岸。

整体造型吸取了江南乌蓬船元素，翘起的椅面如同船体，靠背半弧形的线条灵动、流畅，源自船蓬，整体造型至简至美，营造出一种“野渡无人舟自横”的寂寥之美，如入禅境。

材料上以实木为主辅以藤材柔性材料，坐垫采用亚麻材质，舒适透气。

细节图

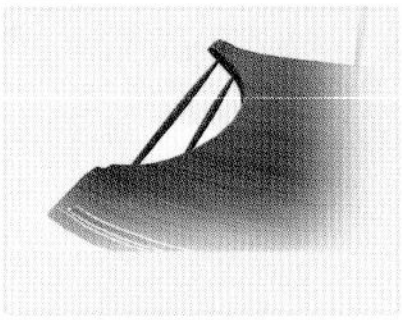

简洁的船头形态

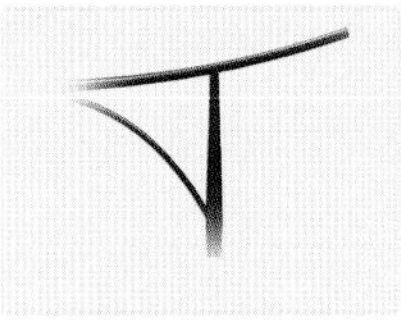

马头墙形态的靠背椟

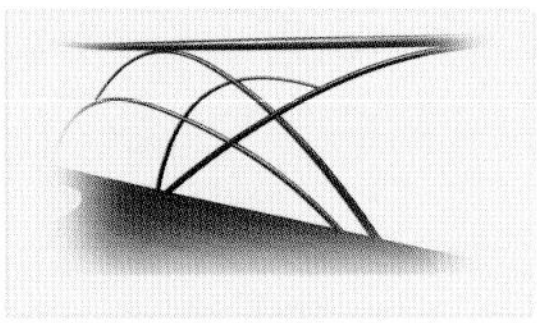

线条化的船蓬形态靠背

三视图

单位：mm

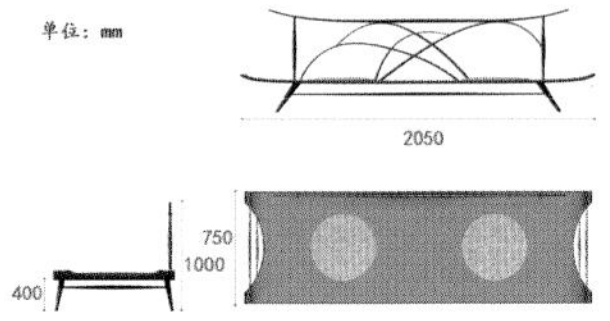

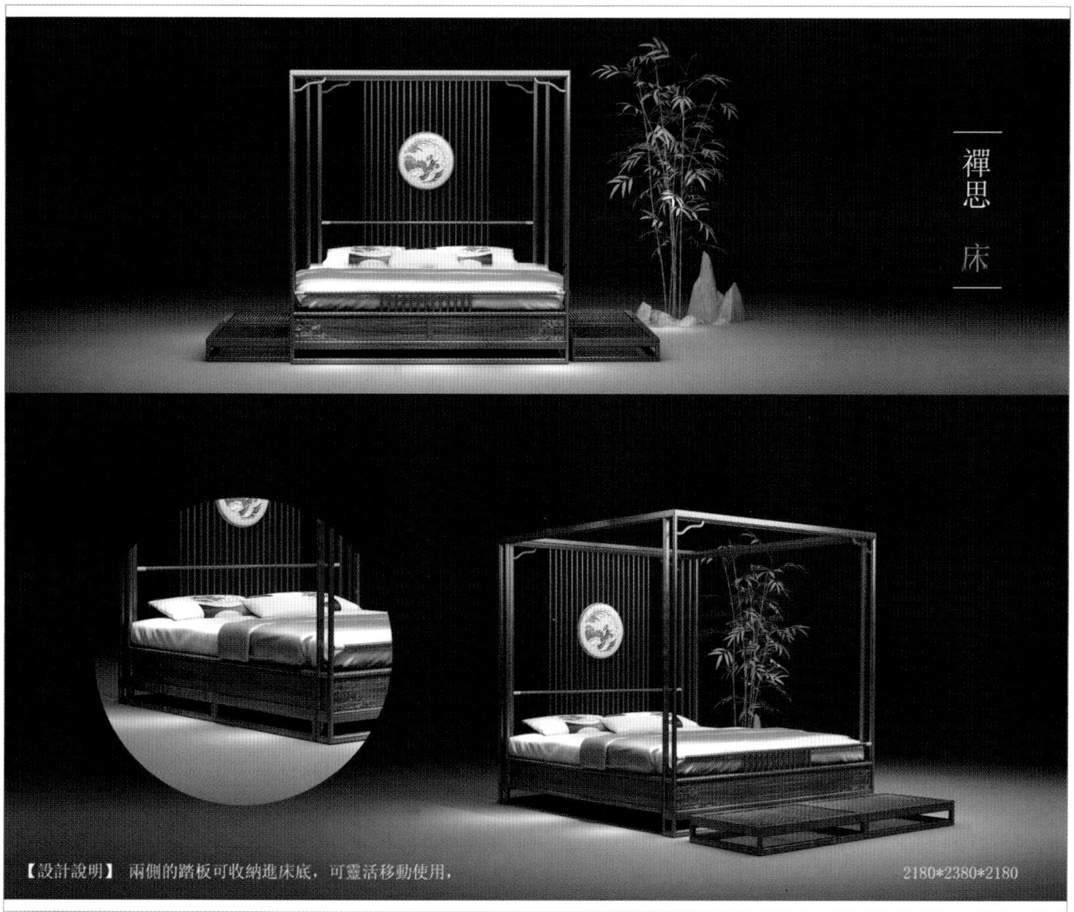
禪思 床
【設計說明】 兩側的踏板可收納進床底，可靈活移動使用。
2180*2380*2180

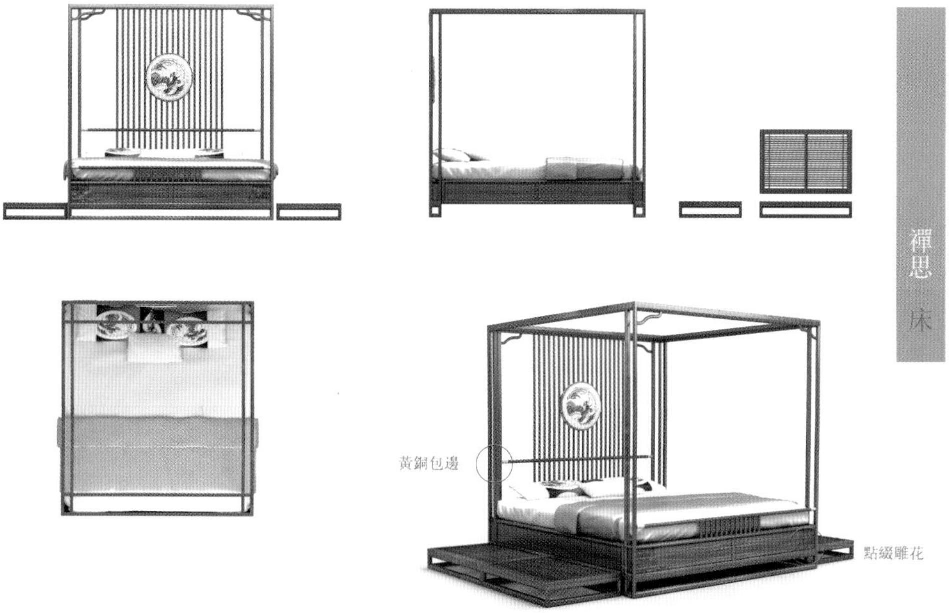
禪思 床
黃銅包邊
點綴雕花

【設計說明】 該架子床取形于明式家具，融合現代手法從新演繹新中式
兩側的踏板可收納進床底，可靈活移動使用。

【尺寸】 2180x2380x2180

作品：禅思床

作者：陈家枢／中山职业技术学院

指导老师：潘质洪

床榻类设计奖

作品：山水之间

作者：马杰东／品木设计

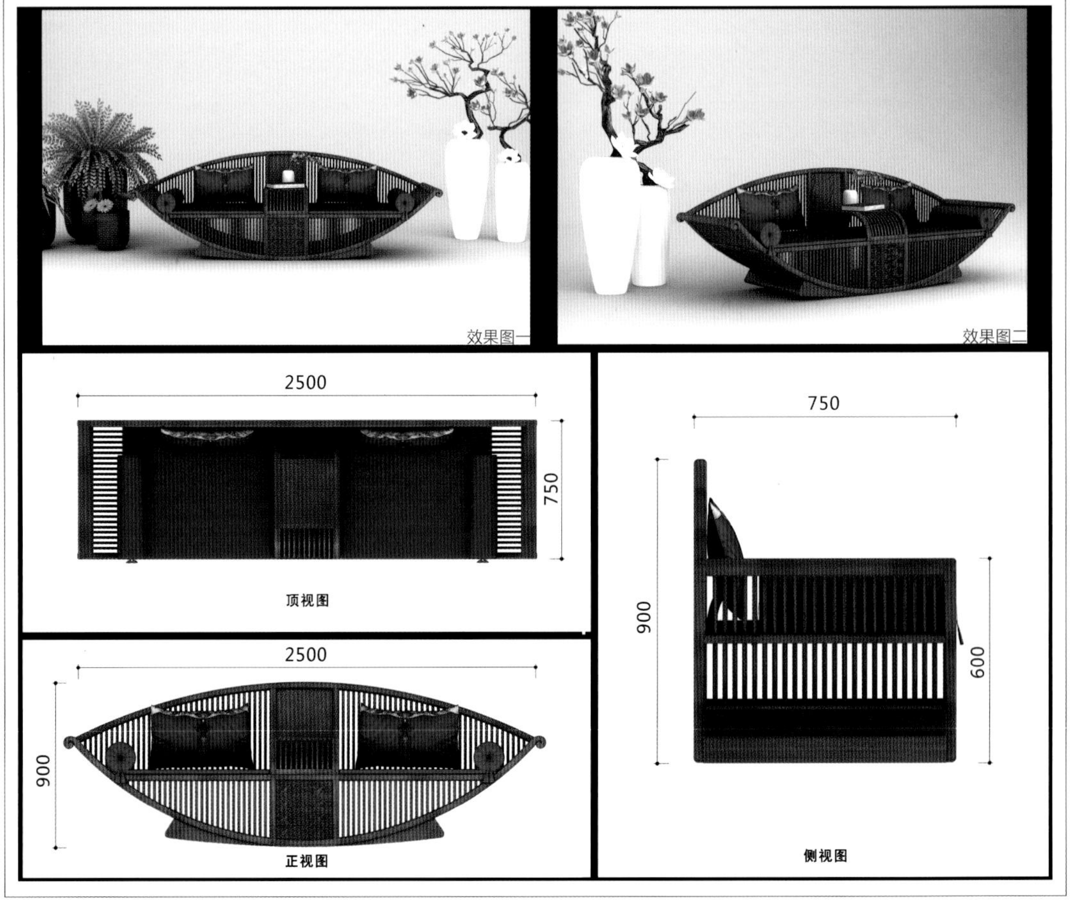
效果图一
效果图二
2500
750
顶视图
2500
900
正视图
750
900
600
侧视图

作　品：民宿围床

作　者：曹艳／杭州大巧家居设计工作室

指导老师：翟伟民、徐乐

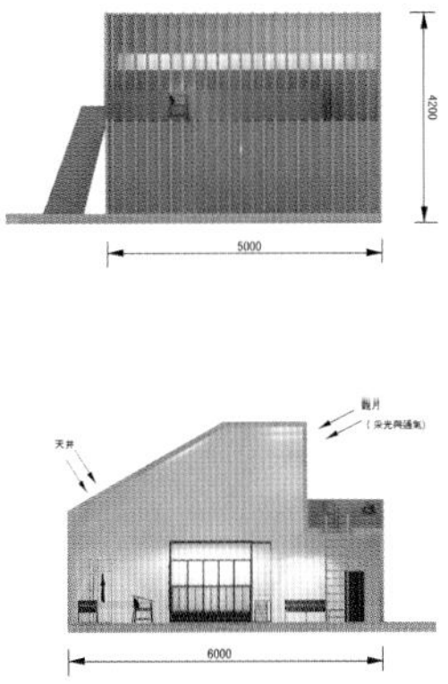

民宿围床

新中式家具设计

本架子床设计延续了传统明式家具的风格，为了增加居住空间的私密性床的设计采用了围屏形式，并且上下活动自如，结构上独具匠心，采用了暗销结构，方便围屏的上下开启，围屏采用了实木与藤编工艺结构，增加了通透性，整体民宿根据延续了明式家具的美感和气质，营造一种悠然自得的水上居所环境。

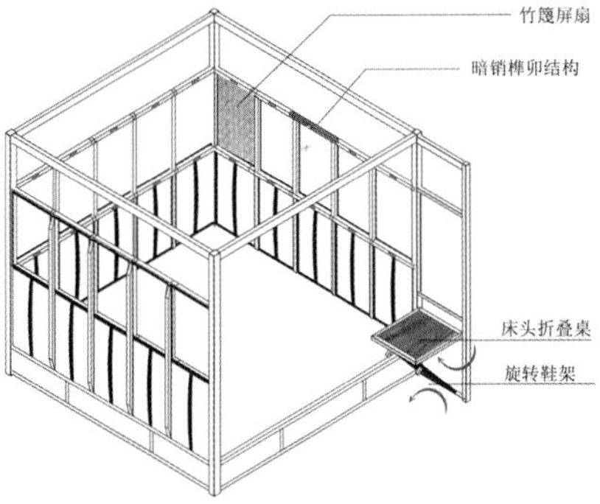

作　品：东方韵

作　者：黄剑辉、梁燕燕、袁兆华／华南农业大学

指导老师：杨慧全

作品：文杏叶床

作者：徐思方、鹿文鹏、刘雅靖／江苏贝特创意环境设计股份有限公司

设计说明：

【文杏叶床】

银杏象征着古老文明和永恒的爱，象征着秋季的收获。设计在传承苏州明式家具的基础上，以现代审美方式，通过对银杏叶造型的提炼并运用明式家具的典型线条和工艺，表现自然美，生态美与人体工学的内在美，以传统与现代形式相呼应。

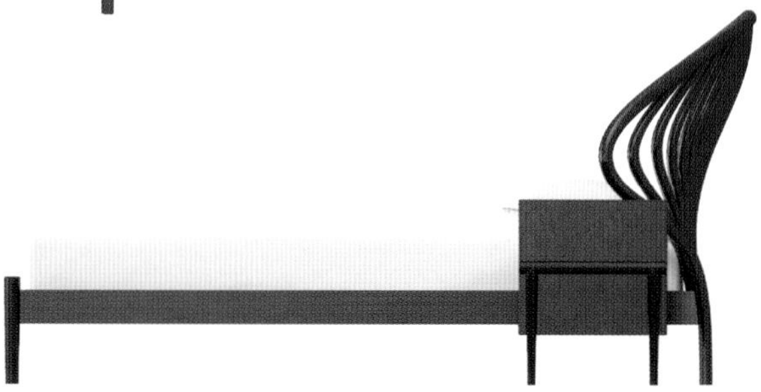

作品：山水之涧

作者：薛拥军、陈哲／广州知道家居设计有限公司

山水之涧

山水为人提供辽阔的视野，激发诗人的创作欲望。古人对山水情有独钟，令人一言不合便游山玩水。远山有气势，近山有机理；大海汪洋恣肆，小溪潺潺动人。了解她们的神韵，将这种神韵赋予一种载体，载体就有了活力。整体造型庄重大方，显露山的高大巍峨；用若干线条表现内部构造，富有韵律感，再现水的灵动。愿人人寻得一处山水，纵享人生之妙。

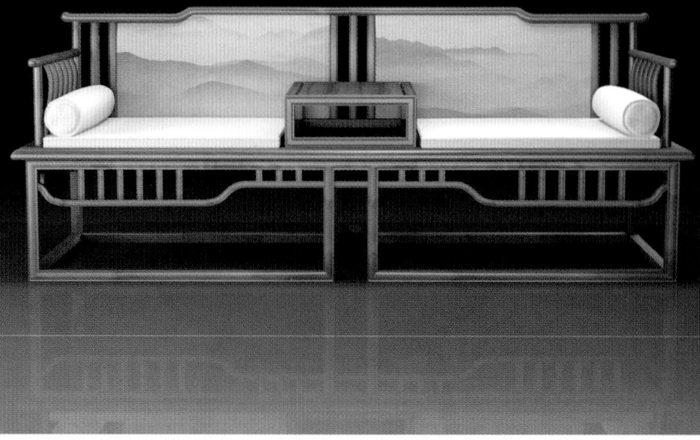

空·放

作品：空·放
作者：许伟彬／华南农业大学
指导老师：杨慧全

设计说明

此设计延续清代罗汉床又有官帽椅的形态，打破传统僵直笨重压抑的形态，其形态上加入柔美曲线设计美学之中，采用人部分线条，镂空，阵列排序，符合了现代设计的轻巧，增强视觉空间感，扶手增人面积似花瓣的形态，同时也提高人机工程的舒适度，同时也增加了现代放置功能，其整体的形态像是一朵初放的花朵，象征着新生事物：牙子，祥云，管帽，屋檐等细节起到点睛之笔。低座面设计借鉴禅意元素之意与中国茶道结合，丰富传承中国文化，梯形的外观给人稳重，庄严祥和感。

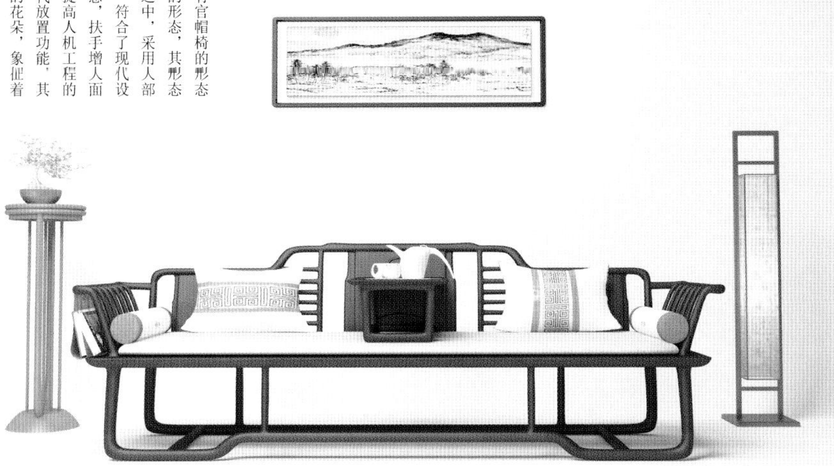

三视图

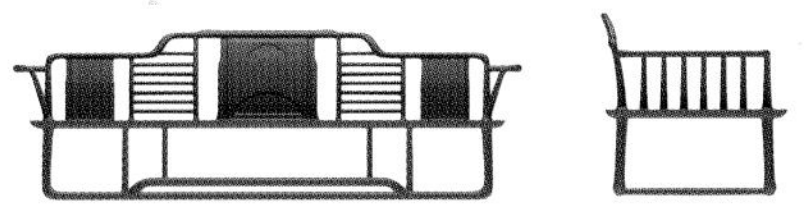

细节图

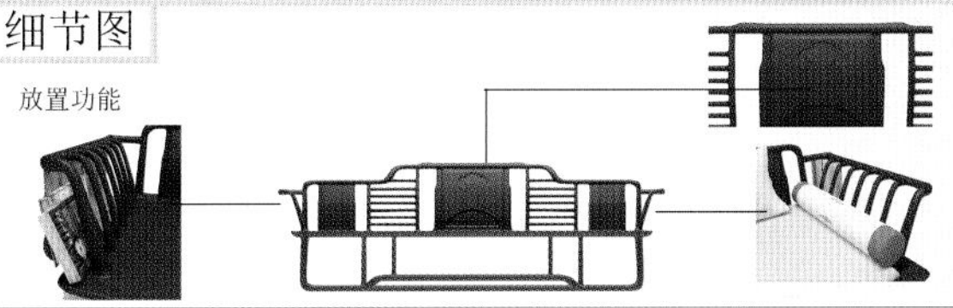

作品：荷韵
作者：黄振波、邓雅洁／华南农业大学
指导老师：陈哲

首届“海丝杯·廖熙奖”中国木家具设计大赛

这套家具的元素提取于荷花的造型，床头部分采用圈椅的结构，与荷花的造型相融合，整体犹如含苞待放的荷花，造型简约，线条流畅，正如荷花那般的高洁优雅，体现出新中式的简洁高雅，富有韵味，透出淡淡的新中式味道。

整体尺寸：
2230*2000*700
450*290*550

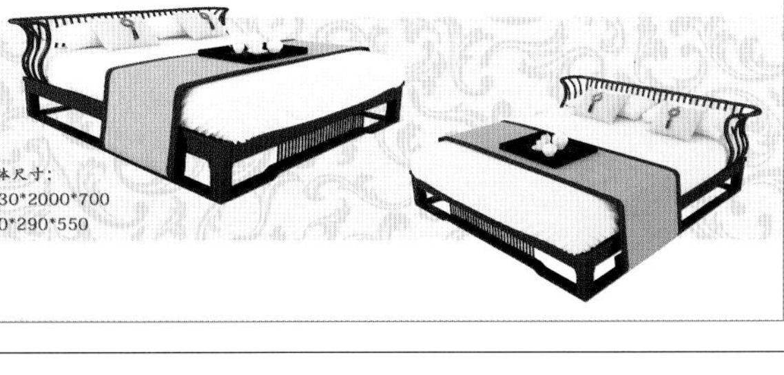

作品：靠背床 斗柜

作者：李亚东／自由设计师

靠背床
斗柜

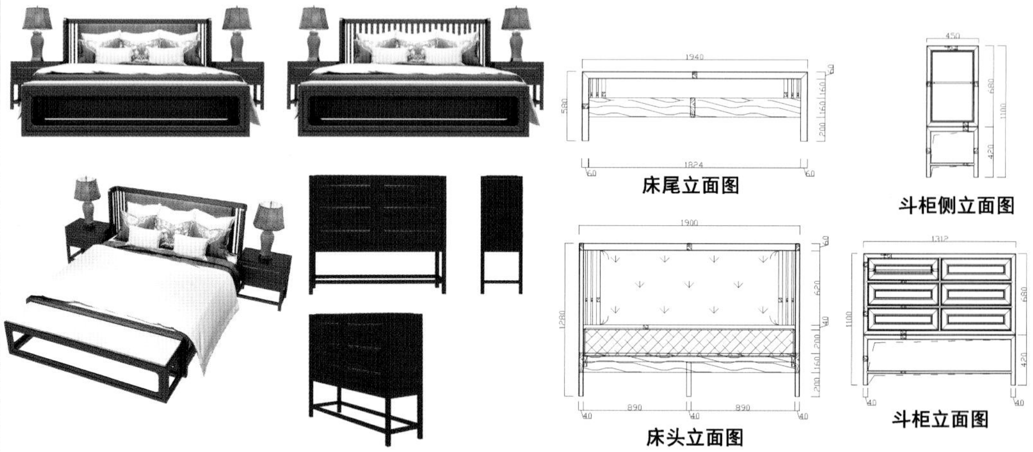
床尾立面图
斗柜侧立面图
床头立面图
斗柜立面图

作品：朴机

作者：冯际龙／南京林业大学

“三分人因，七分天成”----- 三分之于线条曲幽、比例舒展，七分之于材之本性、性之相合。

作品：一线一木

作者：田文雯、廖丹、邓娟／四川农业大学

指导老师：逯新辉

一线 一木

细节与结构：

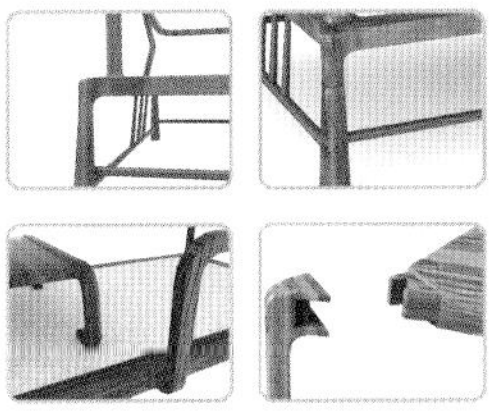

设计说明：

该床榻的灵感来源于简单而有变化的线条。

造型上：床榻腿部从上而下变化自然；线条代替背板，更具有延伸感；靠背左右两边高低不同，打破了中式家具传统的对称方式。

材质上：棉麻材质的软垫与木材搭配。

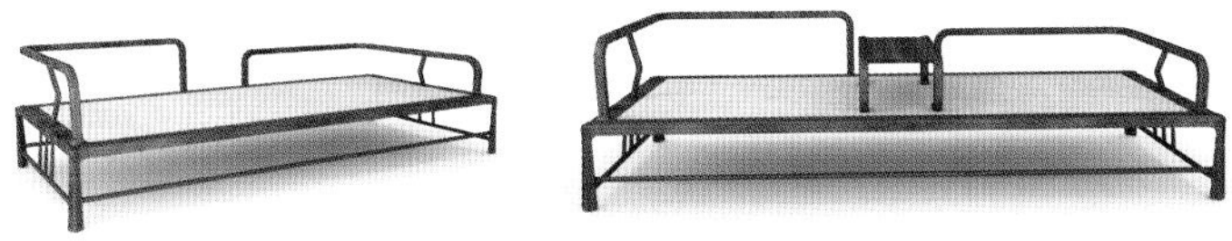

三视图：

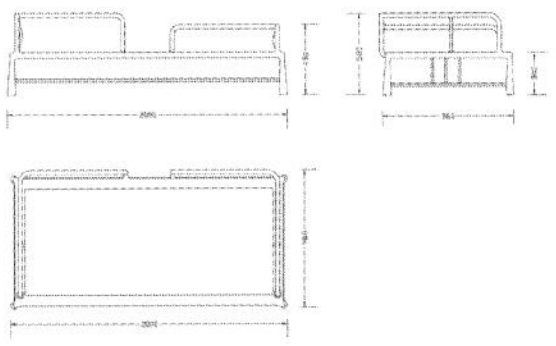

作品：看见

作者：祝国东、都可悦／淮南师范学院

指导老师：包永江

"看见"

在形态上，以佛眼为设计元素，佛眼的形态修长而灵动，蕴含着悲天悯人的气场，以出世之佛眼，观入世之事，静坐于佛眼之上，却心怀天下。整体的造型引入了明式椅的神韵，简洁流畅，舒缓而细腻，气质优雅，让人安静。

"看见"分为双人与单人组合款两款。以实木为主材，座面装有麻布软包坐垫，更加舒适、透气。

床榻类设计奖

作品：雲生
作者：施舜杰、沈伟、朱乔明／浙江农林大学
指导老师：朱芋锭

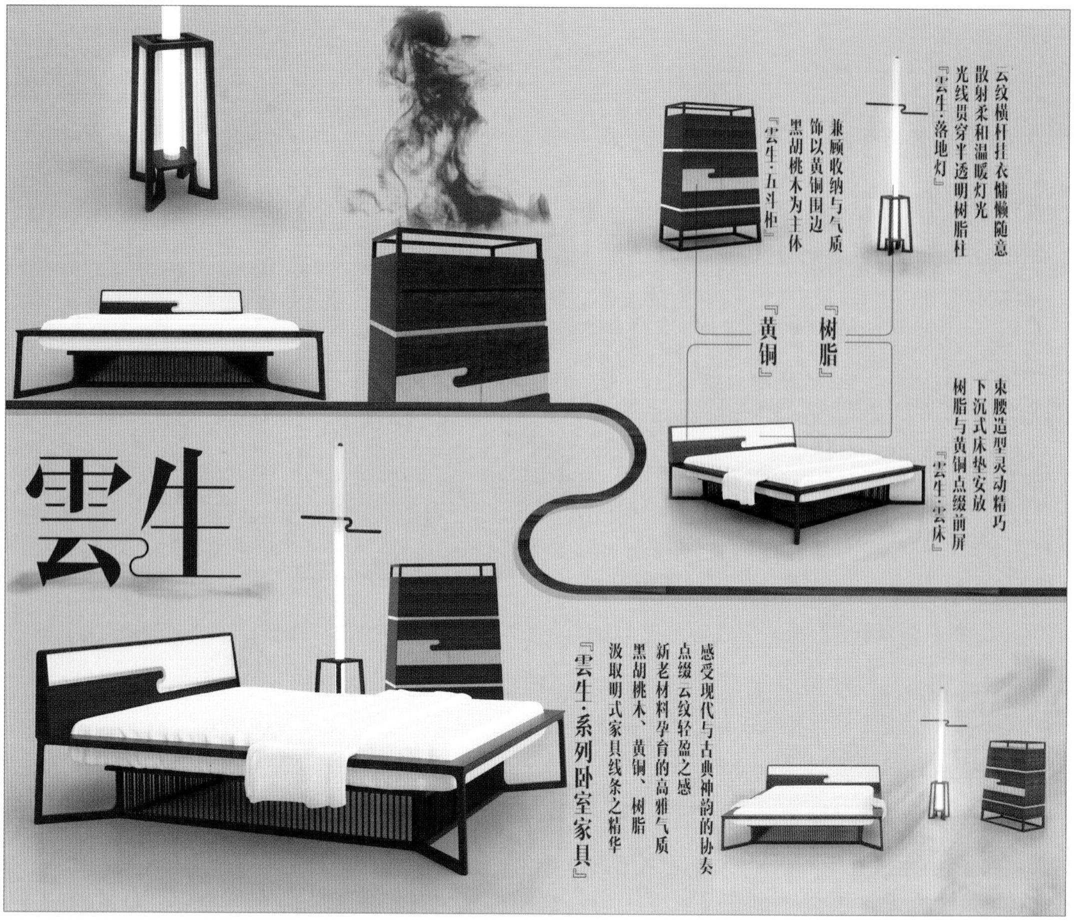
云纹横杆挂衣慵懒随意
散射柔和温暖灯光
光线贯穿半透明树脂柱
『雲生·落地灯』
兼顾收纳与气质
饰以黄铜固边
黑胡桃木为主体
『雲生·五斗柜』
『树脂』
『黄铜』
束腰造型灵动精巧
下沉式床垫安放
树脂与黄铜点缀前屏
『雲生·雲床』
雲生
感受现代与古典神韵的协奏
点缀云纹轻盈之感
新老材料孕育的高雅气质
黑胡桃木、黄铜、树脂
汲取明式家具线条之精华
『雲生·系列卧室家具』

作品：睡莲
作者：李天／华南农业大学

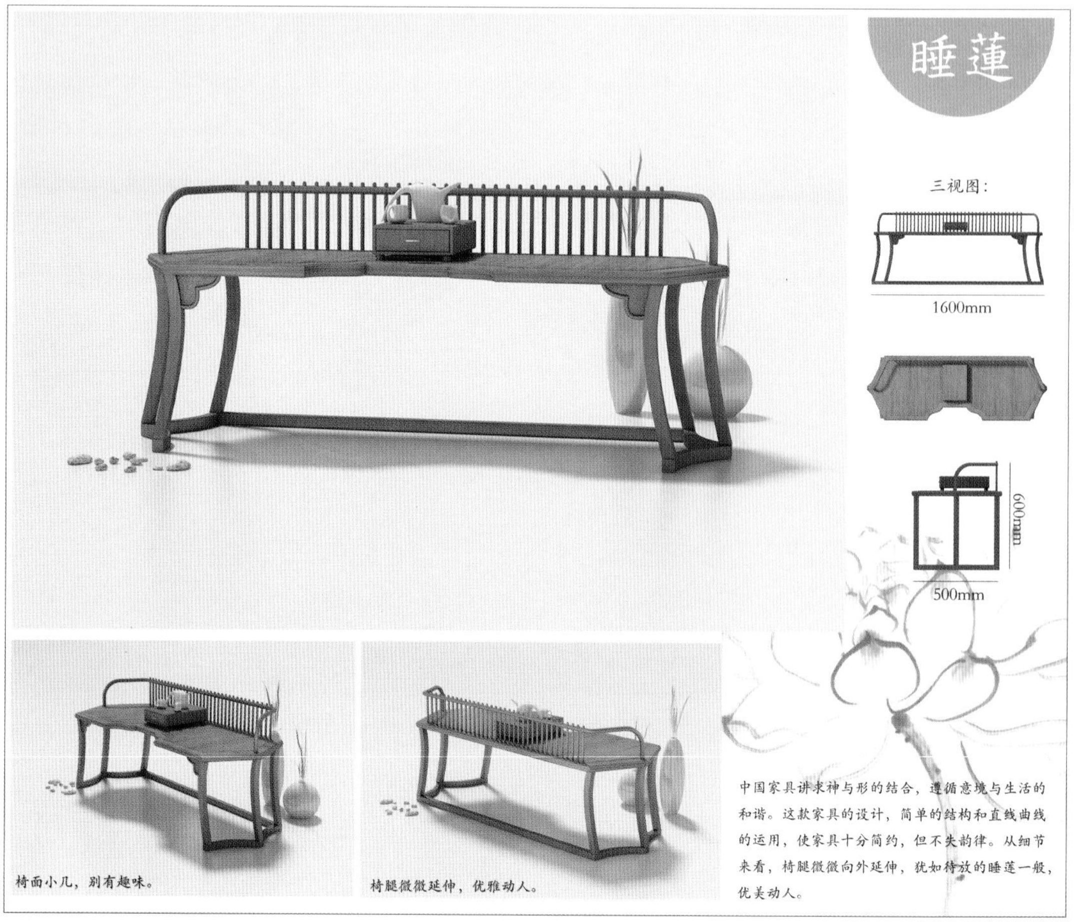
睡蓮
三视图：
1600mm
600mm
500mm
椅面小几，别有趣味。
椅腿微微延伸，优雅动人。
中国家具讲求神与形的结合，遵循意境与生活的和谐。这款家具的设计，简单的结构和直线曲线的运用，使家具十分简约，但不失韵律。从细节来看，椅腿微微向外延伸，犹如待放的睡莲一般，优美动人。

作品：水乡旭日

作者：潘灶生／龙江职业技术学校

指导老师：陈明亮

※《水乡旭日》

珠三角水乡的景致是迷人的，水墨意境总能映入眼眸。如果在晴朗天你有闲早起，信步游走在河埠基围边，你总能欣赏到金灿灿的晨曦笼罩在河涌里的小船上，微风中波光粼粼的荡漾迷离感，衬托在「小桥、流水、人家」的景致中，瞬时让观者心旷神怡，渗心入肺！彼景此意象、彼情此设计能让人们在喧嚣浮躁的都市生活中体味一份乡村的放松与宁静。

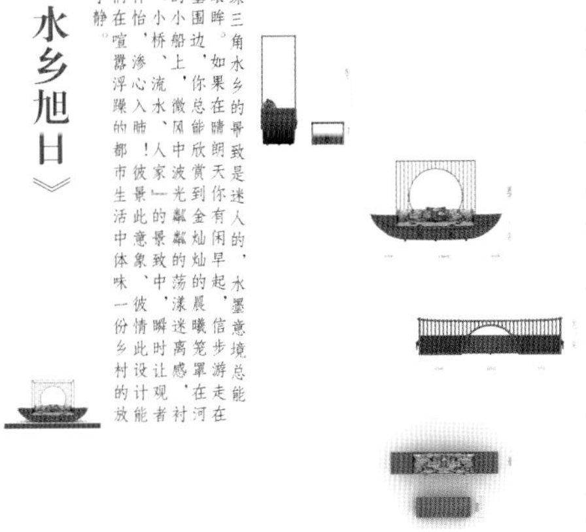

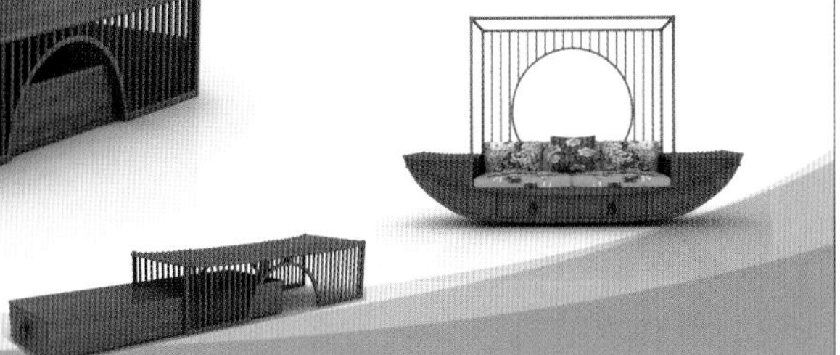

作品：朱篱

作者：汪蒸珂／西南林业大学

指导老师：周雪冰

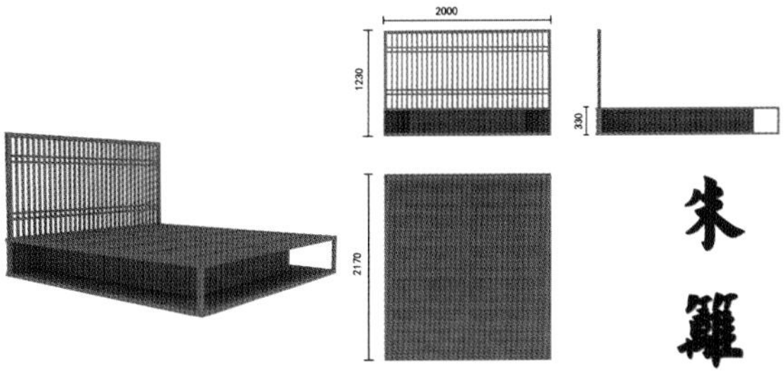

朱篱

设计说明：

直棱格是汉族传统建筑中的装饰构建之一，本设计是以樟木为材料，将棱格加以改造为床头，同时，床梃设计为“工”字型打破传统卧具一贯风格，既增加了它的储物功能（例如：放书等），又使得造型更加简练。床体配以相应的床头柜与斗柜打造出一种清新静逸之感。

床榻类设计奖

作 品：一榻清风
作 者：陈绍煜／广东工业大学
指导老师：郭琼

一榻清风

Windy Couch

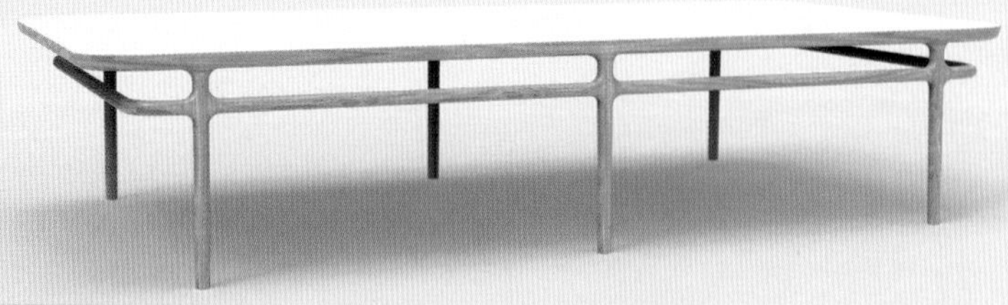

设计说明/Design Idea：

设计基于中国传统家具对“线”的审美偏好,尝试以“线”造“形”；将传统的榻作线形的处理,营造轻盈流畅的感觉.

Based on aesthetic preference of traditional Chinese furniture—“Line”,the couch is made with “line”,Building a light and smooth impression.

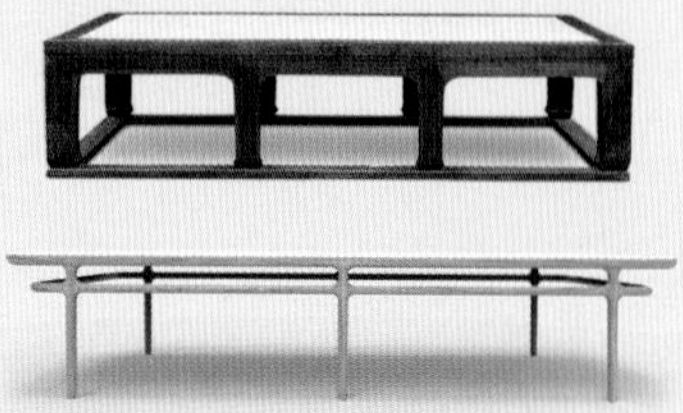

设计细节/Design Detail：

木部件间光滑连接，突出线形感觉.

Wooden parts are connected smoothly,emphasizing the form of line.

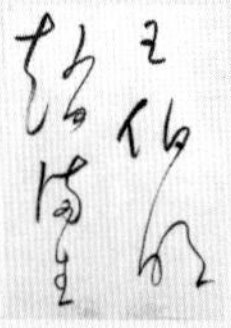

三视图/Three views：

L1900 W900 H400

作 品：岭南榻
作 者：何耀国／华南农业大学
指导老师：陈哲、薛拥军

岭南榻

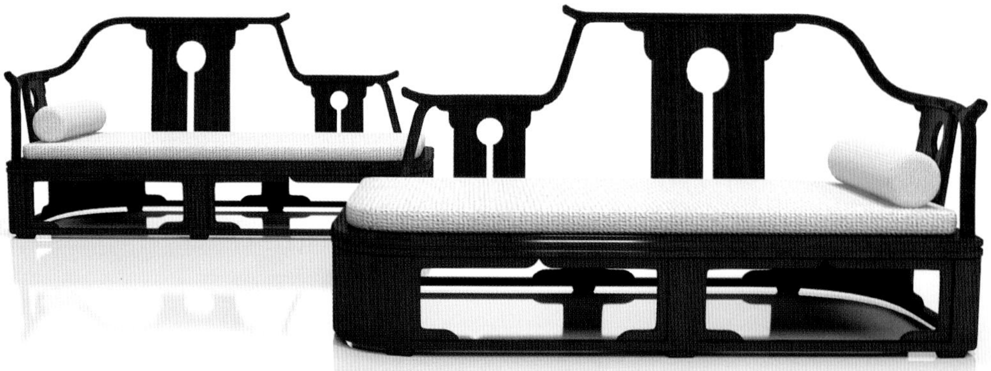

设计理念：

这款岭南榻的设计来源于古代的贵妃榻，整体造型上保留了传统贵妃榻的基本特点。在传统的元素设计中，靠背汲取了岭南艺术文化中的马头墙元素，突出其时尚、简约的岭南特征。并且以其充实的木色提升自身品味，与棉麻面料的沙发组合在一起跟变现出非同一般的豪华气度，使整款岭南榻总体感觉细腻而舒展。

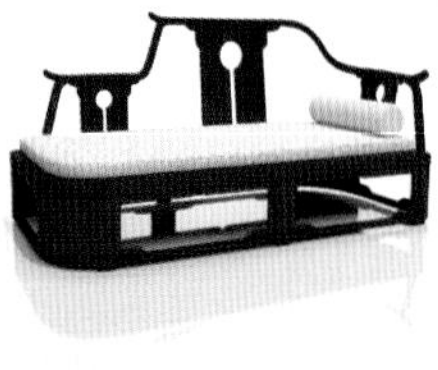

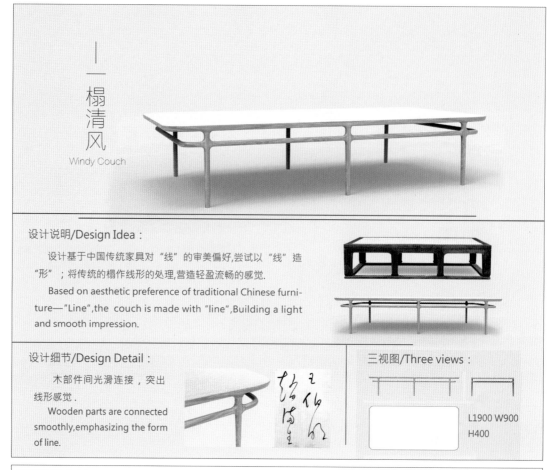

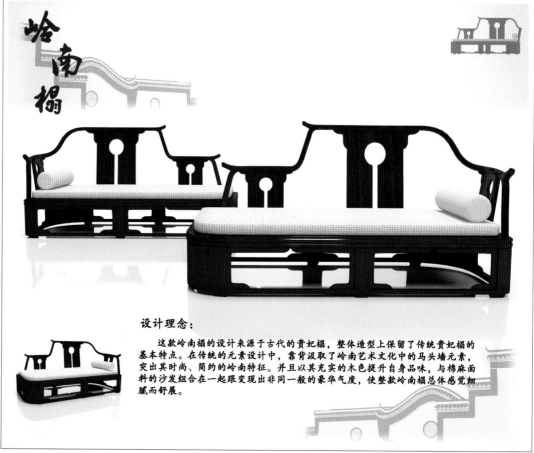

作　品：爵迹
作　者：林怡菁／华南农业大学
指导老师：杨慧全

爵
迹
设计说明：
传承传统文化，探索中华民族美学智慧结晶。于是，让青铜酒器“爵”以家具形态重生。本作品保留“爵”的杯嘴曲线以及三腿足元素的同时，极致简化造型，使之更符合现代美学。古今交融，莫过如此。
金属支架具有体积小，强度大的特性。增添两根金属支架使家具更具稳固性。

作　品：成长婴儿床
作　者：陈晓怡、曹庆喆／广东轻工职业技术学院
指导老师：白平

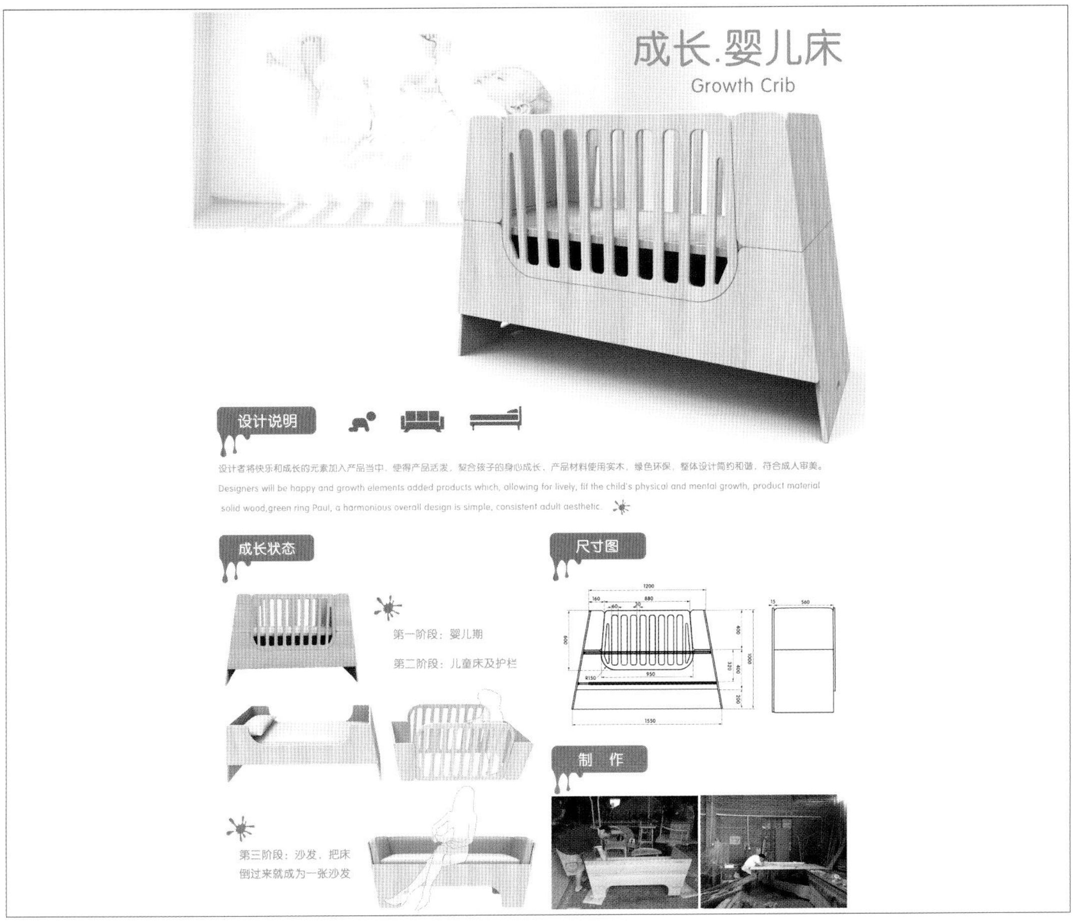
成长.婴儿床
Growth Crib
设计说明
设计者将快乐和成长的元素加入产品当中，使得产品活泼，契合孩子的身心成长，产品材料使用实木，绿色环保，整体设计简约和谐，符合成人审美。
Designers will be happy and growth elements added products which, allowing for lively, fit the child's physical and mental growth, product material solid wood,green ring Paul, a harmonious overall design is simple, consistent adult aesthetic.
成长状态
第一阶段：婴儿期
第二阶段：儿童床及护栏
第三阶段：沙发，把床倒过来就成为一张沙发
尺寸图
1200
160
880
60
30
15
560
制　作

床榻类设计奖

作　品：红韵
作　者：庄晓东／龙江职业技术学校
指导老师：刘茂恩

红·韵

设计说明：

想要在第一眼就吸引别人的目光很容易，比如把家具设计成夸张的造型，涂上艳丽的颜色。但是想要永久的打动别人很难，因为人都是视觉动物，很容易就回产生审美疲劳。中式家具之美离不开这两点“含蓄之美”“气韵之美”所谓“含蓄之美”它不会在作品的第一映像给欣赏者一个很激烈的视觉冲突，而将情感的传递赋予体验。而“气韵之美”它表现的是整体造型所体现的生命力。此产品采用了简洁、凝练的线条，更是为了中式家具添加了一种“简约之美”。

作　品：贵妃榻
作　者：刘华健、赖浩塱、张庆淇／顺德职业技术学院
指导老师：干珑

贵妃榻

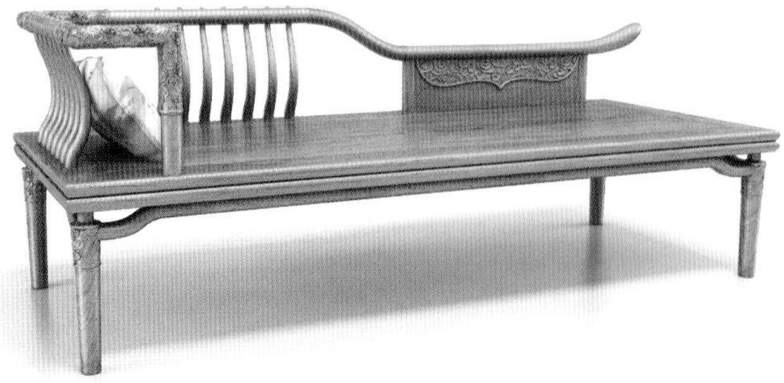

设计说明

家具设计理念借鉴莲花，青花瓷，与钗素，祥云，与明式家具罗锅枨相结合，材料应用巴西花梨，与皮革坐垫，风格新中式禅意设计。

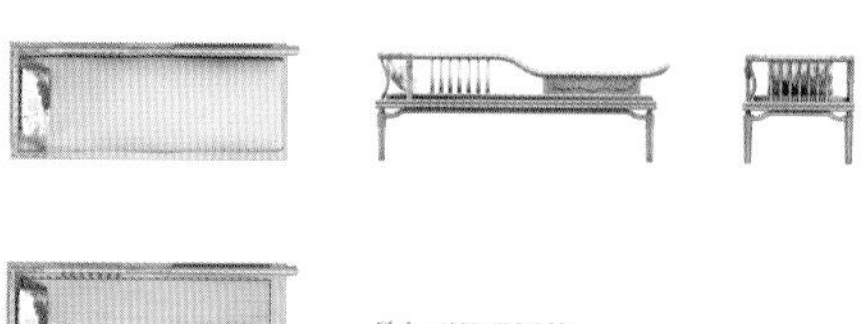

尺寸：1900*600*800
材料：红檀

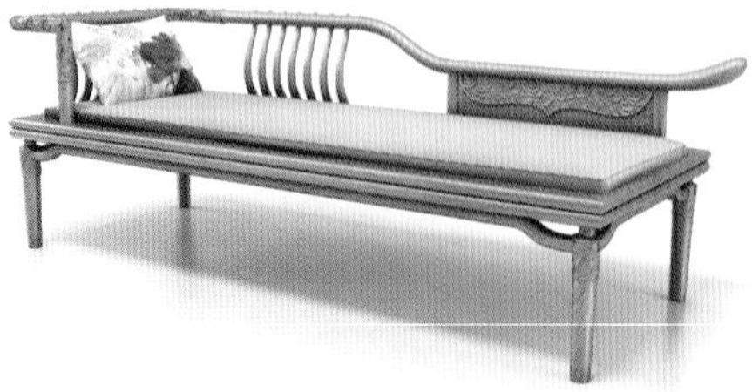

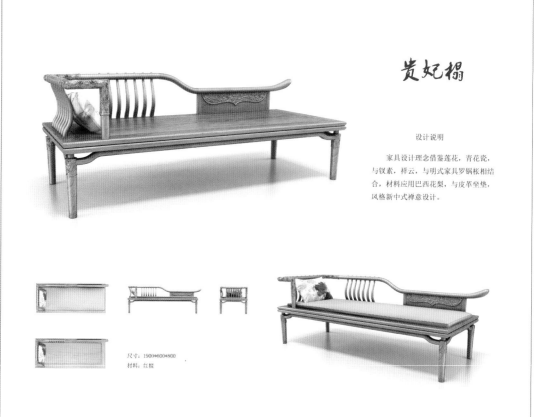

作品：和天下
作者：刘华健、赖浩塱、张庆淇／顺德职业技术学院
指导老师：干珑

和天下

设计说明

设计理念借鉴明代椅子造型结构，抽象提炼的合角滴水元素，融入祥云赋予其意境，充分的修饰处荷塘的景色和韵味，工艺上融合罗锅枨、双边抹头，融合现代简约生活的造型，红木与皮革完美结合，整体大气端庄，形成了独特的新中式家具设计。

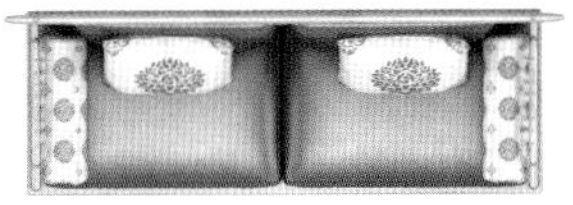

尺寸：1700*700*900
材料：皮革、非洲黄花梨

作品：荷塘月色
作者：刘华健、赖浩塱、张庆淇／顺德职业技术学院
指导老师：干珑

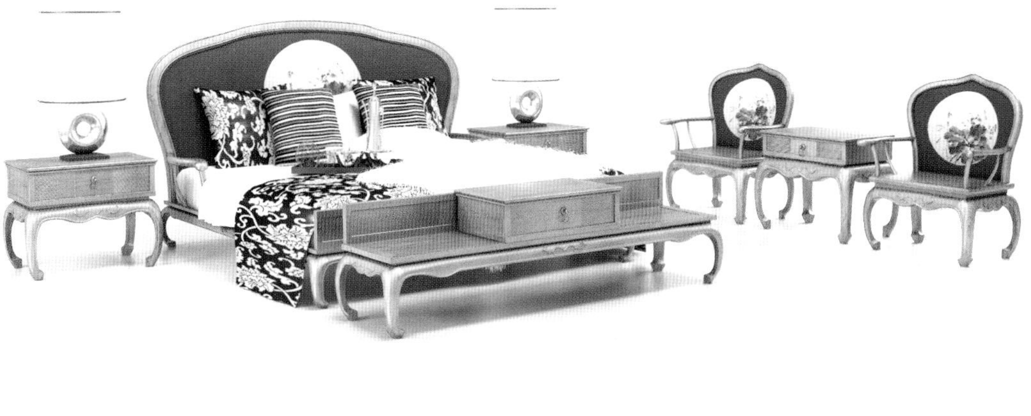

材料：非洲黄花梨　尺寸：床1800*2000*1300　床头柜：500*450*450　床尾凳：1800*450*450

荷塘月色

设计说明

家具设计理念借鉴中国元素成语，明代家具罗汉床，明代家具扶手，经过抽象提炼的卷草纹与欧式的夸张线条进行融合，中外结合形成了独特的新古典家具。

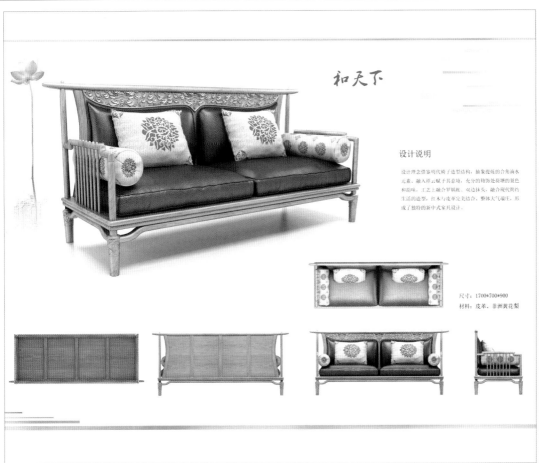

床榻类设计奖

作　品：说爱莲
作　者：刘华健、赖浩塱、张庆淇／顺德职业技术学院
指导老师：干珑

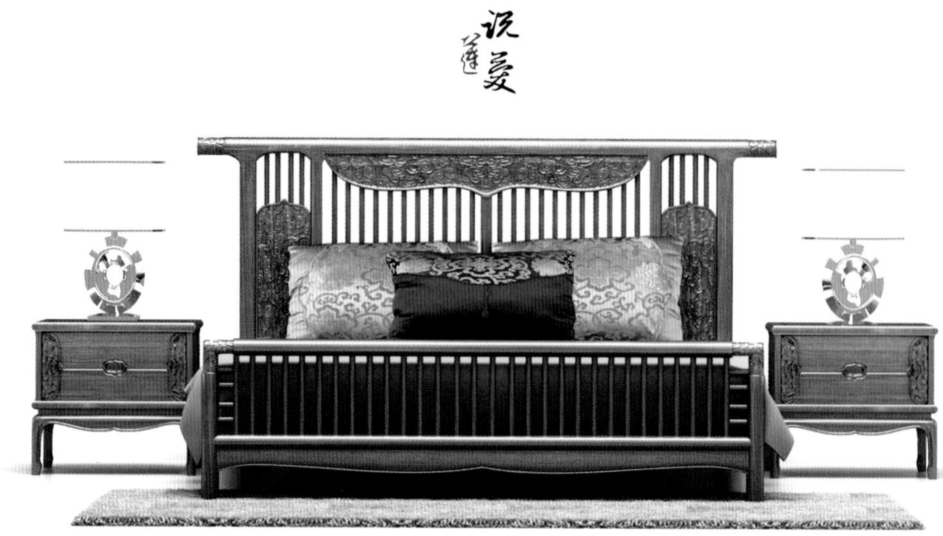

设计说明

家具吸收宋代文化理念，把合角滴水元素融入到设计当中，使造型更显其意境，结构上借鉴明代卯榫结构与现代结构相结合。

作　品：禅意
作　者：黄振波、邓雅洁／华南农业大学
指导老师：陈哲

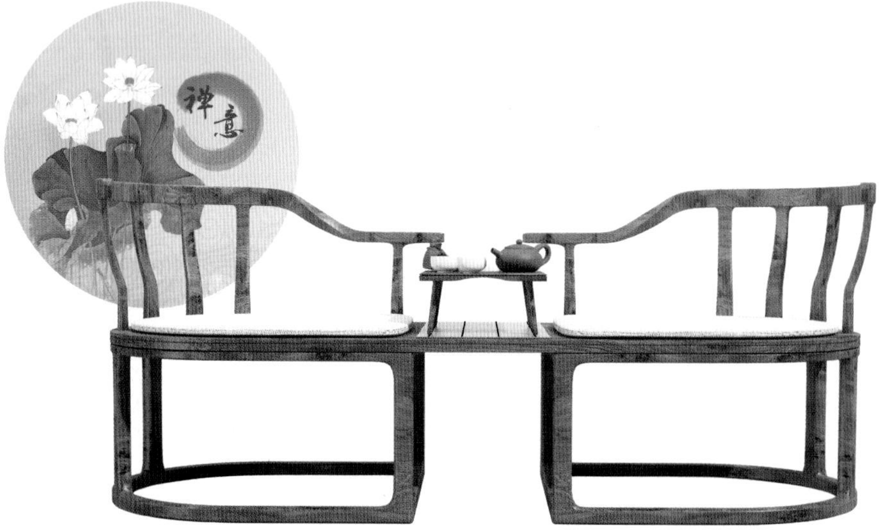

首届“海丝杯·廖熙奖”中国木家具设计大赛

这一坐榻延续了传统明式家具的线条韵律，简练地表达出家具主题——“禅”。在设计中，以线条造物，同时注意线条的收放，将圈椅与坐榻相融合，结合软包的装饰，以“简、朴、精、雅”诠释当下人们对禅生活的品味。

整体尺寸：
1625*600*710

床榻类设计奖

作　品：意山水躺椅
作　者：彭康、王秀芳、唐敏、谭亚国／中南林业科技大学
指导老师：刘文金

意山水 躺椅

设计灵感源自王维《山居秋暝》中的意境。"空山新雨后，天气晚来秋。明月松间照，清泉石上流……"山泉清冽、流于石上、幽静闲适的生活氛围，是人们的向往。将山水意境寓于躺椅设计中，在忙碌的工作之余，携一本书，于躺椅上休憩，如置身山水之间。远离声嚣，聆听心灵，如此美好。

躺椅曲线优美，符合人体工效学；书是当代人的灵魂依靠。将躺椅与书架的功能相结合，在架的上部安装了嵌入式的灯，接合了现代工艺，可以随时可置身于书海，使心灵得饱足；书架上山形装饰，极其圆润。将胡桃木的自然温润的纹理带给生活。

作　品：崇雲
作　者：唐振富、陈四海／华南农业大学
指导老师：陈哲

崇雲
以打破现实世界的樊笥为设计点。直面内心世界的那份静谧，留住传统，也保留住对新时代的希望。
利用传统云纹为设计元素，经过现代工艺的精雕细琢，整体显得气势磅礴。如洪波涌起，气吞万象，故取"崇雲"

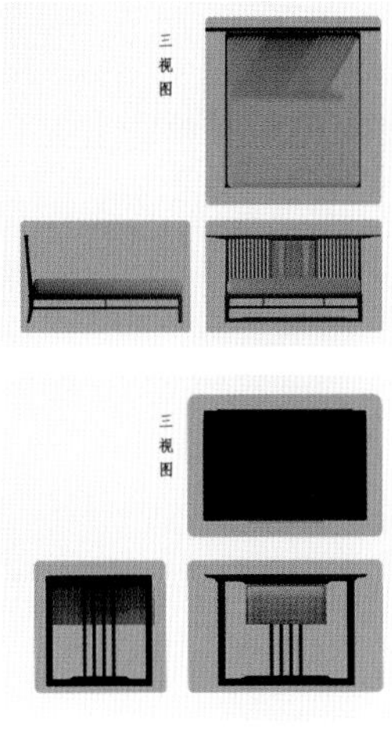
三视图
三视图

几案

床头柜

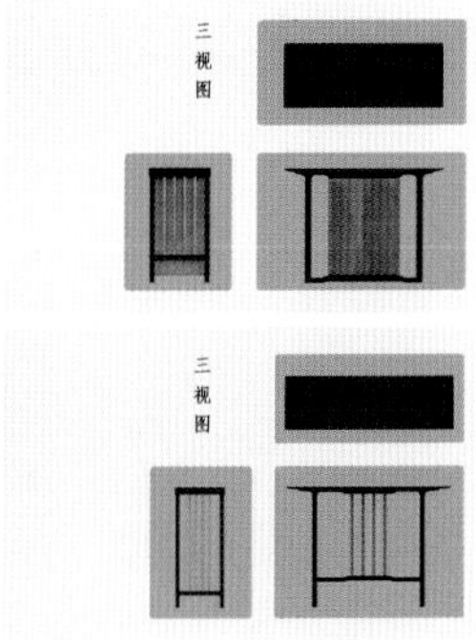
三视图
三视图

床榻类设计奖

作品：故宫印象
作者：陈书君／江西环境工程职业学院
指导老师：张付花

设计说明：
明清故宫京华存，飞阁红墙伴高垣。角楼零落拱日月，雄门架起青冥轩。“印象-紫禁城”通过故宫标志性建筑所特有的的元素：重檐庑殿、正脊龙吻等加以提炼、加工，运用现代的设计手法加以表现。整体设计以尊贵、稳重为母体来组织立面格局，实现“明堂辟雍”的传统理念；色彩上以红色为主，适当金色加以点缀，塑造出大气磅礴的帝王气概。“印象-紫禁城”不仅实现了现代家具与传统文化在文脉上的联系，更给古老的形式注入了新的活力。

作品：风情韵
作者：朱晓瑶／江西环境工程职业学院
指导老师：张付花

设计说明：

本设计来源于中国的国粹，二胡与旗袍的结合运用。众所周知，二胡是中国弓弦乐器中的一种，是我国各地名族民间乐队中的乐器。旗袍是我国一种富有民族风情的妇女服装，由满族妇女的长袍演变而来。此作品充分运用了中国的国粹来点缀，从图上可以看出，床的靠枕与床架都运用了旗袍的模样来设计，再看袖子的边是运用二胡的把手来衬托。使得作品庄妆而不失典雅，传统又添加一丝现代的气息的融合。

作品：茶情
作者：焦会敏／内蒙古师范大学青年政治学院
指导老师：张美玲

现代都市的家具，过于舒适的特征，无法使人们充分感受自然与生活。本作品虽然结构简单，材质配饰古朴单纯，但这是一件对于木质与茶意的一种新解读。粗犷硬朗的原生态榆木板和充满柔情的曲线体现了自然地力量与包容，不规则的坐面舒适自然，天然露头式的榫卯结构使作品更耐人寻味。

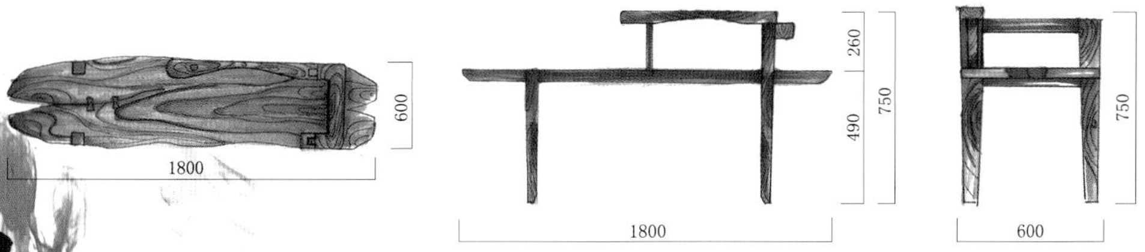

茶情——休闲座椅

最终效果图

作品：荷塘月色——新中式茶艺沙发设计
作者：田野／内蒙古师范大学青年政治学院
指导老师：张美玲

荷塘月色

——新中式茶艺沙发设计

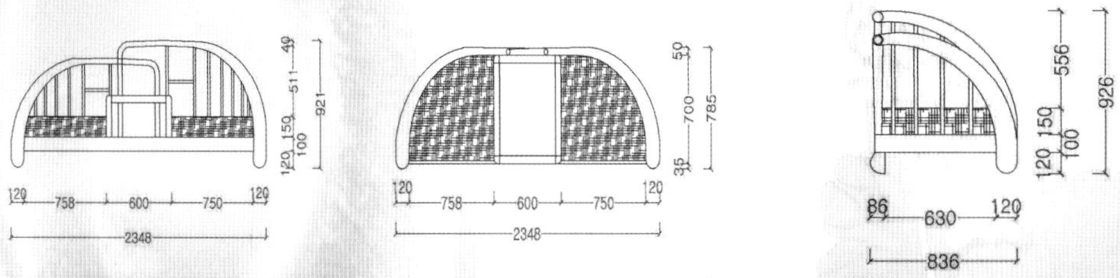

本设计以罗汉床的基本造型为出发点，注重产品的功能及造型创新，将古典茶艺文化与现代审美情趣相结合，设计出清新明快的新中式茶艺沙发。材料以北方常见的榆木为主材，加之简单的榫卯制作工艺，使作品有可批量生产及成本低的性能。颜色设计上打破以往新中式以浅色暖色为主要色调的设计，大胆尝试了以冷色系为主的布艺软装设计，使人心静与飘逸，更契合以茶艺为主题的方案设计。

荷塘是心的沉寂，月色是心的飘逸，淡淡的一壶清茶，仿佛超越了时空，晴朗而深邃……

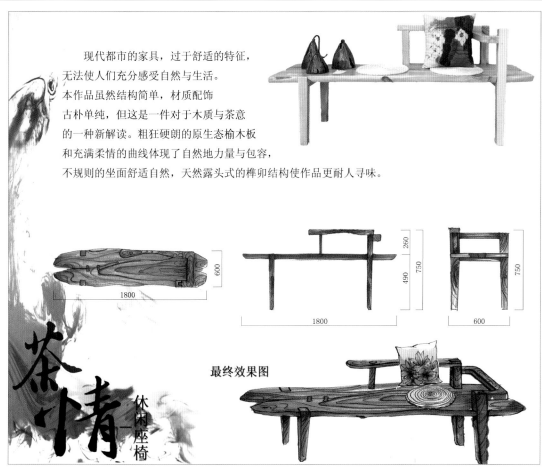

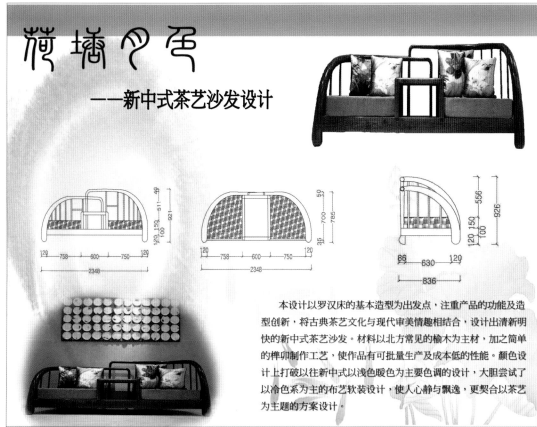

作品：苏韵禅榻
作者：曹艳／杭州大巧家居设计工作室
指导老师：翟伟民、徐乐

苏韵禅榻

新中式家具设计

在造型设计上做减法，延续了传统明式家具的线条韵律，在设计中，以线条造物，同时注意线条的收方，力度的表达，简单的器物对尺寸的拿捏特别重要，在结构上采用了榫卯的工艺结构，整体材料以榉木为主，同时结合了软包的装饰，以“简”，“朴”，“精”，“雅”去诠释当下人们对茶禅生活的品味。

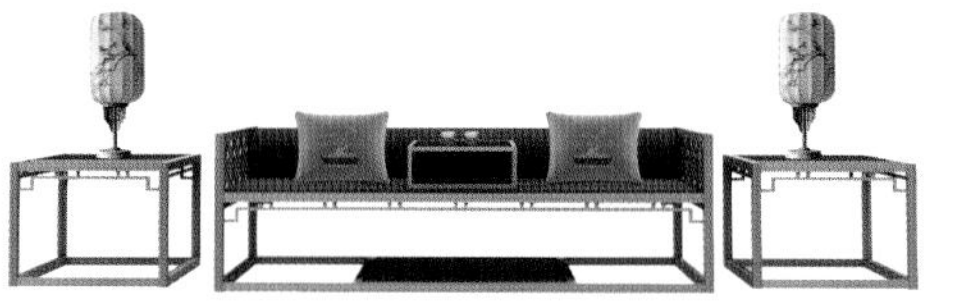

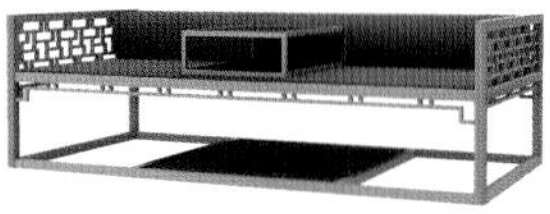

作品：芜
作者：郭佳奇／景德镇陶瓷大学
指导老师：曹上秋

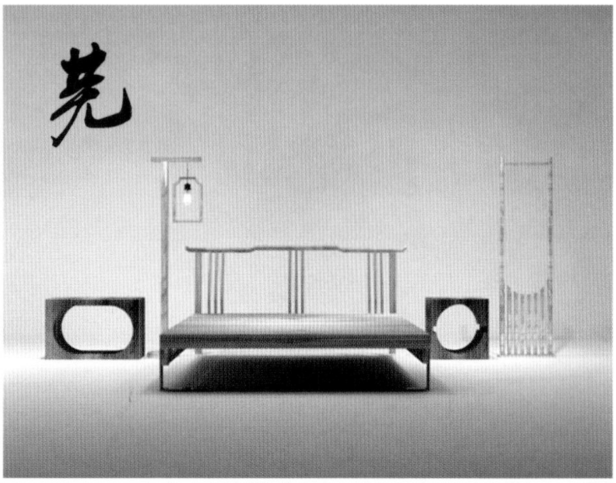

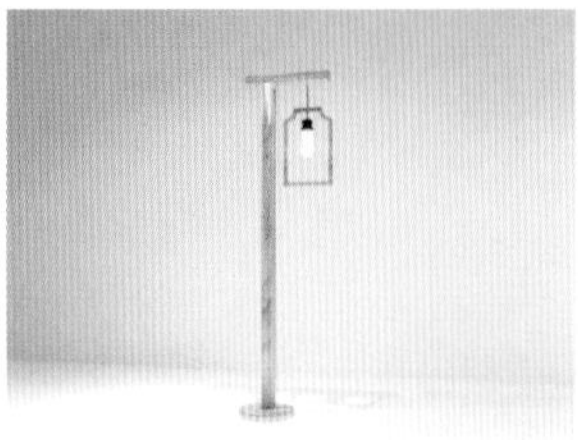

1.本组家具在在造型创作上讲究对称显得和谐、明快大方、典雅、端庄的气质，还具有明显的时代特征且韵律十足。造型简略、结构严谨、纹理优美、不锈钢和原木刚柔并举的选材搭配。既满足了现代功能的同时，又力求营造一种古典情愫。2形，崇尚文人质朴之风，舍弃浮夸造作，回归自然璞真，凸显木材本身的纹理，仅以圆方线条追逐东方文化滋养予大美。材，因其形态选其材质，黄花梨木质坚硬，纹理清晰美观，或隐或现，极其生动，韵味天成。实木家具天然的木本色使它古朴中不失典雅，厚重中带有明快，给人的整体感觉华贵优雅，十分庄重，透漏出传统的历史痕迹与深厚的文化底蕴。

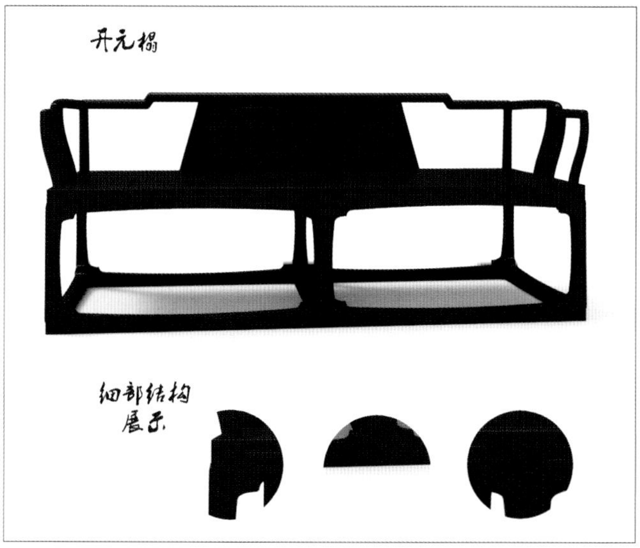
开元榻
细部结构展示

作　　品：开元榻
作　　者：葛建波／沈阳航空航天大学
指导老师：孙明磊

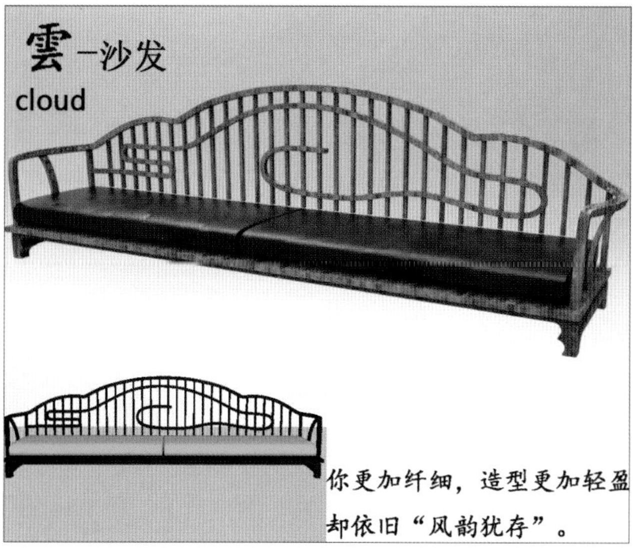
雲-沙发
cloud
你更加纤细，造型更加轻盈
却依旧“风韵犹存”。

作　　品：雲
作　　者：邓舒月／四川农业大学
指导老师：曾静

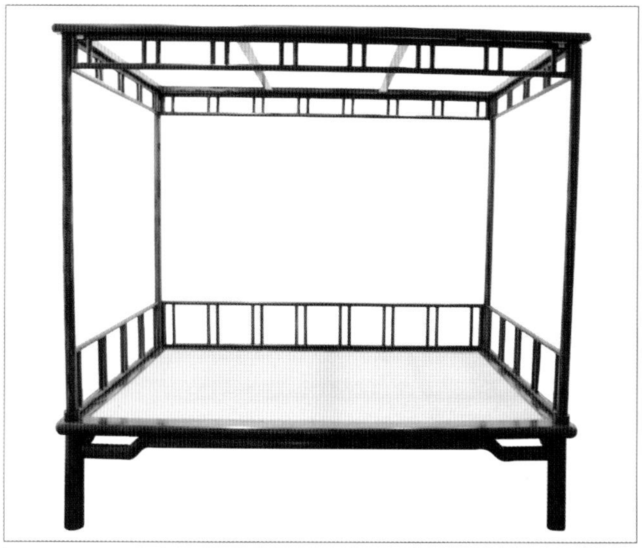

作　　品：明式架子床
作　　者：邓志文、陈艳婷／瑞丽市志文木业有限公司

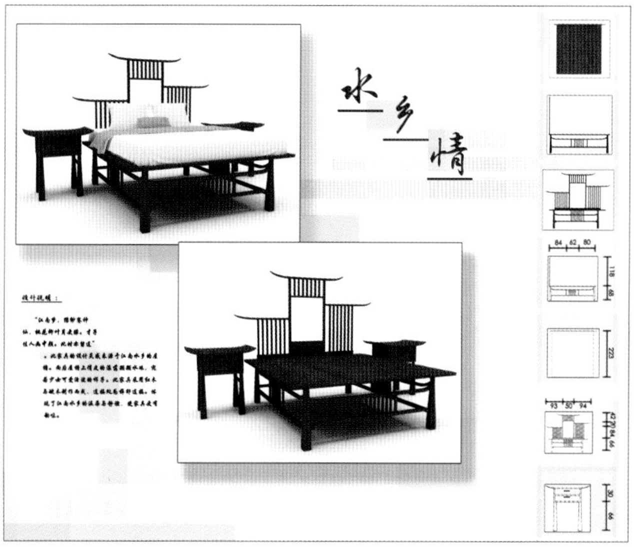
水乡情

作　　品：水乡情
作　　者：胡昱宁／龙江职业技术学校
指导老师：杨伊纯

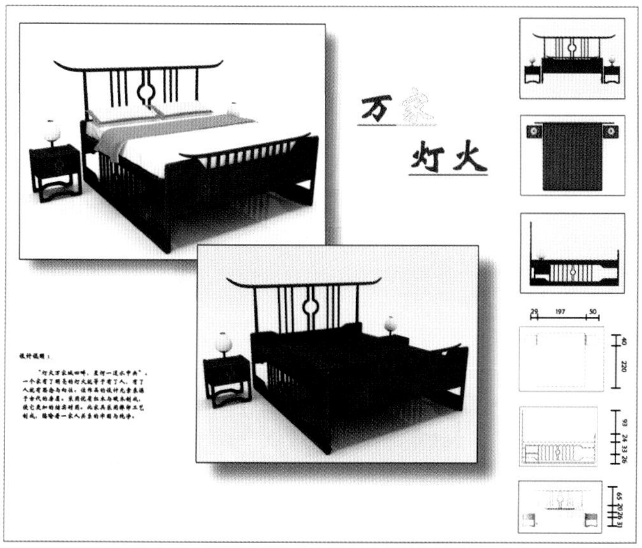
万
灯火

作　　品：万家灯火
作　　者：胡昱宁／龙江职业技术学校
指导老师：杨伊纯

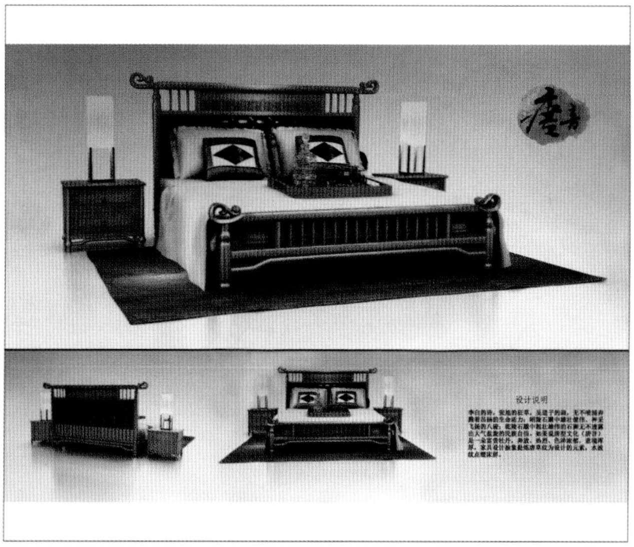
唐音
设计说明

作　　品：唐音
作　　者：刘华健、赖浩塱、张庆淇／顺德职业技术学院
指导老师：干珑

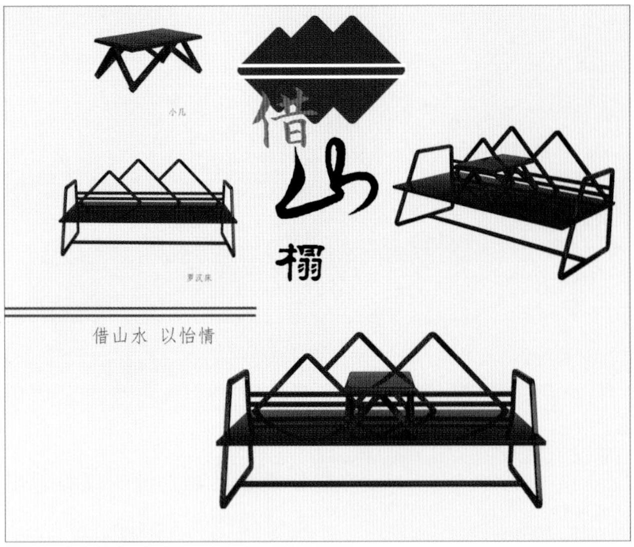
小几
借山榻
罗汉床
借山水 以怡情

作　　品：借山榻
作　　者：唐涓澜／广西大学
指导老师：高伟

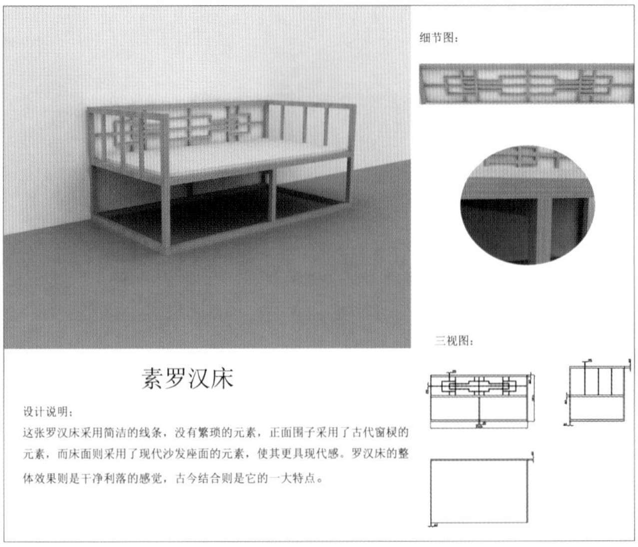
细节图：
三视图：
素罗汉床
设计说明：
这张罗汉床采用简洁的线条，没有繁琐的元素，正面围子采用了古代窗棂的元素，而床面则采用了现代沙发座面的元素，使其更具现代感。罗汉床的整体效果则是干净利落的感觉，古今结合则是它的一大特点。

作　　品：素罗汉床
作　　者：宝莲仙／西南林业大学
指导老师：周雪冰

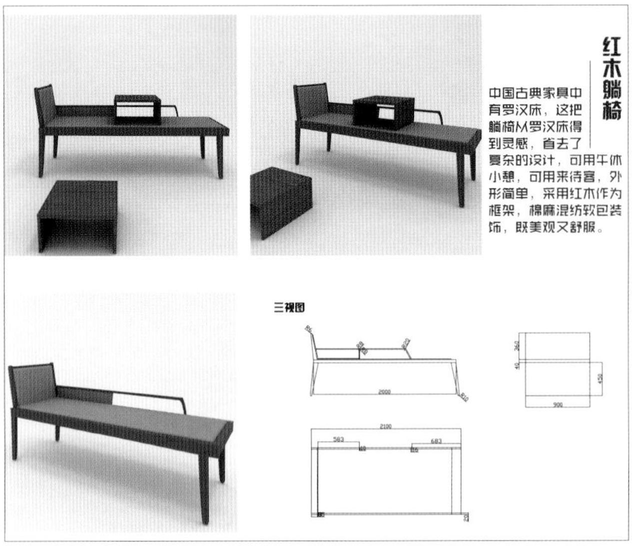
红木躺椅
中国古典家具中有罗汉床，这把躺椅从罗汉床得到灵感，省去了复杂的设计，可用午休小憩，可用来待客，外形简单，采用红木作为框架，棉麻混纺软包装饰，既美观又舒服。
三视图

作　　品：红木躺椅
作　　者：陈俊／西南林业大学
指导老师：周雪冰

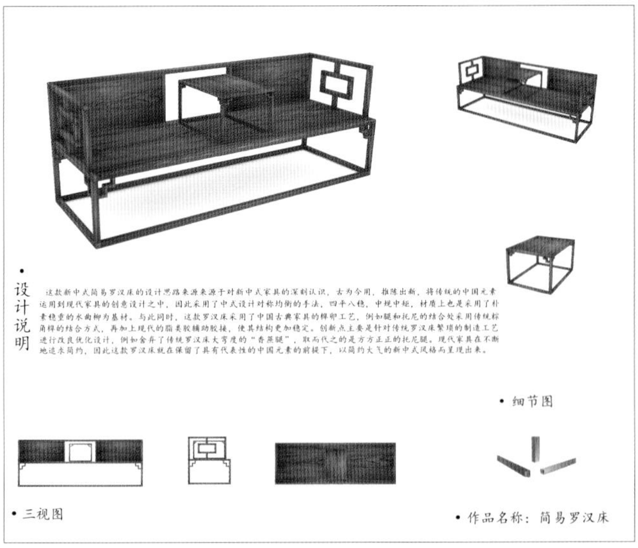
设计说明
这款新中式简易罗汉床的设计思路来源来源于对新中式家具的深刻认识，古为今用，推陈出新，将传统的中国元素运用到现代家具的创意设计之中，因此采用了中式设计对称均衡的手法，四平八稳，中规中矩，材质上也是采用了朴素稳重的水曲柳为基材。与此同时，这款罗汉床采用了中国古典家具的榫卯工艺，例如腿和托尼的结合处采用传统粽角榫的结合方式，再加上现代的脂类胶辅助胶接，使其结构更加稳定。创新点主要是针对传统罗汉床繁琐的制造工艺进行改良优化设计，例如舍弃了传统罗汉床大弯度的“香蕉腿”，取而代之的是方方正正的托尼腿。现代家具在不断地追求简约，因此这款罗汉床就在保留了具有代表性的中国元素的前提下，以简约大气的新中式风格而呈现出来。
细节图
三视图
作品名称：简易罗汉床

作　　品：简易罗汉床
作　　者：季顺高／西南林业大学
指导老师：周雪冰

作品名称：筝韵
◆细节图
◆三视图
◆设计说明
此款床是以古筝的柔美感为灵感，结合对比材料所设计。所有木材连接均采用榫卯结构，床头板镶嵌薄板大理石，与木材冷暖相交、软硬结合。此类新中式风格家具带给人一种不一样的看法，极具创意，给人耳目一新的感觉。细腻而又不失优雅稳重，在使用家具的同时平添色彩。

作　　品：筝韵
作　　者：刘雨璐／西南林业大学
指导老师：周雪冰

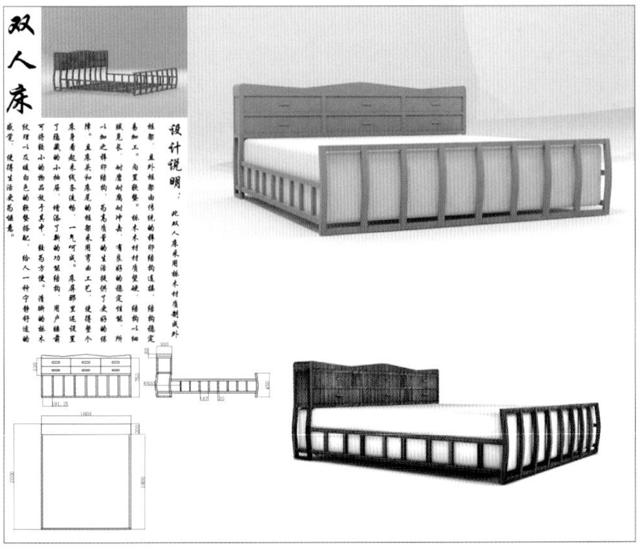
双人床
设计说明：此双人床采用榆木材质制成外框架，且外框架由传统的榫卯结构连接，结构稳定易加工。内置软垫。榆木木材材质坚硬，结构以细腻见长，耐磨耐腐耐冲击，有良好的稳定性能，所以加之榫卯结构，为高质量的生活提供了更好的保障。且床头和床尾的框架采用弯曲工艺，使得整个床身看起来线条流畅，一气呵成。床屏那里还设置了隐藏的小抽屉，增添了新的功能结构，用户睡前可将较小的物品放于其中，较为方便。清晰的榆木纹理以及暖白色的软垫搭配，给人一种宁静舒适的感觉，使得生活更为惬意。

作　　品：双人床
作　　者：石祖走／西南林业大学
指导老师：周雪冰

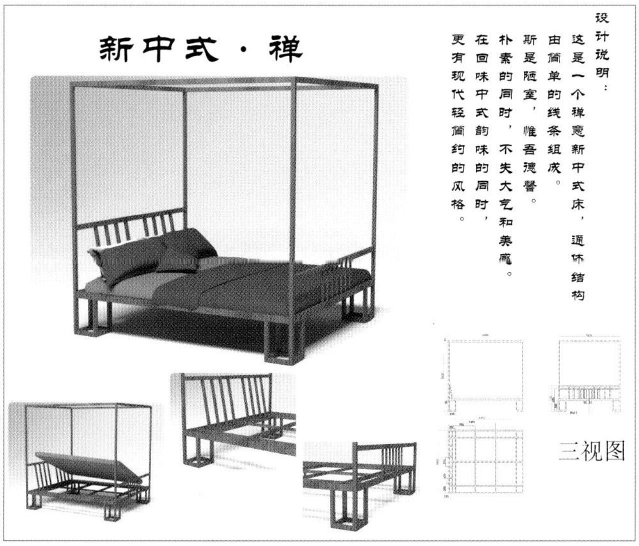
新中式·禅
设计说明：
这是一个禅意新中式床，通体结构由簡单的线条组成。斯是陋室，惟吾德馨。朴素的同时，不失大气和美感。在回味中式韵味的同时，更有现代轻簡约的风格。
三视图

作　　品：德馨榻
作　　者：王宁／西南林业大学
指导老师：周雪冰

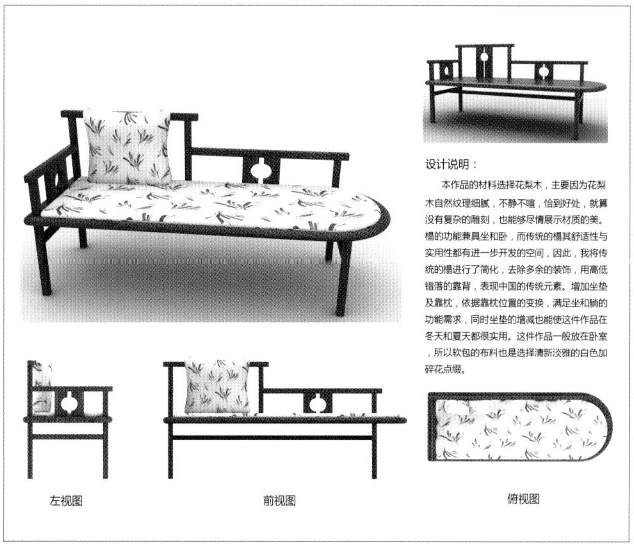
设计说明：
本作品的材料选择花梨木，主要因为花梨木自然纹理细腻，不静不喧，恰到好处，就算没有复杂的雕刻，也能够尽情展示材质的美。榻的功能兼具坐和卧，而传统的榻其舒适性与实用性都有进一步开发的空间，因此，我将传统的榻进行了简化，去除多余的装饰，用高低错落的靠背，表现中国的传统元素。增加坐垫及靠枕，依据靠枕位置的变换，满足坐和躺的功能需求，同时坐垫的增减也能使这件作品在冬天和夏天都很实用。这件作品一般放在卧室，所以软包的布料也是选择清新淡雅的白色加碎花点缀。
左视图
前视图
俯视图

作　　品：月晓榻
作　　者：郑凡宇／中南林业科技大学
指导老师：刘文金

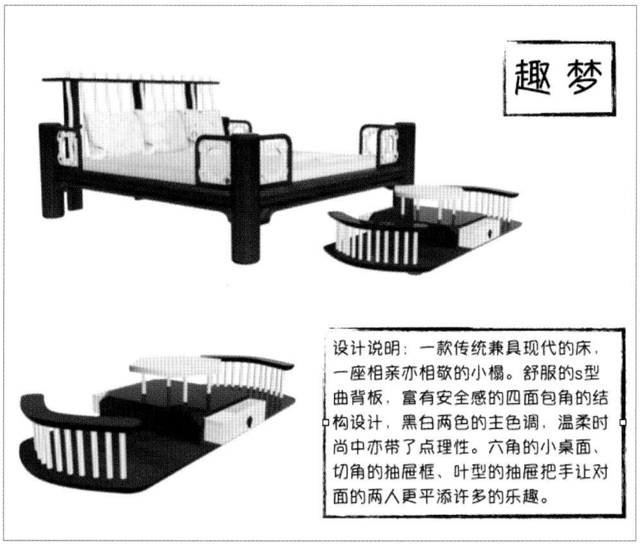
趣梦
设计说明：一款传统兼具现代的床，一座相亲亦相敬的小榻。舒服的s型曲背板，富有安全感的四面包角的结构设计，黑白两色的主色调，温柔时尚中亦带了点理性。六角的小桌面、切角的抽屉框、叶型的抽屉把手让对面的两人更平添许多的乐趣。

作　　品：趣梦
作　　者：顾桢／南京林业大学
指导老师：于娜

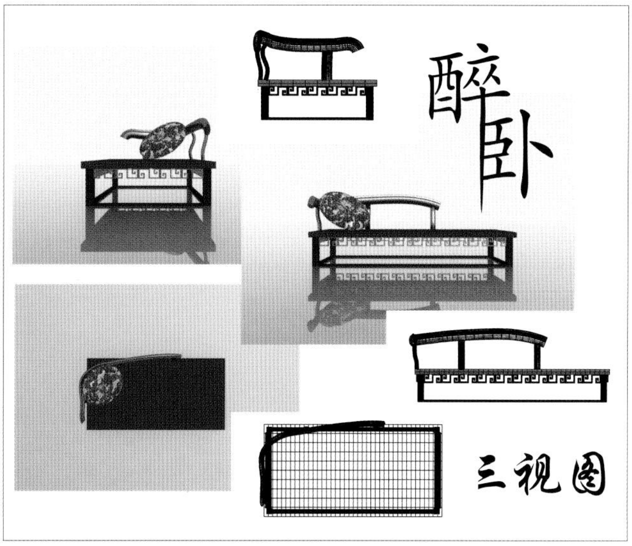
醉卧
三视图

作　　品：醉卧
作　　者：赵昕羽／南京林业大学
指导老师：于娜

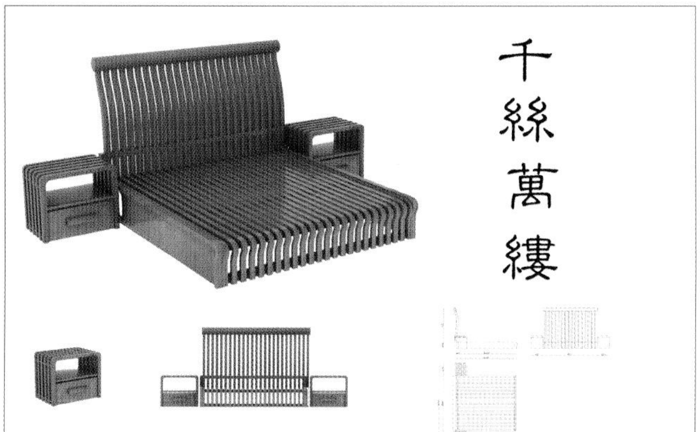
千絲萬縷

设计说明：

此作品设计元素都是以直线为主，用线条的直线与曲线美来表现现代家具，主要突出了大赛主题：家具，让生活更美好，产品本身带有强烈的现代元素，用直线来表现现代快节奏的生活。

作　　品：千丝万缕
作　　者：朱晓瑶／江西环境工程职业学院
指导老师：张付花

ZHONGGUO
MUJIAJU
SHEJI
NIANJIAN
2017

设计表现作品

其他类设计奖

梳妆系列

设计说明

造型选取明代家具作为传统中式家具代表
简主义家具作为现代西方家具代表，在研
以及发展的基础上，将木片的柔韧性进行
合，呈现出一种新的美感。

材料：木片• 竹编

结构：五金件连接，胶接

尺寸：衣帽架:1315*200*1700

梳妆盒：380*380*1000

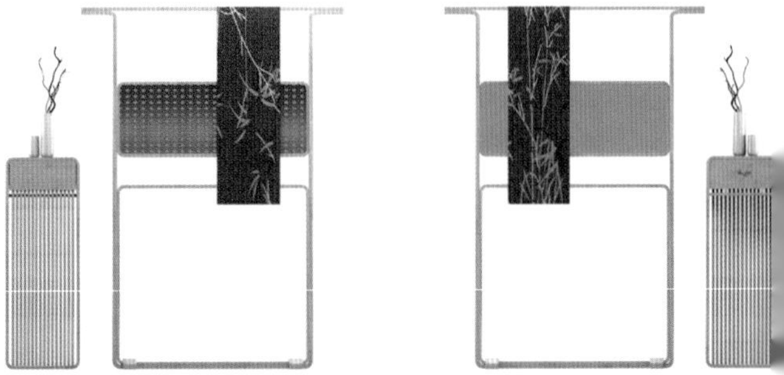

作　　品：夹
作　　者：刘华健、赖浩塱、张庆淇 / 创物者设计工作室
指导老师：干珑

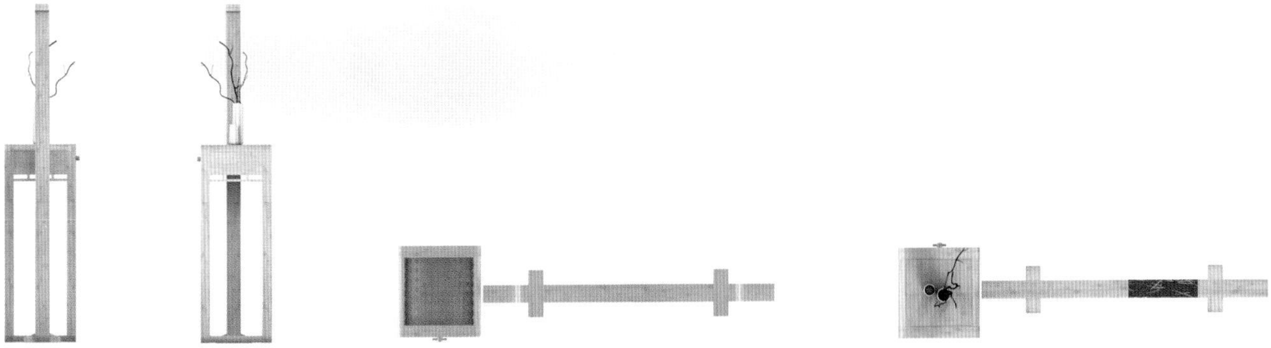

乐水

Rain · Line

面的波纹相融合。水的动与静反衬出文人的儒雅与变通，若不然怎说知者要水？

作　　品：乐水
作者：杨洋 / 北京工业大学
指导老师：杨玮娣

细节

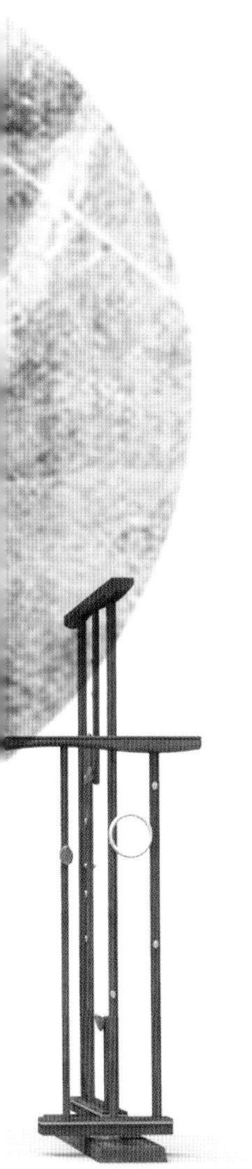

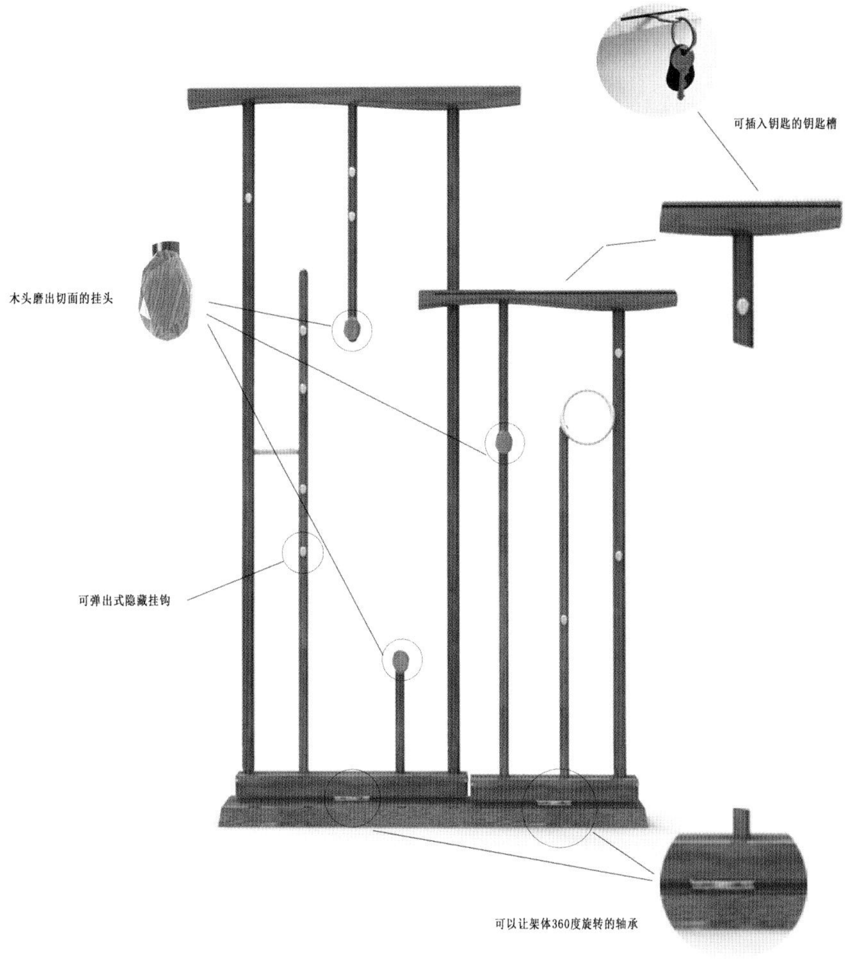
可插入钥匙的钥匙槽
木头磨出切面的挂头
可弹出式隐藏挂钩
可以让架体360度旋转的轴承

作品：楔钉榫衣帽架
作者：徐乐、张飞娥、张博文、卢恒／浙江工业大学之江学院／杭州大巧家居设计工作室
指导老师：翟伟民

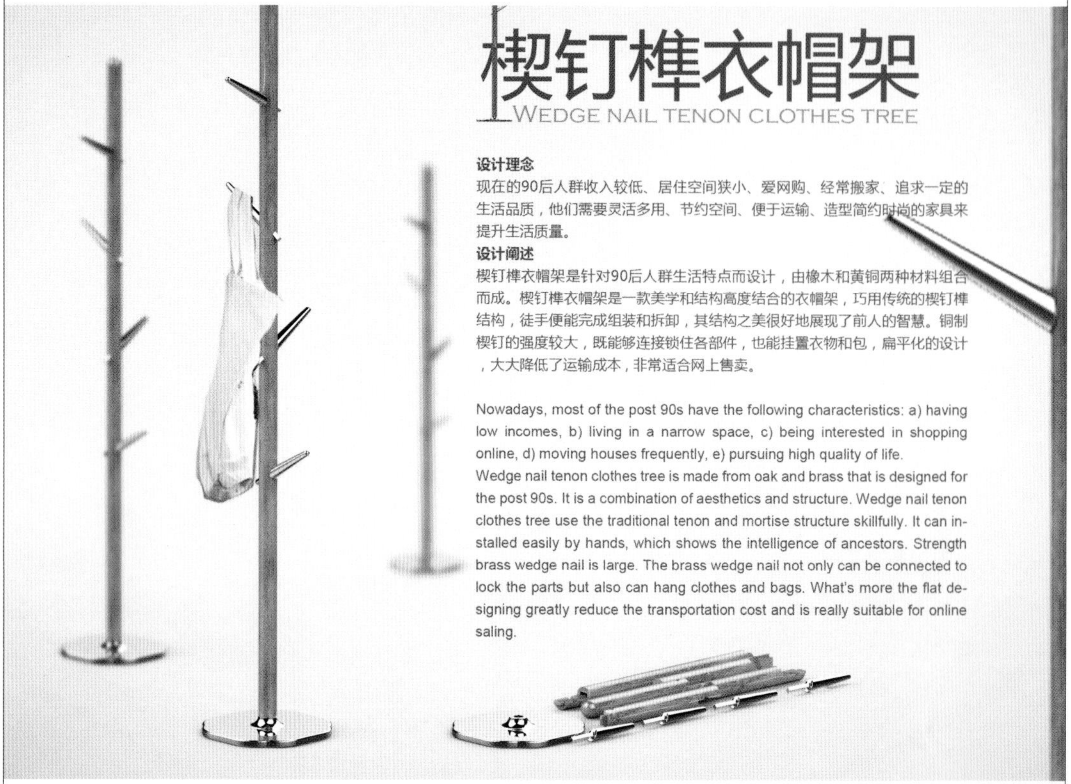

楔钉榫衣帽架
WEDGE NAIL TENON CLOTHES TREE

设计理念

现在的90后人群收入较低、居住空间狭小、爱网购、经常搬家、追求一定的生活品质，他们需要灵活多用、节约空间、便于运输、造型简约时尚的家具来提升生活质量。

设计阐述

楔钉榫衣帽架是针对90后人群生活特点而设计，由橡木和黄铜两种材料组合而成。楔钉榫衣帽架是一款美学和结构高度结合的衣帽架，巧用传统的楔钉榫结构，徒手便能完成组装和拆卸，其结构之美很好地展现了前人的智慧。铜制楔钉的强度较大，既能够连接锁住各部件，也能挂置衣物和包，扁平化的设计，大大降低了运输成本，非常适合网上售卖。

Nowadays, most of the post 90s have the following characteristics: a) having low incomes, b) living in a narrow space, c) being interested in shopping online, d) moving houses frequently, e) pursuing high quality of life.

Wedge nail tenon clothes tree is made from oak and brass that is designed for the post 90s. It is a combination of aesthetics and structure. Wedge nail tenon clothes tree use the traditional tenon and mortise structure skillfully. It can installed easily by hands, which shows the intelligence of ancestors. Strength brass wedge nail is large. The brass wedge nail not only can be connected to lock the parts but also can hang clothes and bags. What's more the flat designing greatly reduce the transportation cost and is really suitable for online saling.

灵感来源/Source of inspiration

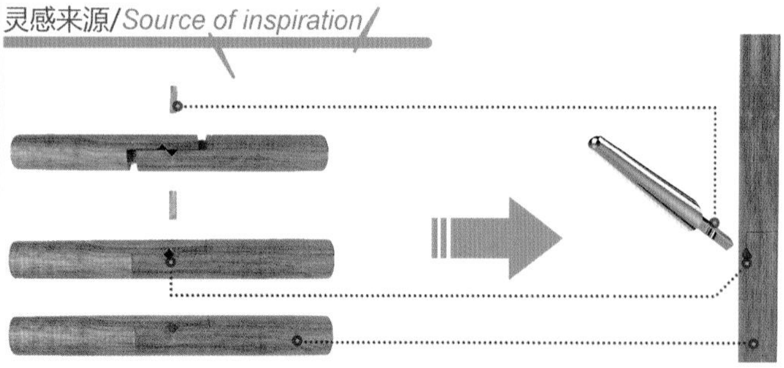

楔钉榫结构图
The structure of wedge nail tenon

楔钉榫衣帽架结构图
The structure of wedge nail tenon clothes tree

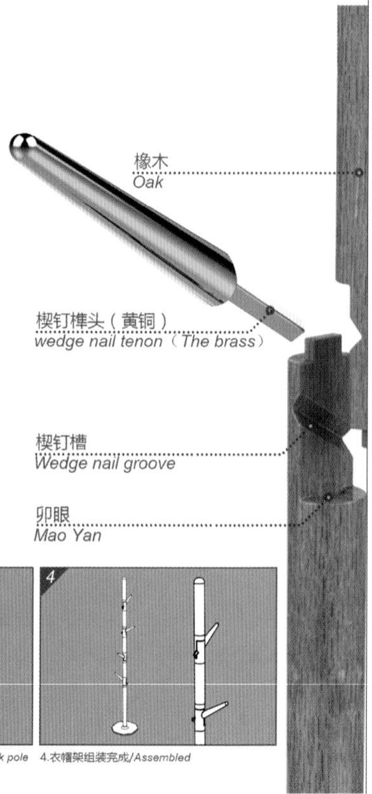
橡木
Oak
楔钉榫头（黄铜）
wedge nail tenon（The brass）
楔钉槽
Wedge nail groove
卯眼
Mao Yan

使用步骤/How to use

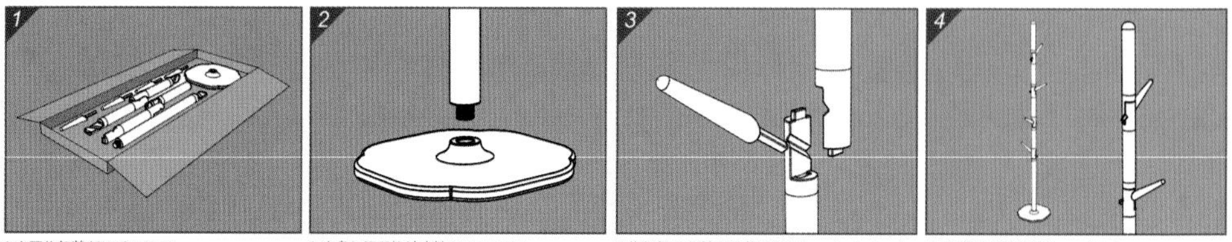
1
2
3
4

1.扁平化包装/*Flat Package*　2.底盘与杆子旋转连接/*Rotary joint*　3.楔钉插入并锁住两杆子/*Nail wedge lock pole*　4.衣帽架组装完成/*Assembled*

JIAN
木衣架设计

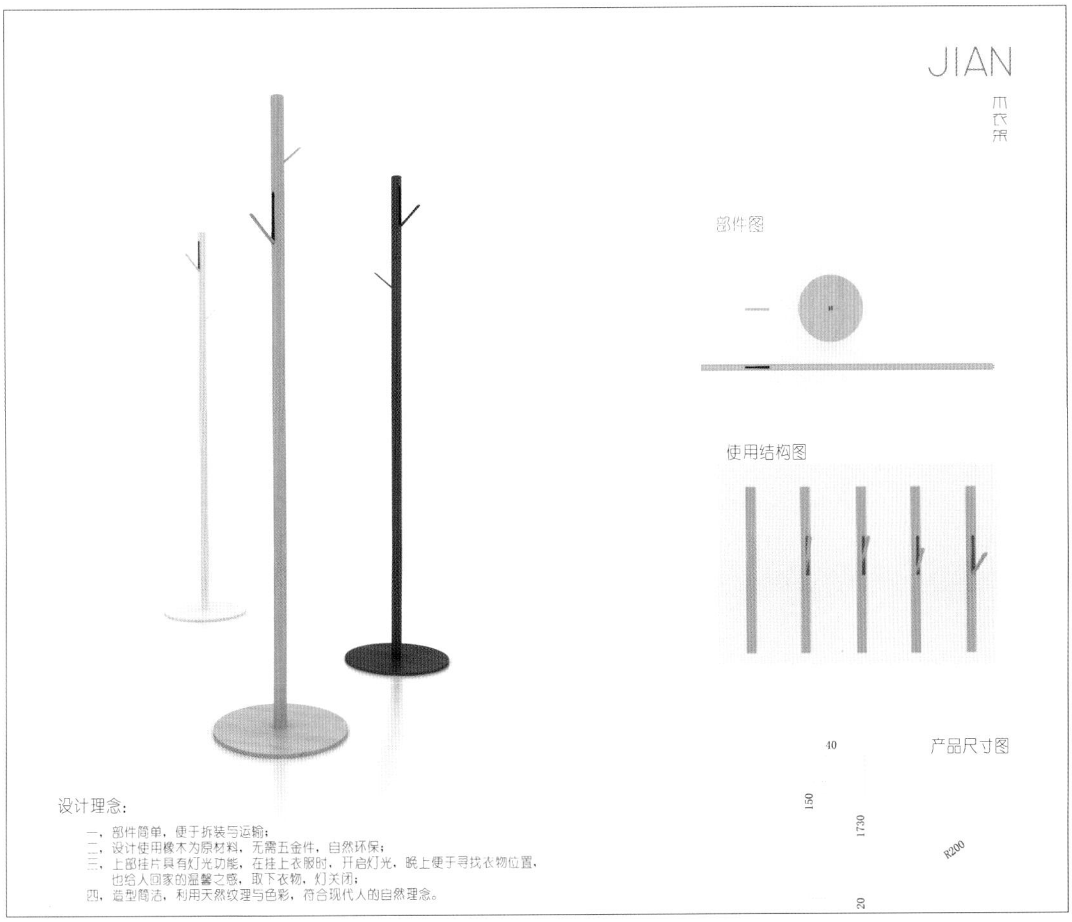
JIAN
木衣架
部件图
使用结构图
产品尺寸图
40
150
1730
R200
20
设计理念：
一、部件简单，便于拆装与运输；
二、设计使用橡木为原材料，无需五金件，自然环保；
三、上部挂片具有灯光功能，在挂上衣服时，开启灯光，晚上便于寻找衣物位置，
也给人回家的温馨之感，取下衣物，灯关闭；
四、造型简洁，利用天然纹理与色彩，符合现代人的自然理念。

作　品：JIAN——木衣架设计

作　者：邓文鑫、李思萍、郭小玉／中南林业科技大学
指导老师：袁进东

其他类设计奖

作品：摇『乐』椅

作者：梁伟雄、曹庆喆／广东轻工职业技术学院

指导老师：白平

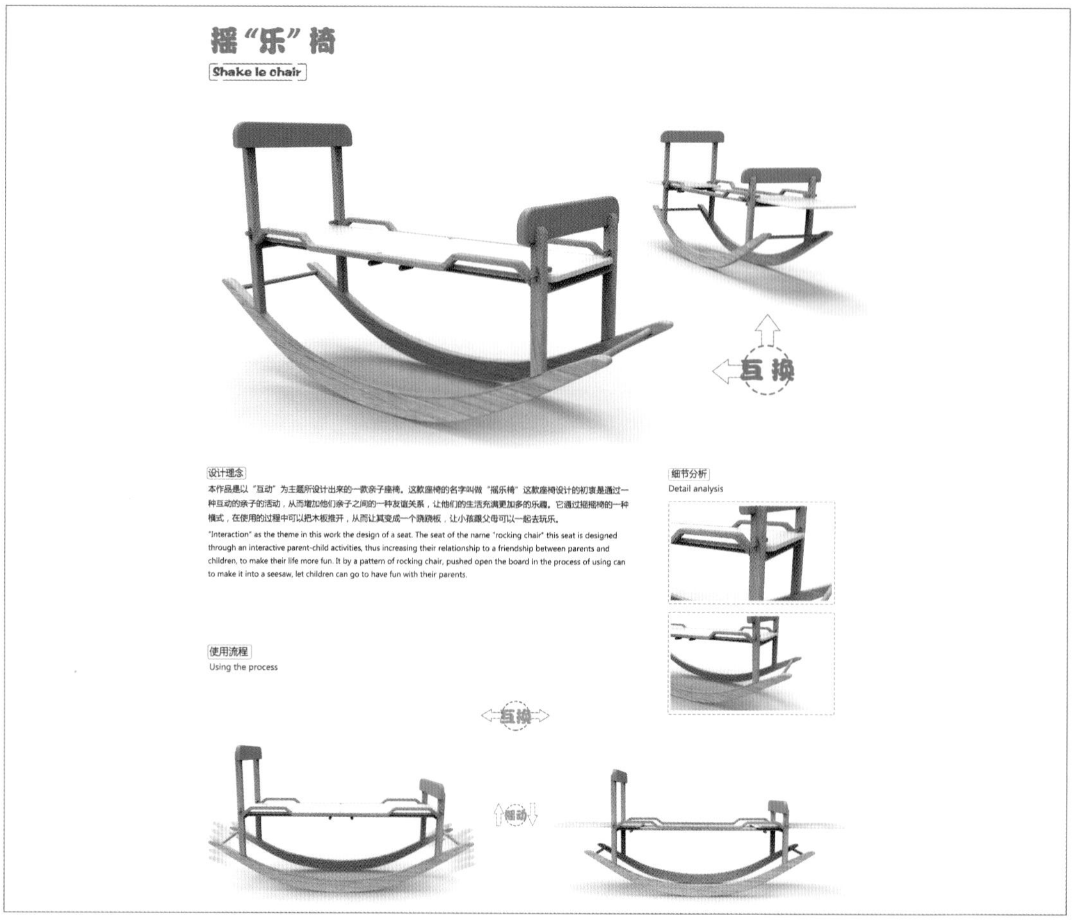
摇"乐"椅
Shake le chair
互换
设计理念
本作品是以"互动"为主题所设计出来的一款亲子座椅。这款座椅的名字叫做"摇乐椅"这款座椅设计的初衷是通过一种互动的亲子的活动，从而增加他们亲子之间的一种友谊关系，让他们的生活充满更加多的乐趣。它通过摇摇椅的一种模式，在使用的过程中可以把木板推开，从而让其变成一个跷跷板，让小孩跟父母可以一起去玩乐。
"Interaction" as the theme in this work the design of a seat. The seat of the name "rocking chair" this seat is designed through an interactive parent-child activities, thus increasing their relationship to a friendship between parents and children, to make their life more fun. It by a pattern of rocking chair, pushed open the board in the process of using can to make it into a seesaw, let children can go to have fun with their parents.
细节分析
Detail analysis
使用流程
Using the process
互换
摇动

作品：徽·梦

作者：饶勇／北京工业大学

指导老师：杨玮娣

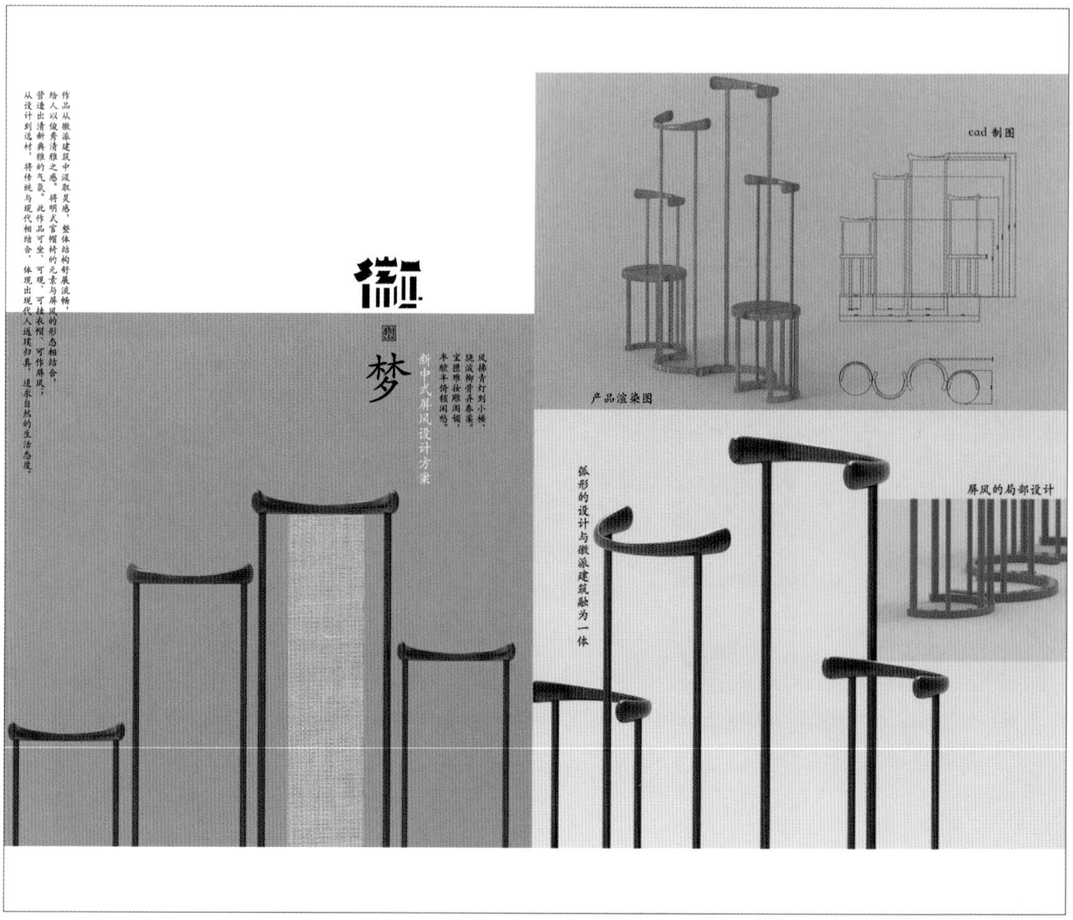
作品从徽派建筑中汲取灵感，整体结构舒展流畅，给人以俊秀清雅之感。将明式官帽椅的元素与屏风的形态相结合，营造出清新典雅的气氛。此作品可坐、可观、可挂衣帽、可作屏风；从设计到选材，将传统与现代相结合，体现出现代人返璞归真、追求自然的生活态度。
徽
梦
新中式屏风设计方案
cad 制图
产品渲染图
弧形的设计与徽派建筑融为一体
屏风的局部设计

作　品：单元体的梦
作　者：冯光儒、黄贵、李书飞／西南林业大学
指导老师：周雪冰

单元体的梦

对博古架进行平面分割，便会发现它是由大大小小的架子和抽屉组成，这也是本方案的设计出发点。

为了方便生产，方案引入了模块化的设计概念，以三个不同规格的单元体为出发点进行设计发散，三者可组可分，幻化无穷。

如图一所示为三者组合而成的博古架，图5和图6分别为花几和沙发背几。

单元体牙板和抽屉面板上的朵云纹雕花烘托出淡淡的中式味道；木材与玻璃材质的混搭凸显了方案本身的清新时尚。

另外，在木材的选择以及涂饰方面也可多元化，已达到不同的装饰效果。

1. 博古架

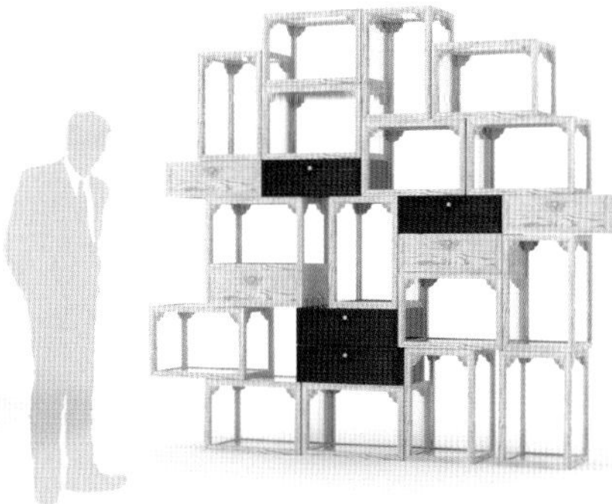

2. 不同的材质和涂饰工艺

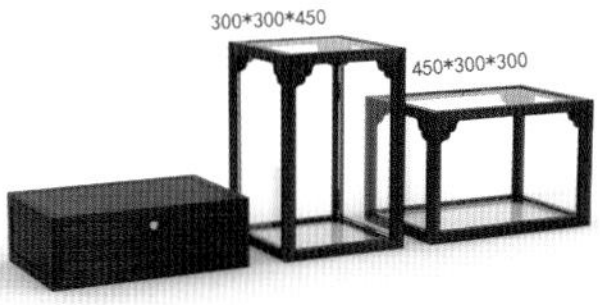

3. 单元体1、2、3

4. 凳子

5. 花几

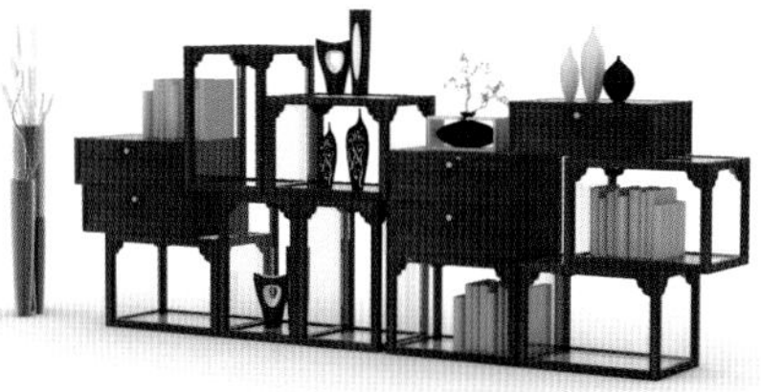

6. 沙发背几

作　品：转角衣帽架
作　者：许伟彬、柯文山／华南农业大学
指导老师：杨慧全

转角衣帽架

设计说明：

《转角衣帽架》作品取形于极具老广州特色的趟栊门样式，整体外型融入传统的方形圆角，视觉上方而不硬。考虑到现人均住房面积较少，贴合墙角放置，节省空间，靠近门口，方便快捷。在传统衣帽架的基本功能之上添加皮革袋放置进出门时的零杂物品，且在下部增加可自由收放的鞋架。黑胡桃木、金属构和皮革的结合，不同材质的碰撞，使作品层次愈加丰富。

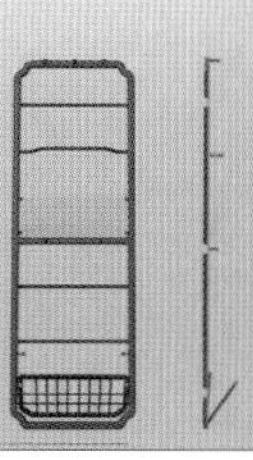

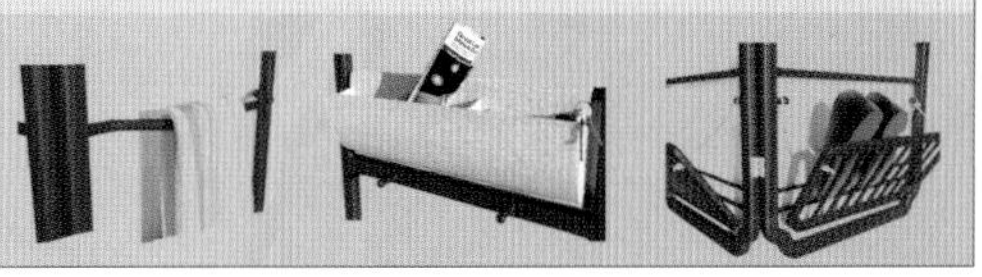

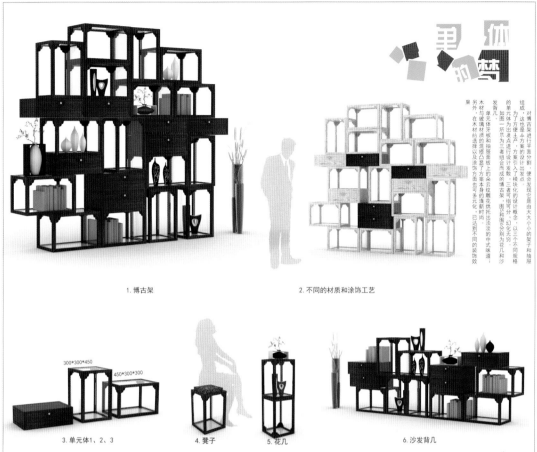

其他类设计奖

作品：木与梦
作者：欧鸥、徐利／氧气设计工坊

作品：世（forever）衣帽架
作者：任君／辽宁石油化工大学
指导老师：张名书

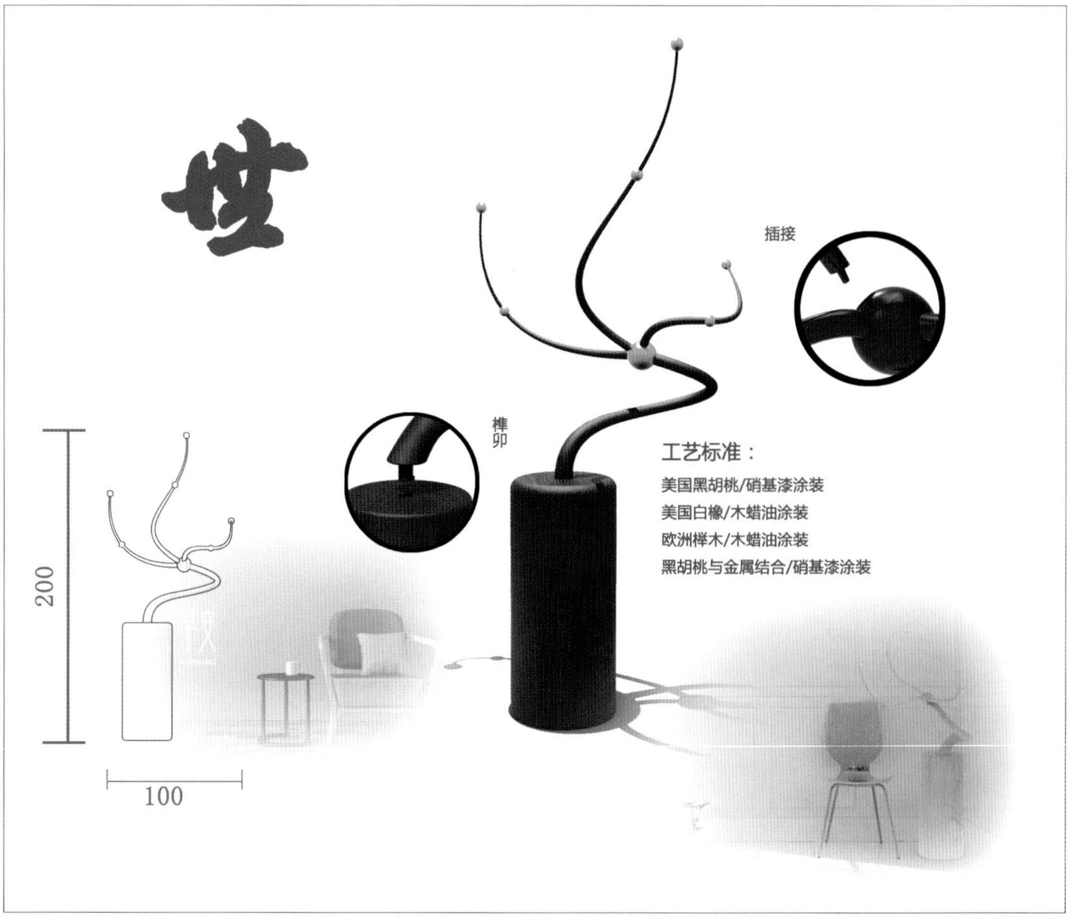

作品：徽州一梦

作者：陈敏珊／南京林业大学

指导老师：于娜

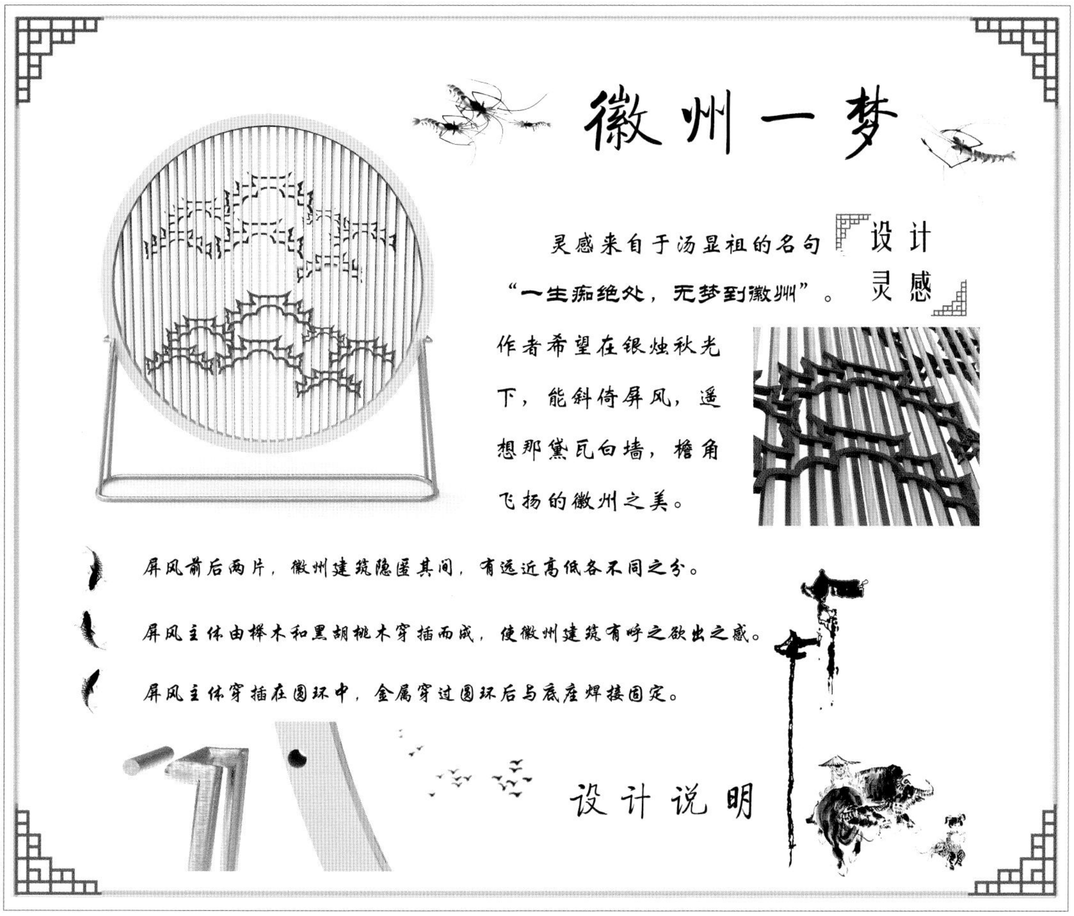
徽州一梦
设计灵感
灵感来自于汤显祖的名句“一生痴绝处，无梦到徽州”。
作者希望在银烛秋光下，能斜倚屏风，遥想那黛瓦白墙，檐角飞扬的徽州之美。
屏风前后两片，徽州建筑隐匿其间，有远近高低各不同之分。
屏风主体由榉木和黑胡桃木穿插而成，使徽州建筑有呼之欲出之感。
屏风主体穿插在圆环中，金属穿过圆环后与底座焊接固定。
设计说明

作品：【清风过】屏风

作者：樊顺芳、任雪兰、李双明／重庆玛格家居有限公司

朴
心自朴
{清风过}屏风
疏雨过，风林舞破，烟盖云幢
自然纯朴的夏布
色泽古朴，风华婉约。远离尘世的喧闹
仿若穿越雨打过后的林间
留下的即是微凉。传承千年的夏布
在手工慢制中探寻真心
带我们回归最初的宁静与感动

其他类设计奖

作品：古韵

作者：何耀国／华南农业大学

指导老师：陈哲、薛拥军

设计理念

平常中的衣架只是几条简洁的线条造型，功能性也有所欠缺，但在这款衣架的设计中，融入了传统乐器琵琶的元素，使得原本呆板的结构富有特点，变得更加耐看，体现传统文化韵味；产品在功能上兼顾了不同物件的悬挂方式以及置放方式，而且用作隔板用途的柜子还兼顾了置放和乘坐的功能，充分体现了产品的使用价值。

作品：屏曲

作者：许淑贞／顺德职业技术学院

指导老师：干珑、曾艳萍

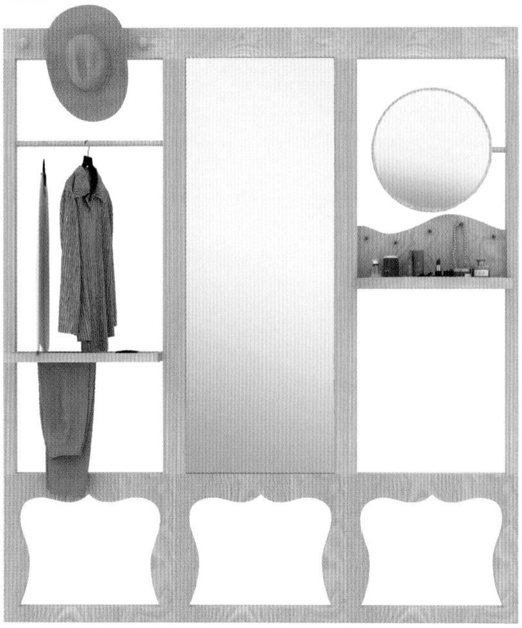

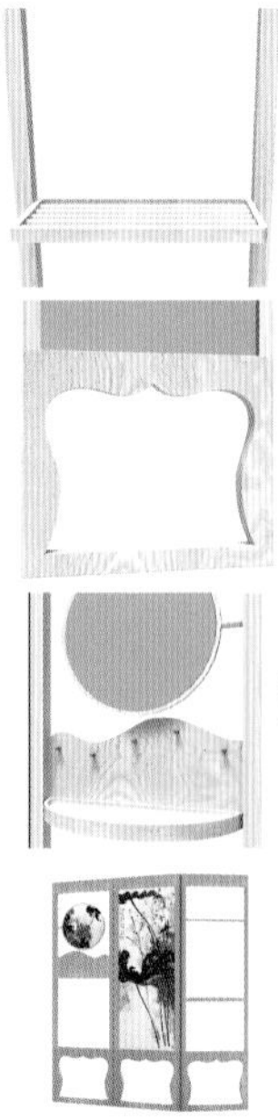

木架上可以来放物品，木架中间的木棍可以挂衣物，木架与挂衣棍结合节省空间

壶口的设计更能体现新中式风格优美的线条增加了可观赏性

背板上可挂首饰承板可放梳妆用品，具有梳妆功能，背板的线条似山似水，与弧形承板结合相宜

背面淡雅的荷花水墨画增加了可观赏性

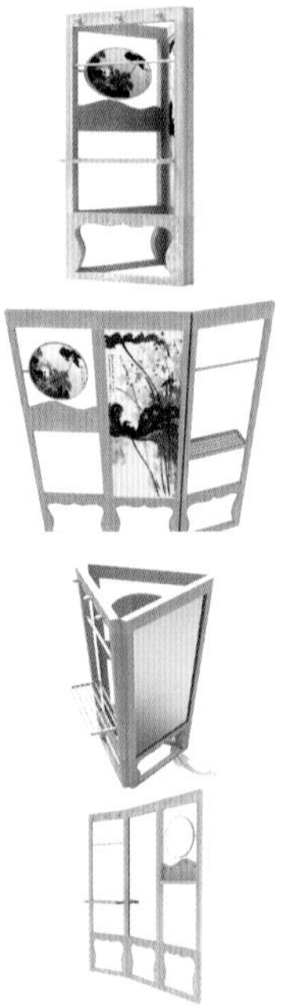

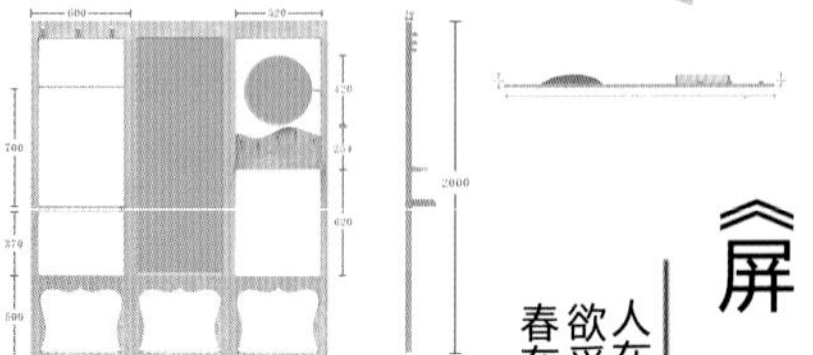

《屏曲》

人在翠阴中
欲觅残春
春在屏风曲

这款家具的设计灵感来源于屏风。屏风作为传统家具的重要组成部分，它有着隔断、美化、防风、遮隐等作用。衣帽架、穿衣镜和梳妆台是日常生活中常用的家具，将屏风与挂衣、梳妆结合起来，成为了一件多功能家具，使用方便。这件家具的用料是南榆木。实木也五金件结合，所以每扇都可旋转，使其有不同形态，可根据使用者爱好来调整。

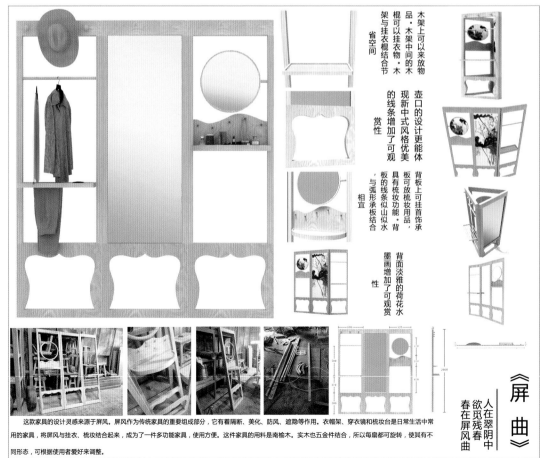

作品：复古首饰盒
作者：孙雨琪、王仲明、王美琪／山东交通学院
指导老师：王丽君

效果图

CAD

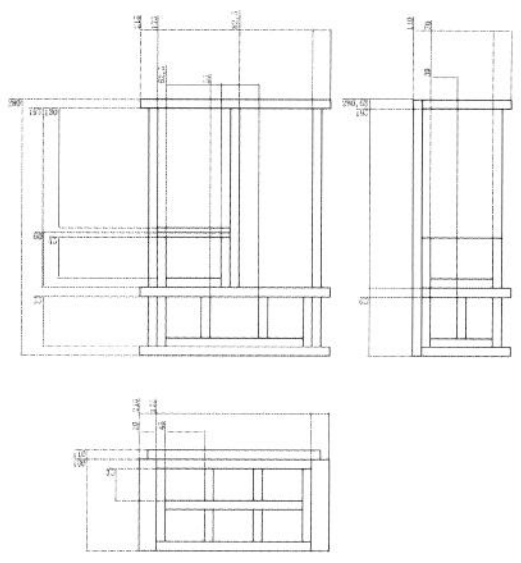

设计说明

以复古为主题，查找里古时候收藏首饰所用的盒子，又与现代家具设计相结合产生了设计灵感作品采用实木，经过切割，打磨喷漆的处理，做出复古的感觉，又不失现代的感觉。在零件方面，选用古铜色的拉手和荷叶，复古圆环和圆球的拉手，加上花边荷叶，显得作品更加的精致。环保木材的选择，让作品更加充满大自然的气息。简约的风格没有张扬的感觉，显得更有格调。作品全程使用手工做成，更符合原创的感觉，是独一无二的设计。质朴的感觉，没有加多余的装饰，反而显得更有品位，更低调。

细节图

正视图

打开图

抽屉

侧视图

背面

步骤

切割

打磨

组装

上色后

作品：时光书架
作者：连善芝／南京林业大学

固定书物

旋转移动

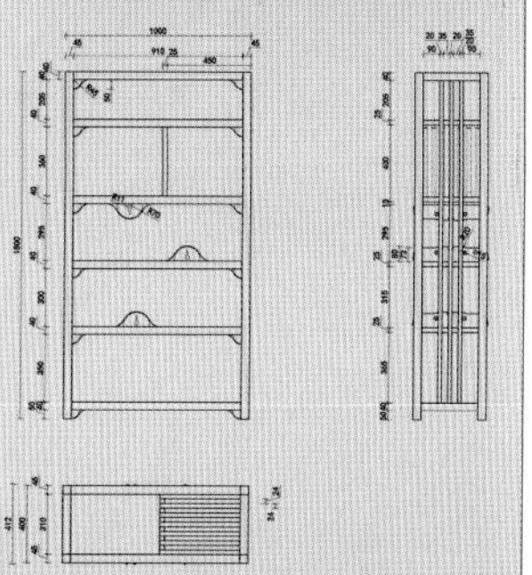

时光书架

时光书架是从督促时间观念与固定书物为设计理念。通过在书架上融入时钟元素，不仅具有支撑结构上和固定书竖立的作用，还时刻提醒把握时间观念，提升品质，也突破传统书架的呆板局限性，充满实用与趣味。时钟转轴的旋转，可以使其固定或移动位置，来改变书存放的姿势，保证书的竖立性，也给使用者一种互动情绪。

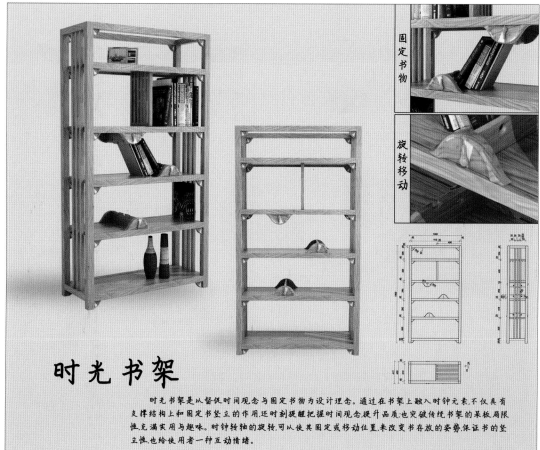

作　品：方圆屏风柜
作　者：刘小芳、曹庆喆／广东轻工职业技术学院
指导老师：白平

方·圆屏风柜

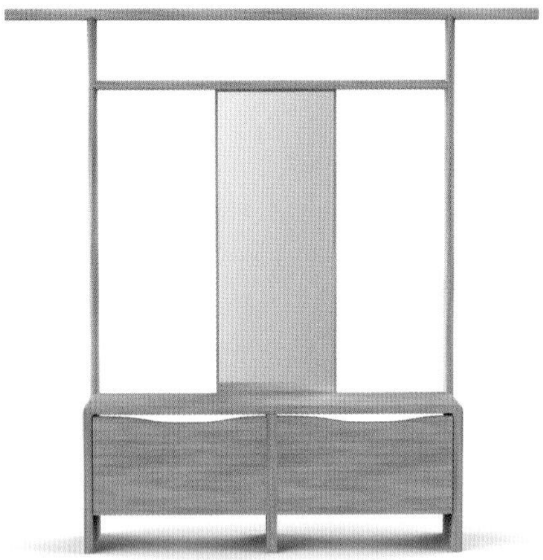

设计说明：
这是一款多功能屏风柜，底下有一个距离地面13mm的空位可以直接推鞋子进去；有两个翻转鞋柜可以放不常用或者换季鞋等；当然上面的平面是可以坐着换鞋的。至于上面有一面镜子整理着装；而且最上面两横是可以放一度之类的东西的。整个的模型用了实木、镜子跟翻转鞋柜的金属配件。

功能使用
Use function

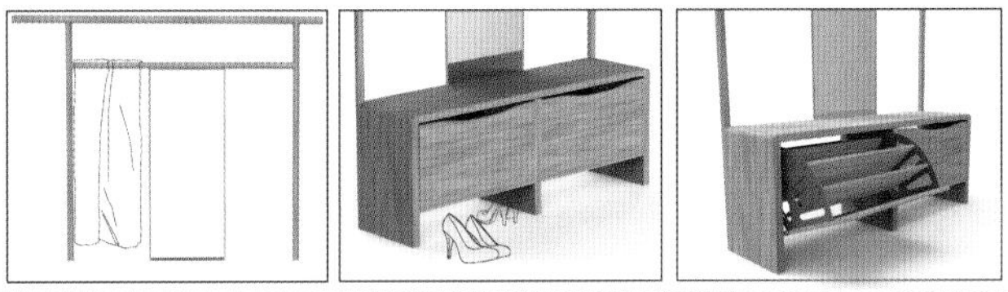

作　品：随心所『椅』
作　者：雷淇惠／广东轻工职业技术学院
指导老师：白平

随心所“椅”

Arbitrary placement

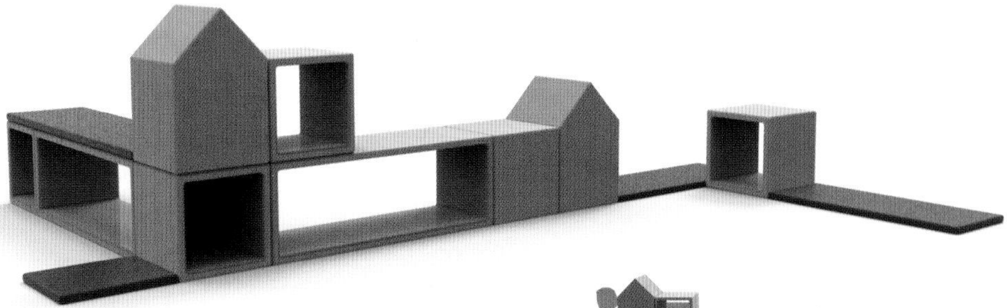

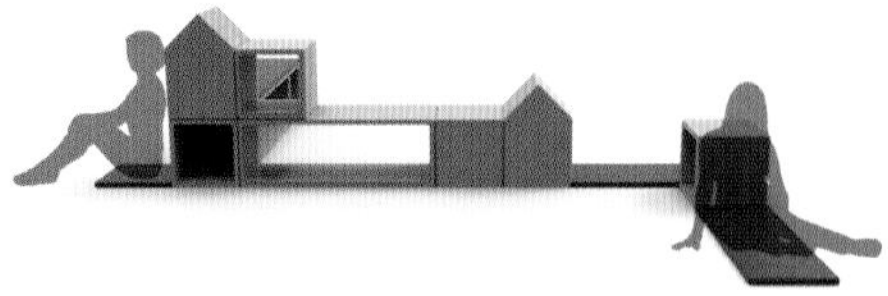

设计说明：
Design description

这款办公家具采用多种不同形状的物体组合而成，体积较大，可容纳5－7人，易拆装易拼装，可以根据不同人数与人群自由摆放。该产品最大的优点就是使办公人员能有更好的休息空间。

This office furniture with a variety of different shapes of objects, a larger size, can accommodate 5-7 people, easy to assemble and disassemble , canbe based on different numbers and free display of the crowd . The biggest advantage of this product is that the office staff can have a better rest space.

作　品：凳子的幻想

作者：冯光儒、张曙光、李从良／西南林业大学

指导老师：周雪冰

凳子的幻想
方案以三个不同规格的凳子为出发点进行设计发散，通过对此三者进行排列组合，实现再在不同时空的不同形态和不同功能，如图一所示为多个凳子组合形成的博古架，图三所示为高低错落的花几，图四为玄关几，图五为沙发背几。凳子为传统样式，只是将坐面板的材质替换为具有现代感的绒皮，从而使其更具时尚感

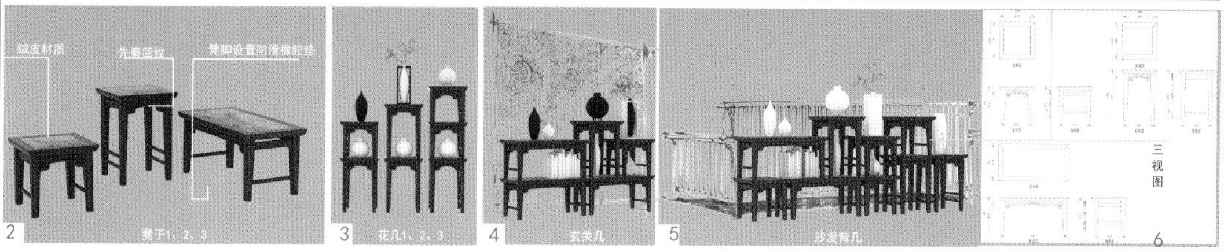
绒皮材质
凳脚设置防滑橡胶垫
2
凳子1、2、3
3
花几1、2、3
4
玄关几
5
沙发背几
三视图
6

作　品：花几的韵律

作　者：冯光儒、黄贵／西南林业大学

指导老师：周雪冰

本方案主材为红酸枝，设计源于对中国古代建筑形式的理解：对称法则所营造出端庄稳重的外形、不同体量大小的组合所体现出的节奏和韵律、斜翘的飞檐多传达出的神秘意蕴...

向内倾斜的腿部与向外、向上造势的角牙和帽头好似建筑中挺拔的柱脚和高耸的飞檐，一起成就了本方案的视觉扩张，凸显了本方案的古朴凝重、庄严大气。形制简洁大方，建筑韵味浓厚。

回纹牙板柔中带刚，既具装饰性，又有其结构性。

花几
（0.38*0.35*0.75/0.85/0.95）

作品名称：花几的韵律

其他类设计奖

作　品：山丘上的两棵小树

作　者：冯光儒、张曙光、黄贵／西南林业大学

指导老师：周雪冰

在我们周围，有很多人一回到家中便会换上拖鞋，脱掉外套，以便使自己放松下来，这是都市生活中的一种普遍现象。

本方案从人们的生活方式及行为习惯出发，注重对自然形态的仿生以及对功能的融合，将山丘和树枝的形态抽象、简化、组合，进而实现"坐"与"挂"的功能统一。有了这样一把椅子，人们可以在挂置好衣物后，安心的坐着换鞋或穿鞋。

椅座部分可选用实木多层板，以彰显方案本身的层叠感及韵律感，叠摞完备之后用螺钉加以固定；靠背（树枝形态）部分则采用原木材料和榫卯结构。另外，椅座最上部的坐面板可挖出圆洞，之后研磨出斜面，使木材本身的纹理更加丰富。

回家后"换鞋、挂衣"
等一系列的动作都可以
在这里完成。

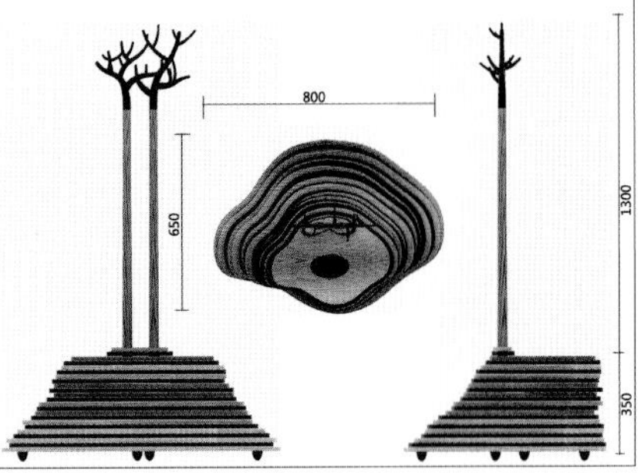
800
650
1300
350

作　品：如意衣帽架

作　者：刘华健、赖浩望、张庆淇／顺德职业技术学院

指导老师：干珑

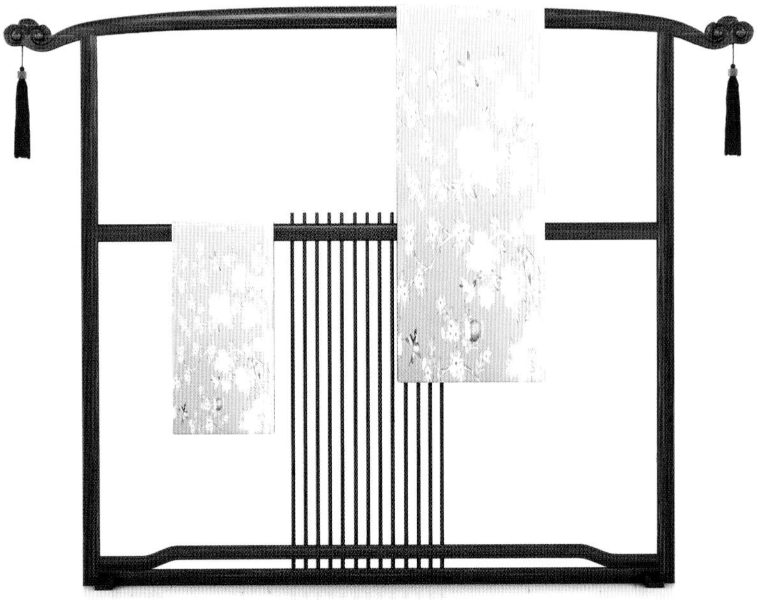

如意
衣帽架

设计说明 家具设计吸收唐代文化理念，把丝绸祥云如意元素融入到设计当中，靠背融合唐服造型更显凸显其意境，结构上借鉴明代家具卯榫结构与现代结构相结合。

尺寸：2000*300*1700　材料：非洲黄花梨

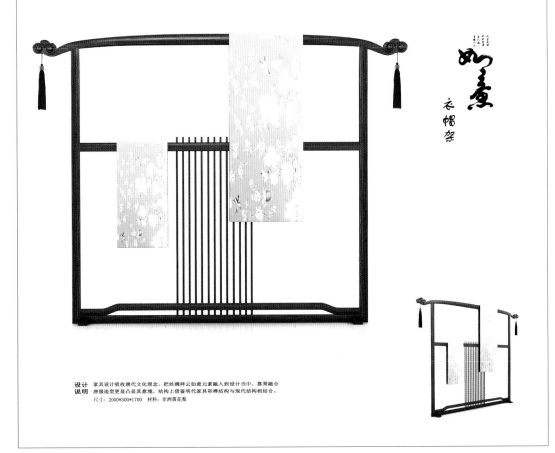

宅·落地挂衣架

作品：宅
作者：王璐迪／中南林业科技大学

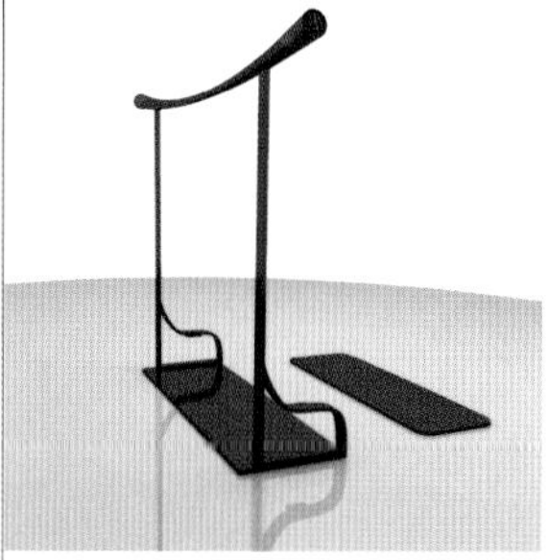

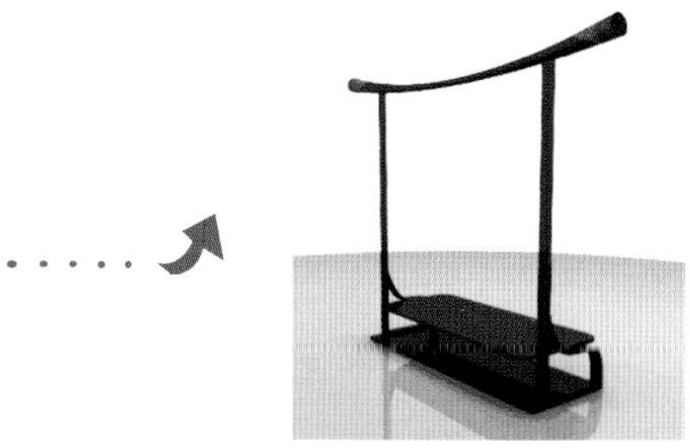

从中式古典宅院的大门汲取灵感，将六朝人面瓦当与胡桃木结合，下方将胡桃木弯曲，简化作出阶梯的感觉，、阶梯、处有暗扣，可以扣上木板，存放鞋子、箱子等物品，较灵活多变。衣架通体有榫卯结合，使木头与木头、木头与土陶得以依附而生，互为一体。衣架整体展现古朴、简约风格，将中式宅门简化形象，以线的方式表达，但特别保留瓦当元素，是木头与陶的一个新式的结合，以简单形象记录古典宅门文化。

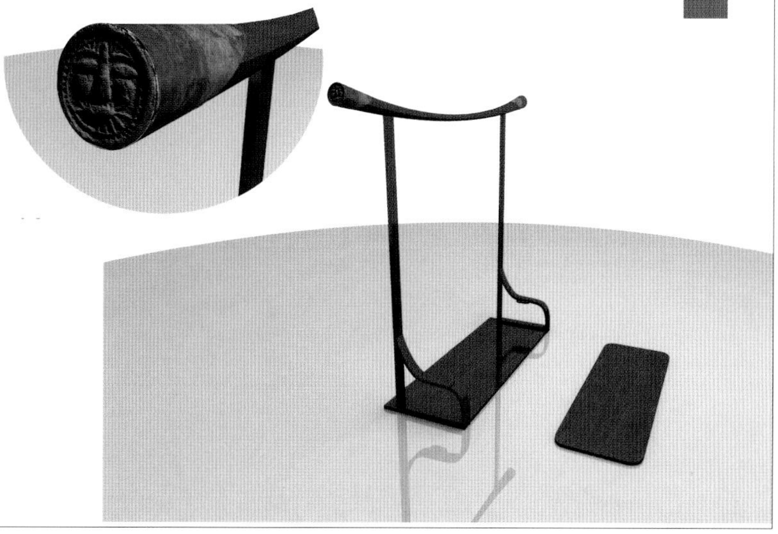

作品名称：《映东方》

作品：映东方
作者：徐嘉敏、陈景进、陈雅青／华南农业大学
指导老师：薛拥军

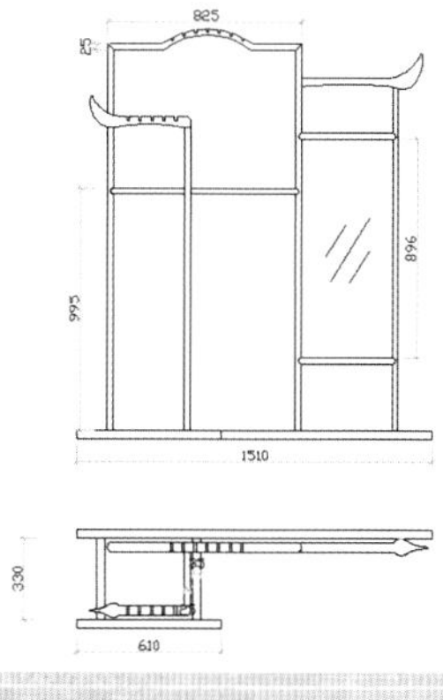
825
995
896
1510
1680
1546
1373
330
610

尺寸图

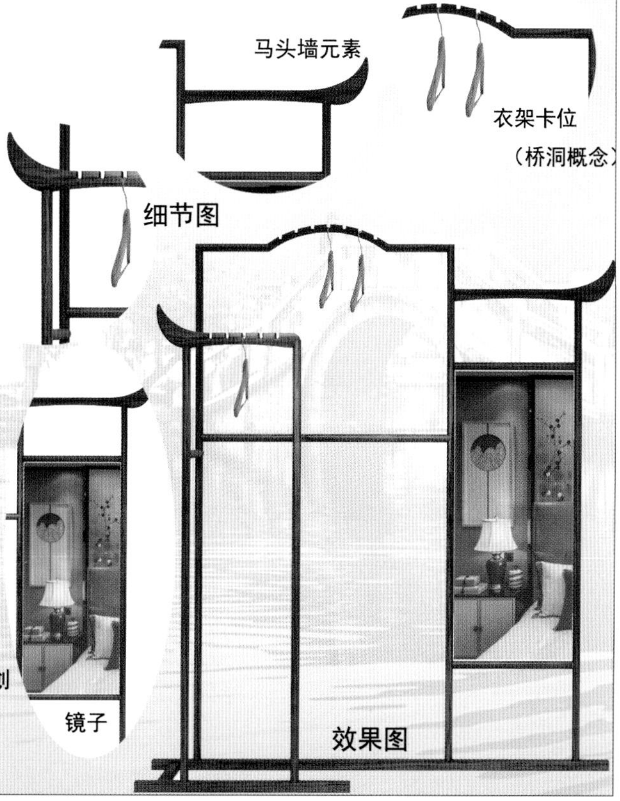
马头墙元素
衣架卡位
（桥洞概念）
细节图
镜子
效果图

设计说明：

本设计源于东方的徽派建筑风格。单细圆材做成的衣帽架，轻盈明快。搭脑采用徽派建筑的马头墙为元素，跳出马头翘角，与拱桥外形相连接，上端的拱形设计以中式拱桥为元素，凹处细节，既是凸显‘桥洞’的元素，又有挂衣晾巾之用。整体上于简练中见巧思，又是以创新手法传承东方韵味。

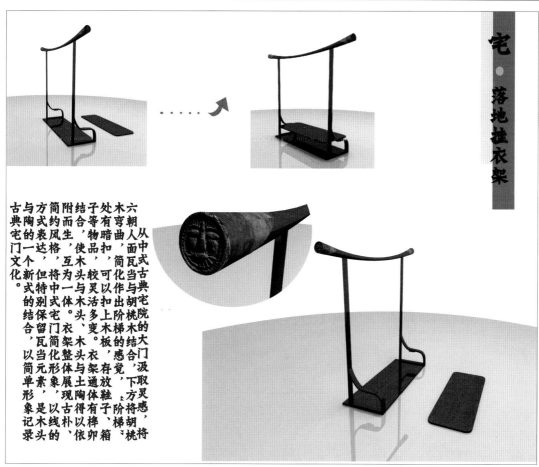

其他类设计奖

作品：屏
作者：柴兴海、张曙光、彭彩霞／西南林业大学
指导老师：周雪冰

屏

设计说明：

本方案从人们生活方式出发，将屏风和门厅柜结合在一起，使功能最优化。

材料选用竹集成材，将竹集成材弯曲工艺融合进去。凸显竹材原生态纹理感。结构主要用螺丝和胶黏剂连接，搁板采用榫卯连接。可以DIY组装。采用CNC加工中心可轻松精确加工构件。屏风竖板上运用缝制带有图案的织物装饰，搁板上可以根据生活方式进行个性化布置。

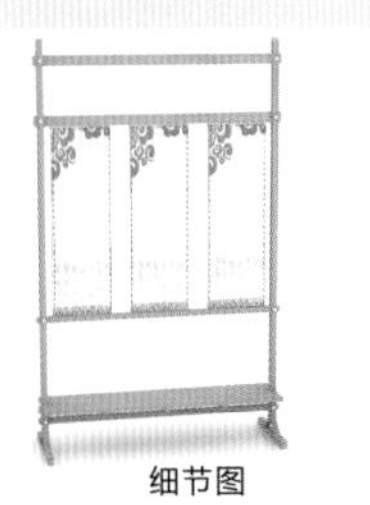

细节图

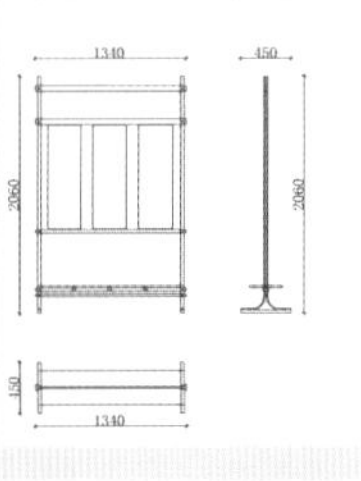
1340
450
1960
1960
150
1340

三视图

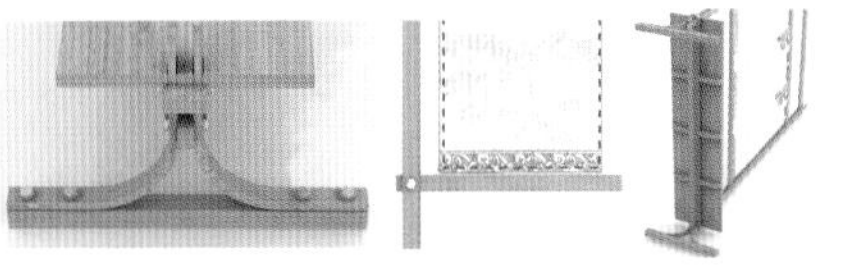

作品名称：屏

作品：扇舞书香
作者：李书飞、张聪聪、李仕焕／西南林业大学
指导老师：周雪冰

扇舞书香

"圆"是圆满，"圆"是圆融，"圆"是尽善尽美，"圆"象征着人们追求完美、追去卓越的攀登精神。本方案以"圆"为概念的核心对书架的造型进行了重新思考与设计。

方案总体由一大一小两个"圆"组成，外圆被划分为12格，象征着轮回的同时，也满足了人们存放书籍的需要；内圆的门子由装饰性极强的折扇（纸质部分可拆卸、更换）代替，提供了一种新的、带有趣味性的开门方式；腿足外撇为八字，两侧装饰有云头纹牙板和牙头，营造出极强的张力和装饰效果。

总体来讲，本方案初具个性张扬的特征，并具有一定的表现力和渲染力；同时，方案不失对细节的推敲，如圆形边框的外沿保留了传统的"混面起边线"式的线脚，在保证了传统线脚装饰性的同时，也使得圆形边框在视觉上更加纤细、

以古典折扇为门，不仅增添了文雅的装饰，更重要的是开启一种新的开合方式。

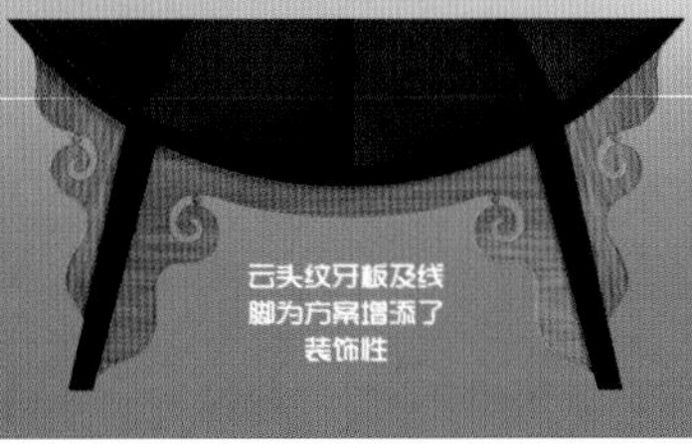

云头纹牙板及线脚为方案增添了装饰性

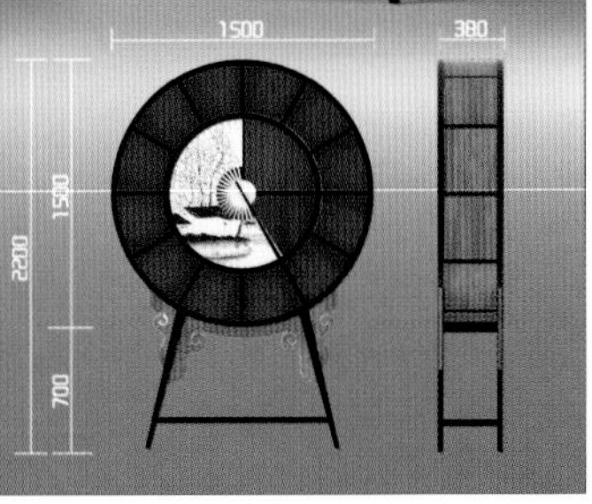
1500
380
2200
1500
700

其他类设计奖

作　品：多功能架
作　者：刘岸、谭亚国／中南林业科技大学
指导老师：刘文金

Multi Functions Shelf

多功能架

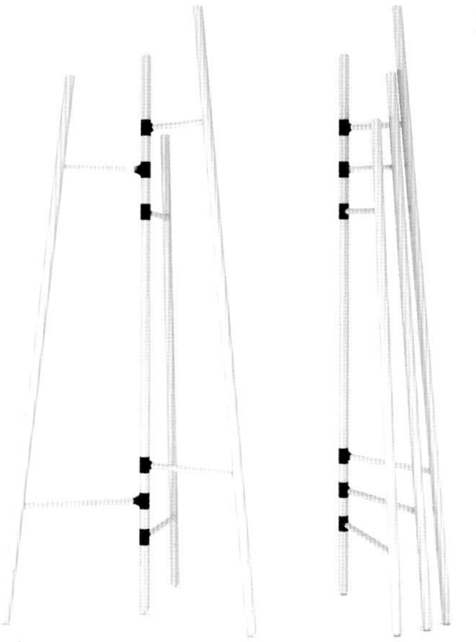

零部件&结构拆装图

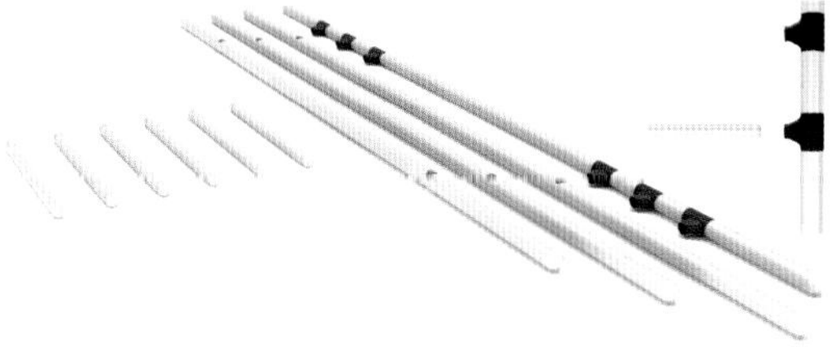

设计说明：

本设计方案的亮点就是其具有多功能的用途，可以根据需求挂取裤子、衣服、围巾、雨伞等各种生活常用品，多功能架设置有3种不同高低架的形式，可以满足不同身高的所有家庭成员的使用。

时尚简单的几何造型具有现代简约风格，物件整体采用拆装化设计，标准化程度高。并且，架子主体部分使用可活动的零部件，在不需要使用时可临时合拢，具有一定的收纳性。

作　品：霎那芳华
作　者：刘思诗／长沙市共享家社区发展中心
指导老师：张仲凤

设计说明：

“痕之美”民用家具设计，将树脂这种现代材料与传统材料相结合，运用干花或昆虫标本，模仿琥珀，试图将生命存在的痕迹保存在家具中。产生一种形而上的痕之美。

材料方面，采用了色较深且触感光滑的南美柚木、通透性如清水的D-3树脂及日本进口干花。三者的结合创造出一种水积木槽，落花沉水的视觉效果。好似夏季一场大雨过后的清新与舒爽。

除了材料的组合设计，这组家具还运用仿生设计方法，将腿型制成上粗下细而又有曲线张力的形态；木材采用传统榫卯连接，牢固可靠。棱角及连接处均倒角，视觉及触觉上更为圆滑安全。

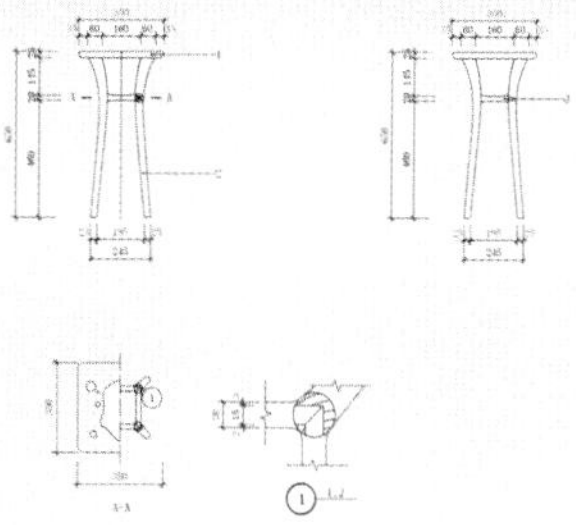

痕
在时间和空间中
人或自然在与物接触的过程里
有意或无意地对物的物理状态产生了影响
生命的霎那也可成为绝代芳华

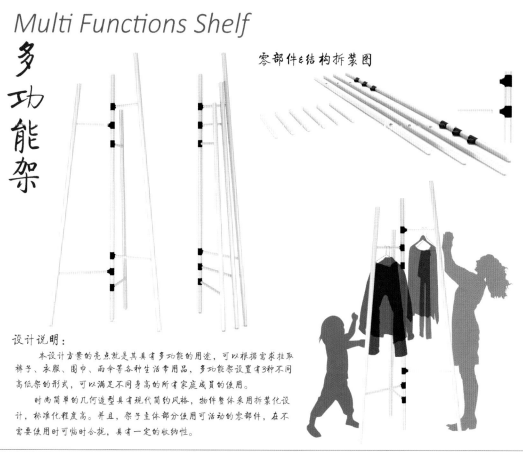

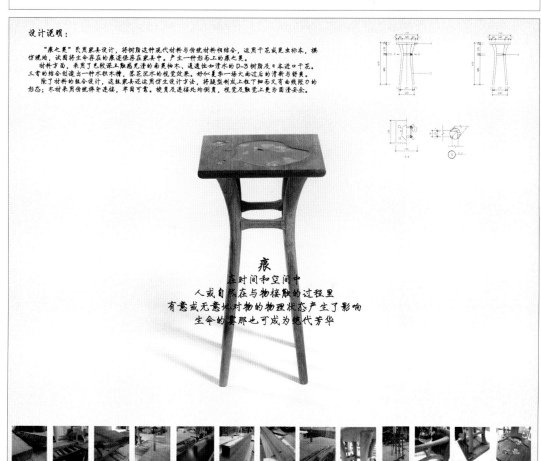

其他类设计奖

作品：『花好月圆』多宝阁
作者：耿妙／南京林业大学
指导老师：于娜

“花好月圆”多宝阁

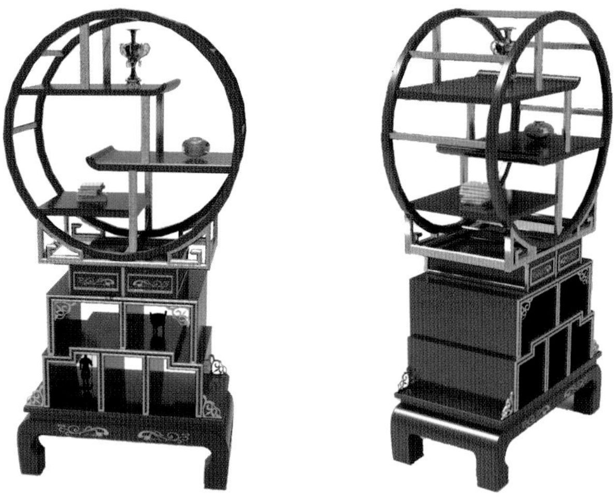

这件多宝阁上层柜阁采用了圆的造型，象征着“月圆”，同时层架设计成了微翘的形状，仿佛遮住月亮的浮云；下层柜体则使用了花草的纹样，象征着“花好”。“花好月圆”，蕴含着美好和幸福的寓意。自古以来，中国人就喜爱在家具中使用具有美好寓意的纹样，期盼着为人生带来美好与幸福，我认为这是值得我们传承下来的设计方法，因此，我将传统的纹样运用到了我的设计中。在设计的过程中，我采用了金属和木材结合的形式，部分支撑件和贴边均使用了金属构件，雕花也由普遍的木雕改为金属贴面，在古朴的造型中增添了一些新式的元素。与此同时，为了跳脱出大多数多宝阁方方正正的造型，我将圆形与方形结合起来，设计出了“花好月圆”的造型，并赋予了它美好幸福的含义，期盼它能为使用者带来好运。

作品：几上添花
作者：张付花、孙克亮／江西环境工程职业学院

幾上添花

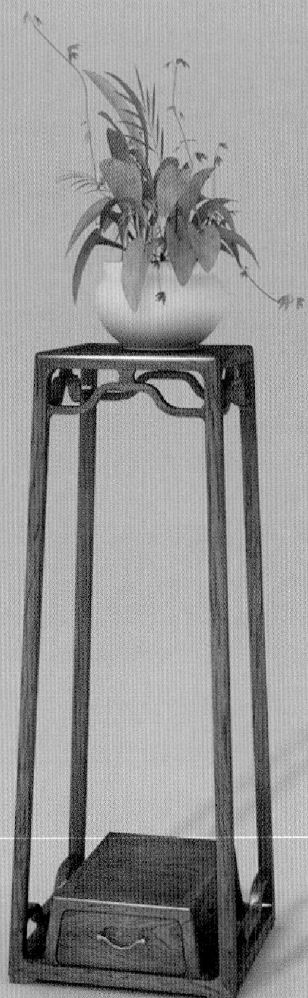

花幾在室内陳設中是一種美化環境的配套家具。本器在保留傳統花幾神韵的基礎上，造型力求高雅舒展，在腿足的設計上弃托泥、横撑而改爲一聯式抽屜，塑造出結構平穩、造型别致的花幾形制，賦予器物本身雅致淡然的意境。

作　品：族迹
作　者：张月／内蒙古师范大学青年政治学院
指导老师：张美玲

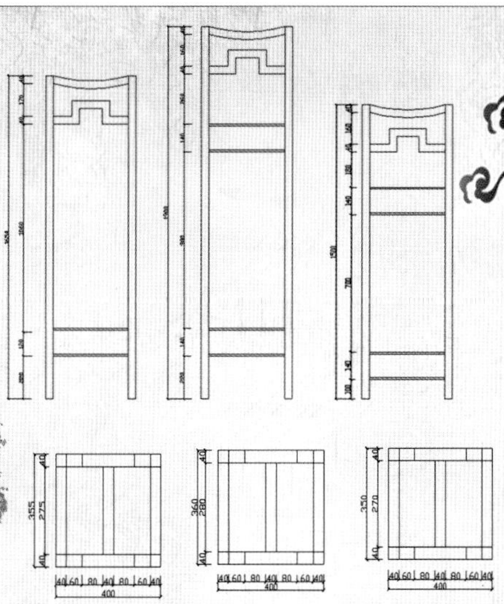

族迹

休闲座椅—

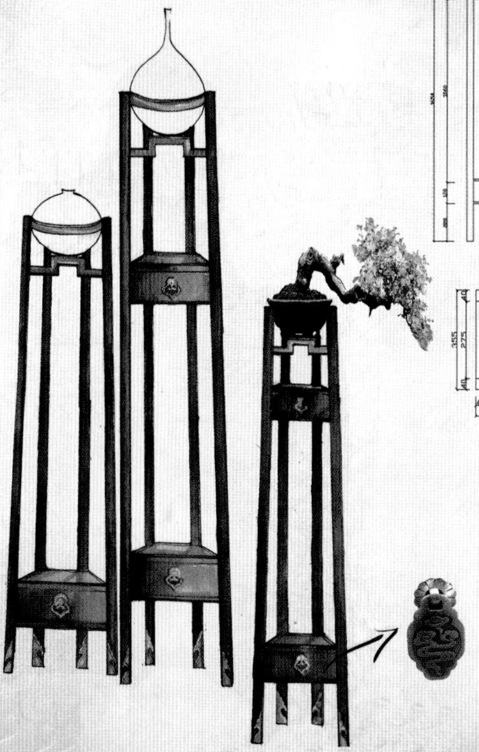

明式家具的传统文化之美概括起来有型，艺，材，韵四个方面，以这些为灵感来源，设计一件具有新中式风格的花架。造型比例悠长纤细，仿佛偏偏起舞的少女，婀娜多姿。细节依然采用古典韵味的铜拉手及包角，完美融合，一气呵成。内在韵味依然是我们民族的气质与特色，所以取名为“族迹”。

作　品：拱·花几
作　者：李思萍、张乾、邓文鑫、谭柳／中南林业科技大学
指导老师：袁进东

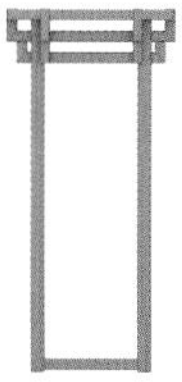

这件产品与传统的中式花几不同，在造型上省去了繁琐的雕刻图案，利用简单的直线条与几何形来作为表现形式。但它的结构又是传统的，沿用了中式建筑中最经典的斗拱式结构，利用穿插式的结构来使其固定。每个零部件互相穿插不需要任何的连接件就可以达到最大的稳定性，并且还起到了装饰的作用使产品看起来简洁，时尚。

拱．花几

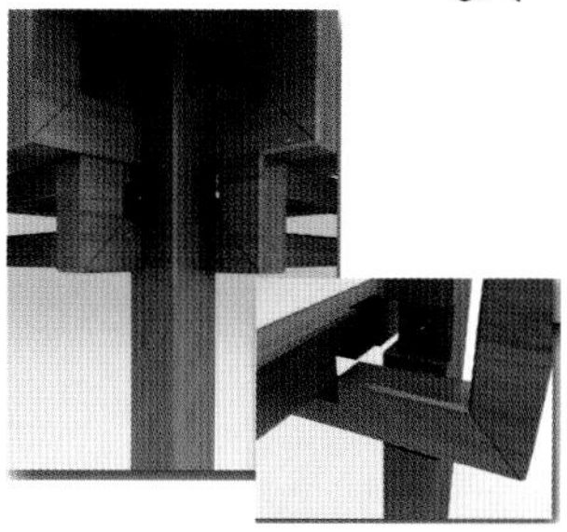

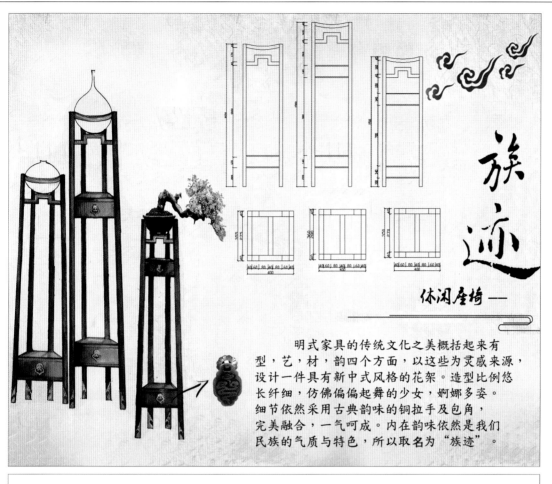

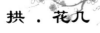

其他类设计奖

作品：流泻
作者：唐涓澜／广西大学
指导老师：袁全平

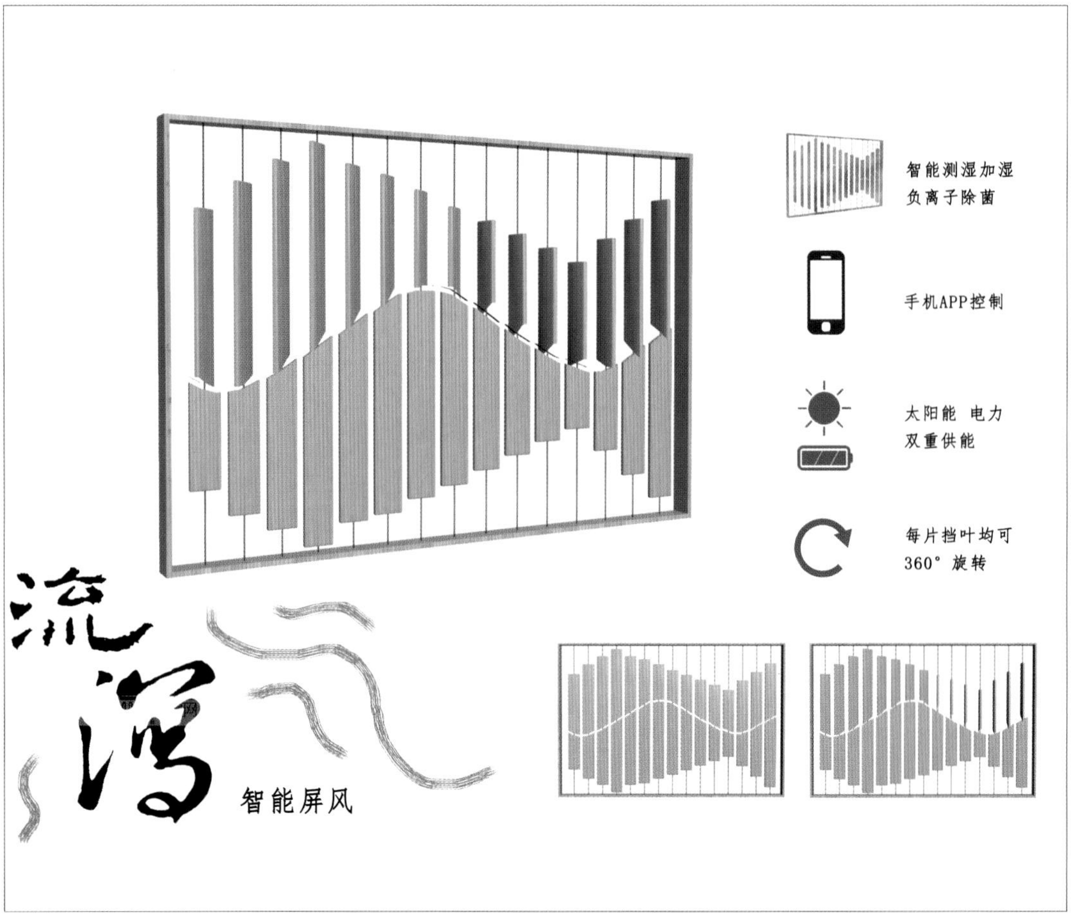
智能测湿加湿
负离子除菌
手机APP控制
太阳能 电力
双重供能
每片挡叶均可
360° 旋转
流泻
智能屏风

作品：原点 括号 句号
作者：王井龙、刘容娥／长安微动创意设计工作室／浙江工业大学之江学院

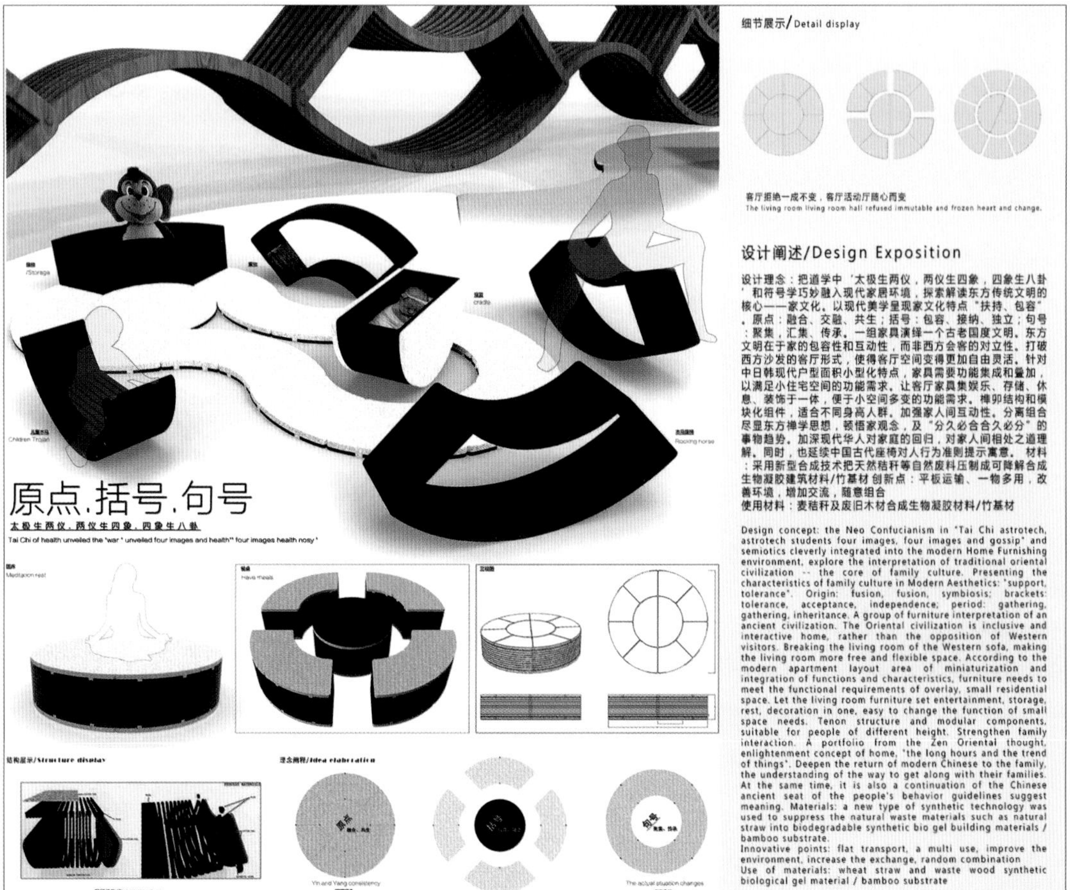
细节展示/Detail display
客厅拒绝一成不变，客厅活动厅随心而变
The living room living room hall refused immutable and frozen heart and change.
原点.括号.句号
太极生两仪，两仪生四象，四象生八卦
设计阐述/Design Exposition
设计理念：把道学中‘太极生两仪，两仪生四象，四象生八卦’和符号学巧妙融入现代家居环境，探索解读东方传统文明的核心——家文化。以现代美学呈现家文化特点“扶持、包容”。原点：融合、交融、共生；括号：包容、接纳、独立；句号：聚集，汇集、传承。一组家具演绎一个古老国度文明。东方文明在于家的包容性和互动性，而非西方会客的对立性。打破西方沙发的客厅形式，使得客厅空间变得更加自由灵活。针对中日韩现代户型面积小型化特点，家具需要功能集成和叠加，以满足小住宅空间的功能需求。让客厅家具集娱乐、存储、休息、装饰于一体，便于小空间多变的功能需求。榫卯结构和模块化组件，适合不同身高人群。加强家人间互动性。分离组合尽显东方禅学思想，顿悟家观念，及“分久必合合久必分”的事物趋势。加深现代华人对家庭的回归，对家人间相处之道理解。同时，也延续中国古代座椅对人行为准则提示寓意。 材料：采用新型合成技术把天然秸秆等自然废料压制成可降解合成生物凝胶建筑材料/竹基材 创新点：平板运输、一物多用，改善环境，增加交流，随意组合
使用材料：麦秸秆及废旧木材合成生物凝胶材料/竹基材
Design concept: the Neo Confucianism in "Tai Chi astrotech, astrotech students four images, four images and gossip" and semiotics cleverly integrated into the modern Home Furnishing environment, explore the interpretation of traditional oriental civilization -- the core of family culture. Presenting the characteristics of family culture in Modern Aesthetics: "support, tolerance". Origin: fusion, fusion, symbiosis; brackets: tolerance, acceptance, independence; period: gathering, gathering, inheritance. A group of furniture interpretation of an ancient civilization. The Oriental civilization is inclusive and interactive home, rather than the opposition of Western visitors. Breaking the living room of the Western sofa, making the living room more free and flexible space. According to the modern apartment layout area of miniaturization and integration of functions and characteristics, furniture needs to meet the functional requirements of overlay, small residential space. Let the living room furniture set entertainment, storage, rest, decoration in one, easy to change the function of small space needs. Tenon structure and modular components, suitable for people of different height. Strengthen family interaction. A portfolio from the Zen Oriental thought, enlightenment concept of home, "the long hours and the trend of things". Deepen the return of modern Chinese to the family, the understanding of the way to get along with their families. At the same time, it is also a continuation of the Chinese ancient seat of the people's behavior guidelines suggest meaning. Materials: a new type of synthetic technology was used to suppress the natural waste materials such as natural straw into biodegradable synthetic bio gel building materials / bamboo substrate.
Innovative points: flat transport, a multi use, improve the environment, increase the exchange, random combination
Use of materials: wheat straw and waste wood synthetic biological gel material / bamboo substrate

其他类设计奖

作品：韵
作者：彭洪／南京林业大学
指导老师：于娜

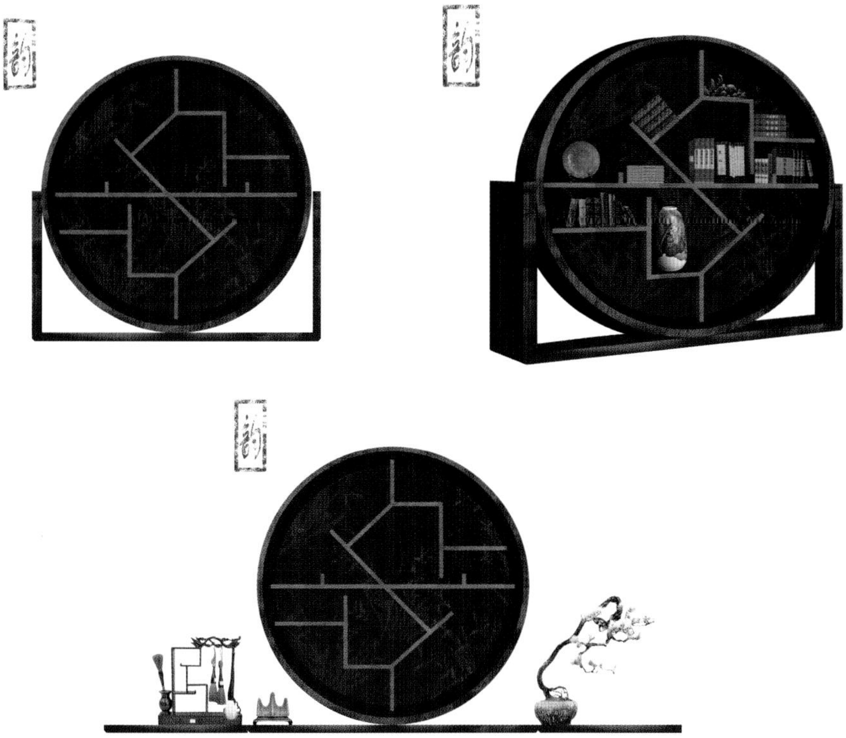

作品：古风今韵
作者：张笑影／独立设计师

古风今韵

设计说明：

这款博古架设计以古典家具的清雅设计为基础，博古架的设计融入官帽造型，作品充满弯曲迂回的曲线，线条舒缓流畅，寓示人生的起起落落，意蕴深长。

博古架造型雅致，使用红木作为基材，用色时尚，繁简相宜，将现代时尚简雅与东方灵性糅合成唯美的生活画卷。

系列图：

家具尺寸：900x415x1950mm　600X425X1450mm

博古架比较常见的更多是严谨庄严，而这款作品在举顶间以曲线打破拘谨，更加柔和，大气却又雅致美好。

六视图：

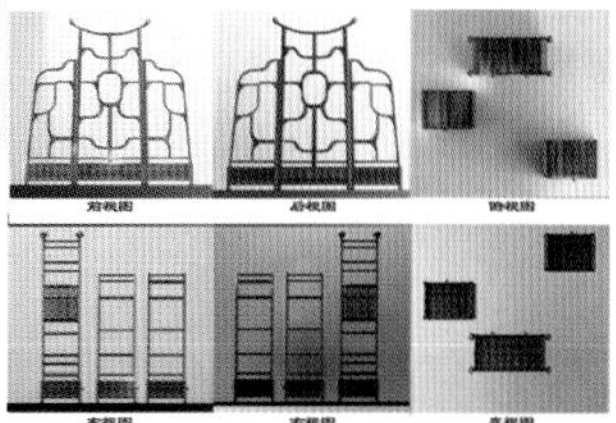

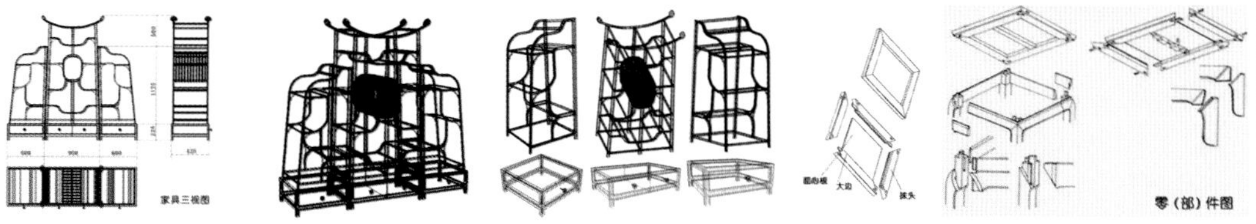

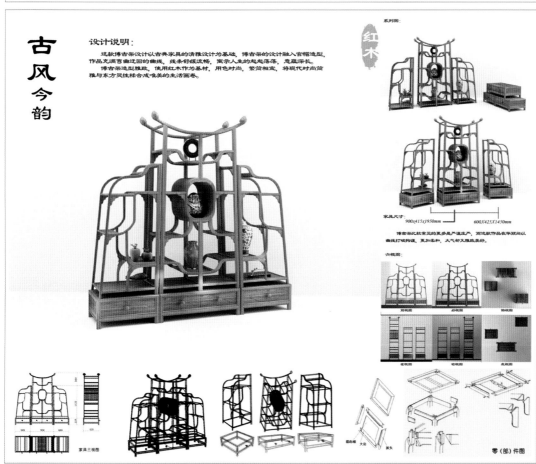

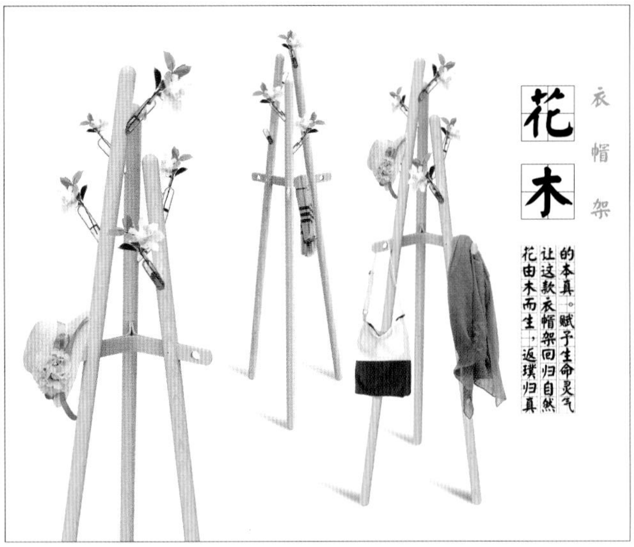
花木
衣帽架
花由木而生，返璞归真
让这款衣帽架回归自然
的本真，赋予生命灵气

作　　品：“花木”衣帽架
作　　者：王景立 / 广东轻工职业技术学院
指导老师：白平

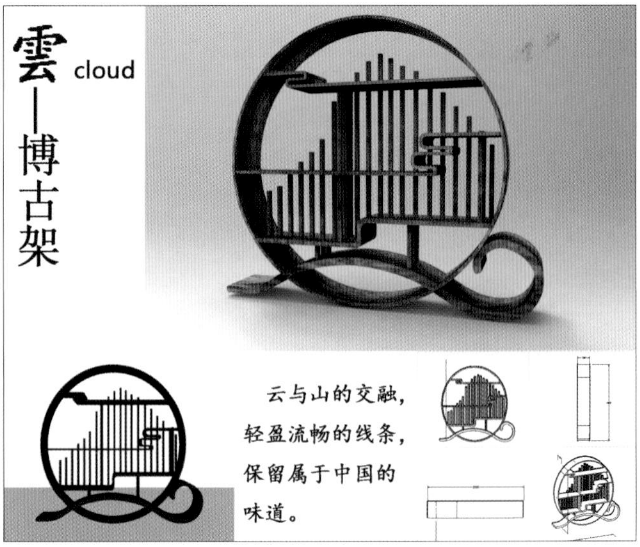
雲 cloud
博古架
云与山的交融，
轻盈流畅的线条，
保留属于中国的
味道。

作　　品：雲
作　　者：邓舒月 / 四川农业大学
指导老师：曾静

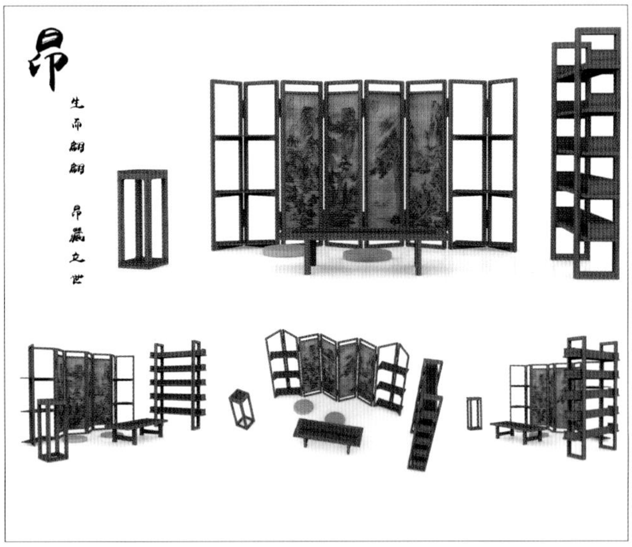
昂

作　　品：昂
作　　者：葛博阳、张佳敏 / 沈阳航空航天大学
指导老师：孙明磊

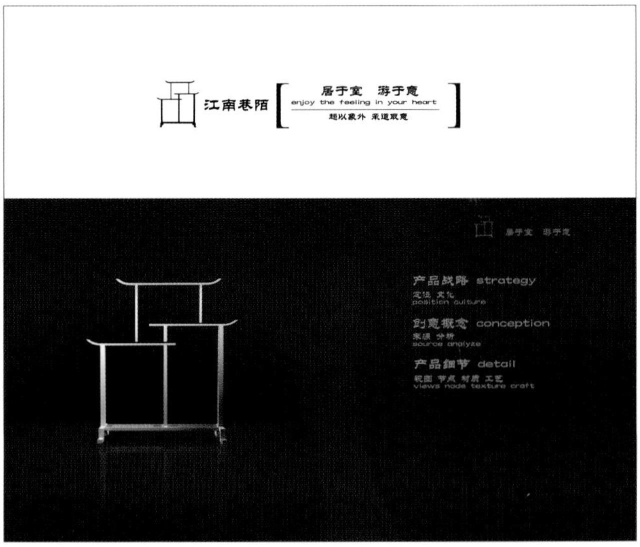
江南巷陌
居于室　游于意
enjoy the feeling in your heart
超以象外　采道取意
产品战略 strategy
创意概念 conception
产品细节 detail

作　　品：江南巷陌
作　　者：郝伟、荣旭晨 / 西安美术学院

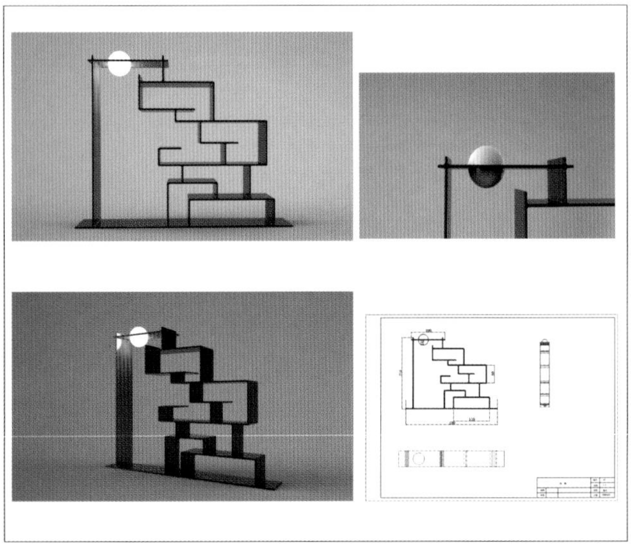

作　　品：月升
作　　者：李云强 / 北京工业大学
指导教师：杨玮娣

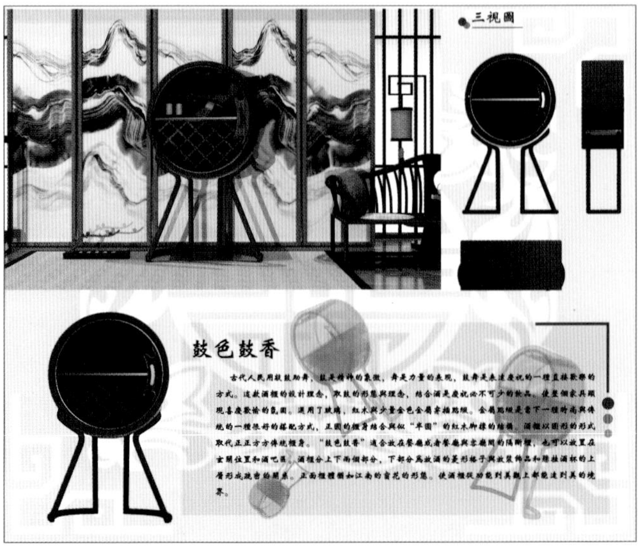
三视图
鼓色鼓香

作　　品：鼓色鼓香
作　　者：廖丽梅 / 华南农业大学
指导教师：陈哲

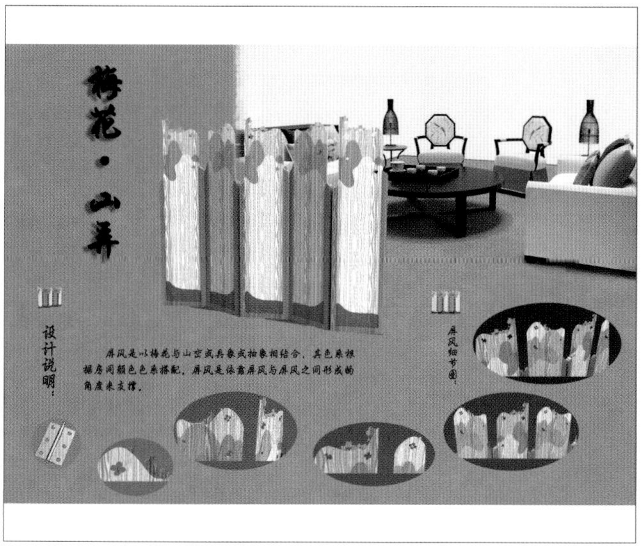
梅花·山弄
设计说明：
屏风是以梅花与山峦或具象或抽象相结合，其色彩根据房间颜色色彩搭配，屏风是依靠屏风与屏风之间形成的角度来支撑。
屏风细节图：

作　　品：梅花·山弄
作　　者：颜玉芝 / 山东艺术学院
指导教师：张恒旺

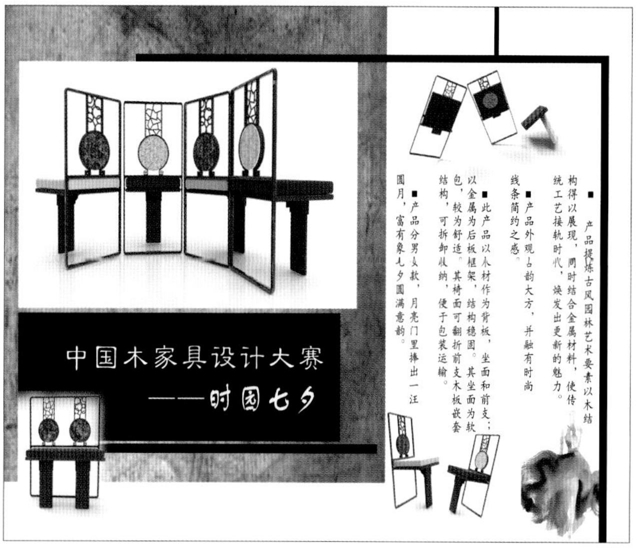
中国木家具设计大赛
——时园七夕
■ 产品提炼古风园林艺术要素以木结构得以展现，同时结合金属材料，使传统工艺接轨时代，焕发出更新的魅力。
■产品外观古韵大方，并融有时尚线条简约之感。
■此产品以木材作为背板，坐面和前支；以金属为后板框架，结构稳固。其坐面为软包，较为舒适。其椅面可翻折前支木板嵌套结构，可拆卸收纳，便于包装运输。
■产品分男女款，月亮门里捧出一汪圆月，富有象七夕圆满意韵。

作　　品：时园七夕
作　　者：卢靖萍 / 华南农业大学
指导教师：宋杰

中国木家具设计大赛
· 产品用作室内鞋架，装饰韵味感强。
· 产品采用水曲柳木制，其轮廓弧度造型似远山简笔，古韵风骨，极富水墨意境之感。
· 面板远山形，可坐于其上，弧线设计满足舒适感同时可用于搁置随身物品。
· 内部为圆管状储鞋或储物格子，圆管数量可据需求灵活变动。
· 传统木质材料与特色造型的碰撞。
圓山

作　　品：圆山
作　　者：卢靖萍 / 华南农业大学
指导教师：宋杰

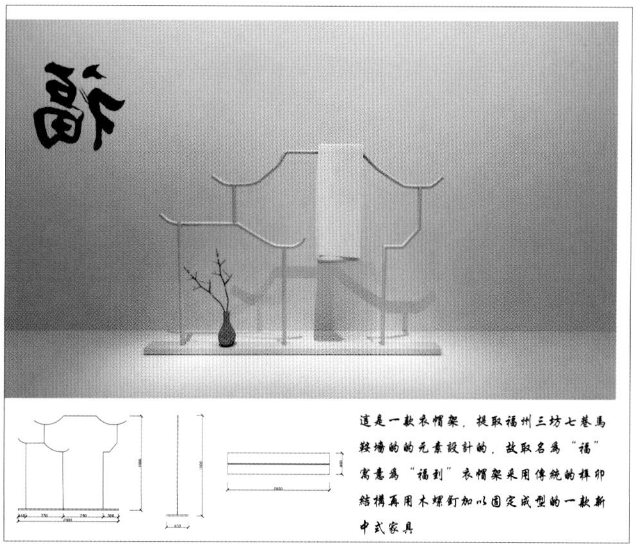
福
这是一款衣帽架，提取福州三坊七巷马鞍墙的的元素设计的，故取名为"福"寓意为"福到"衣帽架采用传统的榫卯结构再用木螺钉加以固定成型的一款新中式家具

作　　品：福
作　　者：吕钒淑 / 福建农林大学
指导教师：陈祖建

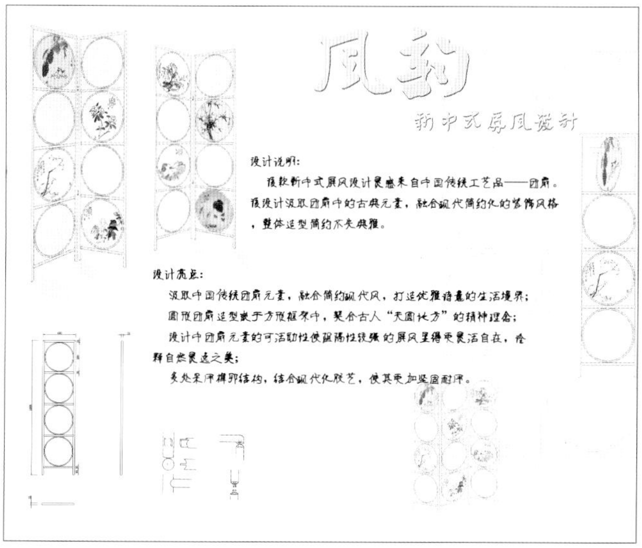
风韵
新中式屏风设计
设计说明：
该款新中式屏风设计灵感来自中国传统工艺品——团扇。该设计汲取团扇中的古典元素，融合现代简约化的装饰风格，整体造型简约不失典雅。
设计亮点：
汲取中国传统团扇元素，融合简约现代风，打造优雅诗意的生活境界；
圆形团扇造型嵌于方形框架中，契合古人"天圆地方"的精神理念；
设计中团扇元素的可活动性使阻隔性较强的屏风显得更灵活自在，诠释自然灵逸之美；
多处采用榫卯结构，结合现代化胶艺，使其更加坚固耐用。

作　　品：风韵
作　　者：孙珂 / 北京林业大学

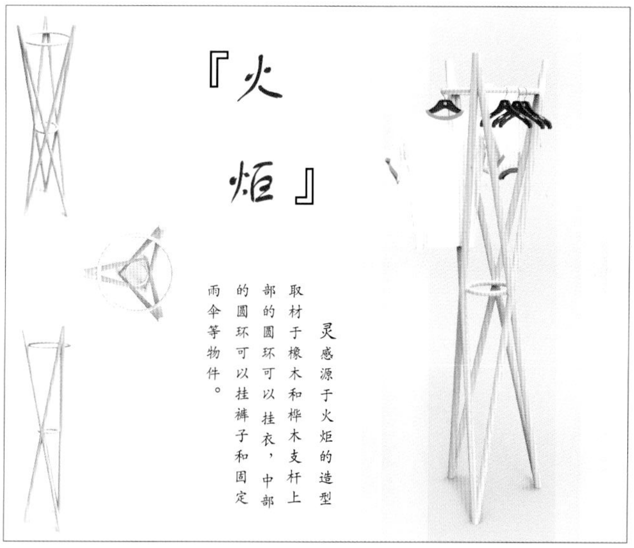
『火炬』
灵感源于火炬的造型取材于橡木和榉木支杆上部的圆环可以挂衣，中部的圆环可以挂裤子和固定雨伞等物件。

作　　品：火炬
作　　者：汪洋、翁延华 / 浙江农林大学

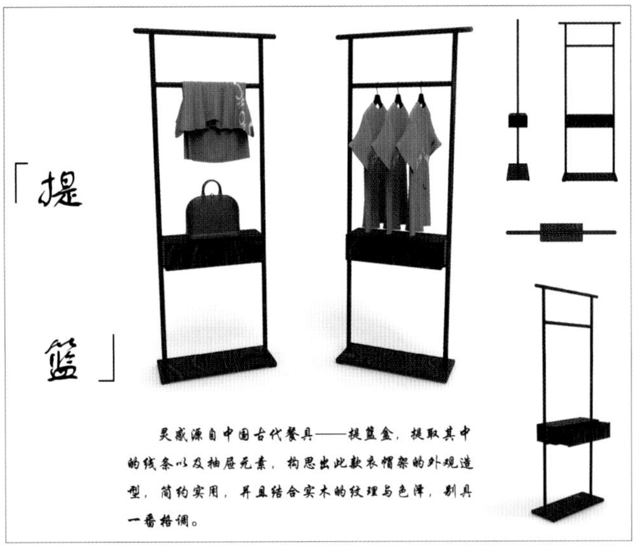
「提
篮」
灵感源自中国古代餐具——提篮盒，提取其中的线条以及抽屉元素，构思出此款衣帽架的外观造型，简约实用，并且结合实木的纹理与色泽，别具一番格调。

作　　品：提篮
作　　者：汪洋、翁延华／浙江农林大学

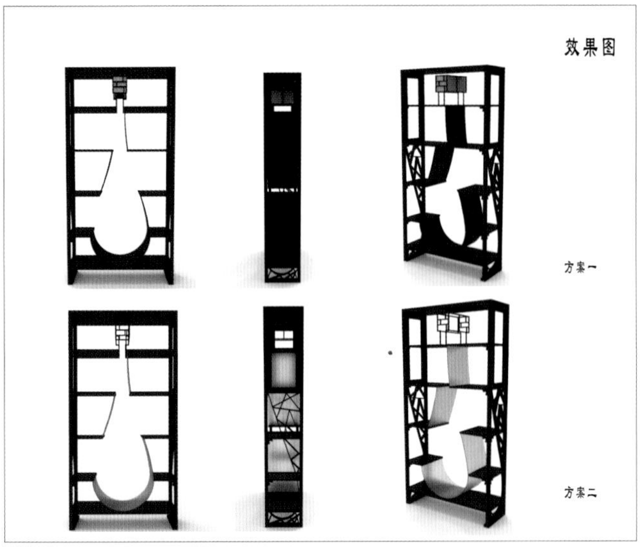
效果图
方案一
方案二

作　　品：琵琶韵
作　　者：张宇／华侨大学
指导教师：张肖

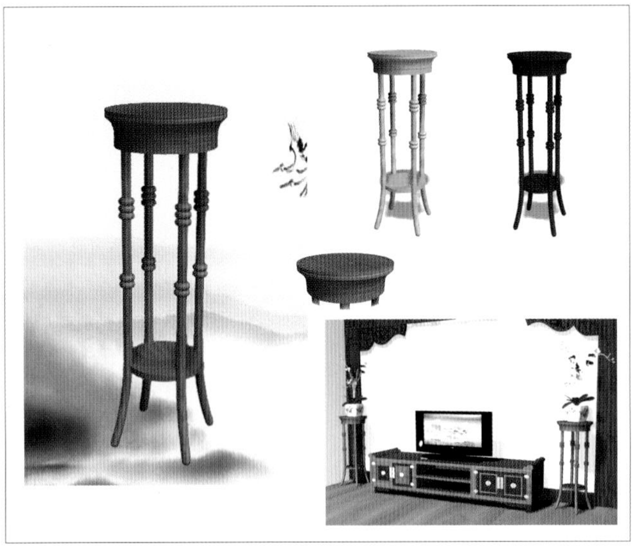

作　　品："沧海遗珠"花架
作　　者：赵碧星／西北农林科技大学
指导教师：张远群

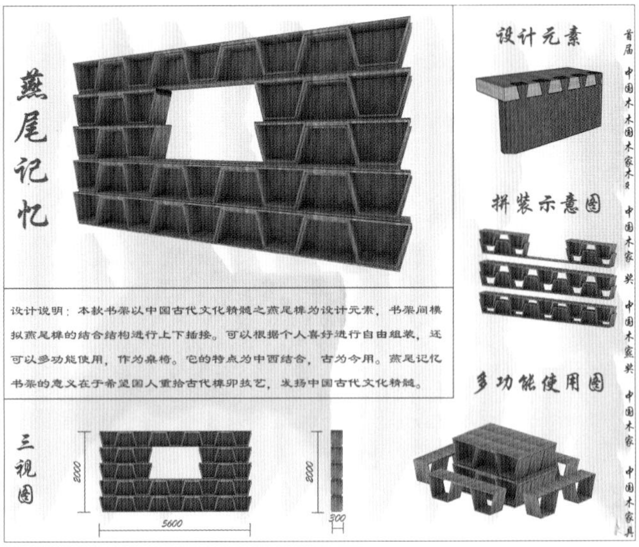
燕尾记忆
设计元素
拼装示意图
多功能使用图
设计说明：本款书架以中国古代文化精髓之燕尾榫为设计元素，书架间模拟燕尾榫的结合结构进行上下插接。可以根据个人喜好进行自由组装，还可以多功能使用，作为桌椅。它的特点为中西结合，古为今用。燕尾记忆书架的意义在于希望国人重拾古代榫卯技艺，发扬中国古代文化精髓。
三视图
2000
2000
5600
300

作　　品：燕尾记忆
作　　者：郑小蓉／广西大学
指导教师：高伟

鹿·木
结构装配：
设计说明：
该衣架的设计来源于小鹿，衣架的顶杆造型简化了鹿角的形态，加以铜饰点缀装饰，简洁不失细节，衣架的连接多事采用榫卯结构相连接，易加工。整体感觉简洁大方活泼生动。
三视图：
49
140
91
52
88
35
105
112
单位：cm

作　　品：鹿木
作　　者：金伟金／山东艺术学院
指导教师：张恒旺

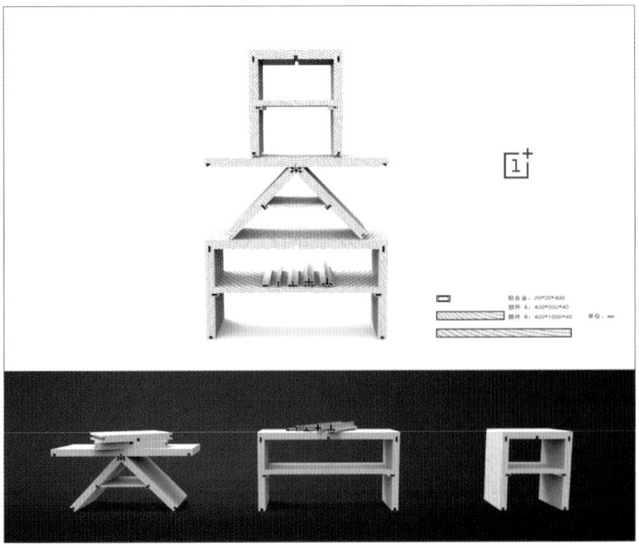
1+

作　　品：1+组合家具设计
作　　者：陈辉、杨雅铌、胡娅娅／华侨大学

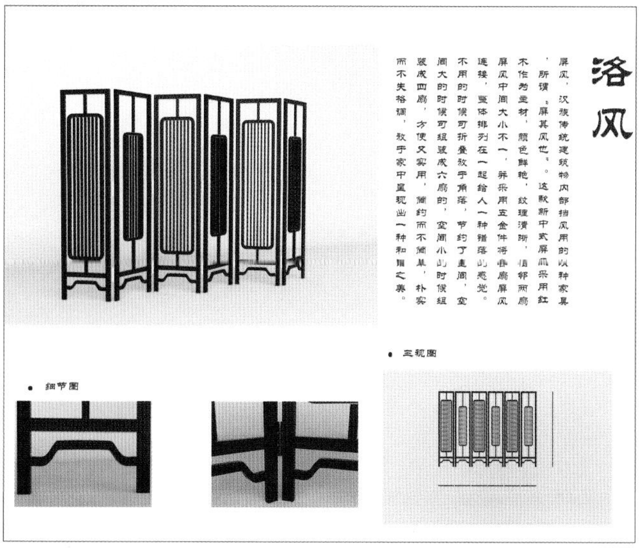
洛风
屏风，汉族传统建筑物内部挡风用的以种家具，所谓"屏其风也"。这款新中式屏风采用红木作为主材，颜色鲜艳，纹理清晰，相邻两扇屏风中间大小不一，并采用五金件将每扇屏风连接，整体排列在一起给人一种错落的感觉。不用的时候可折叠放于角落，节约了空间，空间大的时候可组装成六扇的，空间小的时候组装成四扇，方便又实用，简约而不简单，朴实而不失格调，放于家中呈现出一种和谐之美。
三视图
细节图

作　　品：洛风
作　　者：蔡智星／西南林业大学
指导教师：周雪冰

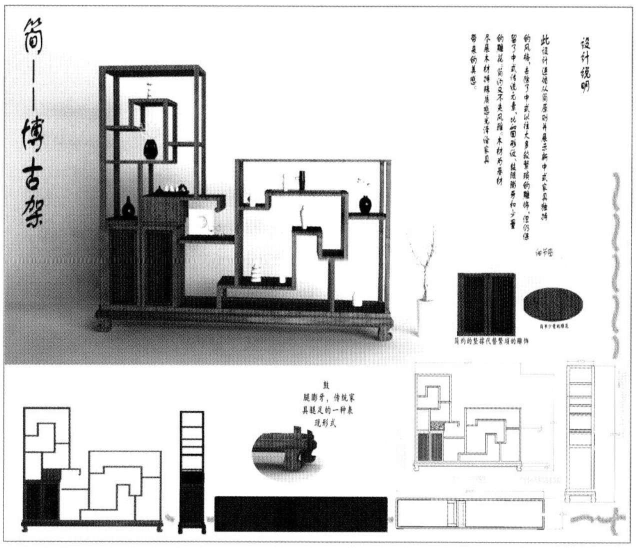
简——博古架
设计说明

作　　品：简—博古架
作　　者：陈晓梅／西南林业大学
指导教师：周雪冰

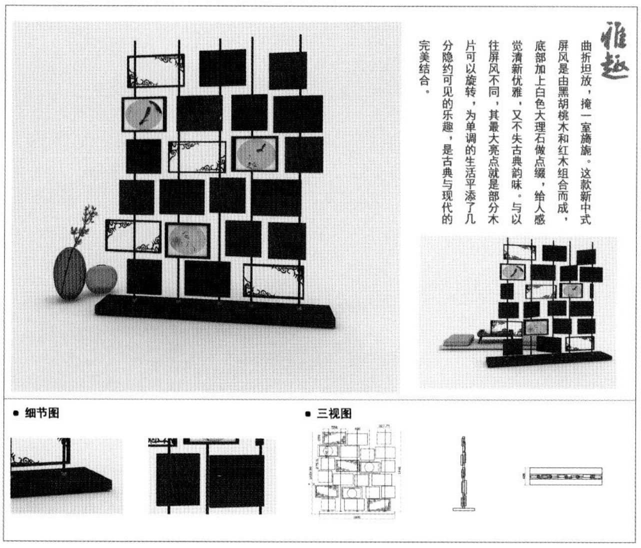
雅趣
曲折坦放，掩一室旖旎。这款新中式屏风是由黑胡桃木和红木组合而成，底部加上白色大理石做点缀，给人感觉清新优雅，又不失古典韵味。与以往屏风不同，其最大亮点就是部分木片可以旋转，为单调的生活平添了几分隐约可见的乐趣，是古典与现代的完美结合。
细节图
三视图

作　　品：雅趣
作　　者：文静仪／西南林业大学
指导教师：周雪冰

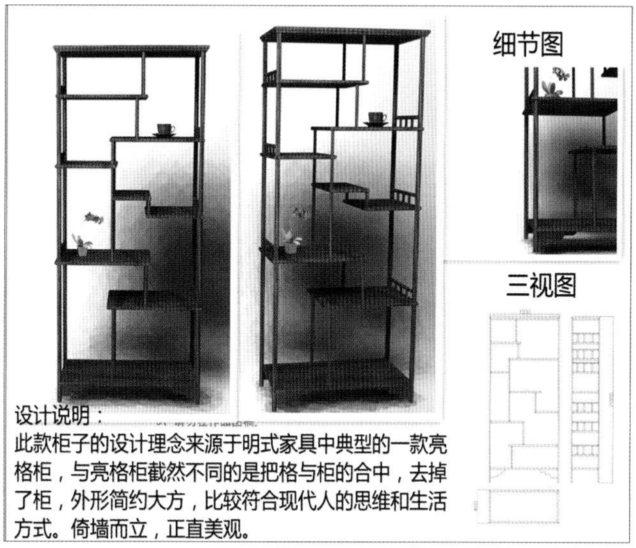
细节图
三视图
设计说明：
此款柜子的设计理念来源于明式家具中典型的一款亮格柜，与亮格柜截然不同的是把格与柜的合中，去掉了柜，外形简约大方，比较符合现代人的思维和生活方式。倚墙而立，正直美观。

作　　品：简·韵
作　　者：余晓慧／西南林业大学
指导老师：周雪冰

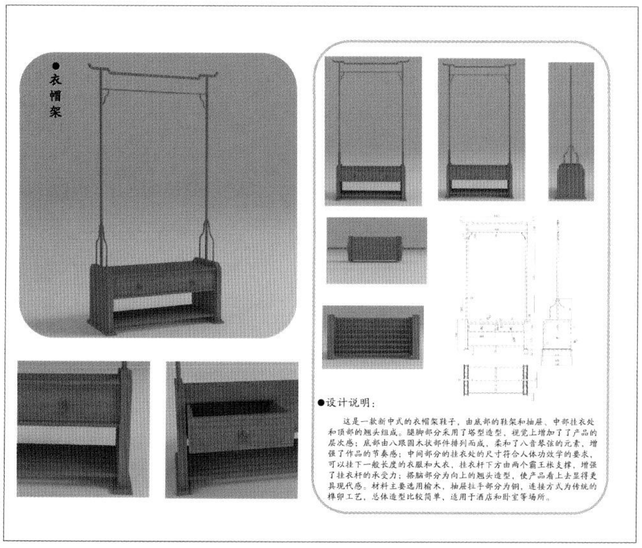
衣帽架
设计说明：
这是一款新中式的衣帽架鞋子，由底部的鞋架和抽屉、中部挂衣处和顶部的翘头组成。腿脚部分采用了塔型造型，视觉上增加了了产品的层次感；底部由八跟圆木状部件排列而成，柔和了八音琴弦的元素，增强了作品的节奏感；中间部分的挂衣处的尺寸符合人体功效学的要求，可以挂下一般长度的衣服和大衣，挂衣杆下方由两个霸王枨支撑，增强了挂衣杆的承受力；搭脑部分为向上的翘头造型，使产品看上去显得更具现代感。材料主要选用榆木，抽屉拉手部分为铜，连接方式为传统的榫卯工艺，总体造型比较简单，适用于酒店和卧室等场所。

作　　品：衣帽架
作　　者：张凤琴／西南林业大学
指导教师：周雪冰

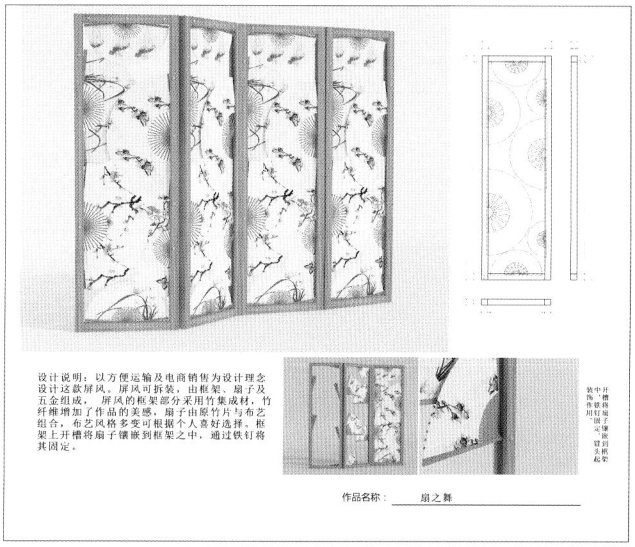
设计说明：以方便运输及电商销售为设计理念设计这款屏风。屏风可拆装，由框架、扇子及五金组成，屏风的框架部分采用竹集成材，竹纤维增加了作品的美感，扇子由原竹片与布艺组合，布艺风格多变可根据个人喜好选择。框架上开槽将扇子镶嵌到框架之中，通过铁钉将其固定。
作品名称：扇之舞

作　　品：扇之舞
作　　者：张曙光、田超、方晶／西南林业大学
指导教师：周雪冰

月牙博古架

这是由黑檀和花梨木两种材料制成的博古架，它的造型分为两个部分，两种材料也对此作出了区分，左上部分是一个由黑檀做成的月牙型，色泽深沉，右下部分是花梨木的色泽稍浅，两种色泽形成对比，彰显月牙造型，两边还镶了4枝梅花，使造型不至于太单调，非常美观。

材料

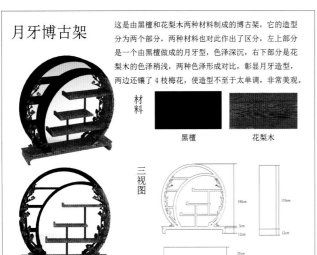

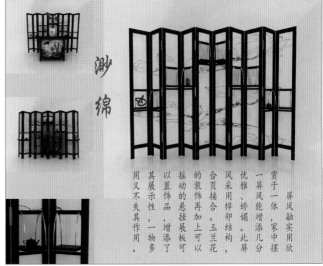

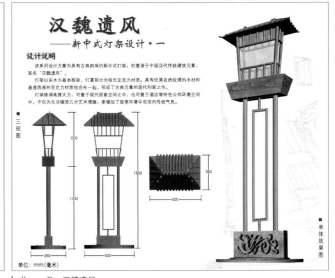

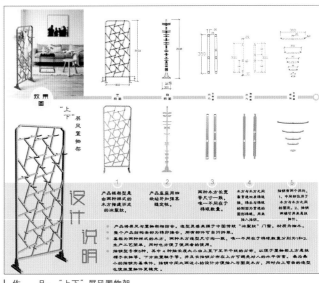

三视图

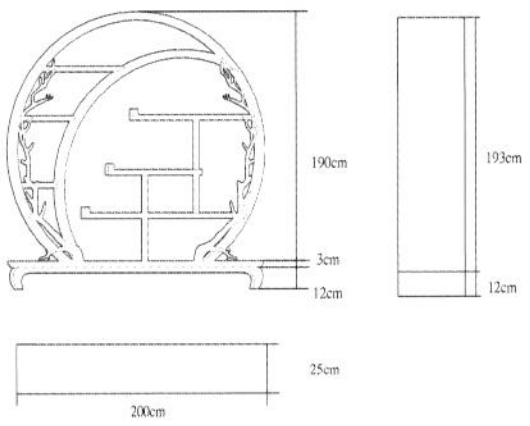

作　　品：月牙博古架
作　　者：张天寿／西南林业大学
指导教师：周雪冰

渺绵

屏风融实用欣赏于一体，家中摆一屏风能增添几分优雅、娇媚。此屏风采用榫卯结构，合页接合。玉兰花的装饰再加上可以摇动的悬挂展板可以置饰品，增添了其展示性，一物多用又不失其作用。

作　　品：渺绵
作　　者：邹艳平／江苏农林职业技术学院
指导教师：张悦

设计说明：

来源于蜜蜂巢穴的灵感。
高矮两种蜂巢家具
根据空间大小不同
可以拼凑出各种尺寸桌椅
去适应空间，中空部分还
有大量的空间，人数较多
座位不足时可以横放地面
用来当作矮凳使用非常适
合应用于各种小型空间及
休息公共场合。

Amber Visual

蜂语

蜂巢组合式家具

作　　品：蜂语——蜂巢组合式家具
作　　者：钟勇／江西环境工程职业学院
指导教师：张付花

汉魏遗风

——新中式灯架设计·一

设计说明

该系列设计方案为具有古典韵味的新中式灯架，创意源于中国汉代传统建筑元素，取名“汉魏遗风”。

灯架以实木为基本框架，灯罩部分为哑光亚克力材质。具有优美自然纹理的木材和通透质感的亚克力材质结合在一起，形成了古典元素的现代创新之作。

灯架格调高雅大方，可置于现代居家空间之中，也可置于酒店等特色公共环境空间中，不仅为生活增添几分艺术情趣，更增加了居室环境中浓浓的传统气息。

■三视图

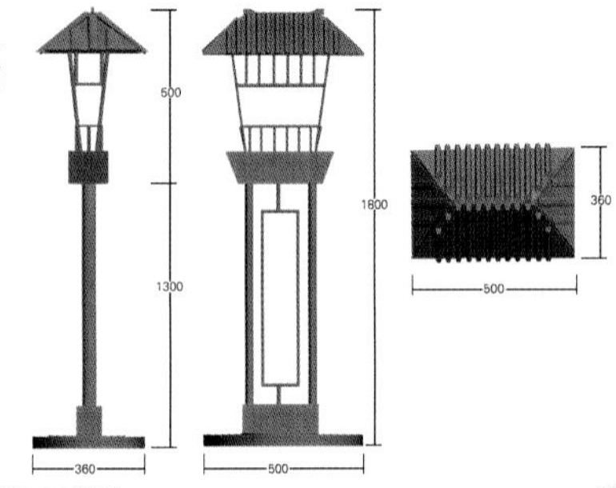

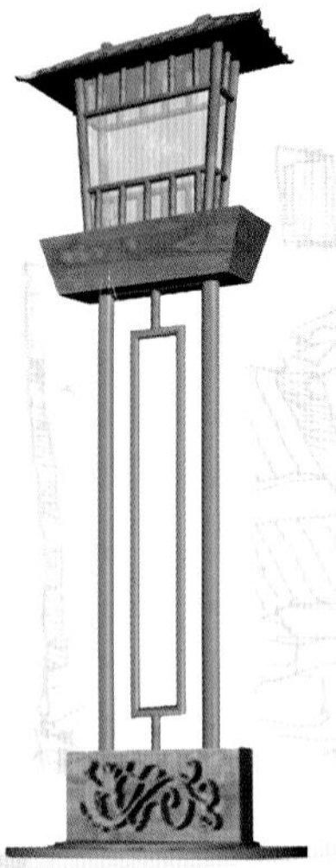

■单体效果图

单位：mm（毫米）

作　　品：汉魏遗风
作　　者：郭江华／内蒙古农业大学
指导教师：李军、宁国强

意 ——民族风家具

设计说明：

这是件民族风味与现代个性结合的家具，充分展现了民族风情。传统家具中就有箱式家具，我所设计的这款家具就是箱式家具，打开方式是揭盖，箱内后方有荷叶连接可以存放一些衣物。箱体有大有小有长方体，正方体。可以根据个人喜好选择。

材料主要选用黑胡桃木，有铆钉，一些铜饰还有彩绘做装饰。

家具尺寸　1000×500×400

作　　品：意
作　　者：朱晓蕊／内蒙古农业大学
指导教师：李军

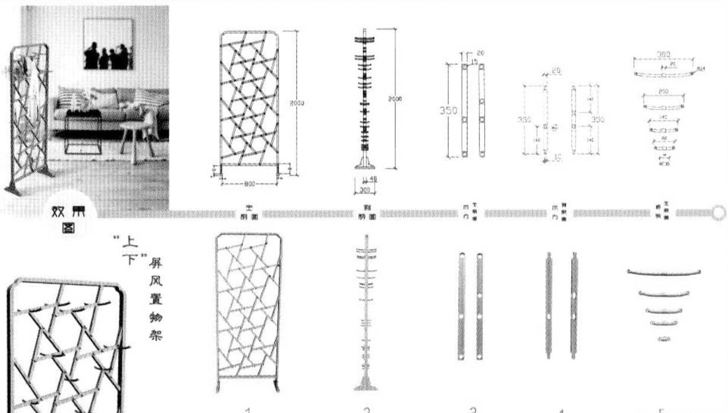

1 产品框架型是由两种样式的木方搭建而成的冰裂纹。

2 产品底座用四块站牙加强其稳定性。

3 两种木方长宽等尺寸一致，唯一不同在于榫眼数量。

4 木方与木方之间靠贯通双肩榫连接，榫头与榫眼的侧面为贯通的圆形榫眼，用来插入插销。

5 插销有两个用处，1、中间部位用于木方与木方之间的固定。2、插销两端可用来悬挂物件。

设计说明

- 产品将屏风与置物架相结合。造型灵感来源于中国传统“冰裂纹”门窗。材质为榆木。
- 整个产品结构全部为榫卯接合，所有部件可自行拆装。
- 基架为两种样式的木方，两种木方造型尺寸均一致，唯一不同在于榫眼数量分别为1和2，生产工艺简单，同时也方便了使用者的使用。
- 插销型号有5种，其中4种按长度大小由上至下互不干扰的分布，以便于置物架上方悬挂帽子衣物等，下方放置鞋子等。并且长插销分布在上方可避免对人的水平伤害。最后最小的插销为基准件。插销中间大两边小的设计方便插入与固定木方，同时向上弯曲的造型也使挂置物件更稳定。

作　　品：“上下”屏风置物架
作　　者：李美莲／中南林业科技大学
指导教师：夏岚